Blickpunkt Chemie

Schroedel

Blickpunkt Chemie

Neubearbeitung

Herausgegeben von:
Dieter Frühauf, Braunschweig
Hans Tegen, Hambühren

Bearbeitet von:
Joachim Blum
Bernd Braun
Dieter Frühauf
Dr. Erwin Graf
Thomas Günkel
Jürgen Hietel
Friederike Krämer-Brand
Sandra Kranz
Erhard Mathias
Angelika Meinhold
Wolfgang Münzinger
Mariola Schröer
Bernd Schumacher
Hans Tegen

unter Mitarbeit der Verlagsredaktion

ISBN 3-507-76914-X

Druck A 12 11 10 9 8 / Jahr 2006 05 04

Alle Drucke der Serie A sind im Unterricht parallel verwendbar.

Umschlaggestaltung: Janssen Kahlert Design & Kommunikation, Hannover
Layout: Jürgen Kochinke, Derneburg
Grafiken: Birgitt Biermann-Schickling, Barbara Hömberg, Karin Mall, Tom Menzel, Heike Möller, Karola Niehoff-Lücke, Thilo Pustlauk, Volkmar Rinke, Günter Schlierf, DTP-Studio Wiegand, Dr. Winfried Zemann
Satz/Repro: O&S Satz GmbH, Hildesheim
Druck und Bindung: westermann druck GmbH, Braunschweig

Hinweise zum Aufbau des Buches

|1.2| Stoffe erkennen

Die **Informationsseiten** vermitteln die wesentlichen Inhalte eines Kapitels. Zusammen mit den Aufgaben bilden sie den „roten Faden" des Buches. Sie enden jeweils mit einer optisch hervorgehobenen **Zusammenfassung**.

1 Fragen zum Text

Zur rascheren Orientierung sind die **Aufgaben** mit Kategorien gekennzeichnet, etwa „Fragen zum Text", „Theorie", „Experiment", „Alltag".

Exkurs: Technik

Exkurse zur Technik, zur Biologie oder zur Geschichte stellen fächerübergreifende Inhalte dar. Theorie-Exkurse bringen vertiefende Inhalte zur Chemie.

Praktikum

Das **Praktikum** beschreibt Experimente für Schülerinnen und Schüler besonders ausführlich.

Pinnwand

Eine **Pinnwand** bietet zusätzliches Arbeitsmaterial mit Aufgaben und Abbildungen.

Trainer

Aufgaben im **Trainer** ermöglichen das Üben und Anwenden jeweils im Gesamtzusammenhang eines kompletten Kapitels.

Basis-Wissen

Das **Basis-Wissen** fasst knapp und übersichtlich die wichtigsten Inhalte eines Kapitels zusammen.

Inhaltsverzeichnis

Entsorgung von Chemikalienresten

Chemikalienreste darf man nicht ohne weiteres in den Abfluss oder Abfalleimer geben. Gefährliche Stoffe müssen vielmehr ordnungsgemäß entsorgt werden. Das gilt besonders für Stoffe, die bei chemischen Experimenten anfallen.

Entsorgungskonzept. Abfallchemikalien müssen nach Stoffklassen getrennt gesammelt werden, damit die ordnungsgemäße endgültige Entsorgung vereinfacht wird. Für die im Chemieunterricht anfallenden Chemikalien genügt ein einfaches Entsorgungssystem aus vier Behältern.

B1	B2	B3	B4
Säuren und Laugen	giftige anorganische Stoffe	halogenfreie organische Stoffe	halogenhaltige organische Stoffe
Beispiele:			
Salzsäure Natronlauge	Kupfersulfat Bleisalze	Benzin Toluol	Dibromethan Trichlorethan

B1 Im **Behälter 1** werden saure und alkalische Lösungen gesammelt. Der Inhalt von Behälter 1 sollte neutralisiert werden, bevor der Behälter ganz gefüllt ist. Der neutralisierte Inhalt kann dann in den Ausguss geschüttet werden. Deshalb dürfen giftige Verbindungen wie saure oder alkalische Chromat-Lösungen *nicht* in diese Behälter gegeben werden.

B2 Im **Behälter 2** werden giftige anorganische Stoffe wie Schmermetallsalze und Chromate gesammelt.

B3 Im **Behälter 3** werden wasserunlösliche und wasserlösliche halogenfreie organische Stoffe gesammelt.

B4 In den **Behälter 4** gehören alle Halogenkohlenwasserstoffe, alle sonstigen halogenhaltigen organischen Stoffe sowie die Abfälle aus Halogenierungsreaktionen organischer Stoffe.

Die endgültige Entsorgung der Behälter 2, 3 und 4 muss durch ein Entsorgungsunternehmen erfolgen.

Hinweise zum Experimentieren

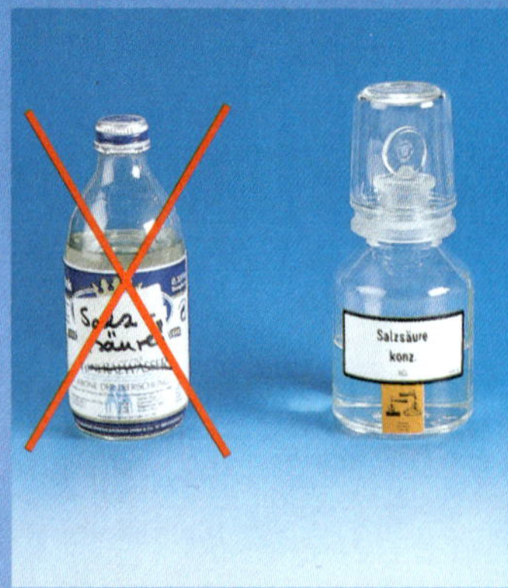

1 Chemieräume dürfen nur in Gegenwart einer Aufsichtsperson betreten werden. In Chemieräumen darf nicht gegessen und getrunken werden.

2 Alle Experimente dürfen grundsätzlich nur mit einer Schutzbrille ausgeführt werden! Beim Umgang mit offenen Flammen sind die Haare so zu tragen, dass sie nicht in die Flammen geraten können.

3 Die Versuchsanleitung muss vor Beginn eines Versuches sorgfältig gelesen oder besprochen werden. Sie muss genau befolgt werden.

4 Alle benötigten Geräte und Chemikalien werden vor der Durchführung des Versuches bereitgestellt. Ohne Genehmigung des Lehrers dürfen Geräte und Chemikalien nicht berührt werden.

5 Die Geräte müssen in sicherer Entfernung von der Tischkante standfest aufgebaut werden. Der Arbeitsplatz soll sauber und aufgeräumt sein. Die Geräte werden nach der Beendigung des Versuchs gereinigt und wieder weggeräumt.

6 Geschmacksproben dürfen nicht durchgeführt werden. Den Geruch stellt man nur auf besondere Weise durch vorsichtiges Zufächeln fest. Chemikalien fasst man nicht mit den Fingern an.

7 Chemikalien dürfen nur in Gefäßen aufbewahrt werden, die eindeutig und dauerhaft beschriftet sind und die vorgeschriebenen Gefahrensymbole aufweisen. Gefäße, die üblicherweise zur Aufnahme von Speisen oder Getränken bestimmt sind, dürfen auf keinen Fall für Chemikalien verwendet werden.

8 Bei chemischen Versuchen arbeitet man möglichst mit wenig Chemikalien, so wie es in der Versuchsanleitung angegeben ist. Nach dem Gebrauch werden Chemikaliengefäße sofort wieder verschlossen.

9 Chemikalienreste gibt man nicht in die Vorratsgefäße zurück. Sie werden in besonderen Abfallbehältern gesammelt (Behälter B1 – B4). Reste dürfen nur auf Hinweis des Lehrers in den Papierkorb oder Ausguss gegeben werden.

T+ sehr giftig **T** giftig	**Xn** gesundheitsschädlich **Xi** reizend	**C** ätzend	**F+** hoch entzündlich **F** leicht entzündlich	**O** brandfördernd	**N** umweltgefährlich

|1| Stoffe und ihre Eigenschaften

Bei dem Seifenblasenkünstler vermutet der Zuschauer Zauberei. Doch es ist kein Trick, sondern das chemische Wissen, das ihm hilft: die Kenntnis über Stoffe und ihre Eigenschaften. So weiß er, wie die Seifenblasenlösung beschaffen sein muss, um damit besonders große und stabile Blasen formen zu können.

Chemikerinnen und Chemiker beschäftigen sich ständig mit Stoffen. Sie untersuchen deren Eigenschaften und stellen aus bekannten Stoffen neue Stoffe her. Wer sich nun fragt, was unser Alltag mit Chemie zu tun hat, braucht sich nur umzuschauen: Chemie ist überall!

|1.1| Chemie – ist überall!

Chemie gehört wie die Biologie und die Physik zu den **Naturwissenschaften.**
Chemikerinnen und Chemiker beschäftigen sich mit den Eigenschaften und der Veränderung von **„Stoffen"**. Chemische Stoffe findet man überall. Die meisten davon gewinnt der Mensch direkt aus der Natur.

Medikamente zählen zu den wichtigsten Errungenschaften der Chemie. Antibiotika, Kopfschmerztabletten oder die Antibabypille sind chemische Produkte.

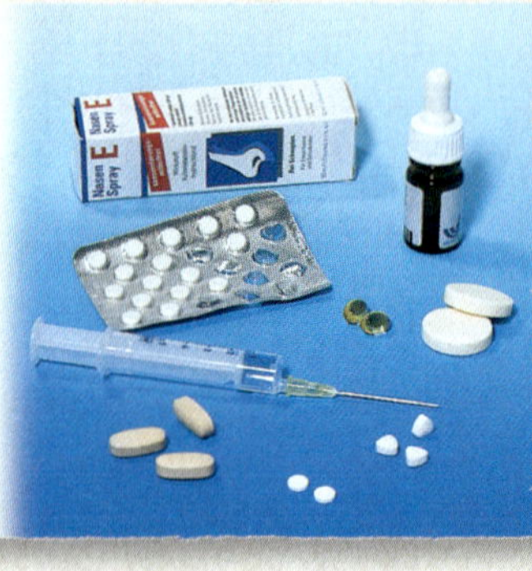

Im Boden lagern viele wertvolle Chemikalien, zum Beispiel die **fossilen Brennstoffe** Kohle, Erdöl und Erdgas. Außerdem holt man **Erze** für die Metallherstellung, **Kochsalz** sowie **Düngesalze** für die Landwirtschaft aus dem Boden.

Die grünen Pflanzen wandeln **Kohlenstoffdioxid** aus der Luft und Wasser in **Zucker** und **Sauerstoff** um. Dieser chemische Vorgang heißt Fotosynthese. Sie schafft die Grundlage für das Leben auf der Erde!

Wasser brauchen wir zum Leben. Für die Chemie aber auch im Haushalt ist es das wichtigste **Lösemittel.** Auch über die besonderen Eigenschaften des Wassers wirst du im Chemieunterricht etwas erfahren.

Aus Pflanzen gewinnt man **Duftstoffe** für die Parfümherstellung.
Bei der Herstellung von Hautcremes werden natürliche und synthetische Stoffe gemischt.

Ohne **Kunststoffe** müssten wir auf viele Annehmlichkeiten im Alltag verzichten.

Moderne **Kunstfasern** wie Mikrofasern machen Kleidung wetterfest und dennoch luftdurchlässig.

Wie sähe die Welt ohne Farben aus? **Farbstoffe** für Textilien, **Lacke** für Autos und **Dispersionsfarben** für Wände und Decken sind Chemikalien, die jeder nutzt.

Alle **Lebensvorgänge,** etwa Atmung, Verdauung und Wachstum sind mit chemischen Vorgängen verbunden. Jedes Lebewesen ist also ein kompliziertes lebendes Chemielabor.

Der Chemie verdanken wir eine Vielzahl moderner Techniken und lebenswichtiger Erfindungen. In Zeitungen werden oft nur die negativen Aspekte der Chemie diskutiert.
Informiere dich über eines der folgenden Themen und stelle deine Ergebnisse der Klasse vor.

Treibhausgase

Saurer Regen

Pestizide

Ozonloch

Luftverschmutzung

Tanker-Unglück

|1.2| Stoffe erkennen mit unseren Sinnesorganen

Im Alltag benutzen wir unsere Sinne, um Gegenstände und Stoffe zu erkennen.

Sehen. Bei einem gelben Metall mit glänzender Oberfläche kann es sich um Gold handeln. Ein matt-schwarzes Pulver ist vielleicht Ruß. Unsere Augen erfassen gleich mehrere wichtige Eigenschaften. Sie erkennen Farben und sehen, ob ein Stoff glänzt oder matt ist, ob es sich um ein Pulver oder um regelmäßig geformte Kristalle handelt. Sie können die Form und die Oberflächenbeschaffenheit eines Stoffes feststellen.
Doch allein durch Hinschauen können wir nicht immer eindeutig bestimmen, um welchen Stoff es sich handelt.

Riechen. Viele Lebensmittel haben einen typischen Geruch. So gelingt es leicht, Essig von Knoblauch zu unterscheiden. Auch viele Chemikalien im Labor erkennt man an ihrem Geruch. Untersucht ein Chemiker einen unbekannten Stoff, riecht er sehr vorsichtig daran. Dieses Zufächeln bezeichnet man als „chemisches Riechen“.

Schmecken. In der Küche kannst du verschüttetes Mehl, Puderzucker oder Backpulver leicht durch eine Geschmacksprobe unterscheiden. Doch das gelingt nur bei wenigen Stoffen.
Im **Labor** darfst du außerdem **niemals Geschmacksproben** vornehmen, da viele Chemikalien giftig sind!

Hören. Klirr! – beim Abtrocknen fällt dir ein teures Glas auf die Fliesen. Schon von Weitem hört deine Mutter, dass es sich dabei nicht um die Plastikbecher handelt. Es gibt einen Riesenkrach.
Tatsächlich kann man viele Stoffe schon am Klang unterscheiden. Stößt man mit Trinkgefäßen aus Glas an, hört sich das anders an als bei Gefäßen aus Keramik oder Kunststoff.

1–5 ▶ Unsere Sinnesorgane nehmen unterschiedliche Stoffeigenschaften wahr: Sehen, Riechen, Schmecken, Hören, Tasten.

Tasten. Durch Tasten erkennt man die Oberflächenbeschaffenheit eines Stoffes. Sie kann zum Beispiel rau oder glatt, fein- oder grobporig sein.
Eisen fühlt sich kühler an als Holz, denn Eisen ist ein guter Wärmeleiter und leitet die Körperwärme der Hand schnell ab. Holz und Glas dagegen leiten die Wärme schlecht. Sie fühlen sich eher warm an.

Mit unseren Sinnesorganen sehen, riechen, schmecken, hören und ertasten wir eine Vielzahl von Stoffeigenschaften. Nicht immer reicht das aus, um einen Stoff eindeutig zu erkennen. Geschmacksproben im Labor sind verboten.

Auf die Härte kommt es an

Tim unternimmt mit seinen Freunden eine Geländefahrt mit dem Mountainbike. Danach hat er Mühe, sein Fahrrad wiederzuerkennen und er beschließt es zu putzen. Hartnäckige Verschmutzungen kann er mit dem praktischen Scheuerschwamm entfernen. Nach einer halben Stunde ist sein Mountainbike sauber. Dennoch ist Tim wütend: Der ehemals strahlende Lack ist matt und voller feiner Kratzer!

Tim hat die Stoffeigenschaft **Härte** nicht beachtet. Dieses Missgeschick kommt im Alltag sehr häufig vor. Schnell sind Brillengläser beim Putzen verkratzt. Der härtere Stoff ritzt den weicheren Stoff – und der Scheuerschwamm ist eben härter als der Fahrradlack.

Mithilfe der *Härteskala*, die 1825 von FRIEDRICH MOHS erstellt wurde, kann man Stoffe nach ihrer Ritzhärte ordnen. Die unterschiedliche Härte wird mit den Ziffern 1 bis 10 ausgedrückt. Speckstein (Abb. oben) hat die Härte 1. Er ist sehr weich und kann deshalb leicht verarbeitet werden. Zum Schneiden von Glas (Härten zwischen 4 und 6) benötigt man bereits spezielle Glasschneider. Der Diamant ist mit der Härte 10 der härteste Stoff und kann zum Schneiden oder Schleifen aller anderen Stoffe verwendet werden (Abb. links).

1 Fragen zum Text

a) Welche Stoffeigenschaften können wir mit unseren Sinnen erkennen?
b) Mit welchem Sinnesorgan nehmen wir am meisten Eindrücke wahr?
c) Mit den Sinnesorganen allein kann man einen Stoff nicht immer eindeutig bestimmen. Wann brauchen wir andere Methoden zur Stoffunterscheidung?
d) Warum darfst du niemals eine Geschmacksprobe im Labor durchführen?

2 Experiment

Zucker und Kochsalz lassen sich auch ohne Geschmacksprobe an den unterschiedlichen Kristallformen erkennen.
Betrachte Zucker- und Kochsalzkristalle unter einer Lupe oder einem Mikrokop und beschreibe ihr Aussehen.

3 Experiment

In sechs Behältern befinden sich Essig, Muskat, Wasser, Kaffeepulver, Currypulver und Zimt.
Prüfe ihren Geruch mit verbundenen Augen durch vorsichtiges Zufächeln. Verschließe die Behälter nach jeder Geruchsprobe und notiere die Stoffe, die du erkannt hast.

4 Experiment

a) Versuche gleich große Kugeln aus Holz, Stahl, Kork und Styropor mit verbundenen Augen durch Tasten mit den Fingerspitzen zu unterscheiden. Beschreibe, woran du die Stoffe erkannt hast.
b) Versuche die Kugeln mit verbundenen Augen mithilfe deines Gehörs zu unterscheiden.

5 Biologie

Fledermäuse können sich mithilfe von Ultraschall im Raum orientieren. Viele Tiere und Pflanzen besitzen Sinnesorgane, mit denen sie weitere Reize aus der Umwelt wahrnehmen können.
Informiere dich hierüber in Biologiebüchern, Lexika und im Internet.

|1.3| Stoffe verändern sich beim Erhitzen

Svenja hängt ihre Jacke direkt neben dem warmen Heizkörper auf. Dabei vergisst sie, dass sich noch ein Schokoriegel in der Tasche befindet. Und den findet sie in der Pause gar nicht mehr so lecker …

▲ *1 Stoffe können sich beim Erhitzen verändern.*

Stoffe können sich mit zunehmender Temperatur verändern. Viele Kunststoffe *verformen* sich in der Hitze und können sich sogar *zersetzen* und unbrauchbar werden. Holz und Papier entzünden sich in einer Flamme und *verbrennen.*

Ein Glasstab wird in der Flamme weich, er *schmilzt,* und lässt sich leicht *verformen.* Die neue Form bleibt nach dem Abkühlen erhalten. Ein Magnesiastäbchen glüht in der Brennerflamme. Kühlt es sich wieder ab, ist es *unverändert.* Es schmilzt nämlich erst bei 2800 °C.

Aggregatzustände. Erwärmt man Eis, *schmilzt* es und wird zu flüssigem Wasser. Beim weiteren Erhitzen fängt es an zu *verdampfen;* es *siedet* bei 100 °C. Dabei bildet sich gasförmiger Wasserdampf.

Wasserdampf ist *nicht* sichtbar. Die Nebel, die man über kochendem Wasser oder als Wolken am Himmel sieht, bestehen nicht aus Dampf; es sind winzige Wassertröpfchen. Sie entstehen, wenn der Wasserdampf abkühlt.

Beim Abkühlen *kondensiert* der Wasserdampf also wieder zu flüssigem Wasser. Kühlt man weiter ab, *erstarrt* es bei 0 °C zu festem Eis.

Diese verschiedenen Zustandsformen – **fest, flüssig, gasförmig** – nennt man auch Aggregatzustände. Sie sind abhängig von der Temperatur.

Manche Stoffe können den flüssigen Aggregatzustand „überspringen". Erhitzt man festes Iod, entsteht unmittelbar violetter Ioddampf. Das Iod *sublimiert* vom festen in den gasförmigen Zustand. Beim Abkühlen *resublimiert* der Ioddampf direkt zu festen Iodkristallen.

▲ *3 Iod sublimiert.*

Abhängig von der Temperatur nehmen Stoffe die Aggregatzustände fest, flüssig oder gasförmig ein.

▼ *2 Die Aggregatzustände und ihre Übergänge am Beispiel Wasser.*

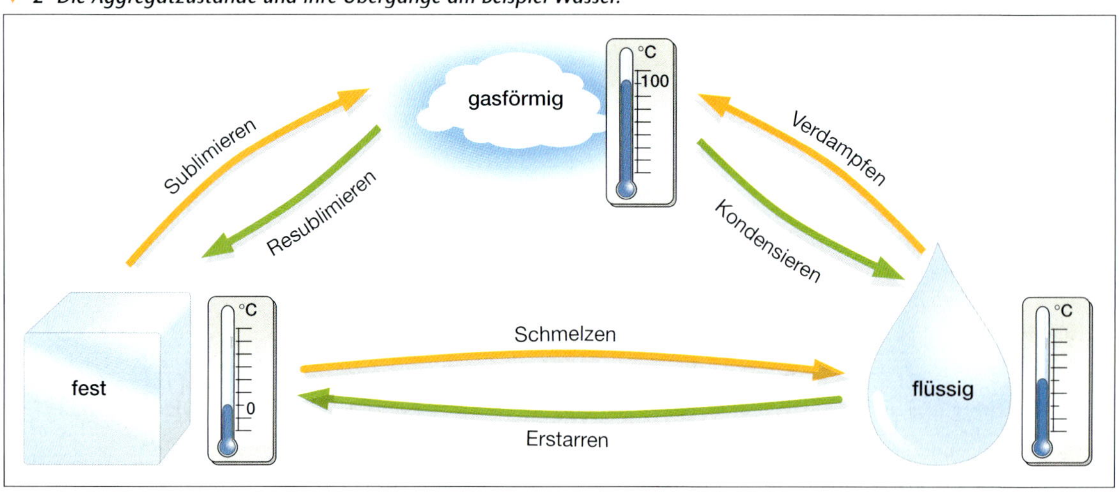

Der Gasbrenner

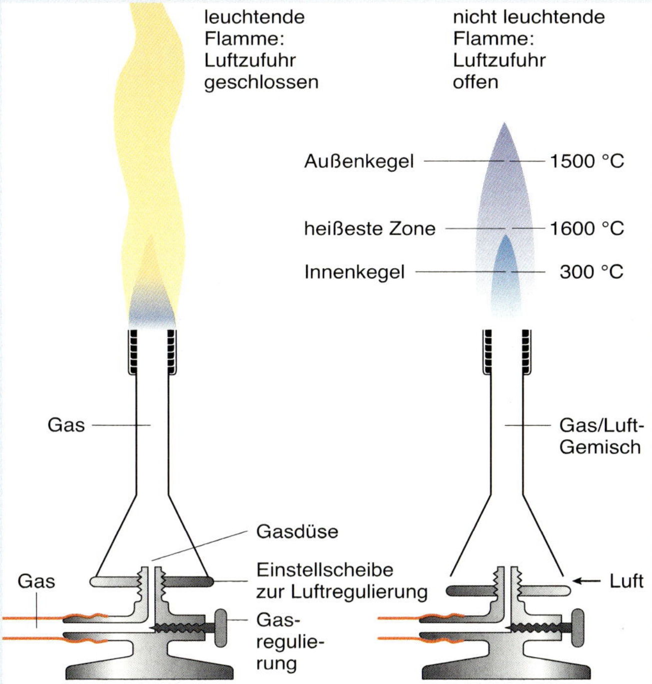

Vorbereitungen. Trage eine Schutzbrille und binde lange Haare zusammen. Stelle den Brenner kippsicher auf eine feuerfeste Unterlage. Verbinde den Gasschlauch mit der Gaszuleitung am Tisch. Überprüfe, ob Luft- und Gasregler am Brenner geschlossen sind.

Entzünden des Brenners. Öffne den gelben Gashahn am Tisch. Öffne den Gasregler am Brenner durch leichtes Drehen und entzünde das entweichende Gas. Reguliere die gewünschte Gaszufuhr. Öffne die Luftzufuhr und stelle die gewünschte Brennerflamme ein.

V 1: Untersuchungen an der Brennerflamme

Materialien: Brenner, Feuerzeug, Schutzbrille, Magnesiastäbchen.
Durchführung: a) Prüfe durch Verstellen des Luftreglers und des Gasreglers, wann eine leuchtende, eine nicht leuchtende und eine rauschende Flamme entsteht.
b) Halte ein Magnesiastäbchen erst in die leuchtende, dann in die nicht leuchtende und in die rauschende Flamme.
c) Halte das Magnesiastäbchen in verschiedene Höhen der rauschenden Flamme.
Aufgaben: a) Welche Brennerflamme ist heißer?
b) Wo ist die heißeste Zone der rauschenden Flamme?

V 2: Sicheres Wasserkochen

Material: Reagenzglas, Klammer, Brenner, Feuerzeug, Schutzbrille, Siedesteinchen, Wasser.
Durchführung: Fülle ein Reagenzglas zu einem Drittel mit Wasser. Gib ein Siedesteinchen hinzu und halte das Reagenzglas mit einer Klammer am oberen Ende. Erhitze das Wasser (an der Wasseroberfläche beginnend) in der nicht leuchtenden Flamme.
Halte das Reagenzglas dabei etwas schräg und achte darauf, dass die Öffnung nicht auf Personen gerichtet ist. Schwenke es leicht, um das Wasser gleichmäßig zu erwärmen.
Aufgaben: a) Notiere deine Beobachtungen.
b) Schreibe die in der Durchführung genannten Regeln in dein Chemieheft.

V 3: Glasfiguren

Materalien: Brenner, Feuerzeug, Schutzbrille, Glasrohre.
Durchführung: a) Nimm ein etwa 30 cm langes Glasrohr. Halte es an seinen Enden fest und erhitze es gleichmäßig in der heißesten Zone der rauschenden Flamme. Biege das Glasrohr vorsichtig, sobald es weich ist. Wenn du das auch an anderen Stellen des Glasrohrs machst, erhältst du eine Glasfigur.

Vorsicht, Glas braucht lange, bis es abgekühlt ist!

b) Schmelze ein Ende eines anderen Glasrohrs zu und erhitze es bis zum Glühen. Nimm das Glasrohr aus der Flamme und blase am kalten Ende vorsichtig in das Rohr hinein, bis eine kleine Glaskugel entsteht.

|1.4| Stoffeigenschaften kann man messen

Im Alltag wie in der Chemie hat man es mit Hunderten von Stoffen zu tun, die sehr ähnlich aussehen. So sind die meisten Flüssigkeiten farblos. Fast alle Salze aus dem Chemikalienschrank sehen weiß aus. Wehe, wenn da das Etikett fehlt!

Zur genauen Unterscheidung muss man also weitere Stoffeigenschaften heranziehen. Gut geeignet sind Eigenschaften, die man messen und durch Zahlenwerte festlegen kann.

Schmelztemperatur. Erwärmt man festes Eis, schmilzt es bei 0 °C und wird flüssig. Die Temperatur bleibt während des Schmelzens unverändert. Entsprechend erstarrt Wasser bei 0 °C und wird zu Eis.

Siedetemperatur. Erhitzt man flüssiges Wasser, kann man beobachten, dass Gasblasen aus dem Innern der Flüssigkeit nach oben steigen. Bei einer Temperatur von 100 °C siedet das Wasser. Die Temperatur steigt dann nicht weiter an.

Schmelz- und Siedetemperatur eines Stoffes sind vom Luftdruck abhängig. In einem Schnellkochtopf kocht beispielsweise das Wasser unter *erhöhtem Druck* erst bei 120 °C. Speisen werden dadurch schneller gar. Auf der Zugspitze hingegen kocht das Wasser unter *vermindertem Druck* bereits bei 90 °C. In Tabellen beziehen sich die Angaben für die Schmelz- und Siedetemperatur deshalb stets auf einen einheitlichen Druck, den sogenannten Normdruck (1013 Hektopascal). Nur so kann man die gewonnenen Werte vergleichen.

Stoff	Schmelztemperatur in °C (bei 1013 hPa)	Siede temperatur in °C (bei 1013 hPa)	Dichte in g/cm³ (bei 0 °C)
Sauerstoff	– 219	– 183	0,0013
Propangas	– 188	– 42	0,002
Alkohol	– 114	78	0,785
Wasser	0	100	1,0
Stearinsäure	71	376	0,845
Schwefel	119	444	2,0
Kaliumnitrat	337	(zerfällt)	2,1
Kochsalz	801	1465	2,2
Magnesium	650	1105	1,7
Aluminium	660	2450	2,7
Silber	961	2150	10,5
Eisen	1537	3000	7,86
Wolfram	3410	5930	19,3

▲ *3 Messbare Eigenschaften einiger Stoffe*

Im chemischen Labor gibt es neben Thermometern auch computergestützte Messsonden. Ein angeschlossener Computer erstellt so zeitgleich das dazugehörige Schmelz- oder Siedediagramm.

Löslichkeit. In Parfümerien gibt es eine Vielfalt an Badezusätzen, etwa Badesalz, Badetabletten oder Badekugeln in verschiedenen Größen. All diese Stoffe lösen sich gut in Wasser. Auch Flüssigkeiten und Gase sind oft wasserlöslich. So ist bei Bier und Wein Alkohol in Wasser gelöst. In Mineralwasser ist meistens das Gas Kohlenstoffdioxid gelöst.

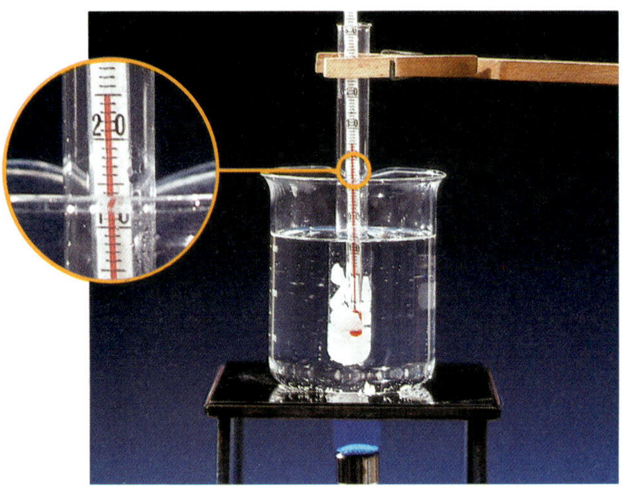

▲ *2 Bestimmung der Schmelztemperatur*

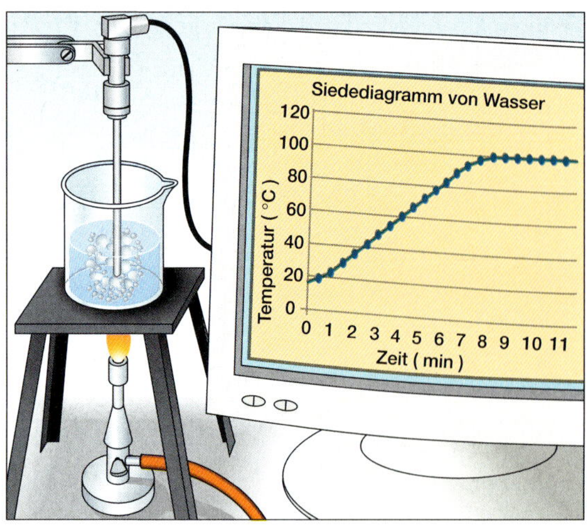

▲ *4 Siedediagramm von Wasser (Computer-Auswertung)*

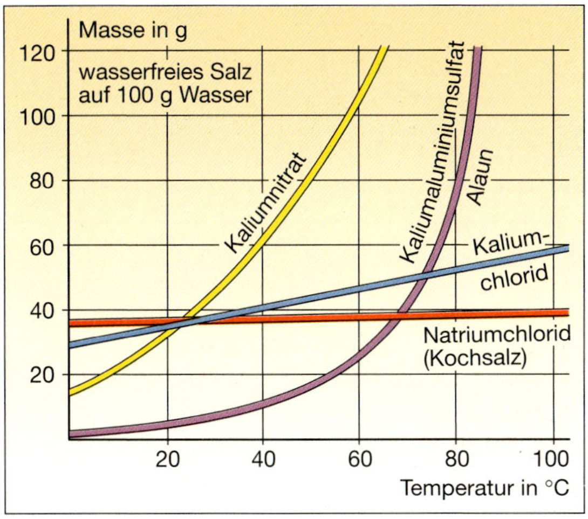

▲ *1 Löslichkeit bei verschiedenen Temperaturen*

Es gibt aber auch Stoffe, die sich nicht in Wasser lösen. Hierzu gehören beispielsweise Fette und Öle. Ein Fettfleck lässt sich aber leicht mit Waschbenzin entfernen, denn Fett löst sich in Benzin. Nagellack löst sich in Aceton oder Brennspiritus.

In einem Lösemittel lassen sich aber nicht beliebig große Mengen eines anderen Stoffes lösen. So lösen sich in 100 g Wasser bei 20 °C höchstens 36 g Kochsalz. Dieser Wert wird als die **Löslichkeit** von Kochsalz bezeichnet. Die Lösung ist dann **gesättigt.** Gibt man noch mehr Kochsalz hinzu, löst es sich nicht mehr auf, sondern bleibt als **Bodensatz** liegen. Auch die Löslichkeit ist eine typische Stoffeigenschaft. Löslichkeitstabellen geben an, wie viel Gramm eines Stoffes sich in 100 g des Lösungsmittels gerade noch auflösen.

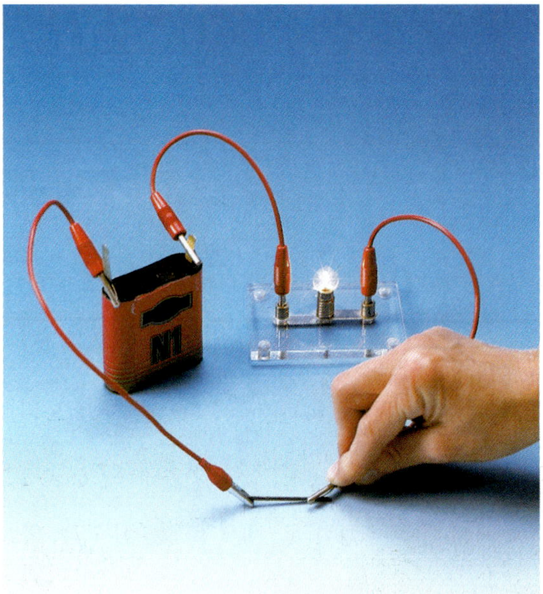

▲ *2 Test auf elektrische Leitfähigkeit*

Die Löslichkeit **ändert sich** mit der **Temperatur.** Für die meisten Stoffe gilt: *je wärmer* das Lösemittel, *desto mehr* löst sich darin. So löst sich in Wasser mit 60 °C etwa dreimal so viel Kaliumnitrat wie in Wasser mit 20 °C.
Gase lösen sich dagegen *besser* bei *niedrigeren* Temperaturen. Die Löslichkeit von Gasen ist außerdem abhängig vom Druck. Unter einem höheren Druck lösen sich größere Mengen eines Gases in einer Flüssigkeit.

Elektrische Leitfähigkeit. Auch die elektrische Leitfähigkeit spielt bei der Erkennung eines Stoffes eine Rolle. So leiten Metalle den elektrischen Strom sehr gut. Kunststoffe dagegen leiten den elektrischen Strom nicht, sie isolieren. Aus diesem Grund werden sie als Kabelumhüllung und Gehäusematerial genutzt.

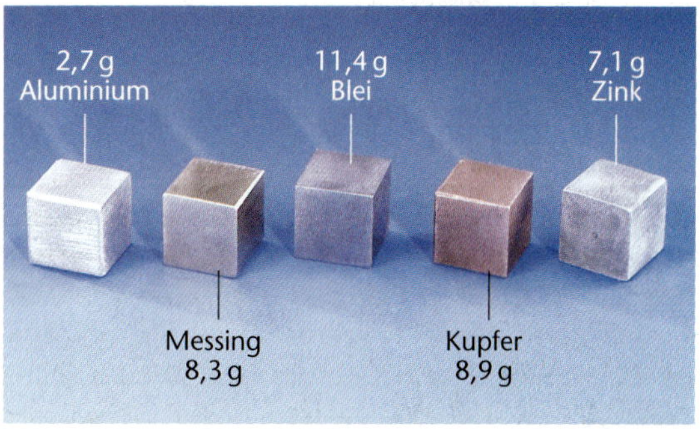

▲ *3 Metallwürfel mit dem Volumen 1 cm³*

Dichte. Obwohl alle Würfel der Abbildung 3 gleich groß sind, haben sie doch unterschiedliche Massen. Die verschiedenen Stoffe haben nämlich eine unterschiedliche Dichte. Die Dichte besagt, welche Masse ein Kubikzentimeter eines Stoffes hat.
Man bestimmt die Dichte, indem man zuerst die Masse und das Volumen des Stoffes ermittelt. Anschließend teilt man die Masse (in g) durch das Volumen (in cm³) und erhält die Dichte des untersuchten Stoffes: Dichte = Masse : Volumen. Bei Gasen gibt man die Werte nicht in Gramm pro Kubikzentimeter, sondern in Gramm pro Liter an.

Siede- und Schmelztemperatur, Löslichkeit, elektrische Leitfähigkeit und Dichte sind wichtige messbare Stoffeigenschaften, die für jeden Stoff typisch sind.

Dichte

Dichtebestimmung eines Feststoffes. Wenn du wissen möchtest, ob die Silbergabel aus dem teuren Besteck tatsächlich aus reinem Silber gefertigt ist, solltest du ihre Dichte bestimmen. Gehe dabei nach folgenden Schritten vor:

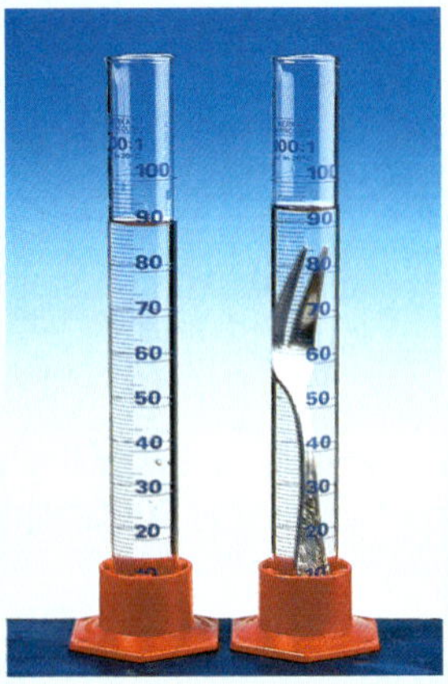

1. Bestimmung der Masse — Masse: 31 g

2. Bestimmung des Volumens — Volumen: 3,5 cm^3

3. Berechnen der Dichte

$$\text{Dichte} = \frac{\text{Masse}}{\text{Volumen}} = \frac{31\,g}{3{,}5\,cm^3} = \mathbf{8{,}9}\,\frac{g}{cm^3}$$

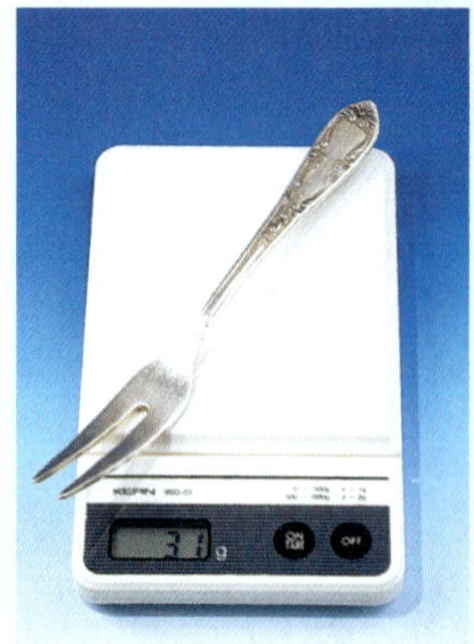

Die Dichte von Silber beträgt 10,5 g/cm^3. Die untersuchte Gabel kann also nicht aus reinem Silber sein. Sie ist wahrscheinlich nur oberflächlich versilbert. Überlege, aus welchem Material sie hauptsächlich bestehen könnte.

Dichtebestimmung bei Gasen. Mithilfe einer Seifenlösung kann man zeigen, dass auch Gase unterschiedliche Dichten aufweisen. Luftgefüllte Seifenblasen schweben in der Luft. Füllt man aber eine Seifenblase mit Erdgas, steigt sie rasch nach oben, da die Dichte von Erdgas kleiner ist als die von Luft. Leitet man dagegen Kohlenstoffdioxid in eine Seifenblase, sinkt diese aufgrund ihrer größeren Dichte zu Boden.

Die Dichte eines Gases kann man mit einer *Gaswägekugel* bestimmen. Nachdem diese luftleer gepumpt und genau gewogen wurde, leitet man mithilfe eines *Kolbenprobers* 100 ml des Gases ein und wiegt erneut. Aus der Massendifferenz in Gramm und dem Volumen in Liter errechnet man die Dichte in der Einheit Gramm pro Liter.

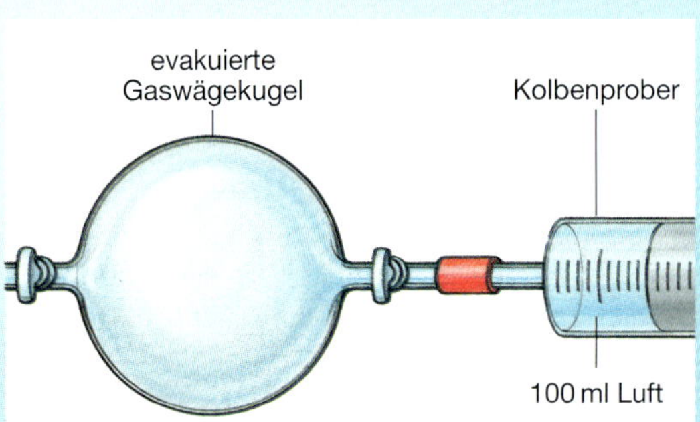

1. Ein Metallstück hat eine Masse von 850 g und ein Volumen von 500 cm^3. Um welches Metall handelt es sich?

2. Berechne die Masse von jeweils 200 cm^3 Kupfer, Platin und Schwefel.

3. Welches Volumen haben jeweils 1 kg Kupfer, Platin und Schwefel?

4. Ein Klassenraum ist 12 m lang, 10 m breit und 2,40 m hoch. Berechne die Masse der Luft in diesem Raum. (Hinweis: Die Dichte der Luft: 1,2 $\frac{g}{l}$)

5. Bestimme die Dichte von Glycerin, Speiseöl, Spiritus und Wasser. Miss dazu jeweils ein bestimmtes Volumen der Flüssigkeiten ab und wiege die Proben.

1 Fragen zum Text

a) Nenne einige messbare Stoffeigenschaften.
b) Warum gibt man nur die Schmelz- und die Siedetemperatur eines Stoffes an und nicht auch seine Erstarrungs- und Kondensationstemperatur?
c) Nenne Stoffe, die sich schlecht oder gar nicht in Wasser lösen.
d) Auf welche Weise kann man meistens besonders viel eines Stoffes in Wasser lösen?
e) Wann ist eine Lösung gesättigt?
f) Bleibt ein wassergefülltes Glas länger stehen, bilden sich Gasblasen. Woran liegt das?

2 Experiment

Fülle je 10 ml Wasser in zwei Reagenzgläser. Gib in das eine 5 g Kochsalz, in das zweite 5 g Kaliumnitrat. Schüttle die Reagenzgläser, um die Salze zu lösen. Erwärme sie im Wasserbad auf etwa 60 °C. Was kannst du über die Löslichkeit der beiden Salze sagen? Kühle die Reagenzgläser anschließend in kaltem Wasser ab. Erkläre deine Beobachtungen.

3 Experiment

a) Fülle ein Reagenzglas zur Hälfte mit klein geschnittenem Kerzenwachs. Stelle das Reagenzglas in ein Becherglas mit 60 °C warmem Wasser. Miss mehrmals die Temperatur des schmelzenden Wachses, solange noch größere Anteile des festen Wachses vorhanden sind. Notiere die Messwerte.

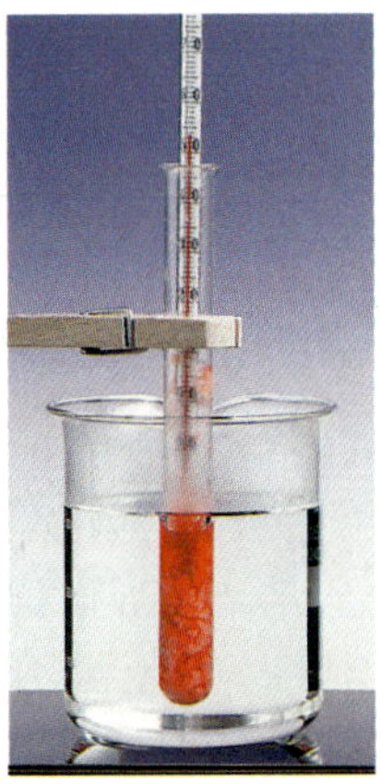

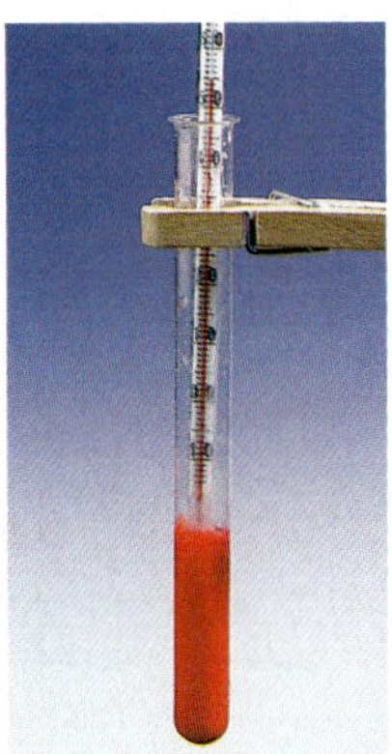

b) Nimm das Reagenzglas mit dem vollständig geschmolzenen Wachs aus dem Wasserbad. Lass es an der Luft abkühlen und notiere dann mehrmals die Temperatur des erstarrenden Wachses.
Rühre dabei mit dem Thermometer vorsichtig um, damit es nicht im Wachs festklebt. Vergleiche die Messwerte mit a).

4 Alltag

Erkläre die Entstehung von Raureif in der Natur.

5 Experiment

Erhitze Wasser im Becherglas auf etwa 85 °C Lösche die Brennerflamme. Stelle ein Reagenzglas hinein, das zu einem Viertel mit Spiritus gefüllt ist. Gib ein Siedesteinchen dazu. Miss die Temperatur des Spiritus alle 30 Sekunden über mehrere Minuten lang und notiere die Werte. Trage die Werte in ein Diagramm ein. Auf der x-Achse trägst du die Zeit auf, auf der y-Achse die Temperatur.
Was fällt dir auf?

6 Experiment

Prüfe jeweils die Löslichkeit einer Spatelspitze Zucker, Kohlepulver, Salz, Margarine und etwas Speiseöl in verschiedenen Lösungsmitteln. Notiere deine Ergebnisse in einer Tabelle.

Stoff	Wasser	Spiritus	Benzin
Zucker	+	+	–

7 Experiment

a) Untersuche mithilfe eines einfachen Stromkreises, ob zum Beispiel Kupfer, Holz, Eisen, Kunststoff oder Zucker den elektrischen Strom leiten.
b) Prüfe folgende Stoffe mit einem Magneten: Holz, Eisen, Papier, Messing, Aluminium und Nickel. Welche Stoffe werden von Magneten angezogen?

|1.5| Metalle – eine glänzende Stoffgruppe

▲ *1 Leichtmetall Aluminium*

▲ *2 Schwermetall Blei*

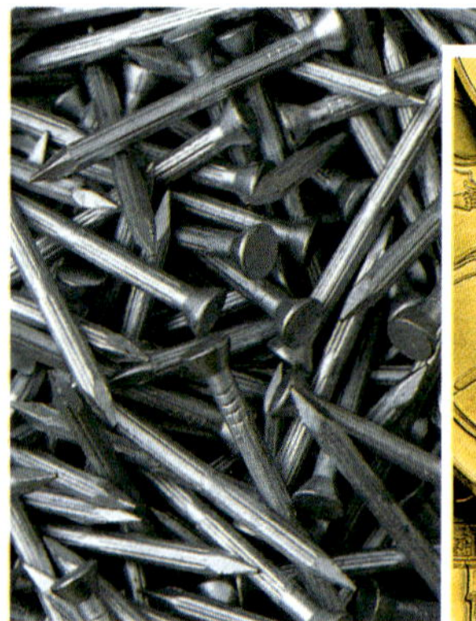

▲ *3 unedles Metall Eisen*

▲ *4 Edelmetall Gold*

Eigenschaften. Aluminium, Blei, Eisen und Gold – diese Stoffe gehören zur Stoffgruppe der **Metalle.** Untersucht man verschiedene Metalle, findet man eine Vielzahl an gemeinsamen Eigenschaften. Metalle …

- haben einen metallischen Glanz
- sind undurchlässig für Licht
- leiten den elektrischen Strom
- lassen sich gut verformen
- sind bei Zimmertemperatur fest (Ausnahme: Quecksilber)
- sind gute Wärmeleiter.

Nur wenige Metalle sind *magnetisch.* Eisen, Cobalt und Nickel werden von Magneten angezogen, alle übrigen nicht.

Stoffe mit anderen Eigenschaften bezeichnet der Chemiker als **Nichtmetalle.** Hierzu gehören etwa Schwefel, Kohlenstoff, Sauerstoff, Kochsalz, Wasser oder Spiritus.

Einteilung der Metalle. Metalle mit einer kleineren Dichte als 5 $\frac{g}{cm^3}$ nennt man *Leichtmetalle.* Hierzu zählen Aluminium, Magnesium und Titan. *Schwermetalle* wie Eisen, Kupfer, Gold und Blei weisen eine Dichte auf, die über 5 $\frac{g}{cm^3}$ liegt.

Manche Metalle verlieren schon nach kurzer Zeit ihren Glanz. Sie sind *unedel.* Gold oder Platin behalten ihren Metallglanz. Es sind *Edelmetalle.* Sie eignen sich hervorragend zur Herstellung von Schmuck.

Auch in der *Härte* unterscheiden sich Metalle. Während man das weiche Blei mit einem Messer schneiden kann, braucht man zum „Schneiden" von Chrom Spezialgeräte.

Metalle haben viele gemeinsamen Eigenschaften. Man fasst sie deshalb in einer Stoffgruppe zusammen.

1 Fragen zum Text

a) Nenne gemeinsame Eigenschaften aller Metalle.
b) In welchen Eigenschaften unterscheiden sich Metalle?

2 Theorie

Lege in deinem Heft eine Tabelle an, in der du die Metalle Kupfer, Silber, Blei, Titan und Zink in Leichtmetalle und Schwermetalle ordnest.
Ergänze die Tabelle um jeweils zwei weitere Metalle. Schlage dazu im Anhang des Buches oder in einem Lexikon nach.

3 Theorie

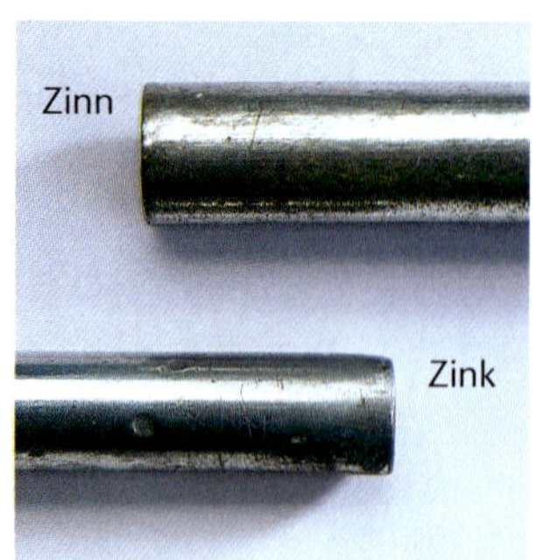

a) Die beiden Metalle Zinn und Zink weisen eine Vielzahl gemeinsamer Stoffeigenschaften auf und lassen sich mit bloßem Auge nicht voneinander unterscheiden.
Vergleiche die Eigenschaften dieser Stoffe und stelle sie in Form einer Tabelle zusammen. Schlage dazu im Anhang und im Stichwortverzeichnis des Buches nach.
b) Finde heraus, wofür diese Metalle verwendet werden.

Metalle

Bereits im späten Mittelalter gelangten Schiffe von Spanien nach Amerika. Einige von ihnen sind jedoch untergegangen und werden erst jetzt, einige Hundert Jahre später, geborgen. Dabei werden immer wieder Goldmünzen oder Goldschmuck gefunden.

1. Warum glänzen aus dem Meer geborgene goldene Gegenstände immer noch, kupferne Münzen dagegen nicht mehr?
2. Welche Eigenschaft der Metalle ist für einen Goldschmied bei der Arbeit sehr hilfreich?

Metalle lassen sich auch in Formen gießen. Man drückt einen Gegenstand, etwa ein großes tiefgefrorenes Gummibärchen, in Formsand. Dann entfernt man den Gegenstand wieder und lässt den Sand trocknen. Die Form darf dabei nicht zerstört werden.

In einem Schmelzlöffel erhitzt man dann einige Stücke Zinn und gießt die Schmelze in die Form. Erst nach dem Erkalten kann man den gegossenen Gegenstand entnehmen.

4. Weshalb ist Zinn für so ein Experiment sehr gut geeignet?

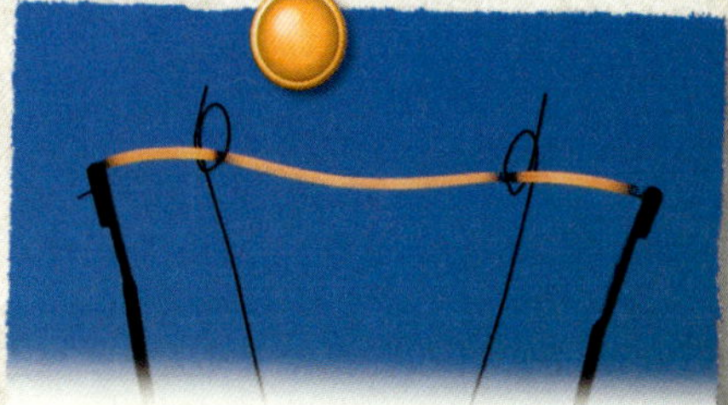

3. Warum bestehen die Glühdrähte in Lampen aus Wolfram?

Metall	Schmelztemperatur
Aluminium	660 °C
Eisen	1537 °C
Gold	1063 °C
Kupfer	1083 °C
Nickel	1453 °C
Wolfram	3410 °C
Zink	420 °C
Zinn	232 °C

Quecksilber ist das einzige Metall, das bei Zimmertemperaturflüssig ist. Erst bei −39 °C erstarrt es.
Der Umgang mit diesem Metall ist gesundheitsgefährdend, denn Quecksilberdämpfe sind sehr giftig! Man findet Quecksilber auch heute noch in alten Thermometern sowie in geringen Mengen in Batterien und Leuchtstoffröhren.

5. Worauf solltest du im Umgang mit diesen Gegenständen achten?
6. Wie sollte man verbrauchte Batterien und defekte Leuchtstoffröhren entsorgen?
7. Wie schwer ist 1 Liter (1000 cm^3) Quecksilber?

Quecksilber

Siedetemperatur: 357 °C
Schmelztemperatur: −39 °C
Dichte: 13,55 g/cm^3

Exkurs: Theorie

Jeder Stoff hat einen Steckbrief

Um ähnlich aussehende Stoffe voneinander zu unterscheiden, muss man meistens mehr als eine Eigenschaft angeben. Jeder Stoff besitzt eine nur für ihn gültige Kombination von Eigenschaften. Stellt man diese in einen **„Steckbrief"** zusammen, erhält man die eindeutige Beschreibung eines Stoffes.

Bei der Untersuchung eines Stoffes sollten alle gemachten Beobachtungen notiert werden. Als erstes werden *Sinneseindrücke* festgehalten: Farbe, Form, Oberflächenbeschaffenheit, Aggregatzustand, Geruch, Härte, Wärmeleitfähigkeit, …
Auch die *Magnetisierbarkeit* und die *Löslichkeit* des Stoffes in Wasser können leicht überprüft werden. Zur Feststellung der *elektrischen Leitfähigkeit* benötigt man einen einfachen Stromkreis mit Lämpchen oder Motor.

Etwas aufwändiger ist die Ermittlung der *Schmelz-* und *Siedetemperatur* sowie der *Dichte.* Bei einem bekannten Stoff kann man diese Werte auch Tabellen entnehmen.
Abschließend kann der Stoff auf seine *Brennbarkeit* untersucht werden. Doch Vorsicht beim Verbrennen eines unbekannten Stoffes! Es könnten sich gesundheitsschädliche Gase entwickeln.

Steckbrief Kupfer

Aussehen:	fest, glänzend, rötlich
Geruch:	geruchlos
Härte:	mit Nagel ritzbar
Verformbarkeit:	gut biegsam
elektr. Leitfähigkeit:	ja
Magnetisierbarkeit:	nein
Löslichkeit in Wasser:	nein
Dichte:	8,93 g/cm^3
Schmelztemperatur:	1083 °C
Siedetemperatur:	2350 °C

Exkurs: Theorie

Stoffgruppen der Nichtmetalle

Anders als bei den Metallen weisen die Nichtmetalle untereinander zum Teil sehr unterschiedliche Eigenschaften auf. Man ordnet die Nichtmetalle deshalb in weitere Stoffgruppen ein: salzartige, flüchtige und diamantartige Stoffe.

Salzartige Stoffe wie Kochsalz, Kupfersulfat und Calciumcarbonat bilden Kristalle und sind relativ hart. Sie leiten den elektrischen Strom nur in wässrigen Lösungen oder in geschmolzenem Zustand und haben hohe Siede- und Schmelztemperaturen.

▲ *2 Iod*

Flüchtige Stoffe wie Wasser, Alkohol, Iod, und Sauerstoff weisen niedrige Schmelz- und Siedetemperaturen auf; die meisten sind bei Zimmertemperatur flüssig oder gasförmig und lassen sich leicht verdampfen. Sie leiten den elektrischen Strom nur schwach, meistens sind es Nichtleiter.

Diamantartige Stoffe wie Diamant, Quarz und Edelsteine bilden Kristalle, sind sehr hart, leiten den elektrischen Strom nicht und haben hohe Schmelz- und Siedetemperaturen.

◀ *3 Steinsalz (Kochsalz)*

4 Bergkristall (Quarz) ▶

|1.6| Stoffe bestehen aus kleinsten Teilchen

1 Zucker in verschiedenen Formen: Grober und feiner Kandiszucker, Haushalts- und Puderzucker ▶

In den Regalen von Lebensmittelgeschäften findest du Zucker in verschiedenen Handelsformen. Es gibt Kandiszucker, groben und feinen Haushaltszucker und staubfeinen Puderzucker. Doch es handelt sich immer um den gleichen Stoff: Zucker.

Bei allen Sorten kann man mit der Lupe unterschiedlich große, aber stets ähnlich geformte Kristalle erkennen. Unter dem Mikroskop erkennt man sogar beim Puderzucker kleine Kristalle.

Zucker in noch feinerer Verteilung erhält man, wenn man Zuckerkristalle in Wasser löst. Der Zucker ist dann nicht mehr zu sehen. Doch der süße Geschmack der Zuckerlösung zeigt, dass der Zucker tatsächlich nicht verschwunden ist.

Das kann man leicht beweisen: Lässt man das Wasser verdunsten, bildet sich ein Bodensatz. Unter dem Mikroskop erkennt man, dass sich dabei wieder kleine Kristalle gebildet haben. Der Zucker ist also nicht verschwunden, sondern hat sich in Form von **unsichtbaren, kleinsten Teilchen** im Wasser gelöst. Wenn das Wasser verdunstet, ordnen sich diese kleinsten Teilchen wieder zu regelmäßigen, sichtbaren Kristallen an.

Das Kugelteilchenmodell. Um das Auflösen und Auskristallisieren von Zucker einfach beschreiben zu können, stellen wir uns die Zuckerteilchen als winzige Kugeln vor.

Dabei sind die Zuckerteilchen untereinander gleich, das heißt sie haben alle die gleiche Größe und die gleiche Masse. Die kleinsten Wasserteilchen sind auch einheitlich gebaut, sie unterscheiden sich jedoch von den Zuckerteilchen durch ihre Größe und Masse. Beim Lösen verteilen sich die Zuckerteilchen zwischen den Wasserteilchen.

Das Kugelteilchenmodell lässt sich auf alle anderen Stoffe übertragen. Es erklärt viele Stoffeigenschaften und chemische Vorgänge.

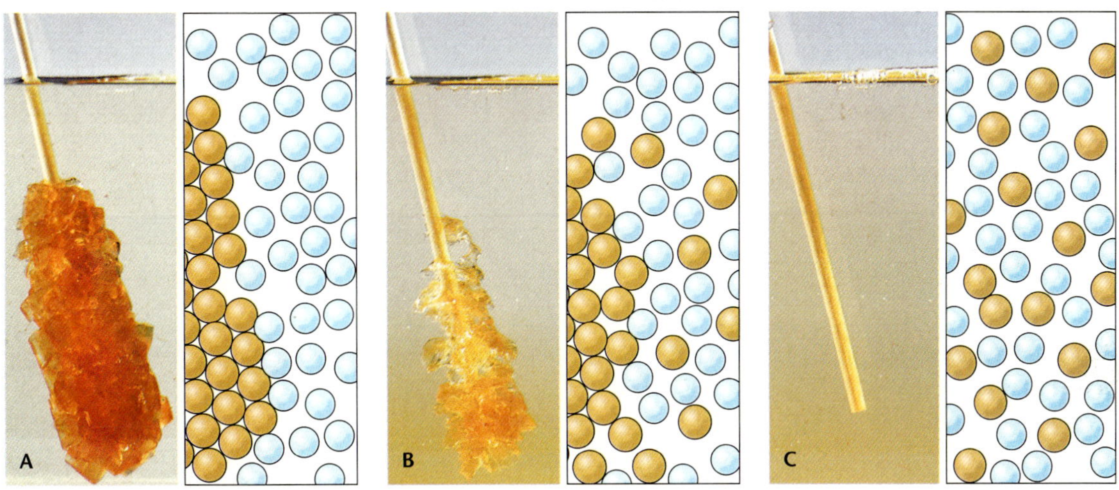

▲ *2 Das Lösen von Kandiszucker in Wasser im Teilchenmodell*

▲ *1 Ein Stoff verteilt sich durch Diffusion.*

Die kleinsten Teilchen bewegen sich. Wird im Klassenzimmer etwas Parfüm in die Luft gesprüht, kann man diesen Duft nach einiger Zeit auch in den hinteren Reihen des Raumes riechen. Ein Farbstoff verteilt sich nach einiger Zeit auch ohne Umrühren gleichmäßig in einer Flüsigkeit.

Eine Erklärung hierfür lieferte der englische Biologe BROWN im Jahre 1827. Er beobachtete unter seinem Mikroskop winzige Blütenpollen, die sich in ständiger, zitternder und unregelmäßiger Bewegung befanden. Man nannte das die **brownsche Bewegung.** Erklären konnte man sie allerdings noch nicht. Später fand man heraus, dass die Teilchen sich nicht alleine bewegen, sondern dass sie ständig von den kleinen, unsichtbaren Wasserteilchen angestoßen werden. Denn auch diese befinden sich in einer ständigen, sehr schnellen Bewegung.

Erwärmt man das Wasser, nimmt die Geschwindigkeit der Zickzackbewegung enorm zu. Die Wasserteilchen stoßen dabei unvorstellbar oft miteinander zusammen. Diese **Wärmebewegung** findet man bei den kleinsten Teilchen aller Stoffe.

Sie ist auch die Ursache für die selbstständige Verteilung von Stoffen im Raum, etwa beim Parfüm oder beim Farbstoff. Man bezeichnet diesen Vorgang als **Diffusion.** Dabei stoßen die kleinsten Teilchen ständig aneinander. Sie bewegen sich voneinander fort und verteilen sich mit der Zeit gleichmäßig im Raum.

Aggregatzustände und Teilchenmodell. Auch die **Übergänge** zwischen den Aggregatzuständen kann man mit der Teilchenbewegung veranschaulichen. Bei einem Feststoff sind die kleinsten Teilchen regelmäßig angeordnet und dicht gepackt. Dadurch können sie sich nur wenig bewegen.

Erwärmt man den Feststoff, löst sich die regelmäßige Anordnung der Teilchen auf. Sie halten sich etwas weniger dicht beieinander auf und bewegen sich schneller.

Mit zunehmender Temperatur nimmt die Geschwindigkeit der Teilchen weiterhin zu. Im gasförmigen Zustand bewegen sich die Teilchen unabhängig voneinander, völlig unregelmäßig und mit großem Abstand.

> Die Vorstellung, dass alle Stoffe aus kleinsten, kugelförmigen Teilchen aufgebaut sind, bezeichnet man als Kugelteilchenmodell.
> Die kleinsten Teilchen sind in ständiger Bewegung.

3 Aggregatzustände im Teilchenmodell ▶

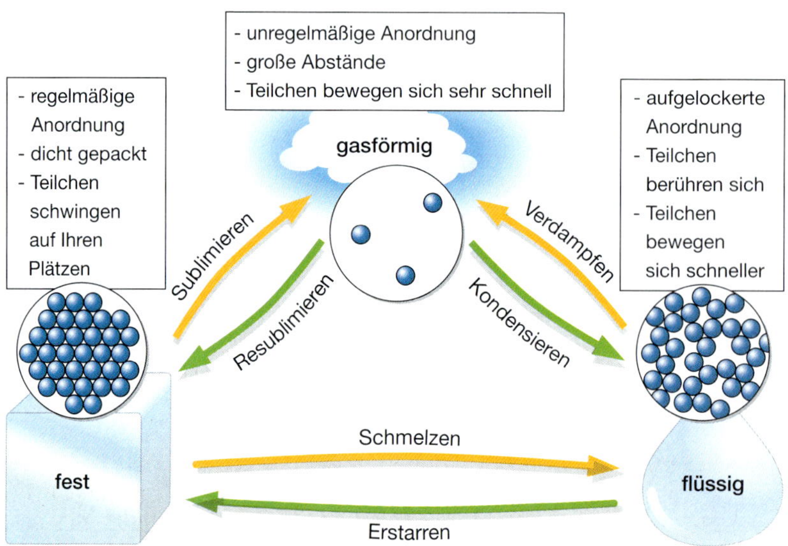

Modelle – vereinfachte Wirklichkeiten

In der Schule hast du bereits eine Vielzahl von Modellen kennengelernt: Ob es nun das Modell einer Blüte aus dem Biologieraum ist oder der Globus, der in eurem Klassenraum steht.
Man arbeitet immer dann mit einem **Modell,** wenn man einen Sachverhalt *vereinfacht* darstellen will. Das kann beispielsweise dann der Fall sein, wenn der wirkliche Gegenstand sehr klein oder sehr groß ist. Auch zum Verständnis von komplizierten Vorgängen nutzt man Modelle, etwa bei der Klimavorhersage. Ein Modell kann jedoch immer nur wenige Bereiche der Wirklichkeit darstellen.

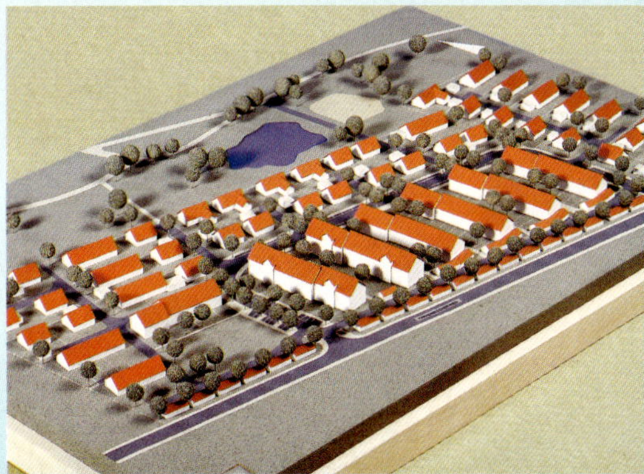

Das *Kugelteilchenmodell* ist eine *Modellvorstellung* über den *Aufbau von Stoffen.* Es hilft uns, die Bewegung und die Anordnung der kleinsten Teilchen zu verstehen – verrät uns aber nicht, wie die Teilchen tatsächlich aussehen.

1. Überlege dir weitere Situationen, in denen es sinnvoll ist, mit Modellen zu arbeiten.
2. Erläutere an einem Beispiel die Grenzen von Modellen.

1 Fragen zum Text

a) Erkläre das Lösen von Zucker in Wasser mithilfe des Kugelteilchenmodells.
b) Was versteht man unter der brownschen Bewegung?
c) Warum schmeckt Tee auch ohne Umrühren des Zuckers nach einiger Zeit süß?
d) Wie verändert sich die Teilchenbewegung beim Erwärmen eines Stoffes?

2 Experiment

Fülle eine Petrischale mit etwas Wasser. Pipettiere vorsichtig einen Tropfen Tinte auf den Schalenboden. Beobachte über einen längeren Zeitraum.

3 Experiment

Gib einen Tropfen Wasser auf einen Objektträger und darauf einen Tropfen Korrekturflüssigkeit. Decke mit einem Deckgläschen ab und mikroskopiere bei möglichst starker Vergrößerung.

4 Experiment

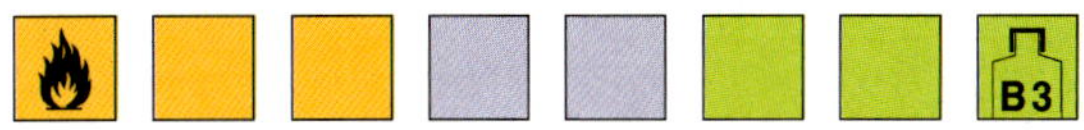

a) Überschichte in einem Messzylinder vorsichtig 50 ml Wasser mit 50 ml Alkohol. Lies anschließend das Gesamtvolumen ab.
b) Vermische die beiden Flüssigkeiten und ermittle wieder das Gesamtvolumen.
c) Führe das Experiment als Modellversuch durch. Die Alkoholteilchen sollen mit Erbsen, die Wasserteilchen mit Senfkörnern dargestellt werden.
d) Versuche, die Beobachtungen aus a) und b) mithilfe des Modellversuchs zu erklären.

Kristalle züchten

Aus gesättigten Salzlösungen lassen sich schon innerhalb weniger Tage schöne Kristalle züchten. Für große Kristalle braucht man allerdings mehrere Wochen.

Materialien: Glasgefäße, Holzstäbe, Wollfaden, Zwirnfaden, Pappstücke; Kochsalz, Alaun (Kaliumaluminiumsulfat), destilliertes Wasser.

Tipps eines erfolgreichen Kristallzüchters

- Beim Züchten von Kristallen sollte man sich viel Zeit nehmen
- Die Salzlösung sollte abgedeckt sein, um sie vor Staub zu schützen
- Kleinere Kristalle sollten regelmäßig aus der Lösung entfernt werden
- Größere Temperaturschwankungen im Raum sollten vermieden werden (direkte Sonnenbestrahlung, Heizungswärme)
- Man sollte die Kristalle nie mit (feuchten) Händen berühren.

V 1: Kochsalzkristalle am Wollfaden

Durchführung: Gieße eine Lösung aus 35 g Kochsalz und 100 ml Wasser in ein Glasgefäß. Befestige den Wollfaden am Holzstab und hänge ihn in das Glas. Beschwere ihn mit einem kleinen Metallstück. Beobachte mehrere Tage lang.

V 2: Züchtung eines Alaun-Kristalls

Durchführung: In 200 ml warmem Wasser (höchstens 50 °C) werden 50 g Alaun (Kaliumaluminiumsulfat) gelöst. Wenn die Lösung abkühlt, kristallisiert ein Teil des Alauns aus. Die darüber stehende gesättigte Lösung wird in ein Becherglas filtriert. Das Filtrat wird an einem kühlen Ort bei möglichst gleich bleibender Temperatur aufbewahrt. Nach einigen Tagen haben sich größere Kristalle gebildet. Ein Teil der Lösung wird in ein kleines Becherglas abgegossen.
Ein möglichst großer und regelmäßig geformter Kristall wird entnommen und an einem dünnen Faden befestigt. Er wird so in das Becherglas mit der Lösung gehängt, dass er vollständig eintaucht. Die kleinen Kristalle, die sich zusätzlich am Faden bilden, müssen regelmäßig entfernt werden.
Damit der Kristall immer bedeckt ist, muss gelegentlich gesättigte Alaunlösung gleicher Temperatur aus dem Vorratsgefäß nachgefüllt werden.

Aufgaben: a) Warum wird der Alaun-Kristall ständig größer?

b) Zeichne einen gelungenen Alaun-Kristall in dein Heft.

c) Wie stellst du dir die Anordnung der kleinsten Teilchen im Kristall vor?

Weitere Kristalle. Auf die gleiche Weise lassen sich auch Kristalle anderer Salze züchten.
Man nimmt 50 g Kupfersulfat (Xn) oder 70 g Kaliumnitrat (O) oder 40 g Chromalaun (Chromkaliumsulfat) auf je 100 ml Wasser und verfährt ebenso wie in V2 beschrieben.

1 Vor dir liegen drei Stoffproben. Eine davon ist Kochsalz, eine Puderzucker und eine Gips. Wie kannst du die drei Stoffe eindeutig voneinander unterscheiden? Denke daran, dass du keine Geschmacksproben durchführen darfst.

2 Überlege, warum du zum Schmelzen von Eisen keinen Kupfertiegel verwenden kannst.

3 Wie kann man eine Goldmünze von einer vergoldeten Kupfermünze unterscheiden?

4 Beim Backen benutzt man häufig Messbecher zum „abwiegen" von Mehl und Zucker. Erkläre, warum es für Mehl und Zucker zwei verschiedene Skalen am Becher gibt.

5 Zucker wurde mit Wasser beziehungsweise Benzin vermischt, Pflanzenöl ebenso. Ordne die Mischungen den Reagenzgläsern 1–4 zu.

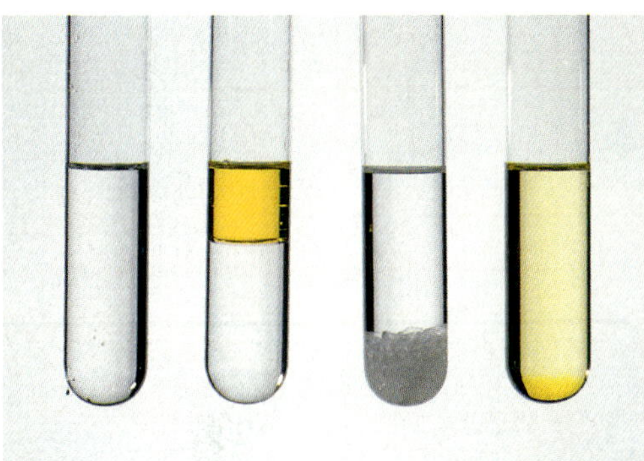

6 Auf welchen Stoff trifft folgende Eigenschaftskombination zu?
Schmelztemperatur 961 °C, Siedetemperatur 2150 °C, Dichte 10,5 g/cm^3, glänzend?

7 **a)** Beim Bau von Flugzeugen wird überwiegend Aluminium verarbeitet. Auch in der Autoindustrie fertigt man Karosserien aus diesem Metall. Welche Gründe sprechen dafür?
b) Weshalb werden wohl nicht alle Autos aus Aluminium hergestellt?

8 Nimmt man ein Kühlelement aus dem Tiefkühlfach, bildet sich innerhalb weniger Minuten Raureif daran.
a) Erkläre diesen Vorgang.
b) Was geschieht, wenn man das Kühlelement längere Zeit liegen lässt?

9 In vielen Haushalten stellt man selbst Sprudelwasser her. Dabei wird Kohlenstoffdioxid unter Druck aus einer Stahlpatrone in das Leitungswasser eingelassen.
a) Was passiert dabei mit dem Kohlenstoffdioxid?
b) Warum ist es empfehlenswert, die Flasche mit dem Wasser zunächst in den Kühlschrank zu stellen und das Gas dann in gekühltes Wasser zu leiten?

10 Der Duft von Parfüm verteilt sich schnell im ganzen Raum. Stelle die Verteilung der kleinsten Parfümteilchen vom Flakon bis zur letzten Stuhlreihe zeichnerisch dar.

11 Ordne die folgenden Stoffe einer Stoffgruppe zu.

	Magnesium	**Quarz**	**Kerzenwachs**
Schmelztemperatur	650 °C	1713 °C	69 °C
Siedetemperatur	1105 °C	2230 °C	291 °C
Härte	hart	sehr hart	weich
el. leitfähig	ja	nein	nein

Basis-Wissen

→ Stoffeigenschaften: Stoffe erkennt man an ihren Eigenschaften. Einige kann man mit den Sinnesorganen ermitteln, für andere benötigt man Hilfsmittel.

Ermitteln mit den Sinnen	Farbe, Form, Oberfläche, Glanz	Geruch	Geschmack	Klang	Wärmeleitfähigkeit, Oberfläche
Ermitteln mit Hilfsmitteln	Schmelztemperatur, Siedetemperatur, Brennbarkeit	Löslichkeit	Dichte	Härte	elektrische Leitfähigkeit

→ **Dichte:** Sie gibt an, welche Masse 1 Kubikzentimeter eines Stoffes hat:

$$\text{Dichte} = \frac{\text{Masse}}{\text{Volumen}} \qquad \text{Einheit: } \frac{g}{cm^3} \text{ oder: } \frac{g}{l}$$

→ **Löslichkeit:** Die Löslichkeit gibt an, wie viel Gramm eines Stoffes sich in 100 g Wasser lösen lassen. Dann liegt eine **gesättigte Lösung** vor.

→ **Aggregatzustände:** Stoffe können je nach Temperatur fest, flüssig oder gasförmig sein. Jeder Stoff besitzt eine ganz bestimmte **Schmelztemperatur** und eine ganz bestimmte **Siedetemperatur.** Beim Erhitzen bleibt die Temperatur eines Stoffes so lange konstant, bis er vollständig geschmolzen beziehungsweise verdampft ist.

→ **„Steckbrief":** Jeder Stoff lässt sich durch eine charakteristische Kombination von Eigenschaften beschreiben.

→ **Stoffgruppen**: Stoffe mit ähnlichen Eigenschaften ordnet man in Stoffgruppen. Metalle glänzen, sind undurchsichtig und leicht verformbar; sie sind gute elektrische Leiter und gute Wärmeleiter.

→ **Kugelteilchenmodell:** Alle Stoffe bestehen aus kleinsten kugelförmigen Teilchen. Die Teilchen sind ständig in Bewegung. Die Bewegung wird mit steigender Temperatur stärker.

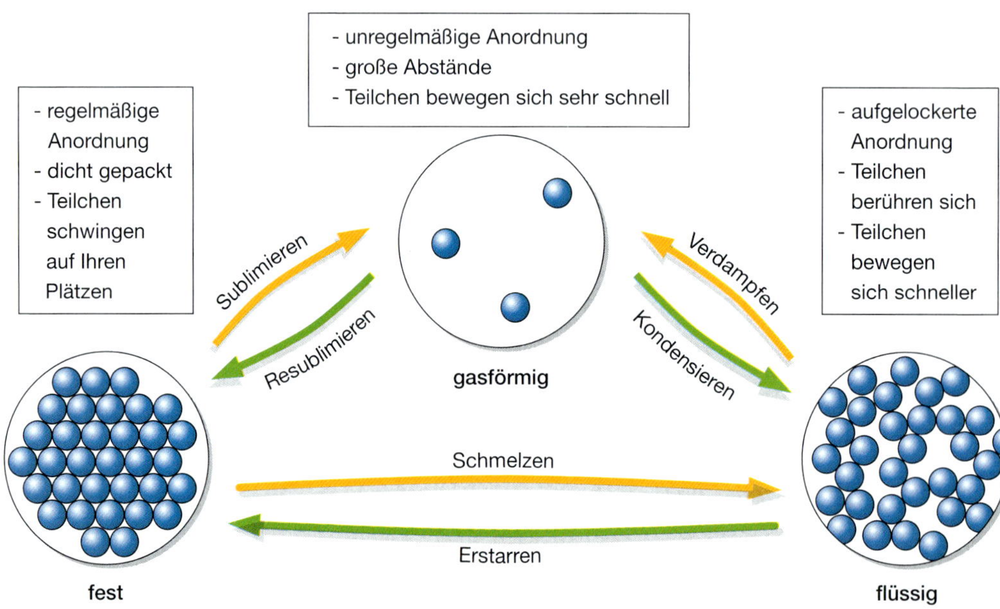

|2| Mischen und Trennen in Alltag und Technik

Die Natur ist ein riesiges Labor. Hier findet der Mensch eine Vielzahl von Stoffen, die er weiter verarbeiten kann. Allerdings müssen diese Stoffe oft erst aus den Naturprodukten isoliert werden. So werden aus den Lavendelblüten Duftstoffe für die Parfümindustrie gewonnen und aus den Blättern des Fingerhuts Arzneimittel zur Stärkung des Herzens. In der Industrie muss man oft einen großen Aufwand treiben, um Stoffe zu isolieren. Im Alltag dagegen wenden wir einfache Trennmethoden ständig an, ohne dass uns das überhaupt bewusst wird.

|2.1| Der Mensch verarbeitet Stoffe aus der Natur

In der Provence in Frankreich findet man große Felder, auf denen Lavendel angebaut wird. Doch die duftenden Pflanzen werden nicht als Blumenschmuck angepflanzt. Aus den Blüten werden Duftstoffe gewonnen und zu Parfüm verarbeitet.

Im August werden die Lavendelblüten mit Maschinen geschnitten. Zum Trocknen bleiben sie einige Tage auf den Feldern liegen, ehe sie zu einer Lavendeldestillerie gebracht werden.
Hier wird die Lavendelernte sorgfältig auf einen Rost geschichtet und in einen Destillationskessel geschoben. Von unten strömt Wasserdampf durch das Pflanzenmaterial. Dabei brechen die ölhaltigen Zellen auf und die gasförmigen Duftstoffe wandern mit dem Wasserdampf im geschlossenen Behälter nach oben. An einem gekühlten Rohr kondensiert sowohl der Wasserdampf als auch das wohlriechende Lavendelöl. Im Auffangbehälter scheidet sich das leichtere Öl vom schwereren Wasser ab. Es wird in Flaschen abgefüllt. Dieses Verfahren bezeichnet man als **Wasserdampfdestillation.**

In Parfümfabriken werden die gewonnenen Öle verarbeitet. Ein *Parfümeur* mischt sie mit verschiedenen anderen Duftölen und findet so immer wieder neue Düfte.

▼ *2 Wasserdampfdestillation von Lavendel*

Die gewünschte Duftmischung wird in Alkohol und etwas destilliertem Wasser gelöst. Sie muss noch 5–8 Wochen reifen. Abschließend wird die Lösung filtriert, ehe sie als Parfüm in Flakons gefüllt wird.

Mithilfe der Wasserdampfdestillation gewinnt man Duftstoffe aus Blüten.

Lavendelwasser

Gib 15 g Lavendelblüten in einen kleinen Erlenmeyerkolben (100 ml) und versetze sie mit 50 ml Ethanol (F). Verschließe den Kolben mit einem Stopfen und lasse ihn ruhen.
Filtriere die Lösung nach etwa 4 Wochen und gib nun noch 10 ml destilliertes Wasser hinzu.
Tipp:
Versuche das Gleiche mit Rosenblättern.

1 Fragen zum Text

a) Beschreibe die Arbeitsschritte zur Gewinnung von Duftstoffen aus Lavendelblüten.
b) Warum trennt sich das Öl im Auffangbehälter vom Wasser?

2 Experiment

Gib kleine Stücke ungespritzter Orangenschalen in einen Erlenmeyerkolben. Übergieße sie mit 150 ml Wasser und verschließe den Kolben. Erhitze nun das Gemisch bis zum Sieden und leite den Dampf mithilfe eines gebogenen Glasrohrs in ein gekühltes Reagenzglas. Notiere deine Beobachtungen.

|2.2| Reinstoff oder Stoffgemisch?

Vergleiche einmal Brausepulver mit Zucker. Während der Zucker gleichmäßig süß schmeckt, nimmst du beim Brausepulver zuerst einen säuerlichen Geschmack wahr. Dann spürst du ein leichtes Prickeln. Das Pulver schäumt auf der Zunge. Es schmeckt süß und fruchtig.

Mit einer Lupe erkennt man, dass der Zucker aus einheitlichen Kristallen besteht. Zucker ist ein **Reinstoff,** der bestimmte, gleich bleibende Eigenschaften aufweist.

▼ *1 Brausepulver und Zucker unter der Lupe*

Das Brausepulver dagegen setzt sich aus verschiedenen Bestandteilen zusammen, es ist ein **Stoffgemisch.** Unter der Lupe findet man größere, regelmäßig gebaute Körnchen, *Zuckerkristalle,* die das Pulver süß machen. Die kleineren Kristalle aus *Citronensäure* oder *Weinsäure* schmecken dagegen sauer. Das weiße Pulver heißt *Natron.* Wenn es mit dem Speichel und der Citronensäure in Berührung kommt, entwickelt sich ein Gas und es schäumt kräftig im Mund. In der Regel sind dem Gemisch auch *Farbstoffe* und fruchtige *Aromastoffe* zugefügt.

In der Natur kommen Reinstoffe fast nie vor. Meistens findet man Stoffgemische. Stoffgemische bestehen mindestens aus zwei, meistens jedoch mehreren Reinstoffen. So ist Erde ein Gemisch aus Steinen, Sand, Ton, Salzen, Wasser und vielen anderen Stoffen.

Rezept für Brausepulver (10 Personen)

5 Esslöffel Zucker, 3 Esslöffel Citronensäure, 2 Esslöffel Natron, 1 Päckchen Vanillinzucker, 1–2 Tropfen Fruchtaroma (z. B. Himbeere).

Mische alle Zutaten in einer trockenen und sauberen kleinen Schüssel, die nur für Lebensmittel benutzt wird.
Wenn alles gleichmäßig verrührt ist, kannst du das Brausepulver an deine Mitschülerinnen und Mitschüler verteilen oder damit ein Brausegetränk herstellen.

Gemenge. Granit ist ein Gestein, das sich aus Feldspat, Quarz und Glimmer zusammensetzt. Stoffgemische, die nur aus Feststoffen bestehen, werden auch **Gemenge** genannt.

Lösung. Auch Leitungswasser ist kein Reinstoff. Lässt man ein Glas klares Wasser eine Weile stehen, setzen sich kleine Luftbläschen an den Wänden ab. Wird das Wasser eingedampft, bleiben im Gefäß Ablagerungen zurück. Wasser ist eine **Lösung,** in der Luft und Salze gelöst sind.

Suspension. Eine Flasche Orangensaft schüttelt man vor dem Öffnen, damit sich die Fruchtteilchen gleichmäßig verteilen. Sie sind in Wasser unlöslich und setzen sich am Boden der Flasche ab. Man bezeichnet ein solches Stoffgemisch als **Aufschlämmung** oder auch als **Suspension.**

Emulsion. Essig und Öl lassen sich nur schlecht mischen. Verquirlt man die beiden Flüssigkeiten kräftig miteinander, bildet sich eine milchige Mischung aus Öltröpfchen und Essig. Dieses Gemisch bezeichnet man als **Emulsion.** Lässt man sie kurze Zeit ruhen, sammeln sich die einzelnen Fetttropfen schnell wieder an der Oberfläche. Fügt man jedoch ein Eigelb hinzu und rührt, mischen sich die beiden Flüssigkeiten dauerhaft miteinander. Das Eigelb dient hier als **Emulgator.**

Rauch, Nebel, Schaum. In Abgasen von Dieselfahrzeugen verteilen sich winzige, feste Rußteilchen in der Luft. Man spricht hier von **Rauch.** Verteilen sich kleine Wassertröpfen in der Luft spricht man von **Nebel. Schaum** entsteht, wenn sich Luft mit Wasser vermischt.

Gasgemische. Ein typisches **Gasgemisch** ist unsere Luft. Sie besteht aus Stickstoff, Sauerstoff, Kohlenstoffdioxid und Edelgasen.

Reinstoffe sind einheitlich aufgebaute Stoffe. Sie haben an allen Stellen die gleichen Eigenschaften. Stoffgemische bestehen aus mehreren Reinstoffen.

Gasgemisch
(gasförmig/gasförmig)
Schaum
(gasförmig/flüssig)
Rauch
(fest/gasförmig)
Nebel
(flüssig/gasförmig)
Gemische im Überblick
Suspension
(fest/flüssig)
Emul-
sion
(flüssig/
flüssig)
Lösung
(flüssig/flüssig)
Lösung
(gasförmig/flüssig)
Gemenge
(fest/fest)
Lösung
(fest/flüssig)

1 Fragen zum Text

a) Wie kannst du herausbekommen, ob ein Reinstoff oder ein Stoffgemisch vorliegt?
b) Ordne in einer Tabelle nach Reinstoff und Stoffgemisch: Zucker, Waschpulver, Aluminium, Luft, Kochsalz, Eisen.
Ergänze die Tabelle um je fünf weitere Beispiele.
c) Weshalb ist Leitungswasser kein Reinstoff?
d) Erkläre den Begriff Suspension an einem selbst gewählten Beispiel.
e) Welche Aufgabe hat ein Emulgator?

2 Experiment

a) Fülle ein Becherglas mit Wasser, gib zwei Löffel Sand hinzu und rühre kräftig. Lass das Gemisch dann einige Minuten stehen und beobachte.
b) Rühre nach etwa fünf bis zehn Minuten eine Spatelspitze Tapetenkleister unter und beobachte erneut.

3 Experiment

Fülle einen Standzylinder voll mit Wasser und decke ihn mit einem Deckglas ab. Stelle das Gefäß mit der Öffnung nach unten in eine wassergefüllte Wanne. Entferne das Deckglas unter Wasser. Gib eine Brausetablette in den Standzylinder, sodass das entstehende Gas in den Zylinder gelangt. Markiere die aufgefangene Gasmenge mit einem Stift am Zylinder.

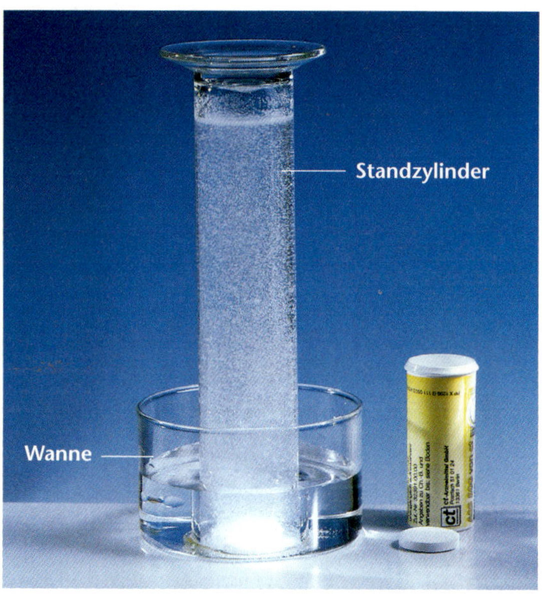

Wiederhole den Versuch mit einer zweiten Tablette. Wie viel Wasser verdrängt die zweite Tablette im Vergleich zur ersten? Erkläre dein Ergebnis.

4 Experiment

a) Fülle ein Reagenzglas etwa 2 cm hoch mit Wasser und gib die gleiche Menge an Salatöl hinzu. Verschließe das Reagenzglas mit deinem Daumen, schüttle kräftig und beobachte.
b) Gib nun einige Tropfen eines Spülmittels hinzu und beobachte erneut.
c) Welche Wirkung hat das Spülmittel?

5 Theorie

Salzwasser ist ein Stoffgemisch. Die einzelnen Bestandteile der Lösung kann man jedoch nicht erkennen – weder mit dem bloßen Auge, noch unter einem starken Mikroskop. Solche einheitlich aufgebauten Gemische werden als **homogene Gemische** bezeichnet.

Das Müsli auf dem Frühstückstisch ist ein **heterogenes Gemisch.** Die einzelnen Bestandteile sind mit bloßem Auge sichtbar. Es gibt auch heterogene Gemische, die auf den ersten Blick einheitlich aufgebaut erscheinen. Unter dem Mikroskop erkennt man jedoch Unterschiede.

Zu welcher Art Gemisch gehören Luft, Brausepulver, Tinte, Wein, Hamsterfutter, Mineralwasser, Haarspraynebel, Mehlstaub, Suppe, Teegetränk? Ordne tabellarisch.

homogenes Gemisch	*heterogenes Gemisch*
Salzwasser	*Müsli*

Exkurs: Alltag

Was sind eigentlich Dispersionen?

Nina plant mit ihrer Klasse, den Klassenraum neu zu gestalten. Im Baumarkt wird ihnen geraten, zum Streichen eine **Dipersionsfarbe** zu verwenden, die einen freundlichen Farbton hat. „... freundlicher Farbton, OK", sagt Nina, „aber was meint der Verkäufer mit Dispersionsfarbe?"

Die Suche im Internet half ihr weiter. Dort erfährt sie, dass es sich bei Dispersionen um Stoffgemische handelt. Hierzu zählen die Emulsionen (Flüssigkeit in Flüssigkeit fein verteilt) ebenso wie die Suspensionen (Feststoff in Flüssigkeit fein verteilt).

1. Dispersionen sollte man vor dem Gebrauch gründlich rühren oder schütteln. Erkläre, weshalb das empfohlen wird.

Praktikum

Kosmetik selbst gemacht

V 1: Bodylotion

Material: Waage, Thermometer, 2 Bechergläser; Tegomuls (Emulgator), Sonnenblumenöl, destilliertes Wasser, Paraben, evtl. Pflegezusätze: D-Panthenol, Parfümöl.

Durchführung: Erwärme 80 g Wasser bis auf etwa 70 °C. Mische im zweiten Becherglas 15 g Sonnenblumenöl mit 10 g Tegomuls und erwärme ebenfalls auf 70 °C. Gieße nun unter ständigem Rühren vorsichtig das Wasser zu dem Öl. Rühre so lange, bis sich die Emulsion auf etwa 35 °C abgekühlt hat. Gib nun einige Tropfen des Parfümöls, 5 Tropfen Paraben und 1 g D-Panthenol hinzu und rühre weiter. Wenn die Creme ganz abgekühlt ist, kannst du sie in ein passendes Gefäß füllen. Sie ist ungefähr drei Monate haltbar.

V 2: Herstellung von Peeling-Gel

Material: Waage, Becherglas, Glasstab; Gelbildner PNC (Polyacrylamid), destilliertes Wasser, Mandelkern-Oliven-Granulat, Paraben, evtl. Pflegezusätze: Meristem-Extrakt, Aloe-Vera-Extrakt.

Durchführung: Mische in einem Becherglas 90 g destilliertes Wasser mit 10 g Mandelkern-Oliven-Granulat (oder Mandelkleie oder Seesand).

Gib dann unter starkem Rühren langsam 1,5 g Gelbildner zu (Klümpchenbildung vermeiden). Füge

abschließend 10 Tropfen Paraben, 15 Tropfen Meristem-Extrakt und 20 Tropfen Aloe-Vera-Extrakt hinzu und fülle die fertige Masse in ein passendes Gefäß. Das Peeling-Gel ist ungefähr drei Monate haltbar.

Messing und Bronze sind Legierungen

Reine Metalle werden von der Industrie nur selten verarbeitet. Sie lassen sich zwar leicht verformen, sind für viele Anwendungszwecke aber zu weich. Gegenstände des täglichen Gebrauchs sollen jedoch widerstandsfähig und robust sein.
Die Eigenschaften reiner Metalle kann man verändern, indem man sie mit anderen Metallen mischt. Dazu werden die Metalle miteinander geschmolzen. Die entstandenen Mischungen heißen **Legierungen.** Neben der Härte ändern sich beim Legieren auch die Dichte und die Schmelztemperatur.

▲ *4 Denkmal aus Bronze*

▲ *1 Gegenstände aus Messing*

Messing. Aus etwa 70 % Kupfer und 30 % Zink erhält man Messing, eine Legierung, die man leicht mit Gold verwechseln kann. Messing wird vor allem zu Blechblasinstrumenten und dekorativen Gegenständen verarbeitet. Aber auch Armaturen, Türklinken, Scharniere und Schiffsbauteile werden aus dieser sehr beständigen Legierung gefertigt.

Bronze. Eine andere Kupferlegierung prägte sogar ein geschichtliches Zeitalter. Während der Bronzezeit (2500–800 v. Chr.) stellten die Menschen viele Gegenstände aus Bronze her. Diese Legierung ist viel härter als reines Kupfer. Neben Werkzeugen und Waffen wurden Teller, Trinkgefäße, Schmuck und Münzen aus dieser Legierung gefertigt. Auch die Medaille für den dritten Platz bei olympischen Wettbewerben besteht bekanntlich aus Bronze.
Die Legierung besteht aus etwa 80 % Kupfer und 20 % Zinn.

Es gibt jedoch nicht nur Legierungen mit Kupfer. Für die Schmuckindustrie sind Legierungen mit Gold und Silber von großer Bedeutung.

In der Küche findet man viele Gegenstände aus **Stahl**, einer Legierung aus Eisen und Kohlenstoff.
Von **Edelstahl** spricht man, wenn zusätzlich Chrom oder Nickel beigemischt wurden.
Interessante Legierungen stellen die **Memory-Metalle** dar. Das *Nitinol* besteht aus Nickel und Titan. Die Legierung lässt sich nach Belieben verformen und „erinnert" sich immer wieder an ihre ursprüngliche Form. Aus diesem Grund wird Nitinol häufig in Brillengestellen verarbeitet.

1 Demonstrations-Experiment

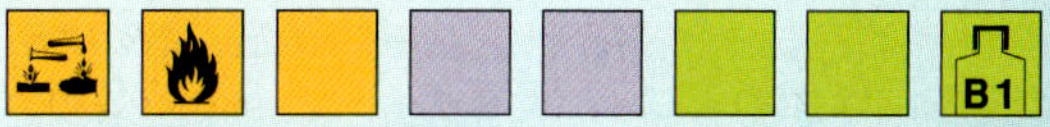

Man gibt etwa 50 ml konz. Natronlauge (C) in ein Becherglas, fügt etwas Zinkpulver und eine gut gereinigte Kupfermünze hinzu. Unter ständigem Rühren wird das Gemisch bis zum Sieden erhitzt. Die Münze wird mit der Tiegelzange aus der Flüssigkeit genommen und gut mit Wasser abgespült. Dann erhitzt man sie kurz in der Flamme.

Erkläre die Veränderungen auf der Oberfläche der Münze nach dem Sieden und nach dem Erhitzen.

|2.3| Stoffgemische kann man trennen

▲ *1 Abbau von Steinsalz unter Tage*

Rohes Steinsalz ist als Speisesalz nicht zu gebrauchen, weil es durch Sand und Gesteine verunreinigt ist. Die Gewinnung von Speisesalz gelingt im Labor mit einfachen Mitteln.

Zunächst wird das Steinsalz mithilfe eines Mörsers möglichst fein zerrieben und dann ins Wasser gegeben. Die Salzteilchen lösen sich im Wasser, nicht jedoch die Verunreinigungen. Sie sinken nach kurzer Zeit zu Boden und setzen sich dort ab, sie **sedimentieren**. Durch anschließendes **Abgießen (Dekantieren)** der Lösung werden die meisten Verunreinigungen bereits abgetrennt.

Man kann die Lösung aus Salz und Wasser aber auch **filtrieren.** Die feinen Poren des Filters wirken wie ein Sieb. Das gelöste Salz gelangt mit dem Wasser durch den Filter hindurch, die ungelösten Verunreinigungen bleiben als *Rückstand* im Filter zurück.

Das aufgefangene *Filtrat* besteht nur noch aus Wasser und Salz. Ist das Wasser verdunstet, bleiben Kristalle aus reinem Speisesalz zurück. Um diesen Vorgang zu beschleunigen, wird die Lösung in einer Schale erhitzt. Nach diesem **Eindampfen** findet man das weiße Kochsalz am Boden der Schale.

Eine solche Stofftrennung ist möglich, weil sich die einzelnen Reinstoffe **in ihren Eigenschaften unterscheiden.** Beim Sedimentieren und Dekantieren nutzt man die *unterschiedliche Dichte,* beim Filtrieren die *Löslichkeit* und beim Eindampfen die *unterschiedliche Siedetemperatur* der Stoffe.

▲ *2 So gewinnt man Speisesalz*

Sticht ein großes Passagierschiff in See, muss es eine Menge Proviant mitnehmen. Doch das Wichtigste ist das Trinkwasser. Obwohl man von Meerwasser umgeben ist, darf man es nicht trinken. Der hohe Salzgehalt macht es für den Menschen ungenießbar. In den großen Schiffen sind deshalb Meerwasser-Entsalzungsanlagen eingebaut. Ein Verfahren, das in solchen Anlagen angewendet wird, ist die **Destillation.** Sie nutzt die Unterschiede in den Siedetemperaturen der beiden Reinstoffe Wasser und Salz.

▲ *1 Passagierschiff mit eigener Destillations-Anlage*

Destillation im Labor. Im Laborversuch kann man das Trennverfahren mit einfachen Mitteln nachvollziehen.

Etwas Salzwasser wird in einem Kolben bis zum Sieden erhitzt. Der aufsteigende Wasserdampf wird in den *Kühler* geleitet. Ein besonders wirksames Kühlsystem ist der *Liebig-Kühler*. Er besteht aus einem inneren und einem äußeren Rohr. Durch das innere Rohr strömt der heiße Wasserdampf, während das äußere Rohr in der Gegenrichtung von kaltem Wasser durchströmt wird.

Der Wasserdampf kühlt an dem kalten Glasrohr ab. Er kondensiert und sammelt sich als *Destillat* in einem Auffangbehälter. Es ist *reines Wasser,* das man auch als **destilliertes Wasser** bezeichnet. Das Salz ist im Kolben zurückgeblieben.

Möchte man das Wasser als Trinkwasser verwenden, gibt man anschließend noch einige lebenswichtige Mineralstoffe hinzu. Denn ganz ohne Mineralstoffe ist das Wasser auch nicht bekömmlich.

▼ *2 Destillations-Apparatur*

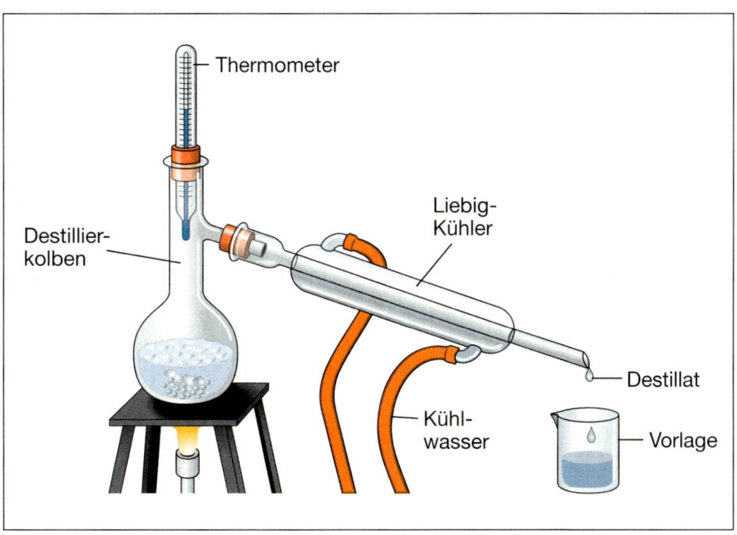

Mithilfe verschiedener Trennverfahren werden Stoffgemische in Reinstoffe zerlegt. Dabei werden die unterschiedlichen Eigenschaften der Reinstoffe genutzt.

1 Fragen zum Text

a) Beschreibe die Gewinnung von Speisesalz aus Steinsalz.
b) Welche Stoffeigenschaft nutzt man beim Filtrieren, welche beim Eindampfen?
c) Was ist destilliertes Wasser?
d) Weshalb sollte man für Dampfbügeleisen destilliertes Wasser verwenden?

2 Experiment

Denke dir selbst eine einfache Anordnung aus, mit der sich aus Salzwasser mithilfe der Sonne reines Wasser gewinnen lässt. Mache eine Skizze, baue die Apparatur auf und führe den Versuch selbst durch.

3 Medizin

Erkundige dich, warum Meerwasser und destilliertes Wasser nicht als Trinkwasser genutzt werden dürfen.

|2.4| Müll trennen und verwerten

Jeder Mensch verursacht im Laufe seines Lebens eine gewaltige Menge an Müll. Über 500 kg wirft jeder Einwohner Deutschlands jedes Jahr in die verschiedenen Mülltonnen.

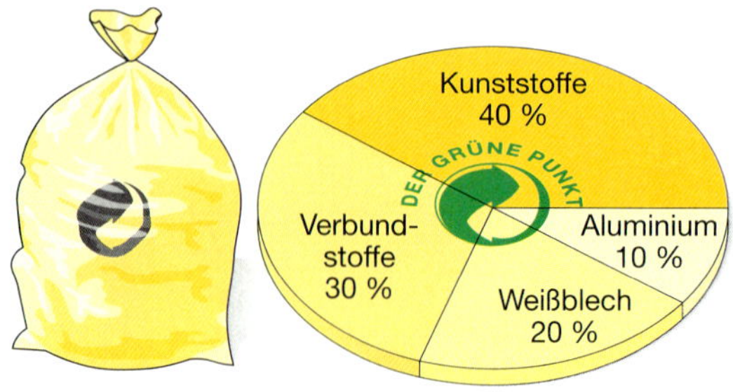

Wertstoffe. Verpackungen mit dem grünen Punkt werden als Wertstoffe meistens in gelben Säcken oder gelben Tonnen gesammelt. Hierzu zählen Kunststoffe, Metalle, Verbundstoffe, Papier und Glas. Die Kosten für die **Wiederverwertung** müssen natürlich indirekt die Verbraucher über leicht erhöhte Verkaufspreise tragen.

Beim Umgang mit dem Müll sind auch die Verbraucher gefordert, die tagtäglich ihren Hausmüll in unterschiedliche Tonnen sortieren. Denn nur durch eine sorgfältige Mülltrennung kann die Wiederverwertung der Wertstoffe, das **Recycling,** gewährleistet werden. Aus diesem Grund werden die bereits vorsortierten Wertstoffe in **Müllsortieranlagen** transportiert. Dort werden verschiedene technische Verfahren angewendet, um den Abfall zu trennen:

Große **Siebtrommeln** sondern kleinere Müllteile von größeren ab und leiten sie auf Fließbändern weiter. Diese sind mit **Magneten** ausgestattet, die Eisen anziehen und so vom übrigen Müll trennen.
Es arbeiten aber auch Menschen an den Fließbändern. Verbundstoffe, Textilien und größere Gegenstände aus Kunststoff werden oft noch **von Hand ausgelesen.**
Starke Gebläse, die **Windsichter,** blasen leichtes Papier, Pappe und Kunststoffe vom Förderband in die entsprechenden Sammelbehälter.
Reste aus Kunststoff werden anschließend zerkleinert, gewaschen und zu Granulat zermahlen. In einen **Hydrozyklon** wirbeln sie dann zusammen mit Wasser umher. Aufgrund ihrer Dichte schwimmen die leichteren Teile nach oben, die schwereren Kunststoffe sinken nach unten.
Das getrennte Kunststoffgranulat wird getrocknet und an Kunststoffbetriebe weiterverkauft.

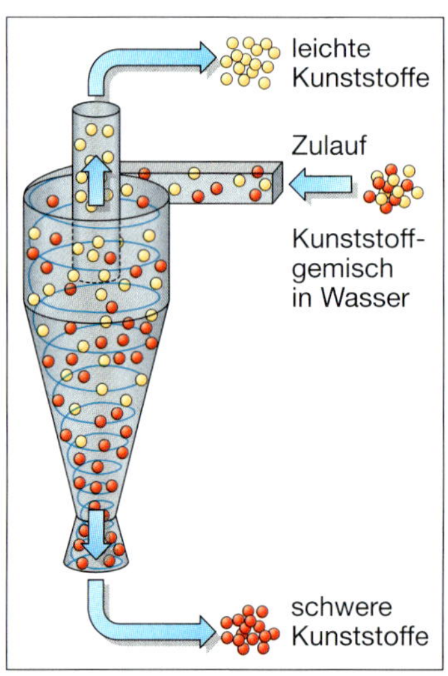

Restmüll. Etwa 70 % des täglichen Abfalls können nicht wiederverwertet werden. Staubsaugerbeutel, Windeln, Asche, Hygieneartikel oder die verschmutzte Katzenstreu gehören in die **Restmülltonne.** So landen in Deutschland jährlich über 13 Millionen Tonnen unverwertbaren Mülls entweder auf der **Mülldeponie** oder in einer **Müllverbrennungsanlage.**

◀ *5 Hydrozyklon*

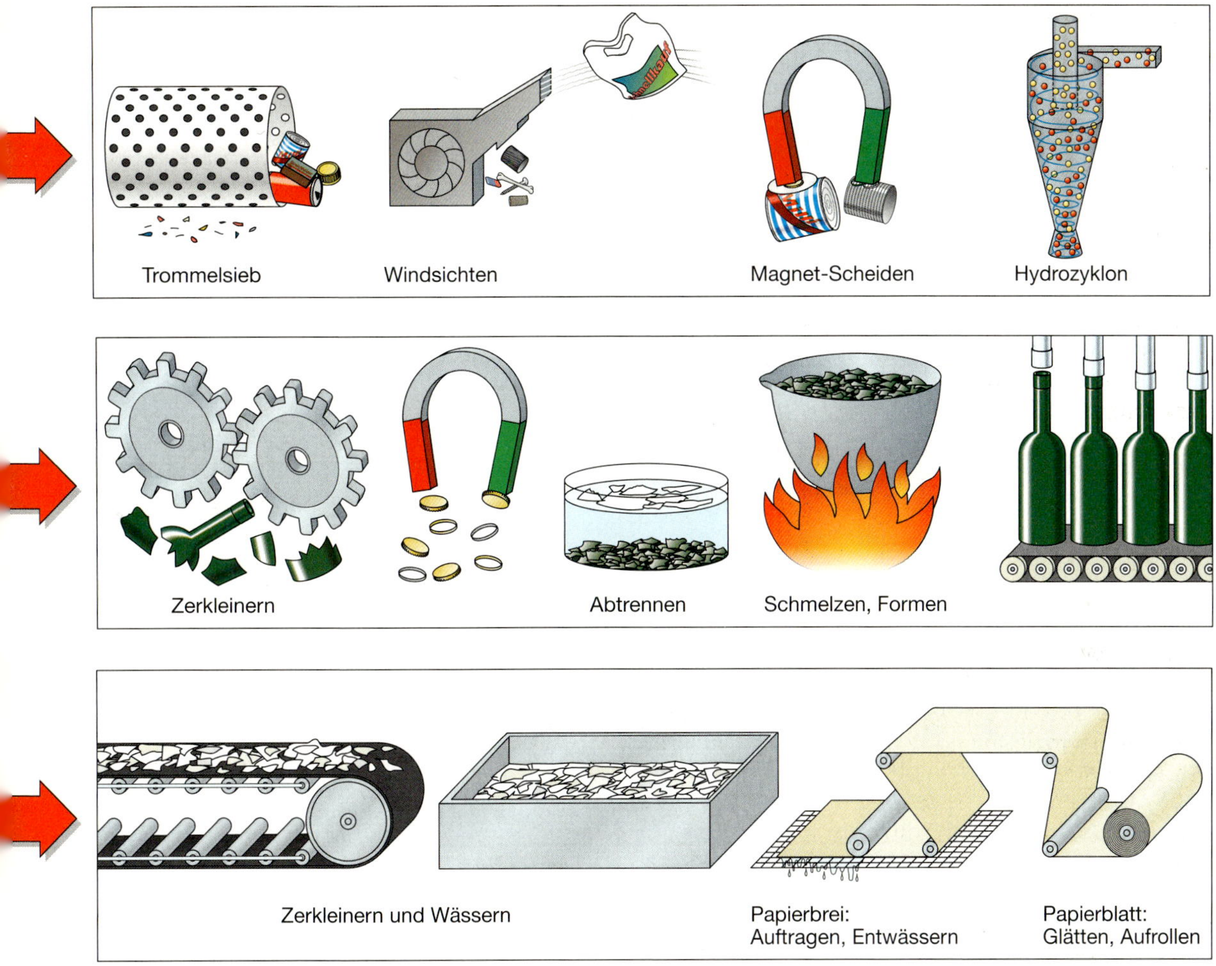

▲ 1 *Wertstoff-Recycling*

Sondermüll. Wir produzieren aber auch Müll, den wir weder wiederverwerten können, noch in die Restmülltonne werfen dürfen: Sondermüll.
Altöldosen kann man bei den Verkaufsstellen abgeben, alte Medikamente gehen zurück an die Apotheke. Leere Batterien oder defekte Akkus wirft man in die Sammelboxen der Händler; Lösemittel und Farbreste werden von den Wertstoffhöfen angenommen.

> Eine sorgfältige Trennung des Mülls ist die Voraussetzung für die Wiederverwertung von Wertstoffen, das Recycling.
> Der Restmüll kommt auf Mülldeponien oder in Müllverbrennungsanlagen. Umweltschädliche Stoffe gehören zum Sondermüll.

1 Fragen zum Text

a) Wie ist die Abfallentsorgung in deiner Stadt geregelt?
b) Wie entsorgt man Batterien, Medikamente und Altöldosen richtig?
c) Beschreibe das Recycling von Papier.
d) Rechne aus, wie viel Müll du nach der Statistik bisher bereits verursacht hast.

2 Aufgabe

a) In einer „Tonne" befinden sich Papierschnipsel, Eisennägel, Styropor, Sand und Schnipsel einer Plastiktüte. Plane einen Versuch zur Mülltrennung. Probiere aus, ob die Trennung auch funktioniert.
b) Welche Trennmethode hast du jeweils verwendet?

|2.5| Weitere Trennverfahren

Adsorbieren. In vielen Küchen sind über dem Herd Dunstabzugshauben eingebaut. Sie sollen den Kochdunst von Fett und Gerüchen reinigen.
Wenn die Abluft nicht ins Freie geleitet werden kann, wird sie von der Umlufthaube durch einen speziellen Fettfilter angesaugt. Hier bleiben die Fetttröpfchen hängen. Danach strömt die Luft durch einen Filter mit Aktivkohle. So ein Filter enthält sehr viele kleine Kohlekörnchen. Da sie zahlreiche Hohlräume besitzen, verfügen sie über eine sehr große Oberfläche: Bereits 5 g Aktivkohle haben eine Oberfläche, die so groß ist wie ein Fußballfeld.
Die angesaugte Luft wirbelt durch die Hohlräume der Aktivkohle, dabei bleiben die Geruchsstoffe an der riesigen Oberfläche hängen. Man sagt, sie werden **adsorbiert.** Die gereinigte Luft wird anschließend wieder in die Küche geleitet.
Auch Atemschutzmasken enthalten solche Aktivkohle-Filter.

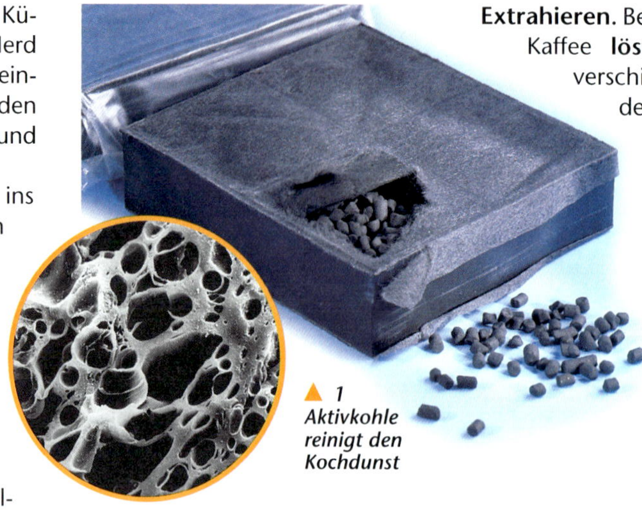

▲ *1 Aktivkohle reinigt den Kochdunst*

Zentrifugieren. In manchen Entsaftern wird der Saft in einer Zentrifuge vom Fruchtfleisch getrennt. Das Fruchtfleisch befindet sich in einem Sieb, das sehr schnell gedreht wird. Der Saft wird dadurch herausgeschleudert und anschließend in einem Behälter gesammelt.

Extrahieren. Bei der Zubereitung von Kaffee **löst** das heiße Wasser verschiedene Stoffe aus dem Kaffeepulver **heraus;** man sagt, sie werden **extrahiert.** Nicht gelöste Stoffe bleiben im Kaffeepulver zurück. Ganz ähnlich ist es beim Aufbrühen von Teeblättern. Beim Extrahieren nutzt man die unterschiedliche Löslichkeit von Stoffen in einem Stoffgemisch. Auch das Entfernen von Gras- oder Fettflecken aus Kleidungsstücken mithilfe von Waschbenzin ist eine Extraktion.
In der Technik extrahiert man Fette aus Samen oder Duft- und Wirkstoffe aus Pflanzen.

Die Adsorption, das Zentrifugieren und die Extraktion sind wichtige Verfahren zur Trennung von Stoffgemischen.

1 Fragen zum Text

a) Welche Aufgabe hat die Aktivkohle in einer Dunstabzugshaube?
b) Beschreibe die Funktion einer Fruchtsaftzentrifuge.
c) Welche Stoffeigenschaft nutzt man beim Extrahieren?

▲ *2 Obst- und Gemüseentsafter, geöffnet*

▲ *3 Hier werden Stoffe herausgelöst, extrahiert*

Wir trennen Stoffe

V 1: Destillation von farbiger Tinte

Materialien: 2 Reagenzgläser, Ableitungsröhrchen, durchbohrter Stopfen, Becherglas, Brenner; schwarze Tinte, Wasser, Siedesteine.

Durchführung: Baue die „Destillationsapparatur" wie auf dem Foto auf. Löse die Tinte in etwas Wasser und fülle die Farbstofflösung mit einem Siedesteinchen in ein Reagenzglas. Erhitze nun vorsichtig mit dem Brenner. Beobachte und fertige ein Versuchsprotokoll an.

V 2: Mini-Kläranlage

Materialien: 4 Blumentöpfe, Becherglas, Eimer, Kaffeefilter; grobe und feine Steine, Sand, Aktivkohle, verschmutztes Wasser (Wasser mit Erde).

Durchführung: Fülle einen Blumentopf mit groben Steinen, einen mit Feinkies und den dritten mit Sand. Gib in den vierten Topf einen Kaffeefilter mit etwas Aktivkohle. Ordne die Töpfe wie in der Abbildung an.
Schütte nun das verschmutzte Wasser in den obersten Blumentopf und teste die Leistung deiner Kläranlage.

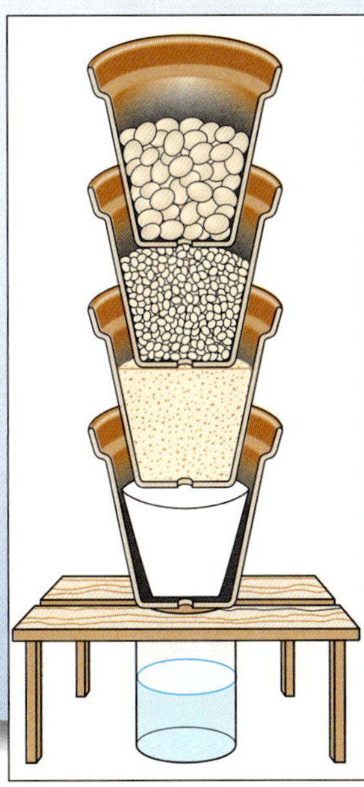

V 3: Extraktion von Blattgrün

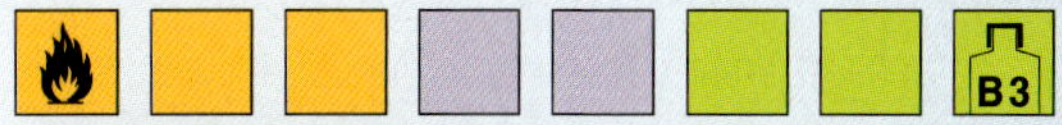

Materialien: Schere, Mörser, Trichter, Becherglas; Laubblätter, Spiritus, Sand.
Durchführung: Zerkleinere mit der Schere einige frische Laubblätter. Gib sie mit etwas Sand in den Mörser und zerreibe sie kräftig mit dem Pistill.
Füge nun 50 ml Spiritus hinzu und reibe erneut. Dekantiere die Lösung und filtriere sie.
Nun kannst du den grünen Farbstoffextrakt zum Färben von Ostereiern oder Stoff benutzen.

V 4: Stärke aus Kartoffeln

Materialien: Gemüsereibe, 2 Bechergläser, Mikroskop, Baumwolltuch; zwei Kartoffeln, Wasser.
Durchführung: Reibe zwei Kartoffeln möglichst fein. Verrühre den Brei mit etwa 200 ml Wasser. Presse ihn anschließend durch ein Tuch. Gieße von der durchgelaufenen Masse das Wasser vorsichtig ab. Stelle die Masse zum Trocknen an einen warmen Ort. Unter dem Mikroskop erkennst du einzelne Stärkekörner.

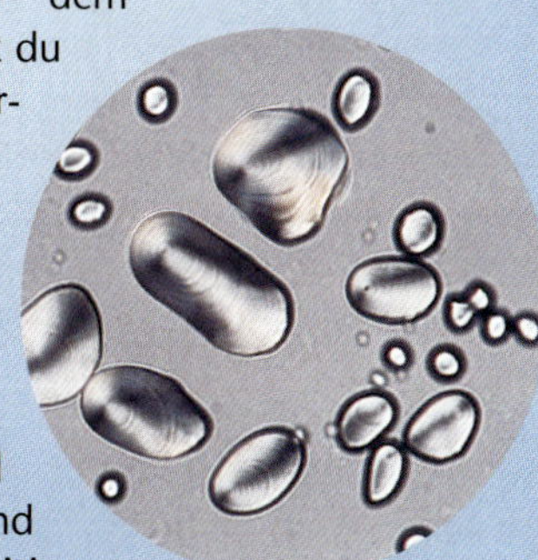

Hinweis: Kartoffeln enthalten Stärke. Das ist ein wichtiger Nährstoff für den Menschen. Stärke wird zum Kochen und Backen verwendet. Man kann daraus aber auch Tapetenkleister herstellen.

Die Papier-Chromatografie

Filzstifte werden in vielen verschiedenen Farben angeboten. Die meisten Farben werden durch Mischen weniger Grundfarben hergestellt.
Mithilfe der **Papier-Chromatografie** kann man die Filzstiftfarben in ihre Grundfarben zerlegen und so herausfinden, welche Farben jeweils miteinander gemischt wurden.
Die Trennung der Farbstoffe beruht darauf, dass die Farben auf dem Papier von Wasser oder einem anderen Fließmittel verschieden schnell mitgenommen werden und sich so über das Papier verteilen.

Dabei haften die einzelnen Bestandteile unterschiedlich gut auf der Papieroberfläche. Die Farbstoffe, die stark festgehalten werden, bleiben etwas zurück; die Farbstoffe, die nur schwach am Papier haften, wandern schneller mit dem Fließmittel mit. So trennt sich das Gemisch auf. Das fertige Bild der getrennten Stoffe heißt **Chromatogramm.** Da die Zusammensetzung der Farbstoffe bei jedem Stift eine andere ist, erhält man verschiedene Chromatogramme. Selbst Filzstifte gleicher Farbe unterscheiden sich, wenn sie von verschiedenen Herstellern stammen.

Fälschungen von Zeugnissen und anderen Urkunden können im Labor auf die gleiche Weise nachgewiesen werden, wenn beim Schreiben zwei verschiedene Stifte benutzt wurden.

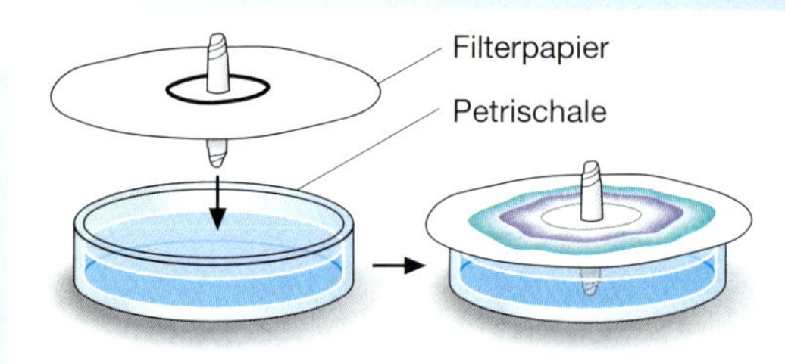

V 1: Chromatografie von Filzstiftfarben

Material: Filterpapier, Petrischale oder kleines Becherglas; Filzstifte, Wasser.
Durchführung: Stoße ein kleines Loch in die Mitte eines Rundfilters und trage rundherum Punkte mit verschiedenen schwarzen Filzstiften auf. Schneide einen Streifen eines zweiten Filters und rolle ihn. Stecke ihn als Docht in das Loch des ersten Filters. Lege die vorbereitete Filterscheibe so auf die Petrischale, dass nur der Docht ins Wasser eintaucht und beobachte. Wiederhole den Vorgang mit anderen Filzstiftfarben und finde heraus, welche Farben Reinstoffe sind.

V 2: Chromatografie von Lebensmittelfarben

Materialien: Becherglas, Pinzette, Holzstäbchen, Chromatografie- oder Filterpapier; Schokolinsen.
Durchführung: Gib drei Schokolinsen gleicher Farbe in ein Becherglas und bedecke sie mit wenig Wasser. Schwenke das Glas vorsichtig, bis sich die Farbschicht ablöst. Nimm die Linsen mit einer Pinzette aus dem Wasser, sobald eine weiße Schicht erkennbar ist. Hänge einen etwa 2 cm breiten und 10 cm langen Filterpapierstreifen mit der Spitze in die Farbstofflösung. Befestige ihn mit dem Holzstäbchen und beobachte. Wiederhole den Vorgang mit anderen Farbstoffen.

1 **a)** Handelt es sich bei folgenden Stoffen um Reinstoffe oder Gemische? Begründe deine Meinung und ordne die Stoffe tabellarisch: Granit, Benzin, Eisen, Duschgel, Tinte, Parfüm, Meerwasser, Edelstahl, Silber, Messing.
b) Ergänze die Tabelle um vier weitere Beispiele.
c) Erläutere die Gemische Schaum, Suspension und Legierung und nenne je ein Beispiel.

2 Majonäse besteht aus Essig, Öl, Wasser, Gewürzen und Eigelb.
a) Wie bezeichnet man ein solches Gemisch?
b) Welche Rolle spielt das Eigelb?

3 Zur Zeit des „Goldrausches" hofften viele, aus dem Sand der großen Flüsse kleine Goldkörnchen herauswaschen zu können. Dabei sammelten sie den feinen Flusssand in flachen Schüsseln und schlämmten ihn immer wieder mit viel Wasser auf.
Welche Eigenschaft des Goldes wurde beim Goldwaschen genutzt?

4 Zum Entfetten von Bratensoße kann man das „Fettwegkännchen" benutzen. Dabei wird die Soße vom Fett abgetrennt.
Nach welchem Prinzip funktioniert dieses Gerät?

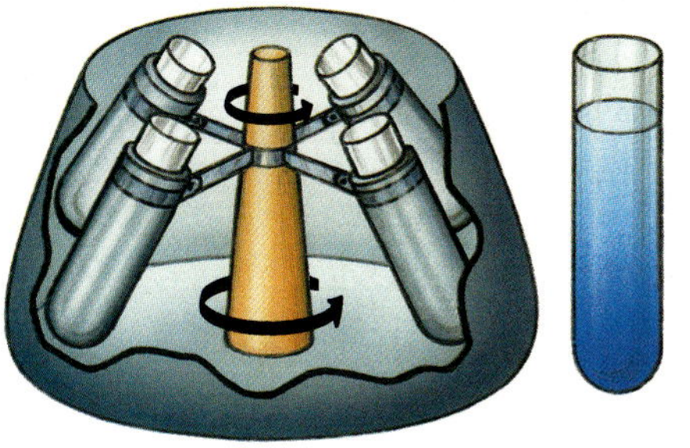

5 Milch kann man durch Zentrifugieren in wässrige Magermilch und Milchfett trennen. Das Milchfett kann man anschließend als Rahm an der Oberfläche abschöpfen.
Welcher Bestandteil hat die größere Dichte?

6 **a)** Ein Gemisch aus Sand, Kochsalz, Wasser und Eisen soll voneinander getrennt werden. Beschreibe, wie du vorgehen würdest.
b) Wie lassen sich diese Stoffgemische trennen: Müsli, Reis von Kochwasser, Salzlösung?

7 Nach einem Regenschauer ist das Wasser in Pfützen trüb. Wenige Minuten später wird es klar. Erkläre dieses Phänomen mithilfe von Fachbegriffen.

8 Welche Trennverfahren wendet man beim Zubereiten von Kaffee an?

9 Bei der Destillation von Wein erhält man neben dem Alkohol (Siedetemperatur 78 °C) immer etwas Wasser. Woran könnte das liegen?

10 Ölhaltiges Wasser aus Autowaschanlagen und Tankstellen muss durch Ölabscheider geleitet werden, bevor es in die Kanalisation gelangt. Beschreibe die Arbeitsweise eines solchen Ölabscheiders mithilfe der Abbildung.

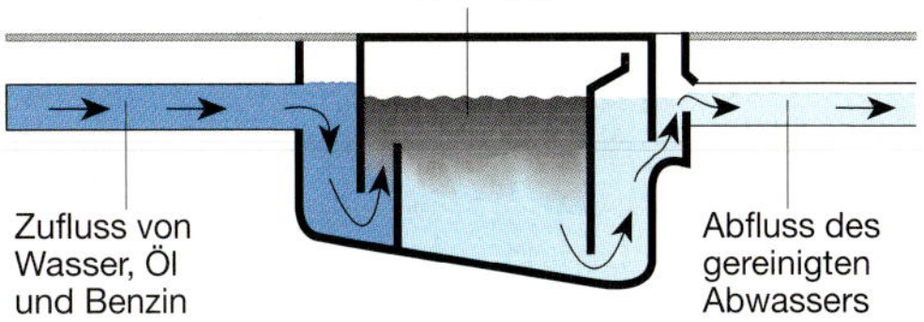

Basis-Wissen

→ **Reinstoffe** haben typische, unveränderliche Eigenschaften. Sie sind einheitlich aufgebaut.

→ **Stoffgemische** bestehen aus mindestens zwei, meistens jedoch mehreren Reinstoffen.

Gemisch	Aggregatzustand der Bestandteile	Beispiele
Gemenge	fest in fest	Granit, Erde
Legierung	fest in fest	Messing
Lösung	fest in flüssig	Zuckerwasser
Lösung	flüssig in flüssig	Weinbrand
Lösung	gasförmig in flüssig	Mineralwasser
Suspension	fest in flüssig	Wasserfarbe
Rauch	fest in gasförmig	Dieselqualm
Emulsion	flüssig in flüssig	Milch
Nebel	flüssig in gasförmig	Nebel
Gasgemisch	gasförmig in gasförmig	Luft
Schaum	gasförmig in flüssig	Badeschaum

→ **Stofftrennung:** Bei der Trennung von Stoffgemischen werden die unterschiedlichen Eigenschaften der Reinstoffe genutzt.

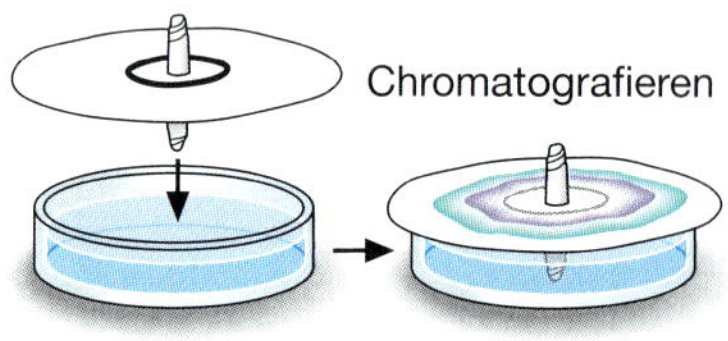
Chromatografieren

Eindampfen

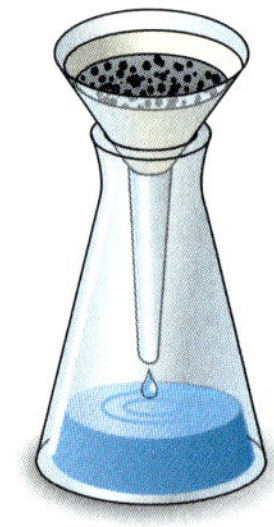
Filtrieren

Trennverfahren	Trennung aufgrund von ...
Auslesen	Form, Farbe
Sieben, Filtrieren	Teilchengröße
Eindampfen	Siedetemperatur
Destillieren	Siedetemperatur
Extrahieren	Löslichkeit
Absetzen lassen	Dichte
Dekantieren	Dichte
Absorbieren	Haftfähigkeit
Chromatografieren	Haftfähigkeit und Löslichkeit

Absetzen lassen

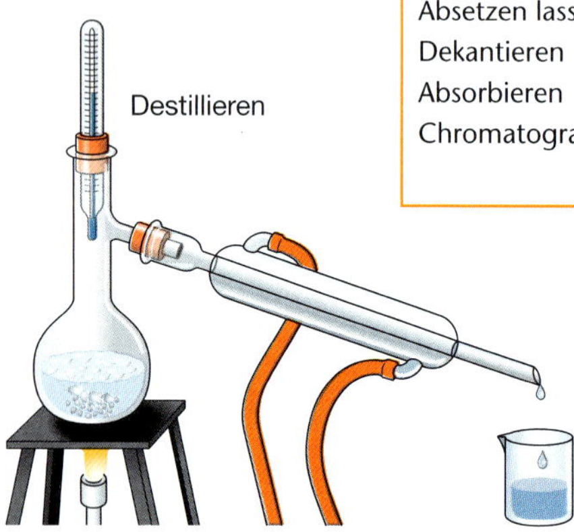
Destillieren

Dekantieren

→ **Mülltrennung:** Viele Werkstoffe können wiederverwertet (recycelt) werden. Deshalb sollte der Hausmüll sorgfältig getrennt und in den entsprechenden Mülltonnen entsorgt werden.
Stoffe, die nicht wiederverwertet werden können, kommen auf die Mülldeponie oder in eine Müllverbrennungsanlage.

DER GRÜNE PUNKT

|3| Chemische Reaktionen

Flackernde Lagerfeuer oder hoch auflodernde Osterfeuer – das sind doch sehr stimmungsvolle Ereignisse. Hier erlebt man noch unmittelbar, wie Wärme entsteht.
Beim Osterfeuer verbrennt Holz, ein Brennstoff, den die Menschen schon seit vielen tausend Jahren nutzen. Doch auch in der modernen Technik, in der Industrie und im Verkehr ist die Verbrennung ein Vorgang von entscheidender Bedeutung. So werden Autos, Schiffe, Flugzeuge und Raketen von Verbrennungsmotoren angetrieben! Doch was geschieht eigentlich bei der Verbrennung?

|3.1| Verbrennung und Abgase

„Die Rußzahl und die Abgastemperatur sollen zu hoch sein, der Brenner nicht mehr einstellbar! Weiß dieser Schornsteinfeger überhaupt, was eine neue Heizung kostet?“
Der Ärger des Hausbesitzers ist verständlich. Doch Heizungsanlagen müssen regelmäßig kontrolliert werden, damit der Brennstoff möglichst effektiv genutzt wird.

▲ *1 Lagerfeuer vor ca. 40 000 Jahren*

▲ *2 Herd, etwa 60 Jahre alt*

Verbrennung und Abgase. Unser Umgang mit dem Feuer hat sich verändert. An einem Lagerfeuer in der Steinzeit hat keiner unserer Vorfahren einen Gedanken an Abgase verschwendet. Sie waren froh, wenn es gebrannt hat, sie kochen und sich wärmen konnten.
Doch als die Menschen Hütten bauten, wurde das Abgasproblem wichtiger: Sie mussten über den Feuerstellen im Dach Öffnungen lassen, damit der Rauch abziehen konnte. Später baute man Kamine und Ofenrohre dafür.
Heute werden Verbrennungen kontrolliert, Abgaswerte werden gemessen und mit großem technischem Aufwand werden Abgase sogar gefiltert.

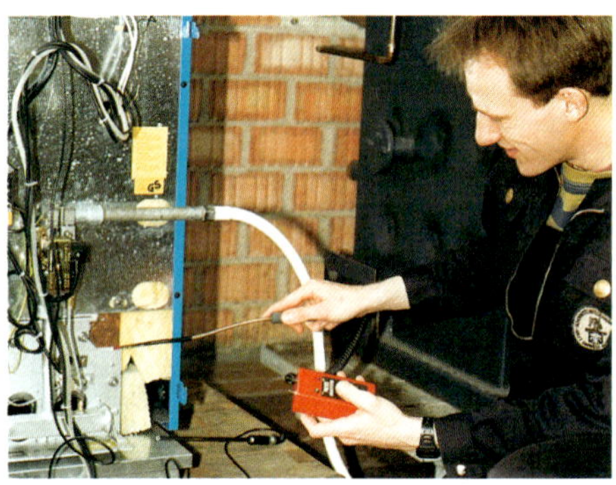

▲ *3 Abgasprüfung an einer Heizungsanlage heute*

Abgasmessungen bei Heizungsanlagen. Der Brenner der Heizungsanlage erzeugt aus Erdgas, Öl oder Kohle nicht nur Wärme und je nach Brennstoff etwas Ruß oder Asche, sondern auch große Mengen von Abgasen. Um unsere Luft nicht übermäßig zu belasten, müssen Heizungsanlagen optimal eingestellt sein.

▲ *4 Kraftwerk zur Stromerzeugung*

Vom Schornsteinfeger werden deshalb in den Abgasen unter anderem die Rußzahl, die Menge des unverbrannten Brennstoffs, die Gehalte an *Kohlenstoffmonooxid* und *Kohlenstoffdioxid* sowie die Abgastemperatur gemessen.
Eine hohe Rußzahl zeigt an, dass viel *Ruß* durch den Schornstein entweicht, die Verbrennung also nicht optimal verläuft. *Unverbrannte Brennstoffe* und das giftige Kohlenstoffmonooxid sollten nicht in die Umwelt geblasen werden. Aus den restlichen Messwerten wird der Abgasverlust errechnet, also wie viel Energie ungenutzt durch den Schornstein entweicht. Sind die Grenzwerte überschritten, muss die Heizung neu eingestellt werden.

Abgase aus Kraftwerken. Im Kraftwerk werden Kohle, Gas oder Öl verbrannt, um die Energie, die in den Brennstoffen steckt, in elektrische Energie umzuwandeln. Auch hier müssen die Abgase überwacht werden.
Neben anderen Gasen werden in Kraftwerken große Mengen *Schwefeldioxid* freigesetzt. Sie sind Mitverursacher des sauren Regens. Schwefeldioxid entsteht vor allem bei der Verbrennung von Kohle, in der immer etwas Schwefel enthalten ist.
Kohlekraftwerke in Deutschland sind daher mit Entschwefelungsanlagen ausgerüstet, mit denen sich über 95 % des Schwefeldioxids entfernen lassen. Kraftwerksabgase sind heute deutlich sauberer als vor 20 Jahren.

Abgase beim Auto. Jeder will flott vorankommen, besonders Autofahrer. Dafür braucht man Antriebsenergie. Ein Benzinmotor gewinnt die nötige Antriebsenergie durch die Verbrennung eines Benzin-Luft-Gemisches.

▲ *1 Hier sieht man, dass in einem Motor tatsächlich etwas verbrannt wird.*

Neben der erwünschten Antriebsenergie entstehen aber auch hier Abgase. Wenn Benzin optimal verbrennt, bilden sich überwiegend Kohlenstoffdioxid und *Wasserdampf.* Man kann ihn an kalten Tagen als weiße Wolken hinter dem Auspuff beobachten. Außerdem entstehen kleine Mengen anderer Verbrennungsprodukte wie *Stickstoffoxide,* Kohlenstoffmonooxid und Schwefeldioxid. Auch unverbranntes Benzin gelangt mit den Abgasen in die Umwelt.

▲ *2 Abgasuntersuchung beim Auto*

Um den Schadstoffausstoß so gering wie möglich zu halten, müssen regelmäßig Abgasuntersuchungen durchgeführt werden. Außerdem sind heute die meisten Autos mit Abgaskatalysatoren ausgerüstet. Sie bewirken, dass bis zu 90 % der giftigen Bestandteile in umweltverträglichere Gase umgewandelt werden.

Bei der Freisetzung von Energie durch Verbrennung werden immer große Mengen Abgase erzeugt. Die Abgase enthalten verschiedene Stoffe, die zum Teil umweltschädlich oder sogar giftig sind.

▲ *3 Abgasmessung in der Industrie*

1 Fragen zum Text

a) Welche Schadstoffe entstehen bei der Verbrennung von Benzin und Kohle?
b) Warum darf man in einer geschlossenen Garage niemals den Motor laufen lassen?
c) Bei einer Erdgasheizung gibt es weder Ruß noch Asche. Welche Stoffe bilden sich beim Verbrennen des Erdgases?

2 Experiment

Mit einem Prüfröhrchen für Kohlenstoffmonooxid und einer Gasprüfpumpe kann man den Kohlenstoffmonooxidgehalt im Abgas von Motoren messen, zum Beispiel bei einem Auto, einem Motorrad oder bei einem Roller.

Der Motor muss im Stand laufen. Halte das Prüfgerät an die Öffnung des Auspuffs. Betätige die Pumpe einmal, sodass 100 ml Abgas durch das Prüfröhrchen gesaugt werden. Aus der Verfärbung im Prüfröhrchen lässt sich direkt der Gehalt an Kohlenstoffmonooxid ablesen.
Der Grenzwert für Kohlenstoffmonooxid in den Abgasen eines Autos mit Abgaskatalysator liegt übrigens bei 0,5 Volumenprozent.

|3.2| Feuer: Entzünden und löschen

Ein Feuer entzünden. Holzkohle im Grill lässt sich nicht einfach mit dem Streichholz anzünden. Zunächst zündet man den Grillanzünder an. Erst wenn dieser ordentlich brennt, gerät auch die Holzkohle in Brand.

Stoff	Temp. in °C
Streichholzkopf	60
Papier	250
Holzkohle	150–250
Benzin	220–300
Heizöl	250
Kerzenwachs	250
Holz	250–300
Spiritus	425
Koks	700

▲ *1 Zündtemperaturen brennbarer Stoffe*

Jeder **Brennstoff** braucht eine bestimmte Temperatur, damit er überhaupt anfängt zu brennen. Verschiedene Stoffe haben verschiedene **Zündtemperaturen.**
Ein Feuer braucht immer **Luft** zum Brennen. Wird der Luftzutritt verhindert, erstickt das Feuer.

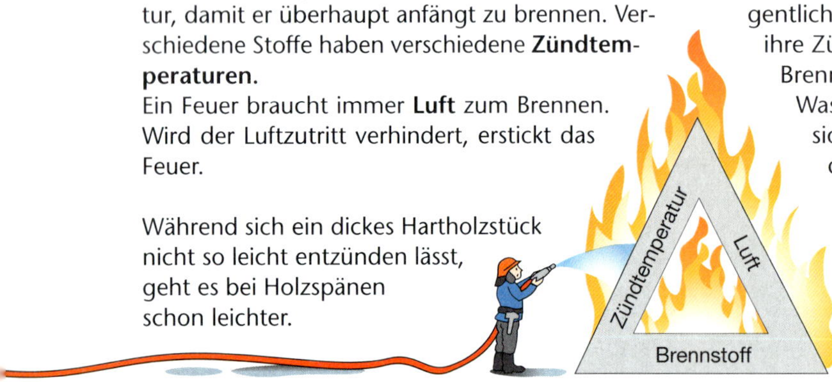

Während sich ein dickes Hartholzstück nicht so leicht entzünden lässt, geht es bei Holzspänen schon leichter. Holzwolle brennt sofort und bei Holzstaub kann es sogar gefährlich werden.
Eine Verbrennung verläuft mit *zunehmendem Zerteilungsgrad* immer *heftiger.* Staub besitzt einen sehr großen Zerteilungsgrad und damit eine sehr große Oberfläche. Ist der Staub gleichmäßig in der Luft verteilt und kommt es zum Kontakt mit einer offenen Flamme, *explodiert* das Staub-Luft-Gemisch:

▲ *2 Mehlstaubexplosion im Experiment*

Nahezu alle Staubteilchen verbrennen gleichzeitig.

Flüssige Brennstoffe wie Benzin und Öl, die Dämpfe oder Gase bilden, lassen sich besonders leicht entzünden.

Löschmethoden. Löscht die Feuerwehr einen Brand mit Wasser (Abb. 4), dann kühlt sie eigentlich nur. Die brennbaren Stoffe werden unter ihre Zündtemperatur **abgekühlt.**
Brennendes Öl oder Benzin darf niemals mit Wasser gelöscht werden! Es besteht Explosionsgefahr! Mit Feuerlöschschaum wird die **Luftzufuhr unterbunden** (Abb. 5). Brennendes Fett in der Pfanne erstickt man am besten durch Auflegen eines Deckels.
Durch eine Brandschneise kann man bei einem Waldbrand (Abb. 6) dem Feuer den **Brennstoff entziehen.** Es kann sich dann nicht weiter ausbreiten.

> Ein brennbarer Stoff, Luft und die erforderliche Zündtemperatur sind die Voraussetzungen für ein Feuer.
> Löschen heißt, dem Feuer mindestens eine dieser Voraussetzungen zu entziehen.

▲ *4 Löschen heißt: Kühlen …*

▲ *5 … Luftzufuhr unterbrechen*

▲ *6 … Brennstoff entziehen*

Experimente mit einer Kerze

V 1: Die Kerzenflamme

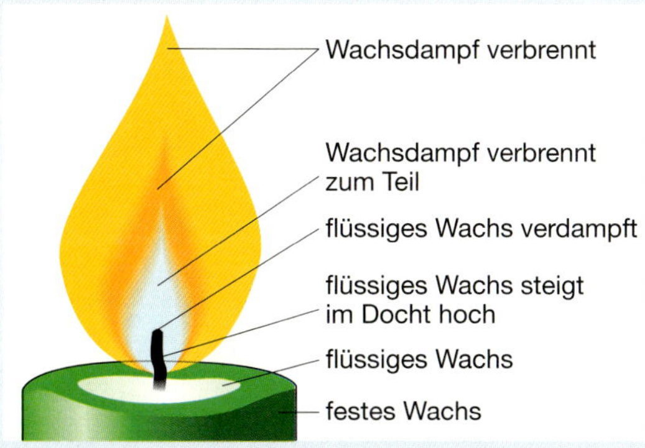

Materialien: Haushaltskerze, Streichhölzer, Glas- oder Metallrohr (10 cm lang, Durchmesser ca. 8 mm), Kupferwendel, feuerfeste Unterlage.

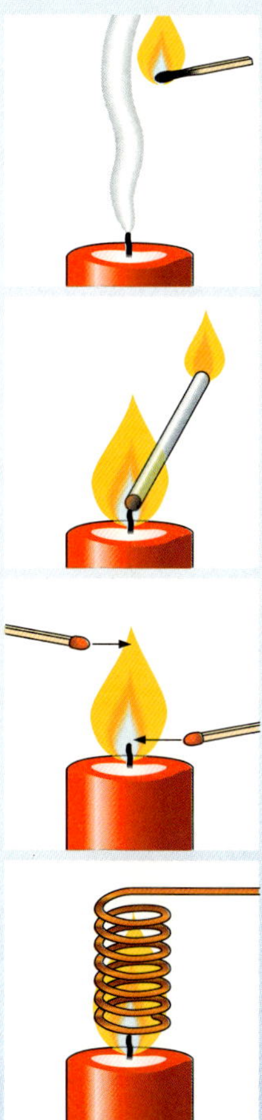

Durchführung: a) Fernzündung. Zünde eine Kerze an, lasse sie eine Weile brennen und puste sie wieder aus. Halte ein brennendes Streichholz sofort in die Nähe der weißen Dämpfe.

b) Tochterflamme. Halte mit einer Tiegelzange das Ende eines Glas- oder Metallröhrchens dicht über den Docht in der Kerzenflamme. Versuche die ausströmenden Dämpfe am anderen Rohrende zu entzünden.

c) Zündung mit Verzögerung. Halte jeweils ein Streichholz in das untere Ende der Flamme und an die Spitze der Flamme. Kannst du etwas über die Temperaturen in der Flamme aussagen?

d) Der Kupferlöscher. Stülpe eine Kupferwendel über die Flamme einer Kerze. Welche Beobachtung kannst du dabei machen?

Aufgabe: Erkläre die Versuche mithilfe der Information aus der Grafik ganz oben.

V 2: Luft zum Brennen

Materialien: Haushaltskerze, Streichhölzer, Glasrohr (20 cm lang, Durchmesser ca. 5 cm), Glasplatte, zwei Bleistifte, feuerfeste Unterlage.

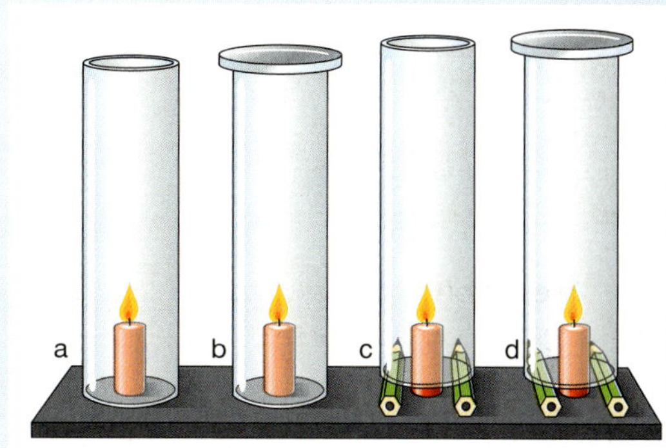

Durchführung: a) Stülpe das Glasrohr über die brennende Kerze, direkt auf die Unterlage.
b) Verschließe das Rohr mit einer Glasplatte.
c) Stelle das nicht verschlossene Glasrohr auf zwei Bleistifte.
d) Verschließe das Glasrohr auf den zwei Bleistiften wieder mit einer Glasplatte.
Aufgabe: Beobachte jeweils die Flamme genau und erkläre deine Beobachtungen.

Für alle Fälle – der selbst gebaute Schaumlöscher

Gib ein Gemisch aus 3 Spatel Natriumhydrogencarbonat und 2 Spatel Citronensäure in den Erlenmeyerkolben und fülle die Spülmittellösung in den Scheidetrichter. Im Abzug entzündet die Lehrerin oder der Lehrer etwa 5 ml Spiritus in einer Porzellanschale. Öffne den Hahn des „Schaumlöschers" und lösche das Feuer. Der Hahn muss wieder geschlossen werden, sobald die Reaktion im Kolben begonnen hat.

|3.3| Die Luft, in der wir leben

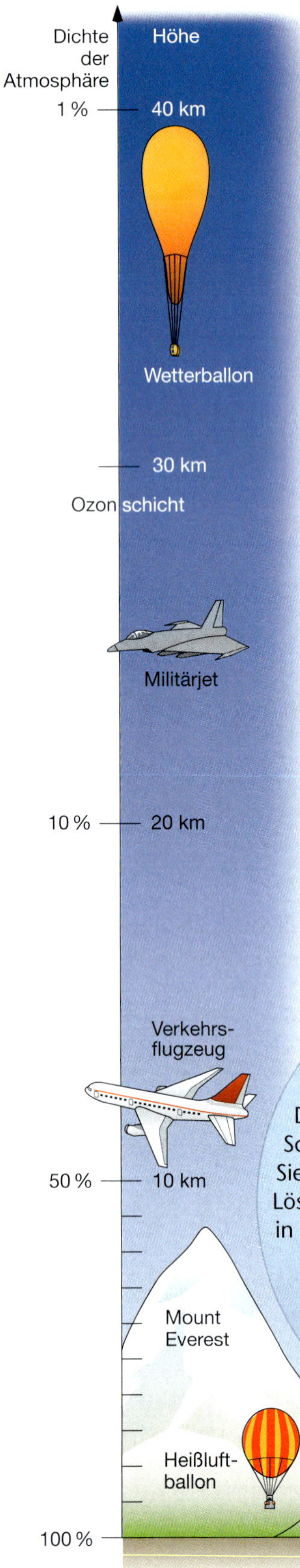

▲ *2 Sauerstoffmaske im Flugzeug*

Sauerstoffmasken im Jumbo. Kurz vor dem Start des Flugzeugs informieren die Flugbegleiter die Fluggäste über die Sicherheitssysteme der Maschine.
„Wenn es zu einem plötzlichen Druckabfall in der Maschine kommt, fallen Ihnen von oben die Sauerstoffmasken zu. Drücken Sie diese fest auf Nase und Mund und atmen Sie ruhig weiter."
Dass wir Luft zum Atmen brauchen ist klar, aber warum Sauerstoffmasken, warum keine Luftmasken?

Zusammensetzung der Luft. Die Luft ist ein Gemisch aus vielen verschiedenen Gasen. Die Hauptbestandteile sind Stickstoff und Sauerstoff. Daneben enthält die Luft Edelgase, Kohlenstoffdioxid und andere Gase. Stickstoff wird als Grundstoff für die Düngemittelproduktion eingesetzt. Die Edelgase Neon, Argon, Krypton und Xenon finden in Leuchtstoffröhren, Glühlampen, UV-Lampen und modernen Autoscheinwerfern technische Verwendung. Kohlenstoffdioxid ist für die Pflanzen lebenswichtig.

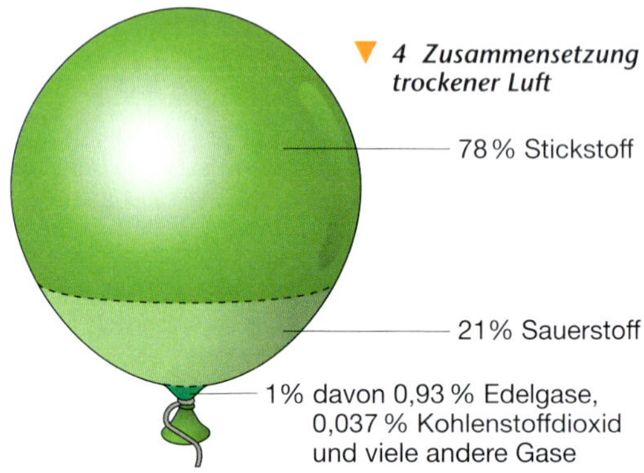

▼ *4 Zusammensetzung trockener Luft*

Für Menschen und Tiere ist der **Sauerstoff** lebenswichtig. Bei einem Druckabfall im Flugzeug ist in großer Höhe die Luft so dünn, dass es zu Bewusstseinsstörungen und gesundheitlichen Schäden kommen kann. Der zu geringe Sauerstoffgehalt der Luft wird dann durch reinen Sauerstoff ausgeglichen.

Steckbrief Sauerstoff
Farb- und geruchloses Gas

Dichte (bei 20 °C)	1,33 g pro Liter
Schmelztemperatur:	–219 °C
Siedetemperatur:	–183 °C
Löslichkeit in 1 l Wasser (bei 20 °C):	31 ml

In einer reinen Sauerstoffatmosphäre brennen viele Stoffe besonders gut, Sauerstoff selbst brennt nicht.

Die Luft ist ein Gemisch aus verschiedenen Gasen. Hauptbestandteile sind Stickstoff und Sauerstoff.

Steckbrief Stickstoff
Farb- und geruchloses Gas

Dichte (bei 20 °C):	1,17 g pro Liter
Schmelztemperatur:	–210 °C
Siedetemperatur:	–196 °C
Löslichkeit in 1 l Wasser (bei 20 °C):	16 ml

In einer reinen Stickstoffatmosphäre würden alle Lebewesen ersticken.

1 Fragen zum Text

a) Nenne die beiden Hauptbestandteile der Luft.
b) Welches in der Luft vorhandene Gas unterstützt die Verbrennung?
c) Luft wird bei etwa –200 °C flüssig. Erwärmt man die flüssige Luft vorsichtig, so entweicht zunächst überwiegend Stickstoff. Erkläre dieses Ergebnis.

2 Experiment

Entzünde einen Holzspan. Lasse ihn kurze Zeit brennen und puste ihn dann wieder aus. Halte den noch glimmenden Holzspan in ein mit Sauerstoff gefülltes Gefäß.
Dieser Versuch wird als **Glimmspanprobe** bezeichnet und dient zum Nachweis von Sauerstoff. Beschreibe und begründe deine Beobachtung.

3 Demonstrations-Experiment

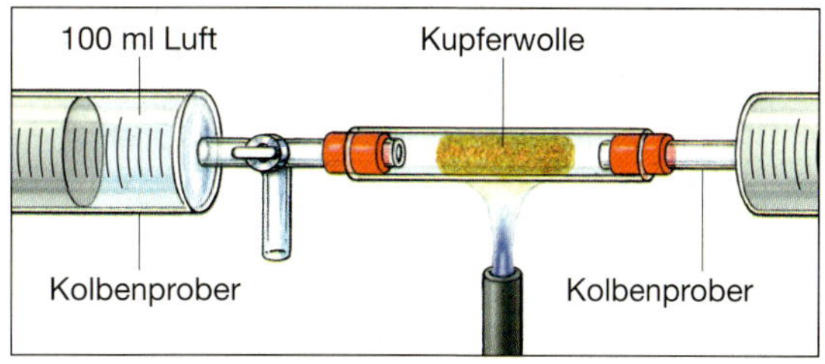

Den Sauerstoffgehalt der Luft kann man durch die Verbrennung von Kupferwolle ermitteln.
Zunächst füllt man einen Kolbenprober mit 100 ml Luft. Dann erhitzt man mit dem Brenner die Kupferwolle. Nun drückt man die Luft mehrmals über die erhitzte Kupferwolle von einem Kolbenprober in den anderen.
Solange noch Sauerstoff in der Apparatur ist, glüht das Kupfer hell auf.
Wenn man trotz Erhitzens mit dem Brenner das Kupfer nicht mehr zum hellen Glühen bringt, ist der Sauerstoff verbraucht. Man lässt dann die Versuchsgeräte abkühlen und ermittelt aus der Differenz der Luftmengen vor und nach dem Erhitzen den Sauerstoffgehalt der Luft.

Exkurs: Forschung

Wo gibt es noch reine Luft?

Völlig schadstofffreie Luft findet man auf der Welt nirgends mehr. Der Wind sorgt dafür, dass die Verunreinigungen gleichmäßig in der Atmosphäre verteilt werden.
Es gibt aber einen Trick, wie man an reine Luft aus früheren Zeiten herankommen kann. In den Eismassen der Pole und Gletscher sind oft kleine Luftbläschen zu finden. Die genaue Zusammensetzung kann man im Labor ermitteln. Je tiefer man ins Eis bohrt, desto älter ist das Eis. So lässt sich feststellen, wie die Luft früher zusammengesetzt war.
Da man auch das Alter der Eisstücke bestimmen kann, weiß man sogar, wie sich die Luft im Laufe der Zeit verändert hat. So ist der Kohlenstoffdioxid-Gehalt in den letzten 200 Jahren um ein Viertel angestiegen, von 0,028 auf 0,037 Volumenprozent. Der Gehalt an Stickstoff und Sauerstoff hat sich jedoch kaum verändert.

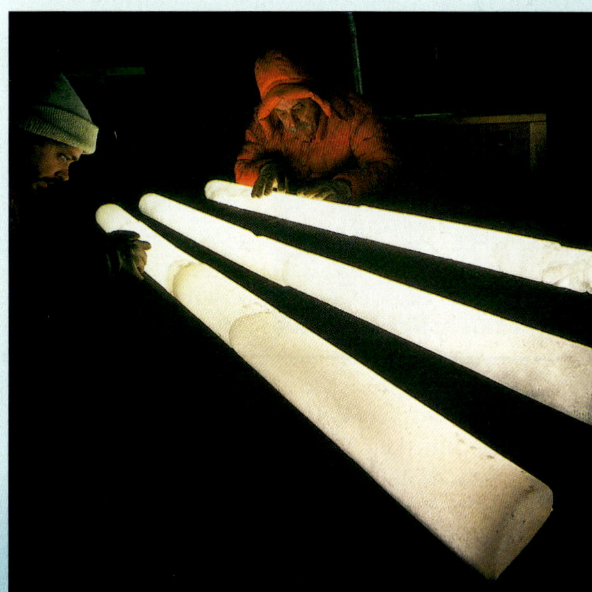

▲ *3 Eisbohrkerne*

|3.4| Auch Metalle können brennen

22 Tote bei der Explosion einer Feuerwerksfabrik

ENSCHEDE. Unter den Trümmern der explodierten Feuerwerksfabrik und in den zerstörten Wohnhäusern des angrenzenden Wohngebiets sind 22 Leichen geborgen worden. Bei den Opfern handelt es sich um Beschäftigte der Feuerwerksfabrik, um Feuerwehrleute und Anwohner. Mehrere hundert Personen wurden teilweise schwer verletzt in die Krankenhäuser eingeliefert. Die katastrophale Explosion hatte sich am 13. 05. 2000 auf dem Werksgelände ereignet. Die Fabrik selbst und etwa hundert Wohnhäuser wurden völlig zerstört oder beschädigt. Über die Explosionsursache gibt es nur Vermutungen. Experten nehmen an, dass die Katastrophe entweder durch brennendes Magnesium- und Aluminiumpulver oder durch die Entzündung explosiver Chemikalien ausgelöst wurde.

Brandkatastrophe in der Feuerwerksfabrik von Enschede

Obwohl die Unglücksursache nicht vollständig geklärt werden konnte, muss man davon ausgehen, dass brennendes Aluminium und Magnesium ein Grund für das verheerende Ausmaß der Explosion in der Feuerwerksfabrik war. Doch dass Metalle brennen können, ist vielen Menschen nicht bekannt.

Magnesium brennt. Magnesium ist ein silbrig glänzendes Leichtmetall. Werkstoffe für Ultra-Leichtbauteile in Flugzeugen oder Rennwagen enthalten besonders viel Magnesium.

▲ *2 Brennendes Magnesiumband*

Hält man ein Magnesiumband in die Brennerflamme, so verbrennt es mit gleißend heller Flamme. Zurück bleibt nur ein weißes Pulver.

Aluminium brennt. Aluminium ist ein vielfach verwendetes Leichtmetall. Von Fensterrahmen über Fahrräder, Auto-Karosserien, Motoren bis hin zu Flugzeugen – überall wird Aluminium verwendet.
Einen Fahrradrahmen kann man natürlich nicht mit einem Brenner anzünden. Bei Aluminium*pulver* ist der *Zerteilungsgrad* aber so groß, dass es mit leuchtend heller Flamme verbrennt, wenn man es mit einer Wunderkerze entzündet.

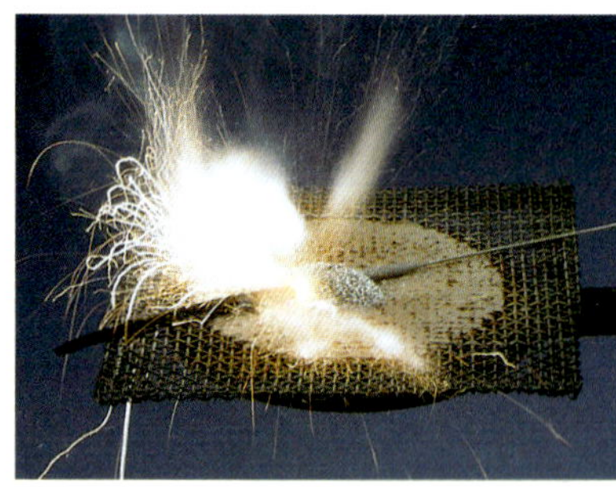

▲ *3 Aluminiumpulver verbrennt*

Sogar Eisen brennt. Eine Schraube aus Eisen kann man nicht anzünden. Eisenwolle besitzt dagegen einen viel größeren Zerteilungsgrad als eine Schraube. Sie verglüht, wenn man sie in die Brennerflamme hält.
Hält man glühende Eisenwolle in einen mit *Sauerstoff* gefüllten Glaszylinder, dann verbrennt sie mit lebhaftem Funkensprühen.

▲ *4 Brennende Eisenwolle*

Viele Metalle verbrennen, wenn man sie in Gegenwart von Sauerstoff erhitzt. Die Verbrennung ist umso heftiger, je größer der Zerteilungsgrad des Metalls und je größer das Sauerstoffangebot ist.

1 Fragen zum Text

a) Welche Metalle werden im Zeitungsartikel über das Unglück von Enschede genannt?
b) Was muss man tun, um Aluminium zum Brennen zu bringen? Begründe deine Antwort.
c) Begründe, warum Eisenwolle in Sauerstoff besser brennt als in Luft.

2 Experiment

Blase mit einem Glasrohr nacheinander Aluminium-, Zink-, Eisen-, Magnesium- und Kupfer-Pulver in die nicht leuchtende Flamme eines Brenners.
Ordne die Metallpulver nach der Heftigkeit des Verbrennungsvorgangs.

3 Demonstrations-Experiment

Eine Glühlampe wird angeschaltet, bis der Glaskolben heiß ist. Dann wird sie wieder ausgeschaltet. Mit der Brennerflamme wird der Glaskolben an einer Stelle stark erhitzt. Zunächst beult sich der Glaskolben aus, dann entsteht ein Loch. Jetzt wird die Glühlampe wieder angeschaltet.
a) Warum beult sich das Glas des Kolbens beim Erwärmen aus?
b) Was geschieht nach dem Einschalten des Stroms mit der Wolframwendel?
c) Woraus kann man schließen, dass der Kolben vor dem Aufschmelzen mit dem Brenner keinen Sauerstoff enthalten hat?

Praktikum

Zauber und Wunder

V 1: Der Zauberdocht

Materialien: Brenner, Porzellanschale, Tiegelzange, Filterpapier, feuerfeste Unterlage; Kerzenwachs, Docht, Magnesiumpulver (F)
Durchführung: Erhitze in einer Porzellanschale Kerzenwachs, bis es schmilzt. Stelle den Brenner ab und tauche einen Docht in das Wachs. Streue etwas Magnesium-Pulver auf ein Filterpapier und wälze den noch warmen Docht darin. Halte den abgekühlten Docht mit der Tiegelzange und entzünde ihn. Blase die Flamme vorsichtig aus.
Versuche die Zauberei zu erklären.

V 2: Wunderkerzen selbst gemacht

Materialien: Feuerfeste Unterlage, Pfeifenreiniger; Tapetenkleister, 11 g Bariumnitrat (O, Xn), 1 g Aluminium-Pulver (F), 5 g grobes Eisen-Pulver
Durchführung: Zunächst werden die Chemikalien sorgfältig gemischt. Aus Tapetenkleister wird ein steifer Brei angerührt und die vermischten Chemikalien eingerührt. Bestreiche die Pfeifenreiniger gleichmäßig mit dem Brei. Nachdem die Masse vollständig getrocknet ist, kannst du die Wunderkerze im Freien anzünden.
Zum Ausprobieren: Ersetze 0,3 g bzw. 0,6 g Aluminium-Pulver durch Magnesium-Pulver. Beschreibe und erkläre die Folgen dieser Maßnahmen.

|3.5| Verbrennungen sind chemische Reaktionen

1 *Massenzunahme beim Verbrennen von Eisenwolle*

An einer Waage hängen zwei Knäuel Eisenwolle. Die Waage ist im Gleichgewicht, die beiden Knäuel haben also die gleiche Masse.
Nun wird eines der beiden Eisenwolleknäuel mit einem Brenner erhitzt. Die Eisenwolle beginnt hell zu glühen, sie verbrennt. Die Waage kommt aus dem Gleichgewicht.

Die chemische Reaktion. Nach dem Abkühlen stellt man fest, dass aus der zuvor hellgrauen, metallisch-glänzenden Eisenwolle ein dunkelgrauer, stumpf aussehender Stoff geworden ist. Er zerbröckelt in der Hand, wenn man ihn zusammendrückt; Eisenwolle dagegen gibt auf Druck federnd nach.
Außerdem hat bei der Verbrennung die Masse des Knäuels zugenommen. Bei der Verbrennung muss sich aus der Eisenwolle also ein neuer, schwererer Stoff gebildet haben. Es hat eine **chemische Reaktion** stattgefunden. Man sagt, dass in einer chemischen Reaktion ein **neuer Stoff** mit **neuen Eigenschaften** entstanden ist. **Verbrennungen** sind chemische Reaktionen.

2 *Eisenwolle vor dem Versuch und nach dem Versuch*

Oxidation. Um zu erfahren, *woher* die zusätzliche Masse stammt, wird der Eisenwolle-Versuch in einem abgeschlossenen Luftraum wiederholt.

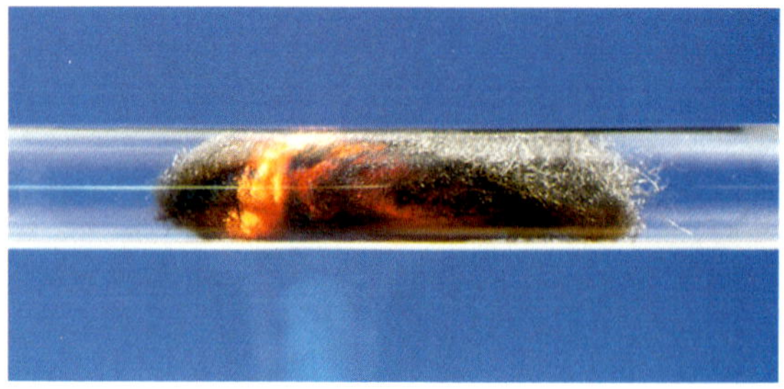

3 *Eisenwolle verbrennt im abgeschlossenen Luftraum.*

Die Eisenwolle wird dazu in einem schwer schmelzbaren Glasrohr bis zum Glühen erhitzt. Der Kolbenprober enthält genau 100 ml Luft. Damit die Eisenwolle verbrennt, wird die Luft mehrmals über der glühenden Eisenwolle hin und her gedrückt.

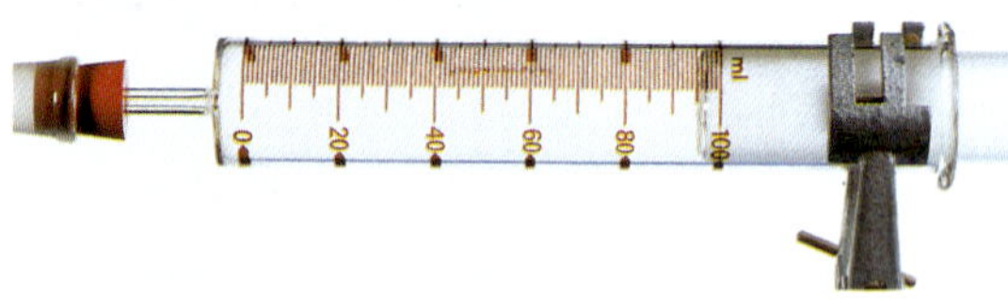

4 *Kolbenprober vor dem Versuch*

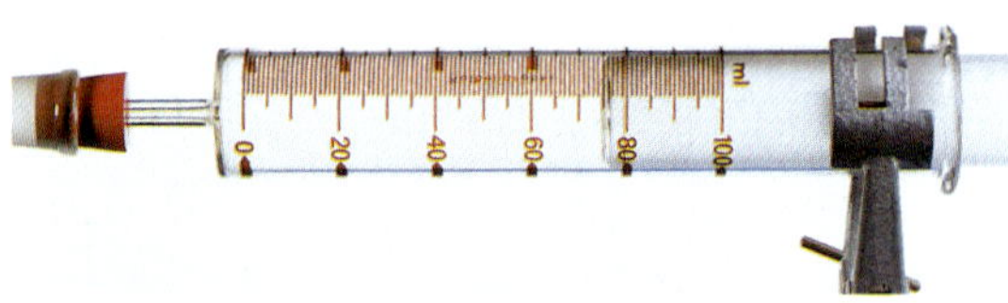

5 *Kolbenprober nach dem Versuch*

Nach dem Abkühlen der Apparatur ist von den ursprünglich 100 ml Luft nur noch ein Rest von ca. 80 ml übrig. Etwa 20 ml Volumen fehlen. Untersucht man die Restluft, so stellt man fest, dass eine Kerze darin sofort erlischt. Es ist kein Sauerstoff mehr vorhanden.

Man kann daraus schließen, dass sich beim Erhitzen der Eisenwolle der *Sauerstoff* mit dem Eisen verbunden hat. Aus dem Eisen und dem Sauerstoff der Luft hat sich in einer chemischen Reaktion ein neuer, schwererer Stoff gebildet; er heißt **Eisenoxid.**

Allgemein bezeichnet man jede Verbrennung als eine **Oxidation.** Es ist eine chemische Reaktion, bei der sich ein Stoff **mit Sauerstoff** zu einem **Oxid** verbindet.

Energieumsatz. Ist eine Verbrennung erst einmal in Gang gesetzt, kann der Brenner zur Seite gestellt werden. Selbst dann geht die Wärmeentwicklung weiter.
Eine Wärmeentwicklung kann man in unterschiedlicher Stärke bei vielen Oxidationen beobachten. Genau betrachtet, wird bei der Reaktion *Energie* in Form von Wärme und Licht *freigesetzt.*

▲ ***1 Eisenwolle verbrennt im Luftstrom ohne Wärmezufuhr.***

Wortgleichung. Der Chemiker beschreibt die Reaktion zwischen der Eisenwolle und dem Sauerstoff in folgender Weise:

Eisen und Sauerstoff reagieren miteinander zu Eisenoxid. Dabei wird Energie frei.

Diese Aussage lässt sich auch kurz als Wortgleichung schreiben:

Eisen + Sauerstoff → Eisenoxid; Energie wird frei.

Eine chemische Reaktion ist ein Vorgang, bei dem aus vorhandenen Stoffen neue Stoffe mit neuen Eigenschaften entstehen. Verbrennungen sind demnach chemische Reaktionen.
Jede chemische Reaktion, bei der sich ein Stoff mit Sauerstoff zu einem Oxid verbindet, heißt Oxidation.

1 Fragen zum Text

a) Woran erkennt man, dass eine chemische Reaktion stattgefunden hat?
b) Was ist eine Oxidation?
c) Ist jede chemische Reaktion eine Oxidation? Begründe deine Antwort.

2 Theorie

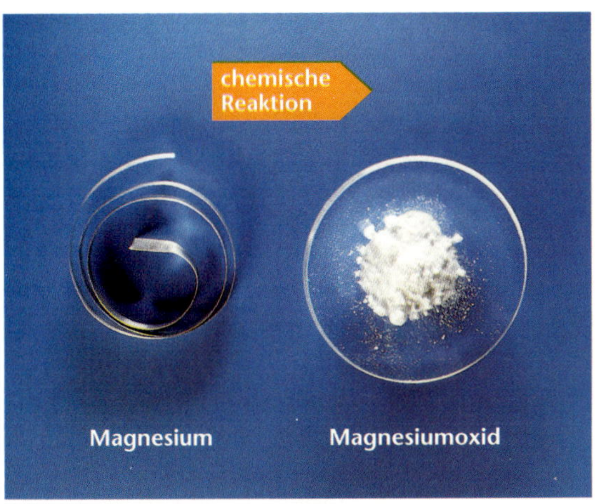

Magnesium wurde an Luft verbrannt.
a) Woran erkennt man, dass es sich hier um eine chemische Reaktion handelt?
b) Beschreibe die chemische Reaktion in Form einer Wortgleichung.

3 Experiment

Erhitzen eines Kupferbriefs. Falte ein Stück dünnes Kupferblech einmal zusammen und biege die Ränder um. Schlage sie mit einem Hammer fest.
Erhitze das Blech etwa eine Minute mit dem Brenner. Falte nach dem Abkühlen das Kupferblech wieder auf.
a) Beschreibe, wo und wie sich das Kupferblech verändert hat.
b) Versuche die Unterschiede zu erklären.
c) Formuliere für die Veränderung eine Wortgleichung.

|3.6| Chemische Reaktion mit Schwefel

Steckbrief: Zink

Silbrig-graues Metall

Dichte: 7,1 g/cm³
Schmelztemperatur: 419 °C
elektrisch leitfähig

Steckbrief: Schwefel

Gelber, geruchloser Feststoff

Dichte: 2,1 g/cm³
Schmelztemperatur: 113 °C
nicht elektrisch leitfähig

Schwefel ist ein leuchtend gelber Stoff, der oft am Kraterrand von Vulkanen zu finden ist. Schwefel wird zur Herstellung von Gummi, Zündhölzern und Schießpulver verwendet.

Zink ist ein graues Metall, das vor allem als Rostschutz bei Stahlblechen, den verzinkten Blechen, eingesetzt wird.

Schwefel- und Zinkpulver werden miteinander zu einem grauen Gemisch verrührt. Im Abzug wird dieses Gemisch mit einer glühenden Fahrradspeiche oder Stricknadel gezündet. Unter heftiger Qualm-, Wärme- und Lichtentwicklung **reagieren** die beiden Stoffe **miteinander.**

Das Reaktionsprodukt ist ein gelb-weißer Stoff, der im Aussehen an Popcorn erinnert. Mit keinem uns bisher bekannten Trennverfahren lässt sich der neue Stoff wieder in Schwefel und Zink zerlegen. Auch die messbaren Eigenschaften des neuen Stoffs unterscheiden sich deutlich von den Eigenschaften des Zinks und des Schwefels.

Steckbrief: Zinksulfid

gelb-weißer, geruchloser Feststoff

Dichte 4,1 g/cm³
Schmelztemperatur 1020 °C
nicht elektrisch leitfähig

Unter UV-Licht wird ein weiterer Unterschied deutlich: Der entstandene Stoff leuchtet fluoreszierend auf, während bei Zink und Schwefel kein Leuchten zu beobachten ist.
In einer chemischen Reaktion ist ein neuer Stoff mit neuen Eigenschaften entstanden, das **Zinksulfid.**
Die Heftigkeit der Reaktion zeigt, dass dabei Energie frei wird.

Zink + Schwefel → Zinksulfid;
Energie wird frei.

Aktivierungsenergie. Die Reaktion zwischen Schwefel und Zink läuft von alleine ab und setzt sogar Energie frei. Aber sie muss gezündet werden. Man muss zunächst die so genannte **Aktivierungsenergie** zuführen.

Bei der chemischen Reaktion zwischen Zink und Schwefel entsteht ein neuer Stoff, das Zinksulfid.
Die zum Auslösen der chemischen Reaktion benötigte Energie heißt Aktivierungsenergie.

1 Fragen zum Text

a) Woran kann man erkennen, dass eine chemische Reaktion stattgefunden hat?
b) Formuliere die Wortgleichung für die Reaktion zwischen Zink und Schwefel.
c) Was ist die Aktivierungsenergie?

2 Alltag

a) Ein Silberbesteck ist eine edle Sache. Allerdings läuft es im Laufe der Jahre bei manchen Speisen schwarz an.
Der schwarze Belag ist *Silbersulfid.* Es entsteht in einer chemischen Reaktion aus Silber. Selbst in den besten Hotels gibt es daher zum Frühstücksei keine Silberlöffel. Welcher Stoff muss im Ei vorhanden sein?
b) Worum handelt es sich, wenn ein Silberlöffel einen schwarzen Belag aus Silbersulfid bekommt?

3 Demonstrations-Experiment

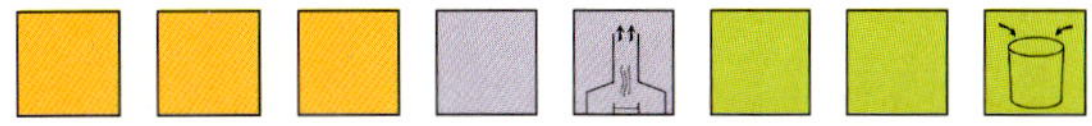

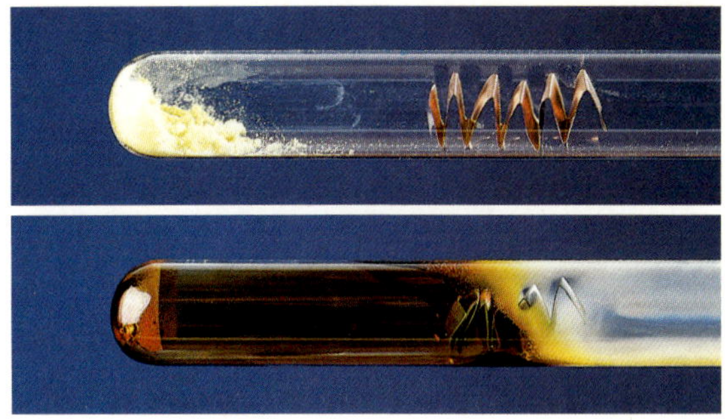

Im Abzug wird etwas Schwefelpulver in einem Reagenzglas erhitzt, bis sich Schwefeldämpfe bilden. Dann wird ein dünnes erhitztes Kupferblech in das Reagenzglas eingeführt. Das Reagenzglas wird noch während der Reaktion aus der Flamme entfernt. Nach dem Abkühlen kann das Reaktionsprodukt untersucht werden.
a) Was geschieht bei der Reaktion zwischen Kupfer und Schwefel?
b) Woran kann man erkennen, dass eine chemische Reaktion stattgefunden hat?
c) Wie heißt die Wortgleichung?

Exkurs: Theorie

Chemische Reaktion und Energie

Ein Gemisch aus Schwefel und Zink kann man beliebig lange aufbewahren. Die beiden Stoffe verändern sich nicht. Durch die Zufuhr von Aktivierungsenergie kann man das Gemisch aber zur Reaktion bringen. Hat die Reaktion erst einmal begonnen, wird so viel Energie frei, dass die Reaktion von selbst weiterläuft.

Man kann den Sachverhalt gut mit dem Ball im Bild rechts vergleichen, der einen Berg herunterrollen soll. Er würde es problemlos tun, wenn nicht ein kleiner Hügel im Weg wäre. Man muss den Ball erst über den kleinen Hügel schieben (Aktivierungsenergie), bis er von alleine den Berg hinabrollt (Energie wird frei).

Reaktionen, bei denen mehr Energie frei wird als an Aktivierungsenergie zugeführt werden muss, bezeichnet man als **exotherm.**

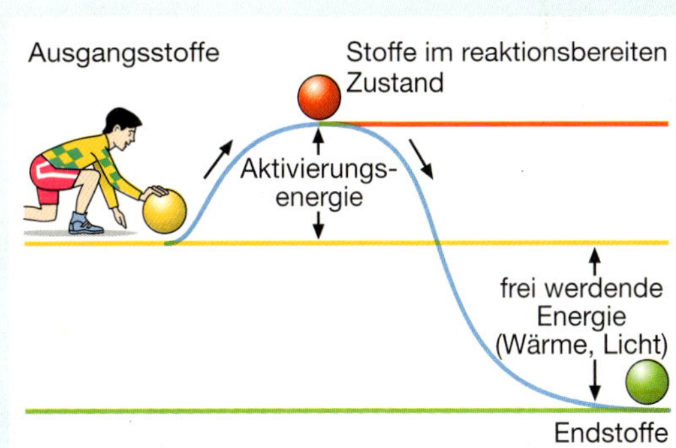

Zur Herstellung von Karamell muss man Zucker erhitzen. Durch eine chemische Reaktion wird aus Zucker Karamell. Allerdings wird dabei keine Energie frei, sondern man muss ständig erhitzen.

Es gibt also auch chemische Reaktionen, die nur bei ständiger Energiezufuhr ablaufen. Man bezeichnet sie als **endotherm.**

Exkurs: Alltag

Chemische Gärten

▲ 1 *„Chemischer Garten"*

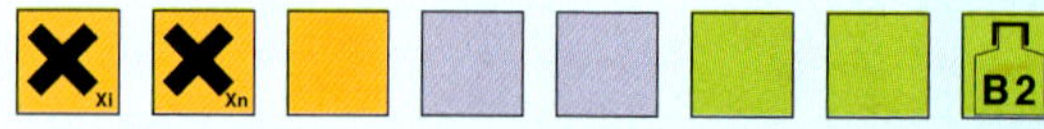

Wie die bunte Unterwasserwelt eines Korallenriffs mutet es an, wenn bestimmte Salze in ein Gemisch aus Natronwasserglas und Wasser gegeben werden. Braunalgen wachsen vor unseren Augen neben fein verästelten Korallen zur Oberfläche. Türkisfarbene Knollen und Äste überziehen den Untergrund und werden von weißen Spinnfäden langsam eingehüllt.

Diese wunderbare Unterwasserwelt kann jeder selbst aus Chemikalien herstellen.

Verwende für den Versuch am besten Gurken- oder Babynahrungsgläser. Vermische darin handelsübliche Natronwasserglaslösung (Natriumsilikat) im Verhältnis 1:1 mit Wasser. Gib in verschiedenen Gläsern Eisen(III)-chlorid (Xn), Kupfer(II)-chlorid(Xn), Eisensulfat (Xn) und Calciumchlorid (Xi) dazu.

Besonders schöne Unterwasserlandschaften wachsen, wenn du alle genannten Salze gleichzeitig in ein Gemisch aus Wasserglas und Wasser (1:5) gibst und über Nacht „wachsen" lässt.

Exkurs: Technik

Wie funktionieren eigentlich Streichhölzer?

In vielen Western sieht man, wie der eiskalte Revolverheld sein Streichholz an der Stiefelsohle entzündet, um sich seine selbst gedrehte Zigarette anzuzünden. Mit den heute üblichen Zündhölzern ist das nicht möglich. Man kann sie nur an der Reibfläche der Streichholzschachtel entzünden.

Der Zündkopf eines Streichholzes besteht aus einer Zündmasse, die Kaliumchlorat, Schwefel, Manganoxid, Farbstoff, Glaspulver und Leim enthält.

Die Reibfläche der Streichholzschachtel enthält roten Phosphor und Glaspulver in einem Bindemittel. Sowohl der Zündkopf als auch die Reibfläche sind durch Glaspulver rau. Streicht man mit dem Streichholzkopf über die Reibfläche, so entsteht Reibungswärme. Wenn Phosphor und Kaliumchlorat miteinander in Kontakt kommen, reicht die Reibungswärme aus, dass die beiden Stoffe miteinander reagieren und für eine ordentliche Zündflamme sorgen. Die Zündflamme setzt dann den Schwefel in Brand, der zu Schwefeldioxid verbrennt.

Der brennende Zündkopf lässt das Pappelholzstäbchen entflammen. Dieses ist mit Paraffin getränkt, damit es besser brennt und mit Ammoniumphosphat imprägniert, damit es nach dem Ausblasen nicht nachglimmt.

Früher befand sich der rote Phosphor ebenfalls im Zündkopf. Daher konnte man die Zündhölzer auch an der rauen Sohle eines Cowboystiefels entzünden. Diese Zündhölzer waren nicht ungefährlich. Sie konnten sich auch ungewollt entzünden und einen Brand verursachen, wenn sie wärmer als etwa 60 °C wurden.

Chemische Reaktion

V 1: Chemie in der Petrischale

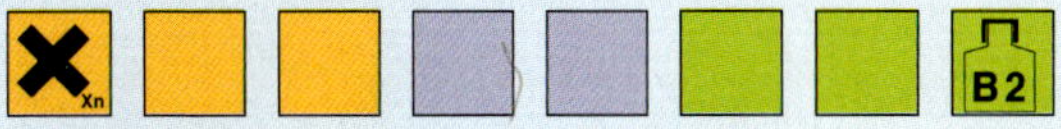

Materialien: Spatel, Petrischalen; dest. Wasser, Eisen(III)-chlorid (Xn), Ammoniumthiocyanat (Xn), Kupfer(II)-chlorid (Xn), gelbes Blutlaugensalz.

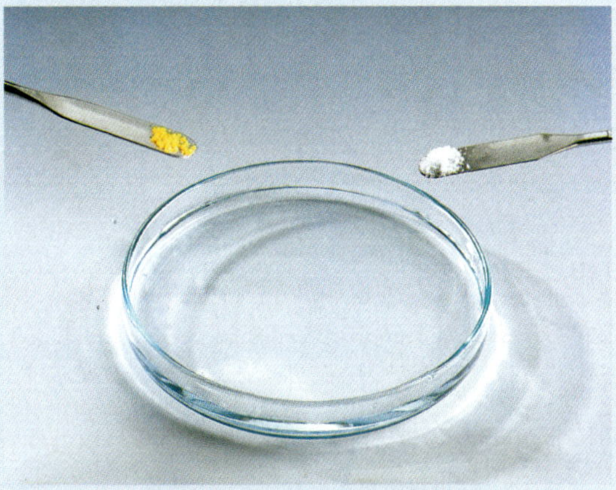

Durchführung: Fülle eine Petrischale etwa zur Hälfte mit destilliertem Wasser. Gib eine Spatelspitze Eisen(III)-chlorid am Rand der Petrischale ins Wasser. Gib nun genau gegenüber, ebenfalls am Rand der Petrischale, eine Spatelspitze Ammoniumthiocyanat ins Wasser. Jetzt musst du etwas Geduld aufbringen und darfst auf keinen Fall umrühren oder schütteln.
Wiederhole diesen Versuch mit den Kombinationen Kupfer(II)-chlorid/Ammoniumthiocyanat und Kupfer(II)-chlorid/gelbes Blulaugensalz.

Aufgaben:

a) Beschreibe die Ausgangsstoffe und das Reaktionsprodukt möglichst genau.

b) Woran kannst du erkennen, dass eine chemische Reaktion stattgefunden hat?

V 2: Chemie in der Küche

a) Materialien: Bechergläser, Esslöffel, Brenner; Mehl, Zucker, Milch , Hefe.

Durchführung: Vermische einen Esslöffel Mehl mit einem halben Esslöffel Zucker und einem Viertel Hefewürfel. Gib anschließend esslöffelweise lauwarme Milch dazu und verrühre das Gemisch zu einem dicken Brei. Der Brei sollte dann etwa 15 min auf der Heizung stehen. Welche Beobachtung deutet auf eine chemische Reaktion hin?

b) Materialien: Becherglas, Brenner, Teelöffel; Teebeutel schwarzer Tee, Zitronensaft.

Durchführung: Gieße in einen starken schwarzen Tee nach und nach Zitronensaft. Rühre immer wieder gut um. Welche Beobachtung lässt auf eine chemische Reaktion schließen?

c) Materialien; Untertasse; Backpulver, Zitronensaft.

Durchführung: Gib zu einer kleinen Menge Backpulver auf einer Untertasse einige Tropfen Zitronensaft. Was deutet auf eine chemische Reaktion hin?

V 3: Blaue Tinte, selbst gemacht

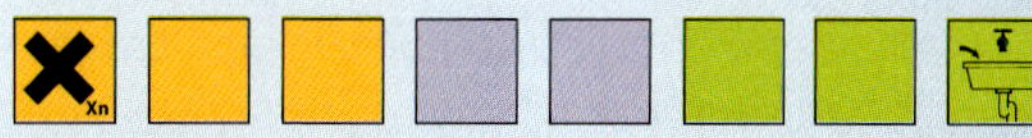

Materialien: Becherglas, Federhalter mit Stahlfeder; gelbes Blutlaugensalz, wässrige Lösung von Eisen(III)-chlorid (3%ig; Xn).

Durchführung: 3 g gelbes Blutlaugensalz werden in 30 ml heißem Wasser gelöst. Dann werden 25 ml der Eisen(III)-chlorid-Lösung in kleinen Portionen dazugegeben. Rühre nach jeder Zugabe um.

Die Tinte ist fertig, wenn die Lösung abgekühlt ist. Probiere mit einer Stahlfeder aus, wie sich damit schreiben lässt.

Aufgabe:

Woran kannst du erkennen, dass zwischen dem Blutlaugensalz und dem Eisen(III)-chlorid eine chemische Reaktion stattgefunden hat?

|3.7| Nichtmetalle reagieren mit Sauerstoff

Vor allem zu Beginn der Sommerferienzeit ist der Ärger auf den Autobahnen fast schon garantiert. Stau soweit das Auge reicht. Und die Abgase der Autos machen die Laune nicht besser. Da reißt manchem genervten Autofahrer schon mal der Geduldsfaden.

Im Abgas eines Motors findet man Kohlenstoffdioxid, Kohlenstoffmonooxid, Schwefeldioxid und Stickstoffoxide. Diese Gase entstehen bei der Verbrennung des Benzins im Motor. Sie sind für Mensch und Umwelt mehr oder weniger schädlich. Vom Abgaskatalysator können sie nur teilweise in unschädlichere Stoffe umgewandelt werden.

Kohlenstoffdioxid. Kohlenstoffdioxid (abgekürzt CO_2) ist ein farbloses und geruchsloses Gas. Es ist nicht brennbar und unterhält die Verbrennung nicht.

Um frischen, prickelnden Geschmack zu erzeugen, wird Kohlenstoffdioxid unter Druck in Mineralwasser geleitet und löst sich dort. Auf dem Etikett steht dann meistens „mit Kohlensäure".

Entstehung. Kohle und Holzkohle bestehen fast ganz aus Kohlenstoff; Holz, Heizöl, Benzin und Erdgas enthalten ebenfalls Kohlenstoff.

Kohlenstoffdioxid bildet sich, wenn diese Stoffe in Luft oder Sauerstoff verbrannt werden.

Kohlenstoff + Sauerstoff → Kohlenstoffdioxid; Energie wird frei.

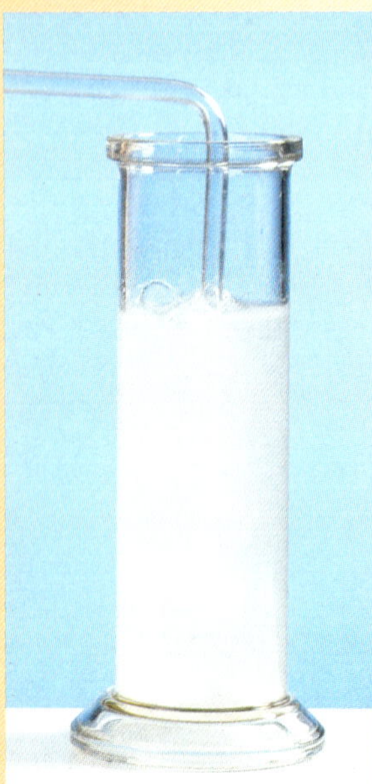

▲ 2 *CO_2 wird in Kalkwasser geleitet.*

Leitet man Kohlenstoffdioxid durch Kalkwasser, lässt sich eine Trübung beobachten.

Die **Trübung des Kalkwassers** ist eine **Nachweisreaktion** für Kohlenstoffdioxid.

Kohlenstoffdioxid ist ein *Treibhausgas*. Steigt die Konzentration in der Atmosphäre, so kommt es zu einer globalen Erwärmung unserer Erde, dem so genannten Treibhauseffekt. Kohlenstoffdioxid wird durch den Abgaskatalysator nicht verändert.

▲ 3 *Schwefel verbrennt mit einer intensiv blauen Flamme zu Schwefeldioxid.*

▲ 4 *Verkehrsstau bei Ferienbeginn*

Kohlenstoffmonooxid. Kohlenstoffmonooxid (abgekürzt CO) ist ein farbloses und geruchloses Gas, das schon bei geringen Mengen in der Luft tödlich wirkt.

Verbrennt man Kohlenstoff unter Sauerstoffmangel, entsteht neben Kohlenstoffdioxid auch Kohlenstoffmonooxid.

Schwefeldioxid. Schwefeldioxid (abgekürzt SO_2) ist ein giftiges, stechend riechendes Gas, das die Schleimhäute und Atemwege schädigt. Es tötet Schimmelpilze und Bakterien ab und wird deshalb zur Desinfektion von Bier- und Weinfässern verwendet.

Entstehung. In Kohle, Heizöl und Benzin sind geringe Mengen schwefelhaltiger Stoffe enthalten. Verbrennt man sie, entsteht Schwefeldioxid:

Schwefel + Sauerstoff → Schwefeldioxid; Energie wird frei.

Schwefeldioxid ist einer der Verursacher des sauren Regens. Es lässt sich durch den Abgaskatalysator nicht aus dem Abgas entfernen.

Kohlenstoff + Sauerstoff → Kohlenstoffmonooxid; Energie wird frei.

Kohlenstoffmonooxid entsteht auch im Automotor und wird im Abgaskatalysator zu Kohlenstoffdioxid verbrannt.

Stickstoffoxide. Es gibt verschiedene Stickstoffoxide (abgekürzt NO_x). Das wichtigste darunter ist das Stickstoffdioxid (NO_2).

Entstehung. Stickstoff ist so reaktionsträge, dass man ihn nur bei hohen Temperaturen verbrennen kann. Man kann die Bildung des braunen Stickstoffdioxids gut beobachten, wenn man eine Wunderkerze in einem verschlossenen Glas verbrennt.

Stickstoff + Sauerstoff → Stickstoffdioxid; Energie wird zugeführt.

▲ *1 NO_2 entsteht beim Verbrennen einer Wunderkerze.*

Im Automotor wird das Benzin-Luft-Gemisch durch den heißen Zündfunken der Zündkerze zur Explosion gebracht. Da Stickstoff und Sauerstoff immer in der Luft vorhanden sind, entstehen im Automotor stets auch Stickstoffoxide. Sie sind Mitverursacher des sauren Regens. Im Abgaskatalysator wird Stickstoffdioxid wieder in Stickstoff und Sauerstoff umgewandelt.

Die Nichtmetalle Kohlenstoff, Schwefel und Stickstoff reagieren mit Sauerstoff zu Kohlenstoffdioxid, Kohlenstoffmonooxid, Schwefeldioxid und verschiedenen Stickstoffoxiden. Alle entstehenden Oxide sind für die Umwelt mehr oder weniger schädlich, manche sogar giftig.

1 Fragen zum Text

a) Welcher Bestandteil in Abgasen ist schon in geringer Konzentration für den Menschen sehr gefährlich?
b) Welche Stoffe im Abgas eines Motors sind für den sauren Regen mitverantwortlich?
c) Welches Gas aus dem Auspuff eines Autos verstärkt den Treibhauseffekt?
d) Bei welchen Gasen bleibt der Abgaskatalysator wirkungslos?

|3.8| Langsame Oxidation

Rosten. Trotz bester Pflege beginnt jedes Auto irgendwann zu rosten. Kleine Kratzer beschädigen den Lack, Feuchtigkeit und Luft kommen an das Eisenblech heran, das Rosten beginnt.

Rosten, man spricht auch von *Korrosion*, ist eine **langsame Oxidation**. Unter dem Einfluss von Sauerstoff und Wasser bildet sich in einer chemischen Reaktion der Rost, ein wasserhaltiges Eisenoxid. Er bildet eine poröse, lockere Schicht. Sauerstoff und Wasser gelangen durch den Rost zum darunter liegenden Eisen. Der Rost frisst sich immer tiefer, bis selbst dicke Eisenteile durchgerostet sind.

Um das **Rosten zu verhindern**, müssen Sauerstoff und Wasser vom Eisen ferngehalten werden. Dazu dienen Farbanstriche und Überzüge aus Emaille oder metallische Schutzschichten aus Zink, Nickel oder Chrom. Auch diese Metalle oxidieren an der Luft. Sie bilden aber dichte Oxidschichten, die Wasser und Sauerstoff nicht hindurchlassen. Das unter dieser Schutzschicht liegende Metall wird dann nicht mehr angegriffen.

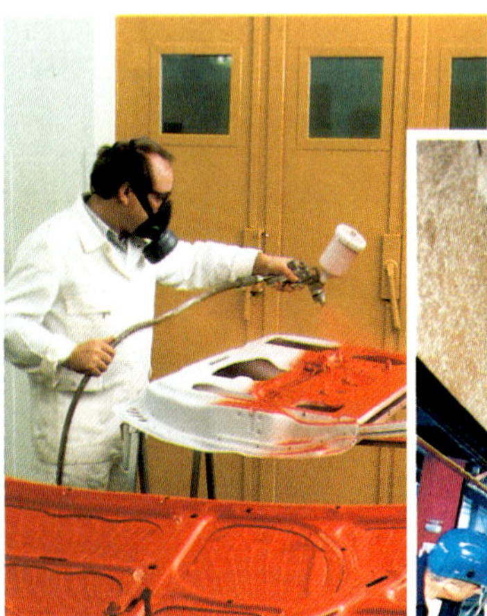

▲ 2 *Lack schützt vor Rost …*

3 *… Zink ebenso* ▶

Energie für den Körper. Für jeden Herzschlag und für jede Bewegung benötigen wir Energie. Quelle dieser Energie sind die Nahrungsmittel. Die Nährstoffe werden im Körper „verbrannt", aber nicht schlagartig bei hoher Temperatur, sondern langsam, in vielen kleinen Schritten. So wird die Energie, die in Fett, Eiweiß und Kohlehydraten steckt für den Körper nutzbar bemacht. Auch hier findet eine langsame Oxidation statt. Der in den Nährstoffen vorhandene Kohlenstoff wird dabei zu Kohlenstoffdioxid oxidiert, das wir ausatmen. Den dazu nötigen Sauerstoff holen wir uns aus der Atemluft. Neben Kohlenstoffdioxid entsteht bei der langsamen Oxidation im Körper vor allem noch Wasser.

Rosten und Nährstoffverwertung sind Beispiele für langsame Oxidation, bei denen die Energie nicht schlagartig freigesetzt wird, sondern in kleinen Portionen.

1 Fragen zum Text

a) Auch beim Rosten wird Energie frei. Warum kann man bei einem rostenden Eisenblech die Erwärmung nicht spüren?

b) Warum verhindert ein Chromüberzug das Rosten des Eisenblechs?

2 Experiment

Befeuchte eine Probe entfetteter Stahlwolle mit Wasser, eine zweite mit Maschinenöl. Schiebe die zwei Proben in Reagenzgläser. In das dritte Reagenzglas kommt trockene entfettete Stahlwolle. Stelle die Reagenzgläser mit der Öffnung nach unten für einige Tage in ein Becherglas mit Wasser.

a) Wie verändert sich die Stahlwolle in den drei Reagenzgläsern?

b) Bei welchen Proben steigt der Wasserspiegel? Gib eine Erklärung dafür.

|3.9| Elemente und Verbindungen

▲ *1 Silberoxid lässt sich zerlegen.*

▲ *2 Alchemisten beim Experimentieren*

Erhitzt man schwarzes Silberoxid-Pulver mit dem Brenner in einem Reagenzglas, schmilzt es zu einer glühenden Kugel zusammen. Mit der Glimmspanprobe kann man im Reagenzglas Sauerstoff nachweisen. Die erkaltete Kugel ist metallisch glänzend und lässt sich leicht mit einem Hammer verformen – es ist Silber!
Durch das Erhitzen ist Silberoxid in Silber und Sauerstoff zerlegt worden:

Silberoxid → Silber + Sauerstoff;
Energie wird zugeführt.

Silber und Sauerstoff lassen sich durch chemische Reaktionen nicht weiter zerlegen. Es sind besondere Reinstoffe. Man bezeichnet sie als **Grundstoffe** oder auch als chemische **Elemente**. Man kann sie nicht durch chemische Experimente aus anderen Elementen herstellen.

Auch Gold ist ein Element. Alchemisten haben im Mittelalter oft versucht, Gold durch chemische Reaktionen aus Elementen wie Kupfer oder Blei herzustellen. Ihnen war der heutige Elementbegriff unbekannt, sonst hätten sie erkannt, dass die Goldherstellung so gar nicht funktionieren kann. Es gab aber trotzdem Alchemisten, die „Rezepte zur Goldherstellung" verkauften. Sie befanden sich allerdings ständig auf der Flucht, denn nicht wenige dieser Alchemisten endeten am Galgen …

Elemente sind Reinstoffe, die sich durch chemische Reaktionen nicht weiter in andere Stoffe zerlegen lassen.
Verbindungen sind aus mindestens zwei Elementen aufgebaut. Sie lassen sich durch chemische Reaktionen wieder in Elemente zerlegen.

Silberoxid dagegen ist eine **Verbindung** aus Silber und Sauerstoff. Verbindungen sind Reinstoffe, die sich nur durch *chemische Reaktionen* wieder in Elemente *zerlegen lassen.*

Wir haben bisher schon einige der etwa 100 bisher entdeckten Elemente kennengelernt. Metalle wie Silber, Aluminium, Eisen, Magnesium und Zink sind Elemente; weitere Beispiele für Elemente sind die Feststoffe Schwefel und Kohlenstoff sowie die Gase Sauerstoff, Stickstoff, Argon und Krypton.

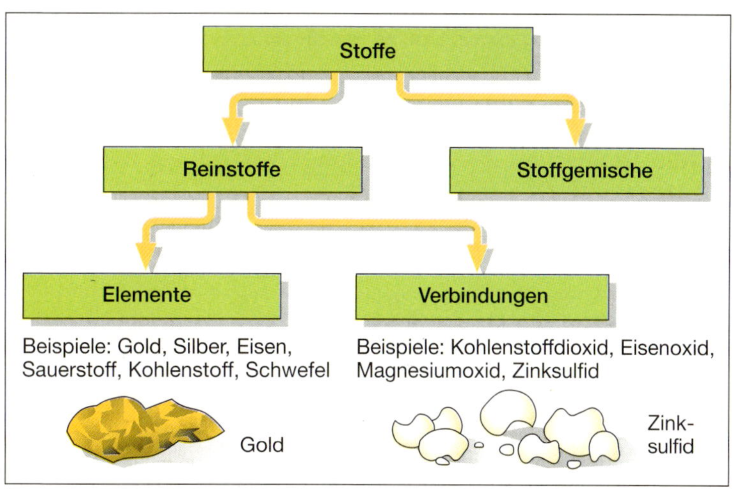

▲ *3 Einteilung der Stoffe*

Das Gesetz von der Erhaltung der Masse. Frankreich im Jahre 1774. Der Chemiker LAVOISIER ist äußerst unzufrieden, dass eine Verbrennung einmal einen Massenverlust und ein anderes Mal eine Massenzunahme verursachen kann. Eine Kerze wird beim Verbrennen bekanntlich immer kleiner und leichter, Eisenwolle wird beim Verbrennen aber schwerer. Sein Verdacht ist, dass während der chemischen Reaktion entweder ein Stoff unbemerkt verloren geht oder unbemerkt hinzukommt. Er kommt auf die Idee, einen Stoff in einem verschlossenen Glasgefäß zu verbrennen. Somit kann während der chemischen Reaktion nichts verloren gehen und nichts hinzukommen.

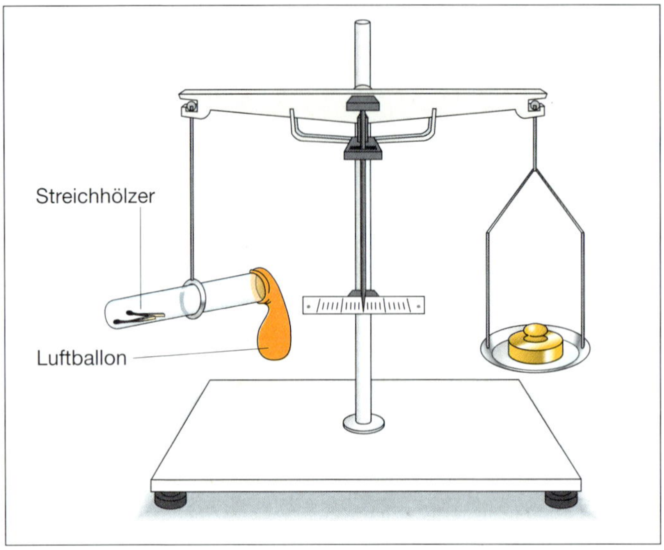

▲ *1 Das Experiment zeigt: Die Masse vor und nach der Reaktion ist gleich groß.*

Einen ähnlichen Versuch kann man selbst durchführen. Dazu werden Streichhölzer in einem verschlossenen Reagenzglas verbrannt. Mit einem Luftballon lässt sich der Luftraum verschließen. Zünden kann man die Streichhölzer durch Erhitzen des Reagenzglases.
Und was passiert? Die **Masse** ist **nach** dem Versuch **genau so groß** wie **vor** dem Versuch! Das hat auch schon LAVOISIER herausbekommen. Dieses Ergebnis *gilt für alle chemischen Reaktionen.*

Und wie ist das bei der Kerze und der Eisenwolle? Bei der Verbrennung einer Kerze entsteht unter anderem das Gas Kohlenstoffdioxid, das in die Umgebung entweicht; man wiegt es daher nicht mit. Bei der verbrennenden Eisenwolle kommt Sauerstoff während der Reaktion unbemerkt hinzu. Das Verbrennungsprodukt ist daher schwerer.

Bei einer chemischen Reaktion ist die Masse der Ausgangsstoffe genau so groß wie die Masse der Reaktionsprodukte.

1 Fragen zum Text

a) Welche Elemente und welche Verbindungen kennst du? Fertige dazu eine kleine Tabelle an.
b) Aus welchen Elementen bestehen die Verbindungen Zinksulfid, Eisenoxid und Kohlenstoffdioxid?
c) Ein Streichholz wird beim Verbrennen immer leichter. Trotzdem gilt das Gesetz von der Erhaltung der Masse. Erkläre diesen Widerspruch.

2 Experiment

Mische 7 g Eisenpulver und 4 g Schwefelpulver in einem Reagenzglas. Stülpe einen Luftballon über das Reagenzglas. Wiege das Reagenzglas mit dem Luftballon.
Erhitze das Reagenzglas an einer Stelle, bis das Gemisch reagiert. Wiege das Reagenzglas mit dem Luftballon nach dem Abkühlen noch einmal. Vergleiche die beiden Wägeergebnisse.

3 Umwelt

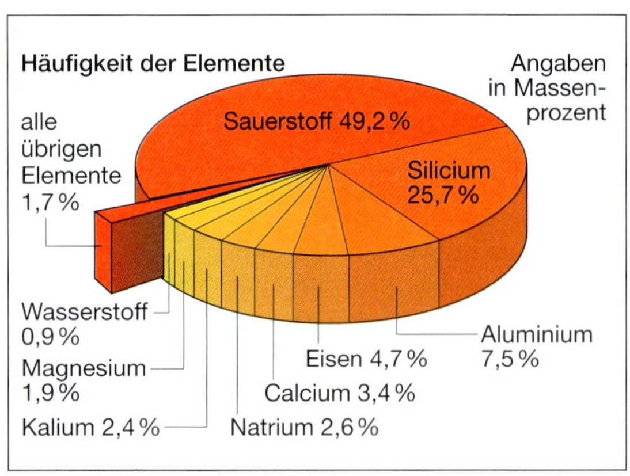

Diese Elemente kommen in der Erdrinde am häufigsten vor, die meisten allerdings nur in Form von Verbindungen. Finde heraus, in welchen Stoffen diese Elemente enthalten sind.

|3.10| Ein einfaches Atommodell

▲ *1 Der englische Chemiker DALTON hatte sich für seine Forschungen ausgerechnet das übel riechende Sumpfgas ausgesucht. Schon das Auffangen des Gases war mit allerlei Schwierigkeiten verbunden.*

Die chemische Reaktion als Umordnung von Atomen. Zink und Schwefel reagieren unter heftiger Qualm- und Wärmeentwicklung zu Zinksulfid. Sowohl im Metall Zink als auch im kristallinen Feststoff Schwefel sind unzählige Zink- bzw. Schwefel-Atome regelmäßig angeordnet.
Bei der Reaktion werden zunächst sowohl die Zink-Atome als auch die Schwefel-Atome voneinander getrennt; bewirkt wird das durch die zugeführte Aktivierungsenergie. Anschließend ordnen sich diese Atome neu an und bilden zusammen die Verbindung Zinksulfid; dabei wird Energie frei.

Bis ins 18, Jahrhundert gab es nicht viele wissenschaftliche Erkenntnisse über den Aufbau der Stoffe. Es wurde darüber philosophiert, ob sich die Stoffe aus den vier „Elementen" Erde, Luft, Feuer und Wasser zusammensetzten.
Zwar wurde das Wissen über chemische Reaktionen immer größer und die Existenz kleinster Teilchen wurde vermutet, aber erst am Anfang des 19. Jahrhunderts entwickelte JOHN DALTON, ein englischer Chemiker, ein Modell, das den **Aufbau der Stoffe** aus **Atomen** erklärte.

Das Atommodell von DALTON. Über die Atome machte DALTON folgende Aussagen:

1. Alle Stoffe sind aus kleinsten, kugelförmigen Teilchen, den Atomen, aufgebaut.
2. Atome sind unveränderlich und unteilbar.
3. Alle Atome eines Elements haben gleiche Größe und Masse.
4. Die Atome verschiedener Elemente unterscheiden sich in Größe und Masse.

Obwohl DALTONs Atommodell aus heutiger Sicht die Welt der Atome nur unzureichend beschreibt, eignet es sich doch gut, um die Vorgänge bei der chemischen Reaktion zu veranschaulichen.

Während einer chemischen Reaktion *entstehen* also *keine neuen Atome.* Auch werden keine Atome zerstört. Die bereits vorhandenen Atome werden *voneinander getrennt* und *ordnen sich* dann *auf eine andere Weise an.* Sie bilden einen neuen Stoff. Die Atome sind also lediglich **umgruppiert** worden.

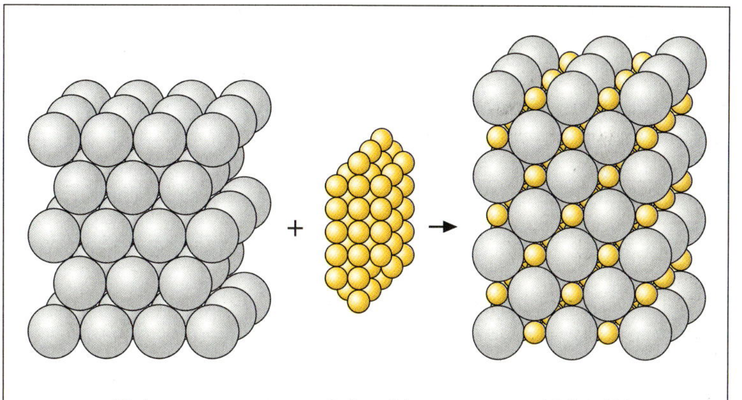

▲ *2 Modell-Vorstellung einer chemischen Reaktion*

Gesetz von der Erhaltung der Masse. Die Masse der Ausgangsstoffe ist bei einer chemischen Reaktion genauso groß wie die Masse der Endprodukte. Da vor, während und nach einer chemischen Reaktion stets *gleich viele Atome vorliegen,* und die einzelnen Atome weder schwerer noch leichter werden, muss die Gesamtmasse immer gleich bleiben.

Anordnung der Atome. Inzwischen weiß man, dass einzelne Atome, wie sie sich DALTON vorgestellt hat, in der Natur selten zu finden sind. Nur die kleinsten Teilchen der Edelgase kommen als einzelne, frei bewegliche **Atome** vor. Edelgase wie Argon oder Krypton werden zum Beispiel als Füllgas für Glühlampen verwendet.

Die kleinsten Teilchen der anderen Gase bestehen dagegen aus **Molekülen**. Moleküle sind Teilchen, die aus *zwei oder mehr Atomen* aufgebaut sind. Im Sauerstoff-Molekül sind zwei Sauerstoff-Atome miteinander verbunden. Auch bei Stickstoff und Chlor bestehen die Moleküle aus zwei Atomen. Ein Ozon-Molekül setzt sich sogar aus drei Sauerstoff-Atomen zusammen.

In vielen Molekülen sind *Atome verschiedener Elemente* miteinander verknüpft. So besteht ein Kohlenstoffdioxid-Molekül aus einem Kohlenstoff-Atom und zwei Sauerstoff-Atomen.

Bei Gasen sind die Moleküle nicht dicht nebeneinander gepackt, sondern *frei beweglich*.

In Metallen wie Eisen oder Aluminium sind unvorstellbar viele Atome in regelmäßiger Weise angeordnet. Sie bilden einen *Atomverband*. Die Atome sind nicht frei beweglich, sondern *ortsfest*.

Umordnung der Atome bei der Verbrennung von Kohle. Verbrennt man Kohle, so reagieren Kohlenstoff und Sauerstoff miteinander und es bildet sich Kohlenstoffdioxid.
In der festen Kohle sind die Kohlenstoff-Atome dicht nebeneinander regelmäßig angeordnet.
Der gasförmige Sauerstoff besteht aus Molekülen. Jedes Sauerstoff-Molekül ist aus zwei Sauerstoff-Atomen aufgebaut.
Bei der chemischen Reaktion werden die Sauerstoff-Moleküle gespalten und die Kohlenstoff-Atome werden aus dem Atomverband herausgelöst. Die Kohlenstoff- und Sauerstoff-Atome werden zu Kohlenstoffdioxid-Molekülen umgeordnet. Dabei bilden je ein Kohlenstoff- und zwei Sauerstoff-Atome ein Kohlenstoffdioxid-Molekül.

Alle Stoffe sind aus Atomen aufgebaut. Die Atome werden in einer chemischen Reaktion umgeordnet. Die Anzahl und die Masse der beteiligten Atome bleiben dabei immer gleich groß.

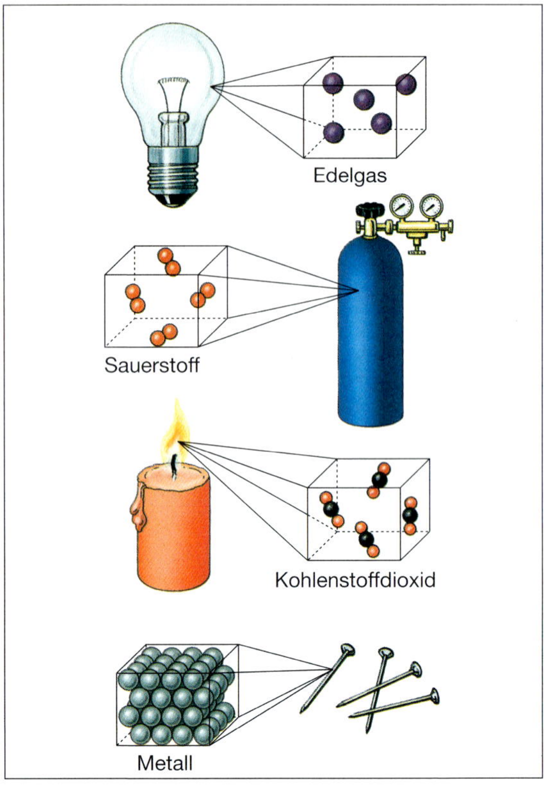

▲ *1 Atome ordnen sich unterschiedlich an*

1 Fragen zum Text

a) Welche Eigenschaften schrieb DALTON den Atomen zu?
b) Wieso kann bei einer chemischen Reaktion die Masse der an der Reaktion beteiligten Stoffe weder abnehmen noch zunehmen?
c) Beschreibe die atomaren Vorgänge bei der Reaktion von Magnesium mit Sauerstoff.

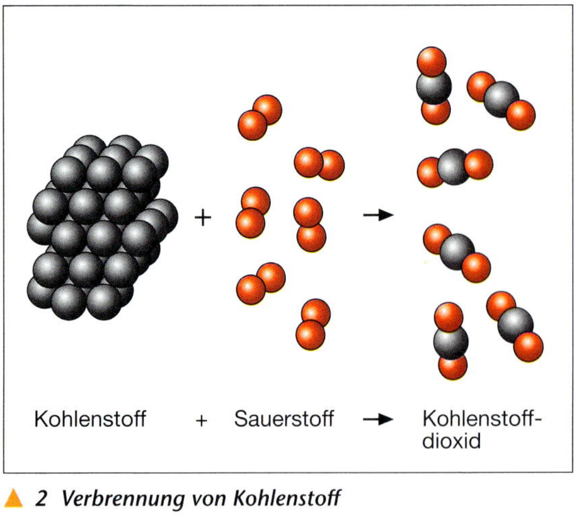

▲ *2 Verbrennung von Kohlenstoff*

1 Ein verheerender Großbrand in einer Möbelfabrik verursachte einen Sachschaden in Millionenhöhe. Das Feuer war im Benzin- und Heizöllager ausgebrochen und griff auf das Holzlager über. Im weiten Umkreis mussten die Anwohner vorübergehend ihre Wohnhäuser verlassen.

a) Auf welche Weise muss das Feuer im Benzin- und Heizöllager gelöscht werden?
b) Wie geht die Feuerwehr beim Holzlager vor?
c) Warum wurden die Anwohner evakuiert?

2 Ist Luft eine Verbindung, ein Gemisch oder ein Element? Begründe deine Antwort.

3 Zinkpulver ist ein silbergrauer Stoff. Er verbrennt hell leuchtend in der Brennerflamme. Dabei entsteht ein weißer Stoff.

a) Woran erkennt man, dass eine chemische Reaktion stattgefunden hat?
b) Welcher Stoff ist entstanden? Formuliere die Wortgleichung.
c) Zeichne mithilfe des Dalton-Modells die Vorgänge bei dieser Reaktion.

4 Stoffe kann man durch chemische Reaktionen nachweisen.
a) Wie kann man nachweisen, dass bei der Zerlegung von Silberoxid Sauerstoff entsteht?
b) Wie kann man nachweisen, dass der Mensch Kohlenstoffdioxid ausatmet?

5 Kupfer und Schwefel reagieren miteinander zu Kupfersulfid, wenn man soweit erhitzt, dass sich Schwefeldämpfe bilden und das Kupferblech glüht.
a) Wie heißt die Energie, die zum Starten der Reaktion zugeführt werden muss?
b) Erkläre mithilfe des Dalton-Modells, warum die beiden Stoffe im kalten Zustand nicht miteinander reagieren.

6 Im Wachs einer Kerze ist unter anderem das Element Kohlenstoff enthalten.
a) Erkläre die Vorgänge beim Brennen einer Kerze.
b) Formuliere die Wortgleichung für die Verbrennung des Kohlenstoffs.

7 In den Reagenzgläsern befindet sich Eisenwolle. Rechts sieht man, wie sich die Eisenwolle nach einem Tag verändert hat.

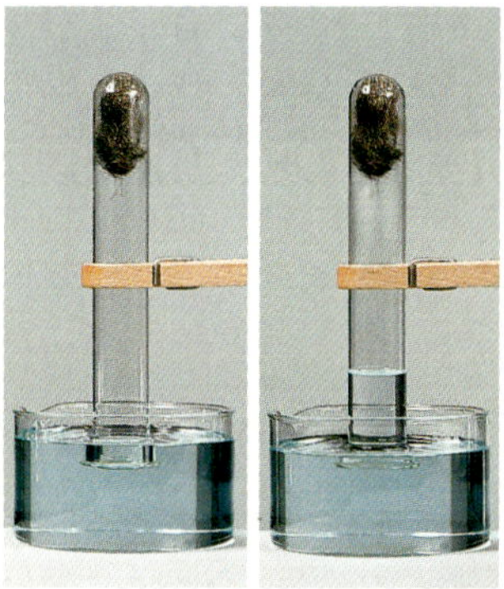

a) Erkläre die Veränderung.
b) Wieso kann man mit diesem Versuch beweisen, dass die Luft etwa 20 % Sauerstoff enthält?

8 Zum Entzünden von Stahlwolle genügt es, sie zwischen die Pole einer Batterie zu halten. Verbrennt die Stahlwolle, wird sie schwerer.
a) Erkläre, warum sich Stahlwolle so leicht entzünden lässt.
b) Weshalb ist die Massenzunahme bei der Verbrennung von Stahlwolle kein Widerspruch zum Gesetz zur Erhaltung der Masse?

Basis-Wissen

→ **Brennen und Löschen:** Bei jeder Verbrennung entstehen Abgase, z. B. Kohlenstoffdioxid.

Beim Löschen mit Wasser werden brennbare Stoffe unter ihre Entzündungstemperatur abgekühlt.

Mit einem Schaumlöscher wird der Luftzutritt verhindert.

Zieht man die brennenden Stoffe auseinander, fehlt dem Feuer der Nachschub.

→ **Zusammensetzung der Luft:**

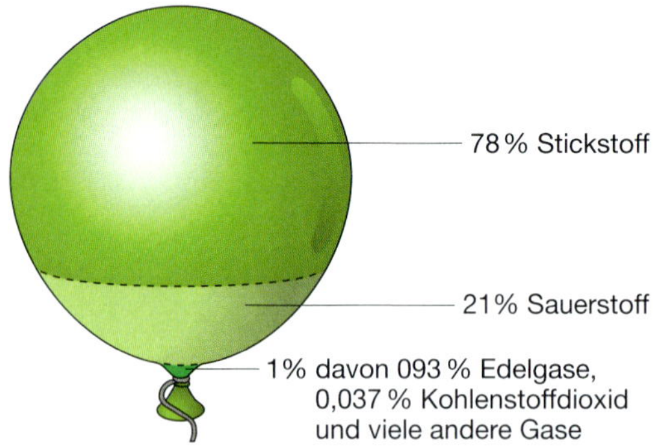

→ **Chemische Reaktion:** Bei einer chemischen Reaktion entstehen aus vorhandenen Stoffen neue Stoffe mit neuen Eigenschaften.
Für den Start einer chemischen Reaktion benötigt man **Aktivierungsenergie.**
Eine **Oxidation** ist eine chemische Reaktion, bei der sich ein Stoff mit Sauerstoff zu einem Oxid verbindet. Beispiel:
Magnesium + Sauerstoff
→ Magnesiumoxid; Energie wird frei

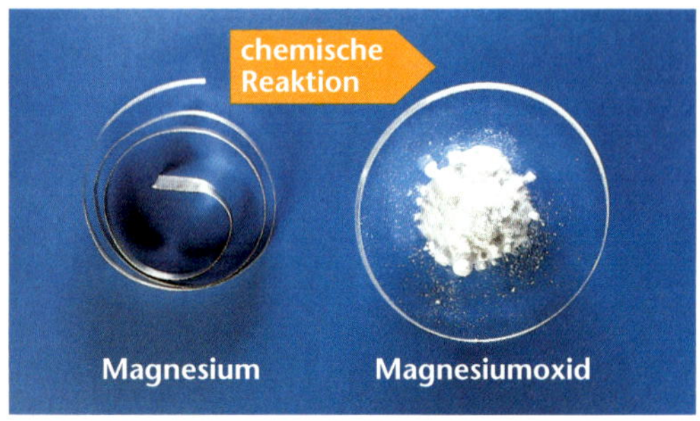

→ **Nichtmetalle reagieren mit Sauerstoff:**

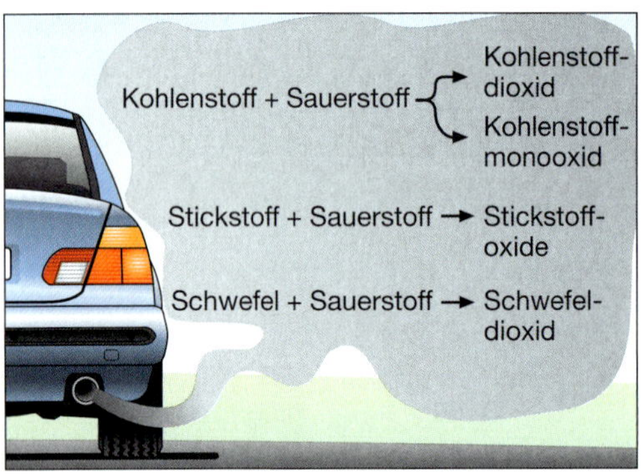

→ **Elemente und Verbindungen:** Reinstoffe, die man chemisch nicht weiter zerlegen kann, nennt man **Elemente.**
Verbindungen sind aus Elementen aufgebaut und lassen sich wieder in diese zerlegen.

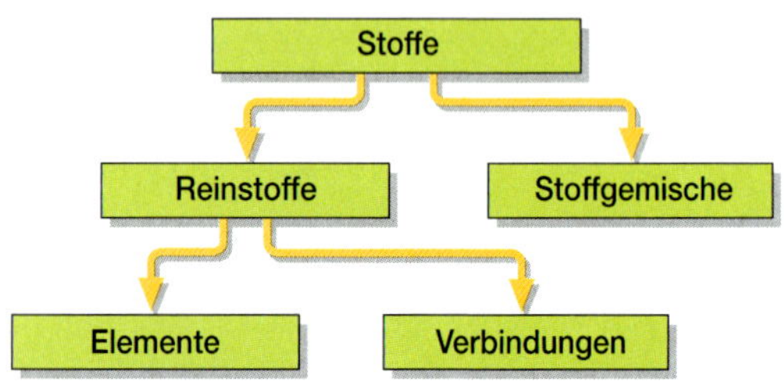

→ **Das Atommodell von DALTON:**

– Alle Stoffe sind aus Atomen aufgebaut.
– Alle Atome eines Elements haben gleiche Größe und gleiche Masse.
– Atome verschiedener Elemente unterscheiden sich in Größe und Masse.
– Bei chemischen Reaktionen werden die Atome der Ausgangsstoffe neu angeordnet und miteinander verknüpft. Die Zahl und die Masse der Atome bleibt unverändert.

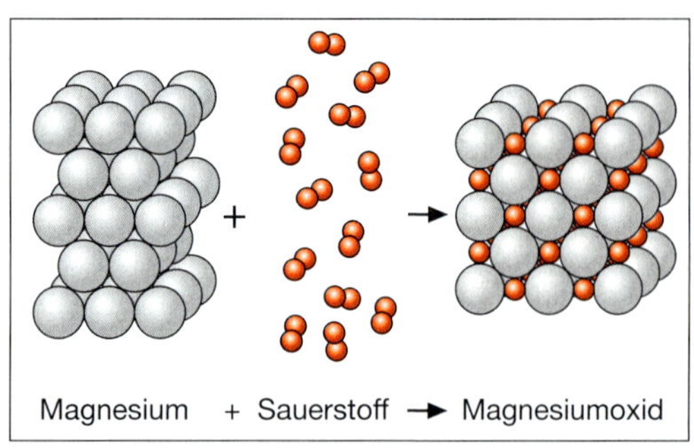

|4| Wie gewinnt man Metalle?

Beim Bau eines modernen Kreuzfahrtschiffes werden die unterschiedlichsten Werkstoffe eingesetzt: neben Glas, Holz und Kunststoffen verwendet man vor allem Metalle. Die Propeller werden aus Bronze gegossen und anschließend sehr präzise feingeschliffen. Der Schiffsrumpf und die Aufbauten bestehen aus einer speziellen, sehr festen Stahlsorte. Der Schornstein ist oft mit dem Leichtmetall Aluminium verkleidet. Alle elektrischen Leitungen sind aus Kupfer. Metalle bestimmen also in weitem Maße Form, Aussehen und Technik des Schiffes.

|4.1| Kupfer, das erste Gebrauchsmetall

▲ *1 Abbau von Kupfererz*

▲ *5 Installationsmaterial aus Kupfer*

In der Steinzeit waren Holz, Stein, Knochen und Ton die Werkstoffe des Menschen. Aber schon früh wurden auch die Metalle *Kupfer* und *Gold* verwendet, denn sie konnten *gediegen,* das heißt als *reine Metalle,* gefunden werden. Das zeigen Funde von 5000 Jahre alten Waffen, Werkzeugen und Schmuck.

▲ *2 Gediegenes Kupfer*

Doch gediegenes **Kupfer** ist selten. Man muss es deshalb aus Kupfererzen wie *Kupferkies* oder *Malachit* gewinnen. Das sind farbige Gesteine, denen man es nicht ansieht, dass sie Kupfer enthalten. In Erzen ist Kupfer meistens mit Schwefel oder Sauerstoff und Kohlenstoff verbunden.

▲ *3 Kupferkies*

Ist Kupfer an Sauerstoff gebunden, lässt es sich aus dieser Verbindung, dem *Kupferoxid,* durch starkes Erhitzen zusammen mit Holzkohle gewinnen. Darauf sind auch schon die Hüttenfachleute vor über 5000 Jahren gekommen.

▲ *4 Malachit*

Kupfer ist auch heute noch ein wichtiges Gebrauchsmetall: Die Industrie verarbeitet jährlich weltweit 11 Millionen Tonnen. Fast 40 % davon werden durch *Recycling* von Kupferschrott, der Rest wird aus Kupfererzen gewonnen.

Verwendung. Wegen seiner Korrosionsbeständigkeit ist Kupfer ein bewährter Werkstoff für Dacheindeckungen, Dachrinnen und Gas- und Wasserleitungen. Wegen der guten Wärmeleitfähigkeit bestehen Wärmetauscher in Heizkesseln oder Kühlanlagen aus Kupfer. Aus dem gleichen Grund besitzen viele Edelstahlkochtöpfe einen Kupfer-Sandwichboden.
Werden Kochtöpfe aus Kupfer verwendet, müssen sie innen mit einem anderen Metall überzogen werden, denn Kupfer bildet mit sauren Speisen giftigen Grünspan.
Von größter Bedeutung ist Kupfer jedoch in der Elektrotechnik, denn es leitet den elektrischen Strom sehr gut. Mehr als die Hälfte der Kupferproduktion wird in der Elektroindustrie vor allem zu Elektrokabeln verarbeitet. Auch Handys, Radios, Fernseher und Computer sind ohne Kupfer nicht denkbar.

Kupfer ist das älteste Gebrauchsmetall des Menschen: Es lässt sich leicht verarbeiten, ist korrosionsbeständig und leitet Wärme und elektrischen Strom sehr gut. Kupfer wird aus Kupfererzen gewonnen.

1 Fragen zum Text

a) Warum war Kupfer das erste Gebrauchsmetall des Menschen?
b) Nenne Beispiele für die Verwendung von Kupfer in Alltag und Technik.

|4.2| Redox: Vom Kupferoxid zum Kupfer

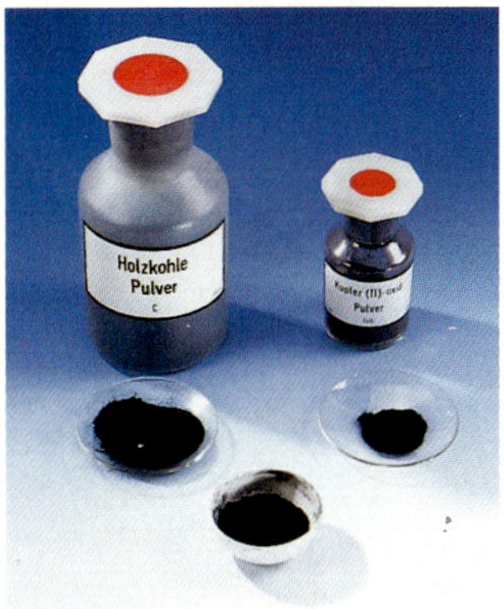

▲ *1 Ausgangsstoffe*

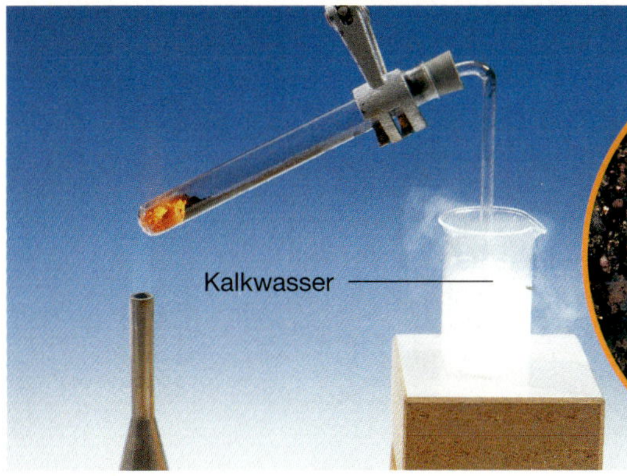

▲ *2 Reduktion von Kupferoxid mit Holzkohle*

▲ *3 Endprodukt*

Silberoxid läßt sich durch starkes Erhitzen mit dem Gasbrenner in Silber und Sauerstoff zerlegen. Bei Kupferoxid und den meisten anderen Metalloxiden gelingt dies jedoch nicht, weil der Sauerstoff sehr stark an Kupfer gebunden ist. Mit einem geeigneten Reaktionspartner, zum Beispiel mit Kohlenstoff, lässt sich jedoch das Kupfer aus dem Kupferoxid gewinnen.

Im Experiment wird stangenförmiges Kupferoxid mit Holzkohle vermischt. Die Mischung wird im Reagenzglas kräftig erhitzt. Nach kurzer Zeit entstehen metallisch glänzende Kupfernadeln und ein Gas, das das Kalkwasser im Becherglas trübt. Es ist Kohlenstoffdioxid.

Redoxreaktion. Bei dieser Reaktion wird dem Kupferoxid der Sauerstoff entzogen. Man sagt, das Kupferoxid wird zu Kupfer **reduziert.**
Der Kohlenstoff nimmt den Sauerstoff auf, er wird **oxidiert.** Beide Reaktionen, **Red**uktion und **Ox**idation sind miteinander gekoppelt, deshalb heißt die gesamte Reaktion **Redoxreaktion.**

Das Kupferoxid gibt Sauerstoff ab und ermöglicht dadurch die Oxidation des Eisens. Kupferoxid ist das **Oxidationsmittel.**
Das Eisen nimmt den Sauerstoff auf und ermöglicht dadurch die Reduktion des Kupferoxids. Eisen ist das **Reduktionsmittel.**

Reduktion (Kupferoxid → Kupfer)

Kupferoxid + Kohlenstoff → Kupfer + Kohlenstoffdioxid

Oxidation (Kohlenstoff → Kohlenstoffdioxid)

▲ *4 Redoxreaktion*

Wer reduziert wen? Kohlenstoff kann Kupferoxid reduzieren. Umgekehrt kann aber Kupfer dem Kohlendioxid *keinen* Sauerstoff entziehen. Kohlenstoff hat demnach ein größeres Bestreben als Kupfer, sich mit Sauerstoff zu verbinden. Kohlenstoff ist also ein stärkeres Reduktionsmittel.
Anstelle von Kohlenstoff kann man Kupferoxid auch mit vielen Metallen reduzieren. So reagieren zum Beispiel Eisenpulver und Kupferoxid beim Erhitzen zu Eisenoxid und Kupfer:

Kupferoxid + Eisen → Kupfer + Eisenoxid

Auch Magnesium, Aluminium oder Zink können Kupferoxid reduzieren. Da sie bei ihrer Oxidation *viel Wärme* liefern, sind diese *unedlen* Metalle *starke* Reduktionsmittel.
Dagegen sind Gold oder Silber nicht bei Kupferoxid als Reduktionsmittel einzusetzen.

Man kann Metalle und Nichtmetalle nach ihrer Stärke als Reduktionsmittel anordnen. Wenn man mit den starken Reduktionsmitteln beginnt, kommt man zu folgender Reihe:

Magnesium → Aluminium → Zink → Kohlenstoff → Eisen → Blei → Kupfer → Silber → Gold

Eine chemische Reaktion, bei der einem Oxid Sauerstoff entzogen wird, heißt Reduktion.
Der Reaktionspartner wird gleichzeitig oxidiert.
Bei einer Redoxreaktion laufen Reduktion und Oxidation gleichzeitig ab.

1 Fragen zum Text

a) Was ist eine Oxidation,was eine Reduktion?
b) Erkläre die Begriffe Oxidationsmittel und Reduktionsmittel.
c) Aus Aluminiumoxid soll mithilfe von Eisenpulver Aluminium gewonnen werden. Ist das möglich?
d) Könnte man aus Bleioxid mit Holzkohle Blei gewinnen? Formuliere die Redoxgleichung.

2 Experiment

Mische 3,5 g trockenes Kupferoxidpulver und 2 g feines Eisenpulver auf einem Blatt Papier. Gib die Mischung in ein Reagenzglas. Befestige es leicht schräg und nicht zu hoch an einem Stativ und erhitze kurz.
a) Was kannst du dabei beobachten?
b) Gib die abgekühlten Reaktionsprodukte in eine Porzellanschale und deute die Vorgänge mithilfe einer Redoxgleichung.

3 Experiment

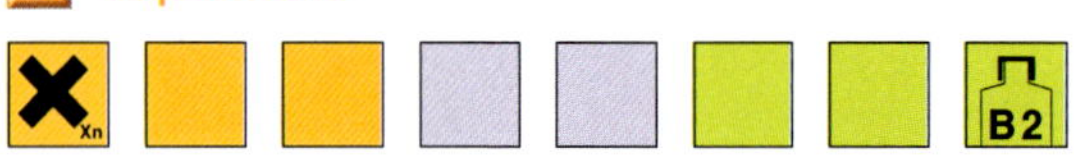

Etwas Malachit,ein dunkelgrünes Kupfererz, wird in einer Reibschale zerrieben und das Pulver in einem Reagenzglas erhitzt.
Das bei der Reaktion entstehende Gas wird durch Kalkwasser geleitet, das sich trübt.
Am kälteren Teil des Reagenzglases bilden sich Wassertröpfchen. Zurück bleibt ein schwarzes Pulver, Kupferoxid.

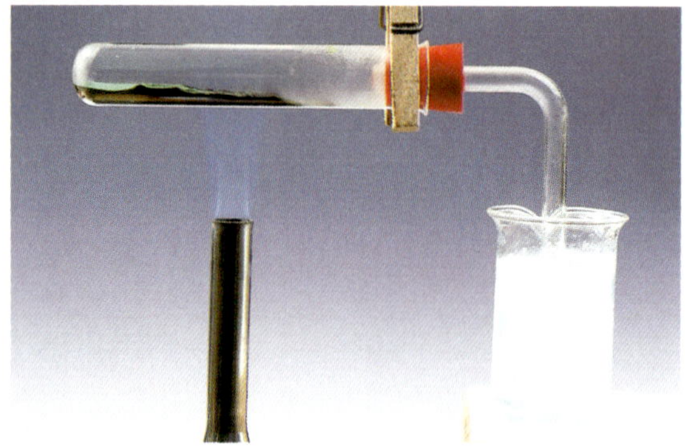

Nach vorsichtigem Trocknen des Reagenzglases mit der Brennerflamme wird das schwarze Pulver mit einem halben Spatel Eisenpulver gemischt und kurz erhitzt. Es entsteht rotes Kupfer und Eisenoxid.
a) Führe die Experimente selbst durch.
b) In welche Stoffe wird Malachit beim Erwärmen zerlegt?
c) Im zweiten Teil des Experiments läuft eine Redoxreaktion ab. Beschreibe sie. Verwende dabei die Begriffe Reduktionsmittel und Oxidationsmittel.

4 Experiment

Schneide aus Kupferfolie mit der Schere ein Quadrat von 10 cm Kantenlänge. Schneide es an den Ecken etwas ein und falte daraus eine flache Schachtel.
Halte sie mit der Tiegelzange eine Zeitlang in die rauschende Gasbrennerflamme und lass sie an der Luft abkühlen.
Bedecke danach den Schachtelboden mit Aktivkohle und erhitze erneut. Lass die Schachtel an der Luft abkühlen, ohne sie zu schütteln. Schütte die restliche Holzkohle erst nach dem Abkühlen aus. Erläutere, was du im Verlauf des Experiments an der Oberfläche der Kupferfolie beobachten konntest.

Schienenschweißen mit Thermit

Schnell muss es gehen, wenn an einer viel befahrenen Hauptstrecke der Bahn ein schadhaftes Schienenstück ausgewechselt werden soll. Zuerst wird das schadhafte Teil herausgeschnitten; dann wird ein neues Schienenstück so eingepasst, dass an jeder Seite ein Spalt von 25 mm bleibt.

Um eine feste, auch elektrisch leitende Verbindung herzustellen, wird diese Lücke mit flüssigem Eisen verschweißt. Man gewinnt es an Ort und Stelle mithilfe einer Redoxreaktion aus **Thermit.** Das ist eine Mischung aus grobkörnigem Eisenoxid und Aluminiumgrieß. Das Reduktionsmittel ist das Metall Aluminium. Es entzieht dem Eisenoxid den Sauerstoff und wird dabei selbst oxidiert.

Zum Verschweißen bringt man am Schienenspalt eine Gießform an, die mit einem feuerfesten Reaktionsofen verbunden ist. In den Ofen wird die Thermitmischung gegeben. Sie enthält noch Legierungsmetalle wie Vanadium und Mangan, damit die Schweißnaht noch fester und stabiler wird.
Nachdem man die Schienenenden auf etwa 900 °C vorgewärmt hat, wird die Mischung mit einer Art Wunderkerze gezündet. Augenblicklich setzt eine heftige Reaktion ein, bei der Eisen und Aluminiumoxid entstehen. Dabei werden Temperaturen von über 2000 °C erreicht:

Eisenoxid + Aluminium → Eisen + Aluminiumoxid

▲ *1 Thermitschweißen von Eisenbahnschienen*

Es entsteht flüssiges Eisen, darüber schwimmt flüssiges Aluminiumoxid. Kurze Zeit später fließt weißglühendes Eisen in die Gießform und füllt den Schienenstoß von unten nach oben aus. Nach dem Abkühlen wird die Gießform zerschlagen und die Schienenoberfläche glattgeschliffen. In weniger als einer halben Stunde ist die Reparatur beendet.

1. a) Erläutere die Thermitreaktion. Welcher Stoff wird reduziert, welcher oxidiert?
b) Welcher Stoff dient als Reduktionsmittel, welcher als Oxidationsmittel?

▲ *2 Thermitreaktion im Laborversuch*

▲ *3 Ausgangsstoffe und Endprodukte*

4.3 Eisen aus Eisenerz

1 *Hochofenanlage*

Vor etwa 3500 Jahren gelang es zum ersten Male, **Eisen** mithilfe von Holzkohle aus Eisenerzen zu reduzieren. Von da an wurde es *zum wichtigsten Gebrauchsmetall* der Technik.
In der Erde findet man Eisen in Form von Eisenerzen, vorwiegend als Oxid und Sulfid. Bei den Eisenerzen, die man heute zur Eisengewinnung einsetzt, handelt es sich um eisenoxidhaltige Gesteine mit einem Eisengehalt von 40–70 %. Daraus lässt es sich durch eine Redoxreaktion gewinnen. Gediegen kommt Eisen in kleinen Mengen nur in Form der seltenen Eisenmeteorite vor. Aus diesem „vom Himmel gefallenen Metall" ließen sich Pharaonen Waffen schmieden oder Amulette anfertigen, wie Grabbeigaben in Pyramiden beweisen.

Magnetit

Roteisenstein

2 *Eisenerze*

Eisengewinnung im Hochofen. Der Hochofen ist ein etwa 50 m hoher feuerfest ausgemauerter Schachtofen. In ihm wird Eisenerz bei Temperaturen von 2000 °C zu Roheisen reduziert.
In den Hochofen wird abwechselnd Koks und *Möller* gegeben. *Koks* ist fast reiner Kohlenstoff, der aus Steinkohle gewonnen wird. Möller ist eine Mischung aus aufbereitetem Eisenerz, Kalk und anderen Zuschlagstoffen.
Kalk bildet mit dem Restgestein eine niedrig schmelzende *Schlacke* und hilft mit, die Schmelztemperatur des Roheisens abzusenken.

Im Mittelteil des Hochofens wird das Eisenoxid bei hoher Temperatur hauptsächlich durch Kohlenstoffmonooxid zu Roheisen reduziert.
Die nötige Reaktionswärme entsteht überwiegend durch die Verbrennung des Kokses mit dem eingeblasenen *Heißwind* zu Kohlenstoffdioxid.
Das zur Reduktion benötigte Kohlenstoffmonooxid bildet sich durch die Reaktion von Kohlenstoffdioxid mit Kohlenstoff bei hohen Temperaturen:

Eisenoxid + Kohlenstoffmonooxid $\rightarrow$ Eisen + Kohlenstoffdioxid

Das flüssige Roheisen tropft durch den glühenden Koks. Dabei nimmt es auch etwas Kohlenstoff auf. Es sammelt sich am Boden des Hochofens. Darüber schwimmt die spezifisch leichtere Schlacke. Sie schützt das Roheisen vor Oxidation durch den Heisswind.

Produkte des Hochofens. In Abständen von vier bis sechs Stunden wird das *Roheisen* abgestochen. Es fließt durch Sandrinnen in Transportbehälter. In diesen wird es zur Stahlerzeugung ins Stahlwerk gefahren.
Soll aus Roheisen *Gusseisen* werden, lässt man es in Sandformen langsam abkühlen. In Gießereien werden diese Roheisenstücke zu Gusseisen weiterverarbeitet. Daraus stellt man Gussteile, wie Kanaldeckel oder schwere Maschinenfundamente her.
Die *Hochofenschlacke* wird im Straßenbau und zur Zementherstellung verwendet.

Der Hochofen ist ein Schachtofen. In ihm werden Eisenoxide mithilfe von Koks bei hohen Temperaturen zu Eisen reduziert. Dieses wird zu Gusseisen und Stahl weiterverarbeitet.

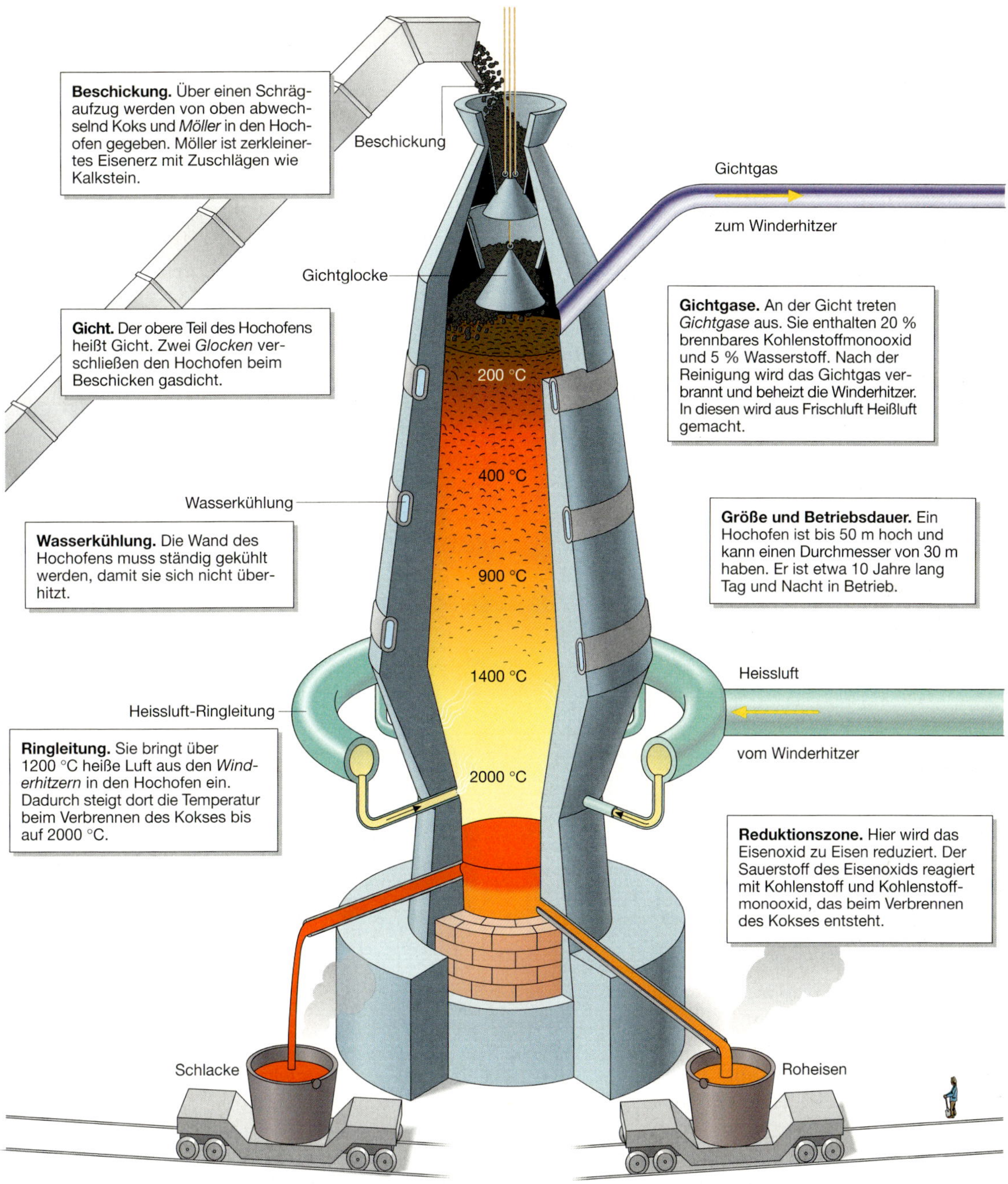

Schlacke. Die Schlacke schwimmt auf dem Roheisen und verhindert so seine Oxidation zu Eisenoxid. Die Schlacke kann beim Straßenbau verwendet werden.

Tagesproduktion eines Hochofens

Einsatz	Abgabe
15 800 t Erz	11 000 t Roheisen
2 300 t Zuschläge	3 500 t Schlacke
5 000 t Koks	3 600 t Gichtgas und Staub
15 000 t Heißwind	96 000 t erwärmtes Kühlwasser
96 000 t Kühlwasser	

Roheisenabstich. Das flüssige Roheisen ist schwerer als die anderen Stoffe. Es sinkt daher im Hochofen nach unten. Das Abstichloch für Roheisen befindet sich am tiefsten Punkt des Hochofens.

▲ *1 Eisengewinnung im Hochofen*

|4.4| Aus Roheisen wird Stahl

Stichwort Roheisen: Roheisen enthält etwa 4 % Kohlenstoff sowie andere Begleitstoffe wie Mangan, Silicium Phosphor und Schwefel. Er ist grau, hart und spröde und lässt sich weder schmieden noch walzen.

▲ *1 Roheisen ist spröde*

Stichwort Stahl: Stahl enthält weniger als 1,7 % Kohlenstoff. Er ist elastisch, lässt sich warm und kalt verformen, schweißen und härten. Durch Zugabe anderer Metalle können die Eigenschaften noch verändert werden.

▲ *2 Stahl ist elastisch*

Das **Roheisen** aus dem Hochofen enthält noch zu viel Kohlenstoff und außerdem Fremdstoffe wie Phosphor und Schwefel. Diese Stoffe machen das Eisen spröde. Es lässt sich weder schmieden noch walzen. Erst durch die Umwandlung in **Stahl** bekommt das Material die gewünschten Eigenschaften.
Dazu müssen die unerwünschten Begleitstoffe und der überschüssige Kohlenstoff zum Teil entfernt werden. Sie werden aus der Roheisenschmelze „herausgebrannt". Der Techniker nennt das *Frischen.*

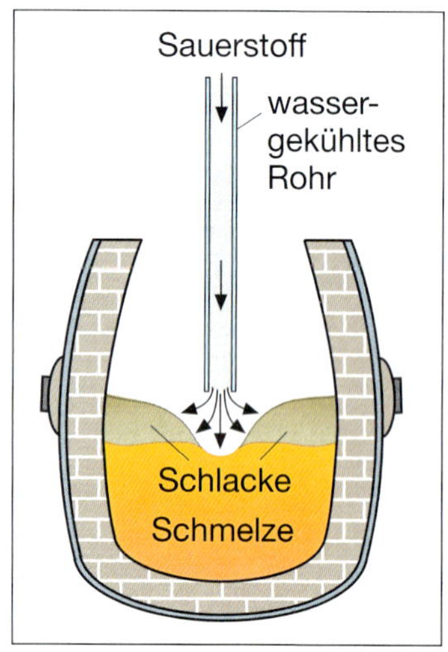

▲ *3 Sauerstoff-Aufblas-Verfahren; links: Befüllen eines Konverters, rechts: Frischen der Roheisenschmelze mit Sauerstoff* ▲

Stahlgewinnung. Bei dem heute üblichen **Sauerstoff-Aufblas-Verfahren** wird flüssiges Roheisen in große Konverter gefüllt. Das sind feuerfest ausgekleidete Gefäße mit einem Fassungsvermögen von 450 Tonnen. Durch ein wassergekühltes Rohr, die *Sauerstofflanze,* wird unter hohem Druck Sauerstoff auf die Roheisenschmelze geblasen.
Nun setzt eine heftige Oxidation der Begleitstoffe ein. Silicium, Phosphor und Mangan verbinden sich mit dem zugegebenen Kalk zu Schlacke. Sie schwimmt auf der Schmelze. Kohlenstoffmonooxid und Schwefeldioxid entweichen als Gase.

Bei diesen Oxidationsvorgängen wird so viel Wärme frei, dass die Temperatur der Schmelze auf 2000 °C ansteigt. Um die Schmelze abzukühlen, werden etwa 25 % Stahlschrott hinzugegeben. Dadurch wird auch Altmetall wiederverwertet.

Nach etwa 30 Minuten sind die Begleitstoffe weitgehend entfernt. Aus Roheisen und Schrott ist **Stahl** geworden. Er wird in eine Gießpfanne gekippt. Anschließend gibt man eine bestimmte Menge kohlenstoffhaltiges Eisen hinzu, um den Kohlenstoffgehalt auf das gewünschte Maß zwischen 0,5 % und 1,7 % zu bringen.

Stahlsorten. Techniker unterscheiden rund tausend Stahlsorten. Allein durch Änderung des Kohlenstoffgehalts kann man die Eigenschaften deutlich beeinflussen. Man spricht von **unlegiertem Stahl (Werkzeugstahl),** wenn *keine Fremdmetalle* zugegeben werden.
Stahl mit weniger als 0,25 % Kohlenstoff lässt sich leicht zu Drähten oder dünnen Blechen verformen. Daraus stellt man Nägel, Konservendosen und Autokarosserien her. Stahl mit einem Kohlenstoffgehalt bis zu 0,7 % ist weniger leicht verformbar, dafür aber fester. Er wird für Eisenbahnschienen und Werkzeuge verwendet. Rasierklingen und Handsägen fertigt man aus noch härterem Stahl mit 0,7–1,5 % Kohlenstoff.

Legierung	Zusätze	Eigenschaften, Vewendung
Chrom-Nickel-Stahl (Nirosta)	18 % Chrom 8 % Nickel	zäh, nichtrostend; Haushaltsgeräte
Chrom-Vanadium-Stahl	0,75 % Chrom 1 % Vanadium	hart, zäh; Werkzeuge wie Schraubenschlüssel
Hochleistungs-Schnellarbeits-Stahl (HSS-Stahl)	6 % Wolfram 5 % Molybdän 2 % Vanadium	hitzebeständig, sehr hart; Bohrer, Fräser, Sägeblätter

▲ *1 Wichtige Stahllegierungen*

Gibt man weitere *Metalle* in die Stahlschmelze, erhält man **legierten Stahl (Edelstahl).** Als Legierungszusätze verwendet man vor allem Chrom, Nickel, Wolfram, Vanadium, Molybdän, Mangan oder Titan. Man spricht hierbei auch von der *Stahlveredelung.* Solche Legierungen können besonders hart und zäh oder besonders hitzebeständig sein (Tab. 1).

Hergestellt werden solche speziellen Stahlsorten meistens im **Elektroofen.** In ihm lässt sich die Zusammensetzung der Schmelze besonders gut einstellen. Mit einem Lichtbogen zwischen den Graphit-Elektroden können Temperaturen bis zu 3000 °C erreicht werden. Hierbei kann bis zu 25 % Schrott mitverwendet werden.

Walzen und Schmieden. Nur wenig Stahl wird in Formen gegossen, etwa für schwere Maschinenteile. Der größte Teil des Stahls wird im *Walzwerk* verarbeitet. Hier werden glühende Stahlblöcke auf automatischen Walzstraßen zu Trägern, Blechen oder Drähten geformt. Kurbelwellen für Automotoren werden durch *Schmieden* in die richtige Form gebracht.

Stahl wird im Sauerstoff-Aufblas-Verfahren aus der Roheisenschmelze gewonnen. Die unerwünschten Begleitstoffe werden durch Oxidation entfernt.
Im Elektroofen stellt man Stahlsorten mit besonderen Eigenschaften her, indem man weitere Metalle zusetzt.

▲ *3 Elektroofen*

▲ *4 Vollautomatische Walzstraße*

1 Fragen zum Text

a) Weshalb wird das meiste Roheisen zu Stahl weiterverarbeitet?
b) Was läuft während des Frischens in der Stahlschmelze ab?
c) Weshalb entsteht dabei so viel Wärme?
d) Warum wird bei der Stahlgewinnung auch Schrott eingesetzt?
e) Was ist Edelstahl und wie wird er gewonnen?

2 Experiment

a) Vergleiche die Härte eines *Eisennagels* und eines *gehärteten Stahlnagels*.
Versuche, mit beiden Glas zu ritzen.
b) Vergleiche die Elastizität und die Verformbarkeit eines Blumendrahts und einer Rasierklinge (teilweise mit Papier umwickeln) aus gehärtetem Stahl.
c) Erhitze die Rasierklinge und den Draht in der rauschenden Brennerflamme bis zur Rotglut.
Lasse sie dann langsam abkühlen. Prüfe erneut die Elastizität und die Verformbarkeit.

d) Erhitze beide Stücke noch einmal bis zur Rotglut. Wirf diesmal die noch glühenden Teile in kaltes Wasser, um sie abzuschrecken. Prüfe wieder die Verformbarkeit.
(*Hinweis:* Eisennägel und Blumendraht bestehen gewöhnlich aus *nicht härtbarem Stahl* mit einem Kohlenstoffgehalt unter 0,5 %. *Härtbarer Stahl* hat einen Kohlenstoffgehalt zwischen 0,5 und 1,7 %.)

Exkurs: Technik

Ein Stahlwerk ohne Hochofen

▲ *2 Anlage zur Direktreduktion in einem Hamburger Stahlwerk*

Mitten im Hamburger Hafen gibt es ein Elektrostahlwerk mit einem Schrott- und Erzlager, einem Stahlstranggießbetrieb und einer kombinierten Stab- und Drahtwalzstraße. Nur der klassische Hochofen fehlt. Wie ist das möglich?

Das benötigte Roheisen wird direkt vor Ort aus oxidhaltigem Eisenerz erzeugt. Dazu wird es zu Eisenoxidkügelchen aufbereitet und in einer **Direktreduktionsanlage** zu Eisenschwamm reduziert. Die Reduktionsmittel sind Kohlenstoffmonooxid und Wasserstoff, die bei 1150 °C in einem Reformer aus Erdgas gewonnen werden. Der Eisenschwamm gelangt ins Elektrostahlwerk. Im Lichtbogenofen wird er mit Schrott und je nach benötigter Stahlqualität, mit Legierungsmetallen versetzt. Daraus werden Walzstahldrähte wie Betonstahl und Schweißdraht hergestellt und in alle Welt verschifft.

◀ *3 Betonstahl*

|4.5| Edel und beständig: Gold, Silber und Platin

Gold. Ein Jahrtausende alter Goldschatz glänzt, als wäre er eben erst vergraben worden, wenn er von einem glücklichen Schatzsucher gefunden wird. Es ist diese Beständigkeit und der warme goldgelbe Glanz, der dieses Metall bis in unsere Zeit begehrt macht.
Gold ist das dehnbarste aller Metalle: Aus einem Gramm Gold lässt sich ein Draht von etwa 3 km Länge ziehen! Da es sich auch im kalten Zustand gut durch Hämmern verformen lässt, wurde es bereits im Altertum zu Schmuck verarbeitet. Schmuck aus reinem Gold wäre zu weich für den täglichen Gebrauch. Daher mischt man Gold mit anderen Metallen. Diese Legierungen sind härter als reines Gold und haben oft auch eine andere Farbe.
In der Elektronik beschichtet man hochwertige Steckverbindungen hauchdünn mit Gold. In Computerchips werden die elektrischen Kontakte zum Gehäuse aus feinsten Golddrähten hergestellt. Für Münzen und als Wertanlage findet Gold ebenfalls Verwendung.

▲ *1 Goldene Totenmaske von Tutanchamun*

▲ *2 Goldlegierungen*

Silber ist nicht so beständig wie Gold. Es reagiert mit schwefelhaltigen Stoffen zu schwarzem Silbersulfid. Silberschmuck läuft daher mit der Zeit schwarz an. Das meiste Silber wird zur Herstellung von Filmen und Fotopapier verwendet. Bestimmte Silberverbindungen sind nämlich lichtempfindlich.
Silber ist auch für die Elektroindustrie wichtig, denn es ist der beste elektrische Leiter, den es gibt. Schaltkontakte stellt man oft aus Silberlegierungen her, da sie auch bei häufigem Gebrauch nicht oxidieren.

Platin ist ein besonders korrosionsfestes Metall. Es wird für Tiegel und Laborgeräte verwendet, aber auch zu Schmuck verarbeitet. Doch kaum einer weiß, dass man es ständig mit dem Auto spazierenfährt: Es ist nämlich in fein verteilter Form in den Abgaskatalysatoren der Autos enthalten und sorgt dort für die Entgiftung der Abgase.

Edelmetalle. Silber, Gold, Platin und einige andere Metalle zählt man zu den **Edelmetallen.** Sie sind gegenüber Luft, Feuchtigkeit und vielen Chemikalien sehr beständig. Man findet sie daher meistens *gediegen*, also in Form ihrer Elemente. Da sie sehr selten sind, sind sie auch sehr teuer.

Gold, Silber und Platin gehören zu den chemisch sehr beständigen Edelmetallen. Sie werden zu Schmuck verarbeitet, sind aber auch für viele technische Anwendungen wichtig.

Steckbrief Gold

Schmelztemperatur:	1064 °C
Dichte in g/cm³:	19,3
Weltproduktion 2000:	2300 t
Preis je kg (2001):	9000 €

Verwendung: Schmuck, Münzen, Wertanlage, elektrische Kontakte

Steckbrief Silber

Schmelztemperatur:	962 °C
Dichte in g/cm³:	10,5
Weltproduktion 2000:	16 000 t
Preis je kg (2001):	180 €

Verwendung: Fotografie, Elektrotechnik, Schmuck, Münzen

Steckbrief Platin

Schmelztemperatur:	1770 °C
Dichte in g/cm³:	21,5
Weltproduktion 2000:	240 t
Preis je kg (2001):	19 000 €

Verwendung: Katalysatoren, Laborgeräte, Schmuck

Der Preis des Goldes

Goldsuche wie vor 100 Jahren. Aus Wildwestfilmen ist das Goldwaschen aus goldhaltigen Flusssanden bekannt. Wegen seiner großen Dichte lässt sich Gold mithilfe von Wasser in einer Goldwäscherpfanne vom leichteren Sand abtrennen. Doch diese Methode macht nur noch als Urlaubsvergnügen Sinn, die Ausbeute ist viel zu gering.

▲ *1 Goldsucher in Brasilien*

Goldgewinnung mit Quecksilber. Versetzt man goldhaltigen Flusssand mit Quecksilber, lösen sich darin selbst winzige Goldteilchen. Es entsteht Goldamalgam. Wenn man es später erhitzt, verdampft das Quecksilber, Gold bleibt zurück.

Doch Quecksilberdämpfe sind extrem giftig. Daher darf das Amalgam-Verfahren nur in geschlossenen Anlagen eingesetzt werden. Die meisten Goldsucher verwenden dieses Verfahren aber ohne Schutzeinrichtungen – und vergiften damit sich und die Umwelt.

▲ *2 Gold löst sich in Quecksilber*

Goldgewinnung mit Cyaniden. Früher enthielten bergmännisch abgebaute Lagerstätten 10–50 g Gold pro Tonne Gestein. Diese Lagerstätten sind heute erschöpft. Man beutet jetzt auch Lagerstätten aus, die nur 0,5–3 g Gold je Tonne Gestein enthalten. Dazu wird das Gestein zermahlen und mit einer wässrigen Lösung von Natriumcyanid versetzt. Das Gold löst sich darin auf. Gibt man Zink oder Aluminium hinzu, lässt sich das Gold daraus wieder gewinnen. Die anfallenden Abraumschlämme werden in riesigen Becken gelagert.

▲ *3 Dammbruch eines Sammelbeckens*

Das Problem ist: Natriumcyanid ist hochgiftig. Bereits 0,2 g sind für einen Erwachsenen tödlich. Die Abraumschlämme enthalten neben Cyaniden auch noch giftige Schwermetalle sowie Arsen. Ein Teil des Cyanids entweicht als giftige Blausäure in die Luft. Die Becken für die Abwässer sind oft nur unzureichend gesichert. In westlichen Ländern ist die Cyanidlaugerei daher so nicht zulässig; in ärmeren Ländern wird sie aber weiter betrieben.

Eine Umweltkatastrophe hat sich in Rumänien im Februar 2000 ereignet, als 100 000 m^3 Abraumschlämme des Sammelbeckens der Goldmine in Baia Mare ausgelaufen waren. In Rumänien und Ungarn sind 200 Tonnen toter Fische aus den Flüssen geholt worden, zahlreiche Wasservögel sind verendet. Die Trinkwasserversorgung war lange Zeit beeinträchtigt, viele Menschen in der Fischerei, der Landwirtschaft und im Tourismus haben ihre Existenzgrundlage verloren. Doch dies war leider kein Einzelfall. Überall auf der Welt ereignen sich derartige Unfälle, oft unbemerkt von der Weltöffentlichkeit.

1. Welche Maßnahmen könnte man ergreifen, um die Umweltbelastung im Goldbergbau zu verringern?

Metalle

Bilderrahmen oder Altarfiguren pflegt man nicht aus massivem Gold herzustellen. Da genügen hauchdünne Beschichtungen aus Blattgold.
Dazu werden in mehreren Schritten 0,02 mm dünne Goldbleche so lange flachgeklopft, bis sie fast durchsichtig sind, nämlich 0,0001 mm dick. Bei einer Größe von 80 x 80 mm wiegt so ein Blatt weniger als 0,01 g.

1. Eine Heiligenfigur hat eine Oberfläche von 1,5 m^2. Wie viel Gramm Blattgold braucht man für die Vergoldung?

Elektronikschrott als Rohstoffquelle. Eine Tonne Elektronikschrott aus Computern, Fernsehern und Videorecordern enthält durchschnittlich rund 20 kg Zinn, Kupfer, Nickel und Blei, etwa 12 kg Aluminium, 6 kg Silber und 1 kg Gold.

3. Wo sind diese Metalle enthalten?
4. Warum ist es sinnvoll, Elektronikschrott zu verwerten?
5. Welche Probleme können beim Recycling auftreten?

Die eingestempelte Zahl 585 in einem goldenen Schmuckstück sagt aus, dass von 1000 Gewichtsteilen 585 aus reinem Gold bestehen. Üblich sind auch die Legierungen mit 333er Gold und 750er Gold. Solche Goldlegierungen haben ganz verschiedene Farben, je nachdem, welche Metalle noch enthalten sind.

6. Finde heraus, welche Metalle in Schmuck aus Weißgold, Gelbgold und Rotgold enthalten sind.

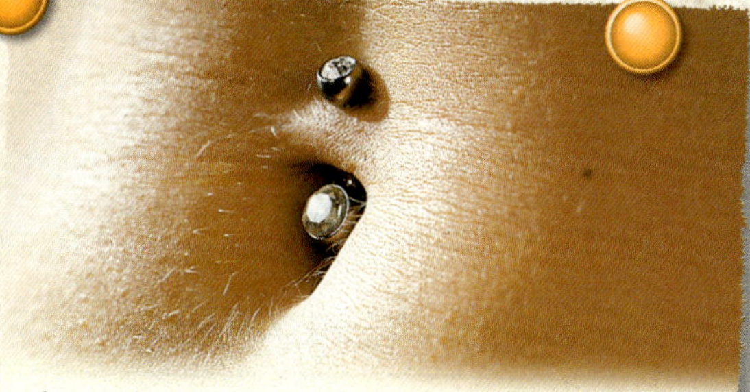

Piercing-Schmuck aber auch chirurgische Instrumente, Besteck und Uhrengehäuse bestehen oft aus der harten, silberglänzenden Legierung Neusilber (früher auch Alpaka genannt). Wer Probleme mit *Nickelallergien* hat, sollte dieses Material meiden.

2. Ermittle die Zusammensetzung dieser Legierung. Schlage dazu in einem Lexikon nach oder recherchiere im Internet.

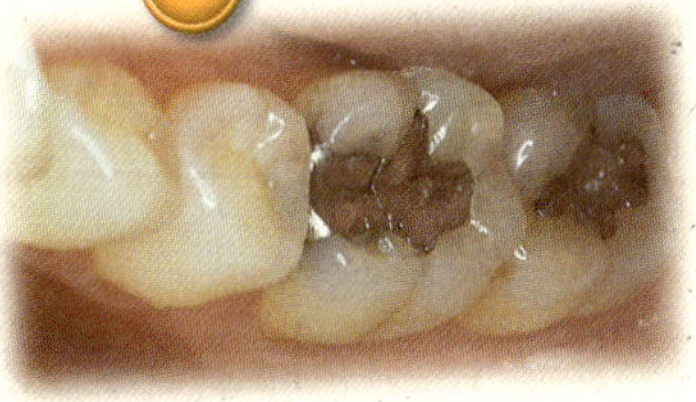

Amalgam-Legierungen werden in der Zahnmedizin verwendet.
Sie enthalten Quecksilber, Silber, sowie geringe Mengen an Zinn, Kupfer und Zink.

7. Weshalb sind solche Legierungen für Zahnfüllungen umstritten?

|4.6| Unedel, aber wertvoll: Zink und Blei

Blei und Zink gehören nach Eisen und Aluminium zu den am meisten verwendeten Gebrauchsmetallen. Sie werden durch Reduktion mit Kohlenstoff aus ihren Oxiden hergestellt.

Über die Hälfte des in Deutschland verbrauchten **Zinks** wird für Oberflächenbeschichtungen verwendet, die meist nur wenige tausendstel Millimeter dick sind. Das unedle Zink oxidiert zwar leicht an der Luft, aber es bildet dabei eine fest haftende, schützende Oxidschicht. Deshalb dient Zink als Rostschutz für Eisen. Kleine und große Werkstücke, sogar Autokarosserien, werden in flüssiges Zink getaucht und so *feuerverzinkt* (siehe Bild 3, S. 60).

▲ *1 Feuerverzinkte Behälter*

Die negative Elektrode fast aller Batterien besteht aus Zinkblech oder Zinkpulver. Die Gehäuse von Kameras, viele Autoteile oder Modellautos werden aus Zinkdruckguss hergestellt. Diese Legierung aus Zink und 4 % Aluminium lässt sich als dünnflüssige Schmelze in feinste Formen pressen. Aus Zinkblechen werden Dachrinnen und Fassadenverkleidungen hergestellt.

▲ *2 Blei zur Dachabdichtung*

Blei ist das schwerste und weichste aller Gebrauchsmetalle. Es lässt sich schon mit dem Fingernagel ritzen. Doch Vorsicht! Blei und Bleiverbindungen sind *giftig.*

Für die Abdichtung von Schornsteinen und Dachfenstern ist Bleiblech noch immer unübertroffen. Es ist leicht zu formen, stabil und beständig gegenüber der Witterung. Eine mattgraue Oxidschicht schützt das unedle Metall vor weiterer Oxidation.

Eine Legierung aus Zinn und Blei lässt sich leicht schmelzen. Man verwendet sie als „Lötzinn", um Metalle miteinander zu verbinden. Bei Röntgenaufnahmen schützen Bleischürzen vor unnötiger Strahlenbelastung.

Das meiste Blei wird als Elektrodenmaterial in den Autobatterien eingesetzt. Für diese gibt es schon seit Jahren ein gut funktionierendes Recyclingverfahren.

Zink und Blei sind viel verwendete Gebrauchsmetalle. Zink wird vor allem als Rostschutz für Eisenteile verwendet, Blei zur Herstellung von Autobatterien.

Steckbrief: Zink

Eigenschaften: bläulich-weiß, weich, dehnbar; durch Bildung einer Oxidschicht beständig an der Luft;

Dichte: (bei 20 °C): 7,14 g/cm³

Schmelztemperatur: 420 °C

Verwendung: Verzinken von Eisenteilen (Rostschutz), Dachrinnen, in Batterien, als Legierungsmetall.

Steckbrief: Blei

Eigenschaften: grau, sehr weich, gut verformbar; beständig an der Luft; Bleidämpfe und Bleiverbindungen sind giftig;

Dichte (bei 20 °C): 11,34 g/cm³

Schmelztemperatur: 327 °C

Verwendung: Elektroden in Blei-Akkus, Dachabdeckungen, Bestandteil von Lötzinn, als Strahlenschutz.

1 **a)** Edle Metalle kommen gediegen vor, unedle dagegen nur in Form von Verbindungen. Was bedeutet gediegen?
b) Wie kommt Kupfer in der Natur vor?
c) Welche Eigenschaften besitzt Kupfer?

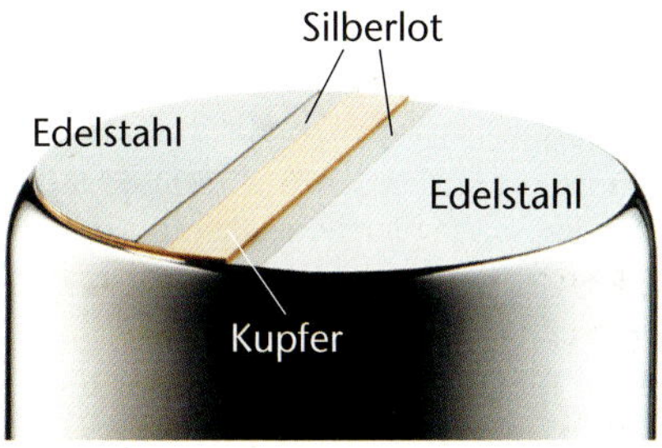

2 **a)** Kochtöpfe bestehen meist aus Edelstahl. Wie unterscheidet er sich von normalem Stahl?
b) Hochwertige Töpfe besitzen im Boden eine Kupferschicht. Was hat das für einen Vorteil?
c) Töpfe für Profiköche bestehen fast ganz aus Kupfer. Warum sind diese Töpfe innen stets noch mit einem anderen Metall beschichtet?

3 Erhitzt man Bleioxid mit Holzkohle, entsteht Blei.
a) Stelle die Reaktionsgleichung auf.
b) Erläutere an diesem Beispiel die Begriffe Oxidation, Reduktion und Redoxreaktion.
c) Was ist in diesem Fall das Reduktionsmittel, was das Oxidationsmittel?
d) Womit lässt sich Zinkoxid reduzieren?

4 **a)** Wozu dient ein Hochofen?
b) Welche chemischen Vorgänge laufen darin ab?
c) Weshalb bleibt ein Hochofen jahrelang ununterbrochen in Betrieb?

5 **a)** Weshalb muss das Roheisen aus dem Hochofen noch verändert werden, bevor man es als Stahl verkaufen kann?
b) Welche Bestandteile des Roheisens werden durch das Frischen entfernt?
c) Warum erhitzt sich die Schmelze dabei, obwohl keine Wärme zugeführt wird?

6 **a)** Was geschieht im Elektroofen eines Stahlwerks?
b) Wie stellt man sehr harten Stahl für Bohrer und Sägeblätter her?

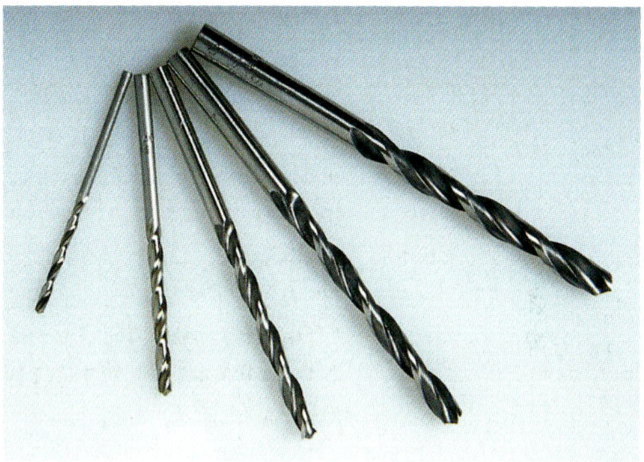

7 **a)** Weshalb verwendet man für Schmuck stets edle Metalle?
b) Weshalb werden Metalle selten in reiner Form verwendet, sondern oft in Legierungen?

8 **a)** Welche Metalle sind in dem abgebildeten Lötzinn enthalten?
b) Welches Metall ist auf sehr vielen Eisenteilen als Rostschutz aufgebracht?

9 **a)** Platintiegel werden im Chemielabor benutzt, wenn aggressive Stoffe bei hohen Temperaturen reagieren sollen. Nenne zwei Gründe, warum Platin dafür besonders gut geeignet ist.
b) In einem Auto-Abgaskatalysator sind nur 2 g feinst verteilter Metalle enthalten. Warum lohnt sich dennoch das Recycling?

Basis-Wissen

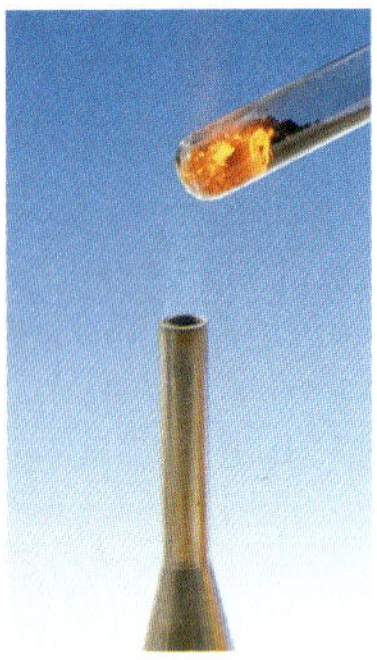

Reduktion: Das ist eine chemische Reaktion, bei der einem Oxid Sauerstoff entzogen wird. Es ist die Umkehrung einer Oxidation. Bei einer **Redoxreaktion** laufen Oxidation und Reduktion gleichzeitig ab:

Oxidation (Kohlenstoff → Kohlenstoffdioxid)

Kupferoxid + Kohlenstoff → Kupfer + Kohlenstoffdioxid

Reduktion (Kupferoxid → Kupfer)

Das **Reduktionsmittel** nimmt Sauerstoff auf und wird dabei oxidiert.
Das **Oxidationsmittel** gibt Sauerstoff ab und wird dabei reduziert.

Redoxreihe: Je weiter links das Metall in der Reihe steht, desto größer ist die reduzierende Wirkung:

Magnesium – Aluminium – Zink – Eisen – Blei – Kupfer – Silber – Gold

Erze ⟶ **Metalle**

Metallverbindungen + Gestein ⟶ Metallverbindungen ⟶ Metalloxide ⟶ Metalle

Metallgewinnung: Edelmetalle kann man gediegen finden, die meisten Metalle muss man aus ihren Verbindungen gewinnen; oft sind es Metalloxide. Die Oxide werden zu Metallen reduziert.

Metalle: Edelmetalle sind gegenüber vielen Chemikalien beständig, selten und auch sehr teuer. Vor allem Eisen, aber auch Kupfer, Zink, Blei und viele andere Metalle verwendet man in vielfältiger Form als Gebrauchsmetalle.

Eisen: Eisenerze sind Gesteine mit einem hohen Anteil an Eisenverbindungen. Eisenerz wird im Hochofen mithilfe von Koks zu Roheisen reduziert. Das Reduktionsmittel ist Kohlenstoffmonooxid, das bei der Verbrennung von Koks entsteht:

Eisenoxid + Kohlenstoffmonooxid ⟶ Eisen + Kohlenstoffdioxid

Stahl: Durch Aufblasen von Sauerstoff werden aus Roheisen Kohlenstoff und andere Begleitstoffe zum großen Teil oxidiert und damit entfernt. So wird aus Eisen Stahl.

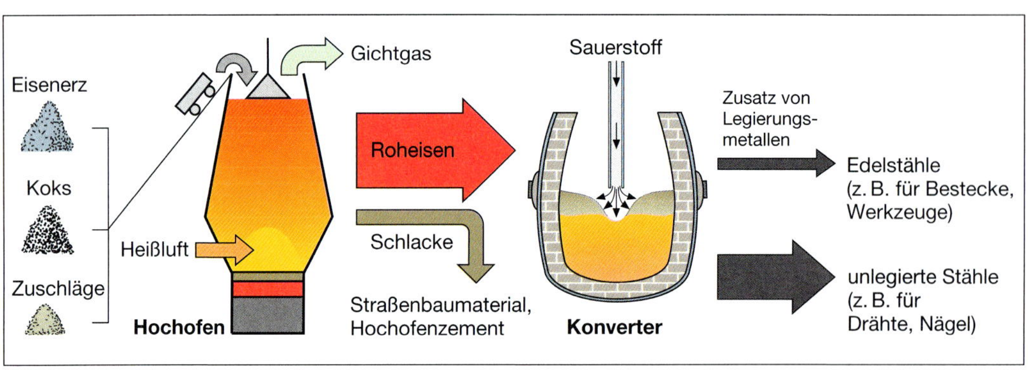

|5| Wasser – Lebensmittel Nr. 1

Alles Leben auf der Erde hängt vom Wasser ab. Ohne Wasser kann ein Mensch nur wenige Tage überleben, eine Blume nur kurze Zeit blühen. Obwohl drei Viertel der Erdoberfläche mit Wasser bedeckt sind, ist sauberes Trinkwasser in vielen Regionen der Erde Mangelware. Denn etwa 97 % des Wassers bestehen aus salzigem Meerwasser, das nicht zum Trinken geeignet ist. Knapp 3 % des Wassers ist Süßwasser; doch der größte Teil davon ist als Gletscher oder als Eis an den Polen nicht direkt nutzbar. Lediglich 0,3 % des Wassers kommen als Trinkwasser in Frage – aber es ist zum Teil stark verschmutzt und auch noch ungleich auf der Erde verteilt. So haben in den Dürregebieten Afrikas die Menschen Schwierigkeiten, sich jeden Tag die lebensnotwendigen zwei bis drei Liter Trinkwasser zu sichern.

|5.1| So nutzen wir Trinkwasser

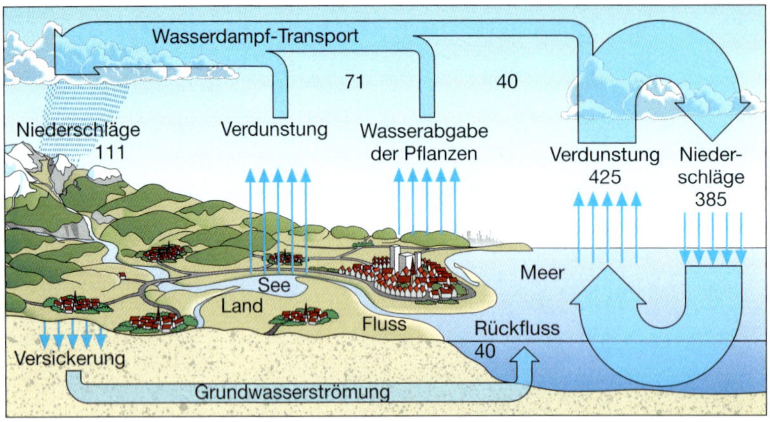

1 *Der Wasserkreislauf*

Wasser ist lebensnotwendig. Ohne Wasser kann kein Lebewesen auskommen. Im menschlichen Körper erfüllt Wasser verschiedene Aufgaben. Es ist der Hauptbestandteil der Zellen, es dient als Lösungsmittel für Verdauungssäfte und als Transportmittel für Nährstoffe und Abfallprodukte. Etwa drei Liter Wasser braucht der Mensch täglich dafür.

Wasserkreislauf. Das Wasser auf der Erde bewegt sich in einem ständigen Kreislauf, der durch die Sonne angetrieben wird. Dabei werden gewaltige Wassermassen umgesetzt. So verdunsten jährlich unvorstellbare 425 000 Kubikkilometer Wasser aus den Ozeanen. Allerdings gehen drei Viertel davon als Niederschlag wieder über den Meeren nieder und sind somit für die Menschen nicht nutzbar. Der Rest regnet auf Landflächen. Allerdings kommt der Niederschlag sehr ungleich verteilt auf der Erde an. Wasser ist daher in vielen Regionen sehr knapp.

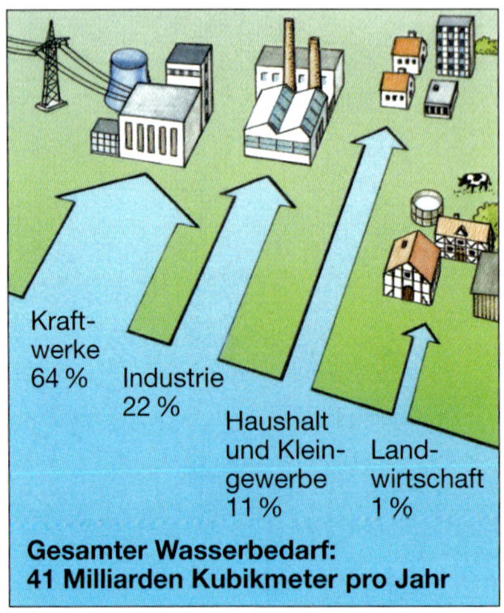

2 *Wasserbedarf in Deutschland*

Wassernutzung. In Deutschland verwendet jeder Einwohner im *privaten Bereich* jeden Tag im Durchschnitt rund 130 l Wasser. Zusätzlich werden aber auch für die Straßenreinigung, für die Pflege von Grünanlagen, für Schwimmbäder oder für Krankenhäuser große Mengen Wasser benötigt. Pro Person und Tag macht dieser *öffentliche Bereich* weitere 150 l aus.

Haushalte, Kleingewerbe und Landwirtschaft nutzen zusammen allerdings „nur" rund 15 % der Wassermenge. Großverbraucher sind Kraftwerke und Industriebetriebe. Mehr als die Hälfte des genutzten Wassers in Deutschland wird zur *Kühlung von Kraftwerken* verwendet. Das Wasser gelangt wenig verschmutzt, aber erwärmt wieder in die Flüsse zurück.

Auch die Industrie nutzt Kühlwasser, aber viel Wasser geht auch in die *Herstellung von Waren.* So werden zum Beispiel für einen winzigen Mikrochip 80 l Wasser benötigt. Die Herstellung *eines* Autos verschmutzt fast 400 000 l Wasser.

Das Wasser bewegt sich in einem ständigen Kreislauf. Es ist auf der Erde aber ungleich verteilt.
Jeder Einwohner nutzt zur Zeit jeden Tag privat etwa 130 Liter Wasser. Kraftwerke und Industrie benötigen das meiste Wasser.

3 *Private Wassernutzung*

Wassernutzung

Die UNO zur Trinkwasserversorgung in der Welt:
– Alle 8 Sekunden stirbt ein Kind an einer Krankheit, die mit unzureichender Wasserversorgung zusammenhängt
– 80 % der Krankheiten in den Entwicklungsländern werden durch verschmutztes Wasser verursacht
– 50 % aller Menschen stehen keine geordneten sanitären Einrichtungen zur Verfügung
– Der Bedarf an Wasser wächst doppelt so schnell wie die Weltbevölkerung.

1. Welches sind die Länder mit der größten Wasserknappheit?
2. Was können wir dazu beitragen, damit sich die Trinkwasserversorgung verbessert?

Mit Wasser in Trinkwasserqualität wird oft verschwenderisch umgegangen. Das muss nicht sein. Für viele Zwecke kann man auch Brauchwasser verwenden, also Regenwasser oder Grundwasser aus Hausbrunnen.

4. Wo kann man zu Hause Brauchwasser verwenden?
5. Welche Vorteile hat die Nutzung von Brauchwasser?

3. Wasser wird für viele Zwecke genutzt. Suche weitere Beispiele, wofür man Wasser verwendet.

Trockenobst kann man auch selbst machen. Einfach ist das bei Äpfeln. Dazu entfernt man mit einem Apfelstecher die Kerngehäuse aus den Äpfeln. Dann schneidet man die Äpfel in dünne Scheiben. Die Scheiben werden anschließend auf einem Gitterrost in einem Heißluftherd bei höchstens 50 °C mehrere Stunden getrocknet. Bei warmem und trockenem Wetter kann man sie auf eine Schnur ziehen und an einem schattigen und luftigen Ort 2–3 Tage trocknen.

6. Wie lässt sich der Wassergehalt der Äpfel bestimmen?
7. Was für einen Nutzen hat das Trocknen von Lebensmitteln?

|5.2| Wie gewinnt man Trinkwasser?

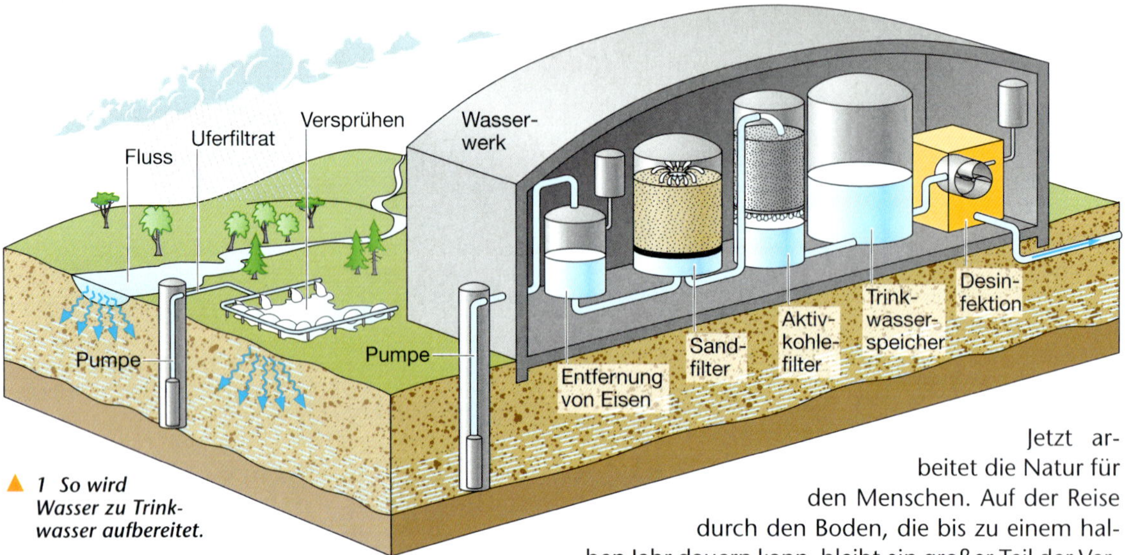

▲ *1 So wird Wasser zu Trinkwasser aufbereitet.*

Die Wasserqualität des Rheins hat sich in den letzten Jahren deutlich gebessert. Aber wer würde dieses Wasser trinken wollen? Doch tatsächlich gewinnen viele Städte am Rhein, etwa Köln, einen großen Teil ihres Trinkwassers aus diesem Fluss.

Grundwasser. Einen Teil des Trinkwassers gewinnt man aus **Grund-** und **Quellwasser**. Es entsteht aus dem Niederschlag, der im Boden versickert. Bevor dieses Wasser auf eine wasserundurchlässige Schicht trifft, läuft es durch Erd- und Sandschichten. Hier bleiben die Schmutzteilchen in den feinen Poren hängen. Im Wasserwerk werden diesem schon natürlich gereinigten Wasser gelöste Eisenverbindungen entzogen. In einem Sandfilter werden noch vorhandene Trübstoffe entfernt. Anschließend kann es in das Trinkwassernetz eingespeist werden.

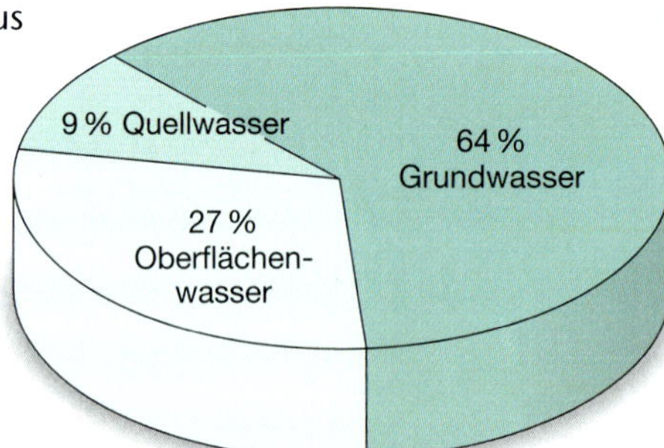

▲ *2 Woher kommt das Trinkwasser?*

Aufbereitung von Oberflächenwasser. Leider reicht das vorhandene Grundwasser nicht aus. Man muss deshalb auf Flusswasser zurückgreifen und dieses einer gründlichen Reinigung unterziehen. Dafür wird wenige hundert Meter neben dem Fluss Wasser aus Brunnen entnommen. Dieses *Uferfiltrat* wird nach einer Vorbehandlung in einem Wasserschutzgebiet in die Luft versprüht. Dabei wird es mit Sauerstoff angereichert. Es versickert anschließend im Boden.

Jetzt arbeitet die Natur für den Menschen. Auf der Reise durch den Boden, die bis zu einem halben Jahr dauern kann, bleibt ein großer Teil der Verunreinigungen hängen. Kleinstlebewesen im Boden bauen weitere Verschmutzungen ab. Dafür wird der im Wasser gelöste Sauerstoff benötigt.

Aus tief gelegenen Brunnen wird das Wasser dann wieder an das Tageslicht befördert. Die letzte große Reinigungsarbeit leistet dann die Aktivkohle. In den kleinen schwarzen porösen Körnchen mit der riesigen Oberfläche von etwa 1000 m^2 pro Gramm bleiben die noch vorhandenen Verunreinigungen haften; man sagt, sie werden *adsorbiert*, angelagert.

Das aufbereitete Wasser aus Uferfiltrat und aus Grundwasser wird meist vermischt. Es muss wie jedes Trinkwasser die Qualitätsanforderungen der Trinkwasserverordnung einhalten.

Damit das so gewonnene Trinkwasser den Weg durch viele Kilometer lange Rohrleitungen unbeschadet übersteht, behandelt man es noch mit *Chlor* oder *Ozon*. So werden Krankheitserreger abgetötet.

Neben Flusswasser wird oft auch anderes Oberflächenwasser genutzt: Wasser aus Seen oder Talsperren.

Trinkwasser wird aus Grundwasser, Quellwasser und Oberflächenwasser gewonnen. Wasser aus Flüssen muss oft sehr aufwändig gereinigt werden, bevor es genutzt werden kann. Zum Schutz vor Keimen wird das Trinkwasser mit Chlor oder Ozon behandelt.

1 Fragen zum Text

a) Aus welchen Wasservorräten kann Trinkwasser gewonnen werden?
b) Wie wird aus Flusswasser Uferfiltrat?
c) Auf welche Weise wird das Wasser im Boden gereinigt?
d) Erkläre die Reinigungswirkung von Aktivkohle.
e) Warum wird Trinkwasser mit Chlor versetzt?

2 Experiment

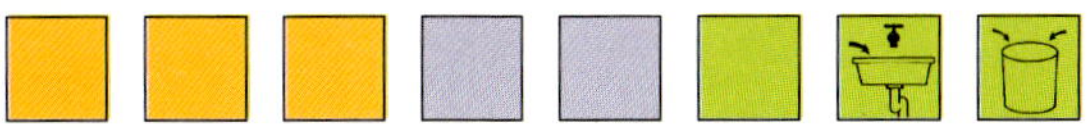

a) Gib zu 100 ml Wasser in einem Becherglas einige Tropfen Tinte aus einer Tintenpatrone. Füge einen Teelöffel Aktivkohle hinzu und rühre um. Filtriere das Gemisch anschließend.
b) Fülle eine Flasche mit 0,5 l Trinkwasser. Gib einen Tropfen Dieselöl dazu. Verschließe die Flasche und schüttle kräftig. Prüfe den Geruch des Gemischs.
Gib dann einen Teelöffel Aktivkohle dazu, schüttle und prüfe erneut den Geruch.

3 Experiment

Nach der Trinkwasserverordnung darf ein Liter Trinkwasser nicht mehr als 50 mg Nitrat enthalten. Nitrate sind Pflanzennährstoffe, die gesundheitsschädlich sein können. Ist zu viel Eisen im Wasser gelöst, verschlechtert sich der Geschmack. Der erlaubte Grenzwert liegt hier bei 0,05 mg pro Liter. Ermittle mithilfe von Teststäbchen den Nitrat- und Eisengehalt verschiedener Trink- und Mineralwasserproben.

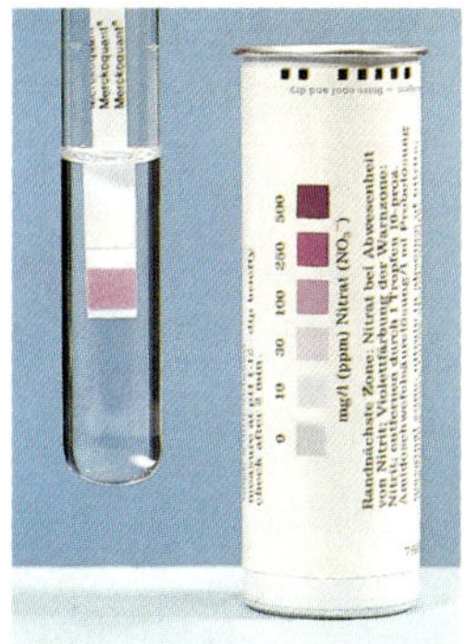

4 Alltag

a) Woher stammt euer Trinkwasser?
b) Ermittle den täglichen Wasserverbrauch deiner Familie. Vergleiche mit den Angaben im Buch.

Exkurs: Theorie

Ein Stück Würfelzucker aufgelöst in:

	Tassen	Flaschen	Tankwagen	Tanker	Talsperre bei Attendorn im Sauerland
	0,27 Liter	2,7 Liter	2700 Liter	2,7 Millionen Liter	2,7 Milliarden Liter
Konzentration	10 Gramm pro Kilogramm 1 % Prozent: 1 Teil von hundert Teilchen	1 Gramm pro Kilogramm 1 ‰ Promillle: 1 Teil von tausend Teilchen	1 Milligramm pro Kilogramm 1 ppm part per million: 1 Teil von 1 Million Teilchen	1 Mikrogramm pro Kilogramm 1 ppb part per billion: 1 Teil von 1 Milliarde Teilchen	1 Nanogramm pro Kilogramm 1 ppt part per trillion: 1 Teil von 1 Billion Teilchen
z.B.	Alkohol in Getränken	Alkohol im Blut	Nitrat im Trinkwasser	Schwermetalle im Trinkwasser	Pestizide im Trinkwasser

Stoff	Grenzwert in Milligramm pro Liter Wasser	Stoff	Grenzwert in Milligramm pro Liter Wasser
Nitrat	50	Quecksilber	0,001
Chrom	0,05	Pflanzenschutzmittel	
		insgesamt	0,0005
Arsen	0,01	einzelne	
Cadmium	0,005	Substanz	0,0001

Auf der Suche nach dem „ppm"

Trinkwasser sieht zwar „rein" aus, es ist aber kein Reinstoff. Es enthält immer noch zahlreiche Stoffe in gelöster Form. Dazu gehören zum Beispiel Mineralstoffe, die der Mensch zum Leben braucht. Ihre Konzentration darf aber nicht zu hoch sein. Auch gelöste Luft ist im Wasser enthalten. Ohne sie schmeckt Wasser fad und abgestanden.
Allerdings befinden sich im Wasser auch unerwünschte Stoffe. Dazu zählen giftige Schwermetalle wie Chrom, Cadmium und Quecksilber oder auch Pflanzenschutzmittel. Für viele dieser Stoffe sind in der Trinkwasserverordnung Grenzwerte festgelegt, die nicht überschritten werden dürfen.
Um die Konzentration dieser Stoffe zu ermitteln, bedarf es modernster Analysemethoden und -geräte, denn es geht oft nur um unvorstellbar kleine Mengen. So dürfen zum Beispiel insgesamt nur 0,0005 mg Pflanzenschutzmittel in 1 l Wasser enthalten sein. Die Messwerte werden deshalb nicht in Prozent oder Promille angegeben, sondern in ppm, ppb oder ppt.

|5.3| Abwasserreinigung

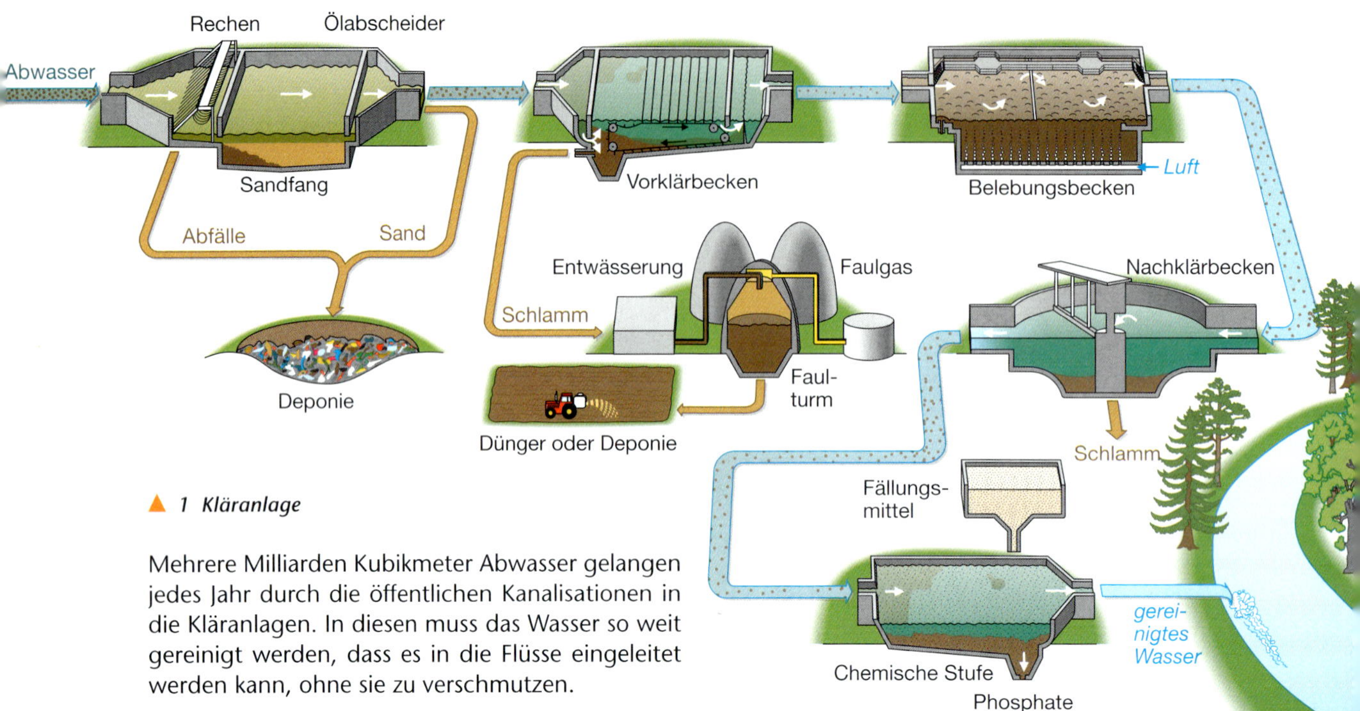

▲ 1 *Kläranlage*

Mehrere Milliarden Kubikmeter Abwasser gelangen jedes Jahr durch die öffentlichen Kanalisationen in die Kläranlagen. In diesen muss das Wasser so weit gereinigt werden, dass es in die Flüsse eingeleitet werden kann, ohne sie zu verschmutzen.

Mechanische Reinigungsstufe. Zunächst passiert das Abwasser *Rechen*, in denen die groben Feststoffe hängen bleiben. Im *Sandfang*, der von dem Abwasser langsam durchlaufen wird, setzt sich der mitgeführte Sand ab. Fette und Öle, die auf dem Abwasser schwimmen, werden im *Ölabscheider* abgetrennt. Im *Vorklärbecken* sinkt der größte Teil der Schwebstoffe zu Boden. Sie werden vom Grund des Vorklärbeckens abgezogen.

Biologische Reinigungsstufe. Das von Schwebstoffen weitgehend gereinigte Abwasser enthält noch zahlreiche gelöste Verunreinigungen. Es sind vor allem Kohlenstoff-Verbindungen. Sie werden im *Belebungsbecken* entfernt. Hier laufen dieselben Reinigungsvorgänge ab wie in natürlichen Gewässern: Mikroorganismen fressen die organischen Stoffe im Abwasser. Sie nutzen also die Abfallstoffe als Nahrungsquelle. Deshalb vermehren sie sich stark. Die Bakterien brauchen zum Leben auch Sauerstoff. Er gelangt durch das Einblasen von Luft oder mithilfe großer Rührwerke in das Abwasser.
Das trübe Abwasser fließt dann in das *Nachklärbecken*. Hier flocken die Mikroorganismen zusammen und setzen sich am Boden ab.

Chemische Reinigungsstufe. Ein großer Teil der gelösten Salze ist immer noch im Abwasser. Durch die gezielte Zugabe von *Chemikalien* können diese noch entfernt werden. So kann man zum Beispiel durch die Zugabe von Eisensalzen Phosphate ausfällen und entfernen. So vermeidet man eine Überdüngung der Flüsse. Jetzt darf das geklärte Wasser in einen Fluss eingeleitet werden.

Faulschlamm. Der überschüssige Schlamm wird in *Faultürme* gebracht. In diesen wird er unter Luftabschluss von speziellen Bakterien zersetzt. Dabei bildet sich brennbares Faulgas. Es besteht vor allem aus Methan und Kohlenstoffdioxid. Der zurückbleibende Klärschlamm wird verbrannt oder auf die Deponie gebracht, wenn er zu viele Schadstoffe enthält. Ist er wenig belastet, kann er als Dünger verwendet werden.

In Kläranlagen wird das Abwasser mechanisch, biologisch und chemisch gereinigt. Nach der Reinigung wird das geklärte Wasser in Flüsse geleitet.

1 Fragen zum Text

a) Beschreibe die drei Stufen der Abwasserreinigung.
b) Welche Aufgaben haben die Mikroorganismen?
c) Warum bläst man Luft in das Belebungsbecken?
d) Warum ist es sinnvoll, dass Kläranlagen mit einer chemischen Reinigungsstufe versehen werden?

2 Experiment

Stelle dir ein Modellabwasser aus Wasser, Sand, Erde, kleinen Steinen und Papierstücken her. Versuche, mit möglichst einfachen Mitteln die „Verunreinigungen" aus dem Wasser abzutrennen. Plane zunächst die Versuche und probiere sie anschließend selbst aus.

3 Technik

Die Abwasserkanäle in Deutschland sind etwa so lang wie die Strecke von der Erde bis zum Mond: etwa 400 000 km!

Bei älteren Abwasserkanälen werden Abwasser und Regenwasser gemeinsam abgeleitet (Mischkanalisation). In den letzten Jahren wurden überwiegend getrennte Kanalsysteme für Regenwasser und für Abwasser angelegt.

Welche Vorteile hat die getrennte Kanalisation gegenüber der Mischkanalisation?

4 Umwelt

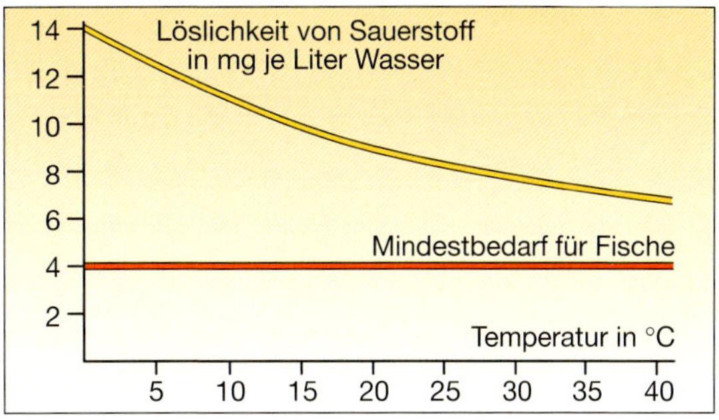

In Deutschland verwenden Kraftwerke und Industriebetriebe Wasser auch zur Kühlung von Anlagen. Man nutzt häufig Flusswasser, das dann aufgewärmt in die Flüsse zurückgelangt.

Erkläre mithilfe der Grafik, welche Folgen diese Erwärmung für das Leben in einem Fluss haben kann.

Exkurs: Technik

Saure Abwässer sind schädlich

▲ *2 Probennahme in einer Kläranlage*

Die Ver- und Entsorger in Kläranlagen müssen dafür sorgen, dass die Anlagen stets gut arbeiten. Sind im Abwasser Stoffe enthalten, die die Bakterien im Belebtschlamm angreifen, müssen sie handeln. Dazu gehören zum Beispiel Säuren.

Ob Wasser eine Säure enthält, kann man ganz einfach mit bestimmten Farbstoffen feststellen, den **Indikatoren**. Wenn man einen Streifen Universalindikator-Papier in eine *saure* Wasserprobe hält, wird der Papierstreifen *rot*.

Durch Zugabe von Natronlauge kann man die Wirkung der Säure neutralisieren. Wenn man allerdings zu viel Natronlauge in das Abwasser gibt, können die Mikroorganismen ebenfalls geschädigt werden. Das Wasser ist dann nämlich *alkalisch*; der Universalindikator wird *blau*.

Am besten arbeiten die Bakterien in einer Kläranlage, wenn das Wasser weder sauer noch alkalisch, sondern *neutral* ist. Ein Papierstreifen mit Universalindikator zeigt das durch eine *grüne* Farbe an.

▲ *3 Mit einem Indikator kann man prüfen, ob Wasser sauer oder alkalisch ist.*

Die Qualität unserer Gewässer

Vor 50 Jahren konnte man die starke Verschmutzung unserer Gewässer direkt sehen. Große Schaumberge aus Waschmittelresten, starker Algenwuchs und der zurückgehende Fischbesatz ließen die Belastung der Gewässer erkennen. Das lag unter anderem daran, dass viele Abwässer schlecht geklärt oder sogar ungeklärt in Flüsse und Seen eingeleitet wurden. Das hat sich geändert. Es sind Gesetze und Verordnungen erlassen worden, die zu einer Verbesserung der Gewässerqualität geführt haben. Die Verbesserungen kann man auch daran erkennen, dass im Rhein wieder Lachse leben können. Doch Wissenschaftler wollen es ganz genau wissen und führen deshalb Gewässeruntersuchungen durch.

▲ *1 Gewässeruntersuchung mit einem Umweltkoffer*

Bei der **chemisch-physikalischen Methode** untersucht man die Wasserproben auf bestimmte Inhaltsstoffe. So enthalten Gewässer mit einer guten Gewässerqualität viel gelösten Sauerstoff, aber wenig Pflanzennährstoffe wie Phosphat und Nitrat. Diese beiden Stoffe führen zu starkem Algenwuchs im Wasser. Man untersucht auch die Menge an Schwermetallen wie Quecksilber und Blei. Einfache Wasseruntersuchungen kann man auch selbst mit der Klasse durchführen. Dafür gibt es Teststäbchen und spezielle Untersuchungs-Koffer mit allen benötigten Chemikalien.

Bei der **biologischen Methode** orientiert man sich an den Lebewesen in einem Gewässer. Aus dem Vorkommen bestimmter Tier- und Pflanzenarten kann man recht genau auf die Qualität eines Gewässers schließen. Man teilt die Gewässer danach in bestimmte Gewässergüteklassen ein, die man auf Karten in ganz bestimmten Farben darstellt.

Gewässergüteklassen

Bewertung:	Farbe
unbelastet	
gering belastet	
mäßig belastet	
kritisch belastet	
stark verschmutzt	
sehr stark verschmutzt	
übermäßig verschmutzt	

1. Vergleiche die beiden Gewässergütekarten. Zeige an einigen Beispielen, wie sich der Gewässerzustand verändert hat.

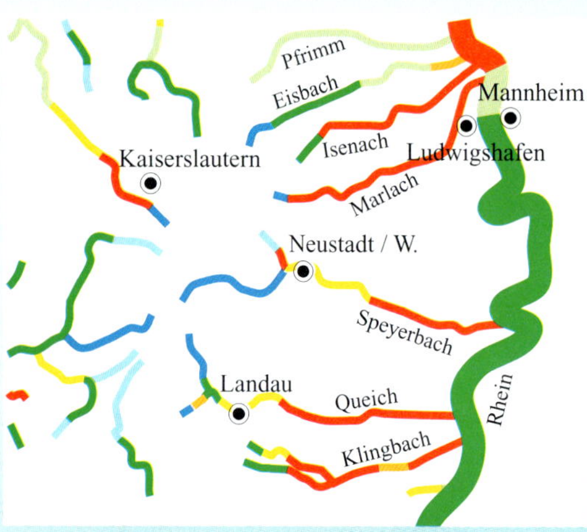

▲ *2 Gewässergütekarte von 1972 (links) …*

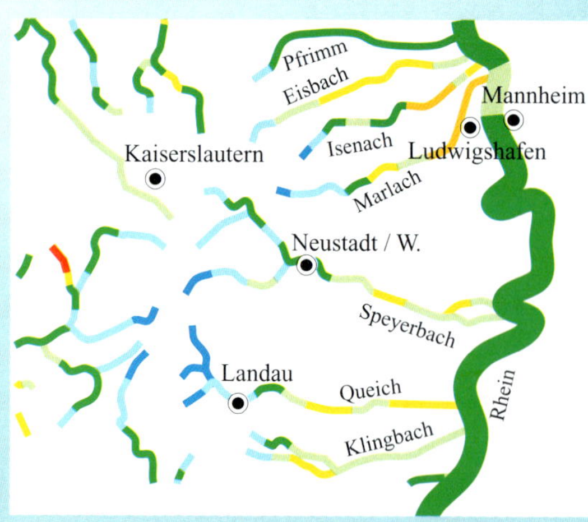

▲ *… und von 1992 (rechts)*

Gewässerpraktikum

V 1: Sauerstoffgehalt eines Gewässers

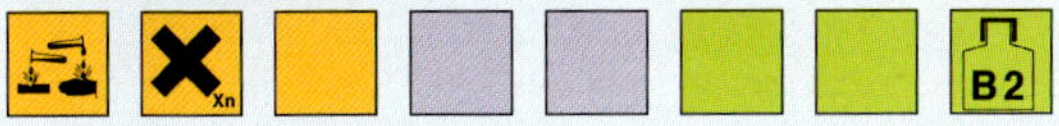

Materialien: Reagenzgläser mit Stopfen; Fluss-, Leitungs- und Aquariumwasser, Mangan(II)-chlorid (Xn, B2), konz. Natronlauge (C).
Durchführung: Fülle drei Reagenzgläser, in die die Lehrerin oder der Lehrer bereits je 1 ml konz. Natronlauge gefüllt hat, bis oben mit jeweils einer Wasserprobe. Achte darauf, dass beim Umfüllen des Wassers möglichst wenig Luftblasen entstehen. Gib eine Spatelspitze Manganchlorid hinzu. Verschließe das Reagenzglas luftblasenfrei und und drehe es vorsichtig um. Vergleiche die Färbung mit der abgebildeten Skala.
Aufgabe: In welcher der untersuchten Wasserarten könnten Fische leben?

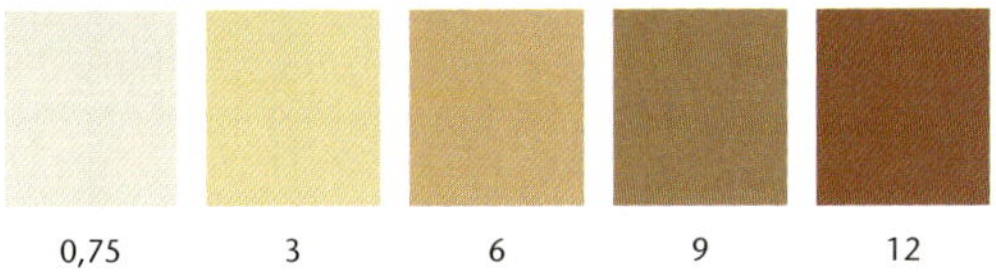

Sauerstoffgehalt in Milligramm pro Liter

V 2: Bestimmung einiger Wasserinhaltsstoffe

Materialien: Kleine Bechergläser; Testsätze für die Bestimmung von Eisen-Ionen, Sulfaten, Chloriden, und Nitraten, verschiedene Mineralwässer, Regenwasser, Leitungswasser.
Durchführung: Fülle etwa 10 ml der Wasserproben in jeweils ein Becherglas und untersuche die Proben auf die angegebenen Stoffe.

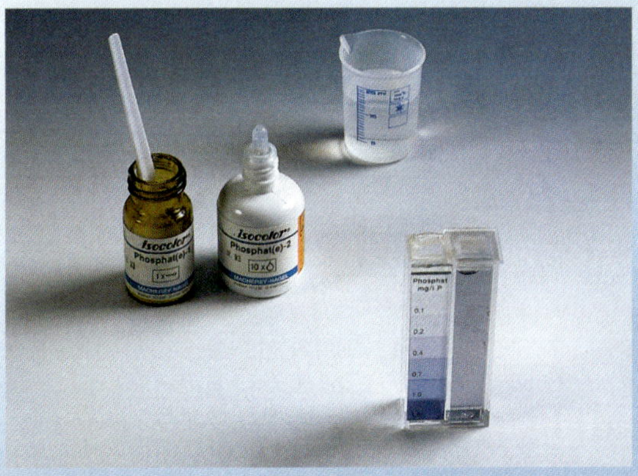

	Trinkwasser	Mineralwasser	unbelastete Gewässer	belastete Gewässer	Regenwasser
Eisen (Fe^{2+}, Fe^{3+})	0–0,1	0–0,2	–	0–3	0–0,3
Ammonium (NH_4^+)	0–1	0–1	0–0,5	0–1	0–1
Chlorid (Cl^-)	0–100	0–1000	3–30	20–200	0,5–5
Sulfat (SO_4^{2-})	10–60	0–600,	5–20	20–100	3–25
Phospat (PO_4^{3-})	<0,1	<0,1,	–	0–10	<0,1
Nitrat	0–50	0–0,5	0–10	10–500	0–5

(Angaben in Milligramm pro Liter)

Die Anleitungen dazu findest du bei den Untersuchungssätzen.
Aufgaben: a) Notiere deine Messergebnisse.
b) Vergleiche die ermittelten Werte mit den Werten der Tabelle.

V 3: Bestimmung der Wasserhärte

Die Wasserhärte wird in Grad deutscher Härte (°dH) oder vier Härtebereichen gemessen. Sie ist ein Maß für die in Wasser gelösten Calcium- und Magnesium-Salze.
Die Wasserhärte ist zum Beispiel für die Entstehung des Kesselsteins verantwortlich.
Materialien: Teststäbchen oder Reagenziensätze zur Bestimmung der Wasserhärte, Reagenzgläser; Wasserproben.
Durchführung. Führe die Härtebestimmung nach der Anleitung durch, die du bei den Testsätzen findest.

V 4: Ermittlung der Abdampfrückstände

Materialien: Bechergläser oder Abdampfschalen, Brenner; Leitungswasser, Mineralwasser, Regenwasser, dest. Wasser.
Durchführung: Dampfe jeweils 50 ml der verschiedenen Wassersorten ein. Vergleiche die Rückstände.
Aufgabe: Erkläre die Ergebnisse dieses Versuchs.

|5.4| Wasser – Element oder Verbindung?

Wenn man ein Glas über eine brennende Kerze hält, so kann man sehen, dass das Glas innen beschlägt und sich kleine Wassertropfen bilden. Bei der Verbrennung der Kerze muss Wasser entstanden sein. Da bei den meisten Verbrennungen Oxide entstehen, kann man vermuten, dass auch Wasser ein Oxid ist.

Zerlegung (Analyse) des Wassers. Den Beweis, dass Wasser ein Oxid ist, hat der Chemiker HOFMANN in der zweiten Hälfte des 19. Jahrhunderts mit seinem Wasserzersetzungsapparat angetreten. Das Gerät wurde mit Wasser gefüllt, dem etwas Schwefelsäure zur besseren Leitfähigkeit beigefügt war.
Wenn man das Gerät an eine Gleichspannungsquelle (20 V) anschließt, so kann man an den beiden Elektroden sehen, dass sich Gase entwickeln.
Am Minuspol kann man mit der Knallgasprobe **Wasserstoff** und am Pluspol mit der Glimmspanprobe **Sauerstoff** nachweisen. Es entsteht immer doppelt soviel Wasserstoff wie Sauerstoff.

▲ *1 Verbrennung von Wasserstoff in reinem Sauerstoff*

Wassersynthese. Um zu beweisen, dass Wasser tatsächlich nur aus Wasserstoff und Sauerstoff besteht, reicht die beschriebene Analyse noch nicht aus. Es könnten ja noch andere Elemente an der Verbindung beteiligt sein, die bei der Zerlegung nicht gefunden worden sind. Ein schlüssiger Beweis ist dann erbracht, wenn man Wasser durch eine Reaktion von Wasserstoff und Sauerstoff herstellen könnte.
Eine solche Reaktion, bei der eine Verbindung aus ihren Elementen hergestellt wird, bezeichnet der Chemiker als Synthese. Dazu verbrennt man Wasserstoff in reinem Sauerstoff und saugt die Verbrennungsgase durch ein gekühltes U-Rohr. Man kann beobachten, dass sich eine Flüssigkeit bildet. Weißes Kupfersulfat wird blau, wenn man die Flüssigkeit darauf tropft. Diese Farbveränderung des Kupfersulfates ist ein Nachweis für Wasser. Damit wurde nachgewiesen, dass Wasser nur aus den Elementen Wasserstoff und Sauerstoff besteht. Wasser ist also ein Oxid des Wasserstoffs:

Wasserstoff + Sauerstoff → Wasser;   Wärme wird frei

Wasser ist eine Verbindung, die aus den Elementen Wasserstoff und Sauerstoff besteht.

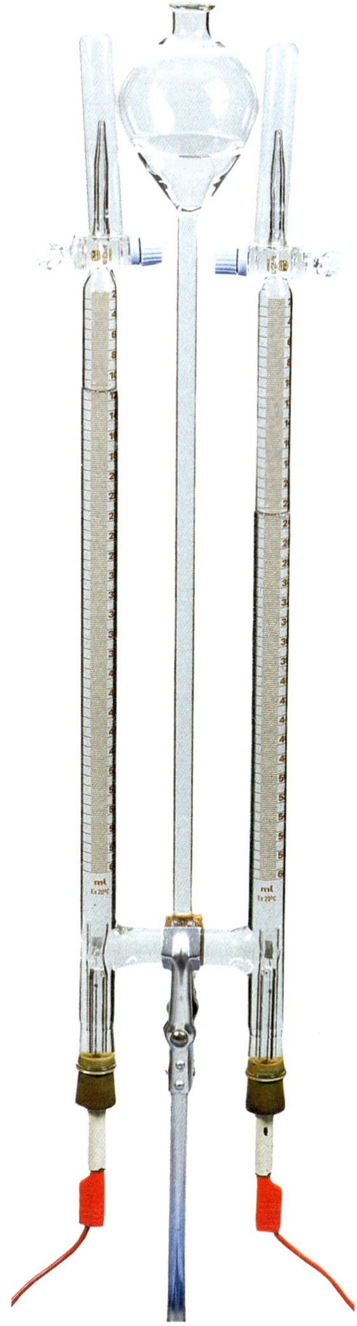

▲ *2 Hofmannscher Wasserzersetzer*

1 Fragen zum Text

a) Aus welchen Elementen ist Wasser aufgebaut?
b) Wie kann man das zeigen?
c) Was ist eine Synthese, was ist eine Analyse?

2 Demonstrations-Experiment

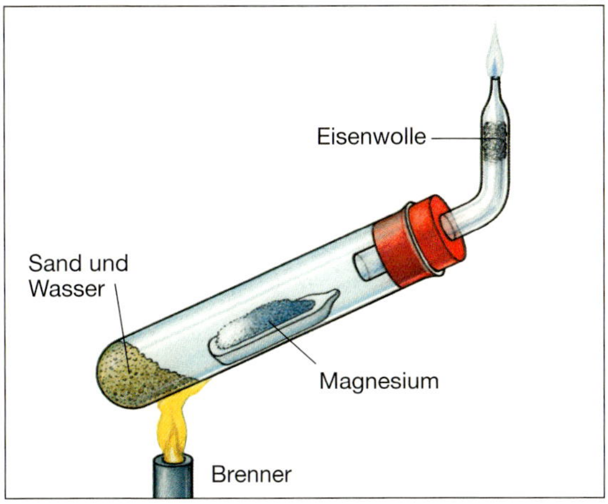

Das Magnesiumpulver (F) in dem Porzellanschiffchen wird kräftig erhitzt. Dabei wird die Brennerflamme für kurze Zeit auf den durchfeuchteten Sand gehalten, sodass sich im Reagenzglas eine Wasserdampfatmosphäre bildet.
Man bricht das Erhitzen des Magnesiums ab, wenn dieses hell aufglüht. Dann wird das entweichende Gas an der Glasspitze angezündet.

a) Welches Gas brennt an der Glasspitze?
b) Wie heißt die Wortgleichung für diese Reaktion?
c) Welcher Stoff wird bei dieser Reaktion oxidiert, welcher wird reduziert?

3 Experiment

Gib in einen eingespannten Erlenmeyer-Kolben (500 ml) einige Siedesteine und etwas Wasser. Erhitze bis zum Sieden. Halte dann nacheinander einen brennenden Holzspan und mit einer Tiegelzange ein brennendes Stück Magnesiumband in den Wasserdampf (Vorsicht! Nicht direkt in die Flamme schauen.)

a) Erkläre das Versuchsergebnis.
b) Wie heißt die Wortgleichung für die Reaktion zwischen Magnesium und dem Wasserdampf?
c) Was ist bei Aufgabe b) das Oxidationsmittel, was das Reduktionsmittel?

4 Experiment

Wasserstoff wird mit der **Knallgasprobe** nachgewiesen. Leite dazu das zu untersuchende Gas in ein Reagenzglas, dessen Öffnung nach unten zeigt. Verschließe dann das Glas mit dem Daumen. Öffne das Reagenzglas, das du schräg nach unten hältst, erst in unmittelbarer Nähe einer Flamme.
Enthält das Glas ein Wasserstoff-Luft-Gemisch, hört man ein pfeifendes Geräusch oder einen Knall. Reiner Wasserstoff brennt ganz ruhig ab.

a) Beschreibe die in dem Reagenzglas abgelaufene Reaktion mit einer Wortgleichung.
b) Warum muss man die Knallgasprobe bei jedem Experiment durchführen, bei dem Wasserstoff entzündet wird?
c) Wenn man nach der Knallgasprobe einige Körnchen weißes Kupfersulfat in das Reagenzglas streut, färbt sich das Kupfersulfat blau. Wie ist das zu erklären?

5 Demonstrations-Experiment

Mit einem Eudiometerrohr kann man nachweisen, dass genau zwei Raumteile Wasserstoff und ein Raumteil Sauerstoff vollständig zu Wasser reagieren. Das Eudiometerrohr wird zunächst mit Wasser gefüllt. Dann werden mit einer Spritze zum Beispiel 6 ml Wasserstoff und 3 ml Sauerstoff in das Rohr gedrückt. Mit einem Zündfunken bringt man das Knallgasgemisch zur Reaktion. Es entsteht eine geringe Menge Wasser.

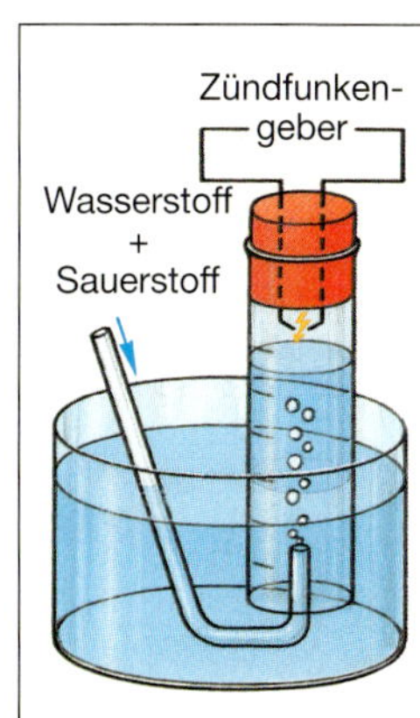

a) Warum findet man bei der Wahl des richtigen Volumenverhältnisses nach dem Versuch kein Gas mehr im Eudiometerrohr?
b) Wie viel Gas bleibt übrig, wenn man mit einem Gemisch aus 2 Raumteilen Wasserstoff und 3 Raumteilen Sauerstoff experimentiert?

|5.5| Wasserstoff – das leichteste Gas der Welt

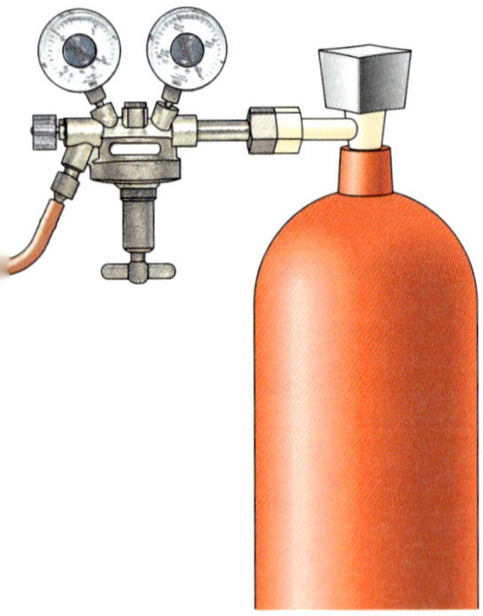

◀ *1 Wasserstoff wird in rote Stahlflaschen abgefüllt.*

Das Element Wasserstoff wurde 1766 durch den Engländer CAVENDISH entdeckt, als er Metalle mit Säuren reagieren ließ.

Eigenschaften. Der farblose, geruch- und geschmacklose Wasserstoff kommt elementar in der Luft nur in sehr geringen Mengen vor. Aus Wasser kann er mithilfe von elektrischem Strom hergestellt werden. An der Luft verbrennt das Gas mit einer farblosen, heißen Flamme zu Wasserdampf. Gemische aus Wasserstoff und Luft können schon beim kleinsten Funken explodieren.

Wasserstoff ist mit einer Dichte von 0,084 g/l (bei 1013 hPa und 20 °C) das leichteste Gas. Es ist ungefähr 14-mal leichter als Luft. Kein anderes Gas, mit Ausnahme von Helium, wird erst bei solch tiefen Temperaturen flüssig: –253 °C.

Verwendung. Schon kurz nach seiner Entdeckung wurde Wasserstoff zum Füllen von Gasballons verwendet. Der erste Ballon wurde bereits 1783 in Paris gestartet. Unvergessen sind auch heute noch die Flüge der großen Luftschiffe vor etwa 70 Jahren nach Amerika. Für die Füllung von bemannten Luftschiffen ist die Verwendung von Wasserstoff seit der Brandkatastrophe von Lakehurst (1937) verboten. Bei diesem Unfall kamen 35 Fahrgäste ums Leben, als das Luftschiff beim Landeanflug Feuer fing. Nur Wetter- und Forschungsballons dürfen noch mit Wasserstoff gefüllt werden. Die Verwendung in Ballons und Luftschiffen verdankt er seiner geringen Dichte. Als Raketentreibstoff erzeugt er heute den nötigen Schub für die Flüge ins Weltall.

▲ *2 Füllung eines Ballons mit Wasserstoff; der Wasserstoff wurde innerhalb von vier Tagen aus 500 kg Eisen und 250 kg Schwefelsäure hergestellt.*

Autos mit Wasserstoffmotoren werden im Alltagsbetrieb getestet. Sie sind sehr umweltfreundlich, da es keine schädlichen Abgase gibt Es entsteht nur Wasserdampf. Da Wasserstoff bei der Verbrennung hohe Temperaturen entwickelt, wird er zum Bearbeiten von schwer schmelzbarem Quarzglas oder zum Schneiden und Schweißen von Metallen verwendet.

In der chemischen Industrie werden einige seltene Metalle durch Reduktion mit Wasserstoff aus ihren Oxiden gewonnen. Für die Herstellung von Kunststoffen oder Treibstoffen benötigt man große Mengen des Gases. Ammoniak, ein wichtiger Rohstoff für die Düngemittelindustrie, wird aus Stickstoff und Wasserstoff hergestellt.

> Wasserstoff ist das leichteste Gas. Es wird in der Luftfahrt, Technik und in der chemischen Industrie verwendet.

◀ *3 Wasserstoff-Tankstelle*

1 Fragen zum Text

a) Wie viel Liter Wasserstoff sind ebenso schwer wie ein Liter Luft (1,3 g/l)?
b) Warum dürfen bemannte Luftschiffe nicht mit Wasserstoff gefüllt werden?
c) Wofür wird Wasserstoff verwendet?
d) Wie kann man Wasserstoff im Labor herstellen?

2 Demonstrations-Experiment

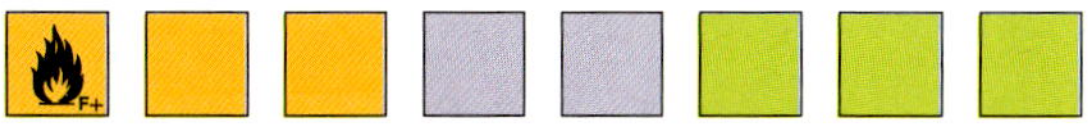

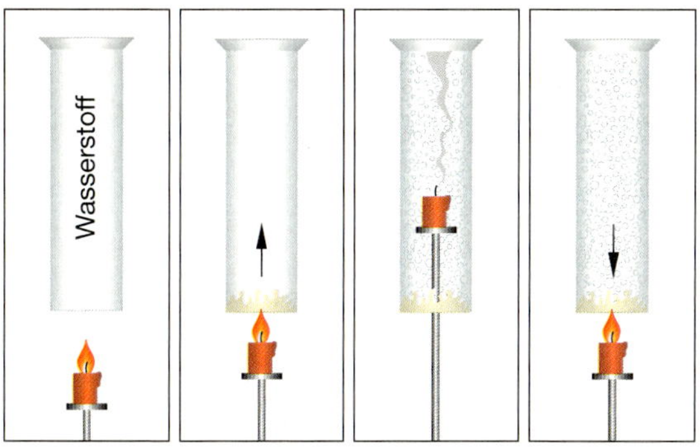

Der Standzylinder ist vollständig mit Wasserstoff gefüllt. Die brennende Kerze wird langsam in den Zylinder eingeführt und wieder herausgezogen.
a) Warum kommt es nicht zu einer Explosion, wenn die brennende Kerze eingeführt wird?
b) Warum erlischt die Kerze im Zylinder und brennt beim Herausziehen wieder?

3 Demonstrations-Experiment

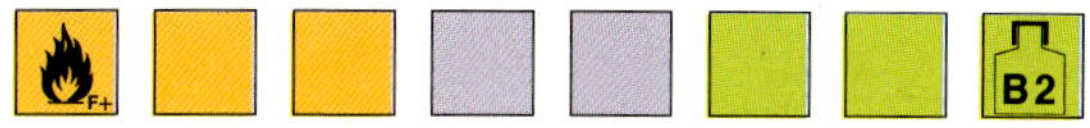

Kupferoxid wird in einer Magnesiarinne in ein schwerschmelzbares Glasrohr gelegt. Ein Wasserstoffstrom wird durch das Rohr geleitet.
Nach der Knallgasprobe wird das Kupferoxid mit einem Brenner erhitzt. Der überschüssige Wasserstoff wird an der Glasspitze entzündet. Ein kleines Eisendrahtnetz sorgt dafür, dass die Flamme nicht in das Reaktionsrohr zurückschlägt.
a) Welche Beobachtungen kann man machen?
b) Welche Redoxreaktion ist bei diesem Versuch abgelaufen?

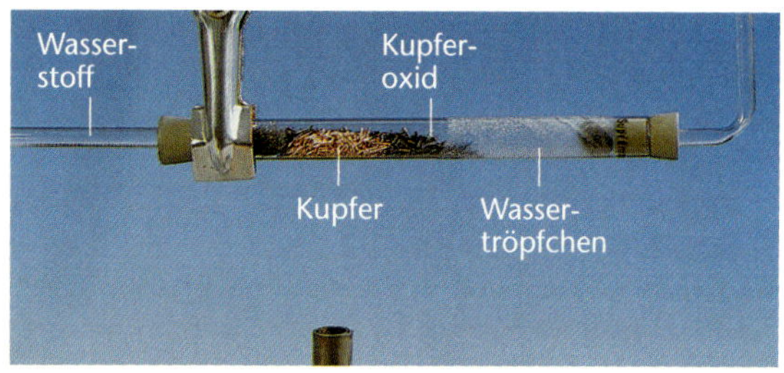

4 Theorie

a) Warum steigt ein mit Wasserstoff gefüllter Ballon in die Luft?
b) Mit welchen der angeführten Gase würde ein Ballon steigen? Helium, Argon, Neon, Stickstoff, Kohlenstoffdioxid. Gib eine Begründung dafür.

Exkurs: Geschichte

Ein Feuerzeug mit Katalysator

In dieser „Zündmaschine" des Chemikers DÖBEREINER wird aus Zink und Salzsäure Wasserstoff erzeugt und auf fein verteiltes Platin geleitet. Das Gas fängt dann an zu brennen, ohne dass dazu eine Flamme nötig wäre. Das Geheimnis liegt in der Verwendung von Platin, das hier als Katalysator wirkt. Die Entzündungstemperatur des Wasserstoffs erniedrigt sich dadurch von 585 °C auf Zimmertemperatur.
Dieses Gerät zeigt, wie Katalysatoren wirken: Sie ermöglichen bestimmte chemische Reaktionen schon bei niedrigen Temperaturen, indem sie die Aktivierungsenergie herabsetzen. Bei den Reaktionen werden sie selbst nicht verändert oder verbraucht.
Das lässt sich auch im Schulversuch gut zeigen, wenn man Wasserstoff über einen Platindraht strömen lässt.

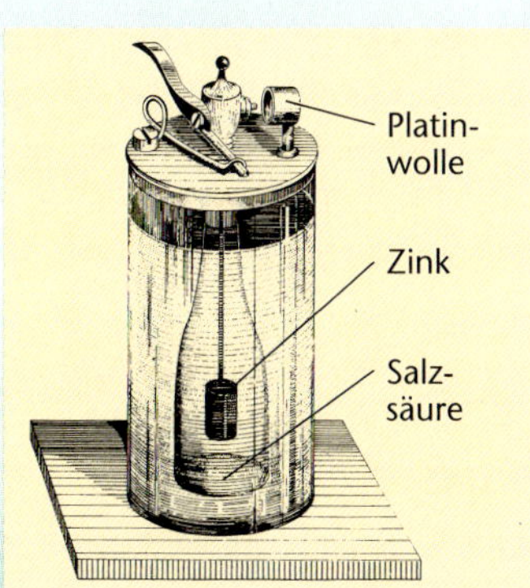

|5.6| Die Sprache der Chemie

▲ *1 Symbole im Alltag*

Einfache Bilder oder Symbole sagen oft mehr aus als viele Worte. So findet man sich auf fremden Bahnhöfen oder Flughäfen gut zurecht, wenn man die Hinweisschilder mit Symbolen beachtet. Solche einfachen Zeichen stellen eine Art Kurzschrift dar, die von vielen Menschen ohne weitere Erklärung verstanden werden. Sie sind von der Sprache des Reisenden völlig unabhängig.

Elementsymbole. Auch in der Chemie verwendete man schon lange eine Kurzschrift. Viele der von den Alchemisten bis in das 18. Jahrhundert benutzten Zeichen waren aus der Astronomie bekannt.
Zu Beginn des 19. Jahrhunderts hat der englische Chemiker DALTON Kurzzeichen für die damals bekannten Elemente eingeführt. Die heute gebräuchliche Kurzschrift der Chemie hat der Schwede BERZELIUS bereits um 1820 entwickelt. Er schlug vor, die Anfangsbuchstaben der lateinischen oder griechischen Bezeichnungen der Elemente als Abkürzung zu verwenden. So bekam das Element **Sauerstoff** das Symbol **O** vom lateinischen Namen **Oxygenium. Schwefel** hat das Symbol **S**, da der lateinische Name **Sulfur** lautet.

▲ *2 Griechisches Etikett für Mineralwasser*

Element	heutiges Symbol	Symbol nach DALTON
Wasserstoff (**H**ydrogenium)	H	
Kohlenstoff (**C**arboneum)	C	
Stickstoff (**N**itrogenium)	N	
Phosphor (**P**hosphorus)	P	
Schwefel (**S**ulfur)	S	
Gold (**Au**rum)	Au	
Silber (**A**r**g**entum)	Ag	
Kupfer (**Cu**prum)	Cu	
Quecksilber (**H**ydrar**g**yrum)	Hg	
Eisen (**Fe**rrum)	Fe	

▲ *3 Elementsymbole*

Beginnen mehrere Elemente mit dem gleichen Buchstaben, so wird zur Unterscheidung ein zweiter *klein geschriebener* Buchstabe hinzugefügt. So hat das Element Gold das Symbol Au und das Element Silber das Symbol Ag.

Jeder Chemiker kennt und benutzt diese Elementsymbole. Er weiß, dass die Buchstabenfolge Fe zum Beispiel das Element Eisen kennzeichnet. Dabei ist es völlig gleichgültig, welche Sprache er spricht oder in welcher Schrift er schreibt. Die chemischen Symbole sind international.

Für den Chemiker haben die Elementsymbole eine doppelte Bedeutung. Zum einen bezeichnen sie das Element, also den Stoff. Zum anderen stehen sie für ein Atom dieses Stoffes. Nur aus dem jeweiligen Zusammenhang heraus kann man versehen, welche Bedeutung das Symbol gerade besitzt.

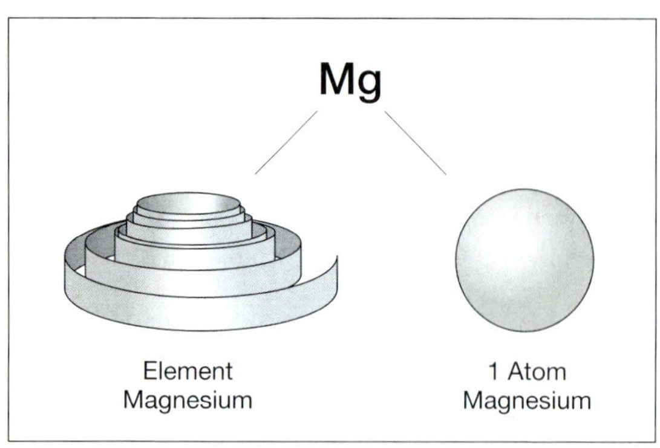

▲ *4 Bedeutung eines Elementsymbols*

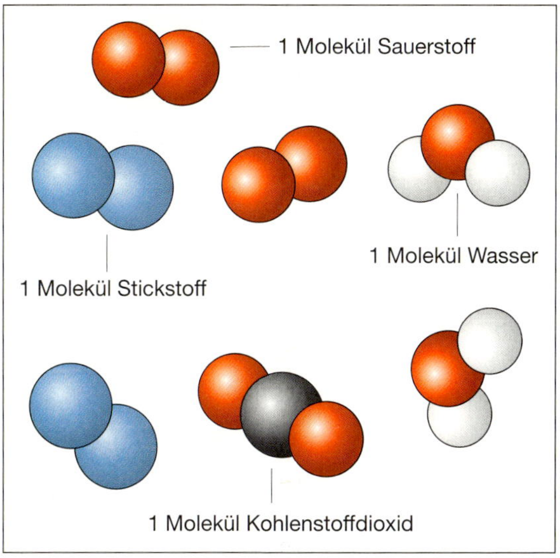

▲ *1 Verschiedene Moleküle*

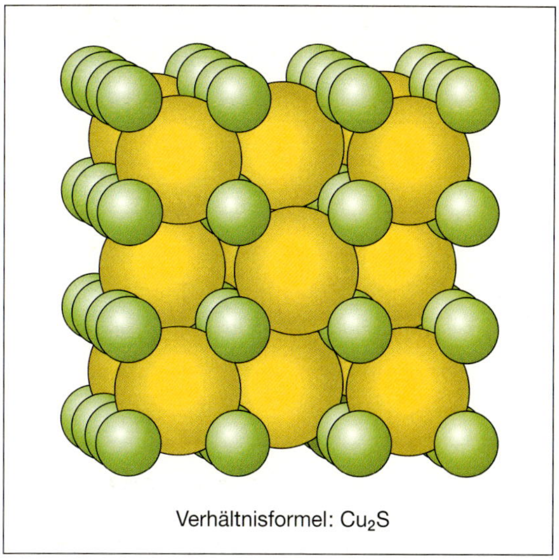

▲ *2 Modell der Verbindung Kupfersulfid (Cu_2S)*

Molekülformeln. Chemische Bezeichnungen gibt es nicht nur für die Elemente, sondern auch für Moleküle.
Die Formel H_2O bedeutet, dass ein Wasser-Molekül aus *zwei* Wasserstoff- und *einem* Sauerstoff-Atom besteht. Die kleine tiefgestellte Indexzahl gibt an, wie viel Atome einer Atomsorte in einem Molekül enthalten sind. Eigentlich müsste man daher H_2O_1 schreiben. Die Indexzahl 1 lässt man aber verabredungsgemäß weg.
Verwendet man diese Molekülformeln, erspart man sich also viel Schreibarbeit. Anstatt zwei Sauerstoff-Moleküle schreibt man nur noch 2 O_2, drei Wasser-Moleküle werden als 3 H_2O abgekürzt.

Verhältnisformeln. Kupfersulfid gehört zu den salzartigen Verbindungen. Bei der Reaktion zwischen Kupfer und Schwefel verbinden sich viele Atome beider Elemente zu einem regelmäßig aufgebauten Kristall.
Experimentell kann man ermitteln, dass an dieser Reaktion doppelt so viele Kupfer-Atome wie Schwefel-Atome beteiligt sind. Auf *zwei Kupfer-Atome* kommt also nur *ein Schwefel-Atom*. Das *Anzahlverhältnis* der Kupferatome zu den Schwefel-Atomen beträgt 2 : 1.
Beschreibt man dieses Verhältnis mit Indexzahlen, so erhält man als Formel für das Kupfersulfid Cu_2S_1 oder kürzer Cu_2S.

Diese **Verhältnisformel** beschreibt damit die kleinstmögliche Einheit einer Verbindung. Sie ist also eine Zähleinheit und wird auch als *Elementargruppe* bezeichnet.

Bedeutung chemischer Formeln. Molekülformeln und Verhältnisformeln haben zwei Bedeutungen:
1. Sie beschreiben den Aufbau eines Moleküls oder einer Elementargruppe.
2. Sie sind die Abkürzungen für die entsprechenden Stoffe.

Die Formelsprache der Chemie beruht auf Elementsymbolen.
Eine Molekülformel gibt die Elemente und die Anzahl der Atome an, aus denen ein Molekül aufgebaut ist.
Verhältnisformeln geben das Anzahlverhältnis der Atomarten in einer Verbindung an. Sie beschreiben die kleinstmögliche Einheit der Verbindung.

1 Fragen zum Text

a) Nach welchen Regeln hat BERZELIUS die Elementsymbole eingeführt?
b) Welche Doppelbedeutung haben Elementsymbole?
c) Nenne Unterschiede zwischen Molekül- und Verhältnisformeln.
d) Welche unterschiedlichen Bedeutungen haben chemische Formeln?

2 Theorie

a) Suche die Elementsymbole für Wolfram, Titan und Platin.
b) Was bedeuten Fe, Co, Ga, Sb?

Die Wertigkeit – ein Hilfsmittel zum Aufstellen von Formeln

Chlorwasserstoff HCl

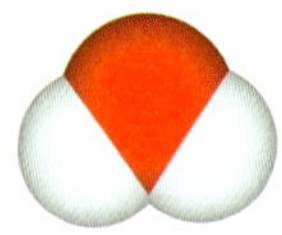

Wasser H_2O

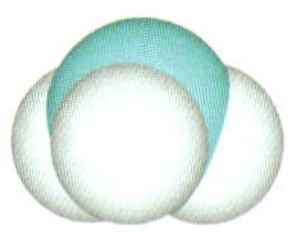

Ammoniak NH_3

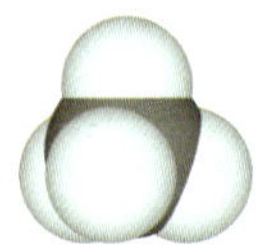

Methan CH_4

Wertigkeit. HCl, H_2O, NH_3 und CH_4 sind Formeln für Verbindungen mit dem Element Wasserstoff. Kennt man die Wertigkeit der Atome, kann man solche Formeln leicht selbst aufstellen. Die **Wertigkeit** oder auch **Bindefähigkeit** sagt aus, *wie viele* Wasserstoff-Atome ein Atom eines anderen Element binden könnte. Ein Wasserstoff-Atom ist dabei *immer einwertig.*

Ein Chlor-Atom kann in der Verbindung HCl nur *ein* Wasserstoff-Atom binden. Also ist es *einwertig.* Wasser hat die Formel H_2O. Das bedeutet, dass jedes Wasser-Molekül aus zwei Wasserstoff-Atomen und einem Sauerstoff-Atom besteht. Ein Sauerstoff-Atom kann *zwei* Wasserstoff-Atome binden, es ist also *zweiwertig.* In der Verbindung Ammoniak (NH_3) kann ein Stickstoff-Atom *drei* Wasserstoff-Atome binden, Stickstoff ist hier *dreiwertig.* Im Methan-Molekül (CH_4) ist ein Kohlenstoff-Atom *vierwertig.*

Durch Vergleiche kann man die Wertigkeit anderer Atome ermitteln. In einem Schwefeldioxid-Molekül (SO_2) ist ein Schwefel-Atom mit zwei Sauerstoff-Atomen verbunden, die jeweils zweiwertig sind. Das Schwefel-Atom muss also *vierwertig* sein.

Element	Symbol	Wertigkeit
Wasserstoff	H	I
Chlor	Cl	I
Natrium	Na	I
Sauerstoff	O	II
Magnesium	Mg	II
Kupfer	Cu	II (I)
Zink	Zn	II
Eisen	Fe	III (II)
Stickstoff	N	III (V)
Aluminium	Al	III
Kohlenstoff	C	IV
Schwefel	S	IV (II,VI)

Aufstellen einer Formel. Man kann die Wertigkeiten in Form von verschieden großen Kästchen darstellen.

Wasserstoff (einwertig):
Sauerstoff (zweiwertig):
Stickstoff (dreiwertig):
Kohlenstoff (vierwertig):

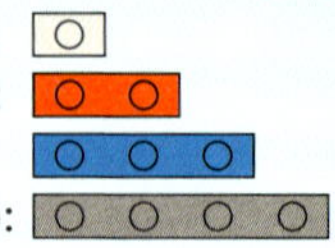

In einer Verbindung muss die Summe der Wertigkeiten *ausgeglichen* sein. Also müssen die Kästchen der beteiligten Atome insgesamt gleich lang sein.

Beispiel: Wasser
Wasserstoff (einwertig):
Sauerstoff (zweiwertig):

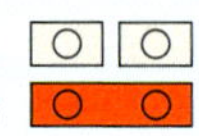

Formel: H_2O

Beispiel: Schwefeldioxid
Sauerstoff (zweiwertig):
Schwefel (vierwertig):

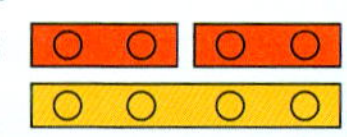

Formel: SO_2

Elemente mit mehreren Wertigkeiten. Einige Elemente, wie etwa Kupfer, Eisen oder Schwefel, können in verschiedenen Wertigkeiten auftreten. Je nach den Reaktionsbedingungen entsteht bei der Herstellung von Kupferoxid entweder rotes Kupferoxid (Cu_2O) oder schwarzes Kupferoxid (CuO). Beim roten Kupferoxid haben doppelt so viele Kupfer-Atome wie Sauerstoff-Atome miteinander reagiert. Hier ist Kupfer einwertig. Im schwarzen Kupferoxid ist Kupfer zweiwertig.

rotes Kupferoxid

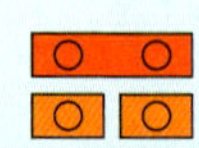

Formel: Cu_2O

schwarzes Kupferoxid

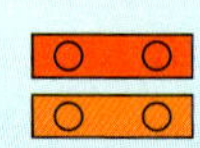

Formel: CuO

Zur Unterscheidung der beiden Stoffe kann man die Wertigkeiten in die Namen aufnehmen:
Kupfer(I)-oxid (lies: Kupfer-eins-oxid)
Kupfer(II)-oxid (lies:Kupfer-zwei-oxid)

1. Welche Wertigkeit haben Wasserstoff, Sauerstoff, Chlor und Kohlenstoff?
2. Magnesiumoxid hat die Formel MgO. Welche Wertigkeit hat Magnesium?
3. Aluminium ist dreiwertig. Wie heißt die Formel für Aluminiumoxid?
4. Welche unterschiedlichen Wertigkeiten hat Schwefel in den Verbindungen SO_2 und SO_3?

|5.7| Reaktionsgleichungen

Wenn man Magnesiumpulver in eine Brennerflamme bläst, gibt es ein kleines Feuerwerk. Das Magnesiumpulver verbrennt mit heller Flamme zu Magnesiumoxid. Man kann diese Reaktion mit einer Wortgleichung beschreiben.
In der Chemie beschreibt man eine Reaktion aber verkürzt mit Symbolen und Formeln. Aus der Wortgleichung wird dann eine Reaktionsgleichung. Der Begriff „Gleichung" ist darauf zurückzuführen, dass man früher anstelle des heute gebräuchlichen Reaktionspfeils ein Gleichheitszeichen verwendet hat.
Es ist gar nicht so schwierig, eine Reaktionsgleichung aufzustellen, wenn man sich an einige einfache Regeln hält.

▲ *1 Magnesium verbrennt.*

1. Wortgleichung aufstellen

Magnesium + Sauerstoff → Magnesiumoxid
Ausgangsstoffe *Endstoff*

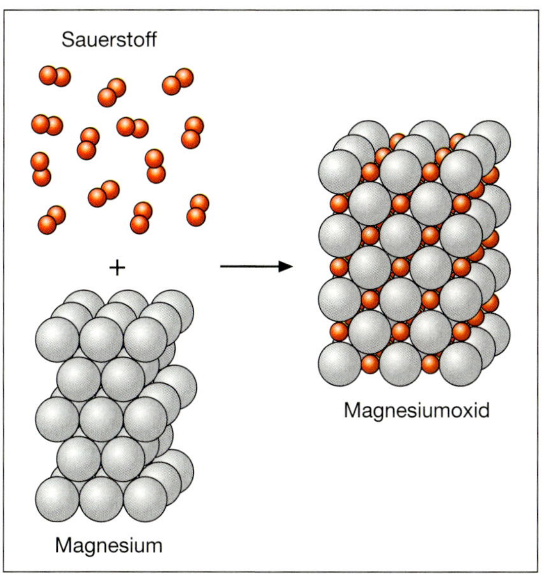

▲ *2 Reaktion im Teilchenmodell*

2. Symbole und Formeln einsetzen

$Mg + O_2 \rightarrow MgO$

Man muss dabei beachten, dass alle *gasförmigen Elemente*, mit Ausnahme der Edelgase, als *zweiatomige Moleküle* vorkommen. Das muss auch beim Einsetzen der Formeln berücksichtigt werden.

3. Reaktionsgleichung einrichten

Bei einer chemischen Reaktion bleibt die Anzahl der Atome vor und nach der Reaktion *unverändert*. Die Anzahl der Atome muss deshalb auf der linken und rechten Seite des Reaktionspfeils *gleich groß* sein.

Das erreicht man, falls notwendig, durch Multiplikation der Symbole und Formeln. An den Formeln selbst darf aber nichts geändert werden.

$2\ Mg + 1\ O_2 \rightarrow 2\ MgO$

Nun findet man links und rechts des Reaktionspfeils jeweils 2 Magnesium- und 2 Sauerstoff-Aome. Die Gleichung ist ausgeglichen. Den Faktor 1 schreibt man in der Reaktionsgleichung nicht. Man gibt aber stets nur die kleinstmögliche Zahl von Teilchen an, die bei der Reaktion beteiligt sind.

4. Angabe des Energieumsatzes

Bei jeder chemischen Reaktion wird Energie zugeführt oder abgegeben. In einer Reaktionsgleichung gibt man deshalb häufig noch zusätzlich an, ob bei einer Reaktion Energie frei wird (exotherme Reaktion) oder ob man Wärme zuführen muss (endotherme Reaktion).

$2\ Mg + O_2 \rightarrow 2\ MgO$; Energie wird frei

Eine chemische Reaktion kann mit einer Reaktionsgleichung beschrieben werden. Eine Reaktionsgleichung gibt nicht nur die Ausgangs- und Endstoffe einer chemischen Reaktion an. Sie zeigt auch, in welchem Verhältnis die Teilchen miteinander reagieren.

1 Fragen zum Text

a) Nenne die Regeln für das Aufstellen einer Reaktionsgleichung.
b) Welche Vorteile hat eine Reaktionsgleichung gegenüber einer Wortgleichung.
c) Was bedeuten die Begriffe exotherm und endotherm?

2 Umwelt

Das giftige Kohlenstoffmonooxid in Autoabgasen wird mit Luft in einem Abgaskatalysator zu Kohlenstoffdioxid verbrannt.

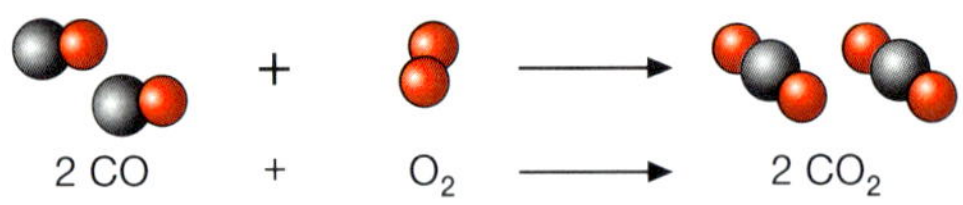

Stelle die Reaktionsgleichung für die Verbrennung des Kohlenwasserstoffs Methan (CH_4) auf. Verwende als Hilfsmittel eine Teilchendarstellung wie bei dem Beispiel oben.

3 Theorie

Schreibe in der chemischen Formelschreibweise:

a) Ein Eisen-Atom, drei Wasserstoff-Atome, vier Sauerstoff-Moleküle, zwei Wasser-Moleküle.

b) Kupfersulfid, Magnesium, Kupfer, Wasser.

c) Schwefeldioxid reagiert mit Sauerstoff zu Schwefeltrioxid (SO_3).

4 Umwelt

Mithilfe des Sonnenlichtes erzeugen Pflanzen aus Wasser und Kohlenstoffdioxid Traubenzucker ($C_6H_{12}O_6$) und Sauerstoff.

a) Stelle die Reaktionsgleichung auf.

b) Handelt es sich um eine exotherme oder eine endotherme Reaktion?

5 Theorie

Bei der Namensgebung für chemische Verbindungen fügt man zur besseren Unterscheidung oft auch griechische Zahlwörter in die Namen ein. Beispiele: Schwefeldioxid (SO_2), Schwefeltrioxid (SO_3).

Zahl	1	2	3	4	5	6
Bezeichnung	mono	di	tri	tetra	penta	hexa

a) Benenne die folgenden Verbindungen: NO_2, NO, N_2O_3, P_2O_5.

b) Schreibe die Formeln für Kohlenstoffmonooxid und Distickstoffoxid auf.

Exkurs: Theorie

Verrückte Chemie: 2 + 1 = 2

Die Theorie von AVOGADRO. Schon vor etwa 200 Jahren wies man experimentell nach, dass sich Gase immer in konstanten Volumenverhältnissen verbinden. So reagieren Wasserstoff und Sauerstoff immer im Volumenverhältnis 2 : 1. Aus *zwei* Litern Wasserstoff und *einem* Liter Sauerstoff werden immer *zwei* Liter Wasserdampf. Der Versuch muss aber bei Temperaturen über 100 °C durchgeführt werden, da sonst das Reaktionsprodukt Wasser nicht mehr gasförmig, sondern als Wassertropfen vorliegt.
Zur Deutung dieser Ergebnisse stellte AVOGADRO bereits 1811 eine einfache Hypothese auf. *Danach enthalten gleiche Raumteile aller Gase gleich viele Teilchen, wenn Druck und Temperatur übereinstimmen.* Die Teilchenzahlen in einem Liter Wasserstoff, in einem Liter Sauerstoff und in einem Liter Wasserdampf sind danach gleich groß.
Nur mit dieser Vorstellung ist es möglich, das beschriebene Versuchsergebnis bei der Wassersynthese zu erklären. Es folgt daraus aber auch, dass die kleinsten Teilchen der beteiligten Gase keine Atome, sondern Moleküle sein müssen. Das hatte man vor AVOGADRO nicht vermutet.

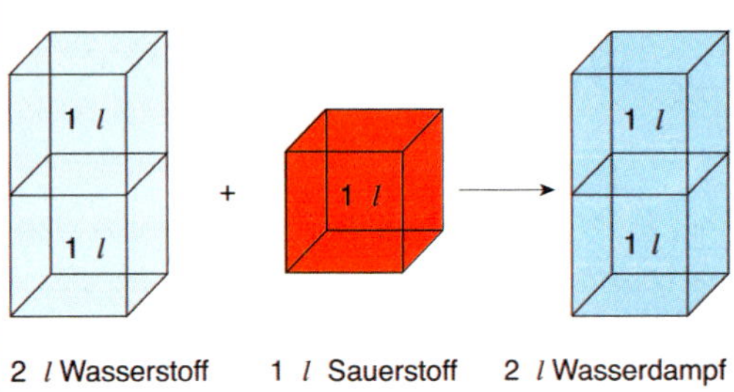

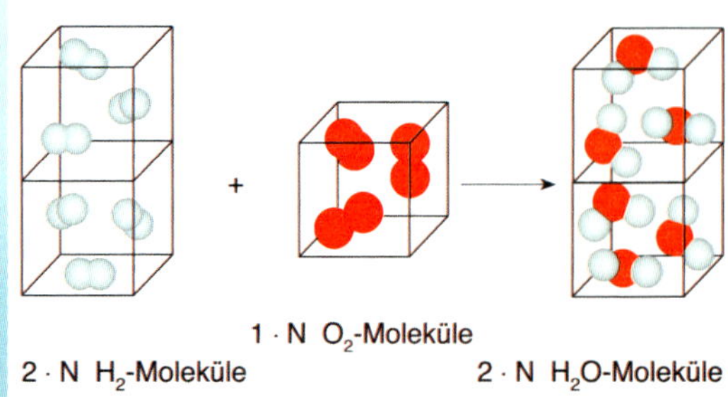

1 Weshalb sollte man auch in wasserreichen Ländern wie Deutschland mit dem Wasser sorgfältig umgehen und es nicht unnötig verschmutzen?

2 Zeichne eine einfache Anlage, mit der man aus Salzwasser Trinkwasser gewinnen kann.

3 Wie kann man nachweisen, dass ausgeatmete Luft Wasserdampf enthält?

4 **a)** Wasser ist auch ein Lösemittel für Gase. Überlege dir ein Experiment, mit dem du zeigen kannst, dass Gase im Wasser gelöst sind.
b) Wie kann man zeigen, dass Wasser eine Verbindung ist und kein Element?

5 **a)** Ordne die Reinigungsstationen einer Kläranlage in der richtigen Reihenfolge an: Fettabscheider, Rechen, Belebungsbecken, Sandfang, Vorklärbecken, Nachklärbecken.
b) In vielen Kläranlagen fehlt immer noch die chemische Reinigungsstufe. Welche Folgen hat das?

6 Magnesiumfackeln brennen auch unter Wasser weiter. Beschreibe diese chemische Reaktion durch eine Reaktionsgleichung.

7 Wasser kann mithilfe von Gleichstrom in Wasserstoff und Sauerstoff zerlegt werden. Man plant, mit Solarstrom Wasserstoff zu erzeugen und diesen zum Beispiel zum Antrieb von Autos zu verwenden. Welche Vor- und Nachteile hat dieses Verfahren?

8 Wie muss man ein Reagenzglas halten, wenn man darin Wasserstoff auffangen will?

9 Beschreibe die Zersetzung von Wasser durch elektrischen Strom.

10 **a)** Begründe, warum Luftballons nicht mit Wasserstoff, sondern mit dem teuren Helium gefüllt werden.
b) Wird ein Luftballon mit Kohlenstoffdioxid-Füllung (ϱ = 1,8 g/l) steigen, schweben oder sinken?

11 **a)** Suche die Symbole für Brom, Nickel, Kalium, Gold, Silber und Xenon aus dem Periodensystem (im Anhang) heraus.
b) Wie heißen die zu den folgenden Symbolen gehörenden Elemente: B, Rb, Sn, Pt, Sb und F?
c) Wie heißen die folgenden Verbindungen? H_2O, CO_2, PbO, P_2O_5, ZnS und N_2O_3?

12 Stelle die Reaktionsgleichungen für folgende Reaktionen auf:
a) Kohlenstoff reagiert mit Sauerstoff zu Kohlenstoffdioxid.
b) Wasser reagiert mit Calcium zu Calciumoxid und Wasserstoff.

13 Trainiere dein Wissen, indem du dir eine Wissenskartei zum Thema Wasser anlegst. Schreibe auf die Vorderseite den zu lernenden Begriff, z. B. Trinkwassergewinnung, Abwasserreinigung oder Reaktionsgleichung und auf die Rückseite die Erläuterung dazu.

Basis-Wissen

→ **Wasser** bewegt sich in einem ständigen Kreislauf, der von der Sonne angetrieben wird. Wasser ist auf der Erde ungleich verteilt. Nur ein kleiner Teil des gesamten Wassers ist Süßwasser.

→ **Trinkwasser** ist lebenswichtig. Es stammt aus Grund-, Quell und Oberflächenwasser und wird zum Teil mit großem Aufwand gereinigt, um es nutzbar zu machen.

→ **Abwasser** durchläuft auch einen Kreislauf. Je verschmutzter das Abwasser ist, desto größer ist der Aufwand für die Reinigung.

→ **Kläranlagen** reinigen das Abwasser mechanisch, biologisch und zum Teil auch chemisch:

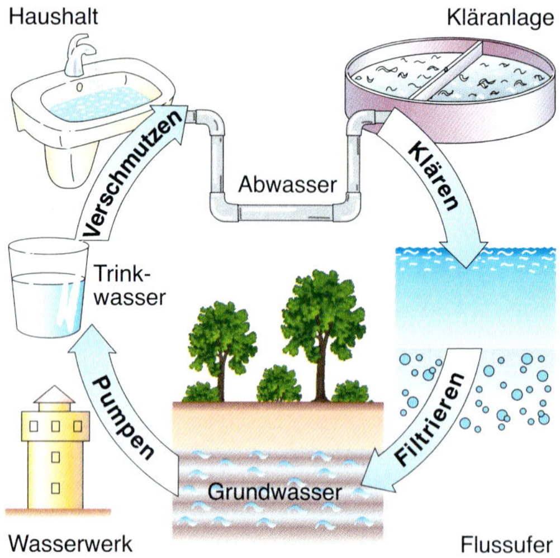

→ **Wasser = H_2O:** Wasser ist eine chemische Verbindung aus Wasserstoff und Sauerstoff. Beweisen lässt sich das durch eine Zerlegung in die Elemente (Analyse) und eine anschließende Herstellung aus den Elementen (Synthese):

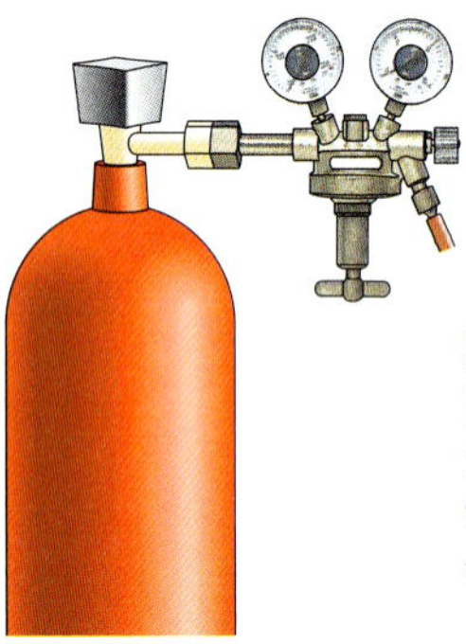

$$2\,H_2 + O_2 \underset{\text{Analyse}}{\overset{\text{Synthese}}{\rightleftarrows}} 2\,H_2O;$$ Energie wird frei

Wasserstoff + Sauerstoff $\rightleftarrows$ Wasser (Wasserstoffoxid)

→ **Wasserstoff:** farb- und geruchlos; leichtestes Gas (Dichte: 0,084 g/l); brennbar, mit Sauerstoff explosiv (Knallgas); entsteht bei der Reaktion Metall + Säure und bei der elektrolytischen Zersetzung von Wasser;
Schmelztemperatur: –259 °C Siedetemperatur: –253 °C
Wichtige Verbindungen: Wasser (H_2O), Methan (Erdgas, CH_4)
Verwendung: Brennstoff, wichtiger Rohstoff für die chemische Industrie

→ **Chemische Symbole:** Als Abkürzungen für die chemischen Elemente werden **Elementsymbole** verwendet. Sie stehen für den Stoff oder für ein Atom dieses Stoffes.
Molekülformeln geben an, welche Atome in welcher Anzahl in einem Molekül vorhanden sind.
Verhältnisformeln geben das Anzahlverhältnis der Atomarten in einer Verbindung an.

Elementsymbole	Molekülformeln	Verhältnisformeln
Mg	O_2	Cu_2O
Cu	H_2O	MgO
Fe	CO_2	ZnO

→ **Reaktionsgleichungen** beschreiben chemische Reaktionen in Kurzform unter Verwendung der chemischen Zeichensprache. Beispiel:

Magnesium + Wasser → Magnesiumoxid + Wasserstoff; Energie wird frei
Mg + H_2O → MgO + H_2; Energie wird frei
Ausgangsstoffe Endstoffe

|6| Chemische Verwandtschaften

Mehr als 60 Jahre nach dem letzten Passagierflug eines wasserstoffgefüllten Zeppelins startete in Friedrichshafen am Bodensee im Juli 2001 der Zeppelin NT mit 12 Passagieren an Bord zu seinem Jungfernflug. Er ist mit 75 Metern Länge und 17,4 Metern Höhe das zurzeit größte starre Luftschiff der Welt. 8225 Kubikmeter des unbrennbaren Edelgases Helium füllen den Ballon und verleihen ihm den nötigen Auftrieb. Ein Kubikmeter Helium kann fast ein Kilogramm Last tragen.

Während früher die Luftschiffe mit brennbarem Wasserstoff gefüllt waren, verwendet man heute nur noch Helium. Dieses Gas hat eine doppelt so große Dichte wie Wasserstoff, doch es ist nicht brennbar und bildet keine explosiven Gemische.

Helium gehört mit Neon, Argon und einigen weiteren Gasen zur Gruppe der Edelgase. Diese Stoffe gehen bis auf wenige Ausnahmen keine Verbindungen mit anderen Elementen ein. Sie ähneln sich auch in anderen Eigenschaften. Man sagt deshalb, dass sie chemisch miteinander verwandt sind. Chemisch verwandte Elemente teilt man in Gruppen ein, in sogenannte Elementfamilien.

|6.1| Alkali- und Erdalkalimetalle

▲ 2 *Alkalimetalle*

Der Nord-Ostsee-Kanal in Schleswig-Holstein ist die meistbefahrene Seeschifffahrtsstraße der Welt. Nachts und bei schlechtem Wetter wird das Kanalufer durch hunderte von Lampen in gelb-oranges Licht getaucht. Der Lotse braucht nämlich gute Sicht, um die bis zu 235 m langen Schiffe sicher durch den Kanal zu bugsieren.
Das Licht stammt von *Natriumdampflampen.* In ihnen wird das Metall **Natrium** verdampft. Der Dampf gibt bei 500 Volt Spannung intensiv gelb-oranges Licht ab.

▲ 1 *Nord-Ostsee-Kanal bei Nacht*

Natrium ist das sechsthäufigste Element in der Erdrinde. Es kommt aber nur in Verbindungen vor. Natrium glänzt, leitet den elektrischen Strom, ist ein guter Wärmeleiter und lässt sich leicht verformen. Es ist ein ungewöhnliches Metall: weich wie Wachs und mit dem Messer schneidbar. Die frische Schnittfläche ist silberglänzend. Sie überzieht sich rasch mit einem grauen Belag, denn Natrium reagiert mit dem Sauerstoff, dem Kohlenstoffdioxid und der Feuchtigkeit der Luft.
Natrium und seine Verbindungen färben Gasflammen gelb. Natrium ist sehr reaktionsfähig. Mit Wasser findet eine heftige Reaktion statt, bei der auch Wasserstoff entsteht. Danach fühlt sich das Wasser seifig an. Es ist *Natronlauge* entstanden. Der Universalindikator färbt sich darin blau. Der Chemiker sagt, die Lösung reagiert *alkalisch.*

Alkalimetalle. Die Metalle Lithium, Kalium, Rubidium und Caesium zeigen ähnliche Eigenschaften wie Natrium. Sie sind sehr reaktionsfähig und müssen vor Luft geschützt aufbewahrt werden. Alle reagieren mit Wasser zu Laugen. Wegen ihrer ähnlichen Eigenschaften fasst man sie zu einer Gruppe zusammen, zur **Elementfamilie der Alkalimetalle.**

Alkalimetalle sind sehr reaktionsfähig. Sie bilden eine Elementfamilie.

Element	Schmelztemperatur in °C	Dichte in g/cm³	Härte	Reaktion mit Wasser
Lithium	180	0,53	nimmt ab	wird heftiger
Natrium	98	0,97		
Kalium	64	0,86		
Rubidium	39	1,53		
Caesium	29	1,87		

▲ 3 *Eigenschaften der Alkalimetalle*

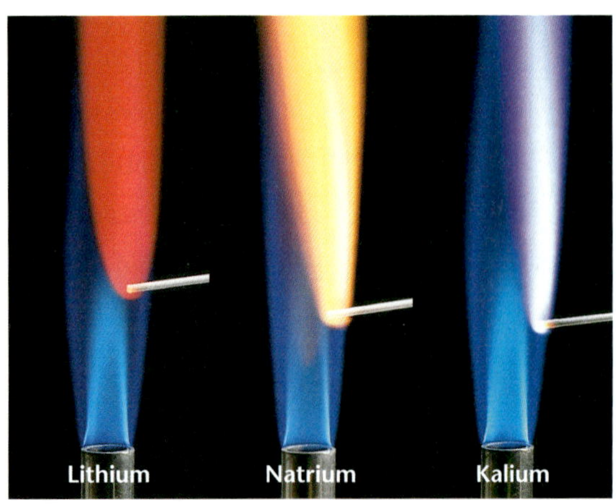

▲ 4 *Flammenfärbung (Alkalimetalle)*

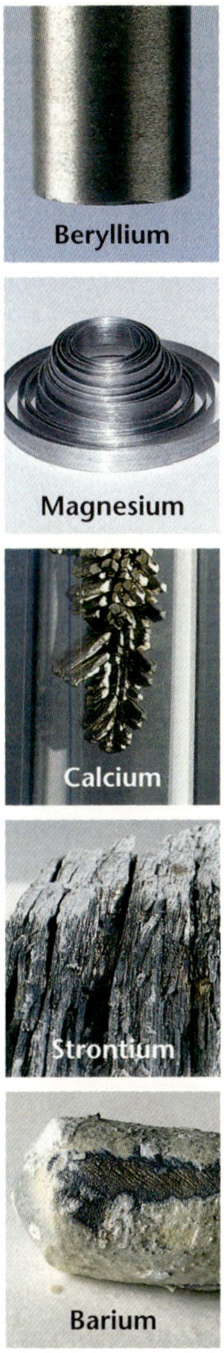

▲ 2 *Erdalkalimetalle*

Im stillen Ozean erstreckt sich vor der australischen Ostküste das über 2000 Kilometer lange, farbenprächtige große Barriere-Riff. Seine Baumeister sind unzählige Korallen. Das sind Hohltiere, die ein becherförmiges *Kalkskelett* bilden.

▲ *1 Korallen*

Kalk ist eine Verbindung aus **Calcium** und Kohlenstoffdioxid, chemisch Calciumcarbonat. Daraus bestehen zum Beispiel die Kalkalpen und die Gesteinsarten *Marmor* und *Kreide.* Eine andere wichtige Calciumverbindung ist *Gips,* chemisch Calciumsulfat. Gips kommt ebenfalls als natürliches Gestein vor.

Calcium ist ein relativ weiches Metall. An frischen Bruchstellen glänzt es silbrig, wird dort aber schnell matt, da es wie Natrium mit dem Sauerstoff, dem Kohlenstoffdioxid und der Feuchtigkeit der Luft reagiert. Mit Wasser bildet es Wasserstoff und *Calciumlauge,* die man auch Kalkwasser nennt.

Calciumlauge besitzt ähnliche Eigenschaften wie Natronlauge. Kalkwasser trübt sich, wenn Kohlenstoffdioxid eingeleitet wird. Man verwendet es deshalb zum Nachweis von Kohlenstoffdioxid. Calcium und Calciumverbindungen färben die Brennerflamme ziegelrot.

Calcium und die Alkalimetalle zeigen ähnliche Eigenschaften. Calcium ist jedoch deutlich härter als Natrium und lässt sich nicht mit dem Messer schneiden. Die Reaktion mit Wasser verläuft schwächer als bei den Alkalimetallen.

Erdalkalimetalle. Die Metalle Magnesium, Strontium und Barium haben ähnliche Eigenschaften wie das Metall Calcium. Sie bilden zusammen mit Beryllium die **Elementfamilie der Erdalkalimetalle**. Der Name weist darauf hin, dass viele Verbindungen dieser Elemente am Aufbau der Erdrinde beteiligt sind.

Die Erdalkalimetalle bilden eine Elementfamilie. Sie zeigen ähnliche Eigenschaften wie die Alkalimetalle. Ihre Reaktionen verlaufen allerdings deutlich schwächer.

Element	Schmelztemperatur in °C	Dichte in g/cm³	Härte	Reaktion mit Wasser
Beryllium	1280	1,84	nimmt ab (von Beryllium bis Barium)	keine
Magnesium	650	1,74		wird heftiger (von Magnesium bis Barium)
Calcium	838	1,55		
Strontium	770	2,60		
Barium	714	3,50		

▲ *3 Eigenschaften der Erdalkalimetalle*

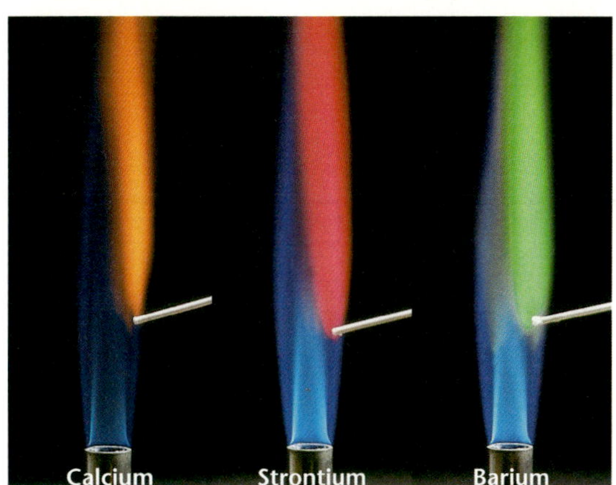

▲ *4 Flammenfärbung (Erdalkalimetalle)*

1 Fragen zum Text

a) Nenne einige Eigenschaften von Natrium.
b) Überlege, warum Natrium in der Erdrinde nicht in metallischer Form zu finden ist?
c) Was ist Kalkwasser und was kann man damit nachweisen?

2 Experiment

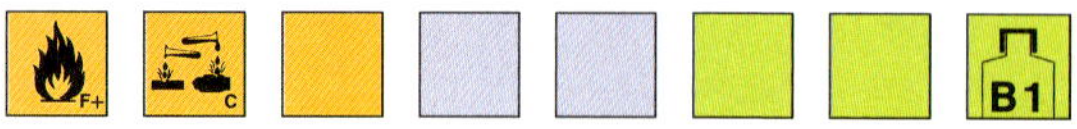

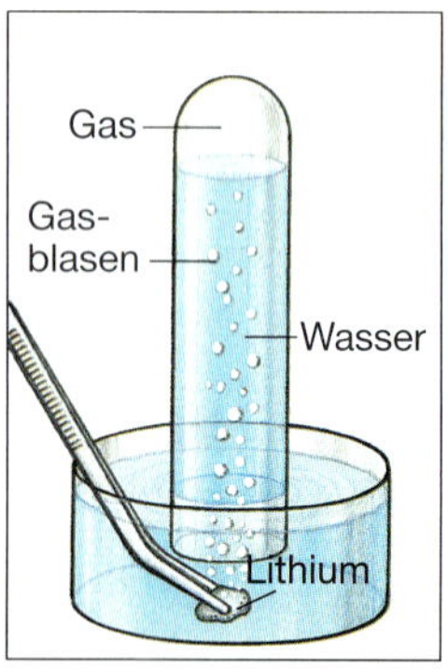

a) Fülle ein Reagenzglas mit Wasser und bringe es mit der Öffnung nach unten in eine mit Wasser gefüllte Glasschale. Halte mit einer Pinzette ein gut abgetrocknetes Stück Lithium unter die Öffnung das Reagenzglases. Fange das entstehende Gas auf und mache die Knallgasprobe.
b) Gib einige Tropfen Indikator ins Wasser.
c) Wie müsste die entstandene Lösung heißen?

3 Experiment

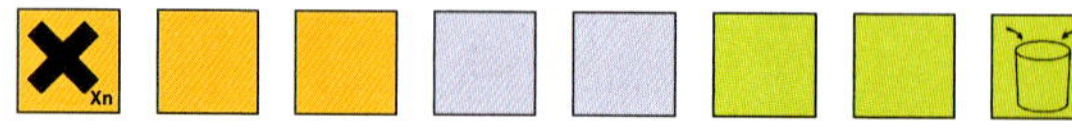

a) Befeuchte ein ausgeglühtes Magnesiastäbchen mit destilliertem Wasser. Nimm damit einige Körnchen Lithiumchlorid (Xn) auf. Halte das Stäbchen bei gedämpftem Licht in die rauschende Flamme des Gasbrenners.
b) Führe den Versuch ebenso mit Natrium-, Kalium-, Calcium- und Strontiumchlorid (T) durch. Betrachte die Flammenfärbung bei Kaliumchlorid durch ein Kobaltglas.

4 Theorie

Erläutere den abgebildeten Versuch.

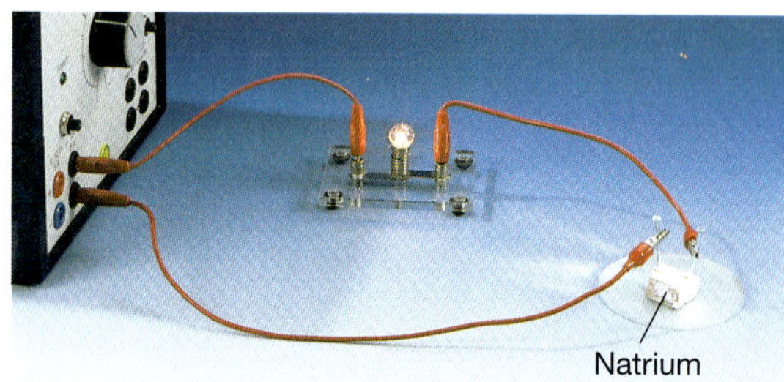

Exkurs: Theorie

Natrium reagiert mit Wasser

Gibt man ein erbsengroßes, gut entrindetes und getrocknetes Stück Natrium auf Wasser, beginnt sofort eine lebhafte Reaktion. Das Natrium schmilzt zu einer Kugel, fährt im Zickzackkurs auf dem Wasser hin und her und verschwindet dann.
Enthält das Wasser den Indikator Phenolphthalein, wird eine kräftige rote Spur sichtbar. Danach fühlt sich die Lösung seifig an. Sie wirkt ätzend. Ursache ist das **Natriumhydroxid**, das bei der Reaktion entstanden ist:

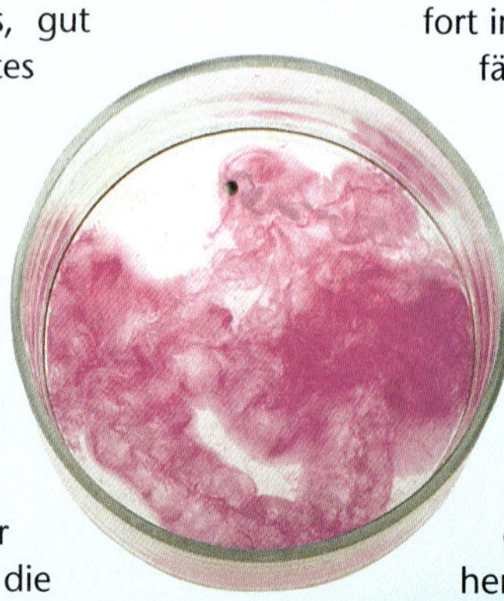

Natrium + Wasser
$\rightarrow$ Natriumhydroxid + Wasserstoff
$2\ Na + 2\ H_2O \rightarrow 2\ NaOH + H_2$
Natriumhydroxid löst sich während der Reaktion sofort in Wasser. Die Rotfärbung des Indikators zeigt an, dass die Lösung alkalisch ist. Sie heißt **Natronlauge.**
Gibt man Natrium auf feuchtes Filterpapier, bildet sich ein glühendes Kügelchen. Der entstehende Wasserstoff entzündet sich. Bei der Reaktion entsteht Natriumhydroxid, das als glasige Kugel zu sehen ist. Vorsicht: Die heiße Kugel kann leicht zerplatzen.

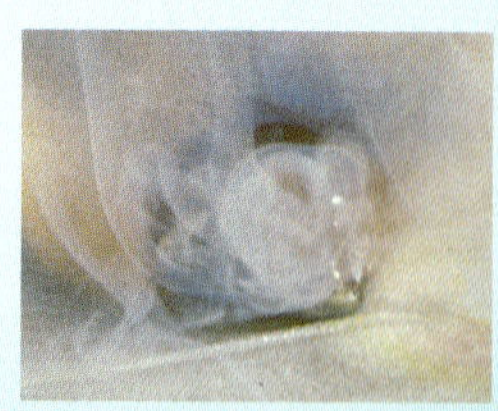

Alkali- und Erdalkalimetalle im Alltag

Eine Natriumdampflampe besteht aus zwei Glaskolben, zwischen denen ein fast luftleerer Raum besteht, ähnlich wie bei einer Thermoskanne. Im Innenrohr befinden sich etwas Edelgas, eine Glühwendel aus Wolframdraht, zwei eingeschmolzene Elektroden und Natriumkügelchen.
Schaltet man die Lampe ein, heizt sich der Wolframdraht auf und bringt das Natrium zum Verdampfen. Durch Anlegen einer Spannung von etwa 500 Volt wird der Natriumdampf zum Leuchten gebracht.

1. Versuche herauszufinden, welche Vor- und Nachteile eine solche Lampe hat.

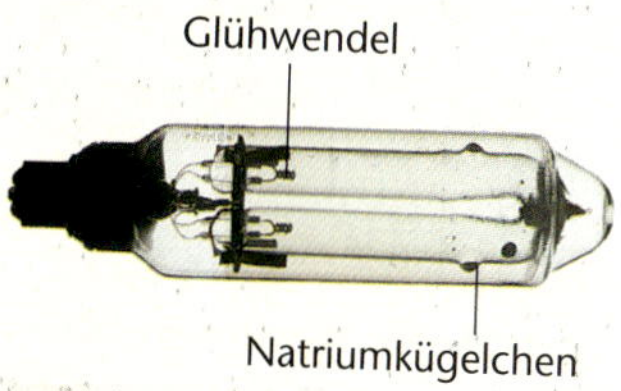

Die farbenprächtigen Leuchteffekte eines Feuerwerks verdanken wir überwiegend den Salzen der Alkali- und Erdalkalimetalle, aber auch Kupfersalzen. Bei der Verbrennung des beigemischten Schwarzpulvers entsteht je nach Metall intensives farbiges Licht. Magnesiumpulver ergibt gleißend weißes Licht, Kupfersalze leuchten hellblau.

2. Welche Lichterscheinungen bekommt man mit den Salzen von Natrium, Kalium, Calcium, Strontium und Barium?

„Calcium-Brot – gut für Knochen und Zähne", ist das richtig? Tatsächlich benötigt ein Jugendlicher jeden Tag etwa 0,9 g Calcium in Form von Calciumverbindungen. Der Körper verwendet diese Stoffe zur Bildung von Calciumphosphat und Calciumcarbonat für Knochen und Zähne. Das harte Material wird in Form von feinen Knochenbälkchen so ausgerichtet, dass die Gewichtsbelastung im gesamten Knochen verteilt wird: Ein Oberschenkelknochen ist nur etwa 1 kg schwer, lässt sich aber mit über 1500 kg belasten!

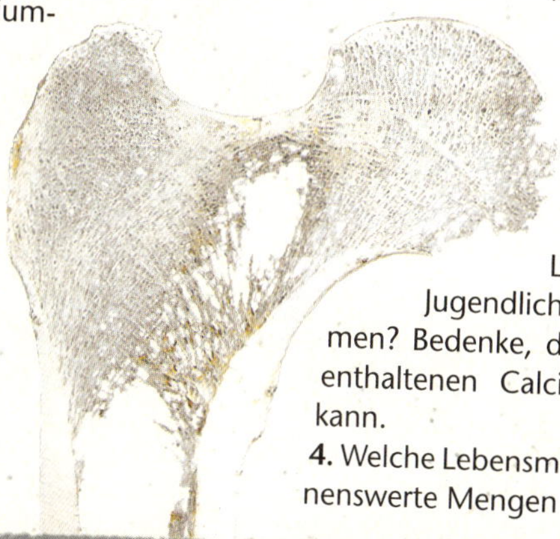

Knochen spielen eine wichtige Rolle im Körper. Man sollte deshalb darauf achten, genügend Calciumsalze mit der Nahrung aufzunehmen. Es muss aber kein „Calcium-Brot" sein, vor allem Käse und Milchprodukte enthalten von Natur aus viel Calcium.

3. Der Calciumgehalt von Hartkäse beträgt 0,8 g, der von Milch 0,12 g pro 100 g Lebensmittel. Wie viel sollte ein Jugendlicher davon täglich zu sich nehmen? Bedenke, dass der Körper nur 75 % des enthaltenen Calciums tatsächlich aufnehmen kann.

4. Welche Lebensmittel enthalten auch noch nennenswerte Mengen an Calciumverbindungen?

6.2 Chlor, ein sehr reaktionsfähiges Element

▲ *1 Schwimmbadwasser wird oft mit Chlor desinfiziert.*

Manche Schwimmbadbesucher klagen nach dem Baden über gerötete oder brennende Augen. Ursache dafür ist die Desinfektion des Badewassers mit **Chlor** oder Chlorverbindungen. Auch der typische „Hallenbadgeruch" wird davon verursacht. Die Desinfektion ist aber nötig, denn beim Badespaß gelangen Bakterien ins Wasser. Sie würden sich darin stark vermehren und könnten so zu einem Gesundheitsrisiko für die Badegäste führen.

Schon 0,3 mg Chlor in einem Liter Wasser töten Krankheitserreger zuverlässig ab.

▲ *3 Chlor*

Chlor ist ein gelbgrünes, stechend riechendes Gas. Es ist 2,5 mal schwerer als Luft und in Wasser nur wenig löslich. Diese wässrige Lösung heißt Chlorwasser.

Chlor ist **sehr giftig**. Selbst in großer Verdünnung wirkt es stark hustenreizend.

An Arbeitsplätzen darf ein Kubikmeter Luft höchstens 0,5 ml Chlor enthalten. Dieser sogenannte **MAK-Wert** (**M**aximale-**A**rbeitsplatz-**K**onzentration) wird in der Einheit ppm angegeben (parts per million, Teile je Million Teile), bei Chlor sind es 0,5 ppm. Bei dieser Konzentration sind bei einer Einwirkzeit von acht Stunden noch keine gesundheitlichen Schäden zu erwarten. Wird der MAK-Wert überschritten, bestehen erhebliche gesundheitliche Risiken. Ein Anteil von etwa 1% Chlor in der Atemluft ist für Menschen tödlich. Chlor blockiert die Sauerstoffaufnahme des Blutes in der Lunge und zerstört die Lungenbläschen.

Beim Umgang mit Chlor sind daher besondere Schutzmaßnahmen erforderlich.

Chlor ist ein **sehr reaktionsfähiges** Element. Mit Natrium reagiert es in einer heftigen Reaktion zu Natriumchlorid. Auch mit anderen Metallen bildet es Salze, die *Chloride.*

Herstellung und Verwendung. Chlor kommt in der Natur nicht vor, weil es so reaktionsfähig ist. Man stellt es aus Kochsalz her. Allein in Deutschland sind es 3,5 Millionen Tonnen Chlor pro Jahr. Es wird zum allergrößten Teil in der chemischen Industrie verarbeitet. Etwa die Hälfte wird für die verschiedensten chemischen Synthesen verwendet. Die andere Hälfte wird zu chlorhaltigen Stoffen wie den Kunststoff PVC, zu Lösemitteln, Medikamenten, Farbstoffen und Pflanzenschutzmitteln verarbeitet.

> Chlor ist ein sehr giftiges und reaktionsfähiges Element. Mit Metallen bildet es Chloride, mit Wasserstoff Chlorwasserstoff.

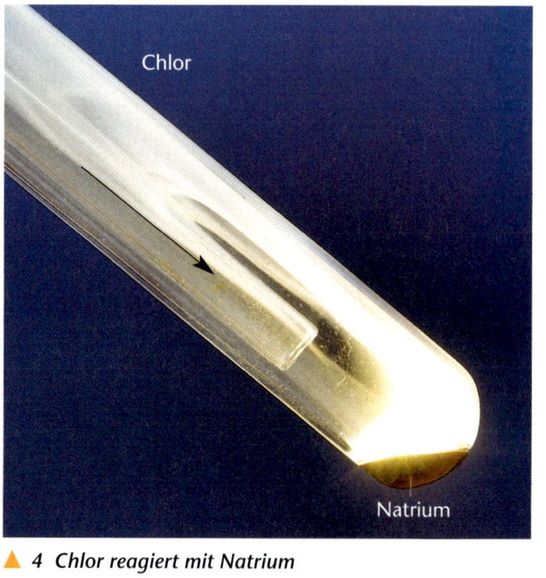

▲ *4 Chlor reagiert mit Natrium*

1 Fragen zum Text

a) Nenne Eigenschaften des Elements Chlor.
b) Warum werden Freibäder und Hallenbäder gechlort?
c) Weshalb darf man mit Chlor nur unter dem Abzug arbeiten?
d) Was entsteht, wenn Chlor mit Natrium reagiert?

2 Theorie

a) Welche Salze entstehen, wenn Chlor mit Lithium, Kalium, Rubidium und Caesium reagiert?
b) Wie könnte man Calciumchlorid herstellen?
c) Silberchlorid muss im Dunkeln aufbewahrt werden, denn es wird bei Lichteinwirkung schwarz. Welche bedeutende Erfindung ist daraus hervorgegangen?

3 Experiment

Xi F+ B2

a) Fülle verdünnte Salzsäure in ein Reagenzglas. Gib einige Zinkspäne hinzu. Was entsteht bei der Reaktion?
b) Filtriere die entstandene Lösung und dampfe das Filtrat in einer Porzellanschale vorsichtig ein.

4 Demonstrationsexperiment

T N Xn O B2

a) Unter dem Abzug lässt man in einem Gasentwickler konzentrierte Salzsäure auf Kaliumpermanganat (Xn, O) tropfen. Dabei entsteht Chlorgas (T, N). Aus 4,2 g Kaliumpermanganat und 20 ml Säure erhält man etwa 2 l Chlor. Überschüssiges Chlor kann in Aktivkohle adsorbiert werden. Das Gas leitet man in Standzylinder, die mit Glasplatten abgedeckt werden.
b) In einen mit Chlor gefüllten Standzylinder gibt man unter dem Abzug farbige Blüten, Textilreste oder mit Filzstiften beschriebenes Papier.

Exkurs: Theorie

Reaktionen mit Chlor

Wasserstoff brennt in Chlor mit fahlweißer Flamme, obwohl kein Sauerstoff vorhanden ist (Bild links). Die gelbgrüne Farbe des Chlors verschwindet. Wasserstoff reagiert mit Chlor zu dem farblosen, stechend riechenden Gas Chlorwasserstoff.
Das Gemisch aus einem Raumteil Chlor und einem Raumteil Wasserstoff nennt man Chlorknallgas. Es reagiert schon beim Belichten mit einem Elektronenblitz explosionsartig zu Chlorwasserstoff:

Chlor + Wasserstoff $\rightarrow$ Chlorwasserstoff

Chlorwasserstoff ist ein Gas, das sich sehr gut in Wasser löst. Die Lösung heißt Salzsäure. Auch mit Metallen kann Chlor reagieren. Je unedler das Metall, desto heftiger ist die Reaktion. Mit Eisen bildet es Eisenchlorid (Bild rechts).

|6.3| Eine weitere „Familie“: Halogene

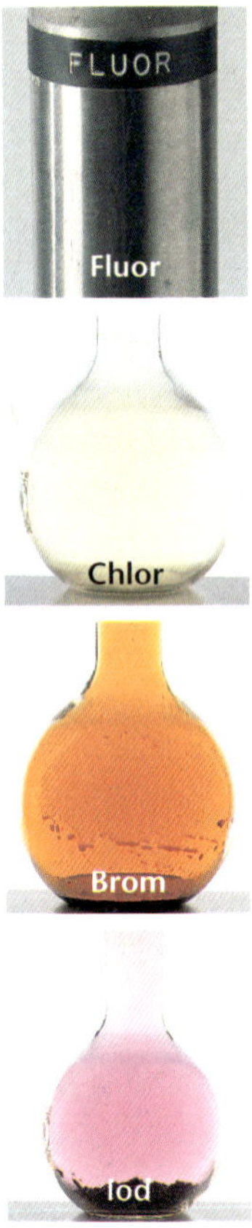

▲ 1 *Halogene*

▲ 2 *Die Halogene Chlor (links), Brom (Mitte) und Iod (rechts) reagieren unterschiedlich heftig mit Natrium.*

Halogene Die Elemente Fluor, Brom und Iod sind mit Chlor chemisch verwandt. Sie bilden zusammen die **Elementfamilie der Halogene**. Es sind sehr reaktionsfähige Elemente, die in der Natur nur in Verbindungen vorkommen.
Wie schon bei den Alkali- und Erdalkalimetallen gibt es auch in dieser Elementfamilie Abstufungen den Eigenschaften. Fluor ist das *reaktionsfähigste*, Iod das *reaktionsträgste* Halogen. Auch die Giftigkeit nimmt in dieser Reihenfolge ab. Bei Zimmertemperatur sind Fluor und Chlor Gase, Brom ist eine leicht verdampfende Flüssigkeit, Iod ist ein Feststoff.
Alle Halogene liegen im gasförmigen Zustand als *zweiatomige Teilchen* vor, bestehen also aus F_2-, Cl_2-, Br_2- oder I_2-Molekülen.

Halogene reagieren mit Wasserstoff zu Halogenwasserstoffen. Die wässrigen Lösungen dieser Verbindungen sind *Säuren* wie die Fluorwasserstoffsäure (Flusssäure, HF), die Chlorwasserstoffsäure (Salzsäure, HCl) oder die Bromwasserstoffsäure (HBr).

Halogene bilden Salze. Halogene können sehr heftig mit Metallen reagieren, etwa mit Aluminium oder mit Natrium. So entstehen Fluoride, Chloride, Bromide und Iodide. Auch hierbei lassen sich deutliche Unterschiede in der Reaktionsfähigkeit der Halogene feststellen. Das zeigt die Bildreihe zur Reaktion von Natrium mit Chlor, Brom und Iod (Bild 2). Verbindungen, die durch Reaktion von Metallen mit Halogenen entstehen, nennt man *Metallhalogenide.* Sie sind in ihren Eigenschaften dem Kochsalz sehr ähnlich. Man zählt sie daher zur zur Stoffklasse der *Salze.* Halogen heißt *Salzbildner.*

Halogene sind reaktionsfähige Elemente. Mit Metallen reagieren sie zu Salzen, mit Wasserstoff zu Halogenwasserstoffen. Löst man Halogenwasserstoffe in Wasser, entstehen Säuren.

Element	Farbe	Schmelztemperatur in °C	Siedetemperatur in °C	Aggregatzustand	Reaktionsfähigkeit
Fluor	gelblich	–220	–188	gasförmig	nimmt ab
Chlor	gelbgrün	–101	–34	gasförmig	
Brom	rotbraun	–7	59	flüssig	
Iod	blauschwarz	114	185	fest	

▲ 3 *Eigenschaften der Halogene*

1 Fragen zum Text

a) Erkläre warum Fluor, Chlor, Brom und Iod eine Elementfamilie bilden.
b) Das Element Iod sublimiert. Was bedeutet das?
c) Die wässrigen Lösungen von Halogenwasserstoffen färben Universalindidator rot. Erkläre die Ursache dafür.

2 Experiment

Chloride, Bromide und Iodide lassen sich mit einer Silbernitratlösung nachweisen. Bei der Reaktion entsteht ein Niederschlag aus schwerlöslichem Silbersalz. Löse je eine Spatelspitze der folgenden Salze in je 5 ml destilliertem Wasser auf:
Natriumchlorid, Kaliumbromid und Kaliumiodid. Gib jeweils 2 Tropfen Silbernitratlösung (Xi) hinzu.
Erkläre deine Beobachtungen.

3 Demonstrations-Experiment

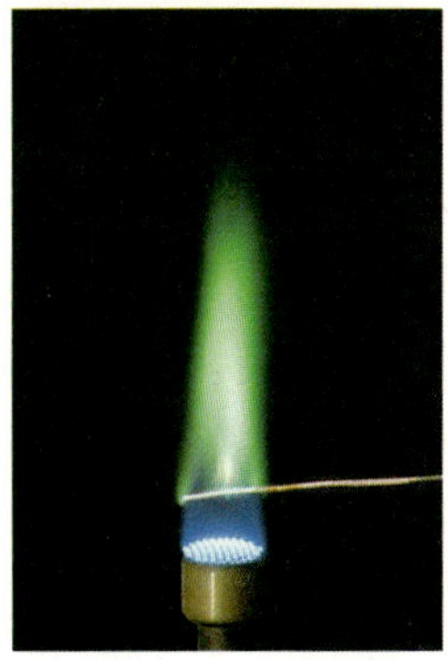

Mit der Beilsteinprobe weist man halogenhaltige Verbindungen nach. Dazu erhitzt man die Probe auf einem Kupferdraht in der Brennerflamme. Die grüne Flammenfärbung zeigt Halogene an.
a) Zunächst prüft man einige Tropfen verdünnte Salzsäure (Xi, B1).
b) Mit einem erhitzten Kupferdraht streicht man über ein Stück PVC. Unter dem Abzug erhitzt man den Draht noch einmal.

4 Experiment

Mit einer wässrigen Lösung von Iod mit etwas Kaliumiodid kann man Stärke in Nahrungsmitteln nachweisen. Die Lösung wird dann blauviolett. Gib einige Tropfen des Nachweismittels auf verschiedene Nahrungsmittelproben.

Exkurs: Technik

Wie funktionieren Halogenlampen?

In einer Glühlampe fließt elektrischer Strom durch einen dünnen Wolframdraht. Er glüht und sendet dann Licht aus. Bei den hohen Temperaturen verdampfen allerdings ständig Wolfram-Atome, die innen an der Glaswand einen schwarzen Belag bilden. Der Glühdraht wird dadurch im Laufe der Zeit immer dünner. Nach etwa 1000 Stunden Brenndauer ist er so dünn geworden, dass er bricht.
Auch in einer Halogenlampe kommt das Licht von einem Glühdraht. Wie der Name schon vermuten lässt, enthält sie zusätzlich ein Halogen. Meist wird der Gasfüllung etwas Bromdampf beigemischt.

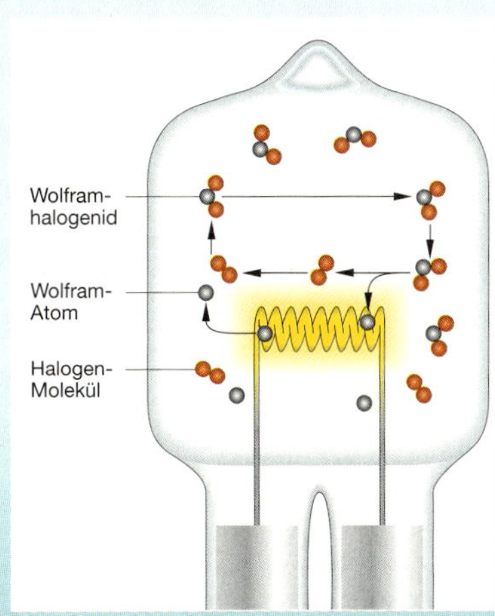

Verdampfen nun Wolfram-Atome reagieren sie in der etwas kühleren Randzone mit Halogen-Molekülen. Es entstehen gasförmige Wolframhalogenide. Gelangen diese dann in die Nähe der sehr heißen Wendel, zerfallen sie wieder in einzelne Atome.
Die Wolfram-Atome setzen sich an der Wendel ab. Die Halogen-Atome bilden wieder Moleküle und stehen für einen neuen Kreislauf zur Verfügung. Dieser Kreislauf sorgt dafür, dass sich am Glaskolben kaum Wolfram niederschlägt. Die Lebensdauer einer Halogenlampe beträgt etwa 2000–3000 Betriebsstunden.

|6.4| Fotografieren mit Silbersalzen

▲ 1 *Computergesteuerte Bilderproduktion im Großlabor*

▲ 2 *Fotos aus dem Schullabor sind echte Handarbeit*

Die Silberhalogenide Silberchlorid, Silberbromid und Silberiodid sind keine sonderlich stabilen Stoffe. Sie zerfallen bei Lichteinwirkung. Diese Lichtempfindlichkeit ist aber kein Nachteil. Sie wurde zur Grundlage der Fotografie.

Fotochemie mit Silberbromid. Das wichtigste Ausgangsmaterial für alle Fotoschichten auf Filmen und Fotopapieren ist das Silberbromid. Es fällt als gelblich-weißes Salz aus, wenn eine Kaliumbromid-Lösung mit einer Silbernitrat-Lösung versetzt wird:

Silber-nitrat	+	Kalium-bromid	→	Silber-bromid	+	Kalium-nitrat
$AgNO_3$	+	KBr	→	AgBr	+	KNO_3

Dort, wo Licht auf die Silberbromid-Suspension einwirkt, wird sie allmählich dunkel. An diesen Stellen bildet sich in feiner Verteilung metallisches Silber. Das Silberbromid wird also durch Licht in Silber und Brom zerlegt:

$$\text{Silberbromid} \xrightarrow{\text{Licht}} \text{Silber} + \text{Brom}$$

$$2\,AgBr \xrightarrow{\text{Licht}} 2\,Ag + Br_2$$

Diese fotochemische Reaktion ist die Grundlage für das Fotografieren. Die grauen und schwarzen Stellen auf Schwarzweiß-Fotos und -Filmen bestehen also aus kleinen, fein verteilten Silberkristallen. Bei der Belichtung eines Films entsteht zunächst ein *Negativ*. Dort werden alle *hellen* Stellen eines Motivs *dunkel* wiedergegeben, die *dunklen* Stellen erscheinen *hell*. Erst wenn das Filmnegativ auf Fotopapier belichtet wird, erhält man ein „positives" Bild des Motivs.

Die Bilderindustrie: Allein in Deutschland werden über 3 Milliarden Fotos pro Jahr gemacht, fast alle sind Farbfotos.
Fotomaterial für die *Farbfotografie* ist komplizierter aufgebaut als Schwarz-Weiß-Material. Hier sind verschiedene, sehr dünne Schichten übereinander aufgetragen. Darin befindet sich Silberbromid, das jeweils an bestimmte Farbstoffe gebunden ist, an Rot, Blau und Grün. Durch die Kombination dieser Grundfarben ergeben sich bei der Entwicklung alle anderen Farben. Günstig dabei ist, dass bei der Verarbeitung von Farbfotos das Silber vollständig aus den Schichten herausgelöst wird und wiederverwendet werden kann.

▲ 3 *Silberbromid-Kristalle, 3600fach vergrößert*

Über zwei Drittel des weltweit verarbeiteten Silbers, mehr als 10 000 t, werden jährlich zur Herstellung von Filmen und Fotopapieren verwendet.
Erst in unserer Zeit beginnt die elektronische Fotografie die „Silberfotografie" allmählich abzulösen.

Silberhalogenide zerfallen bei Lichteinwirkung. Es entsteht feinverteiltes Silber, das schwarz aussieht. Damit lassen sich Bilder aufzeichnen.

1 Fragen zum Text

a) Zähle Stoffe auf, die sich bei Lichteinwirkung verändern.
b) Was geschieht beim Belichten von Silberbromid?

2 Alltag

a) Warum entsteht beim Fotografieren in der Kamera zunächst ein Negativ?
b) Wie lässt sich daraus ein Positiv herstellen?

3 Experiment

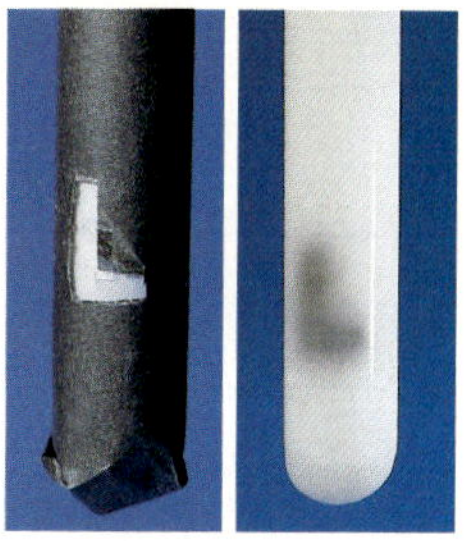

a) Gib in ein Reagenzglas etwas Natriumchlorid-Lösung, in ein zweites Kaliumbromid- und in ein drittes Kaliumiodid-Lösung. Gib jeweils 2 Tropfen Silbernitrat-Lösung (Xi) hinzu. Setze die entstandenen Suspensionen eine Zeit lang hellem Licht aus. Notiere deine Beobachtungen.
b) Stelle wie in a) erneut eine Silberchlorid-Suspension her. Füge dann Kreidepulver hinzu, bis ein dicker Brei entsteht. Umwickele das Glas mit dunklem Papier, aus dem ein Buchstabe ausgeschnitten ist und beleuchte es längere Zeit mit hellem Licht.
Entferne die Umhüllung und erläutere das Versuchsergebnis.

Exkurs: Alltag

So entsteht ein Schwarz-Weiß-Foto

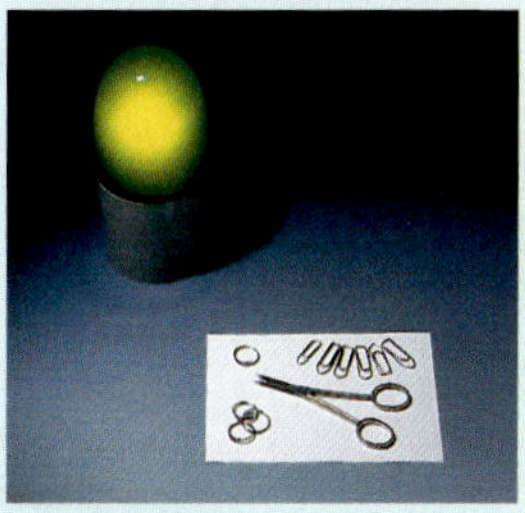

A In der Dunkelkammer wird bei gelbgrünem, für die Fotoschicht unwirksamen Licht ein Gegenstand auf ein Fotopapier gelegt und mit weißem Licht kurz *belichtet.*

B Das belichtete Fotopapier wird in die *Entwicklerlösung* gelegt. Alle belichteten Stellen werden schwarz, unbelichtete bleiben weiß.

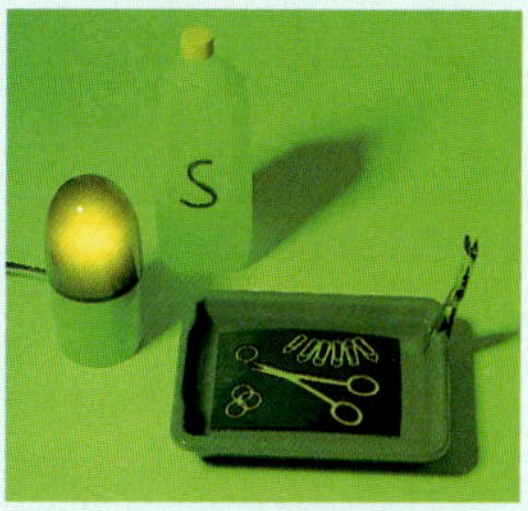

C Mit einer Bilderzange wird das entwickelte Foto erst durch Wasser, dann durch ein *Stoppbad* gezogen. Hier wird die Entwicklung des Bildes unterbrochen.

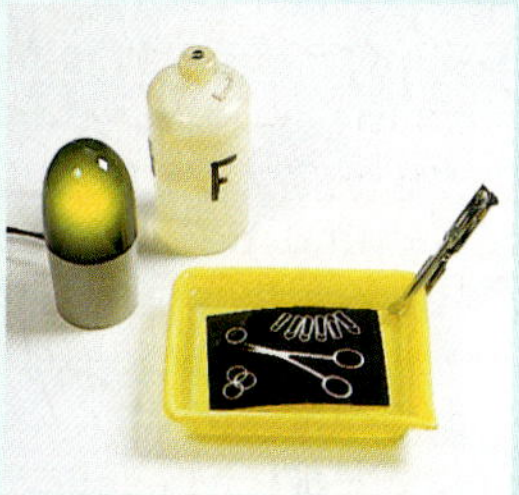

D In einem *Fixierbad* wird das Bild lichtunempfindlich und haltbar.
Das Bild wird in einem *Wasserbad* gründlich abgespült und anschließend getrocknet.

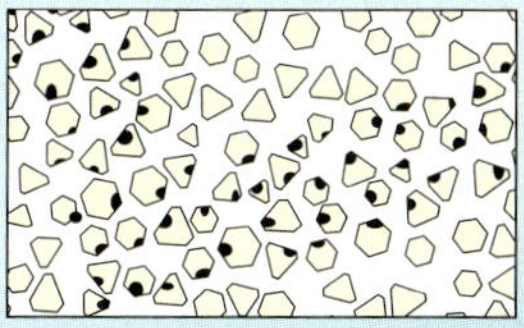

Belichten. Die vom Licht getroffenen Silberbromid-Kristalle werden teilweise in Silber und Brom zerlegt.

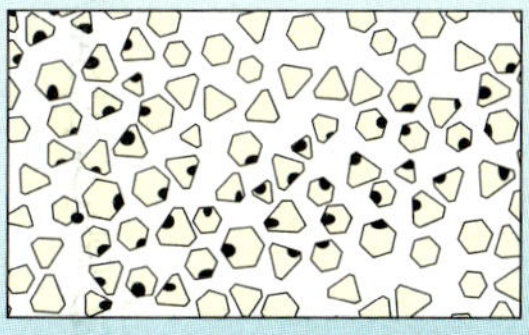

Entwickeln. Die belichteten Kristalle werden vollständig zu metallischem Silber und Brom.

Stoppen. Das saure Stoppbad neutralisiert die alkalische Entwicklerlösung.

Fixieren und Wässern. Die unbelichteten, noch lichtempfindlichen Silberbromid-Kristalle werden herausgelöst.

|6.5| Edelgase: ganz schön (reaktions)träge!

▲ *1 Leuchtstoffröhren enthalten Edelgase*

Edelgase. Helium, Neon, Argon, Krypton, Xenon und das radioaktive Radon sind natürliche Bestandteile der Luft und werden überwiegend aus der Luft gewonnen. Allerdings ist der Edelgas-Gehalt der Luft sehr gering: In einem Liter Luft (1000 ml) sind nur 9,3 ml Argon enthalten. Die restlichen Edelgase machen zusammen nur 0,024 ml Volumen aus.

Entdeckung der Edelgase. Bei den Untersuchungen zur Bestimmung der Dichte des Luftstickstoffs entdeckte der englische Forscher RAYLEIGH 1894, dass ein Liter Stickstoff aus der Luft um 0,0067 g schwerer war als ein Liter des Gases aus einer stickstoffhaltigen Verbindung.
RAYLEIGH und sein Landsmann RAMSAY schlossen daraus, dass in dem Stickstoff der Luft noch andere, schwerere Gase enthalten sein mussten. Zum Beweis entfernten sie durch chemische Reaktionen den Stickstoff und den Sauerstoff aus einer Luftprobe. Zurück blieb tatsächlich ein kleines Gasbläschen aus einem unbekannten Gas, das sich als sehr reaktionsträge erwies. Sie nannten es **Argon,** was auf griechisch *träge* bedeutet.

▲ *2 Schutzgasschweißen mit Argon*

Damit war das erste Mitglied der neuen **Elementfamilie der Edelgase** entdeckt. „Edel" nennt man diese Gase, weil sie bis auf ganz wenige Ausnahmen keine Verbindungen mit anderen Elementen eingehen. Auch untereinander bilden sie keine Moleküle. Die kleinsten Teilchen der Edelgase sind *einzelne Atome.*

Verwendung. Helium ist viel leichter als Luft, und nicht brennbar. Man verwendet es als Füllgas für *Ballons* und *Luftschiffe.* Auch *Tauchgase*, vor allem für Arbeiten in großer Tiefe, können Helium enthalten.
Krypton und Xenon benutzt man als Füllgas in *Glühlampen,* dann verdampft der hell glühende Wolframfaden nicht so schnell. Lichtausbeute und Lebensdauer der Lampen werden dadurch beträchtlich erhöht.
In *Elektronenblitzgeräten* und *Stroboskopen* wird das Edelgas Xenon durch eine hohe Spannung für Sekundenbruchteile zum Leuchten gebracht. Auch manche modernen *Autoscheinwerfer* enthalten solche Blitzentladungslampen mit Xenon. Sie geben ein sehr helles, blauweißes Licht ab und haben eine lange Lebensdauer.
In weißen und farbigen *Leuchtstoffröhren* bewirken Edelgase zusammen mit speziellen Leuchtstoffen und Quecksilberdampf helles und farbiges Licht. Beesonders auffällig ist das kräftige Rot der *Neonlampen.* Beim *Schweißen* verhindert Argon als Schutzgas, dass der geschmolzene Stahl an der Luft oxidiert.

Edelgase sind in geringen Mengen in der Luft enthalten. Daraus werden sie gewonnen. Sie kommen als einzelne Atome vor und sind äußerst reaktionsträge.

▲ *3 Xenonlampen leuchten heller*

|6.6| Das Periodensystem der Elemente

Alle inzwischen entdeckten chemischen Elemente, es sind über einhundert, sind in einem übersichtlichen System eingeordnet. Man nennt es das **Periodensystem der Elemente,** abgekürzt **PSE.**

Chemisch verwandte Elemente stehen in einer **Gruppe** *senkrecht* untereinander, zum Beispiel in der zweiten Gruppe die Erdalkalimetalle oder in der siebten Gruppe die Halogene. Die Gruppen werden mit römischen Ziffern gekennzeichnet. Insgesamt gibt es acht Gruppen.

Die *waagerechten* Reihen nennt man **Perioden,** weil dort Elemente mit ähnlichen Eigenschaften periodisch wiederkehren. In den Perioden sind die Elemente jeweils auf gleiche Weise angeordnet:
Auf ein Alkalimetall folgt ein Erdalkalimetall, auf ein Halogen folgt ein Edelgas. Eine Ausnahme bildet die erste Periode. Hier stehen nur die beiden Gase Wasserstoff und Helium.

Im Periodensystem stehen links die *Metalle* und rechts die *Nichtmetalle.* Dazwischen, etwa diagonal angeordnet, stehen Elemente, die teils metallische, teils nichtmetallische Eigenschaften haben. Sie werden deshalb als *Halbmetalle* bezeichnet. Dazu gehört beispielsweise das für Computerchips verwendete Element Silicium.

Das hier abgebildete Periodensystem enthält nur Elemente der so genannten *Hauptgruppen.* Es fehlen die *Nebengruppenelemente,* die von der 4. Periode an eingefügt werden müssen. Ein vollständiges Periodensystem ist im Anhang dieses Buches zu finden.

Im Periodensystem sind die Elemente tabellarisch angeordnet. Chemisch verwandte Elemente stehen in Gruppen untereinander. Die waagerechten Reihen heißen Perioden.

	Gruppe							
Periode	I	II	III	IV	V	VI	VII	VIII
1	1,008 $_{1}$H							4,003 $_{2}$He
2	6,94 $_{3}$Li	9,01 $_{4}$Be	10,81 $_{5}$B	12,01 $_{6}$C	14,00 $_{7}$N	16,00 $_{8}$O	19,00 $_{9}$F	20,18 $_{10}$Ne
3	22,99 $_{11}$Na	24,31 $_{12}$Mg	26,98 $_{13}$Al	28,09 $_{14}$Si	30,97 $_{15}$P	32,07 $_{16}$S	35,45 $_{17}$Cl	39,94 $_{18}$Ar
4	39,10 $_{19}$K	40,08 $_{20}$Ca	69,72 $_{31}$Ga	77,61 $_{32}$Ge	74,92 $_{33}$As	78,96 $_{34}$Se	79,90 $_{35}$Br	83,80 $_{36}$Kr
5	85,47 $_{37}$Rb	87,62 $_{38}$Sr	114,8 $_{49}$In	118,71 $_{50}$Sn	121,75 $_{51}$Sb	127,60 $_{52}$Te	126,90 $_{53}$I	131,2 $_{54}$Xe
6	132,91 $_{55}$Cs	137,33 $_{56}$Ba	204,38 $_{81}$Tl	207,2 $_{82}$Pb	208,98 $_{83}$Bi	$_{84}$Po	$_{85}$At	$_{86}$Rn

▲ 3 *Schwefel*

▲ 2 *Aluminium*

▲ 4 *Silicium*

MENDELEJEW entdeckt das Periodensystem

Im Jahre 1869 veröffentlichte der russische Chemiker MENDELEJEW seinen Bericht „Über die Beziehungen der Eigenschaften zu den Atomgewichten der Elemente." Unter diesem etwas umständlichen Namen verbarg sich der Entwurf des wichtigsten Ordnungssystems der Chemie. Wir bezeichnen es heute als das **Periodensystem der Elemente (PSE).**

▲ *1 MENDELELEJEW (links) und MEYER*

Schon vorher hatte der deutsche Chemieprofessor LOTHAR MEYER auf andere Weise das Periodensystem gefunden und bereits in seinen Vorlesungen verwendet. Er veröffentlichte es aber erst einige Zeit später als MENDELEJEW.

Wie viele Chemiker seiner Zeit hatte MENDELEJEW lange nach einem Ordnungssystem für die mittlerweile 63 damals bekannten Elemente gesucht. Das war nicht einfach. Wichtige Elemente fehlten noch, so auch die ganze Gruppe der Edelgase.

MENDELEJEW legte zur Entspannung gern Patiencen. Dabei werden die vorher verdeckten Karten nach bestimmten Regeln in der Reihenfolge ihrer Werte aneinander gelegt.
MENDELEJEW übertrug nun dieses Kartenspiel auf die chemischen Elemente. Er beschriftete zunächst Karten mit den Namen und den chemischen Eigenschaften der Elemente. Dann ordnete er die Karten nach steigender Atommasse untereinander an. Nun standen die verwandten Elemente in einer Reihe nebeneinander. Damit hatte MENDELEJEW ein sinnvolles Ordnungssystem gefunden.

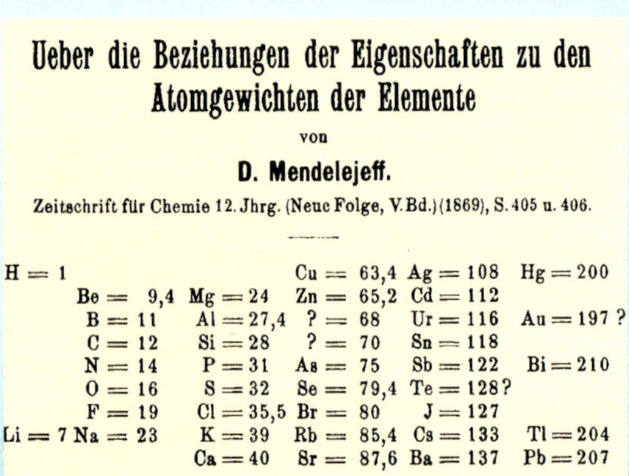

Ueber die Beziehungen der Eigenschaften zu den Atomgewichten der Elemente

von

D. Mendelejeff.

Zeitschrift für Chemie 12. Jhrg. (Neue Folge, V. Bd.) (1869), S. 405 u. 406.

H = 1			Cu = 63,4	Ag = 108	Hg = 200
	Be = 9,4	Mg = 24	Zn = 65,2	Cd = 112	
	B = 11	Al = 27,4	? = 68	Ur = 116	Au = 197 ?
	C = 12	Si = 28	? = 70	Sn = 118	
	N = 14	P = 31	As = 75	Sb = 122	Bi = 210
	O = 16	S = 32	Se = 79,4	Te = 128?	
	F = 19	Cl = 35,5	Br = 80	J = 127	
Li = 7	Na = 23	K = 39	Rb = 85,4	Cs = 133	Tl = 204
		Ca = 40	Sr = 87,6	Ba = 137	Pb = 207

▲ *2 Ausschnitt aus MENDELEJEWS erstem Periodensystem von 1869. Perioden sind hier senkrecht angeordnet.*

MENDELEJEW war von der Richtigkeit seines Systems fest überzeugt. Er ließ Plätze für Elemente frei, die seiner Meinung nach erst noch entdeckt werden müssten. So war auch neben dem Element Silicium eine Lücke geblieben. Hier sollte ein Element stehen, das er vorläufig *Eka-Silicium* nannte und dessen Eigenschaften er genau beschrieb. Ein Element mit diesen Eigenschaften wurde 15 Jahre später von dem Chemiker WINKLER tatsächlich gefunden. Es wurde *Germanium* genannt. Das war eine eindrucksvolle Bestätigung für Mendelejews Periodensystem.

Eigenschaften	vorhergesagt	gefunden
Atommasse	70 u	72,6 u
Dichte	5,5	5,3
Oxidformel	EsO_2	GeO_2
Chloridformel	$EsCl_4$	$GeCl_4$
Siedetemp. des Chlorids	60–90 °C	86 °C

Das Halbmetall Germanium ist ein wichtiger Grundstoff für die Herstellung elektronischer Bauteile.

1. Man kann die Elemente auch nach ihrer Farbe anordnen. Warum ergibt sich daraus kein sinnvolles Ordnungssystem?
2. Welche Hauptgruppen hatte MENDELEJEW bereits richtig in sein System eingeordnet?
3. MENDELEJEW behauptete von dem Element Eka-Aluminium, seine Atommasse betrage 68 u und seine Schmelztemperatur sei so niedrig, dass es in der Hand schmelze. Stelle fest, um welches Element es sich handelt und ob MENDELEJEWS Angaben zutreffend waren.
4. Erstelle eine kurze Biografie über MEYER oder MENDELEJEW (Lexikon oder Internet).

1 **a)** Lithium, Natrium und Kalium bewahrt man unter Paraffinöl auf. Rubidium und Caesium werden sogar in Glasampullen eingeschmolzen. Weshalb ist das notwendig?
b) Warum darf man Natriumreste im Labor auf keinen Fall in den Ausguss spülen?

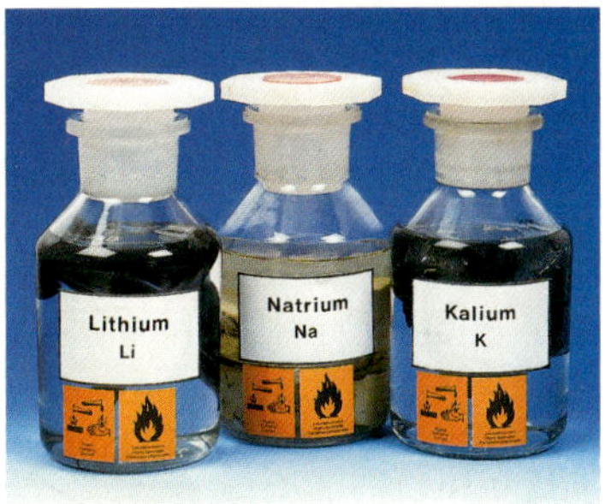

2 Gibt man ein Stück Natrium auf ein feuchtes Blatt Papier, so entwickeln sich nach kurzer Zeit Flammen.
a) Welcher Stoff verbrennt?
b) Warum entzündet sich das Reaktionsgemisch nicht, wenn man Natrium in einer Glasschale mit Wasser reagieren lässt?
c) Setzt man dem Wasser in der Glassschale Phenolphthalein zu, so bilden sich rote Schlieren. Erkläre diese Beobachtung.

3 Warum kommen Alkalimetalle, Erdalkalimetalle und Halogene in der Natur nicht als Elemente vor?

4 Für ein Feuerwerk sollen grüne, rote und orange Raketen gezündet werden. Den Abschluss soll ein weißer Lichtblitz bilden. Welche chemischen Elemente könnten in den Raketen enthalten sein?

5 **a)** Alkalimetalle und Erdalkalimetalle reagieren mit Halogenen zu Salzen. Wie könnte man Kaliumiodid und Calciumfluorid herstellen?
b) Lithiumchlorid und Kaliumchlorid sehen sehr ähnlich aus. Durch welches Experiment könnte man sie unterscheiden?

6 **a)** Was haben Edelgase mit Edelmetallen gemeinsam?
b) Weshalb lassen sich Edelgase so schwer nachweisen?
c) Wofür werden Edelgase verwendet? Gib einige Beispiele an.

7 **a)** Nenne die Elemente der 2. Hauptgruppe und die der 3. Periode im Periodensystem.
b) Wo stehen die Edelgase im Periodensystem, wo die Nichtmetalle?

8 **a)** Ein Stück Magnesiumband wird geschmirgelt, in ein Reagenzglas mit Wasser gehängt und Phenolphthalein-Lösung dazugegeben. An den Rändern des Magnesiumbandes nimmt man nach kurzer Zeit eine rote Verfärbung und kleine Gasbläschen wahr. Erkläre die Vorgänge.
b) An einer Fabrikhalle, in der mit Magnesiumpulver gearbeitet wird, ist ein Warnschild montiert: „Hier nicht mit Wasser oder CO_2 löschen!" Gib eine Erklärung hierfür.

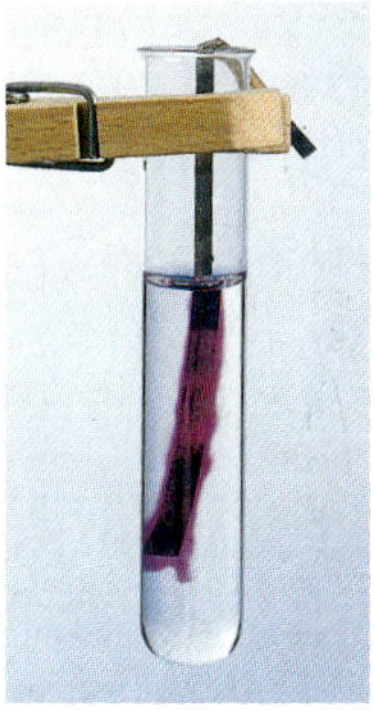

9 **a)** Leitungswasser wird oft gechlort, vor allem dann, wenn es über größere Entfernungen transportiert werden muss. Begründe dies.
b) Mit Chlor und Brom darf man in der Schule nur unter dem Abzug arbeiten, mit Fluor sogar überhaupt nicht. Weshalb ist das so?

10 **a)** Wie reagieren Alkalimetalle mit Wasser?
b) Wie kann man Halogenwasserstoffe herstellen? Nenne ein Beispiel.
c) Was entsteht, wenn ein Halogen mit einem Metall reagiert?

Basis-Wissen

Alkalimetalle: Lithium, Natrium, Kalium, Rubidium und Caesium sind reaktionsfreudige Leichtmetalle. Sie zeigen alle metallischen Eigenschaften wie Glanz und elektrische Leitfähigkeit. Im Gegensatz zu anderen Metallen sind sie sehr weich und äußerst reaktionsfähig. Die Metalle und ihre Verbindungen zeigen charakteristische Flammenfärbungen.
Alkalimetalle reagieren mit Wasser zu Laugen:

Natrium + Wasser → Natriumhydroxid + Wasserstoff

Natriumhydroxid ↓ + Wasser

Natronlauge

Erdalkalimetalle: Beryllium, Magnesium, Calcium, Strontium, Barium zeigen ähnliche Eigenschaften wie die Alkalimetalle, sie sind aber härter und weniger reaktionsfreudig.

Halogene: Fluor, Chlor, Brom und Iod sind reaktionsfreudige Nichtmetalle. Sie bestehen aus zweiatomigen Molekülen (F_2, Cl_2, Br_2, I_2). Alle Halogene sind giftig.

Halogene reagieren mit Wasserstoff zu Halogenwasserstoffen – und diese mit Wasser zu Säuren.

Chlor + Wasserstoff → Chlorwasserstoff

Chlorwasserstoff ↓ + Wasser

Salzsäure

Mit Metallen reagieren Halogene zu Metallhalogeniden, also zu Salzen:

Chlor + Natrium → Natriumchlorid

Edelgase: Helium, Neon, Argon, Krypton und Xenon kommen als einzelne Atome vor. Sie sind äußerst reaktionsträge und werden daher oft als Schutzgas verwendet.

Elementfamilien: Elemente mit ähnlichen Eigenschaften kann man zu Elementfamilien zusammenfassen.

Die **Reaktionsfähigkeit** der Alkali- und Erdalkalimetalle nimmt im Periodensystem von oben nach unten zu; bei den Halogenen nimmt sie dagegen von oben nach unten ab.

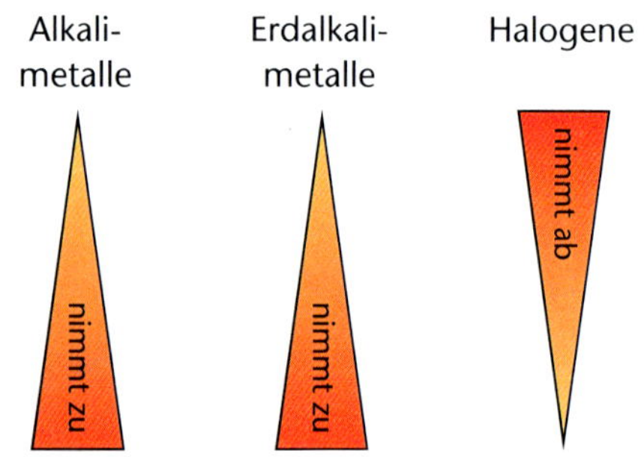

Periodensystem: Im Periodensystem sind chemisch verwandte Elemente in **Gruppen** untereinander angeordnet. Elemente einer **Periode** stehen nebeneinander.
Metalle stehen im Periodensystem links und unten. Nichtmetalle stehen rechts und oben. Die Halbmetalle findet man dazwischen.

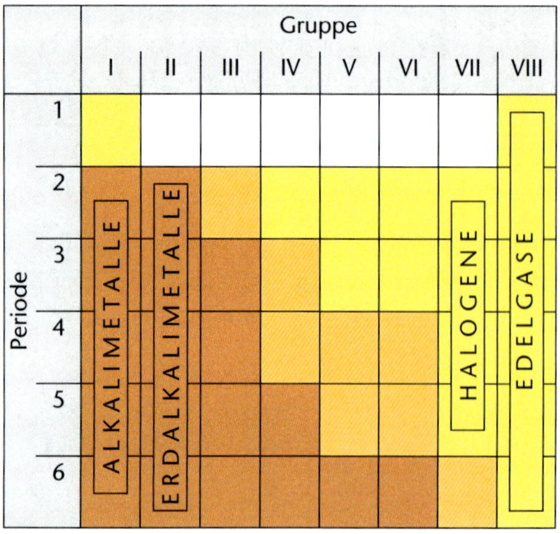

|7| Die Welt der kleinsten Teilchen

1 Wolframwendel einer Glühlampe

2 Wolframwendel unter der Lupe

3 Metalloberfläche im Raster-Elektronen-Mikroskop

4 Metall-Atome im Raster-Tunnel-Mikroskop

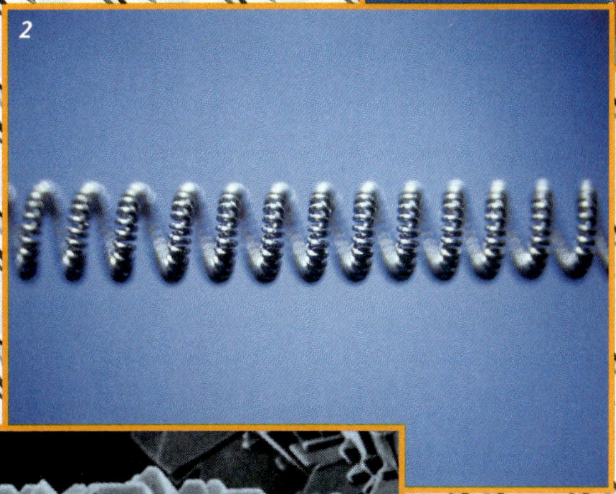

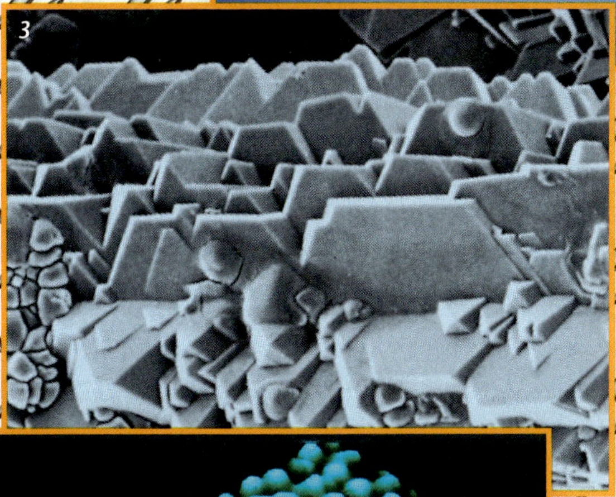

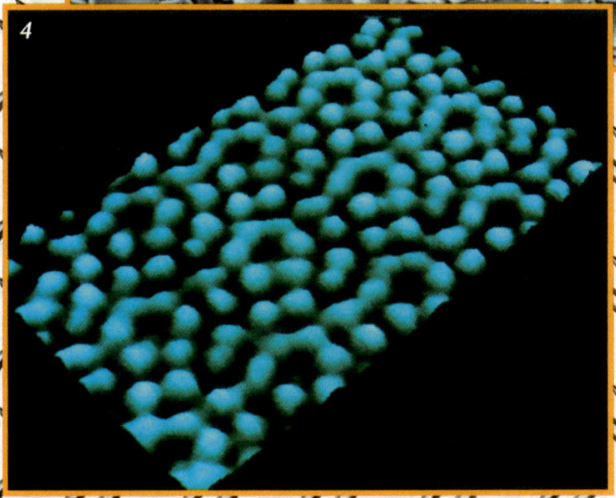

Manche Wissenschaftler zweifelten noch zu Beginn des 20. Jahrhunderts daran, dass die Materie aus Atomen aufgebaut ist. Da wäre ein Foto von Atomen schon sehr überzeugend gewesen!

Doch das gelingt nicht einmal mit der 50 000 fachen Vergrößerung eines Elektronenmikroskops. Hier wird zwar die kristalline Struktur der Metalloberfläche sichtbar, aber Atome sind nicht zu sehen.

Erst das Raster-Tunnel-Mikroskop schafft mit 50 millionenfacher Vergrößerung den Durchbruch in die atomare Dimension. An der Metalloberfläche erscheinen die Atome wie dicht an dicht geklebte Perlen.
Doch mehr als leicht unscharfe Kugeln sind auch hier nicht zu erkennen. Um mehr über die Atome zu erfahren ist ein Blick in das Innere notwendig.

|7.1| Wie groß sind Atome und Moleküle?

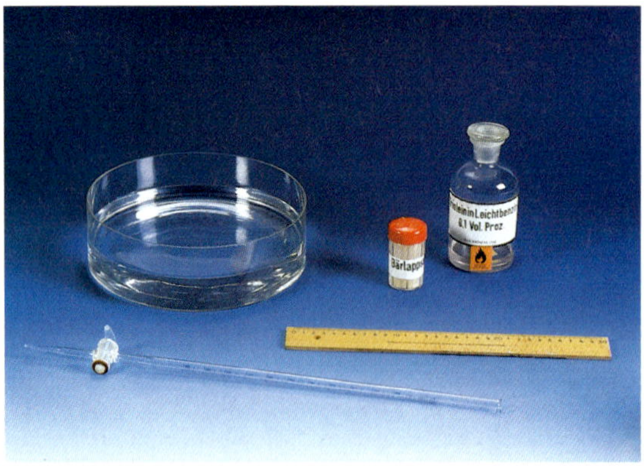

▲ *1 Damit lassen sich Moleküle messen!*

Eine Bürette, ein Maßstab und eine Wanne sind ja nicht gerade „high-tech"-Geräte. Doch lässt sich damit auf einfache Weise der ungefähre Durchmesser kleinster Teilchen bestimmen – zwar nicht direkt von Atomen, aber immerhin von Molekülen.

Das Verfahren beruht darauf, dass sich ein Tropfen Ölsäure auf einer Wasserfläche so weit wie möglich ausbreitet. Dabei kann sie eine dünne Schicht von Bärlappsporen oder einem anderen feinen Puder beiseite schieben. Dadurch wird der Fleck gut sichtbar. Wird die Ölsäure mit einem Lösungsmittel wie Heptan verdünnt, entsteht nach dem Verdunsten des Lösungsmittels ein kreisförmiger Fleck, der nur noch aus **einer einzigen** *Schicht* von Ölsäure-Molekülen besteht. Bestimmt man die Höhe dieser Schicht, so hat man zugleich den *Durchmesser* eines einzelnen Ölsäure-Moleküls gefunden. Die Moleküle werden dabei vereinfacht als kugelförmig angenommen.

Beispiel für die Messung und Berechnung:

1. Volumen der Ölsäure in einem Tropfen:
Man lässt 1 ml (= 1 cm³) einer Ölsäure-Heptan-Lösung (Verdünnung 1:1000) aus der Bürette tropfen und zählt dabei die Tropfen.
Messwert: 1 cm³ Lösung ergibt 50 Tropfen;
Rechnung: 1 Tropfen enthält 0,02 cm³ Lösung;
Volumen der Ölsäure in einem Tropfen:
$V = 0{,}02\,\text{cm}^3 : 1000 = 0{,}000\,02\,\text{cm}^3 = 0{,}02\,\text{mm}^3$

2. Fläche des Ölsäureflecks:
Auf die hauchdünn mit Bärlappsporen bestreute Wasserfläche wird *ein* Tropfen der Lösung gegeben. Nach dem Verdunsten des Heptans wird der Durchmesser (d) des entstandenen Flecks gemessen.
Messwert: d (Fleck) = 160 mm, r = 80 mm;
Rechnung: $A\,(\text{Fleck}) = \pi \cdot r^2 = 3{,}14 \cdot 80 \cdot 80\,\text{mm}^2$
$\approx 20\,000\,\text{mm}^2$

3. Höhe des Ölsäureflecks:
Der Ölsäurefleck ist ein sehr flacher Zylinder, daher gilt:

$$V\,(\text{Ölsäure}) = A\,(\text{Fleck}) \cdot h\,(\text{Fleck})$$

$$h\,(\text{Fleck}) = \frac{V\,(\text{Ölsäure})}{A\,(\text{Fleck})} = \frac{0{,}02\,\text{mm}^3}{20\,000\,\text{mm}^2} = 0{,}000\,001\,\text{mm}$$

Das ist zugleich der Durchmesser eines Ölsäure-Moleküls.

Mit dem Ölfleckversuch lässt sich der Durchmesser von Ölsäure-Molekülen bestimmen. Er beträgt etwa ein Millionstel Millimeter. Atome müssen also kleiner sein als ein Millionstel Millimeter.

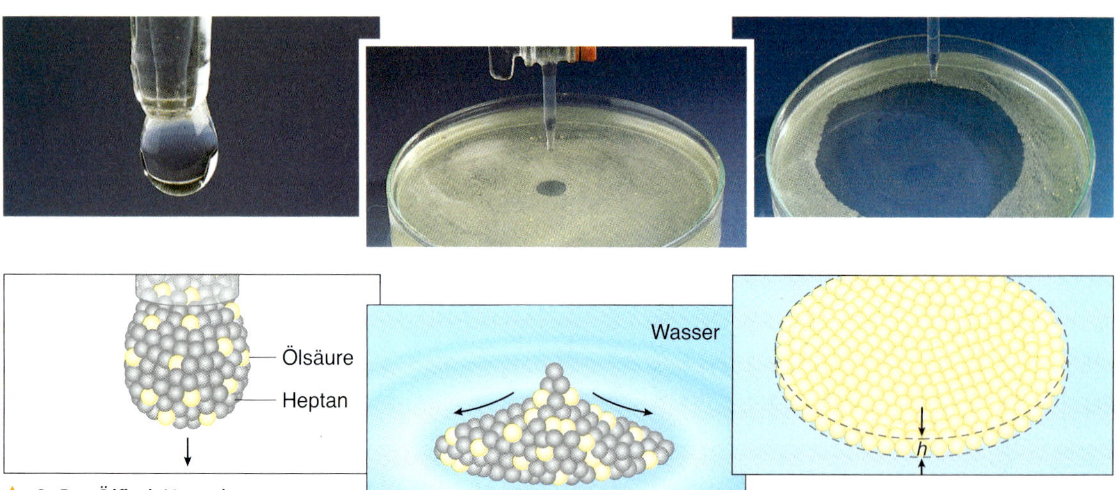

▲ *2 Der Ölfleck-Versuch*

1 Fragen zum Text

a) Warum muss beim Ölfleckversuch die Wasseroberfläche mit Bärlappsporen bestreut werden?
b) Nenne zwei Gründe, warum die Ölsäure mit einem Lösemittel verdünnt werden muss.
c) Warum muss der Durchmesser der meisten Atome noch kleiner sein als 0,000 001 mm?

2 Experiment

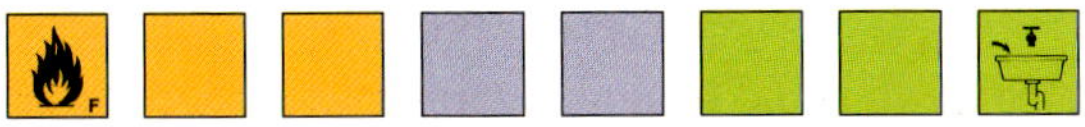

Führe den Ölfleckversuch mit dem Ölsäure-Heptan-Gemisch (F, B3) mehrfach durch. Achte darauf, dass die benutzten Gefäße fettfrei sind. Streue die Bärlappsporen nur in einer hauchdünnen Schicht auf, am besten aus einem Pfefferstreuer. Bilde den Mittelwert der Flächen. Berechne die Dicke der Schicht und damit den Durchmesser eines Ölsäure-Moleküls.

3 Theorie

Da Moleküle so klein sind, müssen schon in kleinsten Stoffportionen sehr viele davon enthalten sein. So passen bei einem Moleküldurchmesser von 0,000 001 mm auf eine 1 mm lange Strecke 1 000 000 Moleküle.
a) Wie viele passen auf eine Strecke von 1 cm?
b) Wie viele passen auf eine Fläche von 1 cm^2?
c) Wie viele passen in einen Würfel von 1 cm^3?

Exkurs: Theorie

Wie schwer sind Atome?

Nach dem Atommodell, das DALTON vor 200 Jahren vorstellte, haben alle Atome eines Elements die gleiche Größe und die gleiche Masse. Die Masse dieser winzigen Atome konnte DALTON allerdings noch nicht messen. Doch schon damals konnte man die Massen der verschiedenen Atomarten miteinander vergleichen. So ist ein Kohlenstoffatom 12-mal, ein Schwefelatom 32-mal und ein Uranatom 238-mal schwerer als das leichteste Atom, das Wasserstoffatom.

Heute sind die Massenzahlen für alle Atomarten genau bekannt. So beträgt die Masse eines Wasserstoff-Atoms
0,000 000 000 000 000 000 000 00167 g.

Mit solchen Zahlen zu rechnen ist jedoch sehr unpraktisch. Um die Massen von Atomen einfacher angeben und vergleichen zu können, wurde die **Atommasseneinheit u** (von mass **u**nit) eingeführt. 1 u entspricht etwa der Masse eines Wasserstoff-Atoms.

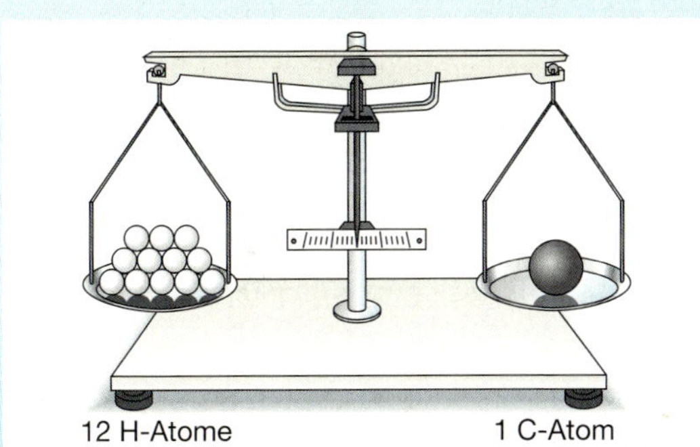

▲ *1 Atommassen lassen sich vergleichen.*

Weil die Atome aber sehr klein und leicht sind, werden sehr viele davon benötigt, bis man wägbare Mengen erhält. So ergeben erst
602 200 000 000 000 000 000 000 ≈ $6 \cdot 10^{23}$
Wasserstoff-Atome 1 g Wasserstoff. Diese Zahl ist unvorstellbar groß. Könnte eine Maschine in einer Sekunde 1 Million Wasserstoff-Atome zählen, würde sie für 1 g Wasserstoff 20 Milliarden Jahre brauchen – länger als das Weltall existiert.

1. Weshalb wurde für Atommassen eine eigene Einheit eingeführt?
2. Gib das Verhältnis der Atommassen zwischen dem leichtesten und dem schwersten der in der Tabelle aufgeführten Elemente an.

Element	Atommasse in u	
	gerundeter Wert	genauer Wert
Wasserstoff	1	1,00794
Kohlenstoff	12	12,001
Stickstoff	14	14,00674
Sauerstoff	16	15,9994
Magnesium	24	24,3050
Schwefel	32	32,066
Eisen	56	55,847
Gold	197	196,9665
Uran	238	238,0289

Chemiker zählen mit der Waage

Das Space Shuttle hat ein Startgewicht von fast 2000 t. Zum Abheben ist deshalb eine gewaltige Schubkraft nötig. Sie wird hauptsächlich aus der Reaktion von Wasserstoff mit Sauerstoff gewonnen. Dazu werden 102 t flüssiger Wasserstoff und 816 t flüssiger Sauerstoff mitgeführt. Sie verbrennen innerhalb weniger Minuten zu Wasserdampf.

Bei dieser Reaktion verbinden sich Wasserstoff-Atome mit Sauerstoff-Atomen im Verhältnis 2 : 1. Das kann man an der vereinfachten Reaktionsgleichung ablesen:

$2\,H + 1\,O \rightarrow 1\,H_2O$

▲ *1 Space-Shuttle beim Start*

Die Raketentanks müssen also *doppelt* so viele Wasserstoff-Atome wie Sauerstoff-Atome enthalten. Diese Atome kann man natürlich weder abzählen noch einzeln abwiegen. Aber man kann sie in größeren Portionen zu wägbaren Mengen zusammenfassen, so wie man ja auch kleine Schrauben nicht einzeln, sondern in Päckchen von beispielsweise 100 Stück verkauft. Bei Atomen bestehen diese „Päckchen" aus $6 \cdot 10^{23}$ Stück. Diese Zahl ist zugleich der Umrechnungsfaktor von der Atommasseneinheit u in die Masseneinheit g:

1	Wasserstoff-Atom hat die Masse	1 u,
$6 \cdot 10^{23}$	Wasserstoff-Atome haben die Masse	1 g;
1	Sauerstoff-Atom hat die Masse	16 u,
$6 \cdot 10^{23}$	Sauerstoff-Atome haben die Masse	16 g.

Das *Massenverhältnis* zwischen Wasserstoff und Sauerstoff beträgt also 1 : 16, wenn die gleiche Anzahl von Wasserstoff- und Sauerstoff-Atomen vorliegen. Weil aber doppelt so viele Wasserstoff- wie Sauerstoff-Atome miteinander reagieren, beträgt das Massenverhältnis für diese Reaktion

$2 \cdot 1\,g : 1 \cdot 16\,g = 2 : 16 = 1 : 8.$

Deshalb enthalten die Raketentanks 102 t Wasserstoff und 816 t Sauerstoff.

Stoffmenge. Die Teilchen lassen sich also mit der Waage „abzählen", und zwar mithilfe der Zahl $6 \cdot 10^{23}$. Diese Zahl ist das wichtigste Zählmaß des Chemikers. Sie heißt **AVOGADRO-Konstante.** Die Menge von $6 \cdot 10^{23}$ Teilchen eines Stoffes hat einen besonderen Namen: **Mol.** Es ist die Basiseinheit für die **Stoffmenge.** Beispiel: $6 \cdot 10^{23}$ H-Atome sind 1 mol H-Atome.

Um 1 mol Teilchen abzumessen, muss man nur wissen, wie viel Gramm das jeweils sind. Diese Werte finden sich auf Chemikalienetiketten und in Atommassentabellen. Dort sind sie oft in der Einheit u angegeben. Bei Verbindungen müssen die einzelnen Atommassen addiert werden. Beispiel:

1 H_2O-Molekül hat die Masse $2 \cdot 1\,u + 16\,u = 18\,u$

1 mol H_2O-Moleküle hat die Masse $2 \cdot 1\,g + 16\,g = 18\,g$

Molares Volumen. Während 1 mol Teilchen fester oder flüssiger Stoffe etwas unterschiedliche Volumen einnehmen, ist das bei Gasen anders. Alle Gase haben bei Raumtemperatur und normalem Luftdruck ein molares Volumen von etwa 24 l.
Das erleichtert dem Chemiker das „Abzählen" von Gasteilchen, denn es gilt allgemein: Bei gleichem Druck und gleicher Temperatur enthalten gleich große Gasvolumen stets gleich viele Teilchen.

1. Wie viele Atome sind jeweils in 14 g Stickstoff, 64 g Schwefel und 20,7 g Blei enthalten?
2. Welche Masse haben 1 mol MgO, CO_2, NaOH?

▼ *2 1 mol verschiedener Stoffe*

|7.2| Vom Bernstein zum Elektron

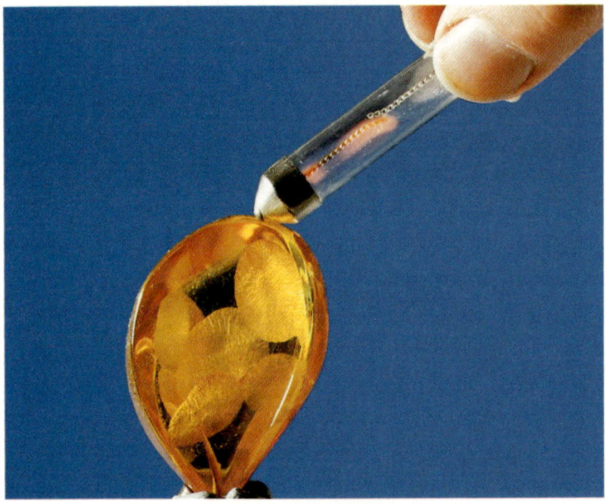

1 *Eine Glimmlampe weist elektrische Ladung nach.*

Wenn es nach dem Gang über den Teppichboden beim Griff zur Türklinke schmerzhaft an den Fingerspitzen zuckt, spüren wir elektrische Ladung, die durch Reibung erzeugt wird. Im Altertum beobachteten die Griechen diese Reibungselektrizität am Bernstein. Sie nannten ihn *elektron,* das heißt „das Anziehende", weil geriebener Bernstein Wollfasern anzieht.

Berührt man ein Stück mit Wolle geriebenen Bernstein mit einer Glimmlampe, so leuchtet die Lampe kurz auf. Der Bernstein wurde durch das Reiben *elektrisch geladen.* Die Elektrizität fließt durch die Glimmlampe ab, deshalb leuchtet sie.

2 *Geladene Körper ziehen sich an …*

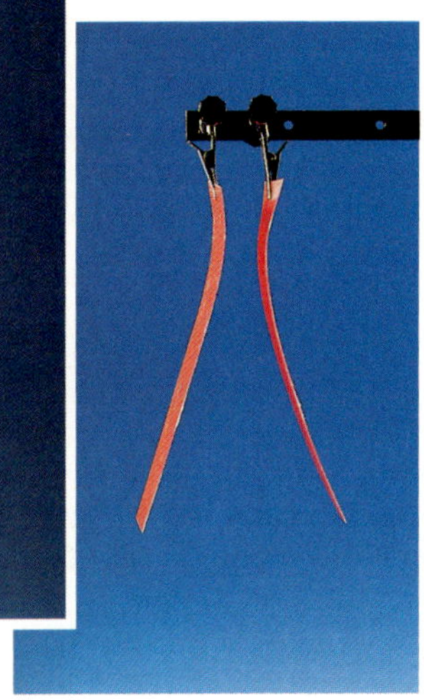

… oder stoßen sich ab.

Bei der Erforschung dieser *Reibungselektrizität* fand man heraus, dass es zwei unterschiedliche Arten elektrischer Ladungen gibt. So trägt ein Stück Bernstein nach dem Reiben eine andere Ladung als die Wolle, mit der es gerieben wurde.
Dabei entdeckte man auch das „elektrostatische Grundgesetz":
Gleichartig elektrisch geladene Körper **stoßen sich ab, ungleichartig** geladene **ziehen sich an.**

Im Jahre 1743 führte der amerikanische Naturwissenschaftler FRANKLIN die Namen **negative** und **positive** Elektrizität ein, um die entgegengesetzten elektrischen Ladungen zu unterscheiden. Er erkannte, dass alle Stoffe normalerweise elektrisch **neutral** sind. Sie enthalten gleiche Mengen positiver und negativer Ladungen. Diese heben sich in ihrer Wirkung nach außen gegenseitig auf. Fließende elektrische Ladungen nannte er *elektrischen Strom.*

Die Entdeckung des Elektrons. Im Jahre 1897 fand der englische Physiker THOMSON das Teilchen, das die kleinstmögliche negative Ladung trägt, die *negative Elementarladung.* Es ist noch 2000-mal leichter und viel kleiner als das kleinste Atom. Es wurde **Elektron** genannt (Symbol e^-).

Die Entdeckung des Elektrons war ein wichtiger Hinweis darauf, dass die Atome noch nicht die letzten Bausteine der Materie sind. Das Teilchen, das die *positive Elementarladung* trägt, wurde allerdings erst 23 Jahre später gefunden. Es wurde **Proton** genannt.

Erklärung der Reibungselektrizität. Elektronen sind leicht beweglich, auch unabhängig von den Atomen. Damit lässt sich die Reibungselektrizität erklären. Reibt man Bernstein mit Wolle, wandern Elektronen von der Oberfläche der Wollfasern zum Bernstein. Er ist nun *negativ* aufgeladen, weil er einen *Elektronenüberschuss* besitzt. Die Wolle ist wegen *Elektronenmangels positiv* geladen.
Berührt man die geladene Bernsteinoberfläche mit der Glimmlampe, so blitzt diese kurz auf, weil Elektronen durch die Lampe zur Erde abfließen.

Ungleichartig geladene Körper ziehen sich an, gleichartig geladene stoßen sich ab. Das Elektron ist der Träger der negativen Elementarladung.

1 Fragen zum Text

a) Was geschieht, wenn man Bernstein mit einem Wolltuch reibt?
b) Wie lautet das elektrostatische Grundgesetz?
c) Wie kann man die Reibungselektrizität erklären?

|7.3| Atome sind (fast) leer

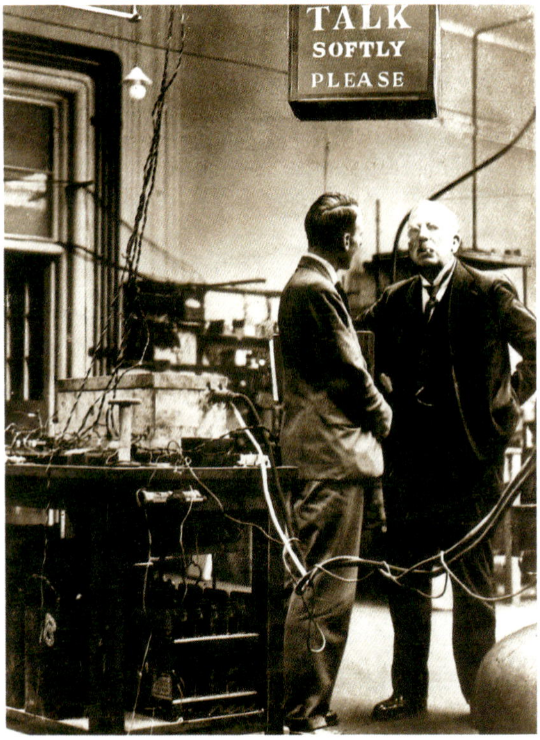

▲ *1 RUTHERFORD sprach immer sehr laut. Seine Mitarbeiter schalteten deshalb ein Warnschild ein, wenn sie mit empfindlichen Messgeräten arbeiteten.*

Gegen Ende des 19. Jahrhunderts sahen die meisten Naturwissenschaftler in den Atomen die unteilbaren Bausteine der Materie. Um die elektrischen Eigenschaften der Stoffe und die chemischen Bindungskräfte erklären zu können, wollten sie herausfinden, wo im Atom die positiven und die negativen Ladungen sitzen. Sie suchten nach einer Möglichkeit, um in das Innere der Atome „hineinsehen" zu können.

Die Entdeckung der Radioaktivität. Im Jahre 1896 hatte BECQUEREL in Paris beim Experimentieren mit Uranverbindungen ein Stück Uranerz auf eine lichtdicht verpackte Fotoplatte gelegt. Beim Entwickeln der Platte entdeckte er, dass die Fotoschicht dort, wo das Erz gelegen hatte, kräftig geschwärzt war. Vom Uran gingen also energiereiche Strahlen aus, die die Verpackung der Fotoplatte durchdringen konnten. Sie wurden später als *radioaktive Strahlen* bezeichnet.

Es gibt drei Arten dieser Strahlen. Die *Alpha-Strahlen* bestehen aus zweifach positiv geladenen Teilchen, auch α-Teilchen genannt. *Beta-Strahlen* bestehen aus Elektronen. Die *Gamma-Strahlen* sind elektromagnetische Wellen, ähnlich den Röntgenstrahlen.

RUTHERFORDs Streuversuche. RUTHERFORD wollte mithilfe der radioaktiven Strahlen die innere Struktur von Atomen untersuchen. Er ließ deshalb in seinem Labor in Manchester hauchdünne Folien aus Blattgold mit energiereichen α-Teilchen beschießen. RUTHERFORD wußte, dass die α-Teilchen mit ihrer hohen Geschwindigkeit von 15 000 km/s die etwa 1000 Atomschichten der Goldfolie leicht durchdringen konnten. Er wollte untersuchen, ob sie beim Durchgang durch die Goldfolie etwas abgelenkt würden.

Die α-Teilchen konnten mithilfe eines Zinksulfid-Schirms beobachtet werden. Beim Auftreffen auf die Zinksulfidschicht erzeugen sie einen winzigen Lichtblitz, den man mit einer Lupe erkennen kann. Mit diesem Verfahren konnte man zum ersten Mal einzelne atomare Teilchen indirekt beobachten und abzählen.

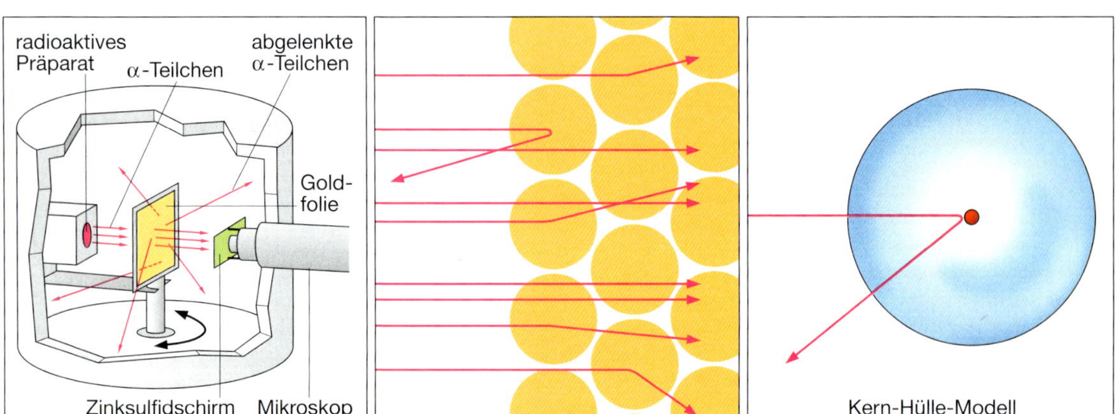

▲ *2 Die Streuversuche nach RUTHERFORD führten … … zum Kern-Hülle-Modell.*

Bis zum Juni 1909 hatten RUTHERFORDs Mitarbeiter GEIGER und MARSDEN in zweijähriger Arbeit mehr als 100 000 Lichtblitze gezählt. Dabei hatten sie entdeckt, dass manche α-Teilchen sehr stark abgelenkt wurden. Einige wurden sogar in die Ausgangsrichtung zurückgeworfen, so als wären sie auf ein festes Hindernis geprallt.

Diese Versuchsergebnisse waren so unerwartet, dass RUTHERFORD meinte: „Es ist, als würde man mit einer Kanonenkugel auf ein Taschentuch schießen und die Kugel würde in die Ausgangsrichtung zurückfliegen."
Um das zu erklären, musste er erst ein völlig neues Atommodell entwickeln, das er im März 1911 vorstellte, das *Kern-Hülle-Modell.*

RUTHERFORDs Kern-Hülle-Modell. Im Zentrum jedes Atoms befindet sich ein winziger, positiv geladener, schwerer **Kern.** Er enthält über 99,9 % der Masse des Atoms, er ist aber noch 100 000-mal kleiner als das ganze Atom. Das hatte RUTHERFORD aus der geringen Zahl der stark abgelenkten α-Teilchen und auch deren Ablenkungswinkeln berechnen können.

Die meisten α-Teilchen waren ungehindert durch die Atome geflogen. Daraus schloss RUTHERFORD, dass der Atomkern von einer nahezu leeren Hülle umgeben ist. Sie wird aus den negativ geladenen, fast masselosen Elektronen gebildet.

Ein Atom ist insgesamt **elektrisch neutral,** da sich die positiven Ladungen des Kerns und die negativen Ladungen der Hülle ausgleichen.

Nach dem Kern-Hülle-Modell bestehen Atome aus einem winzigen Atomkern und der Atomhülle. Der Kern ist positiv geladen und enthält fast die gesamte Masse des Atoms. In der Hülle befinden sich die Elektronen.

1 Fragen zum Text

a) Woraus konnte RUTHERFORD schließen, dass Atomkerne positiv geladen und sehr schwer sein müssen?
b) Wie groß wäre ein Atom mit einem Atomkern von der Größe eines Stecknadelkopfes (d = 2 mm)?
c) Nenne die wesentlichen Unterschiede zwischen den Atommodellen von DALTON und RUTHERFORD.

Exkurs: Geschichte

MARIE CURIE und die Entdeckung des Radiums

Im Herbst des Jahres 1891 kommt die junge Polin MARYA SKLODOWSKA fast mittellos nach Paris, um dort Physik und Chemie zu studieren. Trotz mangelhafter Vorbildung macht sie glänzende Examen. 1895 heiratet sie den Physiker PIERRE CURIE.

Kurz nach der Geburt ihres ersten Kindes, im Herbst 1897, sucht MARIE CURIE nach einem Thema für ihre Doktorarbeit. Sie liest BECQUERELS Bericht über die Strahlung von Uransalzen und findet hier das Arbeitsgebiet für ihr ganzes Leben.
Sie schlägt den Namen **Radioaktivität** für diese Erscheinung vor. Bald entdeckt sie zwei weitere radioaktive Elemente, die sie *Polonium* und *Radium* (lat. Das Strahlende) nennt. Sie beschließt, diese Elemente in wägbaren Mengen rein darzustellen, um die Atommassen und die chemischen Eigenschaften zu bestimmen.
Zusammen mit ihrem Mann arbeitete sie an diesem Vorhaben in einem als Labor eingerichteten, zugigen Schuppen. Sie musste erst chemische Trennverfahren entwickeln, um dann in vier Jahre langer, mühseliger Arbeit aus einer Tonne Uranerz 0,1 g Radium zu gewinnen.

MARIE CURIE gehört zu den wenigen großen Wissenschaftlerinnen, die sich in den Naturwissenschaften einen bleibenden Namen gemacht haben. 1903 erhielt sie zusammen mit ihrem Mann den Nobelpreis für Physik für ihre Arbeiten zur Radioaktivität. 1911 erhielt sie den Nobelpreis für Chemie für die Reindarstellung des Radiums.

|7.4| Der Aufbau der Atomkerne

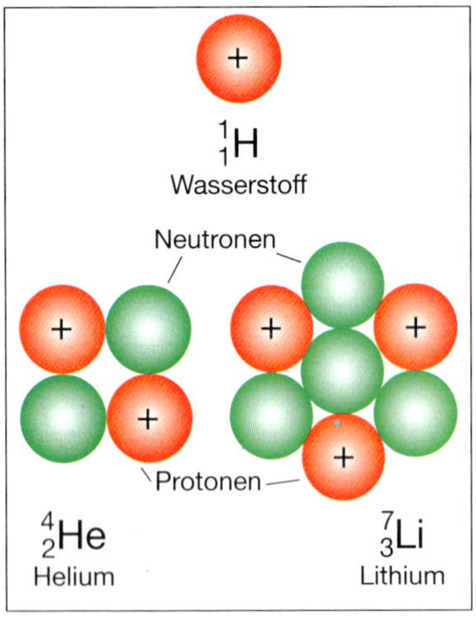

▲ 1 *Bau einiger Atomkerne*

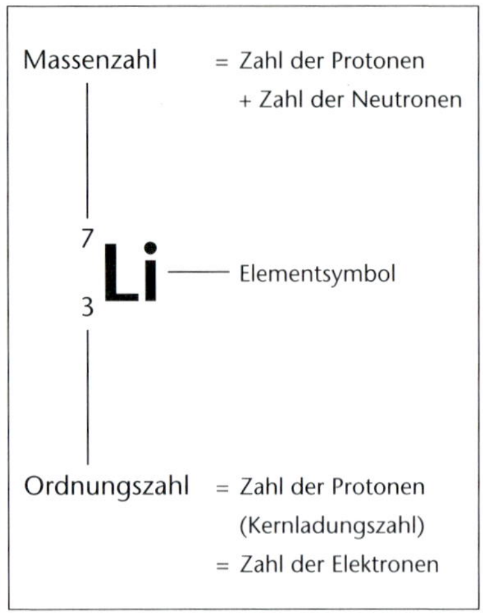

▲ 2 *Symbolschreibweise*

Elementarteilchen	Symbol	Masse in u	Ladung
Elektron	e^-	0,00055	negative Elementarladung
Proton	p	1,00728	positive Elementarladung
Neutron	n	1,00867	elektrisch neutral

▲ 3 *Elementarteilchen*

Der Atomkern, der sich im Zentrum jedes Atoms befindet, besteht wiederum aus sehr kleinen Teilchen, den Kernteilchen (Nukleonen).

Das Proton. Das Wasserstoff-Atom ist am einfachsten gebaut. Sein Kern besteht aus nur einem einzigen Kernteilchen. Es heißt **Proton.** Die elektrische Ladung des Protons ist genau so groß wie die Ladung des Elektrons, aber positiv. Es ist die *positive Elementarladung.* Das gesamte Wasserstoff-Atom besteht also aus einem Elektron in der Hülle und einem Proton im Kern. Es ist deshalb nach außen hin elektrisch neutral.

Die **Masse** des Protons beträgt etwa eine atomare Masseneinheit (1 u). Das ist nahezu die Masse des gesamten Wasserstoffatoms. Die Masse des Elektrons in der Hülle ist so gering, dass man sie vernachlässigen kann.

Der Kern des Helium-Atoms enthält zwei, der Kern des Lithium-Atoms drei Protonen. Von Element zu Element kommt also jeweils ein Proton im Atomkern hinzu.

Das Neutron. Das Helium-Atom mit 2 Protonen hat aber nicht die Masse 2 u, sondern 4 u. Der Helium-Kern muss also noch andere Teilchen enthalten, die aber keine elektrische Ladung tragen. Diese Teilchen heißen **Neutronen.** Mit Ausnahme des Wasserstoff-Atoms enthalten die Kerne aller Atome Neutronen. Ein Neutron hat die gleiche Masse wie ein Proton, doch es ist elektrisch neutral. Für die Stabilität der Atomkerne sind die Neutronen unerlässlich.

Die Protonenzahl bestimmt das Element. Die Anzahl der Protonen im Kern, auch *Kernladungszahl* oder *Ordnungszahl* genannt, gibt zugleich die Anzahl der Elektronen in der Hülle an. Sie legt eindeutig fest, zu welchem Element ein bestimmtes Atom gehört. So ist ein Atom mit 79 Protonen im Kern – und entsprechend 79 Elektronen in der Hülle – *immer* ein Gold-Atom.

Die Summe der Kernteilchen in einem Atom heißt **Massenzahl.** Das Gold-Atom mit 79 Protonen und 118 Neutronen hat die Massenzahl 79 + 118 = 197.

Isotope. Die Masse der Protonen und Neutronen beträgt jeweils etwa 1 u. Deshalb müssten alle Elemente eigentlich ganzzahlige Massenzahlen haben. Doch ein Blick in die Atommassentabelle zeigt für die meisten Elemente erhebliche Abweichungen. Beim Chlor steht beispielsweise die Massenzahl 35,5 u. Halbe Kernbausteine gibt es aber nicht.

Kernteilchen	H-Atom	He-Atom	Li-Atom	Be-Atom	B-Atom	C-Atom	N-Atom	O-Atom	F-Atom
Protonenzahl	1	2	3	4	5	6	7	8	9
Neutronenzahl	0	2	4	5	6	6	7	8	10
Elektronenzahl	1	2	3	4	5	6	7	8	9

▲ 4 *Aufbau einiger Atome*

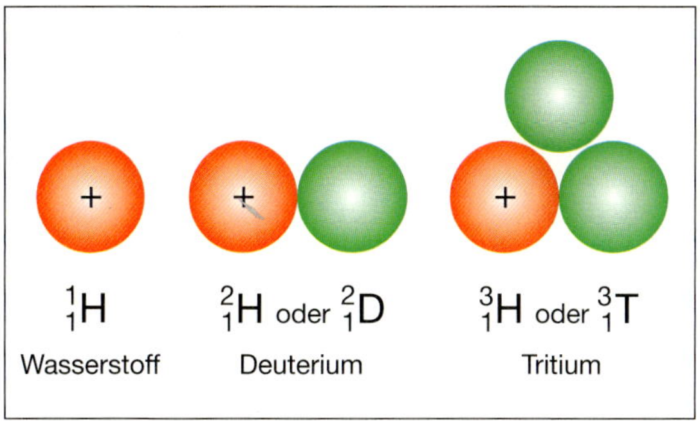

▲ *1 Isotope des Wasserstoffs*

Genauere Untersuchungen zeigten, dass das Element Chlor zu 75 % aus Atomen mit der Masse 35 u und zu 25 % aus Atomen mit der Masse 37 u besteht. Ein Atomkern *Chlor-35* besteht aus 17 Protonen und 18 Neutronen. Ein Atomkern *Chlor-37* besteht aus 17 Protonen und 20 Neutronen. Die Massenzahl 35,5 gibt also nicht die Masse eines einzelnen Chlor-Atoms an. Es ist ein Durchschnittswert für alle Chlor-Atome.

Solche Atome eines Elements, die sich bei gleicher Protonenzahl nur in der Neutronenzahl unterscheiden, heißen **Isotope.** Fast alle Elemente in der Natur sind Isotopengemische.

Die Atommasseneinheit. Im Jahr 1961 wurde international vereinbart, die Atommasseneinheit auf das häufigste Kohlenstoff-Isotop, Kohlenstoff-12, zu beziehen. Es wurde festgelegt: **1 u ist der 12. Teil der Masse des Kohlenstoff-Isotops $^{12}_{6}C$.**

Atomkerne bestehen aus Protonen und Neutronen. Die Zahl der Protonen bestimmt eindeutig, um welches Element es sich handelt. Isotope sind Atome eines Elements, die sich in der Neutronenzahl unterscheiden.

Element	Isotope (Anteil in %)		Atom-masse
Wasserstoff	$^1_1$H (99,98)	$^2_1$H (0,02)	1,008 u
Lithium	$^6_3$Li (7,4)	$^7_3$Li (92,6)	6,94 u
Kohlenstoff	$^{12}_{6}$C (98,9)	$^{13}_{6}$C (1,1)	12,01 u
Sauerstoff	$^{16}_{8}$O (99,8)	$^{18}_{8}$O (0,2)	16,00 u
Fluor	$^{19}_{9}$F (100)		19,00 u

▲ *2 Isotopenverteilung und durchschnittliche Atommasse*

1 Fragen zum Text

a) Woraus bestehen Atomkerne?
b) Warum sind Atome elektrisch neutral, obwohl sie geladene Teilchen enthalten?
c) Berechne Massenzahlen der Atome aus Tabelle 4.
d) Wodurch unterscheiden sich die Isotope eines Elements voneinander?

2 Theorie

a) Nenne die Anzahl der Protonen, Elektronen und Neutronen für folgende Atome und gib jeweils die Ordnungszahl an:

$^1_1$H $^2_1$H $^3_1$H $^{14}_{6}$C $^{16}_{8}$O $^{18}_{8}$O $^{27}_{13}$Al $^{32}_{16}$S $^{33}_{16}$S $^{34}_{16}$S

b) Um welche Atome handelt es sich jeweils?

$^{31}_{15}?$ $^{52}_{24}?$ $^{195}_{78}?$ $^{197}_{79}?$ $^{201}_{80}?$ $^{...}_{88}?$ $^{59}_{...}?$

c) Warum kann man Isotope eines Elements nicht mit chemischen Methoden voneinander trennen?

3 Theorie

Berechne die Masse von
a) 3 Natrium-Atomen
b) 7 Aluminium-Atomen
c) $6 \cdot 10^{23}$ (= 1 mol) Magnesium-Atomen
d) $12 \cdot 10^{23}$ (= 2 mol) Eisen-Atomen
Hinweis: 1 g = $6 \cdot 10^{23}$ u

4 Theorie

Vergleiche die Atommassen von Cobalt und Nickel im Periodensystem. Gib eine Erklärung dafür, warum Cobalt trotz der kleineren Ordnungszahl die größere Atommasse hat.

5 Experiment

In Massenspektographen werden geladene Teilchen (Ionen) beschleunigt und nach unterschiedlicher Masse getrennt. Beschreibe den abgebildeten Modellversuch.

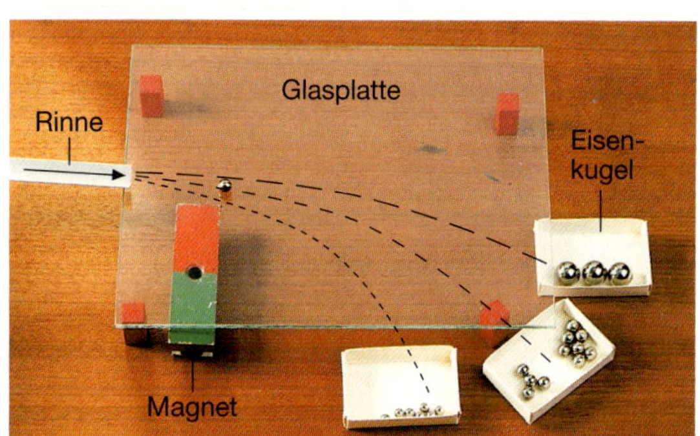

Radioaktivität im Alltag

▲ *1 Leuchtziffern einer Uhr*

Leuchtziffern einer Uhr sind praktisch. Damit kann man im Dunkeln ohne weitere Lichtquelle die Zeit ablesen. Doch man macht eine merkwürdige Entdeckung, wenn man eine Leuchtziffer eine Zeit lang in einem dunklen Raum mit einer Lupe betrachtet. Man sieht keine gleichmäßig leuchtende Fläche, sondern viele grünlich aufblitzende Lichtpunkte.

Die Leuchtziffern bestehen aus Zinksulfid mit einem kleinen Anteil eines radioaktiven Elementes. Heute wird dafür meist Tritium ($^3_1$H) verwendet. Tritium-Atome senden beim Zerfall β-Teilchen aus. Jedes einzelne Teilchen wird als Lichtblitz sichtbar, wenn es auf Zinksulfid trifft. Man sieht also den radioaktiven Zerfall einzelner Atome!

Leuchtziffern waren eine der ersten technischen Anwendungen radioaktiver Isotope. Früher wurde *Radium* verwendet, bis man feststellte, dass die energiereiche, harte α-Strahlung von Radium sehr gesundheitsschädlich ist. Die weiche β-Strahlung von Tritium ist ungefährlich. Sie dringt nicht durch das Gehäuse.

Halbwertszeit und Aktivität. Die kennzeichnende Größe radioaktiver Elemente ist die **Halbwertszeit.** Es ist die Zeit, in der die Hälfte der jeweils vorhandenen Atome zerfallen ist. Halbwertszeiten reichen von Sekundenbruchteilen bis zu Jahrmillionen.

Die Zahl der Kernumwandlungen pro Sekunde nennt man **Aktivität.** Die Maßeinheit heißt *Becquerel (Bq).* 1 Bq bedeutet eine Kernumwandlung pro Sekunde. Um die Aktivität verschiedener Stoffe vergleichen zu können, muss jeweils die Masse angegeben werden, zum Beispiel Becquerel pro Kilogramm.

Strahlenbelastung. Die Strahlung aus dem Weltraum und die Strahlung radioaktiver Elemente aus der Erde und aus Baustoffen verursachen die natürliche Strahlenbelastung. So sind alle Kaliumverbindungen schwache Strahlungsquellen, denn Kalium besteht zu 0,01 % aus dem radioaktiven Isotop Kalium-40. Das ist auch die Ursache für die natürliche Radioaktivität von Nahrungsmitteln (40 Bq/kg) und vom Menschen (120 Bq/kg).

Halbwertszeiten radioaktiver Isotope	
H-3: 12,3 Jahre	I-131: 8 Tage
C-14: 5736 Jahre	Cs-134: 2,1 Jahre
K-40: 1,3 Mrd. Jahre	Cs-137: 30,1 Jahre
Tc-99: 6 Stunden	Ra-226: 1600 Jahre

▲ *2 Halbwertszeiten*

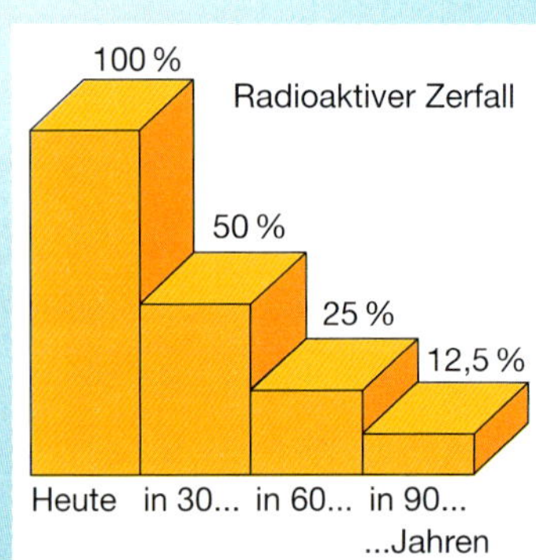

▲ *3 Zerfall von Caesium-137*

Die natürliche Strahlenbelastung ist deutlich höher als die durchschnittliche Belastung durch künstlich erzeugte Strahlung. Diese wird bei medizinischen Untersuchungen vor allem durch Röntgenstrahlen verursacht.

Eine besondere Gefährdung geht von Unfällen in Kernkraftwerken und kerntechnischen Anlagen aus. Bei der Explosion des Kernreaktors in **Tschernobyl** im April 1986 gelangten etwa 5 % des angesammelten radioaktiven Materials in feinster Verteilung in die Atmosphäre. Darunter waren etwa 15 kg Caesium-137. Bei einer Halbwertszeit von 30 Jahren ist es noch fast zur Hälfte vorhanden. Es wird in der Humusschicht des Bodens festgehalten und bleibt so im Wurzelbereich der Pflanzen verfügbar.

1. Betrachte die Leuchtziffern einer im Dunkeln aufbewahrten Uhr mit einer Lupe. Warte dabei, bis sich die Augen an die Dunkelheit angepasst haben.
2. Beim Reaktorunfall in Tschernobyl wurden die radioaktiven Isotope Iod-131, Caesium-134 und Caesium-137 weltweit verteilt.
a) Nach welcher Zeit sind davon jeweils weniger als 5 % der Anfangsmengen vorhanden?
b) Erkläre den Begriff Halbwertszeit.

Exkurs: Forschung

Altersbestimmung mithilfe von Radioaktivität

Ötzi, der Gletschermann aus den Ötztaler Alpen, ist etwa 5000 Jahre alt, prähistorische Malereien in der Höhle von Lascaux in Frankreich sind 19 000 Jahr alt – solche Altersbestimmungen gelingen den Archäologen mithilfe der *C-14-Methode (Radiocarbonmethode).*

Das Messverfahren beruht darauf, dass im Kohlenstoffdioxid der Atmosphäre neben dem „normalen" Kohlenstoff C-12 ($^{12}_{6}C$) stets eine geringe Menge des radioaktiven Kohlenstoff-Isotops C-14 ($^{14}_{6}C$) vorkommt. C-14 zerfällt mit einer Halbwertszeit von 5730 Jahren, doch es entsteht durch die Einwirkung der kosmischen Höhenstrahlung ständig neu.

Das C-14 wird in alle Pflanzen mit eingebaut. Solange die Pflanze lebt, entspricht das Verhältnis von C-14- zu C-12-Isotopen demjenigen in der Atmosphäre. Endet der pflanzliche Stoffwechsel, etwa wenn ein Baum gefällt wird, nimmt der anfängliche Gehalt an C-14 wegen des radioaktiven Zerfalls ständig ab. Je älter das Holz wird, desto geringer ist der C-14-Gehalt – und damit die Strahlung. Sie wird mit empfindlichen Geräten gemessen. So ist nach 5730 Jahren nur noch die Hälfte der ursprünglichen Strahlung vorhanden. Dieses Messverfahren ermöglicht Altersbestimmungen, die bis 50 000 Jahre in die Vergangenheit zurückreichen.

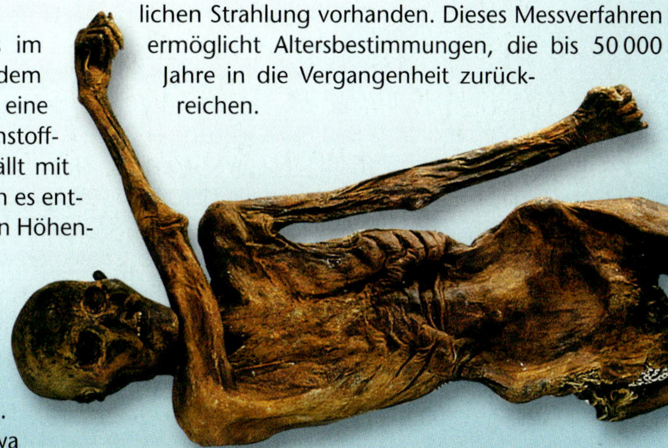

Exkurs: Geschichte

Zwei Chemiker entdecken die Kernspaltung

Im Jahre 1938 bestrahlten die Chemiker HAHN und STRASSMANN Uran mit Neutronen. Sie wollten herausfinden, ob die Kerne von Uran-Atomen Neutronen einfangen und dabei schwerere Atomkerne bilden können. Dabei sollten Radium-Atome als Zerfallsprodukte entstehen. Doch sie fanden die sehr viel leichteren Barium-Atome.

HAHN schrieb daraufhin an die Physikerin LISE MEITNER nach Stockholm: *„...wir kommen zu dem Schluss: unsere vermeintlichen Radium-Isotope verhalten sich nicht wie Radium, sondern wie Barium. Vielleicht kannst Du eine Erklärung vorschlagen. Wir wissen dabei selbst, dass das Uran eigentlich nicht in Barium ‚zerplatzen' kann..."*

Neutron — ***Der Urankern fängt das Neutron ein*** — ***der Kern gerät in Schwingungen und zerbricht in zwei kleinere Atomkerne*** — ***Neutronen werden frei***

LISE MEITNER war der theoretische Kopf der Arbeitsgruppe gewesen. Die Rassengesetze hatten sich zur Emigration gezwungen. Sie bestätigte theoretisch, was HAHN und STRASSMANN mit chemischen Methoden bewiesen hatten: die Kerne von Uran-Atomen können zerplatzen, wenn sie Neutronen einfangen!

Später fand man heraus, dass bei jeder Kernspaltung zugleich auch Neutronen frei werden. Diese können weitere Uran-Kerne in einer Kettenreaktion zur Spaltung bringen. Dabei werden gewaltige Energiemengen frei. So begann das „Atomzeitalter".
Die Entwicklung der Atombombe und der Bau von Atomkraftwerken waren die Folgen dieser Entdeckung.

|7.5| Das Schalenmodell der Elektronenhülle

Das Kern-Hülle-Modell sagt nichts darüber aus, wie die Elektronen in der Atomhülle verteilt sind. Dazu veröffentlicht der dänische Physiker NIELS BOHR im Jahr 1913 eine Theorie. Er wollte die chemischen Eigenschaften der Elemente mit dem Aufbau der Elektronenhüllen ihrer Atome erklären. BOHRS Theorie bildete die Grundlage für das **Schalenmodell der Elektronenhülle.** Nach diesem Modell sind die Elektronen nicht beliebig in der Atomhülle verteilt, sondern sie bewegen sich in bestimmten Räumen, die wie Zwiebelschalen um den Atomkern angeordnet sind. In diesen **Elektronenschalen** bewegen sich die Elektronen mit hoher Geschwindigkeit um den Kern.

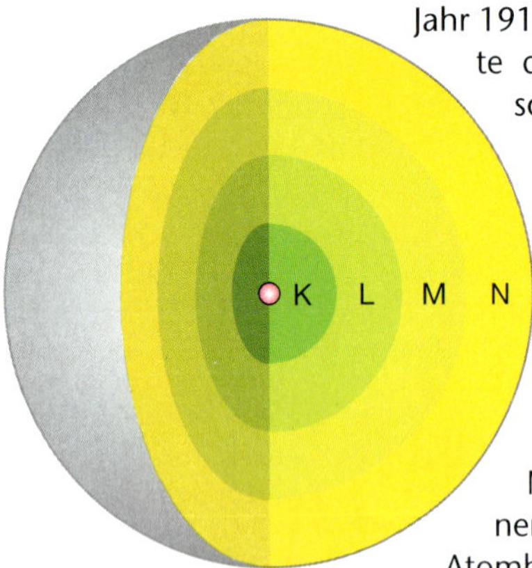

1 Das Schalenmodell der Atomhülle

Man kennzeichnet die Schalen von innen nach außen mit den Buchstaben **K, L, M, N, O...** Jede Schale kann nur eine begrenzte Zahl von Elektronen aufnehmen, die **K-Schale** *zwei,* die **L-Schale** *acht* und die **M-Schale** *achtzehn.* Die Elektronen, die sich in der jeweils äußeren Schale eines Atoms befinden, heißen **Außenelektronen.**

Die Schalen werden *von innen nach außen* mit Elektronen besetzt. Die Anzahl der Elektronen ergibt sich aus der jeweiligen Protonenzahl im Kern. Das einzige Elektron des Wasserstoff-Atoms befindet sich demnach in der innersten Schale, der K-Schale. Beim Helium-Atom befinden sich zwei Elektronen in der K-Schale. Damit ist diese Schale voll besetzt. Von den drei Elektronen des Lithium-Atoms befinden sich zwei in der K-Schale, das dritte gehört zur L-Schale.

Bei den folgenden Atomen wird jeweils ein weiteres Elektron in die L-Schale eingefügt. Mit acht Elektronen ist auch die L-Schale voll besetzt. Das ist beim Neon-Atom der Fall. Von den insgesamt elf Elektronen des Natrium-Atoms befinden sich zwei in der K-Schale, acht in der L-Schale und ein Elektron in der M-Schale.

Elektronenhülle und chemische Eigenschaften. Vergleicht man die Elektronenhüllen der Atome chemisch verwandter Elemente, so fällt auf, dass sie in der Besetzung ihrer *Außenschalen* übereinstimmen. So besitzen die Atome aller *Alkalimetalle* jeweils *ein* Elektron in der Außenschale. Bei den *Erdalkalimetallen* sind es *zwei* Außenelektronen, alle *Halogen-Atome* besitzen *sieben* Außenelektronen.

Schale	maximale Anzahl der Elektronen
K	2
L	8
M	18
N	32
O	50

Man kann daraus schließen, dass die **chemischen Eigenschaften** der Stoffe durch die **Zahl der Außenelektronen** der Atome bestimmt wird. In der „Punkt-Schreibweise" lassen sich die Außenelektronen übersichtlich darstellen:

Li· Be· ·B· ·C· ·N: ·O: :F: :Ne:

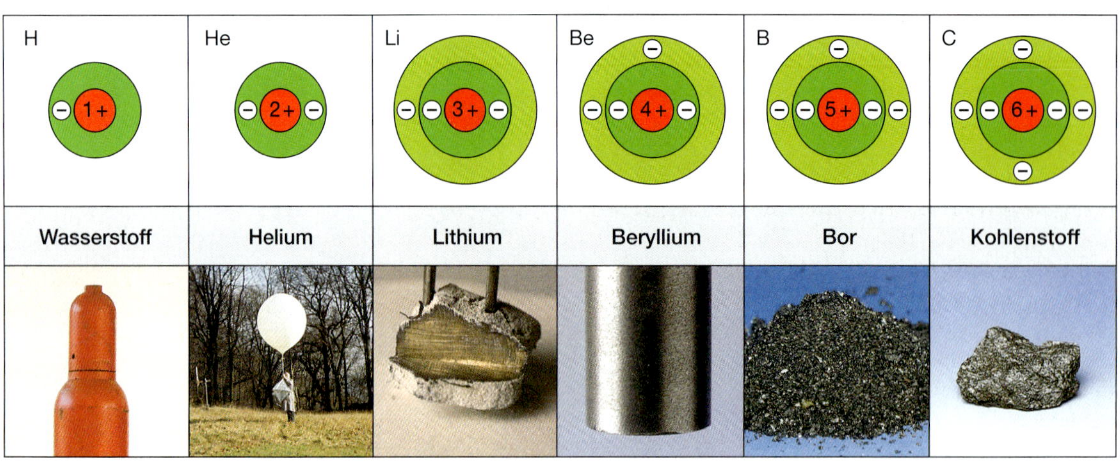

2 Die Elemente Nr. 1 bis Nr. 6

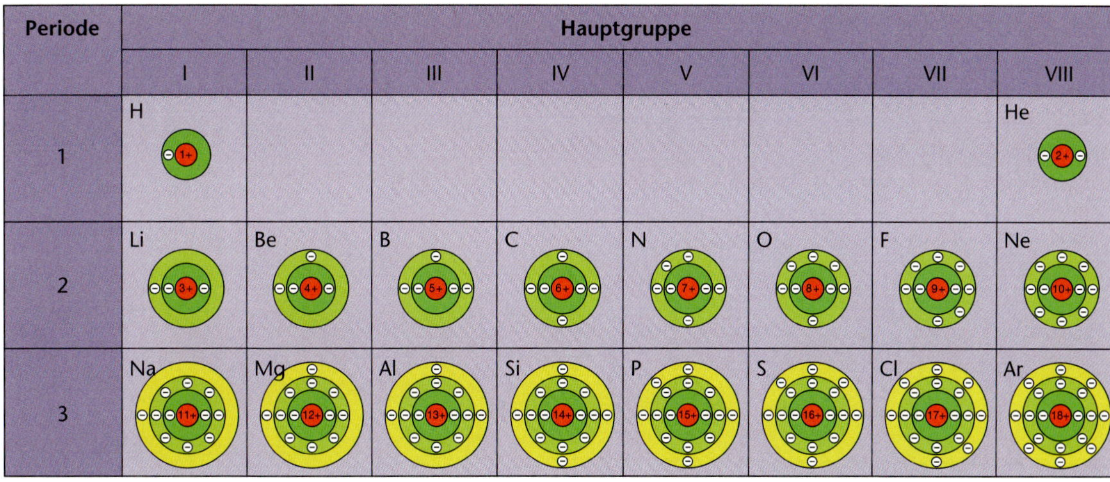

▲ *1 Die ersten drei Perioden aus dem Periodensystem*

Die Edelgasschale. Eine besondere Stellung nehmen die Edelgase ein. Die Atome dieser chemisch reaktionsträgen Elemente besitzen jeweils maximal gefüllte Außenschalen. Beim Helium-Atom ist die K-Schale mit zwei Elektronen voll besetzt. Alle anderen Edelgas-Atome haben acht Elektronen in der Außenschale. Das ist jeweils die höchstmögliche Elektronenzahl in einer Außenschale. Diese voll besetzten Außenschalen nennt man auch **Achterschalen.** Eine voll besetzte Außenschale ist eine besonders stabile Elektronenanordnung.

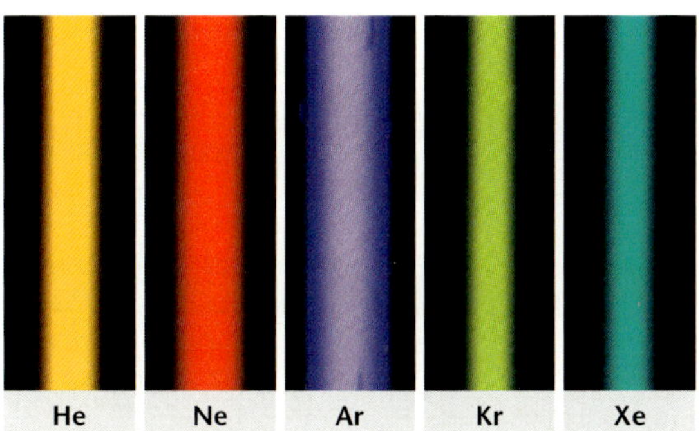

▲ *2 Edelgase sind besonders reaktionsträge. Hier werden sie elektrisch zum Leuchten gebracht.*

Elektronenhülle und Periodensystem. MENDELEJEW und MEYER hatten 1869 die Elemente in der Reihenfolge ihrer Atommassen und nach chemischer Verwandtschaft angeordnet. BOHR konnte nun nachweisen, dass die Anordnung der Elemente im Periondensystem vom schalenförmigen Aufbau der Elektronenhüllen ihrer Atome abhängt. Die Anzahl der Elektronen in der Hülle wird von der Anzahl der Protonen im Kern bestimmt. Deshalb ist nicht die Massenzahl, sondern die Protonenzahl die entscheidende Größe. Die Protonenzahl wird auch **Ordnungszahl** genannt. Die Elemente sind also **nach steigender Protonenzahl** im Periodensystem angeordnet.

Alle Elemente, deren Atome gleich viele Elektronenschalen besitzen, stehen in einer waagerechten Reihe, der **Periode**, nebeneinander. In einer Periode folgen stets vergleichbare Elemente aufeinander: Auf ein Alkalimetall folgt ein Erdalkalimetall, auf ein Halogen ein Edelgas. Die *Periodennummer* gibt die Anzahl der Schalen an.

Alle Elemente, deren Atome gleich viele Außenelektronen besitzen, stehen in **Gruppen** untereinander. Die *Gruppennummer* gibt jeweils die Anzahl der Außenelektronen an. Sie wird mit römischen Ziffern geschrieben. Die gleiche Anzahl von Außenelektronen ist die Ursache für die chemische Verwandtschaft der Elemente innerhalb einer Gruppe („Elementfamilien").

Aus der Stellung der Elemente im Periodensystem lässt sich also der Aufbau der Elektronenhülle ihrer Atome ablesen.

In der Atomhülle bewegen sich die Elektronen in bestimmten schalenförmigen Räumen um den Atomkern. Die Elektronen der äußeren Schale, die Außenelektronen, bestimmen das chemische Verhalten der Elemente.
Im Periodensystem sind die Elemente nach steigender Protonenzahl angeordnet.

1 Fragen zum Text

a) Warum nennt man die Protonenzahl eines Elements auch Ordnungszahl?
b) Was haben alle Atome der 3. Periode des Periodensystems gemeinsam?
c) Was haben die Atome der 2. Gruppe gemeinsam?
d) Nenne alle Elemente, deren Atome voll besetzte Außenschalen haben. Welche chemischen Eigenschaften haben diese Elemente?

2 Theorie

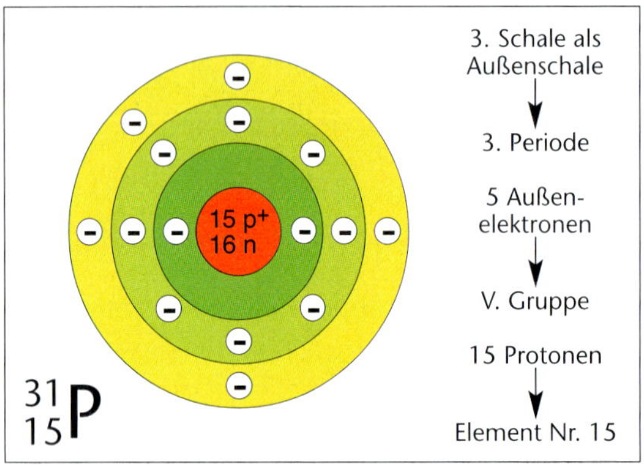

Aus dem Bau der Atomhülle ergibt sich die Stellung eines Elements im Periodensystem. Zeichne auch das Schalenmodell für das Element Nr. 20, Calcium, und erläutere daran dessen Stellung im Periodensystem.

3 Theorie

Perioden	Gruppen I	II	III	IV	V	VI	VII	VIII
1	$_{1}$H							$_{2}$He
2	$_{3}$Li	$_{4}$Be	$_{5}$B	$_{6}$C	$_{7}$N	$_{8}$O	$_{9}$F	$_{10}$Ne
3	$_{11}$Na	$_{12}$Mg	$_{13}$Al	$_{14}$Si	$_{15}$P	$_{16}$S	$_{17}$Cl	$_{18}$Ar
4	$_{19}$K	$_{20}$Ca	$_{31}$Ga	$_{32}$Ge	$_{33}$As	$_{34}$Se	$_{35}$Br	$_{36}$Kr
5	$_{37}$Rb	$_{38}$Sr	$_{49}$In	$_{50}$Sn	$_{51}$Sb	$_{52}$Te	$_{53}$I	$_{54}$Xe
6	$_{55}$Cs	$_{56}$Ba	$_{81}$Tl	$_{82}$Pb	$_{83}$Bi	$_{84}$Po	$_{85}$At	$_{86}$Rn

a) Übertrage das verkürzte Periodensystem (Hauptgruppensystem) in dein Heft und kennzeichne alle Außenelektronen durch Punkte, die um das Elementsymbol geschrieben werden.
b) Warum gibt es in der 1. Periode nur zwei, in der 2. Periode dagegen acht Elemente?
c) Zeichne die Schalenmodelle für die Atome mit den Ordnungszahlen 7, 16, 18, 19.
d) Im abgebildeten Periodensystem sind die Metalle braun, die Nichtmetalle gelb unterlegt. Wie unterscheiden sich die Atome der Metalle und der Nichtmetalle bezüglich der Anzahl ihrer Außenelektronen?
e) Vergleiche die Eigenschaften der Elemente, die in der 2., 3. und 4. Periode des Hauptgruppensystems aufeinander folgen.

Exkurs: Theorie

Nebengruppenelemente im Periodensystem

In den Hauptgruppen des Periodensystems sind wichtige Metalle wie Eisen, Kupfer oder Gold nicht zu finden. Sie sind in den **Nebengruppen** eingeordnet. Dort stehen Elemente, bei denen die jeweils vorletzte oder sogar drittletzte Schale noch nicht vollständig gefüllt ist, obwohl die jeweilige Außenschale bereits ein bis zwei Elektronen enthält.
Bei gleicher Besetzung der Außenschalen beeinflussen unterschiedliche Elektronenzahlen *innerer Schalen* die chemischen Eigenschaften nur *gering*. Deshalb unterscheiden sich die Nebengruppenelemente einer Periode weniger voneinander als aufeinander folgende Hauptgruppenelemente. Es sind alles Metalle.

1. Zeichne die Schalenmodelle für das Eisen-, das Cobalt- und das Nickel-Atom und nenne die Unterschiede.

Nebengruppenelemente									
$_{21}$Sc Scandium	$_{22}$Ti Titan	$_{23}$V Vanadium	$_{24}$Cr Chrom	$_{25}$Mn Mangan	$_{26}$Fe Eisen	$_{27}$Co Cobalt	$_{28}$Ni Nickel	$_{29}$Cu Kupfer	$_{30}$Zn Zink
$_{39}$Y Yttrium	$_{40}$Zr Zirkonium	$_{41}$Nb Niob	$_{42}$Mo Molybdän	$_{43}$Tc Technetium	$_{44}$Ru Ruthenium	$_{45}$Rh Rhodium	$_{46}$Pd Palladium	$_{47}$Ag Silber	$_{48}$Cd Cadmium
$_{57}$La Lanthan	$_{72}$Hf Hafnium	$_{73}$Ta Tantal	$_{74}$W Wolfram	$_{75}$Re Rhenium	$_{76}$Os Osmium	$_{77}$Ir Iridium	$_{78}$Pt Platin	$_{79}$Au Gold	$_{80}$Hg Quecksilber

Besetzung der Schalen	Fe	Co	Ni
K-Schale	2	2	2
L-Schale	8	8	8
M-Schale	14	15	16
N-Schale	2	2	2

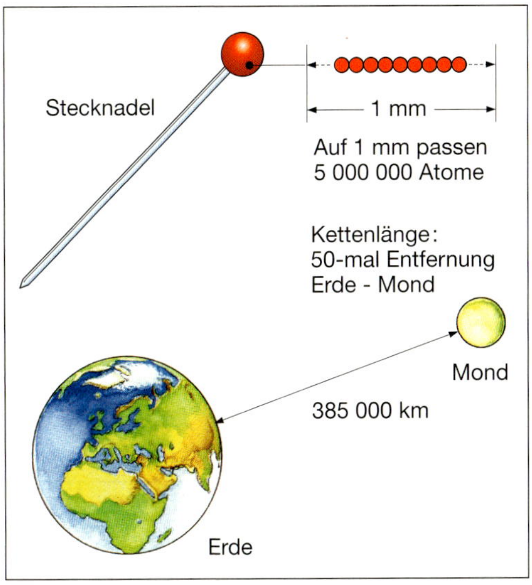

1 Wenn man die Atome, die in einem Stecknadelkopf enthalten sind, wie bei einer Perlenkette aneinander reihen könnte, bekäme man eine sehr lange Kette. Obwohl auf jeden Millimeter 5 Millionen Atome passen, würde diese Kette 50-mal von der Erde bis zum Mond reichen. Berechne, wie viele Kilometer das wären.

2 Einen gedruckten Punkt „·" in diesem Buch kann man annähernd als ein Quadrat mit 0,2 mm Kantenlänge betrachten. Wie viele Kohlenstoff-Atome passen auf diese Fläche?
Hinweis: Auf eine Strecke von 0,2 mm passen etwa 2 500 000 Kohlenstoff-Atome.

3 Wie ist es möglich, dass α-Teilchen durch die 1000 Atomschichten einer Goldfolie nahezu ungehindert hindurchfliegen können?

4 Nenne Gründe, warum das Atommodell von Dalton durch andere Atommodelle abgelöst werden musste.

5 Der Atomkern des Wasserstoff-Atoms soll durch einen Tischtennisball dargestellt werden. Welchen Durchmesser hätte dann das gesamte Atom?

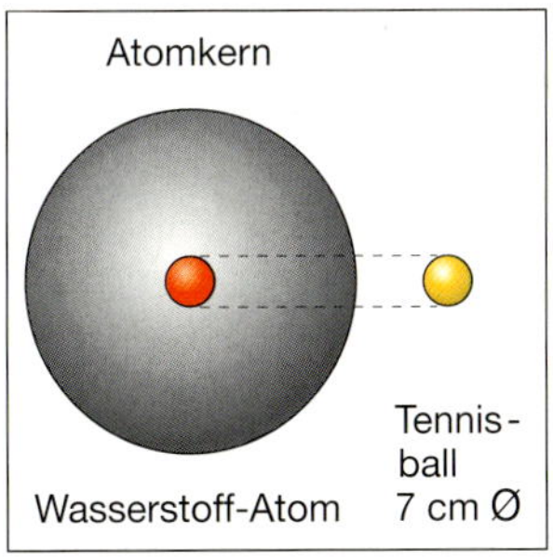

6 Warum zieht ein Stück Bernstein kleine Papierschnipsel an, wenn es zuvor mit Wolle oder einem Stück Fell gerieben wurde?

7 Erläutere den Begriff Isotop. Gib einige Beispiele an.

8 a) Was hat der Bau der Atome mit der Anordnung der Elemente im Periodensystem zu tun?
b) Warum werden alle Halogene in einer Gruppe des Periodensystems zusammengefasst?
c) Nenne alle Elemente, deren Atome vollbesetzte Außenschalen haben. Welche Eigenschaften haben diese Elemente?

9 Ein Element steht in der 6. Periode und der IV. Gruppe des Periodensystems. Was lässt sich daraus über den Bau der Elektronenhüllen seiner Atome aussagen?

10 a) Leite aus dem Symbol des Chlors $^{35}_{17}Cl$ und aus der Stellung des Chlors im Periodensystem den Aufbau des Chlor-Atoms ab.
b) Worin stimmen die Chlor-Atome $^{35}_{17}Cl$ und $^{37}_{17}Cl$ überein und worin unterscheiden sie sich?

11 Die im Periodensystem aufeinander folgenden Elemente Argon, Kalium und Calcium haben nahezu die gleiche Atommasse. Erkläre, warum diese Elemente dennoch so unterschiedliche chemische Eigenschaften besitzen.

12 Trainiere dein Wissen, indem du dir eine Wissenskartei zum Thema Atombau anlegst. Schreibe den zu lernenden Begriff jeweils auf die Vorderseite einer Karteikarte, zum Beispiel Kern-Hülle-Modell, Elektron, Proton, Neutron, elektrostatisches Grundgesetz, Edelgasschale. Schreibe auf die Rückseite jeder Karteikarte die Erklärungen.

Basis-Wissen

→ Größe von Atomen: Der „Ölfleckversuch" zeigt: Atome sind kleiner als ein Millionstel Millimeter.

→ Reibungselektrizität: Das **Elektron** ist der Träger der negativen Elementarladung. Durch Elektronenüberschuss können sich Gegenstände negativ, durch Elektronenmangel positiv aufladen.

→ RUTHERFORD entwickelt das Kern-Hülle-Modell des Atoms: Ein Atom besteht aus einen winzigen **Atomkern** und der **Atomhülle.**
Atomkern: positiv geladen; enthält fast die gesamte Masse des Atoms;
Atomhülle: negativ geladen; wird durch die Elektronen gebildet.

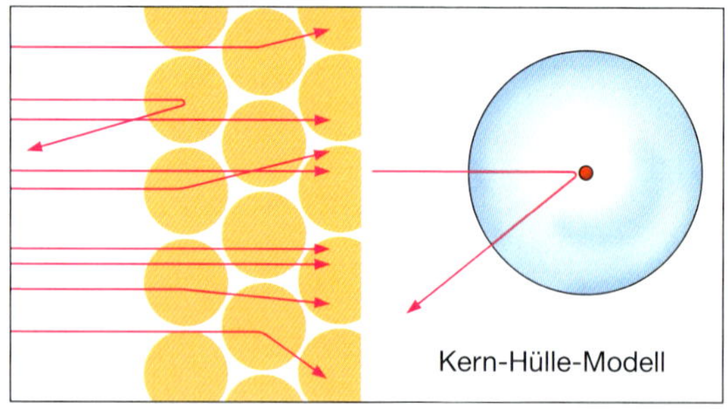

→ Atomkern: Er besteht aus **Protonen** (positiv geladen) und **Neutronen** (elektrisch neutral). Die Zahl der Protonen bestimmt, um welches Element es sich handelt.

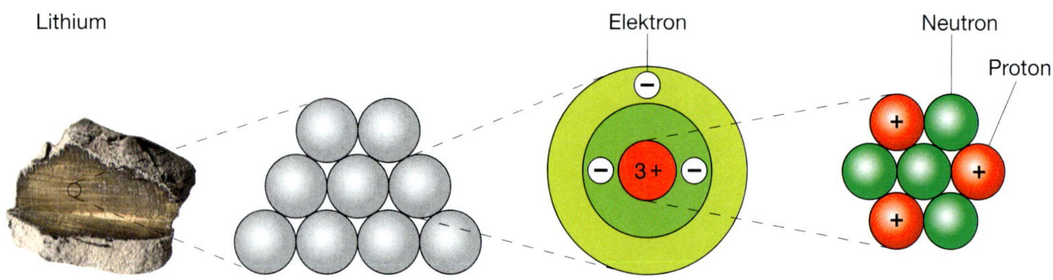

Stoff **Kugelmodell der Atome** **Schalenmodell** **Modell des Atomkerns**

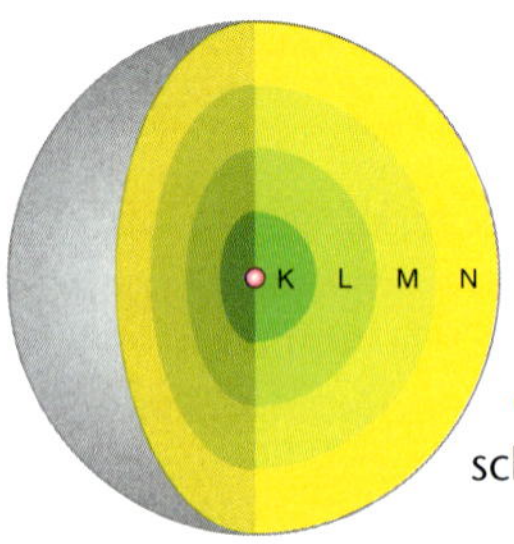

Massenzahl = Zahl der Protonen + Zahl der Neutronen

Kernladungszahl (Ordnungszahl) = Zahl der Protonen
= Zahl der Elektronen

$^{7}_{3}\mathrm{Li}$

→ Isotope: Atome eines Elements, die sich nur in der Neutronenzahl unterscheiden.

→ Atomhülle: Die Elektronen bewegen sich in schalenförmigen Räumen um den Atomkern. Die K-Schale kann maximal 2 Elektronen aufnehmen, die L-Schale 8 und die M-Schale 18 Elektronen.

→ Außenelektronen: Die Elektronen der jeweils äußeren Schale bestimmen die chemischen Eigenschaften der Elemente.

→ Atombau und Periodensystem: Im Periodensystem sind die Elemente nach steigender Protonenzahl und nach dem Bau ihrer Atomhüllen angeordnet.

Periodennummer = Zahl der Elektronenschalen

Ordnungszahl = Zahl der Protonen
= Zahl der Elektronen

Gruppennummer = Zahl der Außenelektronen

Perioden	Gruppen: I	II	III	IV	V	VI	VII	VIII
1	$_{1}$H							$_{2}$He
2	$_{3}$Li	$_{4}$Be	$_{5}$B	$_{6}$C	$_{7}$N	$_{8}$O	$_{9}$F	$_{10}$Ne
3	$_{11}$Na	$_{12}$Mg	$_{13}$Al	$_{14}$Si	$_{15}$P	$_{16}$S	$_{17}$Cl	$_{18}$Ar
4	$_{19}$K	$_{20}$Ca	$_{31}$Ga	$_{32}$Ge	$_{33}$As	$_{34}$Se	$_{35}$Br	$_{36}$Kr
5	$_{37}$Rb	$_{38}$Sr	$_{49}$In	$_{50}$Sn	$_{51}$Sb	$_{52}$Te	$_{53}$I	$_{54}$Xe
6	$_{55}$Cs	$_{56}$Ba	$_{81}$Tl	$_{82}$Pb	$_{83}$Bi	$_{84}$Po	$_{85}$At	$_{86}$Rn

|8| Chemische Bindung

In der „Kristallgrotte" im Bergwerk Merkers in Thüringen haben sich in langen Zeiträumen riesige Steinsalzkristalle gebildet. Darunter befinden sich glasklare Kristallwürfel von fast einem Meter Kantenlänge.
Solche Salzkristalle sind ein Beispiel dafür, wie sich kleinste Teilchen von Stoffen aus unserer Umwelt durch chemische Bindungen miteinander verknüpfen und sich dabei regelmäßig anordnen.
Je nachdem, welche Atomarten beteiligt sind und auf welche Weise sich die Atome verbinden, entstehen Stoffe mit unterschiedlichen Eigenschaften.
Das können glänzende Metalle, elastische Kunststoffe, farblose Gase oder eben regelmäßig geformte Salzkristalle sein.

|8.1| Kochsalz ist unentbehrlich

Steinsalz, Siedesalz, Streusalz, Viehsalz, Speisesalz, Salz für Wasserenthärtungsanlagen – Salz gibt es in vielen Handelsformen. Dabei handelt es sich immer um den gleichen Stoff, um **Kochsalz** mit dem chemischen Namen **Natriumchlorid (NaCl)**.

Heute können wir Kochsalz für wenig Geld und in jeder beliebigen Menge kaufen. Doch das war nicht immer so. Im Altertum und noch im Mittelalter war es knapp und kostbar. Denn das Salz wurde nicht nur zum Würzen verwendet. Es wurde vor allem zum Haltbarmachen von Fisch und Fleisch und für die Lederverarbeitung benötigt.

▲ *1 Handelsformen von Kochsalz*

In alten Zeiten siedelten die Menschen deshalb gern dort, wo Salzvorkommen waren. Salz wurde bald zur wichtigsten Handelsware. Wer das „weiße Gold" besaß, konnte reich werden. Doch auch am Transport und an den Handelswegen des Salzes ließ sich gut verdienen.

▲ *2 Salz im Straßenverkehr*

Kochsalz ist lebenswichtig. Der Körper eines Erwachsenen enthält ungefähr 200 g Kochsalz. Etwa 50 g davon sind im Blut gelöst. Das Salz wird für die Funktionen der Körperzellen und für die Produktion von Magensäure benötigt. Deshalb muss im Körper eine gleichbleibende Salzkonzentration aufrecht erhalten werden, etwa 9 g Kochsalz pro 1 l Flüssigkeit. Eine solche 0,9 %ige Kochsalzlösung wird auch Verletzten bei starkem Blutverlust nach Unfällen oder Operationen in die Blutbahn getropft. Sie heißt *physiologische Kochsalzlösung*.

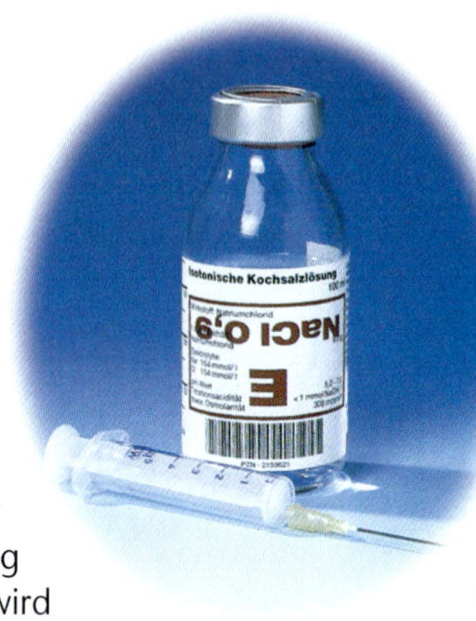

▲ *3 Physiologische Kochsalzlösung*

Drei bis fünf Gramm Kochsalz müssen wir pro Tag aufnehmen, um ausgeschiedenes Salz zu ersetzen. Das ist ein Teelöffel voll. Weil wir zu viele salzhaltige Lebensmittel essen, nehmen wir im Durchschnitt etwa die doppelte Menge auf. Solche versteckten Salze sind vor allem in industriell hergestellten Lebensmitteln reichlich enthalten. Eine zu hohe Salzaufnahme kann auf Dauer gesundheitsschädlich sein.

Doch nicht nur zu viel, auch zu wenig Salz ist gesundheitsschädlich und kann sogar lebensgefährlich sein. Wenn der Körper, etwa bei einer längeren Durchfallerkrankung, viel Flüssigkeit verliert, gehen auch Salze verloren. Sie müssen dann durch salzhaltige Medikamente ersetzt werden.

▲ *4 Salz bei der Wurstherstellung*

Wer beim Sport oder bei heißem Wetter stark schwitzt, verliert dabei ebenfalls Salz. Leistungssportler trinken dann teure Spezialgetränke, um den Salzmangel auszugleichen. Doch auch ein Gemisch aus Apfelsaft und Mineralwasser reicht dafür aus.

Kochsalz ist – in richtiger Menge – ein unentbehrliches Lebensmittel.

1 Fragen zum Text

a) Nenne Beispiele für die Anwendung von Kochsalz außerhalb der Küche.
b) Warum ist Kochsalz für den Menschen lebenswichtig?
c) Was ist eine „physiologische Kochsalzlösung" und wozu wird sie verwendet?

2 Alltag

Die bei Sportlern beliebten „Iso-Drinks" sind *isotonische* Getränke. Isotonisch bedeutet, dass in dem Getränk die Salze in der gleichen Konzentration vorkommen wie im menschlichen Blut.

a) Überprüfe verschiedene „Iso-Drinks", ob das für den dort angegebenen Kochsalzgehalt jeweils zutrifft.
b) Bei welchen Sportarten sollte man auf den Salzgehalt der Getränke achten?

3 Alltag

Lebensmittel 100 g	Kochsalzgehalt
Frischfleisch	0,3 g bis 0,8 g
Roher Schinken	4,0 g bis 6,0 g
Hering, frisch	0,3 g bis 0,4 g
Matjes	6,0 g bis 8,0 g
Frischkäse	0,4 g bis 0,6 g
Emmentaler Käse	3,0 g bis 5,0 g
Frische Erbsen	0,01 g bis 0,02 g
Dosenerbsen	2,0 g bis 5,0 g
Brot	1,0 g bis 2,0 g
Salzgebäck	3,0 g bis 6,0 g

a) Berechne aus den in der Tabelle angegebenen Werten, mit wie viel Gramm der dort genannten Lebensmittel eine empfohlene Tagesdosis für Kochsalz in etwa erreicht wird.
b) Vergleiche den Kochsalzgehalt von frischen und verarbeiteten Lebensmitteln. Was fällt auf?
c) Finde mithilfe von Nährwerttabellen den Kochsalzgehalt weiterer Lebensmittel heraus.

Exkurs: Technik

Wer braucht das viele Salz?

In Deutschland werden pro Jahr etwa 12 Millionen Tonnen Kochsalz verarbeitet. Doch nur ein sehr kleiner Teil davon wird als *Speisesalz* verbraucht.

Einen größeren Anteil hat das *Gewerbesalz*. Es wird zum Beispiel für Wasserenthärtungsanlagen, als Hilfsmittel in der Leder- und Textilindustrie oder als Auftausalz verwendet.

Über 80 % des Salzes werden als *Industriesalz* verbraucht. Es ist ein wichtiger und preiswerter Rohstoff für die chemische Industrie.

Dazu muss das Salz zunächst in seine Bestandteile zerlegt werden. So lässt sich daraus hauptsächlich Chlor und Natronlauge gewinnen. Das ist die Basis für die Herstellung zahlreicher Produkte, von Aluminium und Kunststoffen über Seife und Waschmittel bis zu Medikamenten.

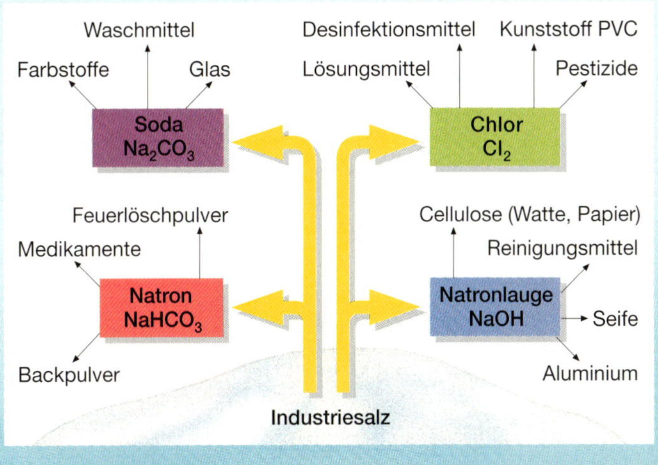

|8.2| Salze bestehen aus geladenen Teilchen

Wird an eine Kupferchlorid-Lösung eine elektrische Gleichspannung angelegt, so erscheinen am Pluspol, der **Anode,** kleine Gasbläschen. Es entsteht *Chlor.*
Der Minuspol, die **Kathode,** überzieht sich im Laufe der Zeit mit einer rotbraunen Schicht. Es handelt sich um metallisches *Kupfer.* Mit einer Glühlampe im Stromkreis lässt sich nachweisen, dass Elektrizität fließt. Doch was fließt da eigentlich?

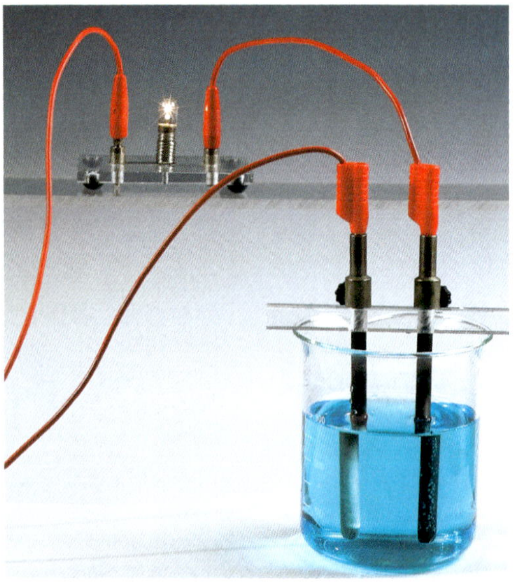

▲ *1 Elektrolyse einer Kupferchlorid-Lösung*

Bei den Metallen scheint die Sache klar: hier sind es die negativ geladenen **Elektronen.** Sie bewegen sich im Kupferdraht eines Kabels und im Wolframdraht einer Glühlampe. Alle Metalle und auch die Kohlestäbe enthalten solche *freien Elektronen.* Sie sind nicht an feste Plätze gebunden und transportieren die Elektrizität.
Die Kupferchlorid-Lösung enthält dagegen *keine* freien Elektronen. Sie wurde aus Kupferchlorid-Kristallen und destilliertem Wasser hergestellt. Beides sind Nichtleiter und Nichtleiter enthalten keine freien Elektronen. Trotzdem leiten solche Salzlösungen den elektrischen Strom!

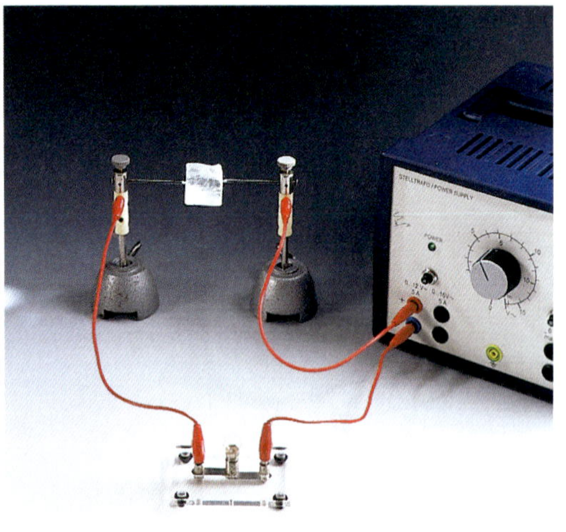

▲ *2 Salzkristalle sind Nichtleiter.*

Salze bestehen aus Ionen. Die Leitfähigkeit von Salzlösungen beruht auf dem besonderen Aufbau der Salze. Salze bestehen aus zwei Arten von Teilchen. Die einen sind durch einen Überschuss an Elektronen *negativ,* die anderen durch einen Mangel an Elektronen *positiv* geladen. Diese Teilchen werden **Ionen** (*griechisch:* Wandernde) genannt.
In einem *Salzkristall* sind diese Ionen an feste Plätze gebunden. Deshalb sind Salzkristalle *Nichtleiter.* In *Salzlösungen* und in *Salzschmelzen* sind die Ionen dagegen *beweglich* und können elektrische Ladung transportieren. Solche leitfähige Flüssigkeiten heißen **Elektrolyte.**

Aus Ionen werden Atome. Wird an einen Elektrolyten eine Gleichspannung angelegt, „wandern" die negativ geladenen Ionen zur *Anode* (Pluspol). Darum werden sie **Anionen** genannt. An der Anode geben sie die überschüssigen Elektronen ab. Im Kupferchlorid sind das die Chlor-Ionen (Cl^-). Jedes Chlor-*Ion* gibt ein Elektron ab und wird zum Chlor-*Atom.* Deshalb entsteht an der Anode gasförmiges Chlor:

$$2\,Cl^- \rightarrow Cl_2 + 2\,e^-$$

Die positiv geladenen Ionen, die **Kationen,** „wandern" zur *Kathode* (Minuspol) und nehmen dort die fehlenden Elektronen auf. Im Kupferchlorid sind das die Kupfer-Ionen (Cu^{2+}). Jedes Kupfer-*Ion* nimmt zwei Elektronen auf und wird zum Kupfer-*Atom.* Deshalb überzieht sich die Kathode mit metallischem Kupfer:

$$Cu^{2+} + 2\,e^- \rightarrow Cu$$

Anders als bei einem metallischen Leiter laufen also beim Stromdurchgang durch einen Elektrolyten chemische Reaktionen ab. Auf diese Weise wird das Salz Kupferchlorid in die Elemente Kupfer und Chlor zerlegt. Dieser Vorgang heißt **Elektrolyse.**

Salze bestehen aus negativ geladenen Anionen und positiv geladenen Kationen. Diese können sich in Salzlösungen und Salzschmelzen frei bewegen.
Die Zerlegung eines Salzes durch elektrischen Strom heißt Elektrolyse.

1 Fragen zum Text

a) Was bedeutet die Aussage: „In einem Metalldraht fließt elektrischer Strom"?
b) Begründe, warum es sich bei einer Elektrolyse um eine chemische Reaktion handelt.
c) Warum wandern Kupfer-Ionen zur Kathode, Chlor-Ionen zur Anode?

2 Experiment

Baue einen einfachen Leiffähigkeitsprüfer aus einem Stück Unterputzkabel, einer Lampe (6 V, 0,05 A) und einem Stromversorgungsgerät (6 V≈).

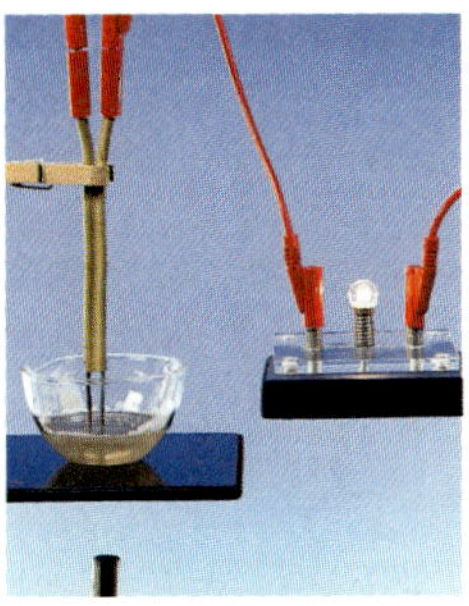

a) Prüfe damit die Leitfähigkeit von Kaliumnitrat (O) und Schwefel.
b) Bringe beide Stoffe in Porzellantiegeln zum Schmelzen und wiederhole die Leitfähigkeitsprüfungen.
Erkläre die Ergebnisse.

3 Experiment

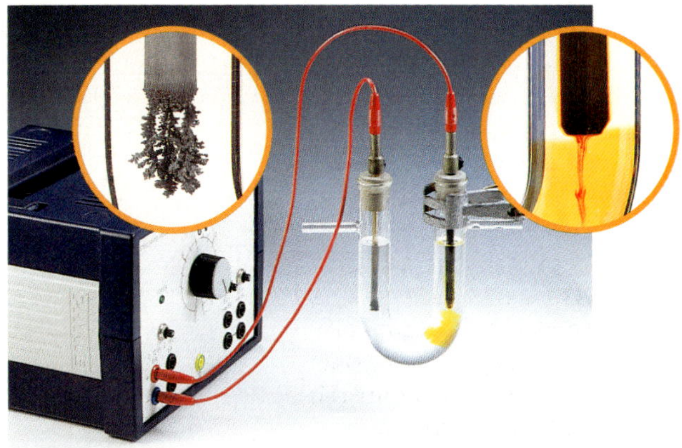

Baue wie im Bild eine Apparatur zur Elektrolyse einer Zinkiodid-Lösung auf. Verwende Kohleelektroden und eine Gleichspannungsquelle.
a) Elektrolysiere 3 bis 5 Minuten lang bei einer Spannung von 4 V bis 6 V.
b) Beschreibe die Vorgänge an den Elektroden.
c) Gib einige Tropfen der braunen Lösung, die an der Anode entstanden ist, in Stärkelösung.
Stärke ergibt mit Iod eine dunkelblaue Lösung.

Exkurs: Theorie

Was geschieht bei der Elektrolyse von Zinkiodid-Lösung an den Elektroden?

In einer Zinkiodid-Lösung (ZnI_2) befinden sich zweifach positiv geladene Zink-Ionen (Zn^{2+}) und die doppelte Anzahl einfach negativ geladener Iodid-Ionen (I^-).

Wird eine elektrische Gleichspannung angelegt, wandern die Zink-Ionen zur Kathode (Minuspol). Dort nehmen sie Elektronen auf. Sie werden zu elektrisch neutralen Zink-Atomen. Deshalb überzieht sich die Kathode mit metallischem Zink:

$Zn^{2+} + 2\,e^- \rightarrow Zn$

Die negativ geladenen Iodid-Ionen wandern zur Anode (Pluspol). Dort geben sie die überschüssigen Elektronen ab. Sie werden zu elektrisch neutralen Iod-Atomen. Je zwei Iod-Atome bilden ein Iod-Molekül (I_2). So entsteht an der Anode eine Iod-Lösung:

$2\,I^- \rightarrow I_2 + 2\,e^-$

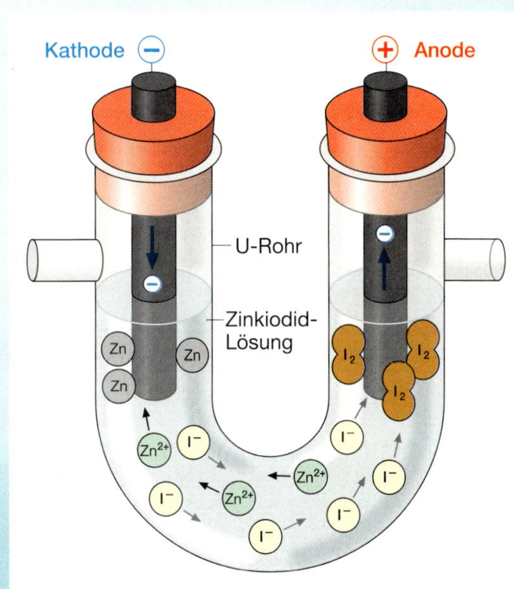

|8.3| Warum Salzkristalle regelmäßig aufgebaut sind

1 *Steinsalzkristall*

In manchen Salzlagerstätten findet man große, würfelförmige Salzkristalle. Doch auch die Salzkörnchen aus dem Salzstreuer sehen unter der Lupe wie Würfel aus. Mit einem Elektronenmikroskop kann man erkennen, dass sogar feinster Salzstaub aus würfelförmigen Kristallen besteht. Das ist natürlich kein Zufall. Die Ursache dafür liegt in der regelmäßigen Anordnung der kleinsten Teilchen des Salzes.

2 *Salzkristall im Raster-Elektronenmikroskop*

Ionen ordnen sich regelmäßig an. Kochsalz (NaCl) besteht aus jeweils gleich vielen Natrium-Ionen (Na^+) und Chlorid-Ionen (Cl^-). Wegen der nach allen Seiten wirkenden starken elektrischen Anziehungskräfte ziehen sich die unterschiedlich geladenen Ionen gegenseitig an. So entsteht eine feste chemische Bindung. Sie heißt **Ionenbindung.**

Die Chlorid-Ionen sind doppelt so groß wie die Natrium-Ionen, deshalb passen um ein Natrium-Ion genau sechs Chlorid-Ionen. Umgekehrt ist auch jedes Chlorid-Ion von sechs Natrium-Ionen umgeben. Die beiden Ionenarten bilden zusammen ein regelmäßig aufgebautes **Ionengitter.**

Modelle für Ionenkristalle. Am *Kugelmodell* des Kochsalzkristalls (Bild 3) sieht man, wie der Raum durch die Ionen ausgefüllt wird. Sie ordnen sich *würfelförmig* an. Etwas übersichtlicher ist das *Gittermodell* (Bild 5). Hier werden die Ionen als gleich große Kugeln dargestellt, die durch Stäbe miteinander verbunden sind.

Eigenschaften von Salzen. Alle Stoffe, die in dieser Art aus Ionen aufgebaut sind, gehören zur Stoffgruppe der Salze und besitzen gemeinsame Eigenschaften:

- Salze sind hart und spröde
- Salze haben in der Regel hohe Schmelztemperaturen und hohe Siedetemperaturen
- Salzkristalle haben eine charakteristische Kristallform
- feste Salze sind Nichtleiter, Salzschmelzen und Salzlösungen sind elektrische Leiter.

Salze sind aus Ionen aufgebaut, die sich in einer regelmäßigen räumlichen Struktur, einem Kristallgitter, anordnen. Die Ionen werden durch elektrische Anziehungskräfte zusammengehalten. Diese Bindungsart heißt Ionenbindung.

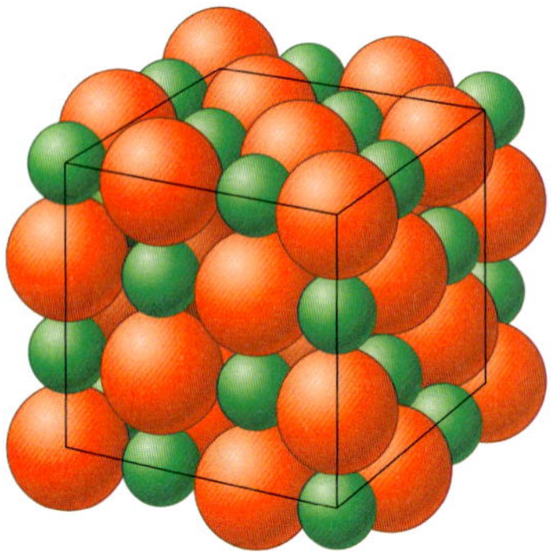

3 *Kugelmodell eines Kochsalzkristalls*

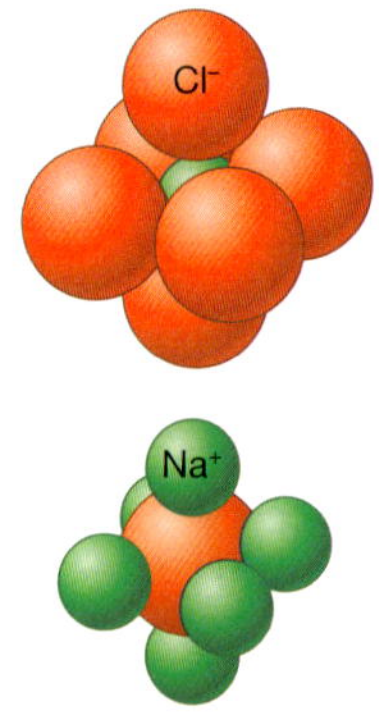

4 *Anordnung der Ionen*

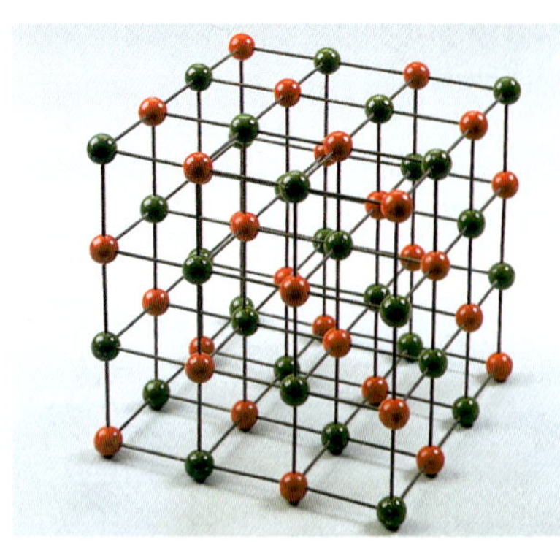

5 *Gittermodell*

1 Fragen zum Text

a) Warum sind Kristalle regelmäßig gebaut?
b) Was versteht man unter einem Kristallgitter?
c) Warum haben Salze in der Regel hohe Schmelz- und Siedetemperaturen?
d) Erkläre den Begrifl Ionenbindung

2 Experiment

Gib eine gesättigte Kochsalzlösung (35 g Salz auf 100 ml Wasser) in ein kleines Becherglas. Befestige einen Wollfaden an einem Stab; beschwere den Faden mit einem Metallstück, damit er senkrecht hängt. Hänge ihn dann in das Glas. Beobachte über einige Tage die Kristallbildung und zeichne einige Kristalle.

3 Experiment

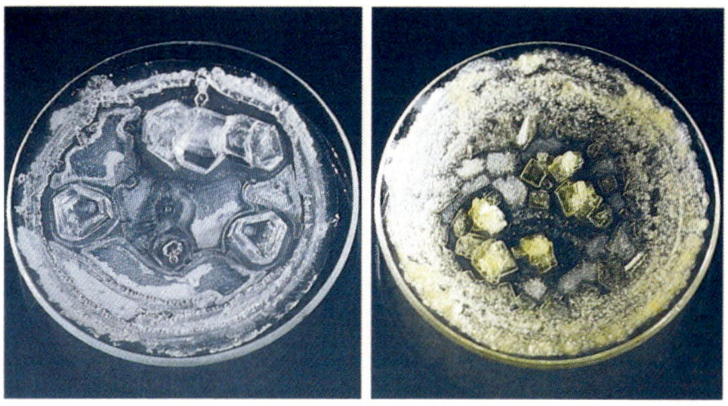

a) Löse je einen Spatel Kochsalz, Alaun, Kaliumnitrat, Kupfersulfat und gelbes Blutlaugensalz unter leichtem Erwärmen in jeweils 5 ml destilliertem Wasser Gieße die Salzlösungen in Uhrgläser.
b) Beobachte das Auskristallisieren der Salze. Betrachte die entstandenen Kristalle mit einer Lupe.
c) Beschreibe die Kristallformen.
d) Gib eine Erklärung dafür, warum aus einer Salzlösung immer wieder jeweils gleiche regelmäßige Kristalle entstehen.

Exkurs: Alltag

Kristallformen

Die vielen unterschiedlichen Kristallformen von Salzen und Mineralien lassen sich auf wenige geometrische Grundelemente zurückführen, etwa auf den Würfel.

In solchen Kristallen sind Ionen oder Atome zu winzigen Würfeln angeordnet. Diese wiederholen sich im Kristall viele Milliarden Male. Natriumchlorid (NaCl) ist ein Beispiel dafür. Magnesiumoxid (MgO), Flussspat (CaF_2) und Pyrit (FeS_2) bilden ebenfalls kubische (würfelförmige) Kristalle.

Aber nicht immer entstehen aus solchen würfelförmigen Grundelementen auch würfelförmige Kristalle. Wenn die Grundelemente treppenartig angeordnet sind, ergeben sich auch schräge Flächen. So kann Flussspat entweder als Würfel, als Doppelpyramide (Oktaeder) oder als Übergangsform zwischen beiden auskristallisieren.

▲ 3 *Kristalle sind aus vielen winzigen Grundelementen aufgebaut.*

|8.4| Atome bilden Ionen

Wenn man geschmolzenes Natrium in Chlor hält, setzt mit grellgelbem Leuchten eine chemische Reaktion ein. Am Ende bleiben weiße Salzkristalle zurück. Es ist *Natriumchlorid.* Damit ist aus der lebhaften Reaktion zwischen einem ätzenden, leicht entzündlichen Metall und einem giftigen Gas eine harmlose *Ionenverbindung* entstanden.

▲ *1 Natrium*

▲ *2 Natrium reagiert mit Chlor.*

▲ *3 Chlor*

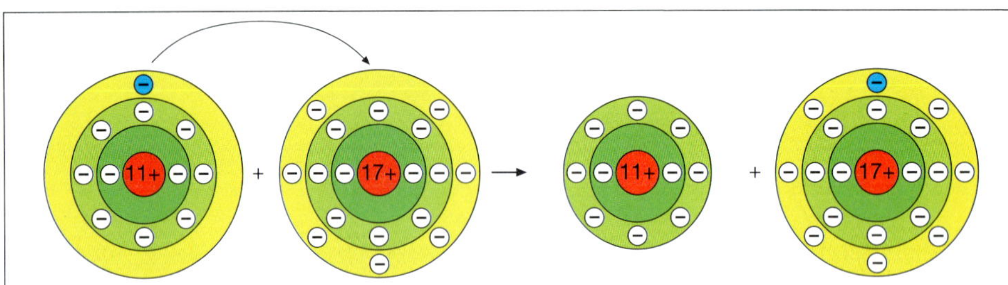

▲ *4 Aus Atomen entstehen Ionen durch Elektronenübertragung.*

Ionenbildung. Die Ionen, aus denen Natriumchlorid aufgebaut ist, entstehen während der chemischen Reaktion.

Das **Natrium-Atom** ist elektrisch neutral. Es besitzt 11 Protonen im Kern und 11 Elektronen in der Hülle, davon 1 Außenelektron. Dieses Außenelektron wird bei der Reaktion abgegeben. So entsteht ein positiv geladenes **Natrium-Ion.** Mit 10 Elektronen besitzt das Natrium-Ion die gleiche Elektronenhülle wie ein Atom des Edelgases Neon.
Auch das **Chlor-Atom** ist mit 17 Protonen im Kern und 17 Elektronen in der Hülle elektrisch neutral. Das vom Natrium-Atom abgegebene Elektron wird nun zusätzlich in die Außenschale eingebaut. Sie ist damit voll besetzt. So entsteht das negativ geladene **Chlor-Ion.** Mit insgesamt 18 Elektronen besitzt das Chlor-Ion die gleiche Elektronenhülle wie ein Atom des Edelgases Argon.
Reaktionen wie zwischen Natrium und Chlor laufen zwischen vielen Metall- und Nichtmetall-Atomen ab. Dabei *geben* die *Metall-Atome* stets Elektronen *ab,* während die *Nichtmetall-Atome* Elektronen *aufnehmen.* Es werden jeweils so viele Elektronen übertragen, dass beide Partner die Elektronenverteilung des nächststehenden Edelgases bekommen. Daraus ergeben sich dann auch die Ladungszahlen der Ionen.

Formeln. Eine Ionenverbindung muss insgesamt gleich viele positive wie negative Ladungen enthalten. Deshalb hat ein Salz wie Calciumfluorid, das aus Ca^{2+}- und F^{-}-Ionen besteht, die Formel CaF_2. Es enthält also doppelt so viele Fluorid- wie Calcium-Ionen. Bei Aluminiumoxid (aus Al^{3+}- und O^{2-}-Ionen) ergibt sich die Formel Al_2O_3.

Bei der Ionenbildung werden zwischen Metall und Nichtmetall-Atomen Elektronen übertragen. Es entstehen Ionen mit einer Elektronverteilung wie das nächststehende Edelgas.

1 Fragen zum Text

a) Warum sind die chemischen Elemente Natrium und Chlor in der Natur nicht zu finden, wohl aber ihre Verbindung Natriumchlorid?
b) Warum bilden Natrium und alle Alkalimetalle einfach positiv geladene Ionen?
c) Warum bilden Chlor und alle Halogene einfach negativ geladene Ionen?
d) Welche Bedeutung hat die Edelgasschale bei der Ionenbildung?
e) Warum sind Ionenverbindungen nach außen hin elektrisch neutral, obwohl sie aus geladenen Teilchen bestehen?

2 Alltag

a) Natriumchlorid ist ein lebenswichtiger Nahrungsbestandteil, doch Natrium und Chlor sind giftige Stoffe. Erkläre diesen scheinbaren Widerspruch.
b) Was ist falsch an der Werbeaussage: „Unsere Zahnpasta enthält Fluor zur Härtung des Zahnschmelzes"?
Finde heraus, in welcher Form Fluor in Zahnpasta enthalten ist. Das Element Fluor ist ein sehr giftiger Stoff.

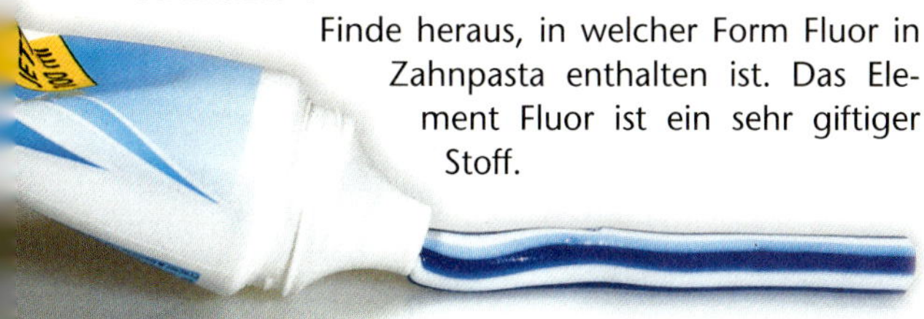

3 Theorie

Ionenbildung	Ladungszahl des Ions	Hauptgruppe im PSE	entsprechende Edelgasschale
$Li \rightarrow Li^{+} + 1\ e^{-}$	+1	I	He
$Ca \rightarrow Ca^{2+} + 2\ e^{-}$	+2	II	Ar
$Al \rightarrow Al^{3+} + 3\ e^{-}$	+3	III	Ne
$Br + 1\ e^{-} \rightarrow Br^{-}$	–1	VII	Kr
$O + 2\ e^{-} \rightarrow O^{2-}$	–2	VI	Ne
$N + 3\ e^{-} \rightarrow N^{3-}$	–3	V	Ne

In der Tabelle ist die Ionenbildung für Atome aus verschiedenen Gruppen des Periodensystems dargestellt.
Die Ladungszahlen der Ionen ergeben sich aus der Anzahl der aufgenommenen oder abgegebenen Elektronen.
Fertige mithilfe des Periodensystems eine solche Tabelle für die Elemente Kalium, Barium, Gallium, Fluor, Schwefel, Iod und Neon an.

4 Theorie

Alle Ionenverbindungen enthalten insgesamt gleich viele positive und negative Ladungen. Beim Aufstellen von Formeln müssen deshalb die Ladungszahlen der beteiligten Ionen beachtet werden:

$Mg^{2+} + 2\ Cl^{-} \rightarrow MgCl_2$

$2\ Al^{3+} + 3\ O^{2-} \rightarrow Al_2O_3$

Bilde entsprechend die Formeln für die Salze Aluminiumchlorid, Magnesiumoxid, Lithiumoxid, Calciumiodid und Bariumbromid.

Exkurs: Theorie

Die Bildung von Natriumchlorid ist eine exotherme Reaktion.

Bei der Reaktion zwischen Natrium und Chlor muss zunächst Energie zugeführt werden, damit aus metallischem Natrium Natrium-Ionen und aus Chlor-Molekülen Chlorid-Ionen entstehen. Das ist die *Ionisierungsenergie.*
Die Ionen lagern sich zum Natriumchlorid-Gitter zusammen. Dabei wird so viel *Gitterenergie* frei, dass die Reaktion insgesamt exotherm verläuft.

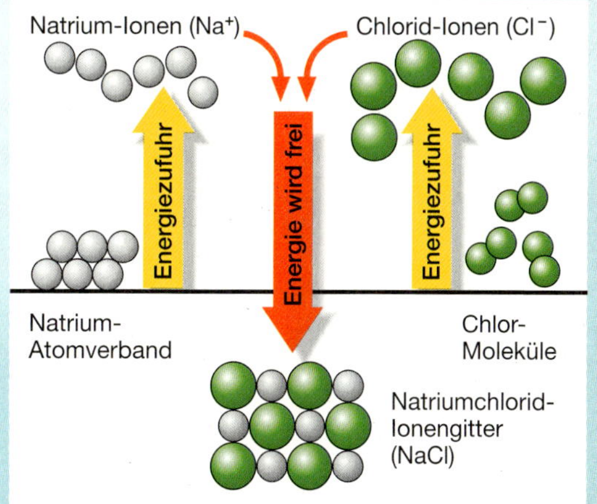

|8.5| Die Metallbindung

▲ *1 Goldkristalle*

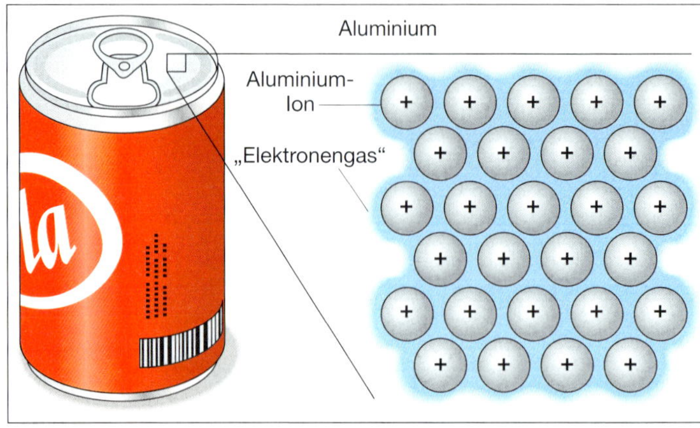

▲ *2 Metallbindung im Modell*

Ähnlich wie die Salze sind auch die Metalle kristalline Feststoffe. In ihren Eigenschaften unterscheiden sie sich allerdings deutlich von den Salzen. Metalle sind zäh und *verformbar*, es sind *gute elektrische Leiter* und *gute Wärmeleiter*. Diese typischen Eigenschaften der Metalle lassen sich aus ihrem inneren Aufbau erklären.

Der Aufbau der Metalle. Am Beispiel des Aluminiums soll beschrieben werden, wie man sich das Innere von Metallen vorstellt. Danach besteht ein Stück Aluminium aus dicht gepackten **Aluminium-Ionen (Al^{3+}).** Sie sind entstanden, weil alle Aluminium-Atome ihre drei Außenelektronen abgegeben haben. Dadurch haben sie die Elektronenhülle von Neon-Atomen erreicht.

Anders als in Salzen werden abgegebene Elektronen aber nicht von Partner-Atomen aufgenommen. Sie bewegen sich vielmehr frei zwischen den Aluminium-Ionen und bilden eine Art **„Elektronengas"**.

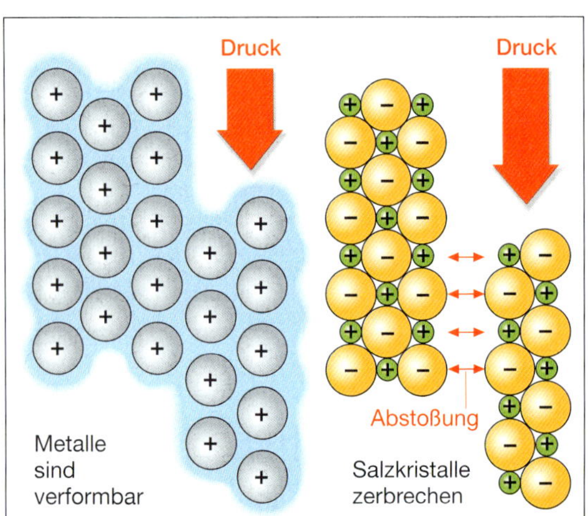

▲ *3 Metall-Kristalle und Ionen-Kristalle unterscheiden sich.*

Einem zähen Klebstoff vergleichbar halten sie mit ihrer negativen Ladung die positiv geladenen Metall-Ionen zusammen. Die Metall-Ionen, man nennt sie auch „Atomrümpfe", bilden ein regelmäßiges **Metallgitter.**

Der Bau erklärt die Eigenschaften. Im Unterschied zu Ionen-Kristallen enthalten Metalle also auch im festen Zustand bewegliche Ladungsträger, die freien Elektronen. Das ist die Ursache für die gute *elektrische Leitfähigkeit* der Metalle.

Auch die Wärmeleitfähigkeit geht auf die leichte Beweglichkeit der Elektronen zurück. Die *Verformbarkeit* der Metalle beruht darauf, dass die Schichten der positiv geladenen Metall-Ionen aneinander vorbeigleiten können. Da sie dabei ständig von Elektronen umgeben sind, werden sie in der neuen Lage ebenso fest zusammengehalten wie vorher.

Ionen-Kristalle dagegen sind *spröde;* sie brechen auseinander, wenn man versucht, sie zu verformen. Wird nämlich das Ionengitter um nur eine Gitterschicht verschoben, stehen sich Ionen mit gleicher Ladung gegenüber, die sich gegenseitig abstoßen.

> In Metallen sind positiv geladene Metall-Ionen regelmäßig angeordnet. Sie werden von freien Elektronen zusammengehalten. Diese Art chemischer Bindung nennt man Metallbindung.

1 Fragen zum Text

a) Nenne gemeinsame Eigenschaften der Metalle.
b) Beschreibe den Aufbau eines Metallgitters und eines Ionengitters und erläutere die Unterschiede.

Reine Metalle und Legierungen

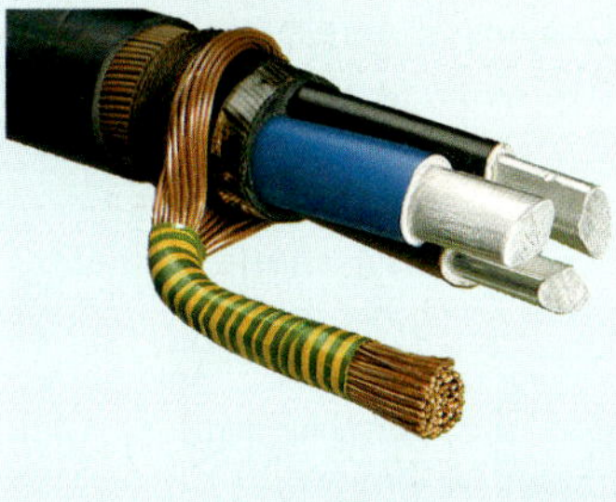

In der Elektrotechnik werden möglichst *reine Metalle* als *Leitermetalle* eingesetzt, zum Beispiel Kupfer oder Aluminium. Der Fremdstoffgehalt sollte dabei unter 0,1 % liegen, denn jede Verunreinigung verschlechtert die elektrische Leiffähigkeit.

Als *Konstruktions-Metalle* werden dagegen stets Legierungen eingesetzt, denn reine Metalle sind oft zu weich und zu leicht verformbar. Die harten und zähen Aluminium-Legierungen für Fahrradrahmen oder Autofelgen enthalten beispielsweise Kupfer, Magnesium und Silicium.
Mit dem Gittermodell vom Aufbau der Metalle lässt sich erklären, warum Legierungen andere Eigenschaften haben als die reinen Metalle.
Durch die Atome der Legierungszusätze wird der regelmäßige Aufbau des Metallgitters gestört.

Will man das Metall verformen, wirken die zusätzlichen Atome wie „Bremsen" für die Gitterschichten.
Die Leitfähigkeit ist bei Legierungen geringer, weil die Fremdatome für die Elektronen wie zusätzliche „Stolpersteine" wirken.

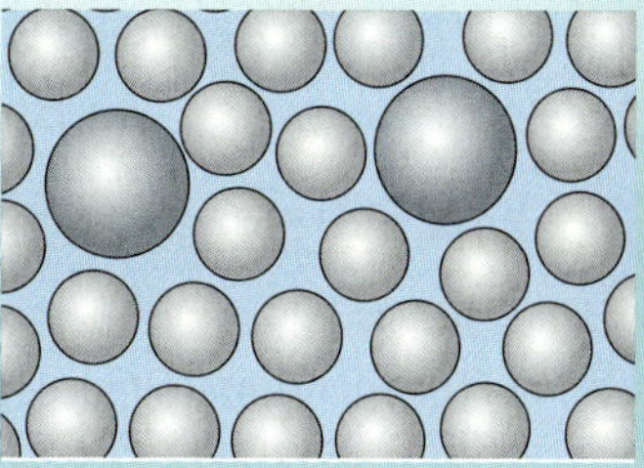

Nobelpreis für ein Supermikroskop

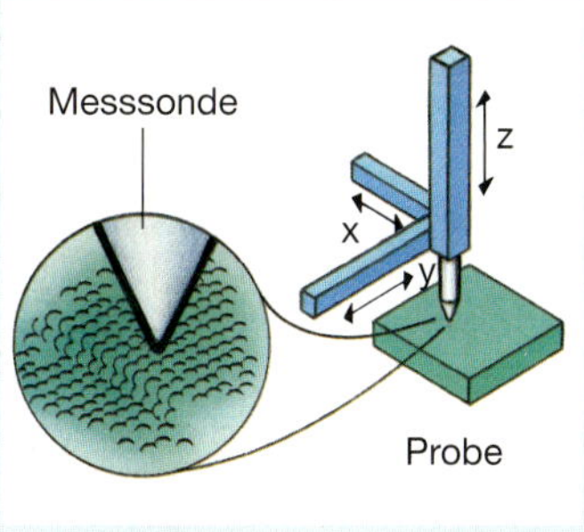

▲ *3 Eine Probe wird zeilenweise abgetastet.*

Die Elektronen aus dem „Elektronengas" eines Metalls befinden sich auch als dünne Schicht auf jeder Metalloberfläche.
Der Physiker Gerd Binnig wollte den Elektronenstrom messen, der daraus nach außen abfließen kann. Er entwickelte eine Versuchsanordnung, die zum „Raster-Tunnel-Mikroskop" führte. Dafür erhielt er 1986 den Nobelpreis.

Als Messsonde verwendete er einen Wolframdraht mit extrem feiner Spitze. Sie wird bis auf etwa 0,000001 mm an die Metalloberfläche herangeführt. An den Draht wird eine positive Spannung angelegt. Es fließen Elektronen von der Metalloberfläche ab. Die Stärke dieses Elektronenstroms hängt vom Abstand zur Probe ab.
Im Raster-Tunnel-Mikroskop wird die Probe zeilenweise abgetastet. Die Wolframspitze wird dabei so gesteuert, dass sie stets den gleichen Abstand zu den Oberflächenatomen einhält.

▲ *4 RTM-Bild einer Metalloberfläche*

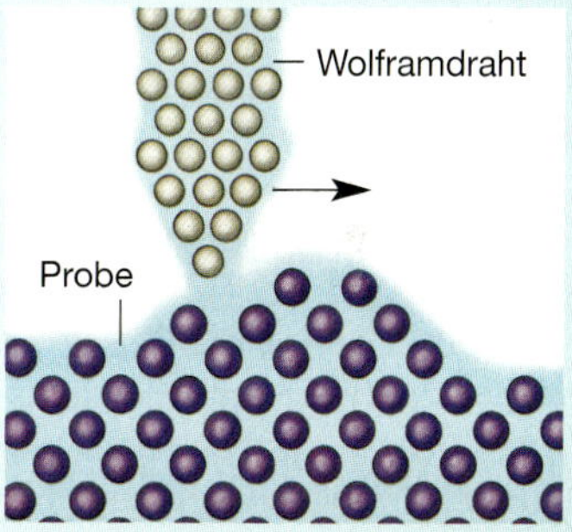

▲ *5 Der Wolframdraht als Messsonde*

Aus den Steuerungssignalen errechnet ein Computer das Profil der Metalloberfläche und verarbeitet es zu einem etwa 100 000 000fach vergrößerten Bild.

|8.6| Moleküle: Die Elektronenpaarbindung

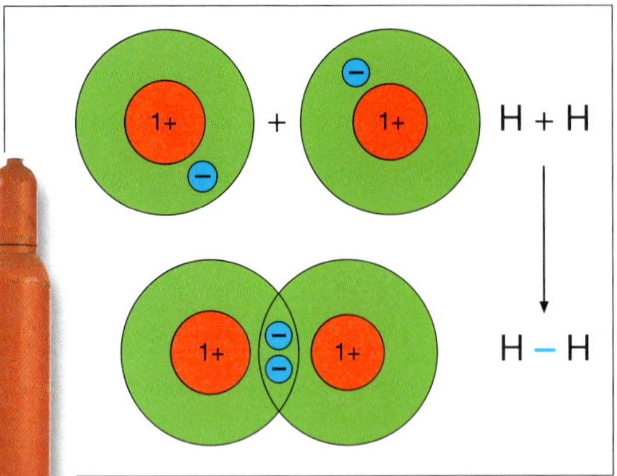

▲ *1 Zwei Wasserstoff-Atome verbinden sich zu einem Wasserstoff-Molekül.*

Die meisten Stoffe, die bei Raumtemperatur flüssig oder gasförmig sind, bestehen aus Molekülen. In Molekülen sind mehrere Atome miteinander verbunden.

Was Moleküle zusammenhält. Das Wasserstoff-Molekül (H_2) ist das einfachste Molekül. Es besteht aus zwei Wasserstoff-Atomen. Die beiden Elektronen dieser Atome werden von den positiv geladenen Atomkernen gleich stark angezogen. Sie halten sich überwiegend zwischen den Kernen auf und bilden ein *gemeinsames Elektronenpaar.* Die starken Anziehungskräfte zwischen dem gemeinsamen Elektronenpaar und den Atomkernen halten die Atome im Molekül fest zusammen. Diese chemische Bindung heißt **Elektronenpaarbindung** oder auch **Atombindung.**
Im Molekül bilden die Elektronen eine *gemeinsame Elektronenhülle.* Damit kann jedes Wasserstoff-Atom über zwei Außenelektronen verfügen. Das entspricht der Elektronenhülle des Edelgases Helium.
Das gemeinsame Elektronenpaar wird in einer Strukturformel als Doppelpunkt (H:H) oder als Strich (H–H) geschrieben.

Oktettregel. Ein Chlor-Atom besitzt sieben Außenelektronen. In einem Chlor-Molekül bildet es mit einem zweiten Chlor-Atom *ein gemeinsames Elektronenpaar.* Das gemeinsame Elektronenpaar steht jeweils *beiden* Partnern zur Verfügung. Damit erreicht *jedes* Chlor-Atom eine stabile Außenschale mit insgesamt acht Elektronen; das entspricht der Elektronenhülle des Edelgases Argon. Es gibt also das „Bestreben" der Atome, stets eine Elektronenhülle wie ein Edelgas zu besitzen. Auch bei vielen anderen Molekülen gilt diese **Oktettregel** (lat. octo: acht):

In einem Molekül werden so viele gemeinsame Elektronenpaare gebildet, bis jedes Atom ebenso viele Außenelektronen erhält wie ein Edelgas-Atom.

Bei den meisten sind das **acht** Elektronen; beim Wasserstoff sind es **zwei** Elektronen wie beim Edelgas Helium. Wasserstoff- und Halogen-Atome bilden deshalb *eine* Elektronenpaarbindung aus. Sauerstoff-Atome bilden *zwei,* Stickstoff-Atome *drei* und Kohlenstoff-Atome bilden *vier* Bindungen aus.

Mehrfachbindungen. Im Wasserstoff-Molekül werden die Atome durch *ein* gemeinsames Elektronenpaar verbunden; man nennt dies eine **Einfachbindung**. Beim Sauerstoff-Molekül befinden sich dagegen *zwei* Elektronenpaarbindungen zwischen zwei Sauerstoff-Atomen. Nur so wird die Oktettregel für beide Atome erfüllt. Man spricht hier von einer **Doppelbindung.** Im Stickstoff-Molekül müssen es *drei* gemeinsame Elektronenpaare sein, damit die Oktettregel erfüllt wird. Das ist eine **Dreifachbindung.**

In einem Molekül werden Atome durch gemeinsame Elektronenpaare miteinander verbunden. Diese Bindung heißt Elektronenpaarbindung oder auch Atombindung.

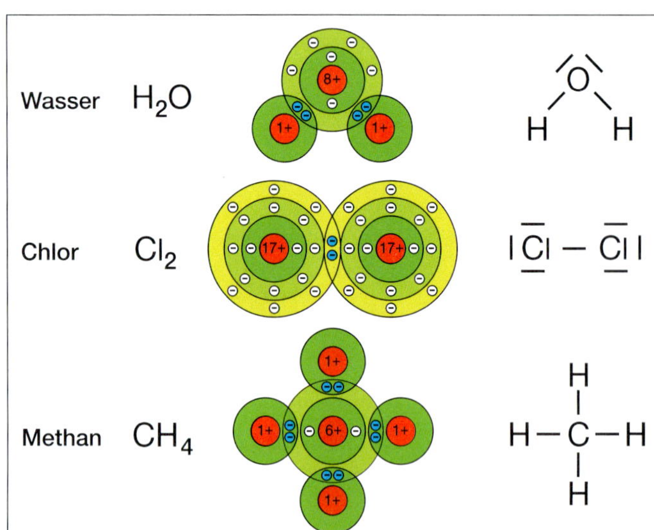

▲ *3 Schalenmodelle und Formeln einiger Moleküle*

Lewis-Formeln

Für die chemische Bindung sind hauptsächlich die Außenelektronen von Bedeutung. Sie werden als *Punkte* um die Elementsymbole geschrieben:

Li· Be· ·B· ·Ċ· :N· :O· :F: :Ne:

Zur Darstellung von Elektronen*paaren* werden auch *Striche* verwendet:

|O· |F| |Ne|

In den **Lewis-Formeln,** benannt nach dem amerikanischen Chemiker Lewis, kann man die *bindenden* Elektronenpaare von denen unterscheiden, die nicht an der Bindung beteiligt sind. Diese *freien* oder *nicht bindenden* Elektronenpaare schreibt man *außen* an die Elementsymbole, die bindenden schreibt man *zwischen* die Symbole. So lässt sich leicht überprüfen, ob die Oktettregel eingehalen wird. Bindende Elektronenpaare werden jeweils *beiden* Partnern zugerechnet:

|F̲–F̲|, O̅=O̅, |N≡N|

In den vereinfachten Strukturformeln werden nur die bindenden Elektronenpaare geschrieben: F–F, O=O, N≡N.

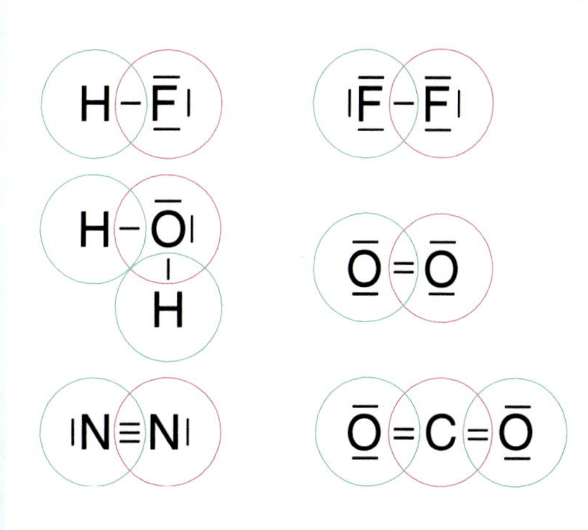

▲ *1 Die Kreise verdeutlichen, dass jedem Atom acht Elektronen (ein Elektronen-Oktett) zugeordnet sind. Beim Wasserstoff sind es nur zwei Elektronen. Die gemeinsamen Elektronenpaare liegen im Überlappungsbereich der Kreisflächen.*

1. Schreibe die Elemente der 3. Periode in der Punktschreibweise nach Lewis.
2. Stelle die Lewis-Formeln für die folgenden Moleküle auf: Cl_2, HCl, CH_4, NH_3, CCl_4, HCN.
3. Weshalb sind Edelgase so reaktionsträge?

1 Fragen zum Text

a) Durch welche Kräfte werden die Atome in den Molekülen zusammengehalten?
b) Welcher Elektronenzustand wird von den Atomen „angestrebt"?
c) Wie lautet die Oktettregel?
d) Warum kann das Wasserstoffatom nur *eine* Elektronenpaarbindung bilden?

2 Theorie

a) Zeichne das Schalenmodell des Fluor-Atoms. Wie unterscheidet es sich vom benachbarten Edelgas?
b) Zeichne das Schalenmodell des Fluor-Moleküls und markiere das gemeinsame Elektronenpaar.
c) Warum kann das Fluor-Atom nur eine Elektronenpaarbindung bilden?
d) Entsteht bei der Reaktion von Wasserstoff mit Chlor eine Molekülverbindung oder eine Ionenverbindung? Begründe deine Entscheidung?
e) Stelle die Elektronenverteilung in dem Chlorwasserstoff-Teilchen dar.

3 Theorie

a) Schreibe die Strukturformeln für die folgenden Moleküle: HF (Fluorwasserstoff), NH_3 (Ammoniak) CH_4 (Methan) und C_2H_4 (Ethen).
b) Baue die Molekülmodelle für die oben genannten Moleküle.
c) Schreibe die Strukturformeln für die Moleküle auf, die aus zwei Kohlenstoff-Atomen, einem Sauerstoff-Atom und sechs Wasserstoff-Atomen bestehen.

4 Theorie

Kochsalz (NaCl) ist eine Ionenverbindung, Chlorwasserstoff (HCl) besteht aus Molekülen. Beschreibe die kleinsten Teilchen dieser Verbindungen und erkläre die unterschiedliche Bindung.

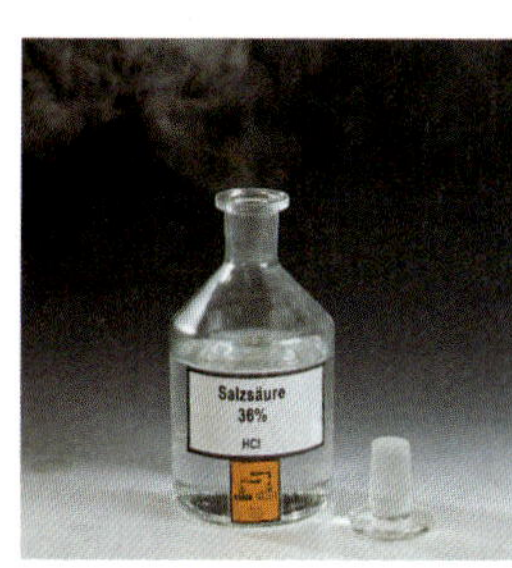

Der räumliche Bau von Molekülen

1 *Vier Elektronenwolken ordnen sich tetraederförmig an, ähnlich wie vier eng zusammengehaltene Luftballons.*

Viele Eigenschaften von Molekülverbindungen lassen sich nur erklären, wenn man die räumliche Anordnung der Atome in den Molekülen kennt. Die Strukturformeln der Moleküle sagen darüber nichts aus. Man benötigt zusätzlich ein *Bindungsmodell,* mit dessen Hilfe sich die Struktur des Moleküls aus der Molekülformel ableiten lässt.

Das **Elektronenpaar-Abstoßungs-Modell** ist ein solches Bindungsmodell. Es beruht im Wesentlichen auf den folgenden Annahmen:
– In den Molekülen halten sich die Außenelektronen der Atome *paarweise* in bestimmten Bereichen um den Atomkern auf. Diese Aufenthaltsräume der Elektronen lassen sich als *Elektronenwolken* darstellen.
– Die Elektronenwolken stoßen sich gegenseitig ab, da sie gleichartig (negativ) elektrisch geladen sind. Sie nehmen im Molekül den *größtmöglichen Abstand* voneinander ein.

Das Methan-Molekül ist tetraederförmig. Im Methan-Molekül (CH_4) ist das Kohlenstoff-Atom von vier Wasserstoff-Atomen umgeben. Die vier bindenden Elektronenpaare nehmen in ihren Elektronenwolken den größtmöglichen Abstand zueinander ein, weil sie sich gegenseitig abstoßen. Deshalb befinden sich die vier Wasserstoff-Atome in den Ecken eines Tetraeders. In dessen Mitte befindet sich das Kohlenstoff-Atom.

Das Wassermolekül ist gewinkelt. Im Wassermolekül (H_2O) ist das Sauerstoff-Atom von zwei bindenden und zwei nichtbindenden, freien Elektronenpaaren umgeben. Auch hier weisen die Elektronenwolken in die Ecken eines Tetraeders.

Erst an diesem Modell wird deutlich, warum das Wasser-Molekül eine gewinkelte Form hat.

Das Kohlenstoffdioxid-Molekül ist linear. Im Kohlenstoffdioxid-Molekül (CO_2) ist das zentrale Kohlenstoff-Atom durch jeweils zwei Doppelbindungen mit den beiden Sauerstoff-Atomen verbunden. Dabei ergibt sich eine lineare Anordnung.

Molekülmodelle. Man kann die Moleküle zeichnen oder mithilfe spezieller Grafikprogramme vom Computer darstellen lassen. Besonders anschaulich sind Molekülmodelle zum Zusammenbauen. Das *Kugel-Stab-Modell* zeigt die Anordnung der Atome besonders deutlich. Auch die Anzahl der Elektronenpaarbindungen und die Bindungswinkel werden dargestellt. Das *Kalottenmodell* zeigt die räumliche Ausdehnung des Moleküls.

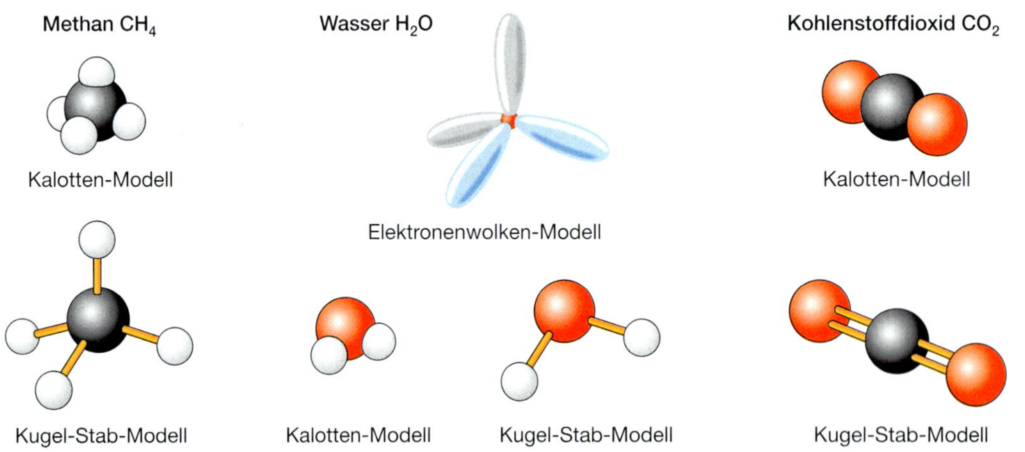

Exkurs: Theorie

Anziehungskräfte zwischen Molekülen

Aus Iod-Dampf scheiden sich an kalten Flächen dunkelviolette Iod-Kristalle ab. Diese Kristalle bestehen aus regelmäßig angeordneten Iod-Molekülen (I_2) Es handelt sich also um *Molekülkristalle.*

Die Iod-Moleküle werden im Molekülgitter durch schwache Anziehungskräfte zusammengehalten. Solche Kräfte wirken nicht nur zwischen Iod-Molekülen, sondern zwischen allen Molekülen. Man nennt sie **Van-der-Waals-Kräfte.** Sie sind sehr viel *schwächer* als die Bindungskräfte innerhalb der Moleküle oder die Anziehungskräfte zwischen Ionen. Die niedrigen Schmelz- und Siedetemperaturen von Molekül-Verbindungen im Unterschied zu Ionenverbindungen sind ein Anzeichen dafür.

Je größer die Molekülmasse ist, desto größer sind auch die Van-der-Waals-Kräfte. Dann sind auch die Schmelz- und Siedetemperaturen entsprechend höher. Das erkennt man am Beispiel der Halogene.

Stoff	Molekülmasse (in u)	Schmelztemperatur (°C)	Siedetemperatur (°C)
Wasserstoff	2	– 259	– 253
Fluor	38	– 220	– 188
Chlor	71	– 102	– 34
Brom	160	– 7	58
Iod	254	+ 114	184
Natriumchlorid	–	801	1465

Exkurs: Theorie

Moleküle als Dipole

Im Wasserstoff-Molekül (H_2) sind die elektrischen Ladungen symmetrisch verteilt, da beide Elektronen gleich stark von den Atomkernen angezogen werden. Es bilden sich keine nach außen wirkenden elektrischen Pole. Hier handelt es sich um eine **unpolare Bindung:**

H – H

Alle Moleküle die aus zwei *gleichen* Atomen bestehen, verhalten sich ebenso.

Bei Molekülen aus unterschiedlichen Atomen sind die Ladungen oft ungleich verteilt. So werden die Bindungselektronen im Chlorwasserstoff-Molekül (HCl) von den 17 Protonen des Chlor-Atoms stärker angezogen als von dem einen Proton des Wasserstoff-Atoms. Es kommt zu einer Ladungsverschiebung. Dadurch entsteht auf der Seite des Chlor-Atoms ein *negativer Pol.* Auf der Seite des Wasserstoff-Atoms bildet sich ein *positiver Pol.* Ein solches Molekül mit einer **polaren Elektronenpaarbindung** ist ein elektrischer **Dipol:**

H ◄ Cl

δ^+ δ^-
H – Cl

Die unterschiedlichen Anziehungskräfte auf die Bindungselektronen nennt man **Elektronegativität,** abgekürzt **EN.**
Je größer die EN Differenz zwischen zwei Elementen ist, *umso polarer* ist das betreffende Molekül. Ist die EN-Differenz größer als 1,7 reagieren die Elemente in der Regel zu *Ionenverbindungen.* Bei *gleicher Elektronegavität* liegen *unpolare* Moleküle vor.

1. Welche der folgenden Elektronenpaarbindungen sind polar? O=O, H–O, C–H, F–F.

Elektronegativität						
$2{,}1^{H}$						
$1{,}0^{Li}$	$1{,}5^{Be}$	$2{,}0^{B}$	$2{,}5^{C}$	$3{,}0^{N}$	$3{,}5^{O}$	$4{,}0^{F}$
$0{,}9^{Na}$	$1{,}2^{Mg}$	$1{,}5^{Al}$	$1{,}8^{Si}$	$2{,}1^{P}$	$2{,}5^{S}$	$3{,}0^{Cl}$
$0{,}8^{K}$	$1{,}0^{Ca}$	$1{,}6^{Ga}$	$1{,}8^{Ge}$	$2{,}0^{As}$	$2{,}4^{Se}$	$2{,}8^{Br}$
$0{,}8^{Rb}$	$1{,}0^{Sr}$	$1{,}7^{In}$	$1{,}8^{Sn}$	$1{,}9^{Sb}$	$2{,}1^{Te}$	$2{,}5^{I}$
$0{,}7^{Cs}$	$0{,}9^{Ba}$	$1{,}8^{Tl}$	$1{,}8^{Pb}$	$1{,}9^{Bi}$	$2{,}0^{Po}$	$2{,}2^{At}$

|8.7| Wasser – ein ungewöhnlicher Stoff

Eis ist leichter als Wasser. Eisberge schwimmen im flüssigen Wasser ebenso wie Eiswürfel in einem Glas Wasser. Das erscheint uns selbstverständlich, doch es ist tatsächlich sehr ungewöhnlich. Wasser ist einer der wenigen Stoffe, die sich beim Erstarren ausdehnen. Also hat Eis eine geringere Dichte als Wasser. Deshalb schwimmen Eiswürfel und Eisberge, während fast alle anderen Feststoffe in ihrer Schmelze untergehen.

▲ *1 Eis schwimmt auf Wasser, aber …*

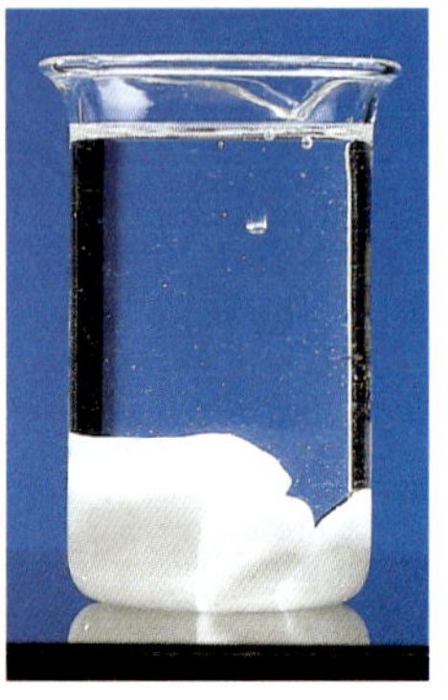

2 … festes Wachs geht in flüssigem Wachs unter. ▶

Diese Eigenschaft des Wassers wird **Dichteanomalie** genannt. Dazu gehört die ebenfalls ungewöhnliche Eigenschaft, dass das flüssige Wasser bereits bei 4 °C und nicht erst bei 0 °C seine größte Dichte hat. Wasser mit 4 °C sinkt daher nach unten. Wird es kälter, friert ein Gewässer zuerst oben zu. Weiter unten bleibt das Wasser meist flüssig; so können viele Pflanzen und Tiere im Winter im Wasser überleben.

Die Volumenzunahme des Wassers beim Gefrieren kann eine gewaltige Sprengkraft erzeugen. Geplatzte Wasserrohre und Autokühler oder die Verwitterung ganzer Gebirge sind eine Folge davon.

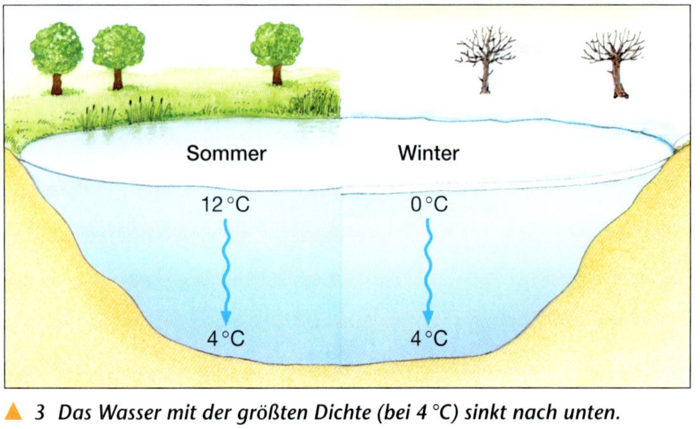

▲ *3 Das Wasser mit der größten Dichte (bei 4 °C) sinkt nach unten.*

Wasser kann sehr viel Wärme speichern. 1 kg Wasser speichert zehnmal so viel Wärme wie 1 kg Kupfer. Wasser hat also eine große Wärmekapazität. Es benötigt viel Energie beim Erwärmen und gibt ebenso viel Energie beim Abkühlen wieder ab. Diese Eigenschaft des Wassers ist für das Klima besonders wichtig. Nur das Wärmespeichervermögen der Ozeane ermöglicht einigermaßen ausgeglichene Temperaturen auf der Erde.

Wasser ist zwischen 0 °C und 100 °C flüssig. Alle Stoffe, die aus vergleichbar großen Molekülen aufgebaut sind, haben jedoch sehr viel niedrigere Schmelz- und Siedetemperaturen als Wasser. So ist Ammoniak (NH_3) zwischen –78 und –33 °C flüssig. Auch das Wasser müsste bei ähnlichen Temperaturen flüssig sein.
Nur weil das Wasser über einen so weiten Bereich und bei relativ hohen Temperaturen flüssig ist, konnte sich darin einst das Leben entwickeln.

Wasserstoffbrücken. Die Eigenschaften des Wassers lassen sich aus den Eigenschaften der Wassermoleküle ableiten. Aufgrund besonderer Bindekräfte, die man **Wasserstoffbrückenbindungen** nennt, ziehen sich die H_2O-Moleküle gegenseitig an. Zur Überwindung dieser Bindekräfte ist viel Energie nötig. Das ist der Grund für die hohen Siedetemperaturen und die große Wärmekapazität des Wassers. Die Wasserstoffbrückenbindungen führen auch dazu, dass sich beim Gefrieren ein regelmäßiges Molekülgitter bildet. Dieses Gitter besitzt große Hohlräume. Deshalb hat Eis ein größeres Volumen als flüssiges Wasser.

Wasser ist ein Stoff mit besonderen Eigenschaften. Sie beruhen auf den starken Anziehungskräften zwischen den Wassermolekülen.

1 Fragen zum Text

a) Wie kommt es, dass Eis auf Wasser schwimmt?
b) Das Wasser in Seen und Teichen friert stets von der Oberfläche her zu. Wie lässt sich das erklären?
c) Welche Wassertemperatur wird im Sommer, welche im Winter am Grunde eines tiefen Sees herrschen?
d) Warum darf man Getränkeflaschen nicht in das Gefrierfach des Kühlschranks legen?
e) Welche Bedeutung haben die Ozeane für das Weltklima?

2 Umwelt

Die Abtragung und Zerkleinerung von Gestein heißt Erosion. Als Folge davon bilden sich vor steilen Felswänden Geröllkegel. Welche Eigenschaft des Wassers spielt dabei eine wichtige Rolle?

3 Experiment

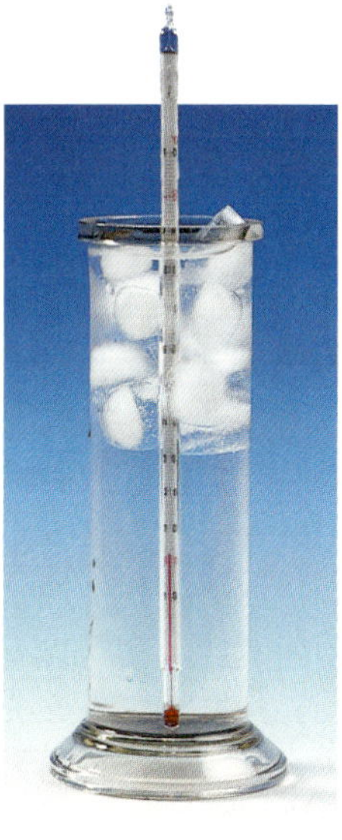

a) Fülle einen hohen Standzylinder etwa zur Hälfte mit kaltem Wasser. Gib dann vorsichtig zerkleinertes Eis hinzu. Lass das Ganze etwa 20 Minuten stehen. Miss dann die Temperaturen in verschiedenen Höhen des Standzylinders, ohne dabei umzurühren.
b) Notiere deine Messergebnisse und gib eine Erklärung für die Temperaturschichtung im Standzylinder.

4 Theorie

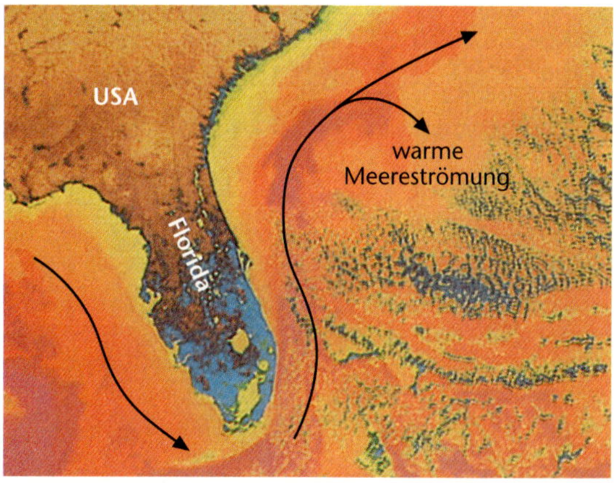

Der Golfstrom (oben: Infrarot-Aufnahme) ist für das Klima in Europa von großer Bedeutung. Mit welcher Eigenschaft des Wassers lässt sich das begründen?

5 Experiment

Fülle eine Teelichthülle randvoll mit Wasser, eine zweite gleich hoch mit flüssigem Wachs. Stelle beide Gefäße in ein Gefrierfach. Nimm sie nach einiger Zeit wieder heraus und erkläre deren Aussehen.

6 Experiment

Die Wassermoleküle an einer Wasseroberfläche werden durch die starken Anziehungskräfte ins Wasserinnere gezogen. Die Wasseroberfläche bildet dadurch eine Art „Haut". Man nennt diese Erscheinung *Oberflächenspannung*.
a) Lege vorsichtig eine Stecknadel oder eine Büroklammer auf eine Wasserfläche.
b) Versuche, durch vorsichtiges Zutropfen mit einer Pipette so viel Wasser wie möglich in ein bereits volles Glas zu füllen.

Dipol-Moleküle und Wasserstoffbrückenbindung

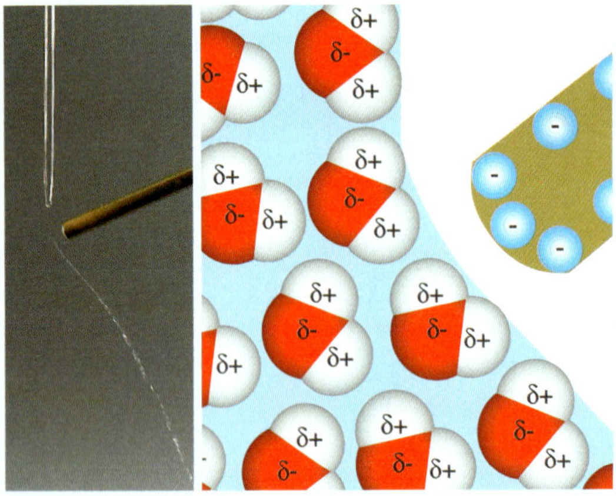

Ein dünner Wasserstrahl wird von einem elektrisch geladenen Kunststoffstab angezogen. Das lässt vermuten, dass Wasser-Moleküle elektrische Ladungen tragen.

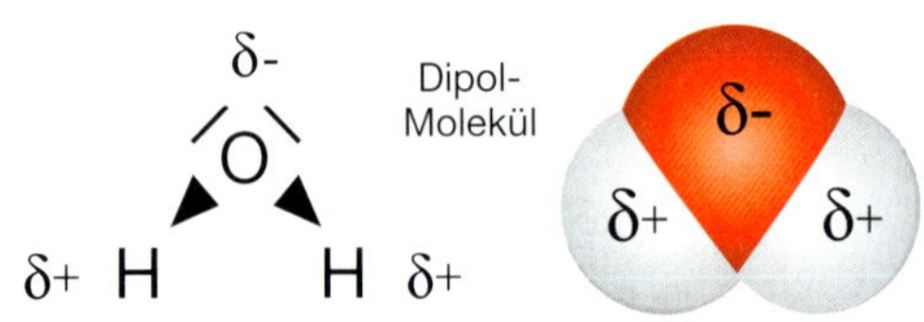

Wasser-Moleküle sind elektrische Dipole. In einem Wasser-Molekül sind jeweils zwei Wasserstoff-Atome durch Elektronenpaarbindungen mit einem Sauerstoff-Atom verbunden. Die Bindungselektronen sind aber nicht gleichmäßig zwischen den Bindungspartnern verteilt. Das Sauerstoff-Atom zieht die gemeinsamen Bindungselektronen etwas *stärker* an, weil es eine *größere Elektronegativität* hat. Genau wie das Chlor-Atom im HCl-Molekül zieht das Sauerstoff-Atom im H_2O-Molekül die Elektronen etwas stärker an. Deshalb entsteht am Sauerstoff-Atom ein *Überschuss* an negativer Ladung, ein *Minuspol.* An den Wasserstoff-Atomen bilden sich wegen des *Mangels* an negativer Ladung *Pluspole.* Solche Moleküle mit positiven und negativen Polen nennt man **Dipol-Moleküle.**

Wasserstoffbrückenbindungen. Zwischen den entgegengesetzt geladenen Polen benachbarter Wasser-Moleküle wirken starke Anziehungskräfte. Sie sind wesentlich größer als die üblichen Anziehungskräfte zwischen Molekülen. Sie bewirken, dass sich die Wasser-Moleküle zu großen Molekül-

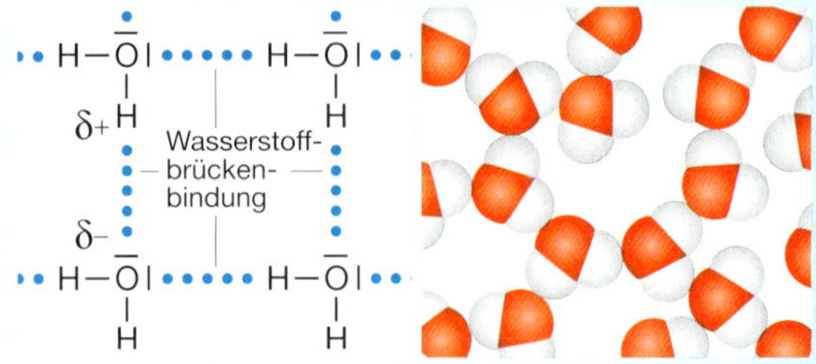

Gruppen zusammenschließen. Dabei lagern sich an jedes Sauerstoff-Atom eines Wasser-Moleküls jeweils zwei Wasserstoff-Atome anderer Wasser-Moleküle an. Diese starken Anziehungskräfte zwischen den Molekülen heißen **Wasserstoffbrückenbindungen.** Sie sind die Ursache für die ungewöhnlichen Eigenschaften des Wassers.

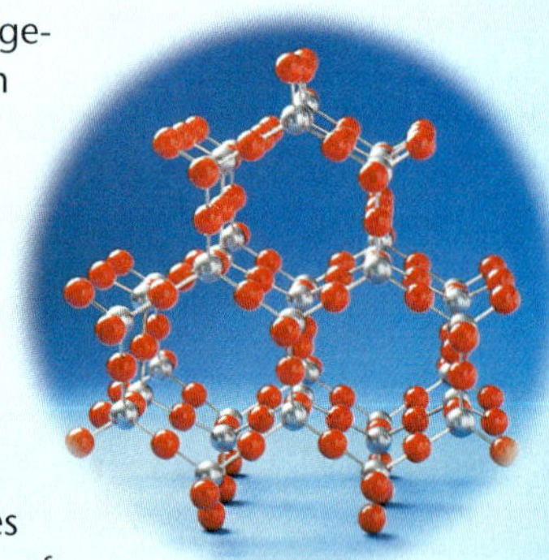

Wenn Wasser gefriert, lagern sich die Wasser-Moleküle mithilfe der Wasserstoffbrückenbindung zu einem *Eisgitter* mit sechseckiger Struktur zusammen. Da es sehr weiträumig aufgebaut ist, nimmt es ein größeres Volumen ein als flüssiges Wasser. Deshalb dehnt sich Wasser beim Gefrieren aus und deshalb schwimmt Eis auf Wasser.

1. Warum hat Eis bei 0 °C eine geringere Dichte als flüssiges Wasser von gleicher Temperatur?
2. Beim Sieden einer Flüssigkeit müssen die Anziehungskräfte zwischen den Molekülen überwunden werden. Wie lässt sich die vergleichsweise hohe Siedetemperatur des Wassers erklären?
3. Vergleiche die symmetrische Form von Schneekristallen mit dem Bau des Eisgitters. Was fällt auf?

Wasser ist das wichtigste Lösemittel

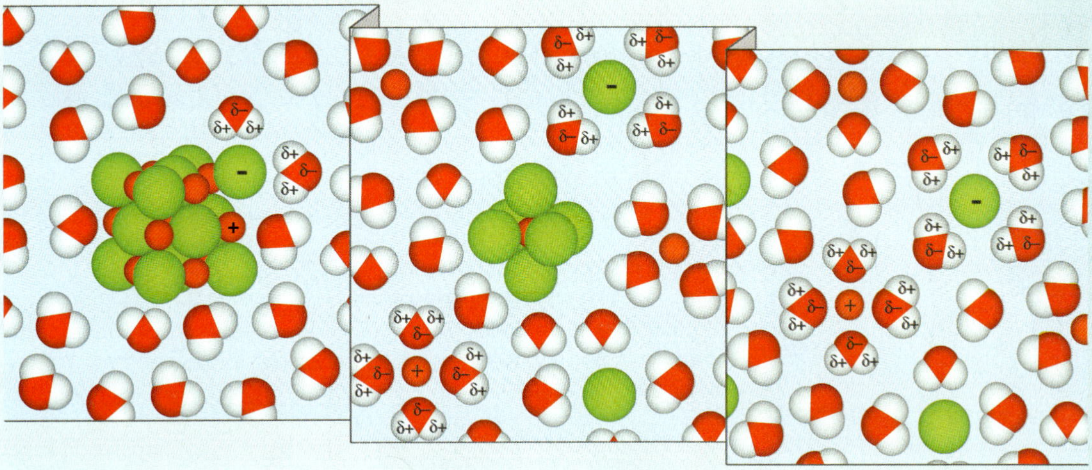

▲ *1 Lösungsvorgang eines Salzes in Wasser: Die Ionen werden aus dem Gitterverband „herausgezogen" und von Wasser-Molekülen umgeben.*

Kochsalz scheint spurlos zu verschwinden, wenn es im Wasser gelöst wird. Doch man schmeckt das Salz noch. Was geschieht dabei eigentlich?

Wie lösen sich Salze? Der Lösungsvorgang von Salzen lässt sich mit den Dipoleigenschaften der Wasser-Moleküle erklären. Gibt man einen Kochsalzkristall in Wasser, werden die Wasser-Moleküle von den Ionen des Salzkristalls angezogen. Sie lagern sich an dessen Oberfläche an. Um die Natrium-Ionen (Na^+-Ionen) drängen sich die Dipolmoleküle des Wassers mit ihrer negativ geladenen Seite. Bei den Chlorid-Ionen (Cl^--Ionen) ist es umgekehrt.
An den Ecken und Kanten beginnend, werden die Ionen nach und nach aus dem Kristall herausgelöst. Dieser Ablösungsvorgang geht so lange weiter, bis der Kristall vollständig abgebaut ist oder die Löslichkeitsgrenze des Salzes erreicht wird. Dabei umhüllen die Wasser-Moleküle jedes Ion, sie bilden eine **Hydrathülle.** In der Formel kann man durch das Symbol (aq) auf die Hydrathülle hinweisen:

$$NaCl \xrightarrow{\text{in Wasser}} Na^+ (aq) + Cl^- (aq)$$

In der Lösung werden die Ionen durch die Hydrathüllen voneinander abgeschirmt. Sie können sich deshalb nicht mehr gegenseitig anziehen und verteilen sich gleichmäßig in der Lösung.

Weil die Dipoleigenschaften der Wasser-Moleküle für den Lösungsvorgang entscheidend sind, wird das Wasser als **polares Lösemittel** bezeichnet.

Salzhydrate. Löst man weißes, *wasserfreies* Kupfersulfat ($CuSO_4$) in Wasser, so entsteht die typisch blaue Kupfersulfat-Lösung. Die Farbe wird von den Kupfer-Ionen (Cu^{2+}-Ionen) verursacht, die von einer Hydrathülle umgeben sind. Beim Verdunsten dieser Lösung kristallisiert dann *wasserhaltiges* blaues Kupfersulfat aus. Das so gebundene Wasser nennt man *Kristallwasser.* Auf ein Kupfer-Ion entfallen fünf Wasser-Moleküle, man schreibt: $CuSO_4 \cdot 5\ H_2O$ (Kupfersulfat-5-Hydrat).

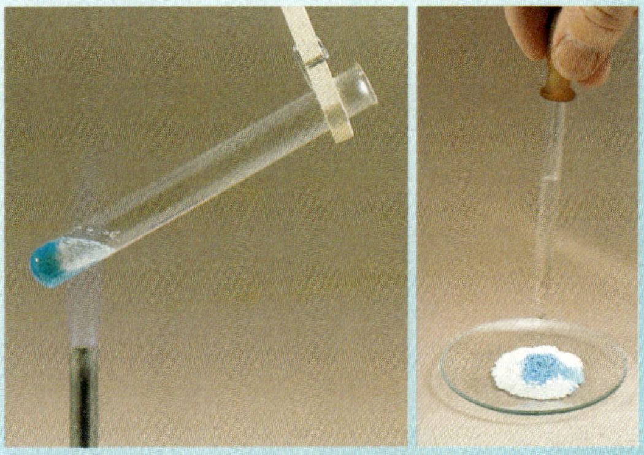

▲ *2 Kupfersulfat: Durch Erwärmen kann das Kristallwasser wieder ausgetrieben werden.*

1. Zeichne ein Natrium-Ion und ein Chlorid-Ion mit der jeweiligen Hydrathülle. Trage alle Ladungen ein.
2. Woran könnte es liegen, dass manche Salze leicht löslich, andere schwer löslich sind?
3. Warum lässt sich weißes Kupfersulfat als Nachweismittel für Wasser verwenden?

Molekülverbindungen und Ionenverbindungen im Vergleich

Die Glasflasche mit der konzentrierten Salzsäure aus dem Chemikalienschrank ist meistens mit einer weißen Salzkruste überzogen. Das kann man vor allem dann beobachten, wenn in der Nähe der Salzsäureflasche noch die konzentrierte Ammoniaklösung steht.

Diese Salzkruste entsteht, weil aus einer Salzsäurelösung ständig etwas Salzsäuregas entweicht. Es besteht aus Chlorwasserstoff-*Molekülen* (HCl-Molekülen). Aus der Ammoniaklösung entweicht Ammoniakgas. Es besteht aus Ammoniak-*Molekülen* (NH_3-Molekülen).

Mischt sich Ammoniakgas mit Chlorwasserstoffgas, so entsteht sofort ein weißer Rauch, der sich auf den Flaschen absetzt. Er besteht aus winzigen Kristallen des *Salzes* Ammoniumchlorid (NH_4Cl). Ammoniak und Chlorwasserstoff reagieren unter Bildung von Ammoniumchlorid:

$NH_3 + HCl \rightarrow NH_4Cl$

Das Salz Ammoniumchlorid besteht aus Ammonium-Ionen (NH_4^+) und Chlorid-Ionen (Cl^-). Es wird auch Salmiak genannt.

Moleküle. Alle Verbindungen, die wie Ammoniak oder Chlorwasserstoff aus kleinen Molekülen bestelen, haben niedrige Schmelz- und Siedetemperaturen. Sie sind deshalb bei Raumtemperatur flüssig oder gasförmig. Das liegt daran, dass zwischen benachbarten Molekülen nur geringe Kräfte wirken. Die Elektronenpaarbindungen, die die Atome zusammenhalten, wirken ja nur im Inneren eines Moleküls.

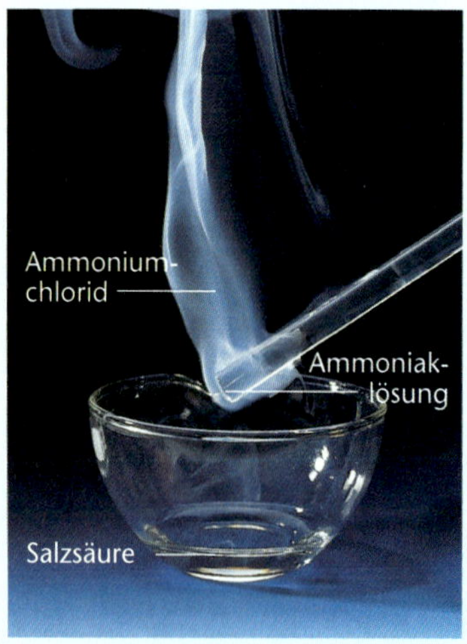

Alle Verbindungen, die wie das Ammoniumchlorid aus positiv und negativ geladenen Ionen bestehen, sind bei Raumtemperatur feste Stoffe.
Das liegt daran, dass zwischen den entgegengesetzt geladenen Ionen starke elektrostatische Anziehungskräfte wirken. Dadurch wird der Ionenkristall fest zusammengehalten.

Wegen dieser starken Anziehungskräfte zwischen den Ionen wird viel Energie benötigt, um die Ionen wieder voneinander zu trennen. Das erklärt die hohen Schmelztemperaturen von Ionenverbindungen.

Stoff	Formel	Schmelztemp. in °C	Siedetemp. in °C
Methan	CH_4	–182	–162
Chlorwasserstoff	HCl	–112	–85
Ammoniak	NH_3	–78	–33
Ammoniumchlorid	NH_4Cl	335	–
Natriumchlorid	NaCl	801	1465
Calciumoxid	CaO	2572	2850

Für das Ammoniumchlorid kann keine Siedetemperatur angegeben werden, da es sich bei stärkerem Erwärmen zersetzt.

1. Suche weitere Unterschiede zwischen Ionenverbindungen und Molekülverbindungen.
2. a) Mit Ammoniak lässt sich Salzsäuregas nachweisen, wie im Bild gezeigt wird. Was geschieht dabei?
b) Wie könnte man Ammoniak nachweisen?
3. Kochsalzlösung leitet elektrischen Strom, Zuckerlösung nicht. Woran könnte das liegen?
4. Vergleiche die Eigenschaften von Kerzenwachs und Kochsalz. Kerzenwachs besteht aus Molekülen. Beachte dabei die unterschiedliche Härte, Verformbarkeit, Schmelztemperatur, Löslichkeit und Leitfähigkeit.

1 Kochsalz ist lebenswichtig, aber auch gesundheitsschädlich. Begründe diese Aussage.

2 Nenne einige Eigenschaften aller Salze.

3 Ein Kochsalzkristall wird zerschlagen. Wie kommt es, dass viele der Bruchstücke dieselbe Form haben wie der ursprüngliche Kristall?

4 Zucker bildet regelmäßige Kristalle und ist wasserlöslich. Mit welchem Experiment kann man nachweisen, dass Zucker kein Salz, also keine Ionenverbindung, ist?

5 Wie wird elektrische Ladung in einem Metalldraht und wie wird sie in einer Salzlösung transportiert? Beschreibe den Unterschied.

6 Aus dem äußerst reaktionsfähigen und ätzenden Metall Kalium und dem giftigen Chlor entsteht das ungiftige Salz Kaliumchlorid. Wie lässt sich das erklären?

7 Aus 0,02 mm dickem Goldblech wird eine Blattgoldfolie hergestellt. Sie ist nur noch 0,0001 mm dick. Aufgrund welcher Eigenschaft des Goldes ist dieses Verfahren möglich und wie lässt sich das aus dessen innerem Aufbau erklären?

8 Vergleiche die Elektronenhüllen von Natrium-Ionen (Na^+), Neon-Atomen (Ne) und Sauerstoff-Ionen (O^{2-}).
a) Was fällt dabei auf?
b) Warum haben diese Teilchen unterschiedliche Eigenschaften?

9 **a)** Wie sind Metalle aufgebaut?
b) Nenne die Eigenschaften der Metalle, die mithilfe des Elektronengas-Modells erklärt werden können.

10 Warum haben Molekül-Verbindungen niedrigere Siedetemperaturen als Ionen-Verbindungen und Metalle?

11 Aus welcher Teilchenart (Atome, Ionen oder Moleküle) bestehen jeweils die Stoffe Neon, Sauerstoff, Wasser, Kupfer, Kupferoxid. Zinkchlorid, Helium, Eis und Kohlenstoffdioxid?

12 Warum bilden Edelgase keine Moleküle?

13 **a)** In welchem Gefäß befand sich vor dem Erstarren flüssiges Wasser?
b) Welcher Stoff könnte sich im anderen Gefäß befinden?
c) Wie lässt sich die relativ hohe Schmelz- und Siedetemperatur des Wassers erklären?

14 **a)** Warum darf man einen Autokühler im Winter auf keinen Fall nur mit Wasser befüllen?
b) Wie entstehen Frostaufbrüche in Straßendecken?

15 Erkläre, warum sich bei der Elektrolyse von Zinkiodid metallisches Zink in besonderer Form an der Kathode abscheidet.

16 Trainiere dein Wissen, indem du dir eine Wissenskartei zum Thema chemische Bindung anlegst. Schreibe den zu lernenden Begriff jeweils auf die Vorderseite einer Karteikarte, zum Beispiel Ionenbildung, Ionenbindung, Metallbindung, Elektronengas, Elektronenpaarbindung, Dipol-Molekül usw.
Schreibe auf die Rückseite jeder Karteikarte die Erklärungen.

Basis-Wissen

→ **Chemische Bindung:** Atome zeigen das Bestreben, den Elektronenzustand von Edelgas-Atomen zu erreichen. Das geschieht durch Aufnahme oder Abgabe von Elektronen aus der Außenschale oder durch Nutzung gemeinsamer Elektronenpaare.
Auf diese Weise entstehen geladene Teilchen, die sich wechselseitig anziehen. Das ist die Ursache für die Bildung chemischer Bindungen.

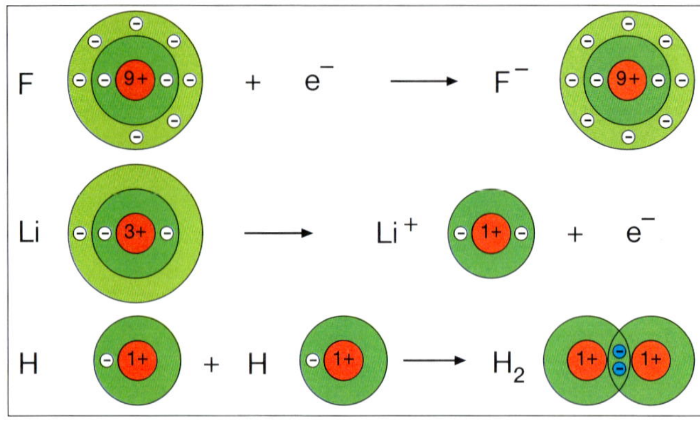

→ **Dipol-Moleküle:** Das Wasser-Molekül ist das wichtigste Beispiel für ein Dipol-Molekül. Durch Ladungsverschiebung entstehen positive und negative Teilladungen. Dadurch ziehen sich Wasser-Moleküle stärker an als unpolare Moleküle; es bilden sich Wasserstoffbrückenbindungen. Damit lassen sich die besonderen Eigenschaften des Wassers erklären.

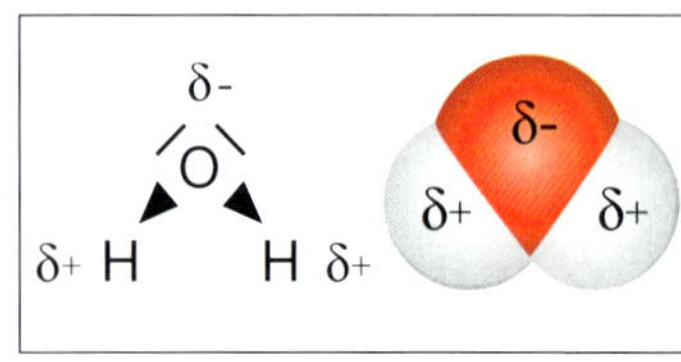

→ **Bindungsarten im Überblick:**

Bindungsart	**Ionenbindung**	**Metallbindung**	**Elektronenpaarbindung**
Beispiel	Magnesiumoxid	Magnesium	Sauerstoff
Kleinste Teilchen	positv und negativ geladene Ionen, Mg^{2+} und O^{2-}	positiv geladene Metall-Ionen und frei bewegliche Elektronen	Moleküle (O_2)
Bindung durch	Anziehung der entgegengesetzt geladenen Ionen	Anziehung zwischen Metall-Ionen und Elektronen	Anziehung zwischen gemeinsamen Elektronenpaaren und Atomkernen
Dabei entstehen	Ionengitter 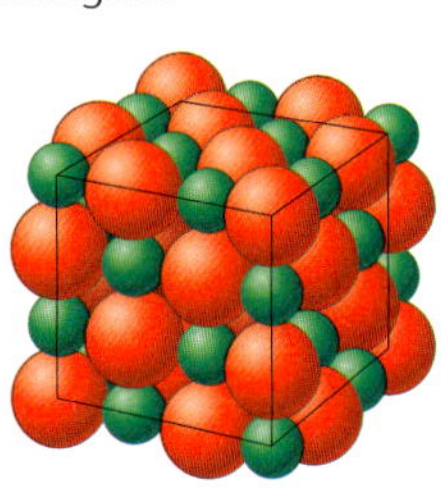	Metallgitter 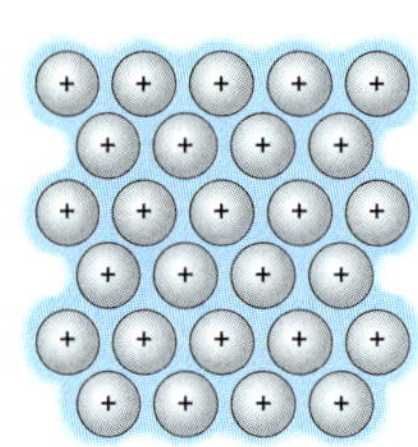	Moleküle 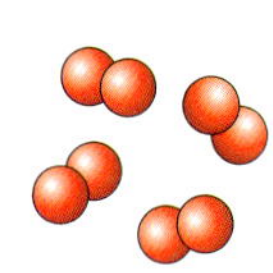
Eigenschaften	oft gut wasserlöslich; hart und spröde; Lösungen und Schmelzen leiten elektrischen Strom: hohe Schmelz- und Siedetemperaturen	unlöslich in Wasser; gut verformbar; sehr gute elektrische Leiter, gute Wärmeleiter; hohe Schmelz- und Siedetemperaturen	meist schlecht wasserlöslich; meist Gase oder Flüssigkeiten; Nichtleiter; niedrige Schmelz- und Siedetemperaturen

|9| Säuren und Laugen

Zitronen schmecken bekanntlich sauer. Kein Wunder, denn sie enthalten bis zu 5 % Citronensäure. Man findet diese Säure aber auch in anderen Früchten wie Orangen, Mandarinen, Grapefruits oder Kiwis.

Citronensäure ist in reiner Form eine weiße kristalline Substanz, die sich sehr gut in Wasser löst. Auch in Zitronen liegt sie in gelöster Form vor. Wegen ihres fruchtig-sauren Geschmacks verwendet man sie in der Lebensmittelindustrie in großen Mengen.

Es gibt noch viele andere Säuren, die uns in Alltag und Technik begegnen, zum Beispiel Kohlensäure, Milchsäure, Ascorbinsäure (Vitamin C), ebenso wie Salzsäure oder Schwefelsäure. Einige werden in diesem Kapitel vorgestellt.

|9.1| Säuren in Lebensmitteln

Äpfel, Birnen, Ananas und Zitrusfrüchte werden wegen ihres fruchtig-sauren, erfrischenden Geschmacks gern gegessen. Sie enthalten **Fruchtsäuren.** Ein Apfel enthält unter anderem *Äpfelsäure, Citronensäure* und *Weinsäure.* Eine weitere bekannte Säure ist die *Ascorbinsäure.* Dies ist der chemische Namen für Vitamin C.

Der typisch saure Geschmack von Mineralwasser wird von der *Kohlensäure* verursacht. Sie entsteht beim Einleiten von Kohlenstoffdioxid in Wasser. Eine andere Säure in Lebensmitteln ist die *Milchsäure.* Sie kommt in vielen Milchprodukten wie Sauermilch, Jogurt, Quark und Käse vor. Milchsäure entsteht, wenn Milchsäurebakterien Zucker abbauen. Auch bei der Sauerkrautherstellung lässt der Mensch die Milchsäurebakterien für sich arbeiten.

Die Säure in Milchprodukten verbessert nicht nur den **Geschmack** der Lebensmittel, sondern erhöht auch deren **Haltbarkeit**. Mit Säuren kann man vielen Mikroorganismen, die für den Verderb von Lebensmitteln verantwortlich sind, das Leben schwer machen. Sie können sich darin nicht weiter vermehren oder gehen sogar zugrunde.

Eine wichtige Säure, die im Haushalt zum Würzen und Haltbarmachen von Lebensmitteln verwendet wird, ist die *Essigsäure.* Speiseessig enthält etwa 5 Prozent Essigsäure. Reine Essigsäure ist eine ätzende, stechend riechende Flüssigkeit.

In Norddeutschland wird gerne Rotkohl gegessen, in Süddeutschland bevorzugt man dagegen Blaukraut. Doch es handelt sich um das gleiche Gemüse. Im Norden kocht man es allerdings meistens mit Essig oder sauren Äpfeln. Dadurch wird es rot. Diese Farbveränderung von Rotkohl und Rotkohlsaft bei Säurezugabe kann zum Nachweis von Säuren verwendet werden. Stoffe, die solche Eigenschaften haben, nennt man **Indikatoren.**

Säuren kommen in verschiedenen Lebensmitteln wie zum Beispiel Äpfeln, Mineralwasser und Jogurt vor. Mit Indikatoren kann man Säuren nachweisen.

▲ 2 *Fruchtsäuren*

▲ 3 *Rotkohl zeigt Säuren durch Rotfärbung an*

1 Fragen zum Text

a) Auf welche Stoffe ist der saure Geschmack von Äpfeln zurückzuführen?
b) Welche Säure findest du in Mineralwasser?
c) Auch in Jogurt und Sauermilch ist Säure enthalten. Wie gelangt sie in die Lebensmittel?
d) Eine der wichtigsten Säuren im Haushalt ist die Essigsäure. Wozu wird diese verwendet?
e) Wie kannst du im Handumdrehen aus Blaukraut Rotkohl „zaubern"?
f) Wie nennt man Stoffe, mit denen man Säuren nachweisen kann?

2 Experiment

a) Zerkleinere einige Rotkohlblätter und gib sie in ein Becherglas (500 ml). Gieße ca. 200 ml Wasser dazu, koche kurz auf und filtriere den Saft ab.
Hinweis: Bewahre den Rotkohlsaft für weitere Versuche im Kühlschrank auf.

b) Fülle drei Reagenzgläser mit jeweils etwa 3 ml Wasser, Essig beziehungsweise Zitronensaft. Gib nun in jedes Reagenzglas etwa 1 ml Rotkohlsaft hinzu. Beobachte und protokolliere das Ergebnis.

Exkurs: Technik

Citronensäure in Haushalt und Technik

Citronensäure wird in der Industrie immer beliebter. Sie ist nämlich umweltverträglich wie kaum eine andere Säure und lässt sich außerdem sehr vielfältig einsetzen. Sie eignet sich für den menschlichen Genuss, aber selbst zum Entkalken von Kaffeemaschinen kann man sie einsetzen.

Da Citronensäure in allen Lebewesen vorkommt, kann sie in der Natur von Mikroorganismen schnell abgebaut werden. Beim Abbau entsteht nur Wasser und Kohlenstoffdioxid. Jährlich werden heute weltweit über 600 000 Tonnen Citronensäure von Bakterien produziert. Nahezu die Hälfte wird in der Getränkeindustrie verwendet: Citronensäure (E 330) verbessert nicht nur den Geschmack, sie verlängert auch die Haltbarkeit der Getränke.

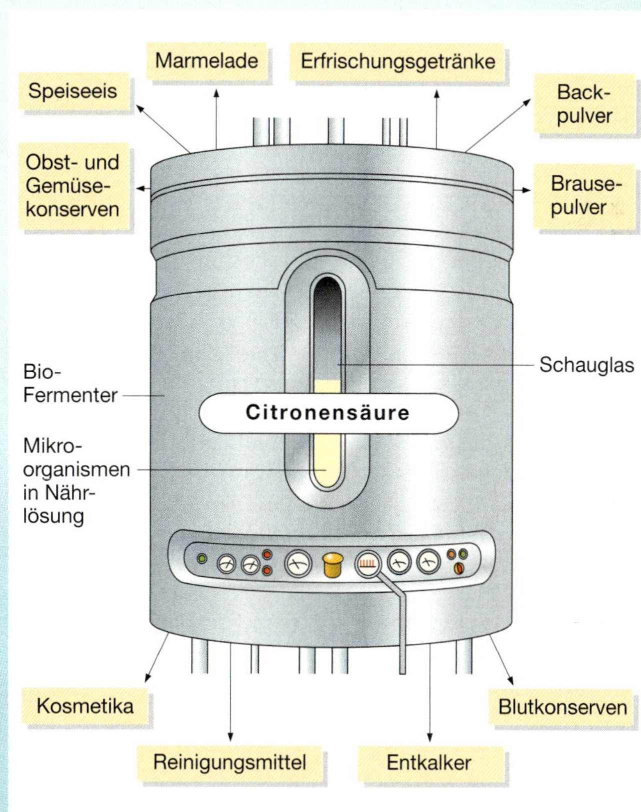

|9.2| Salzsäure – die bekannteste Säure

▲ *1 Der Fliesenleger entfernt Kalkmörtel mit Salzsäure.*
Die UN-Nr. 1789 auf der Flasche steht für Salzsäure. Diese Zahl findet man auch an LKWs, die Salzsäure transportieren.

Beim Anbringen von Fliesen bleibt oft ein unschöner Grauschleier auf der Oberfläche zurück. Es sind Kalkmörtelreste aus der Fugenmasse. Man kann sie mit **Salzsäure** entfernen.
Salzsäure ist eine der wichtigsten Säuren im Labor und in der chemischen Industrie. Man verwendet sie zum Beispiel, um störende Oxidschichten von Metalloberflächen zu entfernen sowie zum Aufschluss von Erzen.
In unserem Magensaft ist Salzsäure zu 0,3 % enthalten. Die Salzsäure fördert die Verdauung der Nahrung und hemmt das Bakterienwachstum.
Der Name Salzsäure („Säure aus Salz") geht auf eine alte Herstellungsweise zurück. Aus Kochsalz und Schwefelsäure lässt sich ein Gas gewinnen, das zusammen mit Wasser Salzsäure bildet.

Herstellung im Labor. Um Salzsäure im Labor zu gewinnen, lässt man in einem Gasentwickler etwas konzentrierte Schwefelsäure auf Kochsalz tropfen. Durch die Reaktion von Schwefelsäure mit Kochsalz entsteht ein farbloses Gas. Es heißt **Chlorwasserstoff (HCl).**
Man leitet das Gas in Wasser, dem man etwas Universalindikator zugesetzt hat. Anschließend beobachtet man eine *Rotfärbung* des Indikators und eine Zunahme der *elektrischen Leitfähigkeit.* Die Rotfärbung des Universalindikators weist darauf hin, dass nun eine saure Lösung vorliegt. Die Lösung muss außerdem Ionen enthalten, das zeigt die Zunahme der elektrischen Leitfähigkeit. Diese Beobachtungen lassen sich nur mit einer Reaktion des Chlorwasserstoff-Gases mit Wasser erklären:

$$\text{Chlorwasserstoff} \xrightarrow{\text{in Wasser}} \text{Protonen} + \text{Chlorid-Ionen}$$

$$HCl \xrightarrow{\text{in Wasser}} H^+ + Cl^-$$

Protonen sind einfach positiv geladene Wasserstoff-Ionen (H^+).

Anmerkung: Chlorwasserstoff zerfällt in Wasser in H^+- und Cl^--Ionen. Die H^+-Ionen lagern sich mit Wassermolekülen stets zu H_3O^+-Ionen zusammen:

$$H^+ + H_2O \rightarrow H_3O^+$$

Zur Vereinfachung sprechen wir aber auch weiterhin von H^+-Ionen und nicht von H_3O^+-Ionen.

▲ *2 Herstellung von Salzsäure im Laborversuch*

Die Reaktion von Chlorwasserstoff mit Wasser verläuft exotherm. Die entstandene saure Lösung heißt **Salzsäure,** abgekürzt **HCl.** Die Formel HCl kann also einerseits Chlorwasserstoff-Gas bedeuten, andererseits auch Salzsäure.

Chlorwasserstoff kann man durch Reaktion von Schwefelsäure mit Kochsalz herstellen. Salzsäure entsteht, wenn man Chlorwasserstoff in Wasser leitet. Chlorwasserstoff zerfällt dabei in H^+- und Cl^--Teilchen. Diese Reaktion ist exotherm.

1 Fragen zum Text

a) Wie ist der Name „Salzsäure" zu erklären?
b) Vergleiche Chlorwasserstoff mit Salzsäure.
c) Wie lässt sich nachweisen, dass Salzsäure eine Säure ist?
d) Warum leitet Salzsäure den elektrischen Strom?
e) Formuliere die Wort- und Reaktionsgleichung für die Reaktion von Chlorwasserstoff mit Wasser.
f) Weshalb ist die Aussage „Salzsäure ist eine Lösung von Chlorwasserstoff in Wasser" nicht ganz korrekt?

2 Experiment

Xi B1

Gib etwas verdünnte Salzsäure in ein Glasgefäß mit Kalkspuren und schwenke dieses vorsichtig um. Was geschieht mit den Kalkspuren? Erläutere die Veränderungen und formuliere die Reaktionsgleichung.

3 Demonstrations-Experiment

Xi B1

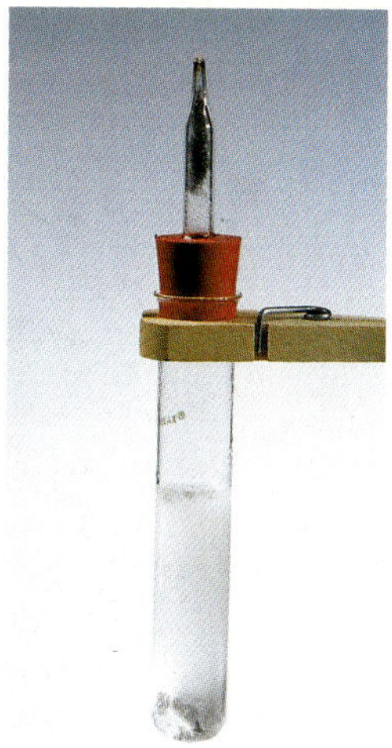

Ein etwa 5 cm langes Magnesiumband wird in ein Reagenzglas gebracht. Daran schließt man ein ausgezogenes Glasrohr an, in dem sich Stahlwolle als Rückschlagsicherung befindet.
In das Reagenzglas gibt man nun 10 ml verdünnte Salzsäure und verschließt das Reagenzglas mit dem Stopfen und dem ausgezogenen Glasrohr. Das entstehende Gas entzündet man.

4 Theorie

Öffnet man eine Flasche mit konzentrierter Salzsäure an feuchter Luft, kann man einen weißlichen Nebel beobachten. Worum könnte es sich dabei handeln?

Exkurs: Theorie

Der Springbrunnenversuch mit Chlorwasserstoff

Mit dem folgenden Laborversuch kann man die sehr gute Wasserlöslichkeit von Chlorwasserstoff-Gas demonstrieren. Dazu lässt man in einem Gasentwickler konzentrierte Schwefelsäure auf Kochsalz tropfen. Das dabei entstehende farblose Chlorwasserstoff-Gas leitet man unter dem Abzug in einen dickwandigen, trockenen Rundkolben.
Den mit Chlorwasserstoff gefüllten Rundkolben verschließt man mit einem durchbohrten Stopfen, in dem ein ausgezogenes Glasrohr steckt. Nun taucht man das am Rundkolben angebrachte Glasrohr in Wasser, dem man zuvor etwas Universalindikator-Lösung zugesetzt hat.

Nun steigt das Wasser langsam im Glasrohr hoch. Oben angekommen schießt es in den Rundkolben. Gleichzeitig färbt sich der Universalindikator deutlich rot. Es ist Salzsäure entstanden.
Wie kann man das rasche Einströmen des Wassers erklären? Weil sich das Chlorwasserstoff-Gas im Rundkolben sehr schnell vollständig im aufsteigenden Wasser löst, entsteht ein Unterdruck. Durch den äußeren Luftdruck wird dann weiteres Wasser in den Kolben gedrückt. Bei Raumtemperatur und normalem Druck können sich in 1 l Wasser etwa 500 l Chlorwasserstoff-Gas lösen.

|9.3| Säuren, chemisch betrachtet

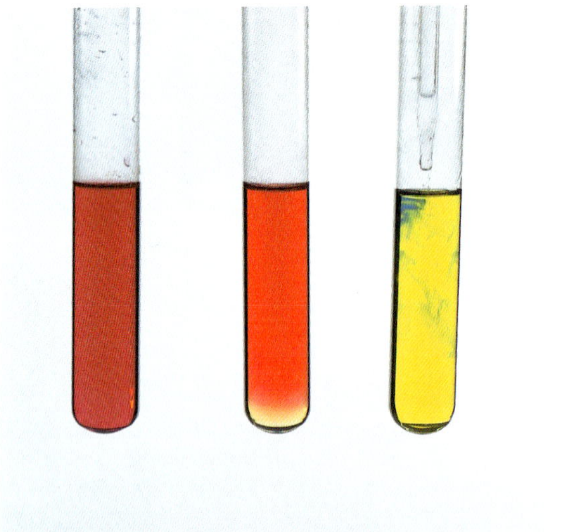

▲ *1 Säuren verändern die Farbe von Indikatoren*

Säuren begegnen uns im Haushalt, im Labor und in der Industrie. Sie bilden eine Stoffgruppe mit gemeinsamen Eigenschaften.

Säuren wirken ätzend. Viele Säuren wie Salzsäure, Schwefelsäure und Salpetersäure wirken **ätzend** und sind deshalb *gesundheitsschädlich.*

◀ *2 Säuren reagieren mit Kalk.*

Säuren verändern die Farbe von Indikatoren. Zum gefahrlosen Erkennen von Säuren verwendet man **Indikatoren.** Das sind spezielle Farbstoffe oder Farbstoffgemische, die bei Säurezugabe ihre Farbe ändern. Rotkohlsaft oder die Universalindikator-Lösung sind solche Farbstoffgemische.

Säuren reagieren mit Kalk. Gibt man Säuren auf Kalk (z. B. Kalkstein, Marmor, Eierschalen), bilden sich kleine Gasbläschen. Das entstehende farb- und geruchlose, unbrennbare Gas trübt Kalkwasser. Es ist Kohlenstoffdioxid.

Salzsäure	+ Kalk	→	Calciumchlorid	+ Kohlenstoffdioxid	+ Wasser
$2\ HCl$	$+ CaCO_3$	→	$CaCl_2$	$+ CO_2$	$+ H_2O$

Säuren reagieren mit unedlen Metallen. Tropft man Salzsäure zum Beispiel auf Zink, so entsteht das Salz Zinkchlorid und ein farbloses, brennbares Gas. Mit der Knallgasprobe lässt sich nachweisen, dass es sich dabei um Wasserstoff handelt.

Zink + Salzsäure → Zinkchlorid + Wasserstoff

$$Zn + 2\ HCl \rightarrow ZnCl_2 + H_2$$

Säuren leiten den elektrischen Strom. Destilliertes Wasser leitet den elektrischen Strom nicht. Fügt man zum destillierten Wasser aber einige Tropfen Salzsäure oder Essigsäure hinzu, wird die Lösung elektrisch leitend.
Eine Glühlampe im Stromkreis leuchtet und zeigt an, dass in der Lösung jetzt Ladungsträger vorhanden sind, die den Ladungstransport übernehmen. Die Ladungsträger sind positiv und negativ geladene Ionen.

Säuren entwickeln bei der Elektrolyse Wasserstoff. Bei der Elektrolyse von Salzsäure beobachtet man an beiden Elektroden klei-

▼ *3 Säuren reagieren mit unedlen Metallen.*

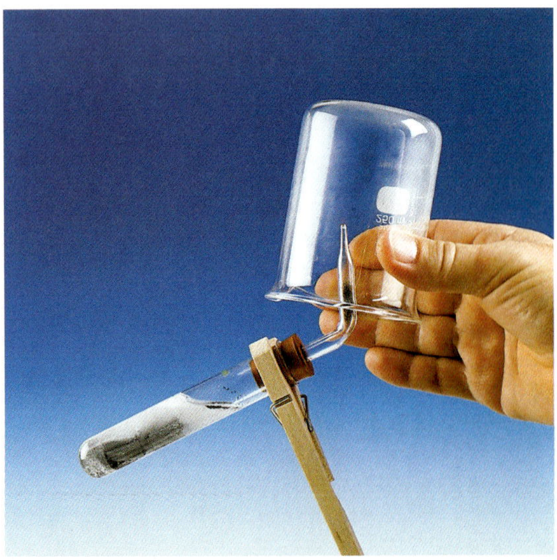

ne Gasbläschen. Am Minuspol (Kathode) lässt sich mit der Knallgasprobe Wasserstoff nachweisen, am Pluspol (Anode) bildet sich das gelblich-grüne Gas Chlor.
Prüft man andere Säuren auf die gleiche Weise, so beobachtet man am Minuspol stets eine Wasserstoffentwicklung.

Säuren geben in wässriger Lösung Protonen ab.
In Wasser zerfallen Säureteilchen in positiv geladene Wasserstoff-Ionen (Protonen) und negativ geladene Säurerest-Ionen. Die Protonen sind für die saure Reaktion von Säuren verantwortlich.

$$HNO_3 \xrightarrow{\text{Wasser}} H^+ + NO_3^-$$

Allgemein:

$$\text{Säureteilchen} \xrightarrow{\text{Wasser}} H^+ + \text{Säurerest-Ionen}$$

Säuren wirken ätzend und verändern die Farbe von Indikatoren. Sie reagieren mit Kalk und setzen dabei Kohlenstoffdioxid frei. Säuren reagieren mit unedlen Metallen unter Bildung von Wasserstoff. Säuren leiten den elektrischen Strom und entwickeln bei der Elektrolyse Wasserstoff. Sie geben in wässriger Lösung Protonen ab.

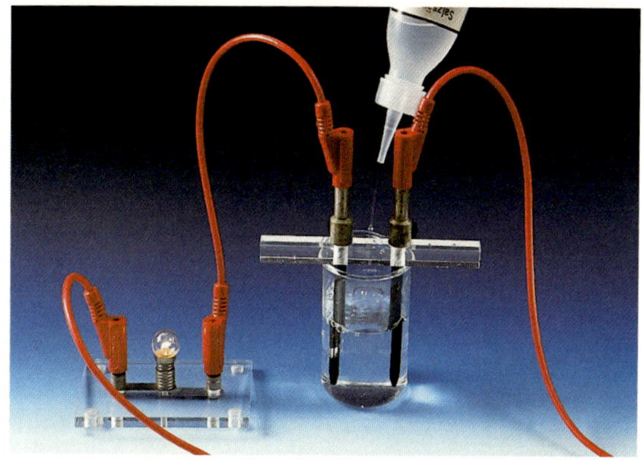

▲ *1 Säuren leiten den elektrischen Strom.*

▼ *2 Bei der Elektrolyse entsteht Wasserstoff.*

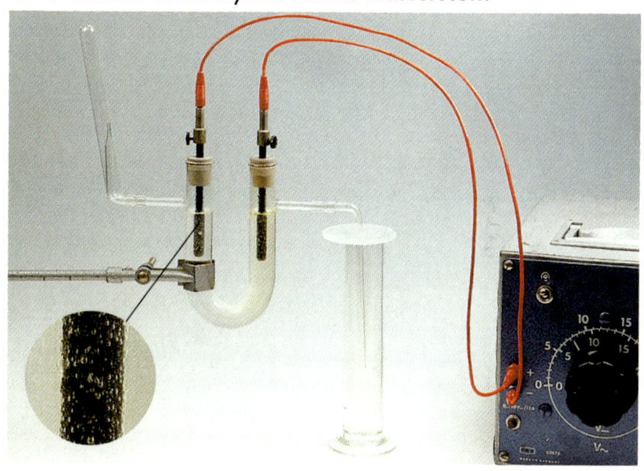

Steckbrief: Schwefelsäure H_2SO_4

Aussehen: farblose Flüssigkeit
Dichte: 1,84 g/ml
Siedetemperatur: 338 °C

Verwendung: Herstellung von Düngemitteln, Waschmitteln, Farbstoffen, Batteriesäuren

Chemische Eigenschaften: ätzend, stark hygroskopisch (wasseranziehend); reagiert mit Wasser unter Wärmeentwicklung; zersetzt Baumwolle, Papier, Zucker zu kohleartigen Produkten; löst sogar Metalle wie Kupfer und Silber unter Bildung von Schwefeldioxid auf.

Hinweis: Beim Verdünnen die richtige Reihenfolge beachten: Erst das Wasser – dann die Säure, sonst geschieht das Ungeheure!

▲ *3 Steckbrief Schwefelsäure*

Steckbrief: Salpetersäure HNO_3

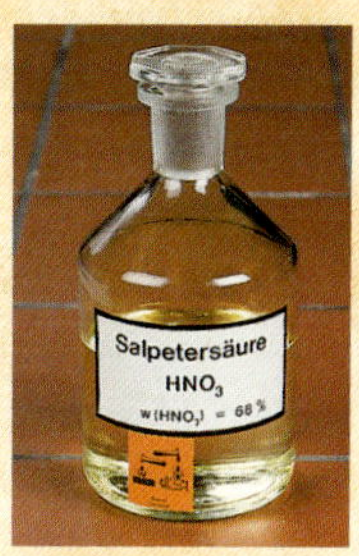

Aussehen: farblose Flüssigkeit
Dichte: 1,52 g/ml
Siedetemperatur: 84 °C

Verwendung: Herstellung von Düngemitteln, Farbstoffen, Sprengstoffen, Lösungsmitteln

Chemische Eigenschaften: ätzend, lichtempfindlich; zerfällt unter Freisetzung giftiger Gase (Gelbfärbung); 50%ige Säure löst Silber auf („Scheidewasser"), nicht aber Gold; „Königswasser" löst sogar Gold und Platin: 1 Teil konz. HNO_3 + 3 Teile konz. HCl.

Hinweis: Mit konz. Salpetersäure darf man nur unter dem Abzug arbeiten, da sich leicht nitrose Gase (NO, NO_2) bilden, die starke Atemgifte sind.

▲ *4 Steckbrief Salpetersäure*

1 Fragen zum Text

a) Wie kann man nachweisen, dass eine Flüssigkeit eine Säure ist?
b) Kalkhaltiges Gestein wird durch Säuren zersetzt. Welches Gas entsteht dabei?
c) Weshalb leiten säurehaltige Flüssigkeiten den elektrischen Strom?
d) Welche Teilchen sind für die typischen Säureeigenschaften verantwortlich?

2 Experiment

Untersuche verschiedene Lebensmittel wie zum Beispiel Äpfel, Birnen, Zitronen, Obstsäfte, Erfrischungsgetränke, Jogurt usw. auf Säuren. Benutze zur Untersuchung Indikator-Lösung oder Indikator-Papier. Halte die Versuchsergebnisse in einer Tabelle fest.

3 Experiment

a) Fülle zwei Reagenzgläser etwa 3 cm hoch mit Essig bzw. Leitungswasser. Gib jeweils 5 Tropfen Universalindikator hinzu.
b) Wiederhole den Versuch mit anderen Indikatoren wie beispielsweise Bromthymolblau oder Methylrot. Halte die Farbveränderungen in einerTabelle fest.
c) Welche der Indikatoren eignen sich besonders gut zum Erkennen von Säuren?

4 Experiment

Xi B1

Lege ein leeres Schneckelhaus, eine Muschelschale oder ein Stück Kalkstein in eine Petrischale. Gib mit der Pipette einige Tropfen verdünnte Salzsäure (5–10%ig; Xi, B1) darauf. Erkläre deine Beobachtungen.

5 Experiment

Xi B1

Lege kleine Stückchen Magnesiumband, Eisendraht, Zinkspäne sowie Kupferblech in eine Petrischale. Gieße dann so viel verdünnte Salzsäure (Xi) in die Schale, dass der Boden gerade bedeckt ist.
a) Schreibe deine Beobachtungen auf.
b) Formuliere die Reaktionsgleichungen für die Reaktionen.

6 Theorie

Wie sind die folgenden Beobachtungen zu erklären?
a) Gibt man einige Citronensäure-Kristalle auf trockenes Indikator-Papier, so verändert sich seine Farbe nicht. Gibt man jedoch einige Tropfen Wasser auf die Kristalle, so zeigt der Indikator durch die Farbveränderung eine Säure an.
b) Tropft man verdünnte Salzsäure auf Löß-Boden, entsteht ein farbloses, nicht brennbares Gas.

7 Theorie

Formuliere die Wort- und Reaktionsgleichungen für die folgenden Reaktionen:
a) Salzsäure reagiert mit Natrium
b) Schwefelsäure reagiert mit Zink
c) Salpetersäure reagiert mit Kalium.

8 Demonstrations-Experiment

T B1

In einen Standzylinder unter dem Abzug gibt man etwas Wasser und einige Tropfen Indikatorlösung. Dann entzündet man eine kleine Portion Schwefel in einem Verbrennungslöffel und hält ihn in den Standzylinder. Anschließend deckt man das Gefäß mit einer Glasplatte ab.
Welche chemischen Reaktionen laufen bei diesem Experiment ab?

Anorganische Säuren im Überblick

Verbrennt Schwefel an der Luft, entsteht Schwefeldioxid:

Schwefel + Sauerstoff → Schwefeldioxid

$S + O_2 \rightarrow SO_2$

Das Gas Schwefeldioxid reagiert mit Wasser zu Schwefliger Säure:

Schwefeldioxid + Wasser → Schweflige Säure

$SO_2 + H_2O \rightarrow H_2SO_3$

Andere Nichtmetalle reagieren ähnlich wie Schwefel. Auch dabei entstehen Säuren.

Salzsäure lässt sich nicht auf diese Weise herstellen. Lässt man die beiden Gase Wasserstoff und Chlor miteinander reagieren, erhält man die Verbindung Chlorwasserstoff:

Wasserstoff + Chlor → Chlorwasserstoff

$H_2 + Cl_2 \rightarrow 2\ HCl$

Leitet man den gasförmigen Chlorwasserstoff in Wasser, entsteht Salzsäure:

Chlorwasserstoff $\xrightarrow{\text{Wasser}}$ Salzsäure

$HCl \xrightarrow{\text{Wasser}} H^+ + Cl^-$

Andere halogenhaltige Säuren kann man auf ähnliche Weise herstellen.

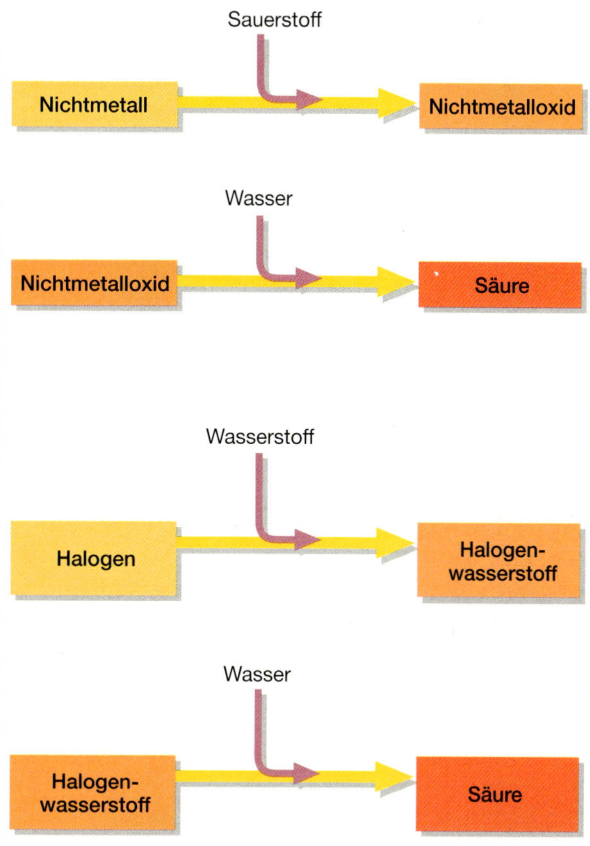

Nichtmetalloxid		Säure		Säurerest	
Name	Formel	Name	Formel	Name	Formel
–		Chlorwasserstoff	HCl	Chlorid-Ion	Cl^-
–		Bromwasserstoff	HBr	Bromid-Ion	Br^-
Schwefeldioxid	SO_2	Schweflige Säure	H_2SO_3	Hydrogensulfit-Ion Sulfit-Ion	HSO_3^- SO_3^{2-}
Schwefeltrioxid	SO_3	Schwefelsäure	H_2SO_4	Hydrogensulfat-Ion Sulfat-Ion	HSO_4^- SO_4^{2-}
Stickstoffdioxid	NO_2	Salpetrige Säure	HNO_2	Nitrit-Ion	NO_2^-
		Salpetersäure	HNO_3	Nitrat-Ion	NO_3^-
Kohlenstoffdioxid	CO_2	Kohlensäure	H_2CO_3	Hydrogencarbonat-Ion Carbonat-Ion	HCO_3^- CO_3^{2-}
Phosphoroxid	P_4O_{10}	Phosphorsäure	H_3PO_4	Dihydrogenphosphat-Ion Hydrogenphosphat-Ion Phosphat-Ion	$H_2PO_4^-$ HPO_4^{2-} PO_4^{3-}

Exkurs: Alltag

Saurer Sprudel – selbst gemacht

Viele sparen sich den Transport von schweren Mineralwasserkästen. Sie stellen sich ihr sprudelndes Wasser einfach selber her. Wie macht man das?
Man bekommt im Handel verschiedene **Sprudelwasserbereiter**, die alle ganz ähnlich funktionieren: Aus einer Stahlpatrone wird auf Knopfdruck das Gas Kohlenstoffdioxid in eine Flasche mit Trinkwasser geleitet. Das Gas erzeugt sprudelnde Bläschen und macht das Wasser leicht sauer.
Chemisch betrachtet passiert folgendes: Das Kohlenstoffdioxid aus der Patrone löst sich im Wasser. Je kälter das Wasser ist, desto mehr löst sich. Ein geringer Teil dieses gelösten Kohlenstoffdioxids reagiert mit Wasser zu **Kohlensäure (H_2CO_3)**. Sie verursacht den säuerlichen Geschmack von Sprudel:

$CO_2 + H_2O \rightarrow H_2CO_3$

Der größte Teil des Kohlenstoffdioxids reagiert aber nicht mit Wasser, sondern löst sich nur darin.
Öffnet man eine Flasche mit Sprudelwasser, entweicht das gelöste Gas Kohlenstoffdioxid in Form von kleinen Bläschen.
Außerdem zerfällt ein Teil der Kohlensäure langsam wieder in die Ausgangsstoffe:
$H_2CO_3 \rightarrow CO_2 + H_2O$

Kohlensäure ist eine *unbeständige Säure,* denn sie zerfällt leicht.

1. Weshalb sollte man Sprudelwasser mit gekühltem Wasser zubereiten?
2. Was bedeutet der Hinweis „mit Kohlensäure versetzt" auf einem Getränke-Etikett?

Exkurs: Umwelt

Saurer Regen schädigt Wälder und Gesteine

Unsere Wälder insbesondere in den höheren Lagen der Mittelgebirge wie Schwarzwald und Harz sind seit Jahrzehnten krank. Fast jeder zweite Baum in Deutschland gilt als geschädigt.
Nach heutigem Wissensstand entstehen die Schäden aus dem Zusammenwirken mehrerer Faktoren. Luftschadstoffe, vor allem Stickstoffoxide, Schwefeldioxid und Ozon werden als Hauptursachen für die Waldschäden angesehen.

um 1900

Mit der Luftfeuchtigkeit bilden sich Säuren wie *Salpetersäure* und *Schwefelsäure.* Das sind die Hauptbestandteile des **„sauren Regens"**.
Der saure Regen macht den Boden sauer und setzt giftige Metall-Ionen frei.
Er greift aber auch Bauwerke wie Brücken, Hausfassaden, Steinfiguren und Kunstdenkmäler an. So wird beispielsweise kalkhaltiges Mauerwerk durch Schwefelsäure brüchig. Schwefelsäure reagiert nämlich mit Kalk zu Kohlenstoffdioxid und Calciumsulfat (Gips). Gips hat ein größeres Volumen als Kalk und nimmt leicht Wasser auf. Dadurch wird der Stein allmählich porös, bröckelig und zerfällt schließlich.

1984

Durch die weitgehende Entschwefelung von Treibstoffen und moderne Katalysatoren konnte die Menge der Luftschadstoffe in den vergangenen Jahren stark vermindert werden.

|9.4| Rohrreiniger enthalten Natriumhydroxid

„Schon wieder ist das Waschbecken verstopft", stellt Frau Meier erschreckt fest. Sie holt den chemischen Rohrreiniger aus dem Putzmittelschrank und schüttet eine kräftige Ladung der weißen und silbrigen Körnchen in den Abfluss des Waschbeckens. Es zischt und brodelt. Dämpfe steigen auf. „Ganz schön aggressiv, dieses chemische Mittel", denkt sich Frau Meier. Sie ist beeindruckt und erschrocken zugleich, was die Chemie alles ermöglicht. Wenige Minuten später hat der Rohrreiniger das Abflussrohr frei gemacht. Das Wasser läuft jetzt wieder ungehindert ab.

▲ *1 Geballte Chemie: Abflussreiniger*

Beim Gebrauch von solchen aggressiven Stoffen muss man jedoch recht vorsichtig sein. Die Warnhinweise auf der Packung sollten unbedingt gelesen und beachtet werden! Selbst kleine Spritzer können zu schweren Verletzungen führen. Vor allem die empfindlichen Augen sind gefährdet. In der Industrie gelten daher strenge Vorschriften für den Umgang mit Hydroxiden und konzentrierten Laugen: Schutzkleidung mit Gesichtsschutz und Schutzhandschuhen sind vorgeschrieben.

▲ *2 Natronlauge zersetzt organische Stoffe.*

Rohrreiniger enthalten Hydroxide. Chemische Rohrreiniger beseitigen Rohrverstopfungen, die durch organische Stoffe wie Haare, Fette oder Speisereste verursacht werden. Meist enthalten derartige Reiniger als Hauptbestandteil **Natriumhydroxid (NaOH)**, das man auch **Ätznatron** nennt.

Gibt man diesen weißen Feststoff in Wasser, löst er sich unter starker Wärmeentwicklung auf. Es entsteht stark ätzende **Natronlauge.** Diese konzentrierte Lauge greift organische Stoffe wie Haare und Fette an und zersetzt sie. Dadurch werden sie wasserlöslich und lassen sich dann meist einfach aus dem Rohr ausspülen.

Chemische Rohrreiniger zeigen zwar schnell Wirkung, sind aber gefährlich in der Handhabung und belasten zudem das Abwasser. Meist lassen sich verstopfte Abflüsse auch mechanisch reinigen, etwa mit einer Gummisaugglocke. Noch besser ist es, wenn man sich Abflusssiebe besorgt. Darin bleiben Haare und Speisereste hängen und gelangen erst gar nicht in das Abflussrohr.

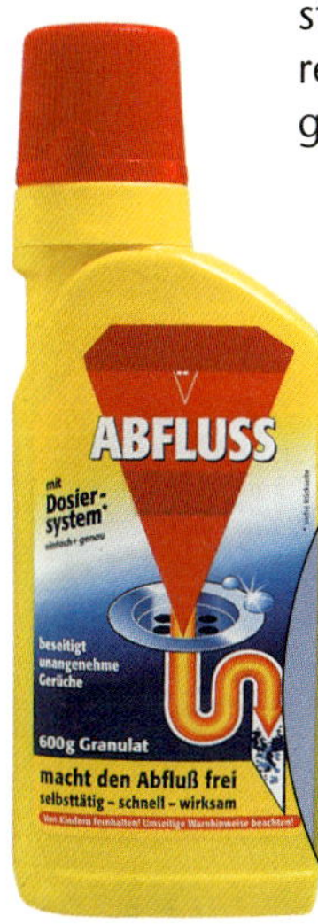

▼ *3 Rohrreiniger mit Warnhinweisen*

> Chemische Rohrreiniger enthalten Natriumhydroxid (NaOH, Ätznatron). Dieses bildet mit Wasser ätzende Lauge, die organische Stoffe wie Haare und Fette zersetzt und dadurch wasserlöslich macht.

|9.5| Laugen, chemisch betrachtet

Eine weitere Stoffgruppe mit gemeinsamen Eigenschaften bilden die Laugen. Natronlauge, Kalilauge und Calciumlauge (Kalkwasser) gehören in diese Gruppe.

Laugen fühlen sich seifig an. Verreibt man einen Tropfen sehr stark verdünnter Natronlauge zwischen den Fingern, fühlt es sich seifig an. Durch die Lauge werden nämlich die Zellen der Hornhaut zersetzt, die Haut wird deshalb etwas schmierig. Diese Erscheinung kann man bei allen Laugen beobachten. Bezeichnungen wie Ätznatron, Ätzkali und Ätzkalk weisen auf die ätzende Wirkung hin. Mit Laugen muss man deshalb vorsichtig umgehen.

▲ *1 Auch stark verdünnte Natronlauge fühlt sich seifig an.*

Laugen verändern die Farbe von Indikatoren. Hält man einen Streifen Universalindikator-Papier in Natronlauge, färbt er sich blau-violett. Eine farblose Phenolphthalein-Lösung dagegen wird rot. Alle anderen Laugen reagieren mit diesen Indikatoren auf gleiche Weise.

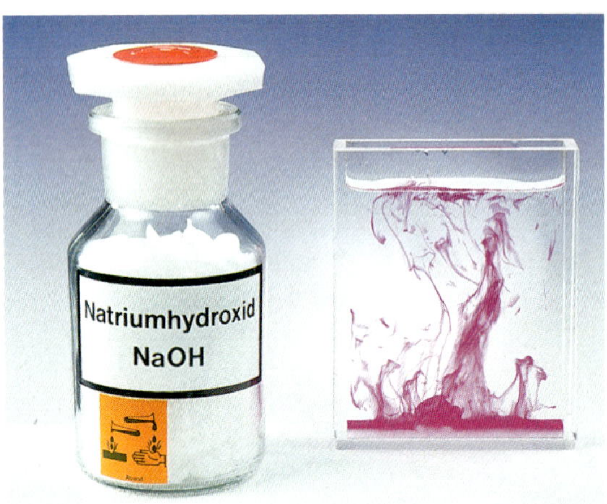

▲ *2 Natriumhydroxid reagiert alkalisch. Eine Phenolphthalein-Lösung wird dabei rot.*

Laugen leiten den elektrischen Strom. Prüft man die elektrische Leitfähigkeit von destilliertem Wasser, leuchtet das Lämpchen in der Versuchsanordnung nicht. Gibt man ein Natriumhydroxid-Plätzchen ins Wasser, leitet die Lösung den elektrischen Strom. In der Lauge müssen demnach ebenso wie

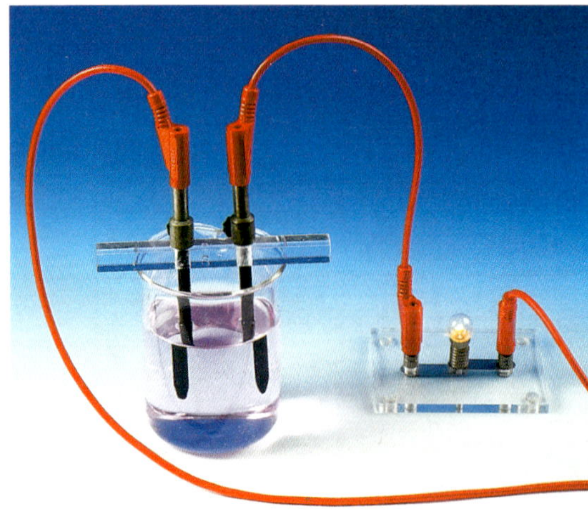

▲ *3 Alkalische Lösungen leiten den elektrischen Strom, feste Hydroxide dagegen nicht.*

in einer Säurelösung frei bewegliche Ionen vorhanden sein. Sie übernehmen den Ladungstransport.

Laugen enthalten Hydroxid-Ionen. Festes Natriumhydroxid leitet den elektrischen Strom nicht, wohl aber geschmolzenes Natriumhydroxid. Dies ist ein Hinweis darauf, dass bereits im festen Natriumhydroxid Ionen vorhanden sind, die sich aber erst in der Schmelze frei bewegen können. Festes Natriumhydroxid ist wie alle anderen Hydroxide aus positiv geladenen Metall-Ionen und negativ geladenen Hydroxid-Ionen aufgebaut.

Gibt man festes Natriumhydroxid in Wasser, löst es sich auf. Die jetzt frei beweglichen Ionen verteilen sich gleichmäßig im Wasser. Es entsteht eine Natriumhydroxid-Lösung. Man bezeichnet diese Lösung als *Natronlauge:*

$$\text{Natriumhydroxid} \xrightarrow{\text{Wasser}} \text{Natrium-Ionen} + \text{Hydroxid-Ionen}$$

$$NaOH \xrightarrow{\text{Wasser}} Na^{+} + OH^{-}$$

Die **OH^{-}-Ionen (Hydroxid-Ionen)** sind für das chemische Verhalten der Laugen verantwortlich. Lösungen, die Hydroxid-Ionen enthalten, bezeichnet man auch als **alkalische Lösungen.**

> Laugen fühlen sich seifig an. Sie verändern die Farbe von Indikatoren und leiten den elektrischen Strom. Alle Laugen enthalten OH^{-}-Ionen (Hydroxid-Ionen).

1 Fragen zum Text

a) Warum fühlen sich Laugen seifig an?
b) Weshalb leiten feste Hydroxide den elektrischen Strom nicht, wohl aber ihre wässrigen Lösungen?
c) Welche Ionen bestimmen die Eigenschaften von Laugen?
d) Zähle vier gemeinsame Eigenschaften von Laugen auf.

2 Experiment

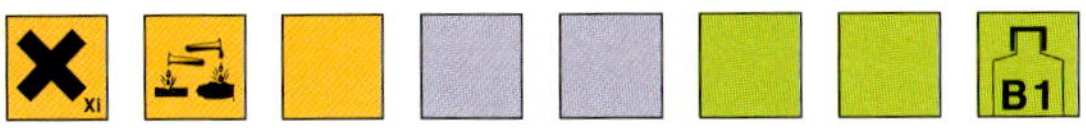

a) Gib einige Tropfen stark verdünnter Lösungen von Natriumhydroxid, Kaliumhydroxid, Calciumhydroxid und Ammoniak auf verschiedene Uhrgläschen. Prüfe die Flüssigkeiten mit Universalindikator und anderen Indikatoren.
b) Prüfe je ein trockenes Plätzchen Natriumhydroxid (C) und Kaliumhydroxid (C) mit einem trockenen Streifen Indikatorpapier. Wiederhole dann den Test mit angefeuchtetem Indikatorpapier. Erkläre das Versuchsergebnis.

3 Alltag

Viele Mittel zur Backofen-Reinigung sind stark alkalisch. Worauf muss man achten, wenn man solche Mittel anwendet?

4 Experiment

Spritzt einem beim Händewaschen etwas Seifenwasser ins Auge, brennt es. Woran liegt das? Untersuche dazu Seifenwasser mit Indikatorpapier.

Exkurs: Alltag

Hirschhornsalz – was ist das eigentlich?

Hirschhornsalz ist ein weißes, leicht stechend riechendes Pulver, das man in vielen Lebensmittelgeschäften kaufen kann. Es wird als **Backtreibmittel** verwendet. Dabei nützt man aus, dass das weiße Pulver beim Erhitzen vollständig in Gase zerfällt. Dadurch wird der Teig aufgelockert.
Der eigentliche Name des Salzes Hirschhornsalz weist darauf hin, dass man es früher aus zerkleinerten Hirschgeweihen hergestellt hat.
Hirschhornsalz besteht hauptsächlich aus Ammoniumhydrogencarbonat. Erhitzt man es, zersetzt es sich bereits ab 60 °C:

Ammonium-hydrogen-carbonat	→	Wasser	+	Kohlen-stoff-dioxid	+	Ammoniak
NH_4HCO_3	→	H_2O	+	CO_2	+	NH_3

An den kühlen Stellen des Reagenzglases kondensiert Wasser. Mit einem feuchten Indikatorstreifen kann man einen Stoff nachweisen, der alkalisch reagiert. Es ist das stechend riechende Gas **Ammoniak.**

1. Finde heraus, wie Ammoniak hergestellt und wofür es verwendet wird.

Pinnwand

Hydroxide und Laugen

Ställe wurden früher stets mit Kalkmilch weiß gestrichen. Die Wand wird so nicht nur weiß, sie wird dadurch auch desinfiziert. Kalkmilch wird aus Calciumhydroxid ($Ca(OH)_2$, Löschkalk) und Wasser hergestellt.

1. Wie kann man „Kalkmilch" im Labor selber herstellen?
2. Was geschieht, wenn man feuchtes Indikatorpapier auf eine mit Kalkmilch gestrichene Wand hält?

3. Wer in der Industrie mit konzentrierten Säuren und Laugen umgeht, muss bestimmte Sicherheitsbestimmungen einhalten. Nenne Regeln für den sachgerechten Umgang mit diesen Chemikalien.
4. Vergleiche damit, wie man im Haushalt mit Rohrreinigern umgeht.

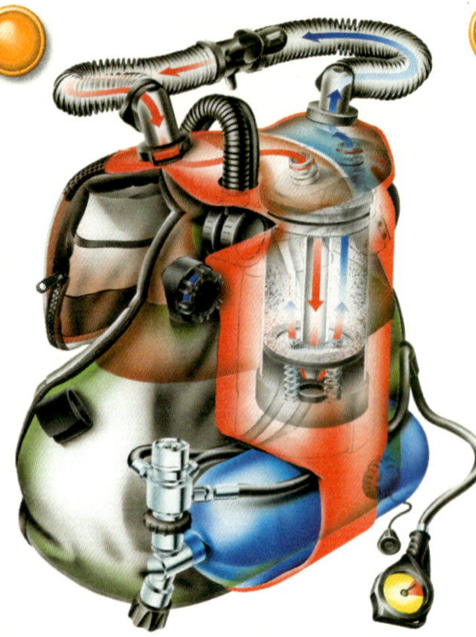

Bei diesem Spezial-Tauchgerät wird das Ausatemgas nicht in das Wasser abgegeben, sondern über eine „Atemkalkpatrone" in den Atemkreislauf zurückgeführt. So kann man vermeiden, dass aufsteigende Luftbläschen scheue Wassertiere vertreiben.

5. Das Kohlenstoffdioxid im Ausatemgas reagiert mit dem Kaliumhydroxid in der Atemkalkpatrone und wird dadurch gebunden. Erkläre, was dabei chemisch geschieht.

Kaliumhydroxid kommt oft in Form von „Plätzchen" in den Handel. Wenn man es offen an der Luft liegen lässt, wird es schnell feucht.

6. Erkläre, was dabei chemisch abläuft.
7. Mit der Formel KOH wird nicht nur ein Feststoff abgekürzt, sondern auch eine Flüssigkeit. Erläutere das.

Hydroxide und Laugen im Überblick

Alkalimetalle und Erdalkalimetalle sowie deren Oxide reagieren mit Wasser zu Hydroxiden. Lösen sich diese in Wasser, entstehen Laugen.

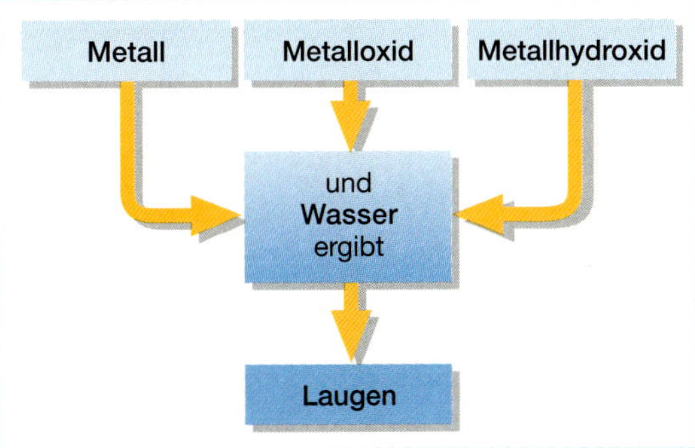

Stoff	Formel	wässrige Lösung, Ionen
Lithiumhydroxid	$LiOH$	Lithiumlauge; Li^+, OH^-
Natriumhydroxid (Ätznatron)	$NaOH$	Natronlauge; Na^+, OH^- (Natriumlauge)
Kaliumhydroxid (Ätzkali)	KOH	Kalilauge, K^+, OH^- (Kaliumlauge)
Calciumhydroxid	$Ca(OH)_2$	Kalkwasser; Ca^{2+}, $2\ OH^-$
Magnesium-hydroxid	$Mg(OH)_2$	Magnesiumlauge; Mg^{2+}, $2\ OH^-$
Bariumhydroxid	$Ba(OH)_2$	Barytwasser; Ba^{2+}, $2\ OH^-$ (Bariumlauge)

Die wichtigste Lauge: Natronlauge

Jährlich werden in Deutschland etwa 10 Millionen Tonnen Salz gefördert. Nur etwa 3 % davon werden als Speisesalz verbraucht. Der größte Teil wird zur Herstellung von Natronlauge verwendet.

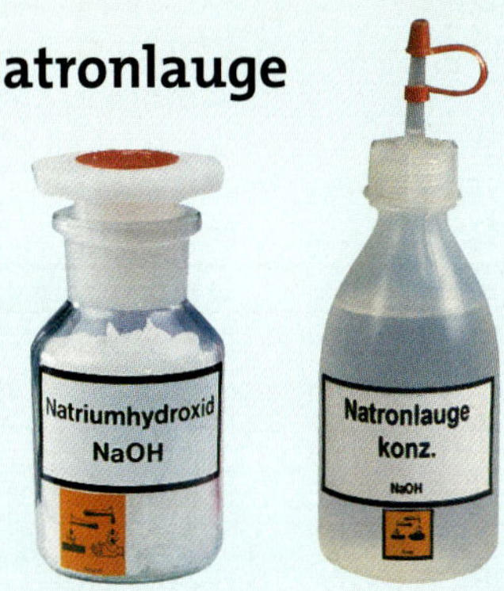

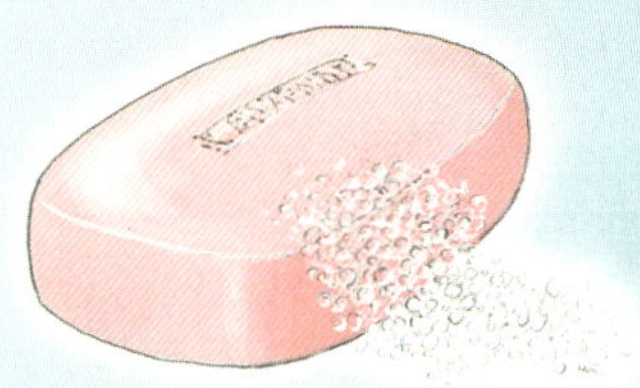

Natronlauge benötigt man zur Herstellung von Zellstoff, den man zu Papier und Verbandmaterial weiter verarbeitet.

Auch zur Seifenherstellung ist Natronlauge unentbehrlich.

Laugengebäck erhält seinen typischen Geschmack erst dadurch, dass man es kurz vor dem Backen in 3%ige Natronlauge taucht.

Mit Natronlauge reinigt man Pfandflaschen.

Natronlauge wird für die Herstellung von Aluminium verwendet.

9.6 Auf den pH-Wert kommt es an

1 *pH-Messung mit Indikator-Teststreifen*

Aquarienfreunde wissen, dass der richtige **pH-Wert** von entscheidender Bedeutung ist, wenn die Fische gut gedeihen sollen. Süßwasserfische kann man in Leitungswasser mit einem pH-Wert von 6,5 bis 7,5 halten. Meerwasserfische dagegen brauchen salzreiches Wasser mit einem pH-Wert von 8 bis 9.
Für Pflanzen ist der pH-Wert des Bodens sehr wichtig, wie Landwirte und Gärtner wissen.

Auch für den Menschen spielt der pH-Wert eine wichtige Rolle. Unsere Haut hat einen pH-Wert von etwa 5,5. Man spricht hier vom „Säureschutzmantel" der Haut. Unsere Verdauung kann nur dann richtig ablaufen, wenn die Verdauungssäfte den richtigen pH-Wert haben: Der Magensaft ist stark sauer, die Dünndarmsäfte dagegen sind alkalisch.
Der pH-Wert scheint demnach für alle Lebewesen sehr wichtig zu sein. Doch was versteht man eigentlich unter dem pH-Wert?

Die pH-Skala. Wenn man Angaben machen will, ob eine Lösung sauer oder alkalisch ist, gibt man den pH-Wert an. Man verwendet dazu eine pH-Skala mit Zahlenwerten zwischen 0 und 14.
Saure Lösungen haben pH-Werte **kleiner als 7.** Je saurer eine Lösung ist, desto kleiner ist der pH-Wert. Und je saurer eine Lösung ist, desto mehr H^+- Ionen enthält sie. Ein Liter einer sauren Lösung mit pH 2 enthält zehnmal so viele H^+- Ionen wie ein Liter einer sauren Lösung mit pH 3 und 100-mal so viele wie eine Lösung mit pH 4.
Alkalische Lösungen haben einen pH-Wert **größer als 7.** Je alkalischer eine Lösung ist, desto höher ist der pH-Wert und desto mehr OH^--Ionen enthält sie. Ein Liter einer alkalischen Lösung mit pH 12 enthält zehnmal so viele OH^--Ionen wie ein Liter einer Lösung mit pH 11 und 100-mal so viele wie eine Lösung mit pH 10.
Wasser ist eine **neutrale** Flüssigkeit. Neutrale Lösungen haben einen **pH-Wert von 7.** Sie enthalten gleich viele H^+-Ionen und OH^--Ionen.

Messung des pH-Wertes. Zur Bestimmung des pH-Wertes einer Lösung kann man elektronisch arbeitende Messgeräte (pH-Meter) oder Indikatorfarbstoffe benutzen. Teststreifen und Indikatorlösungen enthalten bestimmte Farbstoffe, die je nach pH-Wert ihre Farbe ändern.

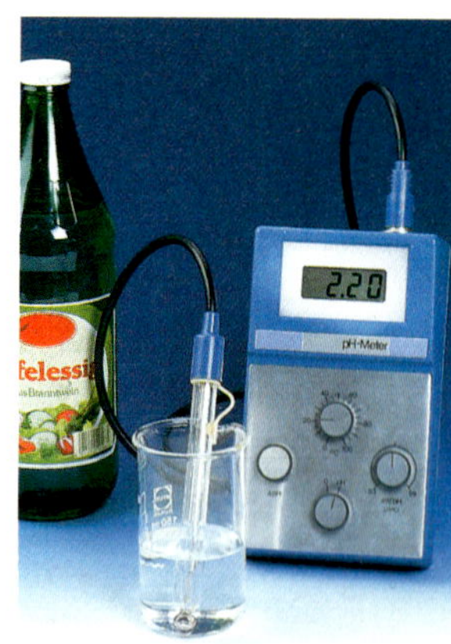

3 *Elektronisches pH-Meter*

2 *Beispiele für pH-Werte*

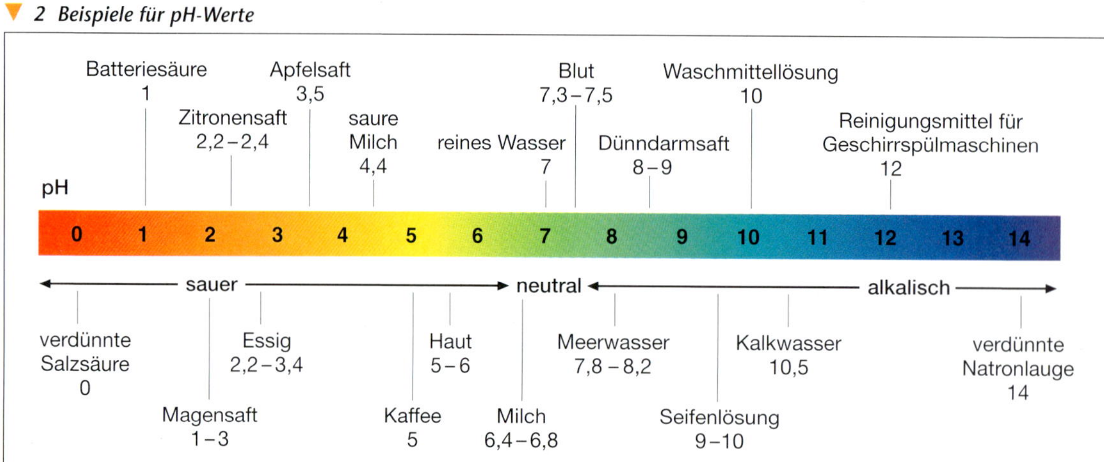

Ein häufig gebrauchter Indikator ist der Universalindikator. Das mit der *Universalindikator*-Lösung getränkte Papier ist gelb. Bei sauren Lösungen schlägt die Farbe des Universalindikators nach rot um. Bei neutralen Flüssigkeiten wird der Universalindikator grün. Ist die geprüfte Flüssigkeit alkalisch, wird der Universalindikator blau. Durch den Vergleich der Indikatorfarbe mit einer Farbskala lässt sich der pH-Wert der geprüften Flüssigkeit bestimmen.

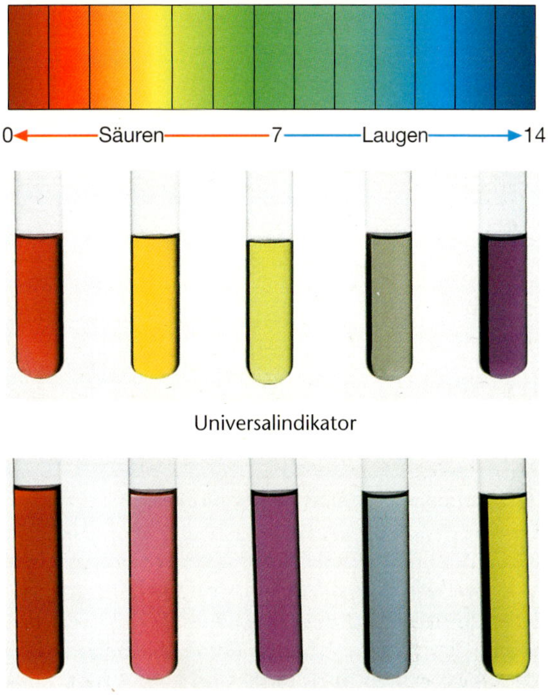

▲ *2 Flüssige Indikatoren: Universalindikator (oben), Rotkohlsaft (unten)*

> Der pH-Wert gibt an, wie stark sauer oder alkalisch eine Lösung ist. Saure Lösungen haben einen pH-Wert kleiner als 7, alkalische Lösungen haben Werte über 7. Stoffe mit dem pH-Wert 7 reagieren neutral.

1 Fragen zum Text

a) Was sagt der pH-Wert aus?
b) Welche pH-Werte besitzen saure, neutrale und alkalische Lösungen?
c) Welche Möglichkeiten gibt es, den pH-Wert einer Flüssigkeit zu bestimmen? Nenne auch Vor- und Nachteile der verschiedenen Verfahren.
d) Notiere die pH-Werte folgender Flüssigkeiten: Batteriesäure, Meerwasser, Reinigungsmittel für Geschirrspülmaschinen.
e) Begründe, ob folgende Aussage richtig oder falsch ist: „Eine Flüssigkeit mit pH 3 enthält doppelt so viele H^+-Ionen wie eine mit pH 4."

2 Experiment

a) Bestimme den pH-Wert von Zitronen, Äpfeln und anderen Früchten. Presse dazu Indikatorpapier kurz an die frischen Schnittflächen der Früchte. Lege eine Tabelle an.
b) Untersuche mithilfe von Indikatorstreifen verschiedene Flüssigkeiten aus dem Haushalt wie Mineralwasser, Kaffee, Cola-Getränke und Tee. Trage auch diese pH-Werte in die Tabelle ein.

3 Technik

Die meisten Lebewesen in Gewässern gehen ein, wenn der pH-Wert unter 5 sinkt.
Zur Überwachung der Wasserqualität verwendet man in der Industrie sowie in Kläranlagen meist vollautomatisch arbeitende pH-Messgeräte. Sie leiten die elektronisch ermittelten Messwerte laufend an eine Zentrale weiter.
Welche Vorteile haben solche pH-Messgeräte gegenüber Indikatorpapieren?

4 Alltag

a) Reines Wasser ist neutral, es hat einen pH-Wert von 7. Regenwasser dagegen reagiert sauer. Woran liegt das?
b) Sprudel reagiert ebenfalls sauer. Lässt man ein Glas davon längere Zeit stehen, nimmt der pH-Wert etwas zu. Wie kann man das erklären?

|9.7| Gegensätze heben sich auf: Neutralisation

▲ *1 Entsorgungsbehälter für Chemieabfälle*

Nach dem **Abfallbeseitigungsgesetz** müssen beispielsweise in Haushalt, Industrie und Technik anfallende Abfalle so beseitigt werden, dass sie „das Wohl der Allgemeinheit nicht beeinträchtigen". Demnach dürfen auch saure und alkalische Lösungen aus dem Chemielabor der Schule nicht einfach in den Ausguss geschüttet werden. Die Lösungen könnten die Reinigungsprozesse im Klärwerk behindern.

Entsorgung im Chemielabor. In jedem Chemie-Vorbereitungsraum steht ein Entsorgungs-Set mit verschiedenen Gefäßen. Saure und alkalische Lösungen werden in einem Gefäß mit der Aufschrift „Säuren und Laugen" gesammelt. Darf man aber ätzende Säuren und Laugen einfach in *einem* Gefäß zusammenschütten? Wirkt die Flüssigkeit dann nicht doppelt ätzend und gefährlich?

Neutralisation. Gießt man beispielsweise Salzsäure und Natronlauge zusammen, stellt man eine deutliche Temperaturerhöhung fest. Dies ist ein Hinweis darauf, dass Säure und Lauge miteinander reagieren. Setzt man der Säure und Lauge etwas Indikator zu, beobachtet man etwas Überraschendes: Wenn man bestimmte Mengen an Säure und Lauge zusammengießt, wird der Indikator grün. Es ist also eine *neutrale Lösung* entstanden. Säure und Lauge haben sich gegenseitig **neutralisiert:**

$H^+ + Cl^- + Na^+ + OH^- \rightarrow Na^+ + Cl^- + H_2O$; Energie wird frei

Aus der ätzenden Salzsäure und der ätzenden Natronlauge ist eine neutrale Natriumchlorid-Lösung entstanden, also eine harmlose Kochsalz-Lösung. Das gelöste Salz kann man nach dem Eindampfen der Lösung als weiße Kruste am Boden des Gefässes erkennen.

Die eigentliche chemische Reaktion findet zwischen den H^+-Ionen und den OH^--Ionen statt. Sie haben sich zu neutralen Wasser-Molekülen verbunden:

$H^+ + OH^- \rightarrow H_2O$; Energie wird frei

Eine solche chemische Reaktion zwischen einer Säure und einer Lauge nennt man **Neutralisation:**

Säure + Lauge → Salz + Wasser

Bei einer Neutralisation reagieren H^+-Ionen und OH^--Ionen zu Wasser-Molekülen. Dabei wird Energie in Form von Wärme freigesetzt.

▼ *2 Neutralisation von Salzsäure und Natronlauge*

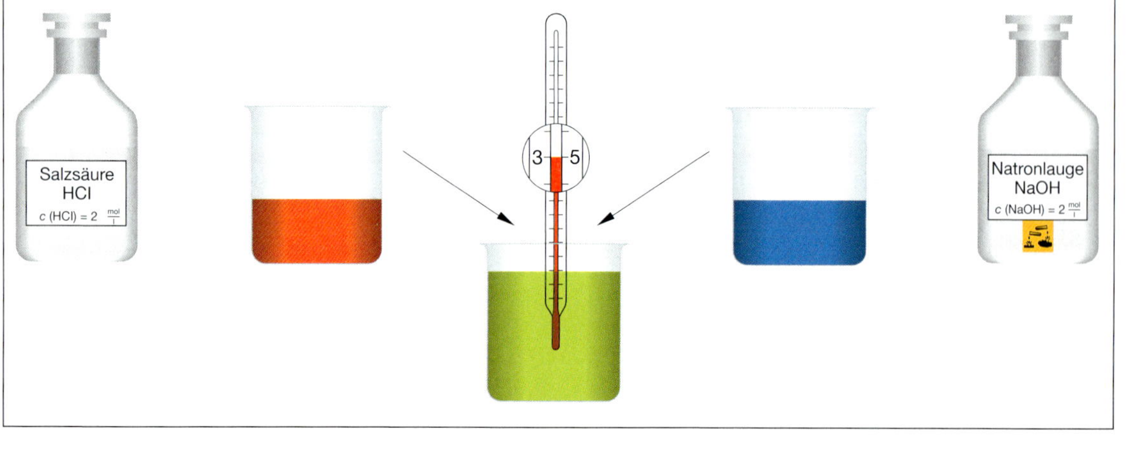

1 Fragen zum Text

a) Erkläre den Begriff Neutralisation.
b) Was ist eine neutrale Lösung?
c) Was ist das Wesentliche bei Neutralisationen?
d) Wie lauten Wort- und Reaktionsgleichung für die Neutralisation von Salzsäure mit Kalilauge?

2 Umwelt

Die sauren Niederschläge führen in manchen Gebieten dazu, dass der Boden stark sauer wird. Dadurch werden viele Pflanzen geschädigt oder gehen sogar ein. Durch gezielte Behandlung der Böden mit alkalisch wirkenden Stoffen versucht man, die Säuren im Boden zu neutralisieren. Dazu wird oft Magnesiumhydroxid ($Mg(OH)_2$) verwendet.
Formuliere die Gleichungen für die Reaktionen von
a) Magnesiumhydroxid mit Salzsäure und
b) Magnesiumhydroxid mit Schwefelsäure. Benenne die Reaktionsprodukte.

3 Umwelt

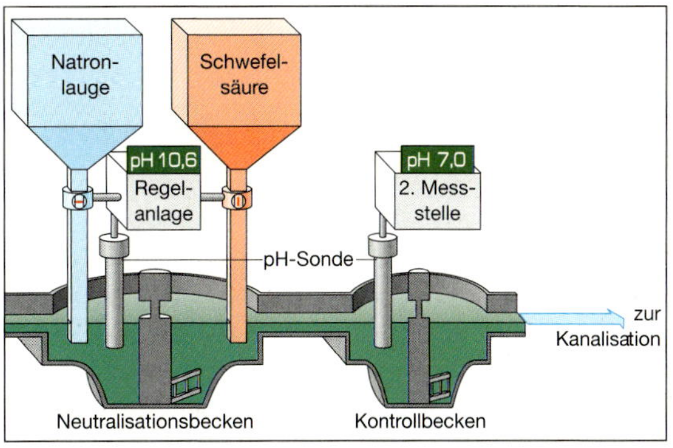

Saure oder alkalische Abwässer etwa aus Chemiefabriken müssen neutralisiert werden, bevor sie in die Kanalisation eingeleitet werden. Dies ist unbedingt notwendig, damit die Bakterien in der biologischen Stufe der Kläranlage nicht geschädigt werden. Erkläre, wie so eine Neutralisations-Anlage funktioniert.

4 Theorie

Formuliere die Reaktionsgleichungen für folgende Neutralisationsreaktionen und benenne die Reaktionsprodukte: Schwefelsäure + Natronlauge; Salpetersäure + Kalilauge.

5 Technik

Bei der Reinigung von Pfandflaschen setzt man oft Natronlauge zur Reinigung und Schwefelsäure zur Neutralisation ein. Informiere dich bei einem Getränkeabfüllbetrieb, wie viel Liter Säuren und Laugen dort pro Tag verbraucht werden.

Exkurs: Theorie

Die Neutralisations-Reaktion

Das wesentliche bei allen Neutralisations-Reaktionen ist die Reaktion zwischen den H^+-Ionen der Säure und den OH^--Ionen der Lauge. Diese Ionen verbinden sich zu neutralen Wasser-Molekülen:

$H^+ + OH^- \rightarrow H_2O$; Energie wird frei

Sind gleich viele H^+- wie OH^--Ionen an der Reaktion beteiligt, hat die Lösung nach der Reaktion einen pH-Wert von 7.
Die positiv geladenen Metall-Ionen der Lauge und die negativ geladenen Säurerest-Ionen verbinden sich zu Salzkristallen, wenn man die Lösung eindampft.

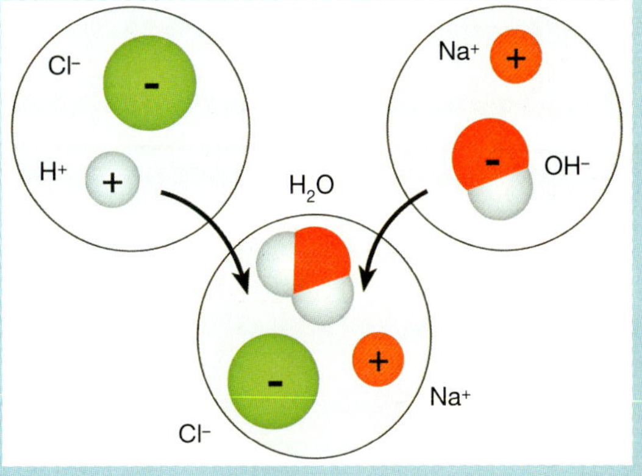

Praktikum

Die Maßanalyse

Im Labor ist es immer wieder erforderlich, die Konzentration von Säuren und Laugen zu bestimmen. Eine Methode hierfür ist die Neutralisation. Um etwa die unbekannte Konzentration einer Schwefelsäure-Lösung zu bestimmen, gibt man zu der Säure eine Lauge mit bekannter Konzentration, eine so genannte **Maßlösung.** Man gibt so viel Lauge hinzu, bis der zugefügte Indikator eine neutrale Lösung anzeigt. Aus dem Verbrauch an Lauge lässt sich dann die Konzentration der Säure in der Probe berechnen. Dieses Analyseverfahren nennt man **Maßanalyse.**

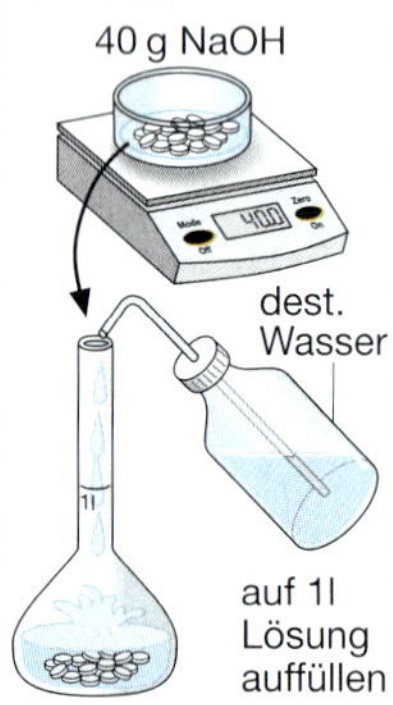

Die **Konzentration** einer Lösung hängt von der gelösten Stoffmenge ab. Diese wird meist in mol pro Liter (mol/l) angegeben. Beispiel: Für Natronlauge mit der Konzentration c = 1 mol/l benötigt man 1 mol festes Natriumhydroxid, also 40 g. Diese Portion gibt man in einen Messkolben und füllt mit destilliertem Wasser auf genau 1 Liter auf. Die entstandene Lösung enthält dann 1 mol Na^+-Ionen und 1 mol OH^--Ionen in einem Liter Lösung.

Beispiele für Maßlösungen:

Maßlösung	Herstellung	enthaltene Ionen
Salzsäure c = 1 mol/l	36,5 g HCl in 1 l Lösung	1 mol H^+; 1 mol Cl^-
Schwefelsäure c = 1 mol/l	98 g H_2SO_4 in 1 l Lösung	2 mol H^+; 1 mol SO_4^{2-}
Natronlauge c = 1 mol/l	40 g NaOH in 1 l Lösung	1 mol Na^+; 1 mol OH^-
Kalilauge c = 1 mol/l	56 g KOH in 1 l Lösung	1 mol K^+; 1 mol OH^-

Bei der Neutralisation gilt folgende Beziehung (Konz. = Konzentration):

$$\text{Konz.}_{\text{Säure}} \cdot \text{Volumen}_{\text{Säure}} = \text{Konz.}_{\text{Lauge}} \cdot \text{Volumen}_{\text{Lauge}}$$

$$c_{\text{Säure}} \cdot V_{\text{Säure}} = c_{\text{Lauge}} \cdot V_{\text{Lauge}}$$

Kennt man drei der Werte aus der Gleichung, so lässt sich der vierte berechnen.

Beispiel: Bei der Neutralisation von 50 ml Essig wurden 40 ml Natronlauge (c = 1 mol/l) verbraucht. Die Konzentration der Essigsäure im Essig lässt sich dann berechnen:

$$c_{\text{Essigsäure}} \cdot V_{\text{Essigsäure}} = c_{\text{Natronlauge}} \cdot V_{\text{Natronlauge}}$$

$$c_{\text{Essigsäure}} \cdot 50\text{ ml} = 1\text{ mol/l} \cdot 40\text{ ml}$$

$$c_{\text{Essigsäure}} = 1\text{ mol/l} \cdot \frac{40\text{ ml}}{50\text{ ml}} = 0{,}8\text{ mol/l}$$

Die Konzentration der Essigsäure im Essig beträgt also 0,8 mol/l. Daraus lässt sich der Massengehalt in Prozent errechnen:

Masse von 1 mol Essigsäure: 60 g
Masse von 0,8 mol Essigsäure: 48 g

Diese Menge ist in 1 l Essig (≈ 1000 g) enthalten. Deshalb beträgt der Massengehalt:

$$\frac{48\text{ g}}{1000\text{ g}} = \frac{4{,}8}{100} = 4{,}8\,\%$$

Der untersuchte Essig enthielt 4,8 % Essigsäure.

V 1: Titration von Natronlauge

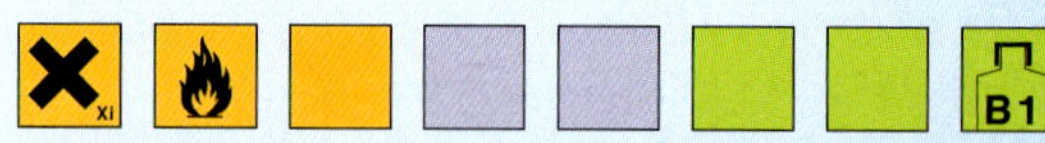

Materialien: Erlenmeyerkolben (200 ml, weit), Pipette (10 ml), Pipettierhilfe, Bürette (50 ml), kleiner Trichter, Becherglas (100 ml); Natronlauge (c ≈ 0,1 mol/l; Xi), Salzsäure (c = 0,1 mol/l; Xi), Phenolphthalein-Lösung (F).

Durchführung: Pipettiere 10 ml Natronlauge in den Erlenmeyerkolben und füge dest. Wasser und einige Tropfen Indikator-Lösung hinzu. Fülle die Bürette mit der Salzsäure-Maßlösung und notiere das Volumen. Lasse nun unter ständigem Umschwenken Salzsäure in die Natronlauge tropfen, bis die Farbe des Indikators umschlägt.

Aufgabe: Lies das Volumen an der Bürette ab und berechne die Konzentration der Natronlauge.

Die Leitfähigkeits-Titration

Die Konzentration einer Säure oder Lauge kann man im Labor auch ohne Indikator oder pH-Messgerät bestimmen. Bei der Leitfähigkeits-Titration bestimmt man die Konzentration der Säure oder Lauge durch **Messung der elektrischen Leitfähigkeit.**

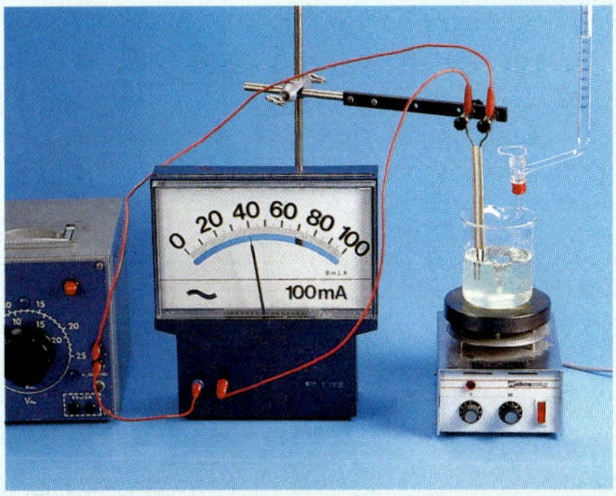

▲ *1 Leitfähigkeits-Titration*

▼ *2 Beispiel für eine Messung*

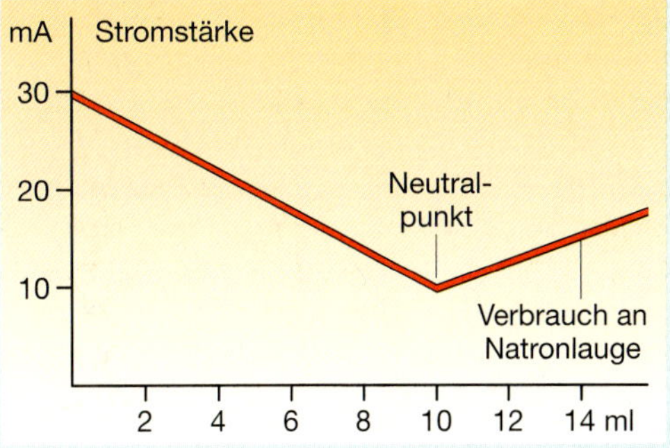

Um beispielsweise die Konzentration einer Salzsäure-Lösung zu bestimmen, gibt man 50 ml davon in ein Becherglas, das man auf einen Magnetrührer stellt. Aus einer Bürette tropft man dann verdünnte Natronlauge mit bekannter Konzentration als **Maßlösung** hinzu. Dabei misst man mit einem Leitfähigkeitsprüfer fortlaufend die *Stromstärke.*

Die Messwerte können mithilfe eines Computers aufgezeichnet und ausgedruckt werden. Aus den Messwerten lässt sich eine *Leitfähigkeitskurve* zeichnen, deren *tiefste Stelle* den *Neutralpunkt* angibt.

Die Veränderung der Leitfähigkeit während des Versuchs ist so zu erklären: Bei der Salzsäurelösung ergibt sich wegen der zahlreichen H^+-Ionen eine hohe elektrische Leitfähigkeit. Gibt man Natronlauge hinzu, reagieren die zugesetzten OH^--Ionen mit den H^+-Ionen der Salzsäure zu *ungeladenen Wasser-Molekülen.* Zwar kommen zugleich Na^+-Ionen hinzu, doch diese besitzen nur eine geringe elektrische Leitfähigkeit. Die Leitfähigkeit der Lösung nimmt daher ab, weil die Konzentration der Ionen in der Lösung durch die Bildung von Wasser geringer wird.

Am **Neutralpunkt** ist die Leitfähigkeit **am geringsten,** weil kaum noch H^+-Ionen und OH^--Ionen vorhanden sind, sondern praktisch nur noch Na^+- und Cl^--Ionen. Erst wenn man weiter Natronlauge zugibt, nimmt die Leitfähigkeit wieder zu.

Liest man am Neutralpunkt das *Volumen* der verbrauchten Maßlösung ab (V_{Lauge}) kann man die Konzentration der Salzsäure ($c_{Säure}$) nach folgender Formel berechnen:

$$c_{Säure} \cdot V_{Säure} = c_{Lauge} \cdot V_{Lauge}$$

1. Welche Vorteile hat die Leitfähigkeits-Titration gegenüber der Titration mit einem Indikator?

▲ *3 Erfassung und Auswertung einer Leitfähigkeits-Titration mit dem Computer*

|9.8| So entstehen Salze

Bei der Neutralisation zwischen Salzsäure und Natronlauge entsteht neben Wasser-Molekülen auch Kochsalz. Lässt man das Wasser aus der Lösung verdunsten, erkennt man die vielen kleinen würfelförmigen Kristalle.

Salzbildung auf vielen Wegen. Salze bilden sich aber nicht nur bei Neutralisationen. Es gibt mehrere Möglichkeiten, Salze durch chemische Reaktionen zu gewinnen. Statt eine Lauge mit der sauren Lösung reagieren zu lassen, kann man statt dessen das Metall selbst oder das Metalloxid einsetzen. Auch der direkte Weg über die Elemente ist möglich: Lässt man zum Beispiel Chlor mit Natrium reagieren, entsteht in einer exothermen Reaktion Natriumchlorid.

Benennung von Salzen. Natriumchlorid, Eisensulfat, Kaliumnitrat, Calciumcarbonat sind Namen von Salzen. Die erste Hälfte des Namens ist jeweils der des **Metall-Ions,** die zweite Hälfte ist das sogenannte **Säurerest-Ion.** *Natrium* ist das Metall, *Chlorid* heißt der Säurerest der Salzsäure; *Eisen* ist das Metall, *Sulfat* heißt der Säurerest der Schwefelsäure.

Säure	Formel	Salz (Beispiel)	
Salzsäure	HCl	Kaliumchlorid	KCl
Schwefelsäure	H_2SO_4	Kaliumsulfat	K_2SO_4
Schweflige Säure	H_2SO_3	Kaliumsulfit	K_2SO_3
Salpetersäure	HNO_3	Kaliumnitrat	KNO_3
Kohlensäure	H_2CO_3	Kaliumcarbonat	K_2CO_3
Phosporsäure	H_3PO_4	Kaliumphosphat	K_3PO_4
Flusssäure	HF	Kaliumfluorid	KF
Schwefelwasserstoffsäure	H_2S	Kaliumsulfid	K_2S

▲ 3 *Säuren und ihre Salze*

Salze entstehen bei Neutralisationen, aber auch bei anderen Reaktionen. Sie bestehen aus positiv geladenen Metall-Ionen und negativ geladenen Säurerest-Ionen. Der Name eines Salzes wird aus den Namen von Metall und Säurerest gebildet.

1 Fragen zum Text

Stelle die Reaktionsgleichungen auf:

a) Calciumoxid reagiert mit Salpetersäure
b) Kalium reagiert mit Schwefelsäure
c) Natronlauge reagiert mit Phosphorsäure
d) Magnesiumcarbonat reagiert mit Salzsäure.

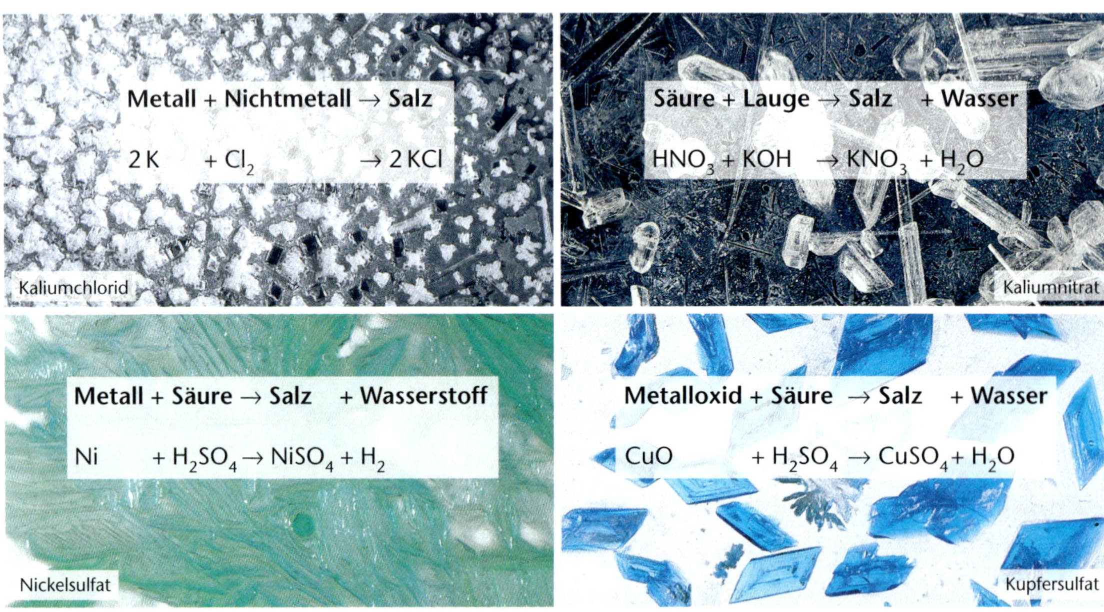

▲ 2 *Es gibt mehrere Möglichkeiten, bei chemischen Reaktionen Salze zu gewinnen.*

1 **a)** Wie kommt es, dass man zum gleichen Gemüse in Norddeutschland Rotkohl sagt, in Süddeutschland aber Blaukraut?
b) Was ist ein Indikator?
c) Wie stellt man „Rotkohl-Indikator" her?

2 **a)** Erkläre den Namen „Salzsäure" und die Herstellung im Labor.
b) Wie kann man mithilfe von Salzsäure im Labor Kohlenstoffdioxid beziehungsweise Wasserstoff herstellen?
c) Nenne Eigenschaften der Schwefelsäure.

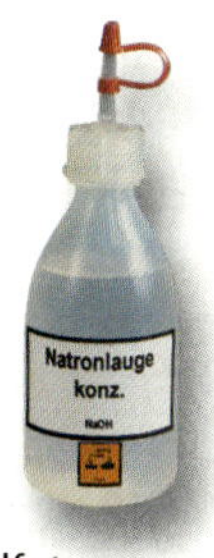

3 Welche der folgenden Aussagen treffen zu? Natronlauge ...
a) enthält Kalium- und Hydroxid-Ionen
b) zersetzt organische Stoffe
c) leitet den elektrischen Strom
d) färbt Universalindikator rot
e) hat einen pH-Wert von 7
f) fühlt sich seifig an
g) reagiert mit Salzsäure zu Natriumsulfat.

4 Stelle die gemeinsamen Eigenschaften von Säuren und von Laugen in einer Tabelle zusammen.

5 **a)** Erkläre, in welchen Bereichen die pH-Werte von sauren, alkalischen und neutralen Lösungen liegen.
b) Welche Farben nimmt der Universalindikator in diesen Bereichen jeweils an?
c) Wofür eignet sich der Indikator Phenolphthalein nicht?

6 In fünf Gefäßen befinden sich destilliertes Wasser, Leitungswasser, Salzsäure, Natronlauge und Salzwasser. Beschreibe Experimente, mit deren Hilfe man herausfinden kann, welche Flüssigkeit sich in welchem der Gefäße befindet.

7 Weshalb sammelt man saure und alkalische Abfälle im Schullabor gemeinsam in *einem* Gefäß?

8 Plane ein Experiment, mit dessen Hilfe man zeigen kann, dass man Salzsäure nicht mit Zuckerwasser neutralisieren kann.

9 Ordne die „Formelbruchstücke" den folgenden Säuren, Laugen und Salzen zu: Salzsäure, Salpetersäure, Schwefelsäure, Kohlensäure, Bromwasserstoffsäure, Phosphorsäure, Kalilauge, Calciumlauge, Natronlauge, Natriumcarbonat, Kaliumnitrat, Kupfersulfat, Bariumchlorid, Magnesiumhydroxid, Calciumcarbonat.

H Ba NO_3 SO_4 $(OH)_2$ Br OH Mg

Cl Cu H OH H_2 Cl_2 H_3 Ca Ca

H_2 NO_3 CO_3 H Na_2 PO_4 CO_3 SO_4

K CO_3 $(OH)_2$

Na K

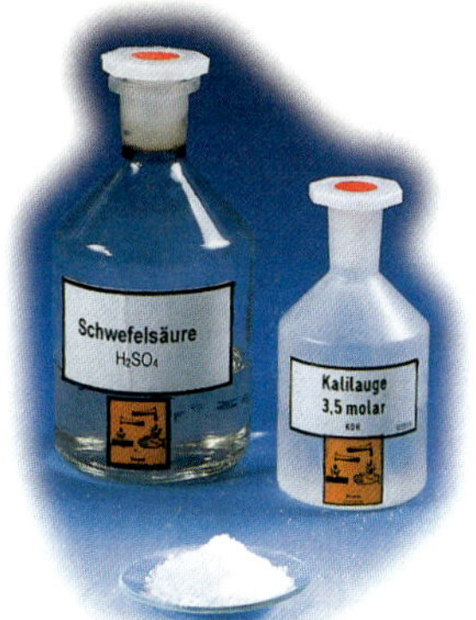

10 In vier Gefäßen befinden sich folgende Stoffe: Salpetersäure, Schwefelsäure, Natronlauge und Kalilauge.
a) Welche verschiedenen Salze kann man daraus durch Neutralisation herstellen?
b) Formuliere die Reaktionsgleichungen.

11 Stelle folgende Aussage zur Neutralisation richtig: „Konzentrierte Salzsäure reagiert mit Kalilauge in einer endothermen Reaktion zu Kaliumsulfat und Wasserstoff."

12 Natriumchlorid kann man auf unterschiedliche Weise herstellen. Gib mindestens zwei Möglichkeiten der Herstellung an.

Basis-Wissen

→ Säuren:
– schmecken sauer
– verändern die Farbe von Indikatoren
– reagieren mit Kalk
– reagieren mit unedlen Metallen
– leiten den elektrischen Strom
– haben pH-Werte kleiner als 7
– saure Lösungen enthalten stets H^+-Ionen

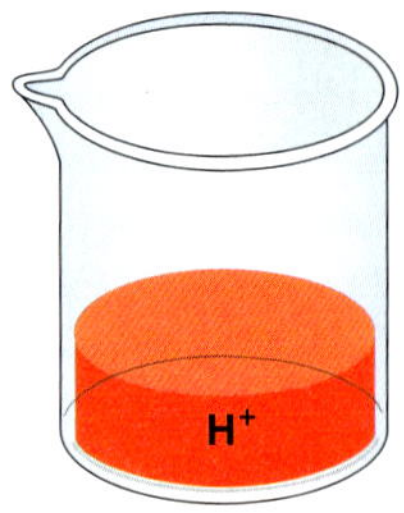

→ Salzsäure entsteht, wenn man Chlorwasserstoff in Wasser löst:

Chlorwasserstoff $\xrightarrow{\text{in Wasser}}$ Salzsäure

HCl $\xrightarrow{\text{in Wasser}}$ $H^+ + Cl^-$

Sowohl Chlorwasserstoff als auch Salzsäure kürzt man mit HCl ab.

→ Laugen:
– fühlen sich seifig an
– verändern die Farbe von Indikatoren
– leiten den elektrischen Strom
– haben pH-Werte größer als 7
– alkalische Lösungen enthalten stets OH^--Ionen

→ Natronlauge entsteht, wenn man Natriumhydroxid in Wasser löst:

Natriumhydroxid $\xrightarrow{\text{in Wasser}}$ Natronlauge

NaOH $\xrightarrow{\text{in Wasser}}$ $Na^+ + OH^-$

Sowohl Natriumhydroxid als auch Natronlauge kürzt man mit NaOH ab.

→ pH-Wert und Indikatoren: Der pH-Wert ist ein Maß dafür, wie stark sauer oder alkalisch eine Lösung ist. Indikatoren zeigen durch ihre Farbe den pH-Wert einer Lösung an.

→ Neutralisation:
Bei einer Neutralisation verbinden sich H^+-Ionen und OH^--Ionen in einer exothermen Reaktion zu Wasser-Molekülen:

$H^+ + OH^- \rightarrow H_2O$; Energie wird frei

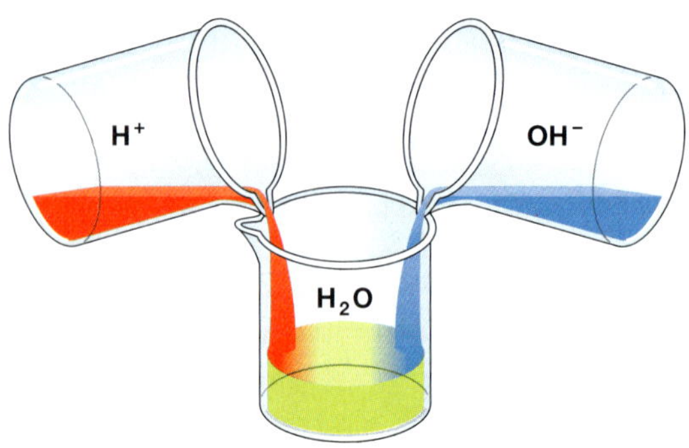

Reagieren gleich viele H^+- wie OH^--Teilchen, ist die entstehende Lösung neutral.
Neben Wasser-Molekülen entstehen bei Neutralisationen stets gelöste Salze:

Säure + Lauge
→ Salz + Wasser

→ Salze entstehen nicht nur bei Neutralisationsreaktionen. Salze sind aus Ionen aufgebaut. Sie bestehen aus positiv geladenen Metall-Ionen und negativ geladenen Säurerest-Ionen. Der Name des Salzes wird daher aus den Namen des Metalls und des Säurerestes gebildet.

Name	Salze der ...säure
Chloride	Salzsäure
Sulfate	Schwefelsäure
Nitrate	Salpetersäure
Carbonate	Kohlensäure
Phosphate	Phosphorsäure

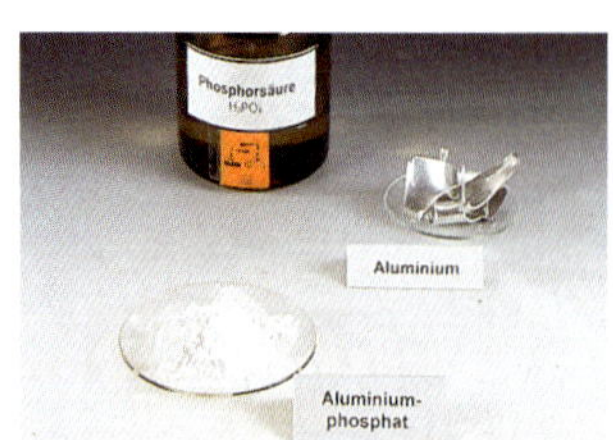

|10| Chemie und Boden

Neben Sonne, Wasser und Luft ist der Boden die Grundlage unserer Existenz. Auf ihm wachsen die Pflanzen, von denen sich die Tiere und wir selbst uns ernähren.

Die Entstehung des Bodens ist ein langwieriger Prozess. Wenn ein Unterwasservulkan eine neue Insel entstehen lässt, bietet das eine Gelegenheit, die Bodenentstehung in den Anfängen zu beobachten. Durch Verwitterung werden Gesteine zerkleinert und Mineralstoffe für Pflanzen verfügbar gemacht. Durch Verwesung erster Pflanzen entsteht Humus. Bis hier Boden entstanden ist, wie wir ihn verstehen, kann es 10 000 Jahre und mehr dauern.

|10.1| Gestein und Boden

Jeder von euch hat im Gelände oder beim Steinmetz schon einmal Steine entdeckt, die ihm gut gefallen. Sammelt man viele solcher Steine, braucht man eine Ordnung, um die Übersicht nicht zu verlieren. Der Geologe, ein Gesteinsfachmann, ordnet die **Gesteine** nach ihrer Entstehung in drei Gruppen.

Erstarrungs- oder magmatisches Gestein. Dieses Gestein stammt aus einer Schmelze, die aus dem Erdinnern aufsteigt. Die Schmelze nennt man auch Magma (Teig). Kühlt die Schmelze ab, dann ist Erstarrungsgestein entstanden. Wenn die Schmelze schnell erstarrt, bilden sich nur kleine Kristalle aus. Ein Beispiel ist der *Basalt.* Hat die Schmelze lange Zeit zum Erstarren gebraucht, bilden sich große Kristalle aus, etwa beim *Granit.*

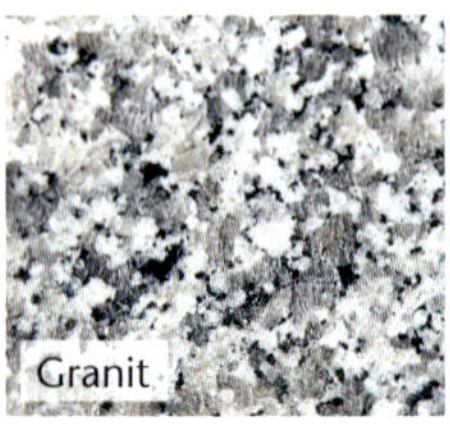

Ablagerungs- oder Sedimentgesteine. Wenn Gesteine verwittern, können die Verwitterungsprodukte durch Wind, Eis und Regen weggetragen werden. Wenn sie sich an irgendeiner Stelle anhäufen, entstehen daraus Sedimente. Werden die Sedimente verfestigt, entsteht Sedimentgestein wie etwa der *Sandstein.* Gelöstes Material wird in Meeren und Seen chemisch ausgefällt oder von Lebewesen auf genommen. So bildet sich der *Kalkstein.*

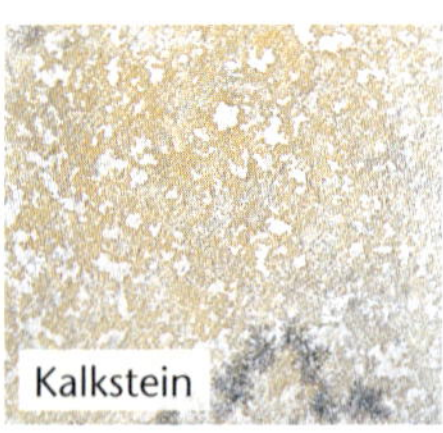

Umwandlungs- oder metamorphes Gestein. Die Erde ist in ständiger Bewegung. Ganze Kontinente bewegen sich, man nennt das Kontinental-Verschiebung. So kann sich eine Kontinentalplatte unter eine andere schieben, wie es an der Pazifikküste Nordamerikas geschieht. Dadurch werden Gesteine hohem Druck und hohen Temperaturen ausgesetzt. Die Gesteine verändern sich dabei, es entstehen metamorphe (umgewandelte) Gesteine. Wenn Granit so verändert wird, dann entsteht daraus *Gneis.*

Um die Gesteine im einzelnen zu bestimmen, betrachtet man sie mit einer Lupe. Man kann sie dann nach ihren Mineralbestandteilen weiter unterscheiden.

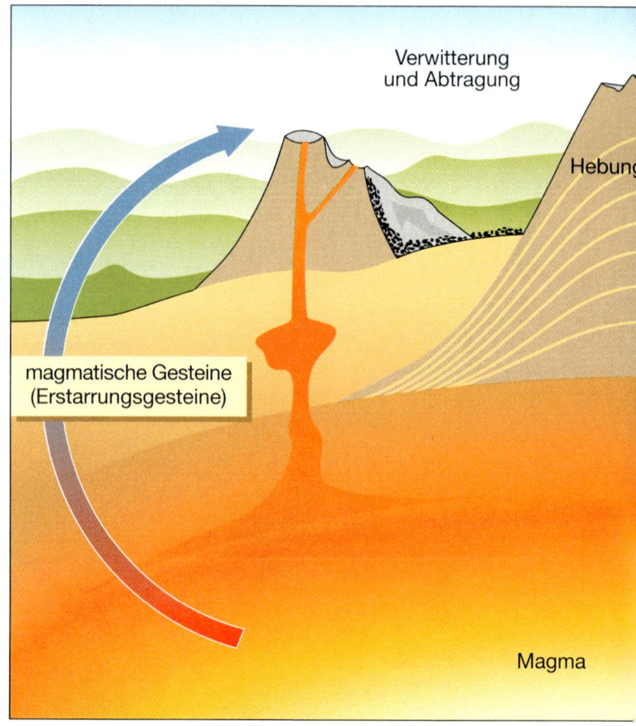

▲ *4 Entstehung der Gesteine*

Ein **Mineral** ist ein Reinstoff. Es hat charakteristische Eigenschaften und ist einheitlich aufgebaut. Manche Gesteine wie Quarz oder Marmor bestehen aus den Kristallen eines einzigen Minerals; die meisten Gesteine bestehen aber aus mehreren verschiedenen Mineralien. Besonders schöne und seltene Minerale bezeichnet man als **Edelsteine.**
Erze sind wirtschaftlich verwertbare Gesteine für die Metallgewinnung.

▲ *5 Granit besteht vor allem aus drei Mineralen.*

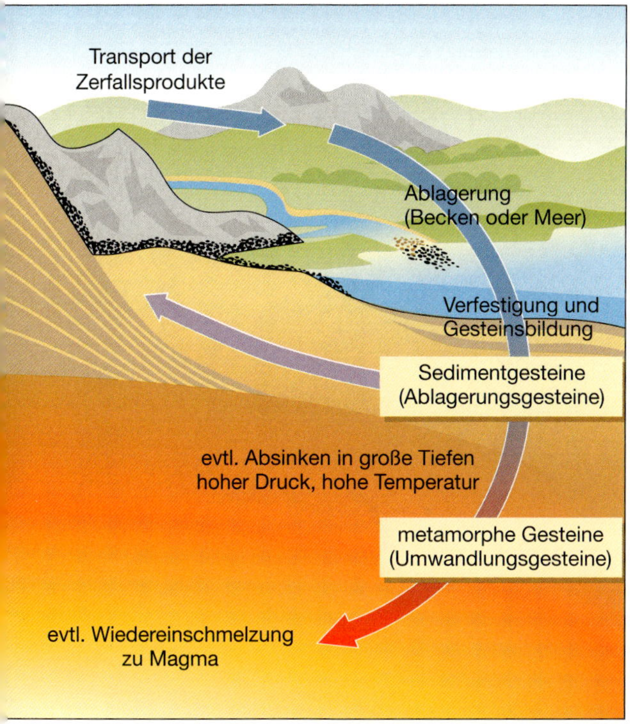

Entstehung des Bodens. Fruchtbarer Boden ist ein wertvolles Gut, denn Boden kann man nicht einfach „herstellen". Bis aus Gestein fruchtbarer Boden entstanden ist, vergehen 10 000 Jahre und mehr.
Hitze und Kälte, Regen und Wind lassen im Laufe von Jahrzehnten oder Jahrhunderten jedes Gestein langsam verwittern. Auf diesem verwitterten Gestein können sich zunächst Pflanzen ansiedeln, die sehr genügsam sind, zum Beispiel Flechten. Wenn sie absterben, bildet sich daraus Humus. Nun können Pflanzen wachsen, die höhere Ansprüche haben. Durch weitere Verwitterung, durch das Wachsen und Absterben neuer Pflanzen, durch Bodenlebewesen wie Regenwürmer, entsteht nach und nach fruchtbarer Boden.
Der Boden ist also ein lebendiges Gemisch aus anorganischen Verwitterungsschichten sowie organischem Material (Humus).
Da der Boden aus Gesteinen entstanden ist, enthält er viele Minerale (Mineralien) mit unterschiedlicher Zusammensetzung. So besteht der Granit aus den drei Mineralen Feldspat, Quarz und Glimmer, enthält daneben aber auch noch geringe Anteile an weiteren Mineralen, zum Beispiel den phosphathaltigen Apatit. Diese Mineralstoffe sind wichtig für die Ernährung der Pflanzen. Durch Verwitterung werden sie aufgeschlossen und sind dann für die Pflanzen verfügbar.

Mineral	darin enthaltene Elemente
Quarz	Si, O
Glimmer	Al, Si, K, Mg, Fe, Mn, O, F
Feldspat	Al, Si, K, O
Apatit	Ca, P, O

▲ *1 Elemente in Mineralen*

Bodenarten. Je nach Ausgangsgestein und Klima können ganz verschiedene Bodenarten entstehen. **Sandige** Böden sind „leicht", weil sie eindringenden Wurzeln, der Luft und dem Wasser kaum Widerstand entgegensetzen. Sie sind „trocken", weil das Wasser darin schnell versickert. Auf solchen Böden wachsen Kiefer, Stieleiche und Birke. Angebaut wird beispielsweise Spargel.
Tonhaltige Böden bestehen aus feinen Bodenteilchen. Sie können Wasser und Mineralsalze lange Zeit speichern. Sie erwärmen sich aber nur langsam. Wenn sie austrocknen, werden sie rissig und hart. Tonhaltiger Boden eignet sich für den Getreide- und Rübenanbau.
Auf **lehmigen** Böden gedeihen viele Pflanzenarten gut. Sie enthalten sowohl feine Bodenteilchen, die Wasser und Mineralsalze festhalten, als auch gröbere Sandkörnchen. Dadurch bleibt der Boden dennoch locker.

Gesteine teilt man nach ihrer Entstehung ein in Erstarrungs-, Ablagerungs- und Umwandlungsgestein. Die Gesteine bestehen aus unterschiedlichen Mineralen.
Boden ist ein lebendiges Gemisch aus Mineralstoffen und organischem Material, einschließlich Bodenlebewesen.
Die drei wichtigsten Bodenarten heißen sandig, tonhaltig und lehmig.

▲ *2 Bodenarten*

Bodenschutz geht alle an

Gefährdung des Bodens. Die meisten Schadstoffe in der Luft werden früher oder später durch den Regen ausgewaschen und gelangen so in den Boden. Dort beeinträchtigen sie die Qualität der Pflanzen und damit auch die Qualität der Nahrungs- und Futtermittel. Geschädigt werden ebenfalls die vielen Lebewesen im Boden wie Regenwürmer, Milben oder Bakterien. Ein gesundes Bodenleben ist aber notwendig für ein gesundes Pflanzenwachstum.

Auch Pflanzenschutzmittel, Gülle und Mineraldünger belasten den Boden, wenn sie zum falschen Zeitpunkt oder in zu großen Mengen auf die Felder gelangen. Der Boden kann diese Stoffe nur begrenzt aufnehmen. Wenn das Maß überschritten wird, können sie über das Grundwasser auch in unser Trinkwasser gelangen.

2 Bodenprofil ▲

3 Lebewesen im Boden ▶

▼ *1 Tipps zum Bodenschutz*

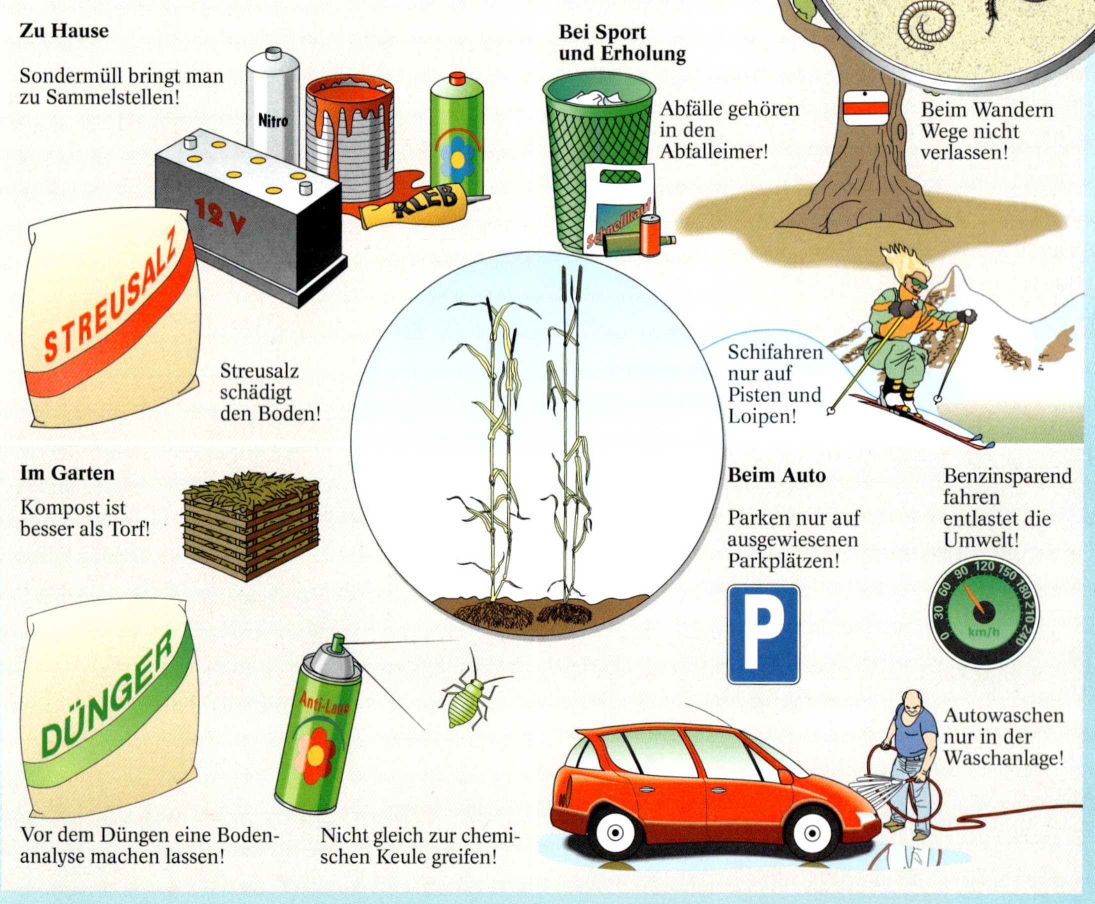

|10.2| Was brauchen Pflanzen zum Leben?

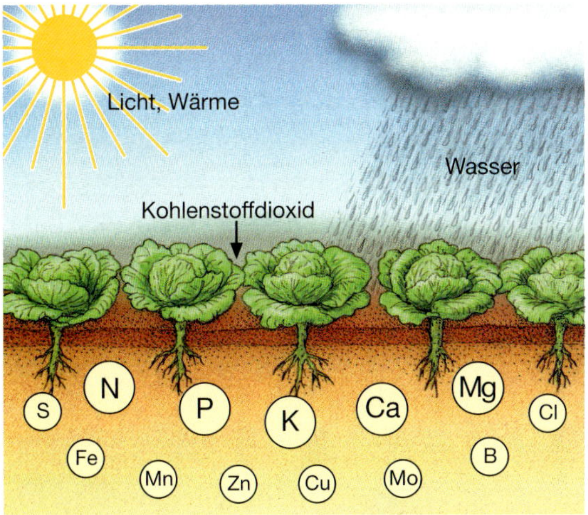

▲ *1 Lebenswichtige Stoffe für die Pflanze*

Alle Pflanzen benötigen zum Wachsen Licht und Wärme, Kohlenstoffdioxid aus der Luft sowie Wasser und Mineralsalze aus dem Boden. Wenn einer dieser Wachstumsfaktoren fehlt, dann zeigen die Pflanzen Mangelerscheinungen oder gehen sogar ein. Das kann man auch zu Hause bei der Pflege von Zimmerpflanzen feststellen.

Mineralsalzbedarf der Pflanzen. Die Bedeutung der Mineralsalze für das Wachstum der Pflanzen wurde erst um 1840 durch den Chemiker Liebig erkannt. Er untersuchte die Asche verschiedener Pflanzen und fand darin zahlreiche Mineralstoffe in unterschiedlichen Mengen. Die Mineralstoffe werden von den Pflanzen aus dem Boden aufgenommen. Es sind Salze, die hauptsächlich Stickstoff, Phosphor, Kalium, Calcium und Magnesium enthalten.

Pflanze	Ernte in t pro Hektar	Mineralstoffe in kg berechnet als N	P	K	Ca
Weizen	10	105	24	60	11
Gerste	8,1	75	16	60	14
Kartoffeln	31,5	105	20	175	32
Zuckerrüben	69	210	32	225	43

▲ *2 Ernteerträge und Mineralstoffbedarf*

Düngung. In der Landwirtschaft und im Gartenbau kommt man ohne Düngung nicht aus. Mit jeder Ernte werden dem Boden größere Mengen an Mineralsalzen entzogen. Sie müssen durch organische Dünger wie Kompost und Mist oder durch Mineraldünger immer wieder ersetzt werden.

Dabei muss man beachten, dass jede Pflanzenart etwas unterschiedliche Ansprüche an die Mineralstoffversorgung stellt. Wichtig ist außerdem, dass den Pflanzen die Mineralsalze in einem ausgewogenen Verhältnis zur Verfügung stehen. Es nützt nichts, wenn einige Salze im Überschuss vorhanden sind und andere dagegen fehlen. Der Stoff, an dem es am stärksten mangelt, begrenzt das Wachstum der Pflanzen. Diese Erkenntnis bezeichnet man nach Liebig als **Gesetz vom Wachstumsminimum.**

◀ *4 Liebigsches Fass*

Das abgebildete Beispiel zeigt, dass die Menge an Stickstoff im Boden das Wachstum begrenzt. Er ist *hier* der Minimumstoff. Die übrigen Elemente wie Calcium und Magnesium sind gegenüber Stickstoff in ausreichendem Maße vorhanden. Würde man mit mehr Calcium oder Magnesium düngen, dann hätte dies für das Pflanzenwachstum keinen Effekt. In der Tabelle kann man den Minimumstoff für verschiedene Pflanzen erkennen, für Weizen ist es Calcium, für Zuckerrüben Phosphor.

Die Pflanze braucht für ihr Wachstum Licht, Wärme, Kohlenstoffdioxid, Wasser und Mineralstoffe. Der Mineralstoff, an dem es am stärksten mangelt, begrenzt das Wachstum.

Boden und Gesteine 1

Marmor Kalkstein Granit Schiefer Sandstein

V 1 Kennenlernen von Gesteinen

Materialien: Verschiedene Gesteinsproben wie Granit, Kalkstein, Sandstein, Schiefer, Marmor, Basalt; Salzsäure (Xi, 10 %ig, im Tropffläschchen).
Durchführung: Bestimme verschiedene Gesteine nach dem oben abgebildeten Schema.

V 2: Entnahme von Bodenproben

Materialien: Bohrstock mit Hammer, Spaten, Eimer, Löffel, ggf. kleine Probengefäße.

Durchführung: Mit dem ausgehöhlten Bohrstock kann man feststellen, wie es unter der Ackeroberfläche aussieht. Der Bohrstock wird mit dem Hammer in den Boden geschlagen. Nach jedem Schlag sollte er etwas gedreht werden. Im Bohrstock sind die Bodenschichten in der natürlichen Abfolge enthalten. Man erhält so ein Bodenprofil.
Aufgaben: Beschreibe das erhaltene Bodenprofil.
Entnimm mit einem Löffel Proben und untersuche, zu welcher Bodenart sie gehören (siehe V 3).

V 3: Bestimmung verschiedener Bodenarten

Materialien: Spaten, Löffel, Bodenproben.
Durchführung: Nimm von dem unteren Teil eines Spatenausstiches oder aus einem Bohrstock mit dem Löffel eine Erdprobe. Knete sie in der Hand solange mit wenig Wasser durch, bis beim Kneten das Wasser gerade verschwindet. Führe mit dieser angefeuchteten Erdprobe die im Schema dargestellte Bestimmung durch.

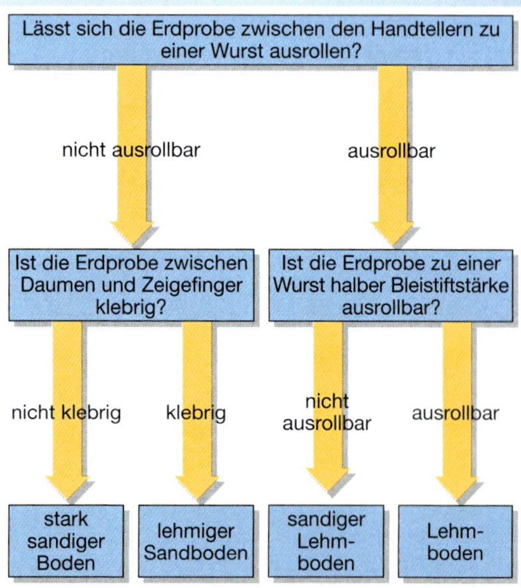

Boden und Gesteine 2

V 4: Bestimmung organischer Anteile im Boden

Materialien: Porzellanschale, Brenner mit Dreifuß und Tondreieck, Tiegelzange, Waage mit 10 mg Empfindlichkeit; verschiedene Erdproben.
Durchführung: Die Menge der von Pflanzen und Tieren stammenden organischen Bestandteile des Bodens bestimmt man durch Verbrennen. Wiege dazu 5–10 g einer getrockneten Bodenprobe in ein Porzellanschälchen ab. Erhitze die Probe unter dem Abzug oder bei offenem Fenster. Entferne den Brenner, wenn die Probe nicht mehr raucht. Lass die veraschte Probe abkühlen und wiege erneut. Der Gewichtsverlust entspricht dem Gehalt an organischen Bestandteilen (Humusgehalt).
Bewertung: bis 4 % Glühverlust: humusarm; 4–15 % Glühverlust: guter Humusgehalt.

V 5: Böden als Wasserspeicher

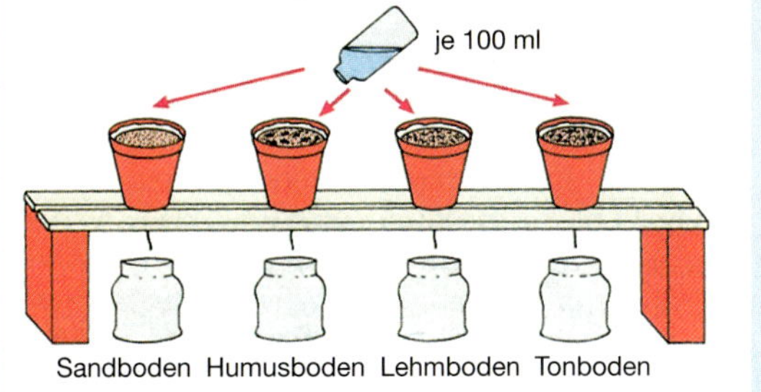

Materialien: Messzylinder, Waage, mehrere Blumentöpfe sowie Becher- oder Marmeladengläser; verschiedene Bodenproben.
Durchführung: Böden halten unterschiedlich viel Wasser fest. Plane und führe selbst Versuche durch, mit denen du feststellen kannst, welcher Boden das meiste Wasser speichern kann.

V 6: pH-Wert des Bodens

Das Pflanzenwachstum hängt nicht nur vom Nährstoffgehalt des Bodens ab, sondern auch von seinem pH-Wert.

Optimaler pH-Bereich			
Heidelbeeren:	3,5–5,0	Tomaten:	5,5–7,5
Kartoffeln:	5,2–6,0	Erdbeere:	7,0–8,0
Blumenkohl:	6,0–7,5	Weizen:	6,0–7,5

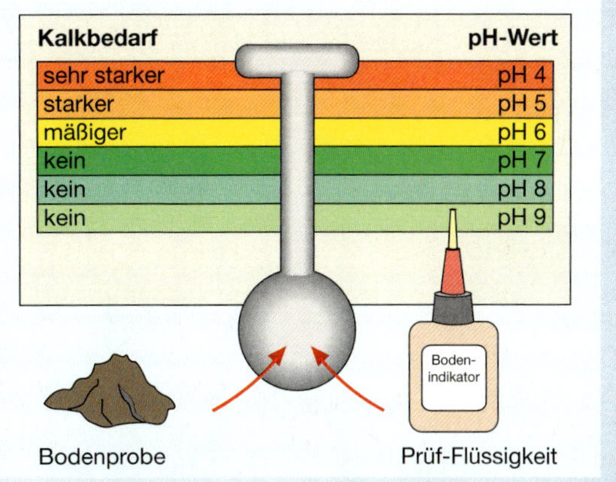

Eine Bestimmung des pH-Wertes kann man mit dem Boden-pH-Meter vornehmen.
Materialien: Löffel, Becherglas, Boden-pH-Meter; verschiedene Bodenproben.
Durchführung: Gib eine geringe Menge einer Bodenprobe in die Vertiefung des pH-Meters und füge anschließend etwas Prüfflüssigkeit hinzu. Der pH-Wert ergibt sich durch einen Farbvergleich. So kann man auch den Kalkbedarf feststellen. Je saurer der Boden, desto mehr Kalk wird für die Anhebung des pH-Wertes benötigt.

V 7: Bestimmung des Nitratgehalts

Materialien: Bechergläser, Waage, Filter mit Gestell, Messzylinder; Nitrat-Teststäbchen, Bodenproben, dest. Wasser.
Durchführung: Versetze 100 g einer trockenen Bodenprobe mit 100 ml dest. Wasser und verrühre kräftig. Filtriere die Aufschlämmung und prüfe das Filtrat mit dem Teststäbchen.
Üblicherweise wird der Stickstoffgehalt im Boden in kg N/ha angegeben. Zufällig entspricht hier der gefundene Nitratwert des Teststäbchens (in mg/l) ungefähr dem Stickstoffgehalt des Bodens (in kg N/ha). Zeigt das Teststäbchen z. B. 60 mg/l Nitrat an, entspricht dies 60 kg Stickstoff pro Hektar.
Beurteilung des Versorgungszustandes:

kg N/ha	Versorgung
0– 40	niedrig
40– 75	mittel
75–150	hoch
über 150	überversorgt

|10.3| Der Boden macht das Wasser hart

Wenn sich am Wasserhahn dicke Kalkablagerungen gebildet haben und das Wasser nur noch als Rinnsal aus der Leitung fließt, ist klar: Die Leitungen sind *verkalkt.* Die Ursache dafür ist **hartes Wasser.**

▲ *1 Kalk am Wasserhahn und im Rohr*

Was ist hartes Wasser? In Wasser sind stets verschiedene Salze gelöst, darunter auch Calcium- und Magnesium-Salze. Enthält Wasser viel von diesen Salzen, spricht man von hartem Wasser. Weiches Wasser enthält nur wenig davon. Die Wasserhärte ist ein Maß für die Konzentration an Magnesium- und Calcium-Salzen im Wasser.

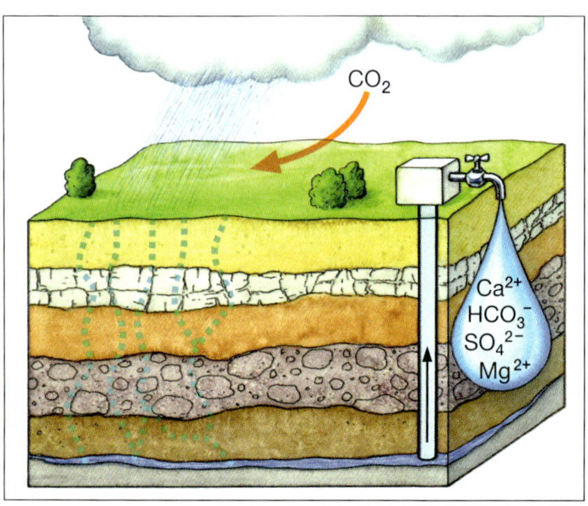

▲ *2 So entsteht hartes Wasser.*

Wie entsteht hartes Wasser? Im Regenwasser löst sich immer etwas Kohlenstoffdioxid aus der Luft. Sickert das Wasser durch kalkhaltige Bodenschichten, löst es neben anderen Salzen auch den ansonsten schwer löslichen Kalk (Calciumcarbonat):

Calcium-carbonat	+	Kohlen-stoff-dioxid	+	Wasser	→	Calcium-hydrogen-carbonat
$CaCO_3$	+	CO_2	+	H_2O	→	$Ca^{2+} + 2\ HCO_3^-$

Aus dem in Wasser *schwer* löslichen Calciumcarbonat $CaCO_3$ entsteht so das *gut* lösliche Calciumhydrogencarbonat $Ca(HCO_3)_2$. Da es gelöst im Wasser vorliegt, gelangt es durch jeden Wasserfilter in die Trinkwasserleitungen.

Calcium- und Magnesium-Salze sind als Mineralstoffe für die Ernährung wichtig; in Wasserleitungen und vor allem in Warmwassergeräten bereiten sie aber Probleme. Erhitzt man nämlich hartes Wasser, zerfällt das lösliche Calciumhydrogencarbonat – und es entsteht wieder schwer löslicher Kalk:

$$Ca^{2+} + 2\ HCO_3^- \rightarrow CaCO_3 + CO_2 + H_2O$$

Dieser Kalk ist unerwünscht, weil er sich als Kesselstein in Kochtöpfen, Kaffeemaschinen, Wasserkochern und auch in Wasserleitungen ablagert. Da die angesetzte Kalkschicht die Wärme schlecht leitet, verbrauchen verkalkte Elektrogeräte mehr Energie. Sie können im Extremfall sogar durch Überhitzung zerstört werden.

▼ *3 Entkalken*

Wie entfernt man Kalk? Kalkablagerungen kann man mit Säuren entfernen. Der Kalk löst sich dabei mit brausendem Geräusch auf, weil bei dieser Reaktion auch Kohlenstoffdioxid entsteht.

Die Wasserhärte ist ein Maß für den Gehalt an Calcium- und Magnesium-Salzen im Wasser. Kalkbeläge kann man mit Säuren entfernen.

1 Fragen zum Text

a) Was versteht man unter hartem Wasser?
b) Wie entsteht hartes Wasser?
c) Wie entsteht Kesselstein?
d) Warum verkalken Warmwasserrohre leichter als Rohre für kaltes Wasser?

2 Experiment

a) Bestimme mithilfe von Teststäbchen die Wasserhärte von Mineralwasser, Leitungswasser und destilliertem Wasser.
b) Dampfe jeweils etwa 5 ml der Wasserproben im Reagenzglas ein (mit Siedesteinchen).
Erkläre anschließend deine Versuchsergebnisse.

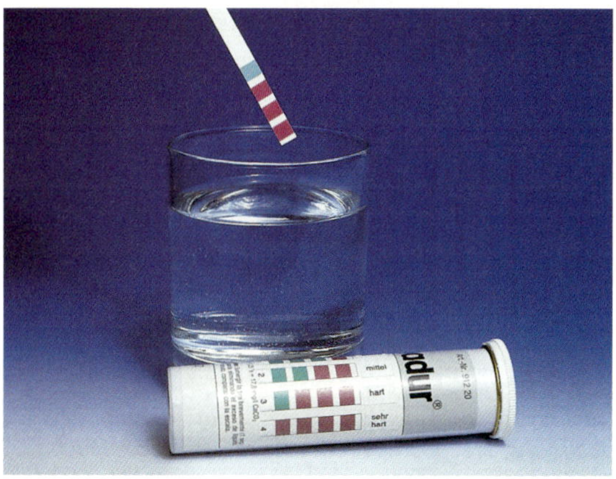

3 Experiment

a) Gib in zwei Bechergläser gleiche Mengen Kalkstückchen beziehungsweise Sand, etwa halb voll. Fülle dann jeweils 200 ml destilliertes Wasser hinzu und warte 5 Minuten. Gieße dann das Wasser ab und prüfe die Wasserhärte mithilfe von Teststäbchen.
b) Wiederhole den Versuch mit CO_2-haltigem Wasser und erkläre die Versuchsergebnisse.

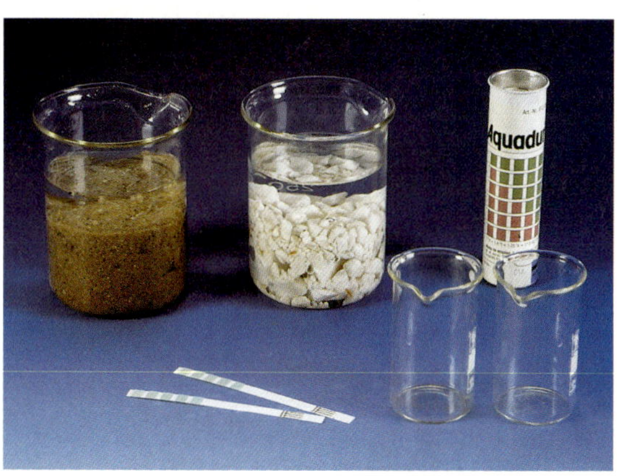

4 Alltag

Ihr Wasserwerk informiert: Ihr Trinkwasser besitzt Wasserhärte 2 (mittel)				
Härtestufe	1 weich	2 mittel	3 hart	4 sehr hart
Grad deutscher Härte	0–7	7–14	14–21	über 21

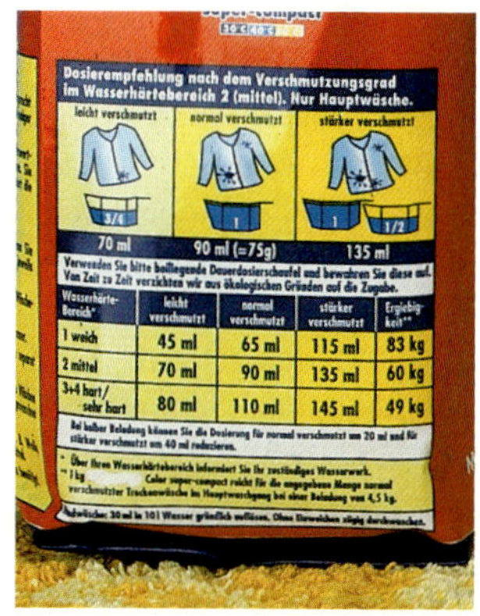

Wasserwerke informieren regelmäßig über die Wasserhärte des gelieferten Leitungswassers. Meist werden Härtestufen angegeben; man findet aber auch Angaben in „Grad deutscher Härte (°d).
a) Weshalb ist es wichtig, die Wasserhärte an seinem Wohnort zu kennen?
b) Informiere dich im Internet über die Wasserhärte in verschiedenen Städten. Wo gibt es eher hartes, wo eher weiches Wasser?

5 Theorie

Entfernt man Kalkablagerungen mit Salzsäure, so entsteht neben Kohlenstoffdioxid auch Calciumchlorid. Wie lautet die Reaktionsgleichung?

6 Alltag

Kocht man „hartes Wasser", so fällt Kalk aus. Er setzt sich ab oder bildet ein dünnes Häutchen an der Wasseroberfläche. Das Wasser ist dadurch „weicher" geworden, denn ein Teil der gelösten Salze ist ja ausgefällt worden. Man nennt diese durch Kochen entfernbare Wasserhärte *vorübergehende Härte* oder *Carbonathärte.*
Die Resthärte ist auch nach dem Abtrennen von Kalk noch vorhanden. Sie lässt sich durch Kochen nicht entfernen. Man nennt sie deshalb auch *bleibende Härte.* Verursacht wird sie durch andere gelöste Salze, beispielsweise Calcium- und Magnesiumsulfat.
Gesamthärte = Carbonathärte + bleibende Härte
Prüfe nun selbst nach, ob bei eurem Leitungswasser die Wasserhärte nach dem Erhitzen anders ist als vor dem Erhitzen.

10.4 Chemische Kreisläufe

Geschlossene Kreisläufe. In Gebieten, in denen die Natur sich selbst überlassen bleibt, spielt sich das Leben in Kreisläufen ab. Die Pflanzen entnehmen der Luft Kohlenstoffdioxid und dem Boden Wasser und Mineralstoffe um zu wachsen. Die Tiere ernähren sich von diesen Pflanzen. Die Ausscheidungen der Tiere und abgestorbene Pflanzen gelangen in den Boden und werden dort von Bakterien zerlegt. Dadurch werden Mineralstoffe frei, die nun für das Wachstum anderer Pflanzen erneut zur Verfügung stehen.
Jeder Abfall dient wieder als Rohstoff für neues Leben, nichts geht verloren. Solche Kreisläufe bezeichnet man als **geschlossene Kreisläufe.**

Der Stickstoffkreislauf in der Natur. Pflanzen nehmen Stickstoff mit den Wurzeln in Form von gelösten Salzen auf, als Nitrate. Sie brauchen Stickstoff vor allem, um daraus Eiweiß aufzubauen. Das Eiweiß dient Mensch und Tier als Nahrung. Über die Ausscheidungen und durch Verwesung gelangen die Stickstoffverbindungen wieder in den Boden. Dort werden sie von Bakterien zu Ammoniumsalzen und weiter in Nitrate umgewandelt. Sie können von den Wurzeln wieder aufgenommen werden. Dieser Kreislauf ist geschlossen.

Offene Kreisläufe. Seit der Entwicklung der Landwirtschaft hat der Mensch immer mehr in die geschlossenen Kreisläufe der Natur eingegriffen. Mit jeder Ernte werden dem Boden Mineralstoffe entzogen. Die Abbauprodukte der Nahrungsmittel gelangen aber vielfach nicht, wie im ungestörten Naturkreislauf, wieder in den Boden zurück. Sie landen in Kläranlagen, in Müllverbrennungsanlagen und auf Deponien. Damit sind sie für eine Wiederverwendung verloren. Es ist ein **offener Kreislauf** entstanden. Mit Düngemitteln versucht man, die entzogenen Stoffe wieder zu ersetzen und den Kreislauf in Gang zu halten.

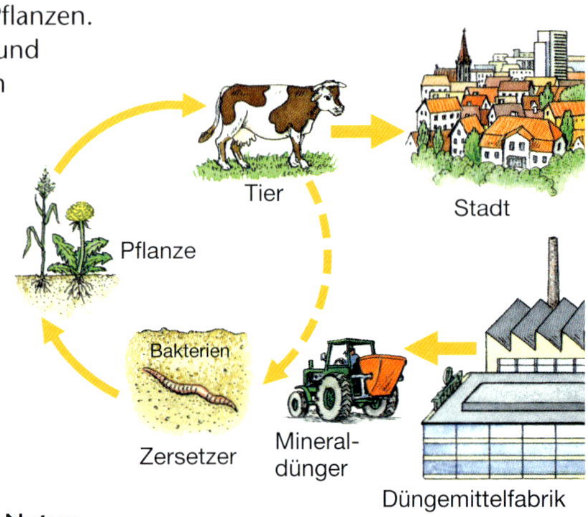

3 Offener und geschlossener Kreislauf

Viele Stoffe in der Natur sind in Kreisläufe eingebunden. Jeder Abfall dient wieder als Rohstoff für neues Leben. Öffnet man Kreisläufe, können Probleme auftreten.

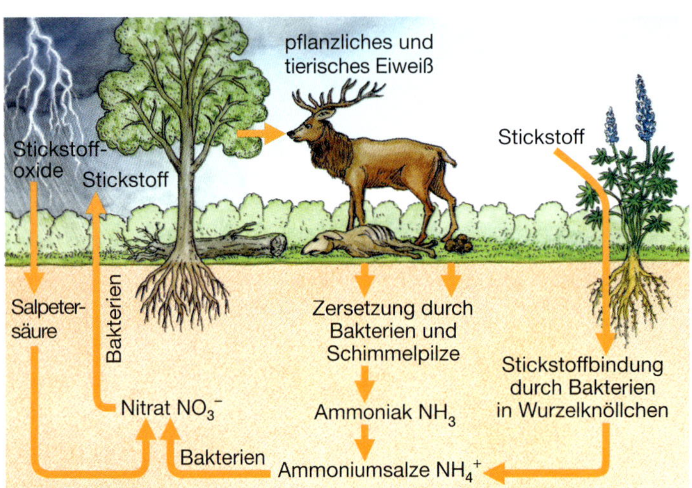

2 Kreislauf des Stickstoffs

1 Fragen zum Text

a) Was versteht man unter einem geschlossenen Kreislauf?
b) Erläutere den Stickstoff-Kreislauf in Abbildung 2.
c) Wie greift der Mensch in die geschlossenen Kreisläufe der Natur ein?
d) Welche Folgen können die Eingriffe des Menschen haben?
e) Wofür benötigen die Pflanzen Stickstoff?

Ökologische Landwirtschaft

Die Lebensmittelskandale der letzten Jahre, etwa die Rinderseuche BSE, haben die Bevölkerung verunsichert. Viele Verbraucher kaufen nun häufiger Bio-Lebensmittel ein, obwohl sie für solche Lebensmittel meist höhere Preise bezahlen müssen. Von diesen Lebensmitteln erwarten sie zum einen eine bessere Qualität. Zum anderen möchten sie durch ihren Kauf eine umweltschonendere Landwirtschaft fördern.

▲ *1 In einem Bio-Supermarkt*

Ökologisch orientierte Landwirte legen Wert auf eine Arbeitsweise, die den biologischen Kreislauf in der Natur mehr beachtet. Als Dünger verwenden sie organische Abfälle aus dem eigenen Betrieb. Auf chemische Spritzmittel verzichten sie weitgehend. Schädlingsbefall und Unkraut versuchen sie durch eine abwechslungsreiche Fruchtfolge und andere Maßnahmen gering zu halten. Tiere sollen mit Futter vom eigenen Hof ernährt werden. Damit bleibt die Nahrungskette überschaubar. Probleme, die durch den Zukauf industriell gefertigter Futtermittel (z. B. aus Tierkadavern) entstehen können, bleiben ausgeschlossen.

▲ *2 Kennzeichen für Bio-Waren*

Durch die im eigenen Betrieb des Ökobauern erzeugten Futtermittel werden anderen Ländern keine landwirtschaftlichen Produkte entzogen.
Viele Kritiker meinen, diese Art der Landwirtschaft sei viel zu arbeitsaufwändig, also zu teuer und bringe den Bauern zu geringe Erträge. Doch inzwischen werden einige Ideen und Methoden der ökologischen Landwirtschaft auch von anderen Landwirten anerkannt. Man achtet mehr und mehr darauf, Mineraldünger, Pflanzenschutzmittel und Tierarzneimittel möglichst sparsam einzusetzen.

ökologische Landwirtschaft	im Vergleich	konventionelle Landwirtschaft
Viehhaltung und Pflanzenbau im ökologischen Gleichgewicht	**Wirtschaftsform**	oft Spezialisierung in Betriebe mit Viehhaltung oder Pflanzenbau
Nur so viel Vieh, wie die vorhandene Fläche ernähren kann	**Kreislaufwirtschaft**	Massentierhaltung, die nicht der Flächengröße angepasst ist
organischer Dünger (Mist, Kompost) und Gesteinsmehl; stickstoffsammelnde Pflanzen	**Düngung**	mineralische und organische Düngung nach zuvor ermitteltem Bedarf, Handelsdünger
Förderung nützlicher Insekten; vielseitige Fruchtfolge; resistente Pflanzensorten	**Schädlinge**	gezielter Einsatz von chemischen Mitteln (Insektiziden) gegen Schädlinge
Mechanische Bearbeitung; Untersaaten; Verdrängen durch gezielte Fruchtfolge	**Unkräuter**	gezielter Einsatz von chemischen Mitteln (Herbiziden) gegen Konkurrenzpflanzen
vielseitig, um Ausbreitung von Schädlingen und Unkräutern zu hemmen	**Fruchtfolge**	überwiegend nach wirtschaftlichen Gesichtspunkten
kleine, aber vielseitig einsetzbare Maschinen; viele Arbeitskräfte	**Arbeitskräfte**	Einsatz von großen Maschinen mit hohem technischem Aufwand; wenig Arbeitskräfte
Verwendung eigenprodzierter Futtermittel, Wirtschaftsdünger	**Eigenständigkeit**	Verwendung von Futtermitteln aus anderen Produktionsstätten, Handelsdünger

|10.5| Aus dem Boden auf den Tisch: Nitrate

Häufig kann man in Zeitungen lesen, dass unser Trinkwasser durch Nitrate gefährdet wird. Doch wie gelangen Nitrate überhaupt in Lebensmittel und Trinkwasser und sind sie wirklich gefährlich?

Nitrate sind wichtige Mineralstoffe. Nitrate wie Kaliumnitrat (KNO_3) oder Natriumnitrat ($NaNO_3$) sind Salze der Salpetersäure. Sie sind ein natürlicher Bestandteil des Bodens. Pflanzen brauchen Nitrate, um daraus Eiweiß aufzubauen.

Nitrate in Lebensmitteln und Trinkwasser. Durch das Düngen führen die Landwirte dem Boden Mineralstoffe zu, darunter auch Nitrate. Pflanzen können aber nur eine bestimmte Menge an Nitrat verwerten. Bei Lichtmangel, etwa im Winter, wird das Nitrat unverwertet gespeichert. Dann sind vor allem Salat- und Gemüsepflanzen reich an Nitraten.
Da Nitrate sehr gut wasserlöslich sind, können sie aus den oberen Bodenschichten ausgewaschen werden und dann ins Grundwasser gelangen. Brunnen in landwirtschaftlich stark genutzten Gebieten mussten bereits geschlossen werden. Bei ihnen lag der Nitratgehalt über dem gesetzlichen Grenzwert von 50 mg Nitrat pro Liter Wasser.

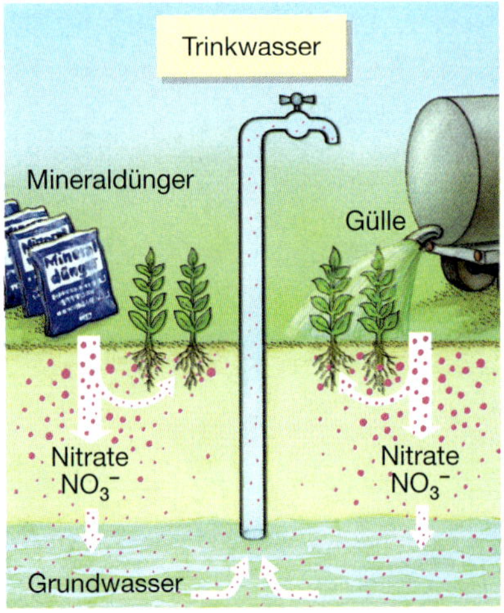

▲ *2 So gelangen Nitrate in den Boden.*

Gesundheitsgefährdung durch Nitrate? Im Körper werden Nitrate zum Teil in giftige Nitrite umgewandelt (etwa Natriumnitrit $NaNO_2$). Nitrite behindern den Sauerstofftransport im Körper. Besonders gefährdet sind Säuglinge. Der Mangel an Sauerstoff kann bei ihnen so stark sein, dass das Gesicht blau anläuft („Blausucht"). Außerdem können sich im Magen aus Nitriten und Eiweiß die stark krebserzeugenden Nitrosamine bilden.

Was kann man tun? Landwirte können durch kontrolliertes Düngen dazu beitragen, dass der Nitratgehalt im Laufe der Zeit langsam wieder absinkt.
Verbraucher können den Nitratgehalt mit Teststäbchen kontrollieren. Notfalls kann man auf weniger nitratbelastete Gemüsesorten ausweichen. Man sollte aber auf keinen Fall den ohnehin zu geringen Gemüseverzehr noch weiter einschränken.

▼ *4 Nitrat-Test*

Nitrate fördern das Pflanzenwachstum. Sie können über Lebensmittel in den menschlichen Körper gelangen. Dort bilden sich unter bestimmten Bedingungen das bedenkliche Nitrit oder die krebserregenden Nitrosamine.

Nitratgehalt	**Planzenart**
hoch 1000–5000 mg pro kg	Kopfsalat, Spinat, Feldsalat, Endivie, Rote Bete, Rettich, Stielmangold, Fenchel, Chinakohl, Grünkohl, Radieschen, Weißkohl, Wirsing
mittel 500–1000 mg	Sellerie, Möhren, Kartoffeln, Blumenkohl, Auberginen, Lauch, Kohlrabi, Rotkohl, Zucchini
niedrig unter 500 mg pro kg	Tomaten, Gurken, Paprika, Melonen, Rosenkohl, Erbsen, Obst, Getreide, Hülsenfrüchte

▲ *3 Nitratgehalte in Lebensmitteln*

|10.6| Woher kommt der Dünger?

Wenn man dem Boden durch die Ernte der Feldfrüchte ständig Mineralstoffe entzieht, müssen sie durch gezieltes Düngen wieder ersetzt werden.

Düngerarten. Zu den **Wirtschaftsdüngern** zählen Mist, Gülle, Jauche und Pflanzenabfälle wie Stroh, Blätter und Kraut. Diese organischen Dünger haben dabei den Vorteil, dass sie zur Humusbildung im Boden beitragen.
Auch Klärschlamm kann als Dünger eingesetzt werden, wenn er nicht zu viel Schwermetallsalze enthält. **Handelsdünger,** auch als Kunstdünger bezeichnet, wird industriell hergestellt. Er wird unter den unterschiedlichsten Handelsnamen vertrieben.

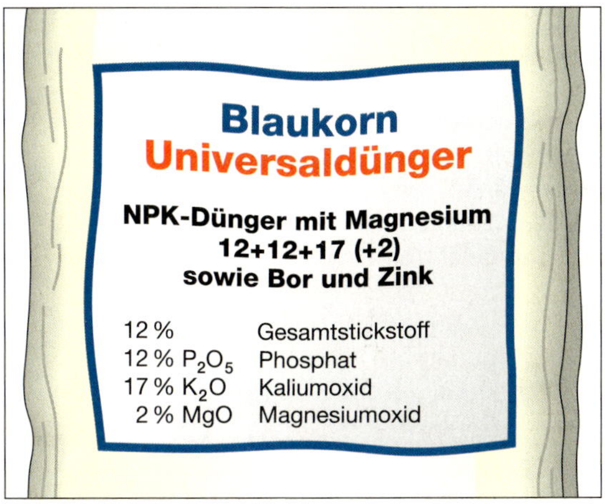

▲ 1 *Dünger-Etikett*

Zur Bezeichnung der Bestandteile werden Elementsymbole verwendet. Der Name *NPK-Dünger* sagt aus, dass dieser Dünger die Elemente *Stickstoff Phosphor* und *Kalium* in Form von Salzen wie Kaliumnitrat enthält. Alkali- und Erdalkalimetalle werden als Oxide angegeben; tatsächlich liegen sie aber als Chloride oder Sulfate vor.
Im ökologischen Landbau verwendet man die leicht löslichen Handelsdünger nicht. Man benutzt neben den Wirtschaftsdüngern *Gesteinsmehle,* die sich langsam auflösen und dabei die notwendigen Ionen aus den Mineralstoffen freisetzen.

Herstellung von Düngemitteln. Für die Herstellung von Handelsdüngern verwendet man großtechnisch produzierte Grundchemikalien sowie

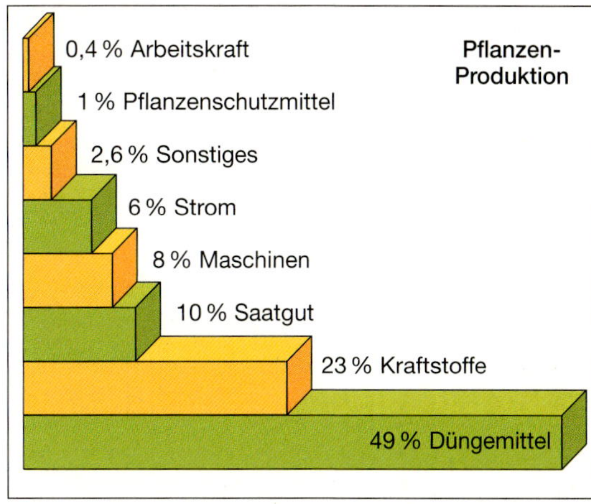

▲ 2 *Energiebedarf bei der Pflanzenproduktion*

Salze und Gesteine aus natürlichen Lagerstätten. Die chemische Industrie liefert Schwefelsäure, Salpetersäure und Ammoniak. Aus den Lagerstätten stammen Kalk, Phosphate und Kaliumsalze.

Dünger herzustellen erfordert einen hohen Energiebedarf. Das wirkt sich auf die Gesamtenergiebilanz aus: Etwa die Hälfte der benötigten Energie bei der Pflanzenproduktion wird allein für die Düngerherstellung verwendet. Für die Erzeugung von einer Tonne Weizen ist insgesamt eine Energiemenge erforderlich, die dem Heizwert von 100 l Heizöl entspricht.

Dünger in Form von Klärschlamm oder Mist stammt aus dem natürlichen Kreislauf. Industriell hergestellter Handelsdünger wird mit hohem Energieaufwand aus der Luft, aus Salzlagerstätten und aus Wasser hergestellt.

1 **Fragen zum Text**

a) Was zählt zu den „Wirtschaftsdüngern"?
b) Welcher Düngerart sind NPK-Dünger zuzuordnen?
c) Welche Dünger verwendet die ökologische Landwirtschaft?
d) Warum sind Produkte aus der ökologischen Landwirtschaft trotz des Verzichtes auf Handelsdünger so teuer?

|10.7| Schwefelsäure und Phosphorsäure

1 Schema zur industriellen Herstellung von Schwefelsäure ▶

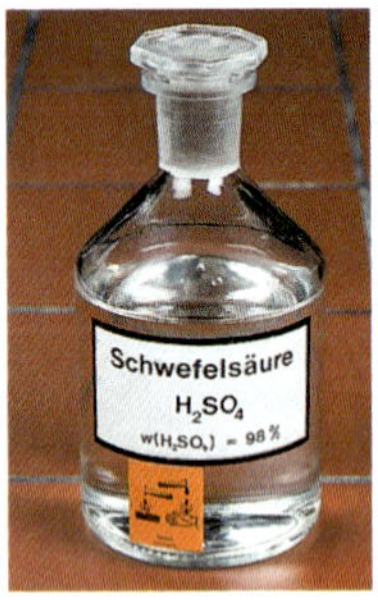

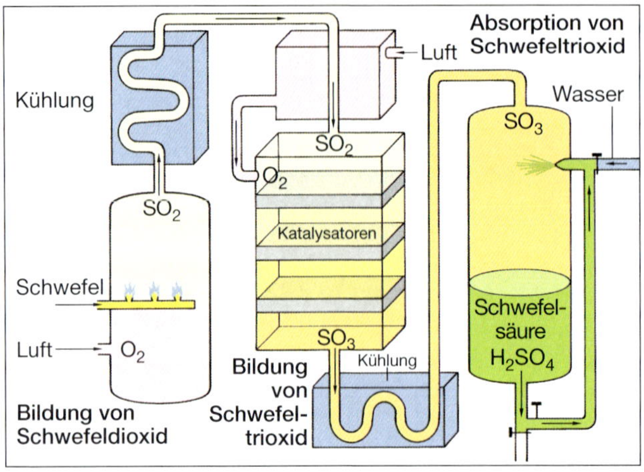

3. Vom Schwefeltrioxid zur Schwefelsäure. Schwefeltrioxid löst sich schlecht in Wasser, aber gut in Schwefelsäure. Man leitet es daher in konzentrierte Schwefelsäure ein. Die Lösung von Schwefeltrioxid in Schwefelsäure nennt man *Oleum.* Durch Verdünnen mit Wasser, erhält man dann die konzentrierte Schwefelsäure.

Schwefelsäure (H_2SO_4) ist die meist verwendete Chemikalie in der chemische Industrie. 1997 wurden weltweit davon 156 Millionen Tonnen hergestellt. Ein großer Teil der Produktion wird allein zur Herstellung von Phosphatdünger eingesetzt. Ein weiterer Teil wird für die Gewinnung des weißen Farbpigmentes Titandioxid, die Herstellung von Bleiakkumulatoren und die Produktion von Waschmitteln verwendet.

Herstellung von Schwefelsäure. Schwefelsäure stellt man aus Schwefel, Sauerstoff und Wasser her. Das lässt sich auch im Laborversuch zeigen. Verbrennt man etwas Schwefel, entsteht zunächst *Schwefeldioxid:*

$$S + O_2 \rightarrow SO_2$$

Leitet man Schwefeldioxid mit Sauerstoff über einen Katalysator, reagiert das Gemisch weiter zu *Schwefeltrioxid,* das als weißer Rauch zu erkennen ist.

$$2\,SO_2 + O_2 \rightarrow 2\,SO_3$$

Leitet man diesen Rauch in Wasser, bildet das Schwefeltrioxid mit dem Wasser *Schwefelsäure:*

$$2\,SO_3 + H_2O \rightarrow H_2SO_4$$

Die **industrielle Herstellung** verläuft ebenfalls in drei Schritten:

1. Erzeugung von Schwefeldioxid. Schwefel, der bei der Entschwefelung von Erdöl und Erdgas in großen Mengen als Abfallprodukt anfällt, wird mit Luft in großen Öfen zu Schwefeldioxid verbrannt.

2. Oxidation zu Schwefeltrioxid. Schwefeldioxid und Sauerstoff reagieren mithilfe eines Katalysators zu Schwefeltrioxid. Dabei wird viel Wärme frei.

Eigenschaften. Schwefelsäure ist stark *wasseranziehend (hygroskopisch).* Organische Stoffe wie Zucker oder Papier werden von ihr zerstört. Sie färben sich braun bis schwarz und sehen aus wie verbrannt. Dabei wird Wasser abgespalten, Kohlenstoff bleibt zurück. Deshalb ist konzentrierte Schwefelsäure überaus gefährlich.

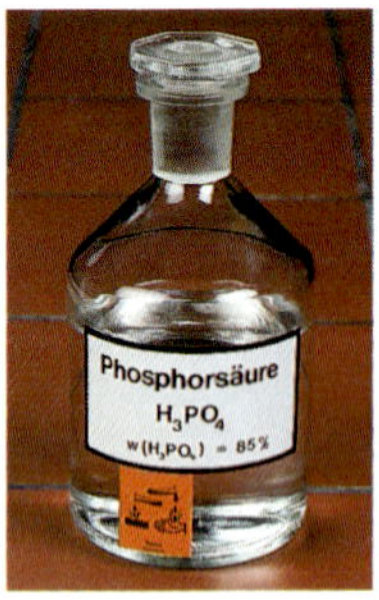

Phosphorsäure (H_3PO_4) entsteht, wenn man Phosphor verbrennt und das entstehende Oxid in Wasser löst:

$$4\,P + 5\,O_2 \rightarrow P_4O_{10}$$

$$P_4O_{10} + 6\,H_2O \rightarrow 4\,H_3PO_4$$

Beim industriellen Verfahren wird Apatit (Calciumphosphat) mit Schwefelsäure versetzt.
Phosphorsäure und Phosphate werden vor allem in der Düngemittelherstellung sowie in geringer Menge in der Lebensmittelindustrie verwendet. In Getränken dient Phosphorsäure (E 338) als Säuerungsmittel. Phosphathaltige Wurst bleibt länger saftig, weil Phosphate Wasser in Lebensmitteln binden. Kondensmilch wird stabilisiert, weil die zugesetzten Phosphate Calcium-Ionen binden. So lässt sich verhindern, dass Eiweiß ausflockt. Phosphate sind für den Körper ungiftig. Es ist allerdings umstritten, ob größere Mengen nicht doch schädlich wirken.

Schwefelsäure H_2SO_4 entsteht durch die stufenweise Oxidation von Schwefel. Phosphorsäure und ihre Salze, die Phosphate, werden in der Düngemittel- und in der Lebensmittelindustrie verwendet.

1 Fragen zum Text

a) Wofür wird Schwefelsäure verwendet?
b) Beschreibe, wie man aus Schwefel Schwefelsäure herstellt. Fertige dazu ein Flussdiagramm an.
c) Wo setzt man Phosphate ein?

2 Demonstrations-Experiment

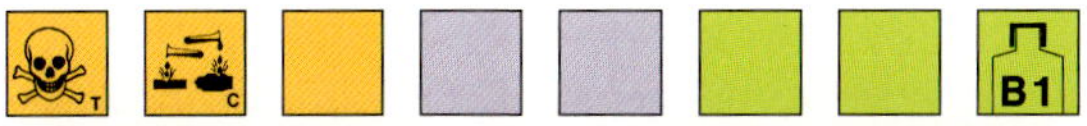

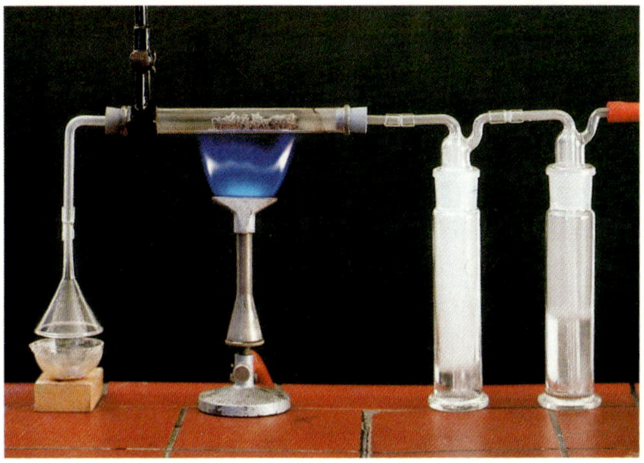

a) Zur Herstellung von Schwefelsäure wird in einer Porzellanschale etwas Schwefel verbrannt. Das Gemisch aus Schwefeldioxid und Luft wird durch die Apparatur gesaugt. Schwefeldioxid reagiert an dem erhitzten Katalysator (Vanadiumoxid oder Platin-Iridium-Netz) mit Sauerstoff zu Schwefeltrioxid. In der ersten Waschflasche wird das Schwefeltrioxid durch Wasser nur zum Teil absorbiert. In der zweiten Waschflasche befindet sich konzentrierte Schwefelsäure, die das Schwefeltrioxid völlig absorbiert.
b) In ein hohes Becherglas gibt man konzentrierte Schwefelsäure auf Haushaltszucker, der mit etwas Wasser angeteigt wurde. Es entsteht ein schwarzes Gebilde, das aus dem Becherglas „herauswächst“. Was ist hier geschehen?

3 Theorie

Beim Verdünnen von konzentrierter Schwefelsäure muss man stets die Säure vorsichtig in Wasser gießen, nie umgekehrt! Darauf weist schon der Laborspruch hin: „Erst das Wasser, dann die Säure, sonst geschieht das Ungeheure!“
Was könnte sonst passieren?

4 Experiment

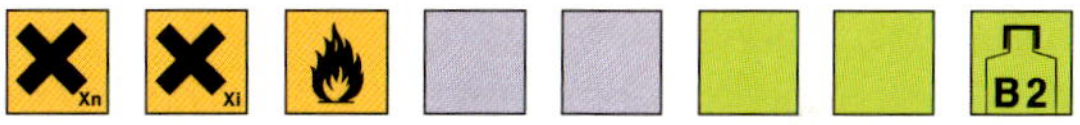

a) Gib ein Stück Magnesiumband (F), Kupferblech und etwas grobes Zinkpulver (F) in je ein Reagenzglas. Fülle in jedes Reagenzglas etwa 5 ml verdünnte Schwefelsäure (Xi). Erkläre deine Beobachtungen.
b) Salze der Schwefelsäure, Sulfate, kann man mit einer verdünnten Bariumchlorid-Lösung (10 %ig; Xn, B2) nachweisen.
Nimm dazu eine der Lösungen aus a) oder löse eine Spatelspitze Magnesiumsulfat in Wasser. Gib einige Tropfen Bariumchlorid-Lösung hinzu.

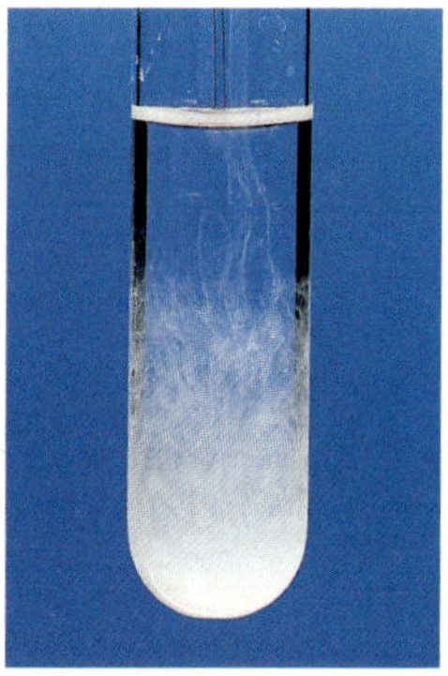

5 Technik

a) Bekannte Sulfate sind Gips (Calciumsulfat, $CaSO_4$), Kupfersulfat ($CuSO_4$), Bittersalz (Magnesiumsulfat $MgSO_4$), Glaubersalz (Natriumsulfat Na_2SO_4), Bariumsulfat ($BaSO_4$).
Schlage in Lexika nach oder suche im Internet nach der Verwendung dieser Salze.
b) Was könnte auf dem Foto abgebildet sein?

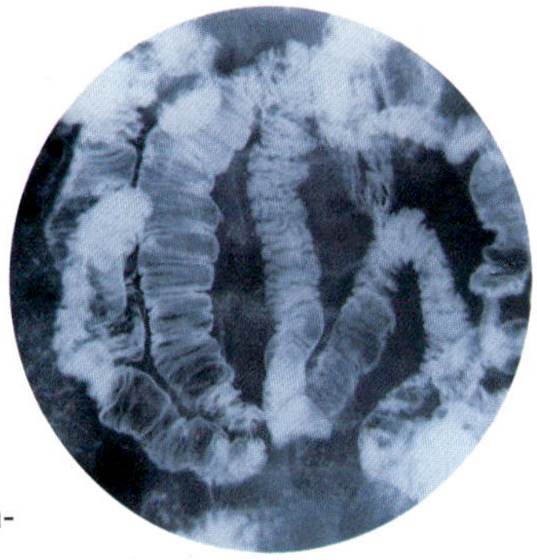

|10.8| Ammoniak und Salpetersäure

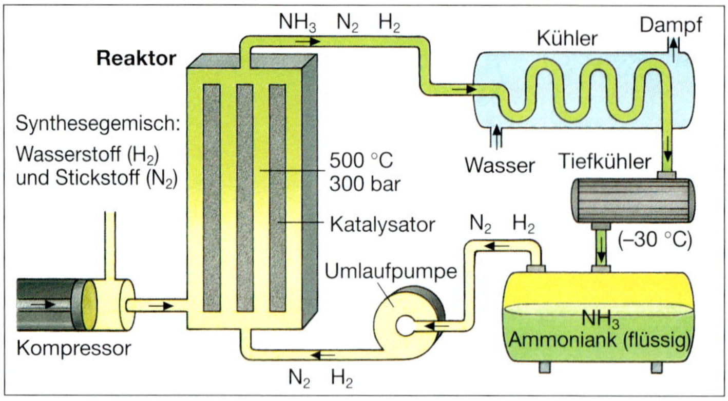

▲ *1 Schema zur Ammoniakherstellung*

Ammoniak (NH_3) ist eine der wichtigsten Grundchemikalien in der chemischen Industrie. Man stellt damit vor allem Düngemittel, aber auch Sprengstoffe, Kunststoffe und Farbstoffe her. Die industrielle Produktion ist kurz vor dem ersten Weltkrieg durch den Chemiker HABER und den Ingenieur BOSCH entwickelt worden.

Rohstoffe. Die Rohstoffe für die Ammoniakgewinnung kommen praktisch unbegrenzt vor. Stickstoff ist Bestandteil der Luft, Wasserstoff ist im Wasser chemisch gebunden. Die Ammoniakgewinnung ist jedoch sehr energieaufwändig. Etwa 3% der gesamten Energieerzeugung werden weltweit dafür eingesetzt.

Herstellung. Ein Gemisch aus drei Raumteilen Wasserstoff und einem Raumteil Stickstoff wird in einem Reaktor bei etwa 500 °C und 300 bar Druck über Katalysatorschichten aus Eisenoxid geleitet:

$$N_2 + 3\,H_2 \rightarrow 2\,NH_3$$

Das entstehende Gasgemisch enthält etwa 17 Volumenprozent Ammoniak. Dieses Gemisch wird so lange gekühlt, bis sich Ammoniak als Flüssigkeit abscheidet. Das restliche Gasgemisch enthält noch Stickstoff und Wasserstoff. Man leitet es deshalb wieder in den Reaktor zurück.

Eigenschaften. Ammoniak ist ein stechend riechendes Gas. Es ist sehr gut in Wasser löslich: Ein Liter Wasser nimmt etwa 700 Liter Ammoniak auf. Ammoniakwasser („Salmiakgeist"; in Wasser gelöstes Ammoniakgas) färbt Universalindikator blau. Es reagiert also alkalisch unter Bildung von NH_4^+- und OH^--Ionen. Die NH_4^+-Ionen heißen **Ammonium-Ionen.**

Salpetersäure (HNO_3) entsteht, wenn sich Stickstoffoxide in Wasser lösen. Stickstoffoxide können sich in der Luft bilden, denn sie besteht ja vor allem aus Stickstoff und Sauerstoff. Allerdings läuft die Reaktion nur bei hohen Temperaturen ab, denn Stickstoff ist ein sehr reaktionsträges Element. Wegen des hohen Aufwands an Energie, geht man bei der **industriellen Herstellung** von Salpetersäure einen anderen Weg. Man verbrennt nicht den reaktionsträgen Stickstoff, sondern das reaktionsfreudigere Ammoniakgas. Dieses Gas wird mit Luft vermischt und an einem Katalysator zu Stickstoffmonooxid NO verbrannt:

$$4\,NH_3 + 5\,O_2 \rightarrow 4\,NO + 6\,H_2O$$

Mit weiterem Sauerstoff reagiert das farblose Stickstoffmonooxid zu braunem Stickstoffdioxid (NO_2). Leitet man dieses Gas zusammen mit Sauerstoff in Wasser ein, entsteht Salpetersäure:

$$4\,NO_2 + O_2 + 2\,H_2O \rightarrow 4\,HNO_3$$

▼ *2 Salpetersäure-Herstellung*

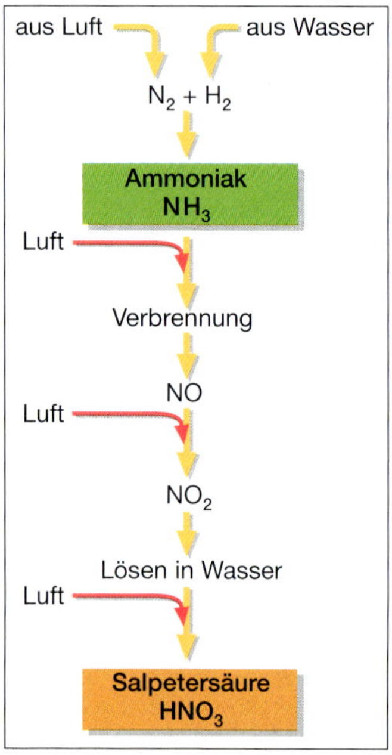

Eigenschaften. Verdünnte Salpetersäure löst unedle Metalle. Dabei entstehen die Salze der Salpetersäure, die **Nitrate.** Konzentrierte Salpetersäure löst viele edle Metalle wie Kupfer und Silber, aber nicht Gold. Man kann mit ihr Edelmetalle in Legierungen voneinander trennen. Deshalb spricht man auch von *Scheidewasser.* Mischt man konzentrierte Salpetersäure mit konzentrierter Salzsäure, entsteht Königswasser, das selbst Gold und Platin auflöst.

> Ammoniak (NH_3) wird im HABER-BOSCH-Verfahren aus Stickstoff und Wasserstoff erzeugt. Über die katalytische Verbrennung von Ammoniak stellt man Salpetersäure (HNO_3) her.

1 Fragen zum Text

a) Woher kommen die Rohstoffe für die Ammoniakproduktion?
b) Was macht die Ammoniakherstellung so energieaufwändig?
c) Welche Eigenschaften hat Ammoniakgas?
d) Welche Formeln schreibt man für Ammoniakgas, Ammoniakwasser, Ammonium-Ionen?
e) Wie stellt man Salpetersäure her?
f) Wofür wird viel Salpetersäure benötigt?

2 Demonstrations-Experiment

In einem Glaskolben wird unter dem Abzug mit einem Hochspannungstransformator bei etwa 5000 Volt eine Funkenstrecke erzeugt (Vorsicht, Hochspannung!). Bei der hohen Temperatur reagiert Stickstoff mit Sauerstoff zunächst zu farblosem Stickstoffmonooxid. Mit weiterem Sauerstoff entsteht das braune Stickstoffdioxid. Mit einem Handgebläse wird das Stickstoffdioxid in ein Gefäß mit Wasser gedrückt. Es entsteht Salpetersäure. Man kann sie mit einem Nitrat-Teststäbchen nachweisen. Wie lässt sich vor dem Hintergrund dieses Experiments erklären, was während eines Gewitters geschieht?

3 Alltag

Wie kann man mithilfe von konzentrierter Salzpetersäure eine echte Goldmünze von einer Münze unterscheiden, die nur aus einer goldfarbenen Legierung besteht?

4 Experiment

a) Rieche vorsichtig an einer Flasche mit stark verdünntem Ammoniakwasser (5 %ig, Xi, B1). Woran erinnert dich dieser Geruch?

b) Nachweis von Ammonium-Ionen. Gib eine kleine Probe eines Ammonium-Salzes auf ein Uhrglas. Tropfe etwas verdünnte Natronlauge (Xi, B1) auf das Salz und decke das Glas mit einem zweiten Uhrglas ab, an dem innen ein angefeuchteter Streifen Indikatorpapier haftet. Was kannst du beobachten und wie ist diese Beobachtung zu erklären?

5 Theorie

a) Bei der Reaktion von Säuren mit Ammoniak entstehen Ammonium-Salze. Hält man einen Glasstab mit anhaftender Ammoniak-Lösung über eine Schale mit konzentrierter Salzsäure, bildet sich ein weißer Nebel. Worum könnte es sich hierbei handeln?
b) Stelle die Reaktionsgleichung für die Reaktion von Ammoniakwasser mit Schwefelsäure auf.

6 Geschichte

Im Jahr 1921 ist bei Ludwigshafen ein Düngemittellager explodiert. 600 Menschen sind ums Leben gekommen. Durch diesen tragischen Unglücksfall hat man festgestellt, dass Ammoniumnitrat (NH_4NO_3) unter ungünstigen Umständen schlagartig in Stickstoff Wasser und Sauerstoff zerfallen kann.
Wie könnte die Reaktionsgleichung dafür lauten?

|10.9| Bodenbelastung durch Müll

Alles, was an Schadstoffen in die Luft oder ins Wasser gelangt, belastet irgendwann auch den Boden. Das betrifft auch den Müll auf Deponien und in Müllverbrennungsanlagen.

Müllverwertung. Müll enthält verwertbare Stoffe. Es bedeutet eine Verschwendung von Rohstoffen, alles nach einmaligem Gebrauch wegzuwerfen. Wertstoffe werden deswegen getrennt gesammelt beziehungsweise aus dem Müll wieder heraussortiert. So kann eine Menge an Papier, Glas, Metallen und Kunststoffen zu neuen Produkten umgearbeitet werden (Recycling). Aus Küchen- und Gartenabfällen lässt sich wertvoller Kompost gewinnen.

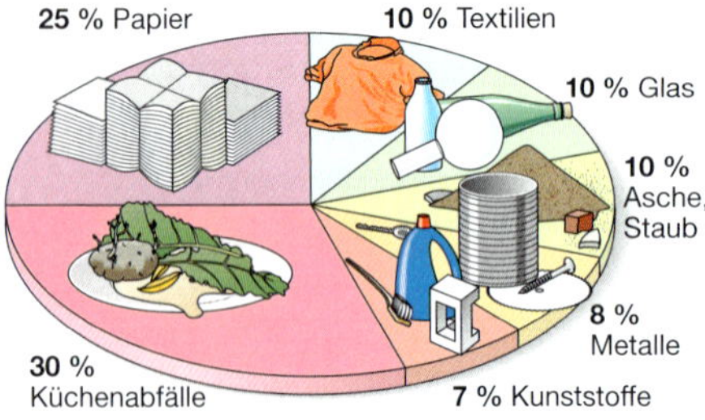

▲ *1 Zusammensetzung von Hausmüll*

Müllvermeidung. Am besten ist es natürlich, Müll erst gar nicht entstehen zu lassen. Dazu kann man beitragen, indem man beispielsweise zu aufwändig verpackte Waren nicht kauft. Auch durch den Kauf von Recyclingprodukten kann man Müll vermeiden. Außerdem achten viele Hersteller bereits bei der Produktion von Waren darauf, dass weniger Abfälle entstehen – schon aus finanziellen Gründen.

Restmüll: deponieren oder verbrennen. Auch bei einer guten Müllverwertung wird es immer noch Restabfälle geben, die man „beseitigen" muss. Die alte Methode, den Müll auf Deponien zu vergraben, hat große Probleme verursacht. Mülldeponien können auf lange Zeit das Grundwasser verunreinigen und Methangas an die Luft abgeben. Die „**T**echnische **A**nleitung **Si**edlungsabfall (TASi), schreibt vor, dass nur noch solche Restabfälle auf Deponien kommen dürfen, die nicht mehr faulen und gären. Sie sollen keine schädlichen Stoffe Luft und Wasser abgeben. Müll muss also vor der Deponierung vorbehandelt werden.

Am ehesten erreicht man diese Bedingungen durch die kontrollierte Müllverbrennung. Diese Methode wird deshalb in den nächsten Jahren sicher verstärkt eingesetzt werden.

Müllverbrennung. Eine Verbrennungsanlage verarbeitet pro Jahr etwa 250 000 Tonnen Müll. Nach der Verbrennung hat der Abfall nur noch 10 % seines Volumens und nur noch 30 % seines Gewichts. Die frei werdende Wärme kann zur Stromerzeugung und als Fernwärme genutzt werden.
Das anfallende Rauchgas muss aufwändig gereinigt werden. Die herausgefilterten und herausgewaschenen Schadstoffe, etwa hochgiftige Dioxine und Schwermetalle, müssen in besonderen Behältern auf Sonderdeponien gelagert werden. Trotz des hohen Reinigungsaufwandes ist das Rauchgas aber nicht völlig schadstofffrei.

Die Müllmengen werden durch Müllverwertung und Müllvermeidung reduziert. Was auf Deponien kommt, muss vorbehandelt werden, etwa durch Müllverbrennung.

1 **Fragen zum Text**

a) Weshalb hat die Restmüllmenge in den letzten Jahren abgenommen?
b) Wie lässt sich Müll vermeiden?
c) Inwiefern wirkt sich die Müllbehandlung auf den Boden aus?

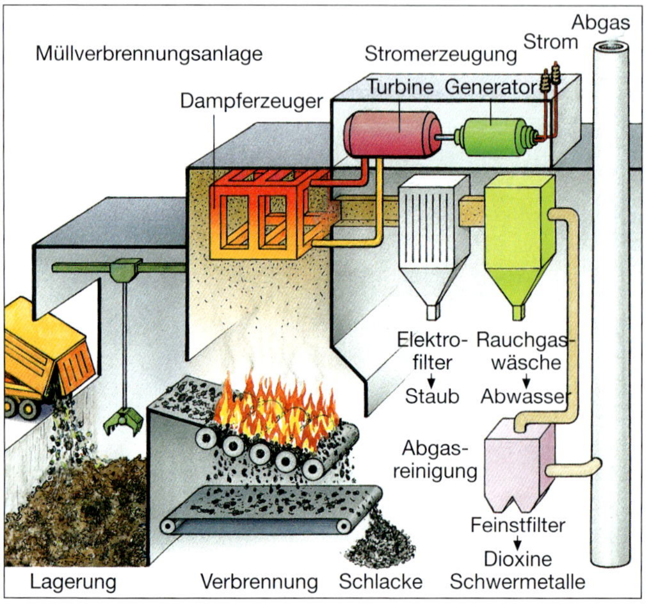

2 Schema einer Müllverbrennungsanlage ▶

1 Wie kann man chemisch einen Kalkstein von anderen Gesteinen unterscheiden?

2 a) Wie ist der Boden entstanden?
b) Warum ist Boden ein schützenswertes Gut?

3 a) Welche Stoffe sind lebensnotwendig für Pflanzen?
b) Durch welche Experimente könnte man das überprüfen?

4 JUSTUS VON LIEBIG sagte vor 150 Jahren: „Wie der Acker uns ernährt, muss er selbst ernährt werden." Erkläre diese Aussage.

5 Bei Pamukkale in der Türkei gibt es an einer Quelle beeindruckende Kalkablagerungen. Wie kann man sich ihre Entstehung erklären?

6 a) Was sind die Vor- und Nachteile von hartem Wasser?
b) Auf der schwäbischen Alb verkalken Kaffeemaschinen viel schneller als im Schwarzwald oder im Harz. Woran liegt das?

7 a) Weshalb gibt es auf einem Acker keinen geschlossenen Kreislauf der Mineralstoffe?
b) Was muss man deshalb beachten?
c) Weshalb darf ein Landwirt nicht beliebig viel Gülle auf die Felder bringen?

8 Was haben Kreisläufe mit der Auseinandersetzung um ökologische und konventionelle Landwirtschaft zu tun?

9 a) Die Rohstoffe für die Düngerherstellung sind relativ preiswert: Luft, Wasser, Salzlager. Weshalb ist Handelsdünger dennoch sehr teuer?
b) Welche Nachteile ergeben sich, wenn zu viel gedüngt wird?

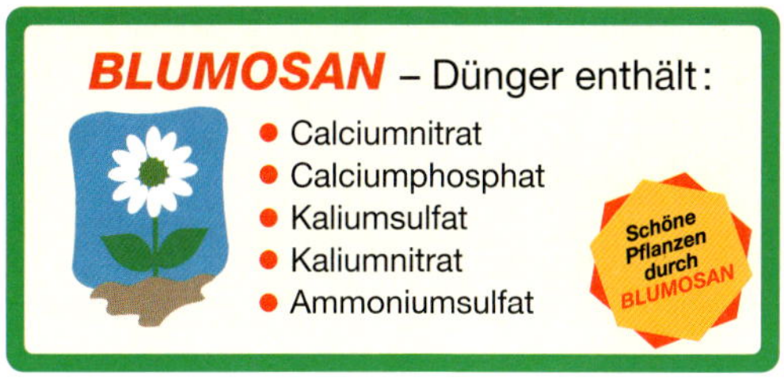

10 Welche chemischen Elemente sind in diesem Dünger enthalten? Schreibe die Formeln auf.

11 a) Wie wird Schwefelsäure industriell hergestellt?
b) Wofür wird Schwefelsäure eingesetzt?
c) Gibt man Schwefelsäure auf ein Textil wie Leinen, so entsteht ein Loch. Bei einer Einkaufstüte aus Kunststoff ist das nicht der Fall. Versuche eine Begründung dafür zu finden.

12 a) Wie kann man Phosphorsäure im Labor herstellen?
b) Wo werden Phosphate und Phosphorsäure verwendet?

13 a) Was ist das Hauptproblem bei der Ammoniak-Herstellung?
b) 85 % des Ammoniaks gehen in die Düngemittelproduktion. Was kann man aus Ammoniak noch herstellen?

14 Nach Gewittern kann man im Regen geringe Mengen Salpetersäure nachweisen. Wie kommt das?

15 a) Wie wird Salpetersäure großtechnisch hergestellt?
b) Weshalb stellt man die Stickstoffoxide dabei nicht direkt aus den Elementen her?

16 Inwiefern wirkt sich die Müllbehandlung auf den Boden aus?

Basis-Wissen

Gestein: Man unterscheidet Gesteine nach ihrer Entstehung.

Boden besteht aus abgelagerten Mineralien und organischen Stoffen wie Humus. Zudem ist der Boden belebt mit Bodentieren.

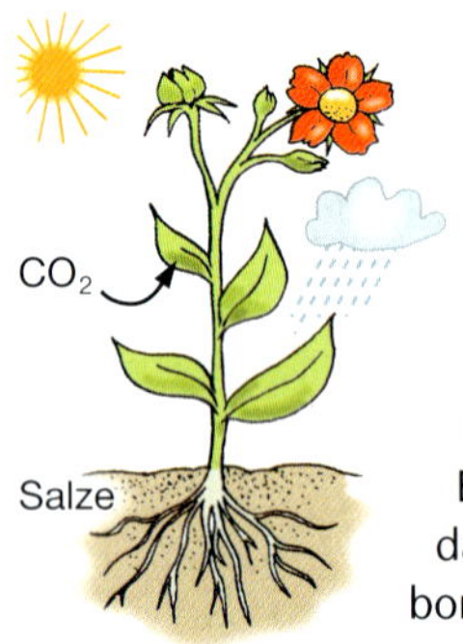

Pflanzen brauchen Licht, Wärme, Wasser, Kohlenstoffdioxid und zahlreiche Mineralstoffe in Form von gelösten Salzen. Am wichtigsten sind Stickstoff-, Phosphor-, Kalium-, Calcium- und Magnesium-Salze. Jede Pflanzenart benötigt unterschiedliche Mengen an Mineralstoffen.

„Hartes Wasser" enthält viele gelöste Calcium- und Magnesium-Salze. Beim Erhitzen scheidet sich daraus Kalk ab, Calciumcarbonat ($CaCO_3$).

Kreisläufe: In der Natur sind die Kreisläufe geschlossen. Altes Material wird wieder zum Aufbau von neuem Material verwendet. Der Mensch greift in die Stoffkreisläufe ein.

Düngemittel: Durch sie führt man dem Boden die Mineralstoffe zu, die man ihm mit der Ernte entzogen hat. Wirtschaftsdünger: Mist, Gülle; Handelsdünger wird industriell hergestellt

Düngemittel-Herstellung

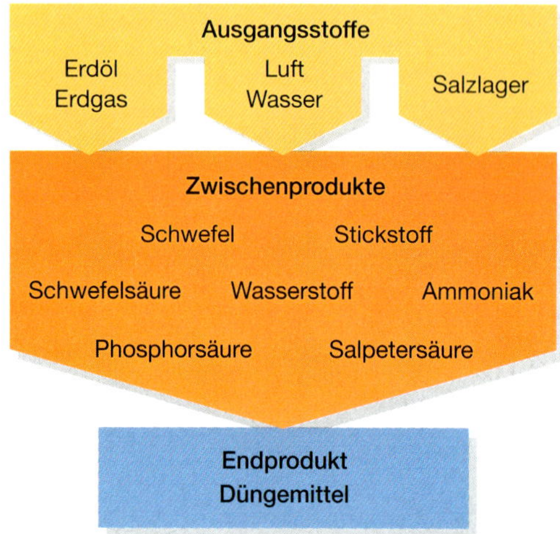

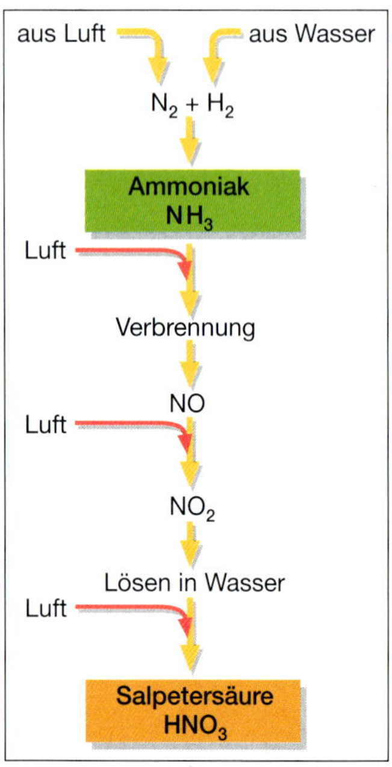

Schwefelsäure H_2SO_4 wird in einem dreistufigen Verfahren hergestellt. Die Salze der Schwefelsäure heißen Sulfate.

$$S \xrightarrow{\text{Luft}} SO_2 \xrightarrow{\text{Luft, Kat.}} SO_3 \xrightarrow{\text{Wasser}} H_2SO_4$$

Ammoniak NH_3 ist ein farbloses, stechend riechendes Gas das im HABER-BOSCH-Verfahren aus Luft und Wasserstoff hergestellt wird:

$$N_2 + 3\ H_2 \rightarrow 2\ NH_3$$

Salpetersäure HNO_3: Bei der Verbrennung von Ammoniak entstehen Stickstoffoxide. Sie reagieren mit Wasser zu Salpetersäure. Die Salze der Salpetersäure heißen Nitrate.

Phosphorsäure H_3PO_4 und Phosphate braucht man für die Düngemittelherstellung und in geringen Mengen auch für Lebensmittel.

Bodenbelastung durch Müll: Um die Müllflut einzudämmen und wertvolle Rohstoffe einzusparen, muss man Müll vermeiden und verwerten (Recycling). Der Restmüll wird verbrannt oder deponiert.

|11| Chemie und Elektrizität

Wenn man einen Kupferblech- und einen Zinkblech-Streifen in eine Zitrone steckt, ohne dass die Bleche sich berühren, kann man zwischen den beiden Blechen eine Spannung von ungefähr 1 V messen. Diese Spannung reicht zum Betrieb einer elektrischen Uhr aus.
Die beiden Metallstreifen werden Elektroden genannt. An ihnen laufen Reaktionen ab, bei denen Energie nicht als Wärme oder Licht, sondern in Form von elektrischer Energie abgegeben wird.

Die Zitrone kann man zum Beispiel durch eine Kochsalz- oder eine andere leitfähige Lösung ersetzen. Man kann also immer dann eine Spannung messen, wenn man zwei unterschiedliche Metalle in eine leitfähige Lösung eintaucht.

Die Zitronen-Batterie zeigt, dass bei chemischen Reaktionen Elektrizität entstehen kann. Ohne solche elektrochemischen Vorgänge gäbe es keine Batterien und Akkumulatoren.

11.1 Von der Fällungsreihe zur Spannungsreihe

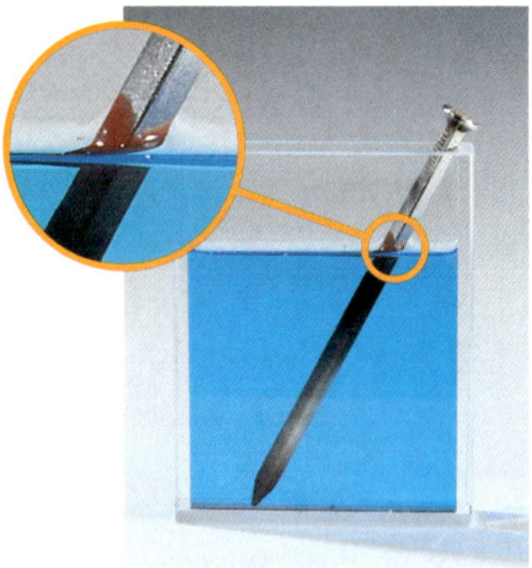

▲ *1 Ein Eisennagel in einer Kupfersalz-Lösung überzieht sich mit einer dünnen Kupferschicht.*

Der Naturforscher und Arzt PARACELSUS beeindruckte sein Publikum vor 400 Jahren mit einem Experiment: Er stellte einen Eisenstab in eine blaue Lösung – und der verwandelte sich innerhalb kurzer Zeit in einen Kupferstab.
Das war aber keine Zauberei, sondern eine chemische Reaktion: Der Eisenstab hat sich nur mit einer dünnen Kupferschicht überzogen, die Kupfer-Ionen waren bereits in der blauen Lösung enthalten.

Chemische Vorgänge. Für den Übergang vom Kupfer-Ion zum Kupfer-Atom benötigt jedes Kupfer-Ion zwei Elektronen:

$Cu^{2+} + 2\ e^{-} \rightarrow Cu$

Diese Elektronen werden von Eisen-Atomen abgegeben. Die Eisen-Atome bilden dabei Eisen-Ionen. Man erkennt das an der Farbveränderung der Lösung. Die blaue Kupfersalz-Lösung nimmt nach einger Zeit die gelb-grüne Farbe einer Eisensalz-Lösung an.

$Fe \rightarrow Fe^{2+} + 2\ e^{-}$

Die Fällungsreihe der Metalle. Das Experiment von PARACELSUS gelingt auch mit anderen Metallen und anderen Salzlösungen.
Wenn man ein Stück Zink in eine Kupfersalz-Lösung taucht, so überzieht sich das Zink mit metallischem Kupfer. Taucht man allerdings ein Stück Kupfer in eine Zinksalz-Lösung, so ist keine Veränderung zu beobachten. Aus einer Bleisalz-Lösung kann man mit Zink Blei abscheiden, Blei zeigt jedoch mit einer Zinksalz-Lösung keine Reaktion.

unedel ⟶ **edel**

Mg Zn Fe Sn Pb Cu Ag Au Pt

▲ *2 Fällungsreihe der Metalle*

Ordnet man die Metalle nach ihrer Fähigkeit, andere Metalle aus ihren Salzlösungen abzuscheiden, also auszufällen, kommt man zur **Fällungsreihe der Metalle.** In dieser Reihe sind die Metalle so angeordnet, dass die links stehenden, *unedleren* Metalle die rechts stehenden, *edleren* Metalle aus ihren Salz-Lösungen *ausfällen* können.

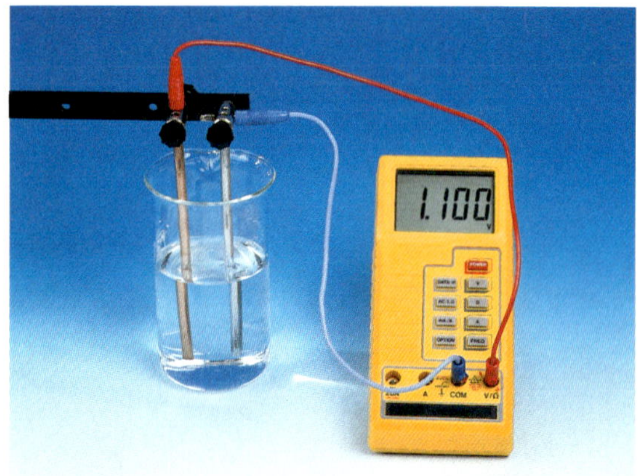

▲ *3 Einfaches galvanisches Element (Zink/Kupfer)*

Galvanische Elemente. Lässt man wie bei der Zitronen-Batterie zwei Stäbe aus unterschiedlichen Metallen in eine Elektrolyt-Lösung eintauchen, so kann man zwischen den beiden Stäben eine Spannung messen. Solche Spannungsquellen nennt man **galvanische Elemente.**
Die Spannungen entstehen durch chemische Reaktionen an den Elektroden. Dabei werden an der einen Elektrode Elektronen aufgenommen und an der anderen abgegeben. Die Elektronen wandern dabei durch einen äußeren Leiter. Sie werden nicht wie bei Fällungsreaktionen direkt zwischen den Ionen und Atomen ausgetauscht.

Spannungsreihe. Je weiter zwei Metalle in der Fällungsreihe voneinander entfernt stehen, desto größer ist die Spannung zwischen ihnen. So kann man zum Beispiel zwischen Elektroden aus Zink und Kupfer etwa 1,1 V messen, zwischen Zink und Silber etwa 1,6 V. Die Spannung ist aber auch von der Art und der Konzentration der Elektrolyt-Lösungen abhängig.

Taucht man ein Metallstück in die Salzlösung eines edleren Metalls, so scheidet sich das edlere Metall ab. Das unedlere Metall löst sich auf. Ein galvanisches Element besteht aus zwei Elektroden aus unterschiedlichen Metallen, die in Elektrolyt-Lösungen tauchen.

1 Fragen zum Text

a) Ein Stück Blei wird in eine Zinksalz-Lösung getaucht. Erkläre das Versuchsergebnis
b) Beschreibe ein einfaches galvanisches Element.
c) Begründe, warum die Zitronenbatterie ein galvanisches Element ist

2 Experiment

Xi F F+ B2

Gib zu 5 ml verdünnter Salzsäure (10 %) kleine Stückchen der Metalle Silber, Eisen, Zink, Kupfer und Magnesium (F).

a) Bei welchen Metall ist eine Wasserstoffentwicklung zu beobachten?
b) Ordne die Metalle nach der Heftigkeit ihrer Reaktionen. Vergleiche mit der Stellung in der Fällungsreihe.
c) Erkläre das Versuchsergebnis mit den Begriffen edel und unedel.

3 Experiment

Xn B2

Gib in ein Reagenzglas 10 ml verdünnte Kupfersulfat-Lösung und eine Spatelspitze Eisenpulver. Schüttele, bis die blaue Farbe des Kupfersulfats verschwunden ist.
a) Beschreibe deine Beobachtungen.
b) Erkläre die Reaktionen, die abgelaufen sind.
c) Warum hat sich die Flüssigkeit erwärmt?

4 Technik

In Fotolabors fallen große Mengen Silbersalze an. Das Silber darf nicht über das Abwasser in die Kläranlagen gelangen, weil es die Mikroorganismen schädigt. Außerdem ist es ein sehr knapper und teurer Rohstoff.

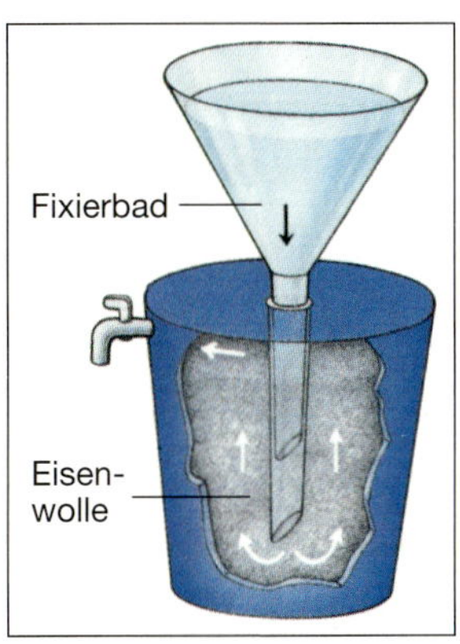

a) Beschreibe die hier dargestellte Möglichkeit des Silberrecyclings.
b) Informiere dich, zum Beispiel im Internet, wie viele Tonnen Silber jährlich in der Fotoindustrie benötigt werden.

5 Experiment

Xn N B2

Tauche jeweils einen Kupferstab in Kupfersulfat- (Xn, N), Zinksulfat-, Eisensulfat- und Silbernitrat-Lösung (1 %ig). Wiederhole die Experimente mit einem Sück Zinkblech, einem Eisennagel und einem Silberdraht.

a) Fasse die Ergebnisse in einer Tabelle zusammen.
b) Welcher Versuch ist hier abgebildet?

6 Geschichte

Xn B1

Die erste Batterie ist um 1800 von dem Italiener VOLTA konstruiert worden. Er legte zwischen gleich große Kupfer- und Zinkscheiben ein Stück Filz, das er mit einer Elektrolyt-Lösung (zum Beispiel verdünnter Schwefelsäure; Xn, B1) tränkte.
a) Baue dieses einfache galvanische Element nach und miss die Spannung.
b) VOLTA verwendete bei Schauversuchen gerne Silbertaler und Zinkplatten. Weshalb konnten mit dieser Anordnung höhere Spannungen als mit einer Zitronen-Batterie erzielt werden?
c) Warum konnte VOLTA die Silbertaler weiter als Zahlungsmittel verwenden?

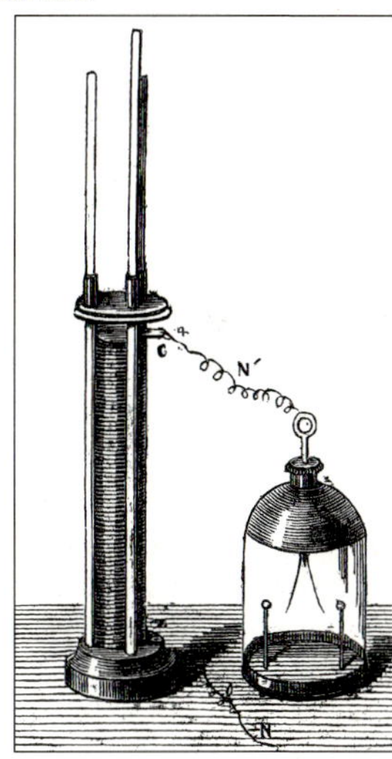

7 Theorie

Silberbestecke sind zum Essen von gekochten Eiern ungeeignet. Sie laufen an, das heißt, sie überziehen sich mit einer dünnen Schicht Silbersulfid (Ag_2S). Nach einem alten Hausrezept kann der Silberglanz wieder hergestellt werden, wenn man die schwarz angelaufenen Bestecke auf ein Stück Aluminium-Folie in eine Kochsalzlösung legt.
Versuche, diesen Vorgang mit der Stellung der Metalle in der Fällungsreihe zu erklären.

Exkurs: Theorie

Reduktion und Oxidation – ohne Sauerstoff?

Magnesium verbrennt in Sauerstoff mit greller Flamme (Bild 1). Dabei entsteht Magnesiumoxid als weißes Pulver. Magnesium verbindet sich also mit Sauerstoff.
Wenn sich ein Stoff *mit Sauerstoff verbindet,* bezeichnet man das als *Oxidation.*

Hält man nun brennendes Magnesium in einen Standzylinder mit Chlor, so brennt es ebenfalls mit greller Flamme weiter (Bild 2). Es entsteht der weiße Feststoff Magnesiumchlorid. Beide Verbrennungen verlaufen demnach sehr ähnlich. Kann man auch hier von einer Oxidation sprechen, obwohl gar kein Sauerstoff beteiligt ist?

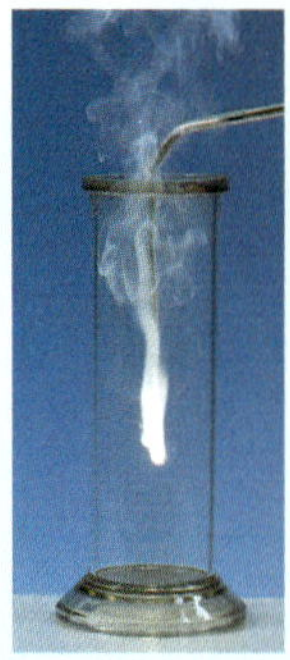

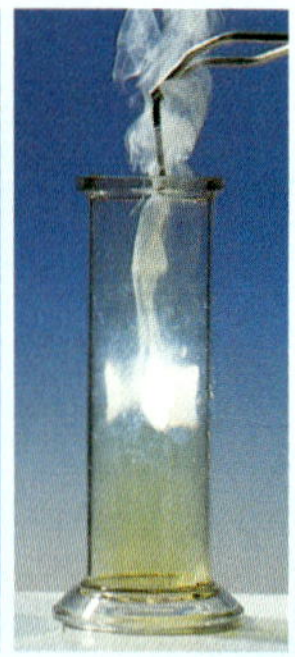

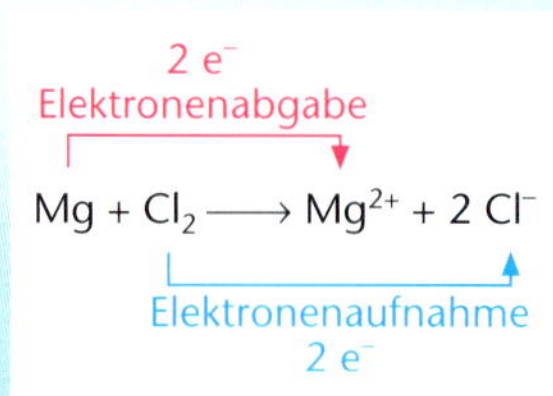

Tatsächlich besteht zwischen den Reaktionen ein Zusammenhang: in beiden Fällen entstehen aus Magnesium-Atomen Magnesium-Ionen. Die Magnesium-Atome geben jeweils zwei Elektronen ab und bilden positiv geladene Magnesium-Ionen. Diese *Elektronenabgabe* bezeichnet der Chemiker als *Oxidation.* **Oxidation** bedeutet also **Abgabe von Elektronen.**
Die Reaktionspartner, ob Sauerstoff- oder Chlor-Atome, *nehmen die Elektronen auf.* Sie werden demnach *reduziert.* **Reduktion** bedeutet also **Aufnahme von Elektronen.**
Da **Red**uktion und **Ox**idation miteinander gekoppelt sind, spricht man von **Redoxreaktionen.**

Exkurs: Theorie

Das Daniell-Element

Das Daniell-Element besteht aus einer Zink- und einer Kupfer-Elektrode. Die Kupfer-Elektrode taucht in eine Kupfersulfat-Lösung ein, die Zink-Elektrode in eine Zinksulfat-Lösung. Um ein Durchmischen der Lösungen zu verhindern, sind beide Bereiche durch eine poröse Wand (Diaphragma) voneinander getrennt.
Verbindet man die beiden Elektroden durch einen elektrischen Leiter, so fließt ein Strom.

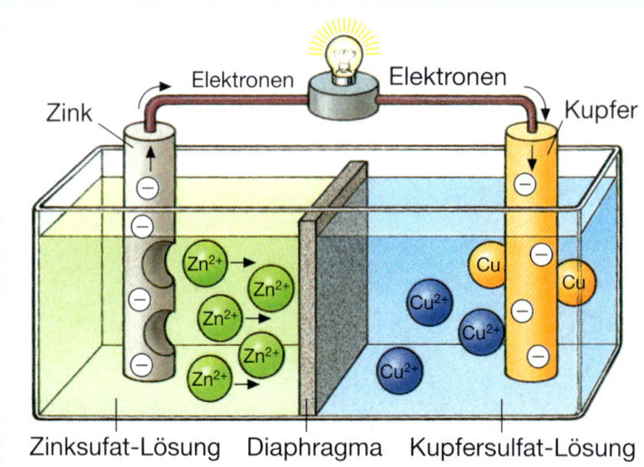

Vorgänge an der Zink-Elektrode. Entsprechend der Stellung in der Fällungsreihe geben Zink-Atome leichter Elektronen ab als Kupfer-Atome. Die Zink-Atome gehen als Ionen in Lösung:

$Zn \rightarrow Zn^{2+} + 2\,e^-$

Vorgänge an der Kupfer-Elektrode: Entsprechend der Stellung in der Fällungsreihe scheiden sich Kupfer-Atome leichter ab als Zink-Atome. Die Kupfer-Ionen nehmen an der Kupfer-Elektrode Elektronen auf und scheiden sich als Metall ab:

$Cu^{2+} + 2e^- \rightarrow Cu$

An der Zink-Elektrode erhöht sich die Zahl der Zink-Ionen, an der Kupfer-Elektrode „verschwinden" Kupfer-Ionen. Deshalb wandern zum Ladungsausgleich Zink-Ionen durch die poröse Wand.

Reduktion (Elektronenaufnahme): $Cu^{2+} + 2\,e^- \rightarrow Cu$
Oxidation (Elektronenabgabe): $Zn \rightarrow Zn^{2+} + 2\,e^-$

Redoxreaktion: $Cu^{2+} + Zn \rightarrow Cu + Zn^{2+}$

|11.2| Batterien – von innen betrachtet

1 Flach-Batterie 4,5 V neu, entladen

Die Zink-Kohle-Batterie. Wenn man das Gehäuse einer 4,5 Volt-Flachbatterie entfernt, erkennt man drei hintereinander geschaltete Zink-Kohle-Zellen. Jede erzeugt eine Spannung von 1,5 Volt.
Die Metallbecher bestehen aus Zink. Sie dienen als negative Elektroden und enthalten die weiteren Bestandteile der Batterie. Jeder Zinkbecher ist mit einer Mischung aus Graphit, Braunsteinpulver (Mangandioxid, MnO_2) und einer eingedickten Salzlösung gefüllt. In der Mitte steckt ein Kohlestab, der den Pluspol bildet.

Chemische Vorgänge. Wird der Batterie elektrische Energie entnommen, geben die Zink-Atome (Minuspol) Elektronen ab und gehen als Zink-Ionen in Lösung. Die Elektronen fließen über einen Leiter zum Verbraucher und dann zum Pluspol der Batterie. Dort nehmen die Mangan-Ionen des Braunsteins die Elektronen auf.
Die Batterie ist entladen, wenn sich der Zinkbecher aufgelöst hat. Die Batterie kann dann auslaufen und die Elektrolytpaste das Gerät zerstören.

Die Industrie hat Alkali-Mangan-Batterien entwickelt, die als auslaufsicher gelten. Dabei besteht die Zinkelektrode aus Zinkpulver, das sich im Inneren der Batterie befindet. Der Batteriemantel ist aus Stahlblech gefertigt und ist an den elektrochemischen Vorgängen nicht beteiligt.

Zink-Silberoxid-Batterie. Dieser Batterietyp wird meistens als Miniaturbatterie gebaut, als sogenannte Knopfzelle. Als Elektrodenmaterial für die positive Elektrode dient Silberoxid, als negative Elektrode Zinkpulver.
Beim Entladen der Batterie geben Zink-Atome Elektronen ab und werden zu Zink-Ionen. Die Elektronen fließen über den Verbraucher zur Silberoxid-Elektrode. Hier nehmen die Silber-Ionen die Elektronen auf und werden zu metallischem Silber.

Lithium-Batterie. Dieser Batterietyp zeichnet sich durch eine lange Lebensdauer aus. So können Lithium-Batterien bei geringer Belastung bis zu 10 Jahren funktionsfähig bleiben. Die erzeugte Spannung beträgt 3 V. Sie werden zum Beispiel für Herzschrittmacher, Datenspeicher, Fotoapparate oder Armbanduhren verwendet. Ihre Elektroden bestehen aus Lithium und aus Mangan- oder Chromoxiden. Da Lithium mit Wasser reagiert, kann man keine wässrigen Elektrolyte einsetzen. Es werden organische Lösemittel verwendet.

5 Lithiumbatterien

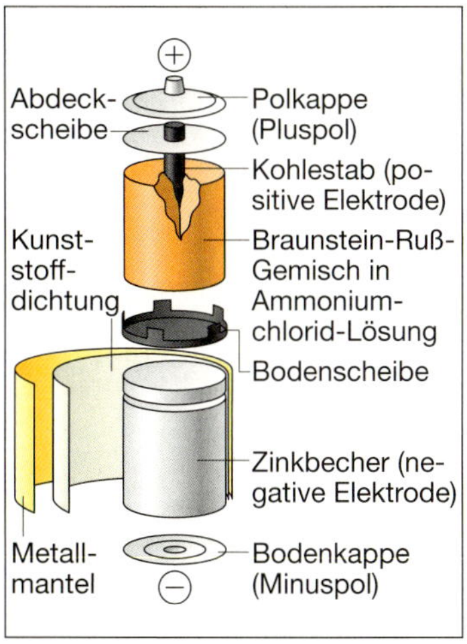

2 Zink-Kohle-Batterie

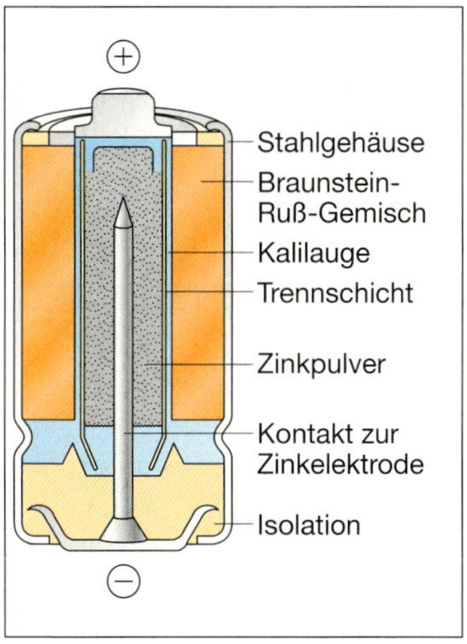

3 Alkali-Mangan-Batterie

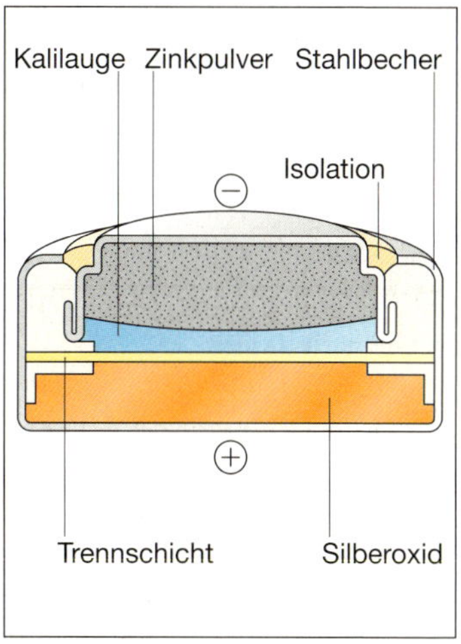

4 Zink-Silberoxid-Batterie

Typ	Zink-Kohle	Alkali-Mangan	Zink-Silberoxid	Lithium	Nickel-Cadmium-Akku
Spannung	1,5 V	1,5 V	1,55 V	3 V	1,2 V
Minuspol	Zink	Zink	Zink	Lithium	Cadmium
Pluspol	Mangandioxid	Mangandioxid	Silberoxid	Mangandioxid	Nickelhydroxid
Elektrolyt	Ammoniumchlorid	Kalilauge	Kalilauge	Lihiumverbindung in org. Lösungsmittel	Kalilauge
Eigenschaften	Spannung sinkt bei der Entladung deutlich ab; preiswert; nicht auslaufsicher	auslaufsicher; hohe Leistung; langlebig; teuer	Spannung bleibt sehr lange konstant; sehr langlebig; teuer	sehr lange lagerfähig; Spannung bleibt sehr lange konstant; teuer	wiederaufladbar; erspart hunderte von Einwegbatterien; belastet aber die Umwelt sehr
Verwendung	Radios, Taschenlampen, Spielzeug	Blitzgeräte, Kameras Cassettenrecorder	Hörgeräte, Rechner Kameras	Uhren, Rechner Herzschrittmacher	Videokameras, Werkzeuge, Blitzgeräte

Akkumulatoren. Batterien, die man nach der Entladung wieder aufladen kann, nennt man Akkumulatoren („Akku"). Weit verbreitet sind die Nickel-Cadmium- und die umweltfreundlicheren Nickel-Metallhydrid-Akkumulatoren.
Akkumulatoren sind vor allem für Geräte wirtschaftlich, die wie Handys oft gebraucht werden. Sie sind bis zu 1000-mal wieder aufladbar – allerdings nur, wenn man sie sehr sorgsam behandelt: Sie sollten vor dem Aufladen ganz entladen werden. Wer lange Freude an seinen Akkus haben will, spart deshalb nicht am Ladegerät, denn ein gutes Ladegerät entlädt automatisch und schaltet nach dem Aufladen ab. Dadurch wird der Akku nicht überladen.

Batterien sind galvanische Elemente. In ihnen wird durch chemische Reaktionen elektrische Energie nutzbar gemacht. Wiederaufladbare Batterien nennt man Akkumulatoren.

1 Fragen zum Text

a) Beschreibe den Aufbau einer Zink-Kohle-Batterie.
b) Wie unterscheidet sich die Zink-Kohle-Batterie von der Alkali-Mangan-Batterie?
c) Beschreibe die Redoxreaktion, die in einer Zink-Silberoxid-Batterie abläuft.

2 Demonstrationsexperiment

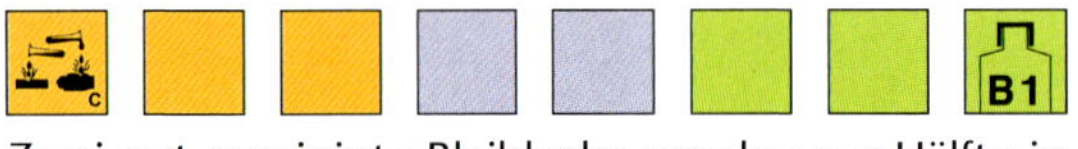

Zwei gut gereinigte Bleibleche werden zur Hälfte in ein Becherglas mit etwa 20 %iger Schwefelsäure eingetaucht, ohne dass sie sich berühren. Die beiden Bleche werden mit einer 2,5 V-Gleichspannungsquelle verbunden.
a) Beschreibe, was für Veränderungen an den beiden Elektroden zu beobachten sind.
b) Nach etwa 5 Minuten entfernt man die Spannungsquelle und misst die Spannung zwischen den beiden Elektroden. Dann schließt man einen kleinen Elektromotor an. Warum dreht sich der Motor?
c) Warum nimmt die Spannung im Laufe des Versuches ab?

3 Theorie

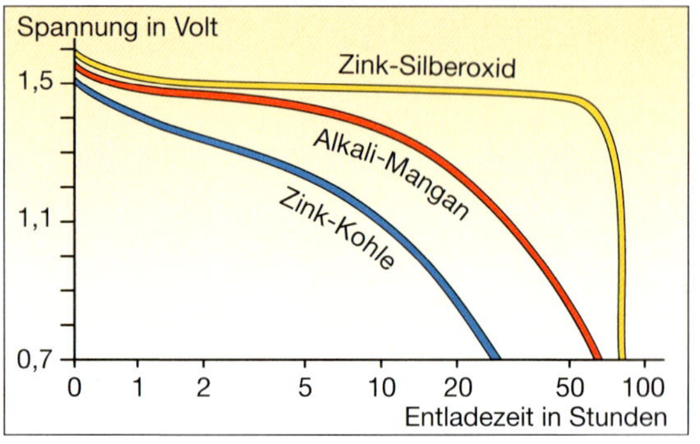

Entladungskurven zeigen, wie schnell die Spannung einer Batterie beim Entladen nachlässt. Zur Aufnahme solcher Kurven wird die Batterie kontinuierlich belastet und die Spannung gegen die Entladungszeit in einem Diagramm aufgetragen.
a) Welche Informationen kann man den abgebildeten Entladungskurven entnehmen.
b) Welcher Batterietyp ist für Elektrogeräte, die wie Uhren oder Messgeräte gleichbleibende Spannungen benötigen, geeignet?

Wie funktioniert eine Autobatterie?

Beim Anlassen eines Automotors denkt heute niemand mehr daran, dass vor hundert Jahren der Motor mühsam über eine Kurbel in Schwung gebracht werden musste. Die notwendige Energie kommt heute aus einer Starter-Batterie, dem Blei-Akkumulator. Starter-Batterien sind nahezu wartungsfrei und halten mehrere Jahre. Allerdings haben sie ein sehr hohes Gewicht.

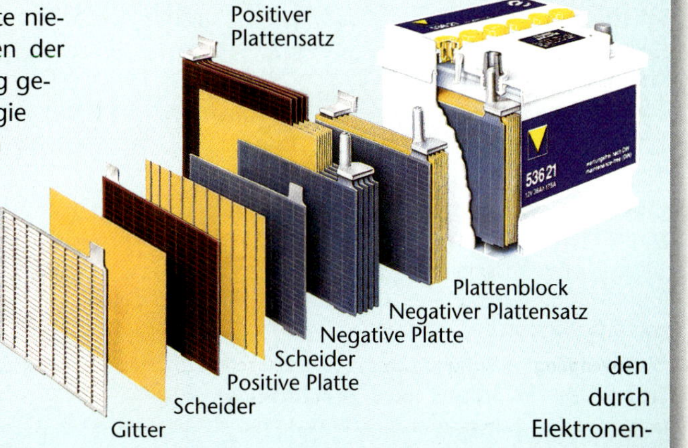

Aufbau. Der Blei-Akkumulator besteht aus einem Kunststoff-Behälter mit sechs Kammern. Jede Kammer ist eine galvanische Zelle, die 2 V Gleichspannung liefert. Da die Zellen hintereinander geschaltet sind, stellen sie eine Gesamtspannung von 12 V bereit. Eine Kammer enthält mehrere flache, leitfähige Gitterplatten, die abwechselnd mit schwammigem Blei oder braunem Bleidioxid (PbO_2) gefüllt sind.
Die mit Blei gefüllten Gitter bilden den Minuspol, die Bleidioxidgitter den Pluspol.
Die Platten werden wechselweise ineinander gesteckt und durch poröse Kunststoffblätter elektrisch voneinander getrennt. Die Platten tauchen in 27 %ige Schwefelsäure ein.
Elektrochemische Vorgänge. Blei kann verschiedene Ionen – Pb^{2+} und Pb^{4+} – bilden. Beim **Entladen** des Akkus gehen am Minuspol Blei-Atome in Pb^{2+}-Ionen über (Elektronenabgabe). Am Pluspol werden durch Elektronenaufnahme aus Pb^{4+}-Ionen ebenfalls Pb^{2+}-Ionen. Die Pb^{2+}-Ionen bilden an beiden Polen schwerlösliches Bleisulfat.

Minuspol: $Pb \rightarrow Pb^{2+} + 2\,e^-$

Pluspol: $Pb^{4+} + 2e^- \rightarrow Pb^{2+}$

Beim **Aufladen** des Akkus laufen die Entladevorgänge in umgekehrter Richtung ab. Die Pb^{2+}-Ionen werden am Minuspol wieder zu metallischem Blei und am Pluspol wieder zu Pb^{4+}-Ionen umgewandelt.

Minuspol: $Pb^{2+} + 2e^- \rightarrow Pb$

Pluspol: $Pb^{2+} \rightarrow Pb^{4+} + 2\,e^-$

Alte Batterien in die Mülltonne? Nein!

In Deutschland werden jährlich mehr als 900 Mio. Batterien mit einem Gewicht von etwa 30 000 Tonnen verkauft. Diese müssen alle irgendwann einmal entsorgt werden. Sie dürfen aber nicht in den Hausmüll gegeben werden, weil viele der Batterien Schadstoffe wie die Schwermetalle Blei, Quecksilber, Silber, Cadmium, Zink oder Nickel über 200 andere Chemikalien enthalten.
Alle diese Stoffe belasten die Umwelt und unsere Gesundheit. Deshalb regelt die Batterieverordnung von 1998 die Rücknahme aller gebrauchten Batterien und Akkus.
Danach sind die Hersteller verpflichtet, ein Rücknahmesystem einzurichten. Die gebrauchten Batterien werden bei den Händlern oder Gemeinden gesammelt, von einer Spezialfirma abgeholt und sortiert. Sie werden dann zum Teil wiederverwendet oder entsorgt.
Schadstoffhaltige Batterien sind besonders gekennzeichnet. Aber selbst der Aufdruck „0 % Hg (Quecksilber)" sagt nur aus, dass diese Batterien weniger als die in Europa zugelassenen 0,025 % Quecksilber enthalten.

|11.3| Brennstoffzellen

Der erste Flug zum Mond war nur dadurch möglich, dass man die notwendige elektrische Energie aus einer **Brennstoffzelle** gewann. Diese Apparatur wog einschließlich der Brennstoffe Wasserstoff und Sauerstoff nur 800 kg. Andere Batteriesysteme hätten mehr als die zehnfache Masse ausgemacht.

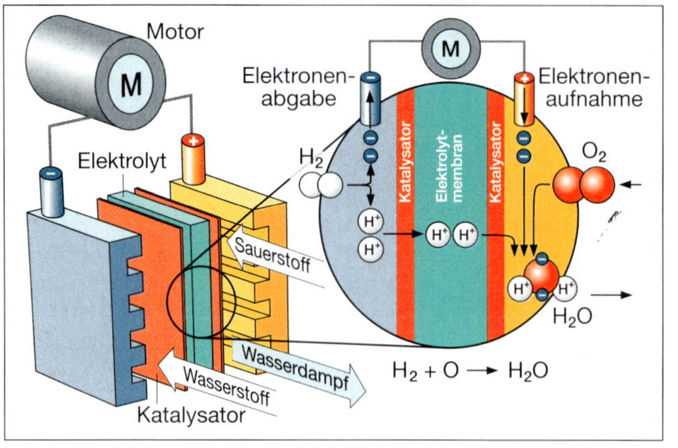

▲ *1 Brennstoffzelle*

In einer Brennstoffzelle **reagieren Wasserstoff** und **Sauerstoff** zu **Wasser.** Dabei wird elektrische Energie frei. Diese Umsetzung läuft nicht wie bei einer Knallgasreaktion explosionsartig, sondern an den mit Platin als Katalysator beschichteten Elektroden „gezähmt" ab.
Am Minuspol werden zunächst Wasserstoff-Moleküle in Wasserstoff-Atome gespalten. Diese geben ihr Elektron ab und werden zu Wasserstoff-Ionen. Die Ionen durchdringen eine Membran und kommen an den von Sauerstoff umspülten Pluspol. Die Sauerstoff-Moleküle nehmen hier Elektronen auf, werden zu O^{2-}-Ionen und reagieren mit den Wasserstoff-Ionen zu Wasser.

Minuspol: $2\ H_2 \rightarrow 4\ H^+ + 4\ e^-$

Pluspol: $O_2 + 4\ e^- \rightarrow 2\ O^{2-}$

Gesamtreaktion:
$2\ H_2 + O_2 \rightarrow 2\ H_2O$, Energie wird frei

2 Brennstoffzellen-Auto ▼

Brennstoffzellen sollen in wenigen Jahren in großer Zahl auf den Markt kommen. Verschiedene Auto- und Batteriehersteller erproben Prototypen von Kraftfahrzeugen unter Alltagsbedingungen. Die Verbrennungsmotore sollen durch Elektromotore ersetzt werden. Auch Hybrid-Antriebe sind in Erprobung. Bei diesen Antrieben wird für Kurzstrecken ein Elektromotor und für längere Strecken ein Verbrennungsmotor verwendet.

Der **Wasserstoff** für die Brennstoffzellen kann aus Wasser gewonnen werden. Ökologisch besonders sinnvoll ist es, wenn man dafür Sonnenenergie einsetzt. Der **Sauerstoff** steht aus der Luft unbegrenzt zur Verfügung. Abgasprobleme gibt es nicht, da bei der Reaktion nur Wasser entsteht.

Probleme bereiten noch die Lagerung und der Transport des Wasserstoffs. Unser Tankstellennetz muss dann durch ein zweites Netz erweitert werden. Mit Wasserstoff betriebene Brennstoffzellen bieten eine Möglichkeit, Treibstoffe aus Erdöl zu sparen. Dadurch werden die fossilen Brennstoffvorräte geschont und die Abgasprobleme verringert.

In der Forschung ist man seit einigen Jahren bemüht, den Wasserstoff in kleinen chemischen Anlagen im Kraftfahrzeug selbst zu erzeugen. In diesen sogenannten *Reformern* wird der Wasserstoff aus Methanol oder Benzin abgespalten.

Brennstoffzellen erzeugen aus der Reaktion von Wasserstoff und Sauerstoff elektrische Energie.

1 Fragen zum Text

a) Beschreibe den Aufbau einer Brennstoffzelle.
b) Welche Reaktionen laufen darin ab?
c) Welche Vorteile bieten Brennstoffzellen?
d) Wie kann man Methanol zum Betrieb von Brennstoffzellen einsetzen?

|11.4| Aluminium – das Metall aus roter Erde

▲ 1 *Aluminium wird aus Bauxit hergestellt.*

▲ 3 *Modernes Gebäude mit Aluminium*

Aluminium ist ein „junges" Metall. Erst seit etwa 100 Jahren beherrscht man die Technik, es durch Elektrolyse zu gewinnen. Seitdem ist es wegen seiner günstigen Eigenschaft ein begehrter Werkstoff im Flugzeug- und Automobilbau, im Hausbau, in der Verpackungsindustrie und der Medizintechnik geworden.

Eigenschaften. Aluminium ist ein sehr *leichtes Metall* (Dichte 2,7 g/cm^3). Zusammen mit anderen Metallen lässt es sich gut zu Legierungen verarbeiten, die fest und leicht zugleich sind. Aluminium ist *sehr gut verformbar.* Es besitzt eine *hohe Leitfähigkeit* für *Strom* und *Wärme.* Ein weiterer Vorteil ist, dass es sehr *korrosionsbeständig* ist. Es wird von einer hauchdünnen aber fest haftenden Oxidschicht auf der Oberfläche gut geschützt.

Als Verpackungsmaterieal wird dünne Aluminiumfolie benutzt, weil sie *licht-, luft- und wasserdicht* ist. Nahrungsmittel bleiben darin länger frisch.

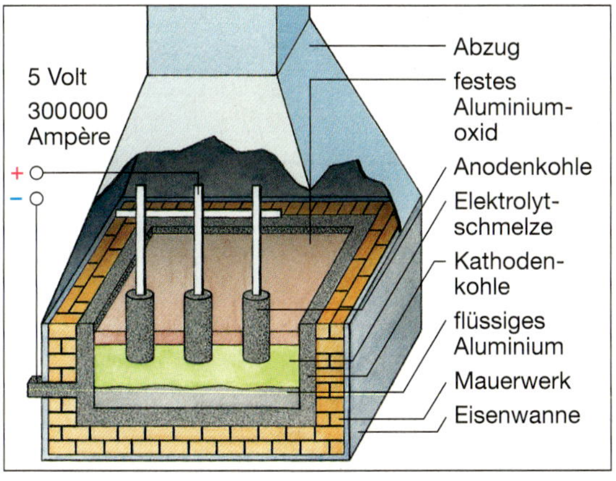

▲ 4 *Schmelzflusselektrolyse*

Herstellung. Ausgangsstoff für die Gewinnung des Metalls ist das Mineral Bauxit. Es besteht vor allem aus Aluminiumoxid. Daneben sind Eisen- und Siliciumverbindungen enthalten. Diese unerwünschten Begleitstoffe werden abgetrennt. Das gereinigte Aluminiumoxid wird anschließend durch eine **Schmelzflusselektrolyse** in seine Bestandteile zerlegt. Da Aluminiumoxid erst bei 2045 °C schmilzt, mischt man es mit der Aluminiumverbindung Kryolith (Na_3AlF_6). Dadurch sinkt die Schmelztemperatur auf etwa 950 °C. Allerdings entstehen durch das Kryolith während der Elektrolyse hochgiftige gasförmige Fluorverbindungen. Sie müssen durch aufwändige Filteranlagen aus dem Abgas entfernt werden.

Die Elektrolyse wird in graphitverkleideten Wannen durchgeführt. Die Graphitwanne dient gleichzeitig als negative Elektrode. Von oben tauchen Graphitblöcke als Pluspol in die Schmelze ein.
Bei 5 V Spannung und Stromstärken von etwa 300 000 A werden die Aluminium-Ionen am Minuspol entladen. Das so gewonnenen Aluminium sinkt in der Elektrolysewanne zu Boden. Dort wird es abgesaugt und anschließend zu Blöcken vergossen. Es hat eine Reinheit von bis zu 99,9 %.

Aluminium ist ein Leichtmetall. Wegen seiner Eigenschaften ist es ein begehrter Werkstoff. Aluminium kommt auf der Erde nicht gediegen vor. Es wird durch Schmelzflusselektrolyse aus Aluminiumoxid gewonnen.

1 Fragen zum Text

a) Welche Eigenschaften machen Aluminium zu einem begehrten Werkstoff?
b) Beschreibe die Schmelzflusselektrolyse von Aluminiumoxid.
c) Weshalb wird der Schmelze Kryolith zugesetzt?

2 Experiment

Nimm einen schmalen Streifen Aluminiumblech und erhitze ihn in der Brennerflamme. Steche den entstehenden Tropfen mit einer Nadel oder einem Drähtchen an. Weshalb tropft das geschmolzene Aluminium erst jetzt ab?

3 Technik

Bei der Elektrolyse von Aluminiumoxid wird am Pluspol ständig Anodenkohle verbraucht. Was entsteht daraus?

4 Experiment

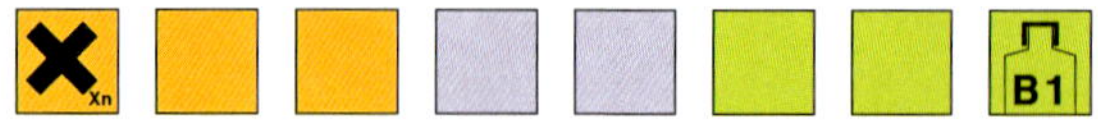

In der Technik wird häufig ein Elektrolyseverfahren zum Korrosionsschutz von Aluminiumoberflächen angewandt: das Eloxal-Verfahren. Ein Versuch demonstriert seine Wirksamkeit.
a) Tauche ein Aluminiumblech zur Hälfte in eine Oxalsäurelösung (10 %ig; Xn, B1) ein. Lege eine Gleichspannung von etwa 15 Volt an. Verwende als negative Elektrode einen Kohlestab. Während der Elektrolyse entsteht am Aluminiumblech Sauerstoff.
b) Prüfe nach 10 Minuten Elektrolysedauer die Leitfähigkeit des Aluminiumblechs im eingetauchten und im nicht eingetauchten Bereich.
c) Worauf beruht wohl die gute Korrosionsbeständigkeit von eloxiertem Aluminium?
d) Tauche das frisch eloxierte Blech für etwa 10 Minuten in eine heiße Lösung aus einem Lebensmittelfarbstoff in etwas Essig. Spüle das Blech anschließend unter fließendem Wasser ab.

Exkurs: Umwelt

Aluminium – kein Metall zum Wegwerfen!

Der Energieverbrauch bei der Herstellung von Aluminium ist enorm: Für die Produktion einer 1 l-Einwegdose aus Aluminium braucht man 20-mal so viel Energie wie für eine gleich große Mehrwegflasche aus Glas.
Wenn man Aluminiumteile aus eingeschmolzenem Altmetall herstellt, kann man bis zu 95 % dieser Energiemenge einsparen – und dadurch die Umwelt entlasten. Doch gerade im Haushaltsbereich werden nur 3 %–20 % des Altmetalls wieder verwertet. Für Verpackungsmaterial, bei dem Aluminium mit Papier oder Kunststoff fest verbunden ist, gibt es bisher kein wirtschaftliches Recycling-Verfahren.

Ein positiveres Bild ergibt sich bei der Verwendung von Aluminium im Fahrzeugbau. Hier wird etwa 85 % des Aluminiumschrotts wieder verwertet. Das niedrige Gewicht und die lange Lebensdauer verschieben die Energiebilanz außerdem zugunsten von Aluminium. Ein Beispiel verdeutlicht das: Zum Bau eines schweren fünfachsigen LKWs ergibt sich beim Ersatz von Stahl durch Aluminium zunächst ein Mehraufwand an Energie.
Der leichtere LKW kann nun aber mehr Nutzlast befördern. Er verbraucht außerdem weniger Benzin als ein LKW aus Stahl. Nach 1,4 Jahren ist der Mehraufwand an Energie aus der Herstellung wieder aufgeholt.

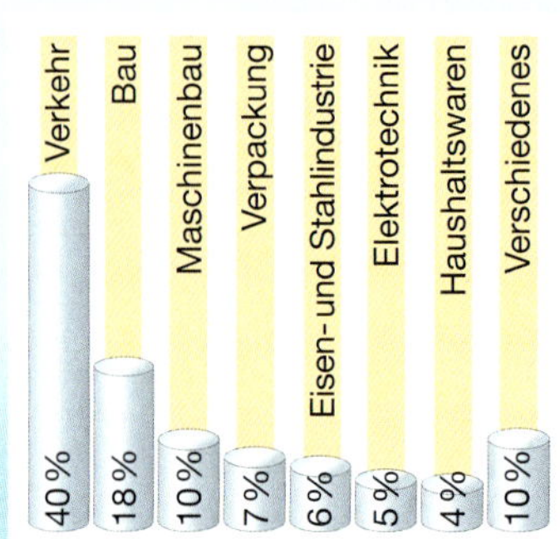

Verwendung von Aluminium

Aluminium für Technik und Verkehr kann also Energie einsparen helfen, vor allem, wenn große Mengen des Metalls nach dem Gebrauch wieder verwertet werden. Als Verpackungsmaterial jedoch landete es bisher meistens im Müll – dafür ist es zu schade!

11.5 Korrosion

Unter dem Einfluss von Luft, Wasser oder aggressiven Stoffen werden viele Metalle im Laufe der Zeit zerstört. Man spricht dann von Korrosion (lat. *corrodere:* zernagen).

Die bekannteste Korrosionserscheinung ist das *Rosten von Eisen.* Sobald ein Bauwerk aus Stahl errichtet ist, beginnt auch schon der Kampf gegen den Rost. Im Kontakt mit feuchter Luft bildet sich auf der Oberfläche eine lockere Rostschicht. Da diese Schicht sehr porös ist, frisst sich der Rost immer weiter in das Metall hinein. Eine Dachrinne aus Zink dagegen sieht nach einiger Zeit matt und grau aus. An der Oberfläche des Metalls hat sich eine dünne Schicht Zinkoxid gebildet. Sie haftet fest auf dem Metall und schützt es so vor weiterer Korrosion. Auch andere Metalle wie Chrom oder Aluminium bilden solche dichten Oxidschichten.

Korrosionsschutz. Beim Korrosionsschutz kommt es vor allem darauf an, den Kontakt des Metalls mit Wasser, Luft, Säuren oder Gasen zu verhindern. Man kann dazu die Oberflächen *einfetten, lackieren* oder *mit Kunststoff überziehen.* Einen besonders dauerhaften Schutz bietet die Beschichtung mit korrosionsbeständigen Metallen. Dabei spielen auch die elektrochemischen Eigenschaften der Metalle eine Rolle.

Schrauben, Nägel oder Bleche werden oft *verzinkt.* Zink ist *unedler* als Eisen. Deshalb ist das Grundmetall Eisen sogar dann noch vor Korrosion geschützt, wenn die Zinkschicht beschädigt ist. Gelangt Wasser an die Schadstelle, so löst sich zunächst nur die Zinkschicht langsam auf. Das Eisen bleibt solange erhalten, bis sich das unedlere Zink vollständig aufgelöst hat.

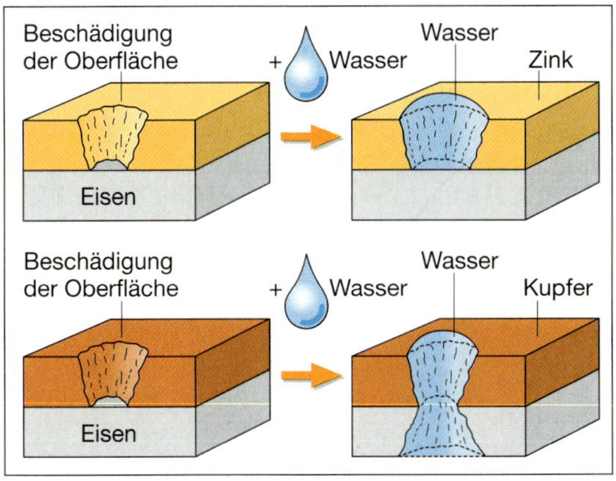

▲ 2 *Zink und Kupfer als Korrosionsschutz*

An der beschädigten Oberfläche eines verzinkten Eisenteils bildet sich zusammen mit einem Elektrolyten ein galvanisches Element. Dabei bildet das unedlere Zink den Minuspol. Die Zink-Atome geben Elektronen ab und gehen als Zink-Ionen in Lösung. Die Zinkschicht beginnt, sich aufzulösen. Das Eisen bildet den Pluspol. Die Eisen-Atome können deshalb keine Elektronen abgeben. Das metallische Eisen bleibt erhalten, bis alles Zink in Lösung gegangen ist.

Auch der Korrosionsschutz bei Schiffen funktioniert so. Dabei werden Metallblöcke aus Zink oder Magnesium an den Schiffswänden angebracht, sogenannte „Opferanoden" (Bild 3). Das unedlere Metall geht in Lösung, der Stahlrumpf wird nicht angegriffen.

▲ 3 *Opferanode an einem Schiff*

Im Haushalt werden häufig Vasen oder Blumengießkannen aus *verkupfertem* Eisenblech verwendet. Wird hier die schützende Kupferschicht an einer Stelle beschädigt, so bildet das unendlere Eisen den Minuspol eines galvanischen Elements. Die Eisen-Atome geben nun ständig Elektronen ab und bilden Eisen-Ionen. Das Eisen löst sich auf, es verrostet. Das edlere Kupfer bleibt dagegen erhalten.

Korrosion nennt man die Zerstörung von Metallen durch Luft, Wasser oder aggressive Stoffe. Treffen verschiedene Metalle zusammen und kommt Wasser oder eine Salzlösung als Elektrolyt hinzu, spricht man von elektrochemischer Korrosion. Das jeweils edlere Metall wird auf Kosten des unedleren Metalls vor Korrosion geschützt.

1 Fragen zum Text

a) Was versteht man unter Korrosion?
b) Wie kann man Eisen vor Korrosion schützen?
c) Warum schützt eine Rostschicht das Eisen nicht vor weitergehender Korrosion?
d) Nenne einige Metallüberzüge, die beim Korrosionsschutz von Eisen verwendet werden.
e) Was geschieht an einem verzinkten Eisenblech, wenn die Zinkschicht beschädigt ist?

2 Theorie

Pipelines werden aus Stahlrohren zusammengeschweißt und können im feuchten Erdboden durch Rost undicht werden. Um das zu verhindern, verbindet man sie im Erdreich mit Magnesiumblöcken, die man als „Opferanoden" bezeichnet.

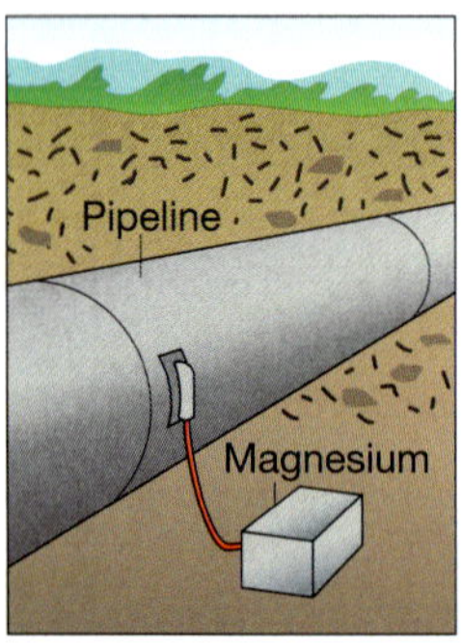

a) Warum kann diese Maßnahme die Pipeline vor dem Verrosten schützen?
b) Zähle andere Metalle auf, die man in diesem Fall als Opferanode verwenden könnte.

3 Experiment

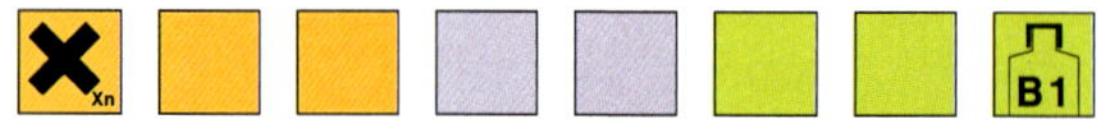

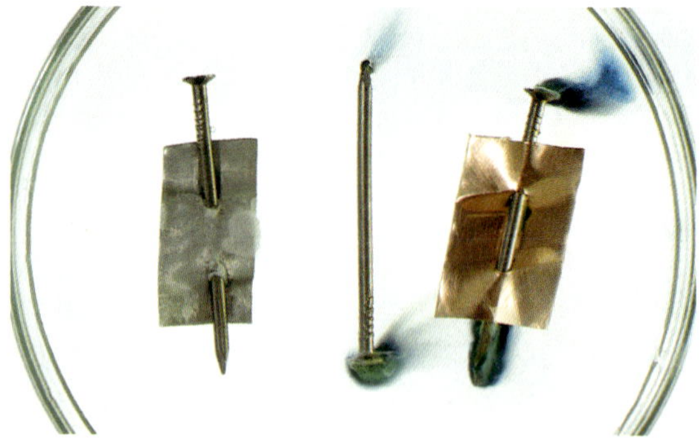

Schmirgle drei Eisennägel blank. Umwickle einen Nagel mit dünnem Zinkblech, den zweiten mit Kupferblech. Lege die Nägel in eine Petrischale. Löse eine Spatelspitze Kochsalz und ein Körnchen gelbes Blutlaugensalz in 50 ml Wasser. Gieße so viel von der Lösung in die Petrischale, bis die Nägel gerade bedeckt sind. Lass die Schale etwa 20 Minuten stehen und erkläre die Veränderungen.
Anmerkung: Gelbes Blutlaugensalz (Kaliumhexacyanoferrat-II) bildet mit Eisen-Ionen einen blauen Niederschlag.

Exkurs: Technik

Damit Autos länger „leben"

Jeden Tag werden Tausende von Autokarosserien durch die Lackierstraßen der großen Automobilwerke geschleust. Jede Karosserie muss zahlreiche Stationen durchlaufen, damit am Ende die verschiedenen Lackschichten optimalen Korrosionsschutz und makellosen Glanz bieten.

Zunächst wird die Rohkarosserie gründlich gereinigt und entfettet (1).
Die Schutzschicht aus Zinkphosphat haftet besonders fest auf dem Metall (2).
Bei der Elektro-Tauchlackierung wird die Karosserie durch ein Farbtauchbecken geführt, das unter elektrischer Spannung steht Die positiv geladenen Lackteilchen schlagen sich an der negativ geladenen Metalloberfläche nieder und bleiben dort als Grundlackierung fest haften (3).

Die Füllerschicht sorgt für einen gleichmäßig glatten Untergrund (4).
Erst der rote Basislack bringt die Farbe aufs Blech (5).
Der Klarlack sorgt für den Glanz. Er muss besonders hohe Ansprüche erfüllen, da er direkt Luft, Wasser Sonne und Steinschlag ausgesetzt ist (6).
Und, kaum zu glauben: Der gesamte Lackaufbau ist insgesamt nur ein zehntel Millimeter dick!

Klein aber fein – die Herstellung der Cent-Münzen

Bevor die Münzen in unseren Geldbörsen klimpern, haben sie einen komplizierten und aufwändigen Produktionsweg hinter sich gebracht. Sie müssen nämlich in Form, Farbe, Gewicht und den physikalischen Eigenschaften genau übereinstimmen.

Zunächst wird in der Schmelzerei die Grundlegierung, das Münzmetall, hergestellt. Für die Cent-Münzen benutzt man eine Stahllegierung. Die Metallschmelze wird nun zu bis 7 m langen Metallblöcken, den „Brammen" vergossen.

In mehreren Schritten werden die Brammen nun zu einem Metallband der benötigten Strärke heruntergewalzt (1). Bei jeder Umformung wird das Metall dabei härter und fester.

Mit rasender Geschwindigkeit werden nun in der Stanzerei die Münzplättchen aus dem Metallband herausgestanzt (2) und auf Maßgenauigkeit konntrolliert. Das ausgestanzte Band wird wieder eingeschmolzen.

Die Münzplättchen, der Fachmann bezeichnet sie als „Ronden", müssen nun mit einem Rand versehen werden. Dazu laufen die Ronden durch rotierende Walzen, deren Abstand etwas kleiner als der Münzdurchmesser ist. Dabei wird der Rand der Ronden gestaucht.

In einer Beizflüssigkeit werden die Ronden gereinigt. Sie müssen absolut sauber und fettfrei sein. Dann sind sie für die elektrolytische Verkupferung vorbereitet.

1 Schritt für Schritt vom Metall zur Cent-Münze ▶

Das Verkupfern der Ronden erfolgt in Siebtrommeln, die als negative Elektrode geschaltet werden und in eine Kupfersalzlösung eintauchen. Als positive Elektrode dienen Reinkupferanoden, die ebenfalls in die Kupfersalzlösung eintauchen. Während die Trommel nun in Rotation versetzt wird, wird eine Spannung angelegt. Kupfer-Ionen scheiden sich als metallisches Kupfer auf den Münzrohlingen ab. Die Kupferschicht muss genau 1/500 mm stark werden. Sobald diese Schichtstärke erreicht ist, wird die elektrolytische Verkupferung abgebrochen.

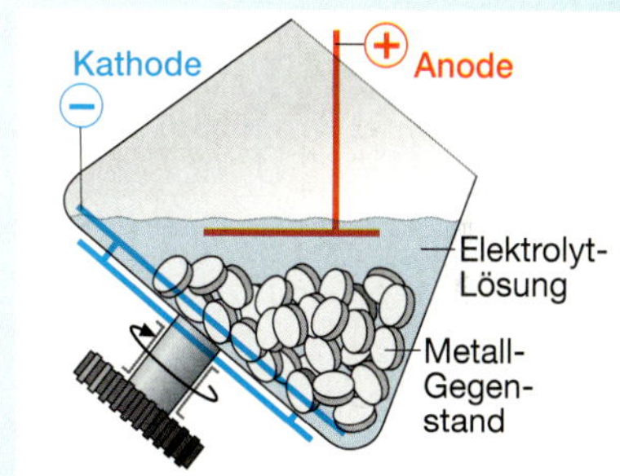

▲ *2 Schema: Galvanisation*

Die verkupferten Rohlinge werden gewaschen, getrocknet, poliert und kontrolliert (4). Sie werden am Fließband von Hand sortiert. In Biegeversuchen wird an Prüfstücken die Haftfestigkeit der Kupferschicht getestet. Auch bei einer Biegung in spitzem Winkel darf die Kupferschicht nicht reißen oder abblättern. Nur absolut fehlerfreie Stücke dürfen das Werk in Richtung Prägeanstalt verlassen.

In der Münzprägeanstalt wird dem Rohling mit spezialgehärteten Stahlstempeln unter hohem Druck der Münzwert und die jeweiligen Kennzeichnungen der Münze eingeprägt.

Elektrochemische Reaktionen

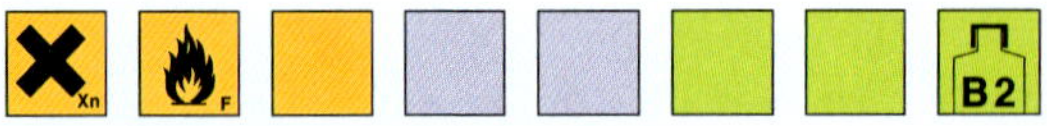

V 1 a: Herstellung von Zinkiodid

Materialien: Becherglas (250 ml), Spatel, Glasstab, Thermometer; Iod, Zinkpulver, destilliertes Wasser.
Durchführung: Fülle 100 ml Wasser in das Becherglas und miss die Temperatur. Gib unter Umrühren einen Spatel Zinkpulver (F) und einen halben Spatel Iodpulver (Xn) hinzu. Rühre weiter, bis die Reaktion beendet ist und miss wieder die Temperatur. Filtriere die Lösung und verwende sie anschließend bei Versuch 2.
Aufgaben: Stelle die Reaktionsgleichung auf. Handelt es sich um eine exotherme Reaktion?

V 1 b: Elektrolyse von Zinkiodid

Materialien: Becherglas (100 ml) mit Pappstreifen oder U-Rohr, 2 Kohleelektroden mit Halterung, Kabel, Gleichspannungsquelle (etwa 4 V); Lösung aus Versuch 1.

Durchführung: Fülle die Zinkiodidlösung in das Becherglas und stelle die Kohleelektroden hinein. Stecke den Pappstreifen zwischen die Elektroden. Elektrolysiere die Lösung etwa 2 bis 4 Minuten lang.
Aufgaben: a) Welche Stoffe entstehen an den Elektroden?
b) Formuliere die Reaktionsgleichung. Warum handelt es sich hier um eine endotherme Reaktion?

V 1 c: Die Zink-Iod-Batterie

Materialien: Spannungsmessgerät, Kabel, Kleinmotor (1,5 Volt); Becherglas mit der elektrolysierten Zinkiodid-Lösung.
Durchführung: Miss die Spannung zwischen den beiden Elektroden. Schließe danach den Motor an.
Aufgaben: a) Durch welche chemische Reaktion wird hier die elektrische Energie freigesetzt? Formuliere die Reaktionsgleichung und vergleiche mit Versuch 1.
b) Wovon hängt es ab, wie lange die Zink-Iod-Batterie Energie liefert?

V 2: Verkupfern

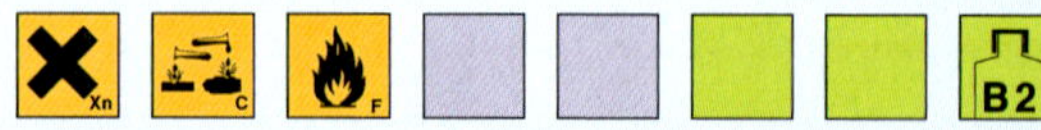

Materialien: Becherglas (250 ml), Kabel, Krokodilklemmen, Kupferblechstreifen, Gleichspannungsquelle (2–3 Volt), Metallgegenstand; Galvanisierbad, Spiritus.
Hinweis: Eine Lösung zum Verkupfern lässt sich aus 250 ml destilliertem Wasser, 2 g Kupfersulfat (Xn, N), 20 g Kaliumnatriumtartrat und 1 g Natriumhydroxid (C) herstellen. Die Lösung ist mehrfach verwendbar.

Durchführung: Reinige den zu verkupfernden Gegenstand sehr gründlich mit feiner Eisenwolle oder Scheuerpulver. Entfette ihn mit Spiritus (F). Hänge den Kupferblechstreifen als positive Elektrode in die Kupfersalzlösung. Verbinde den Metallgegenstand mit Hilfe einer Krokodilklemme mit dem negativen Pol der Spannungsquelle. Galvanisiere einige Minuten bei einer Spannung von 2–3 Volt.
Aufgabe: Welche Reaktionen laufen beim Verkupfern an der Kathode und an der Anode ab?

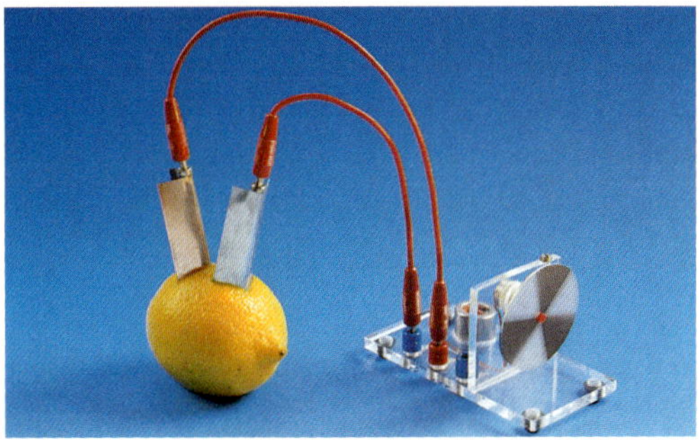

1 Mit einer Zitrone oder einem Apfel, einem Eisen- und einem Zinkblech lässt sich ein kleiner Motor betreiben. Erkläre diesen Vorgang.

2 **a)** Wie kann man aus einer Kupfersalz-Lösung metallisches Kupfer abscheiden?
b) Warum kann man mit einem Silberblech kein Eisen aus einer Eisensalz-Lösung ausfällen?

3 Ein Eisennagel wird in eine Bleichlorid-Lösung gestellt, ein zweiter in eine Magnesiumchlorid-Lösung. Welche Reaktionen sind zu erwarten?

4 **a)** Was ist der Unterschied zwischen Akkumulatoren und Batterien?
b) Um was für einen Typ Spannungsquelle handelt es sich bei der „Autobatterie"?
c) Für welche Geräte sind Akkus sinnvoll?
d) Was sollte man beim Wiederaufladen von Akkus beachten?

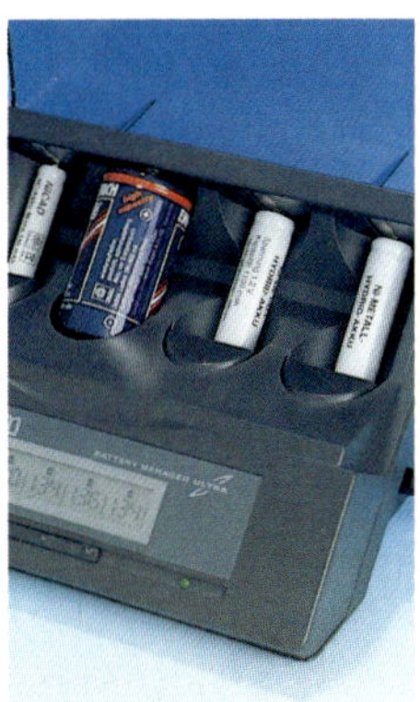

5 **a)** Erkläre, wie eine Zink-Kohle-Batterie funktioniert und warum so eine Batterie nicht auslaufsicher ist.

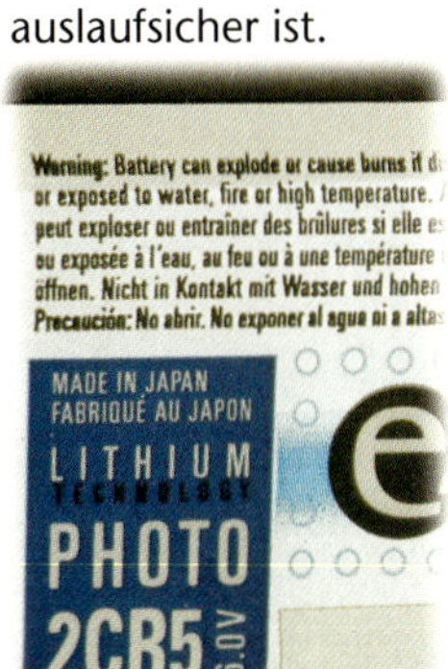

b) Lithium-Batterien dürfen nicht in Wasser gelangen; man kann auch keine wässrigen Elektrolyte verwenden. Warum ist das so?
c) Weshalb dürfen Batterien und Akkus nicht mit dem Hausmüll entsorgt werden?

6 **a)** Wie arbeitet eine Brennstoffzelle?
b) Was ist besonders umweltfreundlich an der Brennstoffzelle?
c) Was sind die Vor- und Nachteile, wenn man Brennstoffzellen mit Benzin oder Methanol betreibt anstatt direkt mit Wasserstoff?

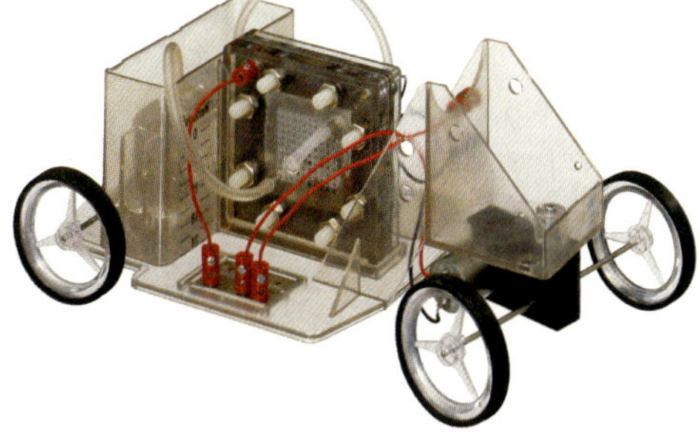
Modellauto mit Brennstoffzellen

7 **a)** Zähle einige Gegenstände auf, die aus Aluminium hergestellt werden.
b) Welche Eigenschaften machen Aluminium zu einem wichtigen Gebrauchsmetall?
c) Aluminium und Zink sind unedlere Metalle als Eisen. Warum sind sie dennoch korrosionsbeständiger?

8 **a)** Erläutere kurz die Gewinnung von Aluminium.
b) Beschreibe die Schmelzflusselektrolyse von Aluminiumoxid.
c) Welche technischen Probleme muss man bei der Elektolyse beachten?

9 a) Wie kann man Eisen oder Stahl vor Korrosion schützen?
Worauf beruht die Schutzwirkung dieser Verfahren?

10 Weshalb rosten Büroklammern oder Heftklammern aus verkupfertem Eisendraht oft rascher als solche aus verzinktem Eisen?

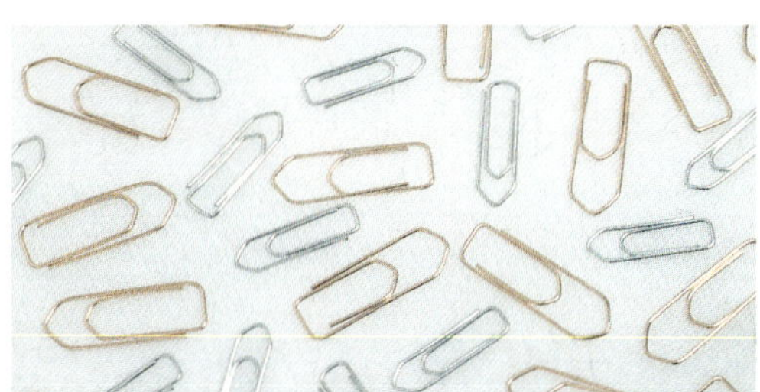

Basis-Wissen

→ Die Fällungsreihe der Metalle: Unedle Metalle können edlere Metalle aus ihre Salzlösungen ausfällen. Dabei werden Elektronen übertragen.
Ordnet man die Metalle nach ihrer Fähigkeit, andere Metalle aus ihren Salzlösungen auszuscheiden, kommt man zur Fällungsreihe:

unedel ⟶ edel
Mg Zn Fe Sn Pb Cu Ag Au Pt

→ Galvanische Elemente: Tauchen zwei verschiedene Metalle in eine Elektrolytlösungen, so bildet sich eine „chemische Spannungsquelle", ein galvanisches Element. Je weiter die Metalle in der Fällungsreihe auseinander stehen, desto größer ist die Spannung.

→ Batterien und Akkumulatoren: Batterien sind galvanische Elemente. Sie bestehen meist aus einem Metall, einem Metalloxid und einem Elektrolyten. Wiederaufladbare Batterien nennt man Akkumulatoren.

→ Entsorgung von Batterien: Batterien und Akkumulatoren dürfen nicht in den Hausmüll gegeben werden werden, da sie umweltgefährdende Stoffe enthalten. Sie sind bei den Händlern oder den Gemeinden abzuliefern und werden durch die Hersteller entsorgt.

GRS Batterien

→ Brennstoffzellen: In Brennstoffzellen reagieren Wasserstoff und Sauerstoff an Katalysatoren unter Abgabe von elektrischer Energie zu Wasser. Sie sind umweltfreundlich, weil sie keine Abgase erzeugen.

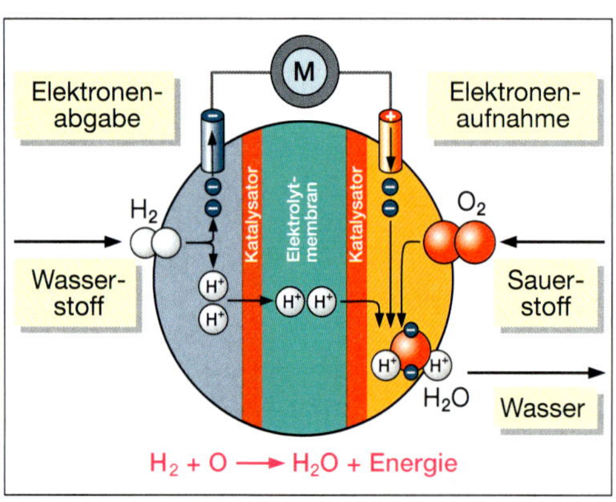

→ Aluminiumherstellung: Der Rohstoff zur Aluminiumherstellung ist Bauxit. Aus dem darin enthaltenen Aluminiumoxid wird durch eine Schmelzflusselelektrolyse das Aluminium gewonnen. Dazu ist sehr viel Energie notwendig.

→ Aluminium ist ein sehr korrosionsbeständiges Leichtmetall: Eine dünne, aber fest haftende Oxidschicht schützt es vor Korrosion. In Legierungen vereint es Leichtigkeit und hohe Festigkeit und wird so zu einem idealen Werkstoff für den Fahrzeug- und Flugzeugbau.

→ Korrosion nennt man die Zerstörung von Metallen durch Luft und aggressive Stoffe.

Sind verschiedene Metalle miteinander verbunden und kommt Wasser oder ein Elektrolyt hinzu, wird das unedlere Matall zerstört, während das edlere erhalten bleibt.

→ Korrosionsschutz: Um Metalle vor Korrosion zu schützen, kann man sie mit Farbe, Kunststoff oder dünnen Metallüberzügen beschichten. Einige Metalle wie Aluminium, Zink oder Chrom bilden an der Luft fest haftende Oxidschichten und schützen sich dadurch selbst.

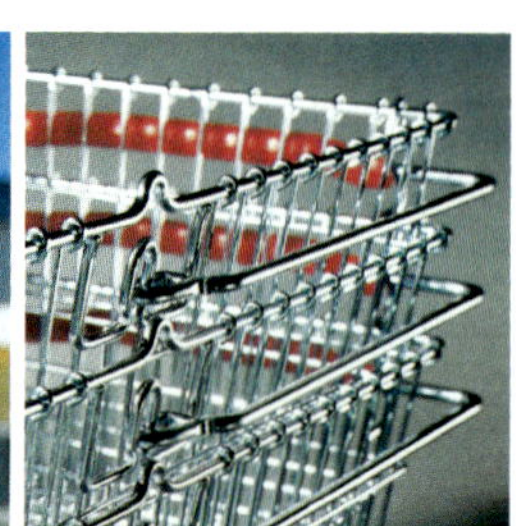

|12| Baustoffe und Werkstoffe

Moderne Gebäude und große Bauwerke werden erst durch Baustoffe wie Beton, Stahl, Glas und Aluminium ermöglicht. Beim privaten Hausbau dagegen stehen immer noch traditionelle Baustoffe wie Zement, Kalk, Gips und Keramik im Vordergrund. Diese Baustoffe umgeben uns ständig. Wie Bau- und Werkstoffe gewonnen, verarbeitet und angewendet werden, steht im Mittelpunkt dieses Kapitels.

|12.1| Mörtel aus Kalkstein

Am Bau wird **Kalkmörtel** in großen Mengen zum Verputzen von Wänden verwendet. Wegen seiner offenen Poren sind mit Kalkmörtel verputzte Wände atmungsaktiv und wärmedämmend. Zum Mauern verwendet man wegen der höheren Festigkeit Mischmörtel aus Kalk und Zement.

▲ *1 Kalkmörtel am Bau*

Kalk brennen. Ausgangsstoff für Kalkmörtel ist *Kalkstein.* Er wird in größeren Mengen in Kalksteinbrüchen abgebaut. Kalkstein besteht überwiegend aus Calciumcarbonat ($CaCO_3$). Zerkleinerter Kalkstein wird in Drehrohröfen auf über 1000 °C erhitzt. Bei dieser hohen Temperatur zersetzt sich das Calciumcarbonat. Dabei entweicht Kohlenstoffdioxid und es entsteht Calciumoxid (CaO), *Branntkalk.*

Kalk löschen. Nach dem Erkalten wird der Branntkalk mit Wasser versetzt; man spricht hier auch vom *Löschen* des Kalks. Bei dieser exothermen Reaktion verbindet sich das Calciumoxid mit dem Wasser zu Calciumhydroxid ($Ca(OH)_2$), dem *Löschkalk.* Dieser wird getrocknet, fein gemahlen, mit Sand vermischt und als Fertigmörtel verkauft.

Abbinden. Am Bau wird das Mörtelpulver mit Wasser zu einem steifen Brei angerührt und verarbeitet. Dabei muss berücksichtigt werden, dass Calciumhydroxid mit Wasser eine starke Lauge bildet, die ätzend wirkt. An der Luft wird der Mörtel langsam fest, er *bindet ab.* Dabei reagiert der Löschkalk mit dem Kohlenstoffdioxid aus der Luft zu Calciumcarbonat und Wasser. Beim Abbinden und nachfolgendem Aushärten bildet sich zwischen den Sandkörnern ein Geflecht aus Calciumcarbonat-Kristallen. Sie verbinden die Sandkörner fest miteinander und verleihen so dem Mörtel die Festigkeit. Das Verfestigen des Kalkmörtels ist ein Vorgang, der sich über Jahre hinweg fortsetzen kann. Weil Kalkmörtel nur an der Luft, nicht jedoch unter Wasser fest wird, bezeichnet man ihn auch als *Luftmörtel.* Der ausgehärtete Mörtel besteht aus Calciumcarbonat, genauso wie der Ausgangsstoff Kalkstein. Den Weg vom Kalkstein bis zum verfestigten Kalkmörtel bezeichnet man daher als den **technischen Kreislauf des Kalks.**

Früher war das Maurerhandwerk eine aufwändige Angelegenheit: Der aus Steinbrüchen mühsam gebrochene Kalkstein wurde in gemauerten Brennöfen tagelang mittels Holzkohlefeuer gebrannt. Das Löschen des Kalks in Kalkgruben direkt an der Baustelle und das Mischen mit Sand war wegen der Verätzungsgefahr äußerst gefährlich.

Kalkmörtel wird aus Kalkstein durch Brennen, Löschen und Vermischen mit Sand hergestellt. Kalkmörtel erhärtet an der Luft. Kalkstein und Mörtel bestehen aus Calciumcarbonat.

▲ *2 Kalksteinbruch*

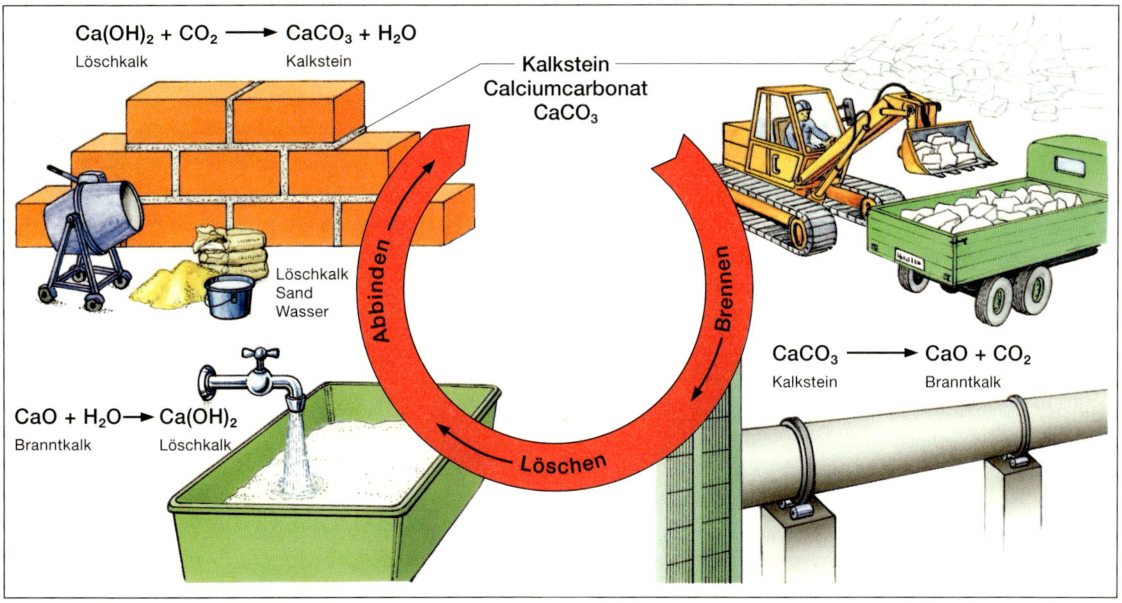

▲ 1 *Technischer Kreislauf des Kalks*

1 Fragen zum Text

a) Beschreibe die Herstellung von Kalkmörtel.
b) Wie wird auf der Baustelle Kalkmörtel angesetzt und verarbeitet?
c) Formuliere die Reaktionsgleichungen aus der Abbildung oben als vollständige Sätze.
d) Weshalb spricht man von einem technischen Kreislauf des Kalks?

2 Experiment

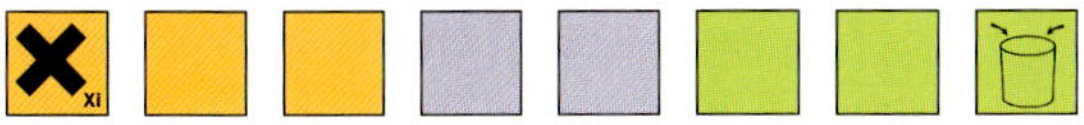

Gib ein Stückchen alten Kalkmörtel (zum Beispiel von einer Abbruchbaustelle) und ein Stückchen Kalkstein auf je ein Uhrglas. Tropfe auf beide etwas verdünnte Salzsäure (Xi). Warte bis sich die Proben aufgelöst haben. Mit diesem „Salzsäure-Test" erkennen Geologen kalkhaltige Gesteine.
a) Was beobachtest du?
b) Schreibe die Reaktionsgleichung des obigen Vorganges auf.
c) Was enthält Kalkmörtel im Gegensatz zu Kalk zusätzlich? Zu welchem Zweck?

3 Experiment

Marmor ist eine besondere Form von Kalkstein. Halte mit der Tiegelzange ein Stückchen Marmor in die rauschende Flamme eines Gasbrenners. Lass den gebrannten Marmor auskühlen. Prüfe diesen gebrannten sowie nicht gebrannten Marmor mit angefeuchtetem Indikatorpapier. Beschreibe und erkläre deine Beobachtungen.

4 Experiment

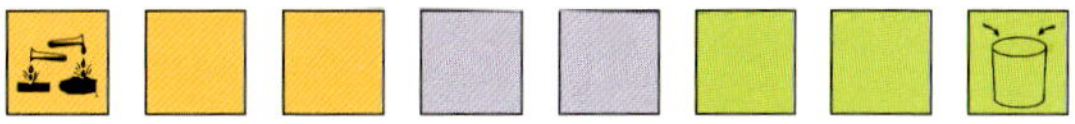

a) Gib ein Stückchen gebrannten Kalk (C) in eine Porzellanschale, füge tropfenweise Wasser hinzu und beobachte. Prüfe das Gemisch mit Indikatorpapier und erkläre die Farbreaktion.
b) Gib zu dem gelöschten Kalk etwa die doppelte Menge Sand und verrühre alles unter Zugabe von Wasser zu einem dicken Brei. Fülle den Brei in drei Streichholzschachteln. Lass eine Probe an der Luft stehen, gibt die zweite in ein Glas mit Wasser und wickle die dritte luftdicht in eine Plastikfolie ein.
c) Untersuche die Proben etwa 1 Woche später auf Festigkeit und den pH-Wert. Erkläre die Unterschiede.

|12.2| Beton – hart wie Stein

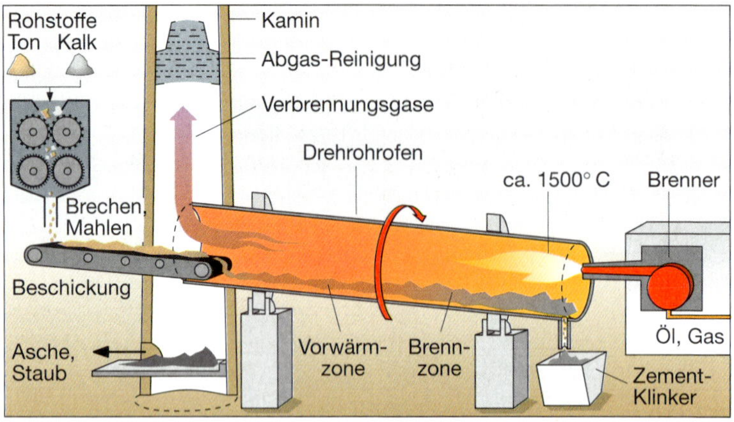

▲ 1 *Herstellung von Zement im Drehrohrofen*

▲ 2 *Gießen von Stahlbeton*

Das mit 452 Metern höchste Gebäude der Welt steht in Kuala Lumpur. Doch in Chicago ist bereits ein 610 m hoher Wolkenkratzer in Planung – in Tokio will man auf 840 m Höhe und in Hongkong sogar auf über 1100 m gehen! Solche beeindruckenden Höhen wären gar nicht denkbar ohne die Baustoffe Stahl und Beton. Ob Einfamilienhaus, Brücke oder Wolkenkratzer: In der Bautechnik geht heute nichts mehr ohne Beton.

Zement und Beton. Rohstoffe für die Herstellung dieses besonders harten Baustoffes sind *Kalkstein* und *Ton*. Auch *Kalkmergel*, ein stark kalkhaltiges Tongestein, findet Verwendung. Die fein gemahlenen Rohstoffe werden in einem Drehrohrofen bei 1500 °C erhitzt. Dabei werden Wasser und Kohlenstoffdioxid abgespalten. Zurück bleibt der verbackene Zementklinker. Er besteht überwiegend aus den Oxiden der Elemente Silicium, Aluminium und Calcium. Der Klinker wird nach dem Erkalten fein gemahlen. Ein geringer Zusatz von Gips verzögert später das Festwerden. Das graue Pulver kommt als **Zement** in den Handel. Zementmörtel enthält als Zuschlag nur Sand und wird zum Mauern und Fliesenlegen verwendet. **Beton** ist eine Mischung aus Zement und etwa der doppelten Menge Sand und Kies.

Verarbeitung. Auf der Baustelle wird Beton mit Wasser angerührt oder von Spezialfahrzeugen gebrauchsfertig angeliefert. Anders als Kalkmörtel benötigt Beton zum Festwerden kein Kohlenstoffdioxid aus der Luft, sondern lediglich Wasser. Er wird sogar unter Wasser steinhart. Man kann ihn deshalb auch zum Bau von Brückenpfeilern unter Wasser einsetzen.

Beim *Abbinden* finden verschiedene chemische Veränderungen im Beton statt. Die enthaltenen Oxide reagieren miteinander sowie mit dem Wasser und bilden neue chemische Verbindungen. Es sind Salze der Kieselsäure, so genannte **Silicate.** Sie entsprechen in der Zusammensetzung und der Härte den Mineralien aus Silicat-Gesteinen, etwa dem Feldspat.

3 ▶ *Geplantes Hochhaus in Chicago*

Bereits wenige Minuten nach dem Anrühren mit Wasser beginnen nadelförmige Kristalle zu wachsen, die miteinander verfilzen. Dabei werden Wassermoleküle in das Kristallgitter eingebaut. Nach einigen Stunden wird der Beton zunehmend fester. Dann kann er nicht mehr verarbeitet werden. Bis zur vollständigen Aushärtung rechnet man mit etwa 28 Tagen.

Stahlbeton. Beton verfügt über eine hohe Druckfestigkeit. Auf Zug oder Biegen aber bricht er leicht. Allein aus Beton könnte man deshalb nicht einmal eine Decke in einem Wohnhaus herstellen. Arbeitet man jedoch Stäbe oder Netze aus Stahl ein, erreicht man eine hohe Zug- und Biegefestigkeit. Da Stahl und Beton sich beim Erwärmen etwa gleich stark ausdehnen, können sie miteinander verarbeitet werden. Erst mit solchem **Stahlbeton** werden Bauwerke von großer Höhe oder Spannweite möglich.

Zement wird aus Kalkstein und Ton durch Brennen hergestellt. Beton ist eine Mischung aus Zement, Sand, Kies und Wasser. Beton braucht nur Wasser zum Abbinden.

1 Fragen zum Text

a) Aus welchen Rohstoffen stellt man Zement her?
b) Wie rührt man Beton an?
c) Was geschieht beim Abbinden von Beton?
d) Weshalb wird Beton so fest?
e) Weshalb arbeitet man in Beton oft Stahl ein?
f) Informiere dich im Internet unter „Zement" oder „Beton" über die Anwendung dieser Baustoffe.

2 Experiment

Mische etwas Zementpulver zu der dreifachen Menge Sand. Rühre das Gemisch mit Wasser zu einem zähen Brei an. Fülle damit drei leere Streichholzschachteln. Lass eine Schachtel an der Luft stehen. Gib die zweite in ein Glas mit Wasser. Verpacke die dritte Schachtel luftdicht in eine Plastikfolie. Untersuche nach einer Woche die Härte der Proben mit einer Messerspitze. Prüfe ihre Bruchfestigkeit mit einem Hammer.
a) Trage die Ergebnisse in eine Tabelle ein.
b) Vergleiche die Ergebnisse nach Abbindezeit, Härte und Festigkeit.

Exkurs: Technik

Baustoffe nach Maß

Das Angebot an verschiedensten Mörtel- und Betonsorten ist fast unüberschaubar. Den richtigen Baustoff wählt man im Hinblick auf seine Anwendung aus. So verwendet man zum Verputzen der Wände in Feuchträumen Zementmörtel, da ihm die Feuchtigkeit nicht schadet. Auch nimmt Zementputz wegen seiner hohen Dichte mit wenig Poren kaum Wasser auf. Völlig falsch wäre in Feuchträumen die Verwendung von Gips. Dieser saugt wie ein Fließpapier Wasser auf und wird davon weich. Dagegen eignet sich Gipsputz für Wohnräume. Seine offenen Poren gewährleisten ein angenehmes Raumklima, da sie Feuchtigkeit und Wärme speichern und auch wieder abgeben. Für den Außenputz eignet sich Kalkmörtel. (evtl. gemischt mit Zementmörtel). Er ist hart, aber dennoch porös und nimmt deshalb Wandfarbe gut auf.

Baustoff	Eigenschaften	Verwendung
Kalkmörtel aus Löschkalk, Sand, Wasser	Bindet langsam ab; benötigt dazu Kohlenstoffdioxid aus der Luft	Zum Mauern von Wänden
Zementmörtel aus Sand, Zement, Wasser	Benötigt nur Wasser zum Abbinden; ist sehr druckfest	Stark belastete oder feuchte Mauern, als Fliesenmörtel
Mischmörtel (Zement + Kalk)	Benötigt Wasser und Luft zum Abbinden; ist fester als Kalkmörtel	Zum Mauern und Verputzen (als Außenputz)
Beton aus Zement, Sand, Kies, Wasser	Benötigt nur Wasser zum Abbinden; sehr hohe Druckfestigkeit	Fundamente, Untergrund für Fußböden
Stahlbeton	Wie Beton, zusätzlich zugfest durch Stahleinlagen	Hochhäuser, Brücken
Gips aus gebranntem Gips, Wasser	Bindet in Minuten bis Stunden ab; nimmt dabei Wasser auf	Nur für den Innenausbau, für Gipsabdrücke

|12.3| Gips – schnelle Festigkeit

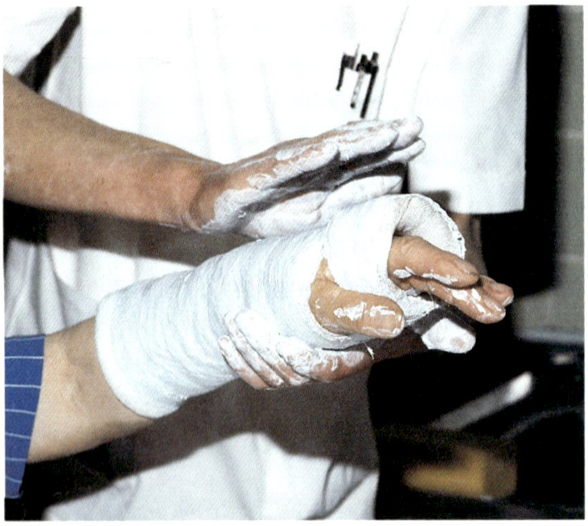

▲ *1 Gipsverband*

▲ *2 Gipskarton im Innenausbau*

Sven hat sich beim Inlineskaten den Arm gebrochen. Im Krankenhaus bekommt er einen Gipsverband. Der Verband erhärtet schnell und wird dabei ziemlich warm. Was geschieht dabei eigentlich?
Wird Gipspulver in Wasser eingerührt, reagiert es mit diesem unter Wärmeabgabe. Es bilden sich Gipskristalle unter Einbau von Wassermolekülen. Die Kristalle wachsen schnell und bilden eine Art „Kristallfilz". Dadurch wird der Gips hart.

Herstellung. Gips wird in Steinbrüchen abgebaut. Zunehmend wird auch Gips verwendet, der in Anlagen zur Rauchgasentschwefelung anfällt. Gips ist chemisch betrachtet **Calciumsulfat.**
Gipskristalle enthalten einen ganz bestimmten Anteil an chemisch gebundenem Wasser, dem *Kristallwasser.* Die vollständige chemische Formel von Gips lautet daher $CaSO_4 \cdot 2\,H_2O$.
Zur Herstellung von Baugips wird das wasserhaltige Calciumsulfat auf 130 °C erhitzt. Dabei entweicht ein Teil seines Kristallwassers und die Kristalle zerfallen. Das Produkt wird gemahlen und kommt als schnell härtender *Stuckgips* in den Handel. Wird Gips bei höheren Temperaturen gebrannt, so verliert er sein ganzes Kristallwasser. Es entsteht langsam härtender *Estrichgips.*

Verwendung. Man verwendet Stuckgips zum Herstellen von Gipskartonplatten, zum Verfüllen von Löchern in Wänden, für Gipsabdrücke und für Verbände. Estrichgips wird zum Verputzen von Innenwänden verwendet. Gipsputz kann Luftfeuchtigkeit aufnehmen und wieder abgeben. Dadurch entsteht ein angenehmes Raumklima.

Gips ist wasserhaltiges Calciumsulfat. Beim Abbinden von Baugips bildet sich unter Einbau von Kristallwasser ein dichter Filz von Gipskristallen.

1 Fragen zum Text

a) Was geschieht beim Abbinden von Svens Gipsverband?
b) Was ist Stuckgips?
c) Beschaffe dir aus dem Internet Informationen über die Anwendungen von Gips.

2 Experiment

Besorge dir Gipsreste, zum Beispiel aus einer Gipskartonplatte. Teile sie in drei etwa faustgroße Proben. Wickle zwei davon in Backpapier. Erhitze sie ca. 30 Minuten lang im Backofen: eine auf etwa 130 °C, die andere auf über 200 °C. Lass sie abkühlen. Die dritte Probe bleibt unverändert. Zerkleinere die drei Proben. Fülle die Pulver in Jogurtbecher. Rühre sie mit etwas Wasser zu einem dickflüssigen Brei an. Beobachte den Vorgang des Abbindens. Miss die Temperatur und notiere die Zeiten bis die Proben fest werden.

a) Sammle deine Beobachtungen in einer Tabelle.
b) Erkläre Unterschiede im Abbinden der Proben.
c) Ordne den drei Proben die Bezeichnungen „nicht abbindend", „Stuckgips" und „Estrichgips" zu.

◄ *3 So kann man Gips in der Natur finden.*

Baustoffe

V 1: Kristallfilz aus Gips

Materialien: Mikroskop, Objektträger, Deckgläser, Zahnstocher, Fließpapier, wasserfester Klebstoff, Pipette; Wasser, Gipspulver.

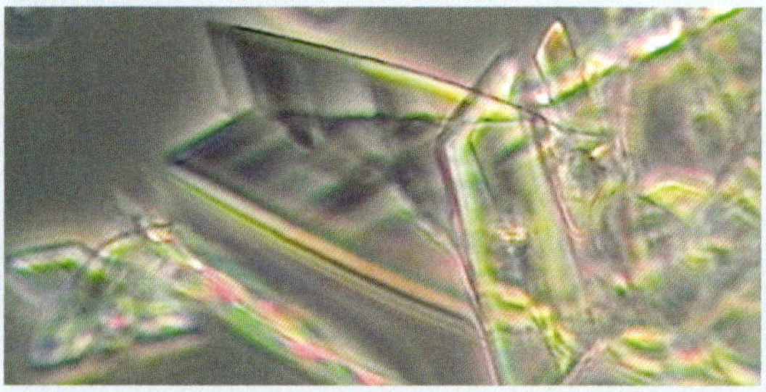

Durchführung: Gib auf den Objektträger einen Tropfen Wasser. Streue eine mit dem Zahnstocher aufgenommene Kleinstmenge Gipspulver in das Wasser. Vermische es mit dem Wassertropfen. Decke die Probe mit dem Deckglas ab. Wische austretendes Wasser weg. Dichte den Rand des Deckglases mit Klebstoff ab. Betrachte die Probe im Mikroskop bei starker Vergrößerung gleich, nach einer Stunde und nach einem Tag.

Aufgaben: a) Was stellst du fest?

b) Vergleiche das Bild mit der Abbildung oben.

c) Beschreibe den Vorgang der Kristallbildung.

V 2: Gipsabdruck

Materialien: Jogurtbecher, Löffel, Streichholzschachtel, Münze, Pinsel; Öl, Wasser, Gipspulver.

Durchführung: Fülle etwa 20 ml Wasser in den Becher. Streue unter Umrühren so viel Gipspulver in das Wasser, bis ein dickflüssiger Brei entsteht. Fülle ihn in eine Streichholzschachtel. Drücke die vorher eingeölte Münze hinein. Entnimm die Münze, nachdem der Gips abgebunden hat.

Aufgaben: a) Weshalb wird bei diesem Versuch nicht Estrichgips verwendet?

b) Erkundige dich bei einem Zahnarzt, wofür Zahntechniker Gips verwenden.

V 3: Woraus besteht Schulkreide?

Die Felsen der Insel Rügen bestehen aus *Kreide,* einem sehr feinkörnigen Kalkstein. Chemisch betrachtet handelt es sich um Calciumcarbonat.

Man weist Kalkstein nach, indem man Salzsäure darauf tropft, was ein Aufschäumen zur Folge hat. Kalkstein (Härte 3) ist härter als Gips (Härte 2). Prüfe nun, ob Schulkreide aus Kalk oder aus Gips besteht.

Materialien: Pipette, Reibschale, Pistill, Löffel, Messer, Backpapier, Jogurtbecher; weiße Schulkreide, Kalkstein, erhärteter Baugips, verd. Salzsäure (Xi).

Durchführung: a) Untersuche die 3 Proben mit Messer (Härte 5,5) und Fingernagel (Härte 2,5). Mache auch Schreibproben auf einer alten Tafel oder auf dem Pausenhof.

b) Zerkleinere ein Stück Schulkreide. Wickle es in Backpapier und erhitze es im Backofen auf etwa 130 °C. Prüfe nach dem Abkühlen, ob die Probe mit Wasser abbindet.

c) Tropfe einige Tropfen Salzsäure auf die 3 Proben.

Aufgaben: a) Was schont die Tafeloberfläche mehr: Kalk oder Gips?

b) Zu welchem Ergebnis bist du beim Teilversuch b gekommen? Begründe es.

c) Was schließt du aus dem Salzsäure-Test in Bezug auf Schulkreide?

|12.4| Keramik – gebrannter Ton

▲ 1 *Beim Töpfern*

▲ 2 *Rohbrand*

▲ 3 *Glasiertes Gefäß*

Aus **Ton** werden Gebrauchsgegenstände und Kunstobjekte hergestellt. Man fasst sie unter dem Sammelbegriff **Keramik** zusammen.

Rohstoff. Ton entsteht in der Natur durch Verwitterung von Granit und Gneis. Diese Gesteine sind natürliche Gemische aus Quarz und den *Silicaten* Feldspat und Glimmer. Außer den Elementen Silicium und Sauerstoff enthalten sie unter anderem noch Ionen der Metalle Aluminium, Calcium und Kalium. Bei der Verwitterung nehmen sie Wasser auf und verwandeln sich in weiche Tonminerale.

Verarbeitung. Der aus Tongruben gewonnene Rohstoff wird getrocknet und gemahlen. Das Tonmehl wird mit Wasser und Sand zu einer formbaren Masse geknetet. In Plastikfolie verpackt kommt der Töpferton in den Handel. Aus ihm formt man verschiedene Keramiken.
Sie werden zunächst getrocknet und anschließend bei etwa 900 °C im Brennofen gebrannt. Bei diesem *Rohbrand* entweicht das in den Tonmineralen gebundene Wasser. Dabei entstehen neue, wesentlich härtere Verbindungen, ähnlich denen der Ausgangsgesteine. Bei der hohen Temperatur verschmelzen sie teilweise. Man bezeichnet diesen Vorgang als *Sintern.*

Bei 900 °C gebrannter Ton ist gering gesintert. Durch die offenen Poren kann Wasser hindurchdringen. Aus eisenhaltigem Ton erhält man auf diese Weise rötliche **Ziegel** und **Töpferware,** zum Beispiel Blumentöpfe. Aus eisenarmem, hellgrauem Ton stellt man **Steingut** her.
Erhöht man die Temperatur beim Brennen, so versintert die Keramik stärker. Dadurch schließen sich die Poren; die Keramik wird fester. Zu diesen Keramiken gehören **Steinzeug** und **Porzellan.** Das Aufbringen einer **Glasur** macht Keramik wasserdicht. Sie schmilzt bei 1100–1400 °C zu einem glasartigen Überzug. Die Zugabe von Metalloxiden verleiht den Glasuren Farbe: Cobaltoxid färbt blau; Eisenoxid gelbbraun.

Eigenschaften. Keramiken sind hart, aber auch spröde. Sie leiten Wärme nur schlecht, können sie aber umso besser speichern – was man z. B. bei Kachelöfen ausnützt. Gegenüber Elektrizität verhalten sie sich als Isolatoren. Auch sind Keramiken unempfindlich gegen Chemikalien.

Keramiken bestehen aus gebranntem Ton. Je höher die Brenntemperatur ist, umso härter und dichter wird die Keramik.

1 Fragen zum Text

a) Welche Unterschiede bestehen zwischen ungebranntem und gebranntem Ton?
b) Beschreibe die Veränderungen beim Rohbrand.
c) Weshalb werden Keramikgefäße oft mit einer Glasur überzogen?

2 Experiment

Forme ein Tonplättchen von 10 cm Länge. Miss seine Länge nach einer Woche Trockenzeit und anschließend nach dem Rohbrand. Erkläre die Veränderungen des Tonplättchens.

Verwendung von Keramik

Ziegelsteine, Dachziegel und Blumentöpfe werden in Fabriken maschinell hergestellt. Diese schwach gebrannte Keramik ist porös. Dadurch wirkt sie feuchtigkeits- und wärmeregulierend und ist atmungsaktiv.

1. Welche Nachteile haben Gefäße aus Töpferware?

Bei Fliesen unterscheidet man je nach Verwendung verschiedene Härten. Bodenfliesen müssen wesentlich höheren Beanspruchungen standhalten als Wandfliesen.

4. Wodurch erreicht man die unterschiedliche Härte?

Keramikart	Brenntemperatur	Eigenschaften	Verwendung
Ziegel, Töpferware	etwa 900 °C	ziegelrot, sehr porös	Dachziegel, Blumentöpfe
Steingut	etwa 1100 °C	grau, porös	Fliesen, Sanitärtechnik
Steinzeug	1200–1300 °C	grau bis braun, dicht	Abwasserrohre, Fliesen, Laborgeräte
Porzellan	1350–1450 °C	weiß, dicht, durchscheinend	Geschirr, Isolatoren

2. Welchen Einfluss hat die Brenntemperatur auf die Eigenschaften der Keramik?

Für Porzellan verwendet man als Rohstoff Kaolin, einen besonders reinen, weißen Ton. Man stellt daraus Geschirr und Kunstgegenstände her.

3. Preiswertes Geschirr besteht oft aus Steinzeug. Worin liegt der Unterschied zu Porzellan?

Diese Hightech-Bremsscheibe besteht aus Siliciumcarbid und Kohlenstoff-Fasern. Sie ist härter als Stahl und äußerst verschleißfest. Andere Hochleistungs-Keramiken bestehen aus Aluminiumoxid oder Titannitrid.

5. Für künstliche Gelenke verwendet man den Werkstoff Keramik ebenso wie für Dichtungen von hochwertigen Wasserhähnen. Welchen Vorteil bringt das?

|12.5| Glas, ein vielseitiger Werkstoff

▲ 1 *Glasbläser*

Beim Besuch einer Glashütte kannst du zusehen, wie kunstvolle Gegenstände aus **Glas** angefertigt werden. Der Glasbläser taucht zunächst ein Rohr, die Glasmacherpfeife, in die zähflüssige Glasschmelze. Durch Blasen und gleichzeitiges Drehen der Pfeife entsteht eine hohle Glaskugel. Hat sie die gewünschte Größe erreicht, formt sie der Glasbläser weiter aus. Das Handwerk des Glasbläsers ist selten geworden. Durch automatische Verfahren der Glasindustrie lassen sich Glasprodukte billiger herstellen.
Kunstgegenstände, Laborgeräte und Glasschmuck werden aber immer noch in handwerklichen Glasbetrieben angefertigt.

Herstellung. Wichtigster Rohstoff für die Herstellung von Glas ist **Quarzsand** (Siliciumdioxid). Ihm werden **Soda** (Natriumcarbonat) und gemahlener **Kalkstein** (Calciumcarbonat) beigemengt.
Das Gemisch schmilzt bei etwa 1500 °C. In der Schmelze finden chemische Reaktionen statt: Kohlenstoffdioxid entweicht und es entstehen *Natrium-* und *Calciumsilicate.* Kühlt die Glasschmelze auf etwa 1000 °C ab, wird sie zähflüssig. In diesem Zustand kann sie gut verarbeitet werden. Aus der Schmelze

▼ 3 *Maschinelle Behälterglas-Herstellung*

▲ 2 *Herstellung von Flachglas*

kann man Glasplatten ziehen, Reliefglas pressen, Becher gießen oder Flaschen blasen. Glas lässt sich so in nahezu jede gewünschte Form bringen. Beim Abkühlen wird die Schmelze allmählich fester und erstarrt bei etwa 600 °C. Das geformte Glas wird anschließend in einen Kühlofen gebracht.

Kühlofen – das hört sich widersprüchlich an, ist es aber nicht: Nur wenn Glas sehr langsam und gleichmäßig abkühlt, entstehen keine Spannungen, die später zu Sprüngen und Rissen führen könnten.

Verarbeitung. Bei der maschinellen Herstellung von *Glasflaschen* werden aus der Glasschmelze mit einer automatischen Schere jeweils etwa 200 Gramm schwere Glastropfen abgetrennt. Sie rutschen durch eine Rinne in die Formgebungsmaschine. Dort werden sie, wie von Geisterhand gesteuert, in verschiedene Metallformen geleitet und mit Pressluft zur Flaschenform ausgeblasen. Die noch rotglühenden Flaschen verlassen die Maschinen auf einem Fließband. Hier wird die Qualität geprüft.
Für einfache Gebrauchsgegenstände wie *Schüsseln* und *Glasteller* wird die zähflüssige Schmelze einfach in die gewünschte Form gepresst.
Flachglas für Fensterscheiben und Spiegel muss eine sehr glatte Oberfläche besitzen. Das erreicht man dadurch, dass man die Glasschmelze als endloses dünnes Band auf ein Bad mit flüssigem Zinn leitet. Das zähflüssige Glasband ist leichter als das geschmolzene Metall und schwimmt obenauf. Eine Reihe von Walzen zieht das Glas über die Zinnschmelze, wobei es langsam abkühlt. So bekommt es überall eine gleichmäßige Dicke und eine spiegelglatte Oberfläche.

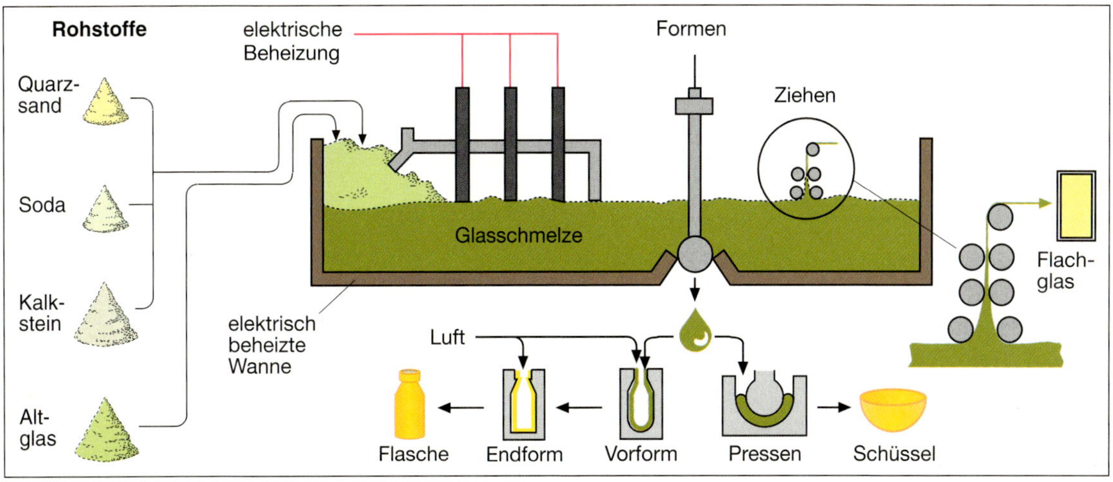

▲ *1 Herstellung und Verarbeitung von Glas*

Eigenschaften. Wegen seiner günstigen Eigenschaften ist Glas ein sehr vielseitiger Werkstoff. Glas ist durchsichtig, sehr hart, druckfest, wasser- und luftdicht sowie unempfindlich gegen fast alle Chemikalien. Allerdings ist Glas brüchig und empfindlich gegenüber plötzlichen Temperatur-Schwankungen. Fügt man der Glasschmelze bestimmte Metalloxide zu, so erhält man farbiges Glas. Braunes Glas enthält Eisen(III)-oxid und grünes Glas Eisen(II)-oxid. Manche Getränke, zum Beispiel Bier und Wein, halten sich in solchen gefärbten Glasflaschen länger als in farblosen. Cadmiumoxid färbt Glas rot, Cobaltoxid tiefblau und Nickeloxid gelb.

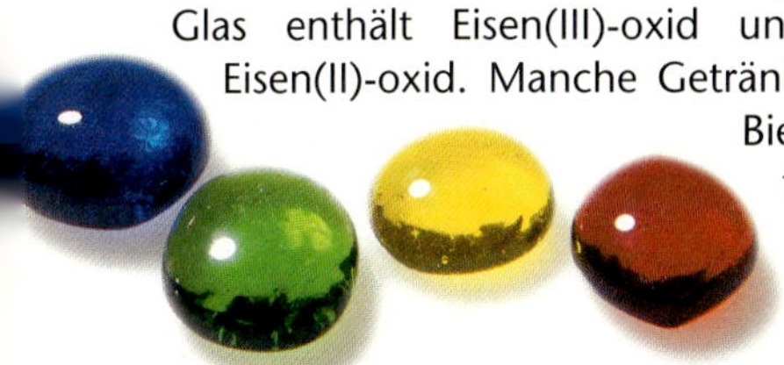

Glasrecycling. Bei der Herstellung von Glas wird ein zunehmender Anteil von Altglas wiederverwertet. Das entlastet nicht nur die Mülldeponien, sondern spart auch Rohstoffe und vor allem Energie. Altglas schmilzt schon bei viel niedrigeren Temperaturen als das Rohstoffgemisch. Allerdings muss sortenreines Glas in den Altglascontainer eingeworfen werden. Falsche Glassorten oder feuerfestes Geschirr können die ganze Glasschmelze verunreinigen. Wer Altglas in den Rohstoff-Kreislauf zurückführt, handelt umweltfreundlich. Noch umweltfreundlicher als Einwegflaschen zum Container zu bringen ist es, Mehrwegflaschen zu verwenden.

Glas wird aus Quarz, Soda und Kalk geschmolzen. Glas ist durchsichtig, hart, wasser- und luftdicht und unempfindlich gegen Chemikalien.

1 Fragen zum Text

a) Beschreibe die Herstellung von Fensterglas.

b) Welche gemeinsamen Eigenschaften haben alle Glassorten?

c) Informiere dich im Internet über die verschiedenen Anwendungen von Glas.

2 Experiment

Halte die Mitte eines etwa 20 cm langen Glasrohrs in die rauschende Flamme des Gasbrenners. Drehe dabei das Rohr langsam, bis das Glas weich wird. Ziehe außerhalb der Flamme an den Enden des Glasrohres, bis ein Haarröhrchen entsteht. Breche es durch und schmilz die scharfen Enden der beiden Glasröhrchen an. So erhältst du zwei Pipetten.

3 Experiment

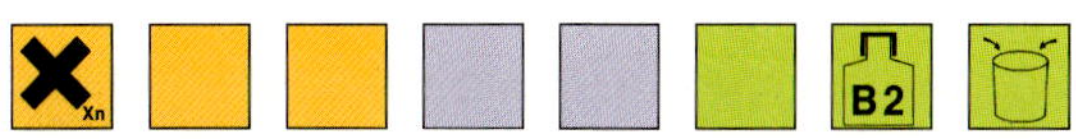

Tauche ein ausgeglühtes Magnesiastäbchen in Boraxpulver. Erhitze es, bis sich eine Schmelze bildet. Nimm damit etwas Eisensulfatpulver (Xn, B2) auf und erhitze es erneut. Wiederhole den Versuch mit anderen Metallverbindungen.

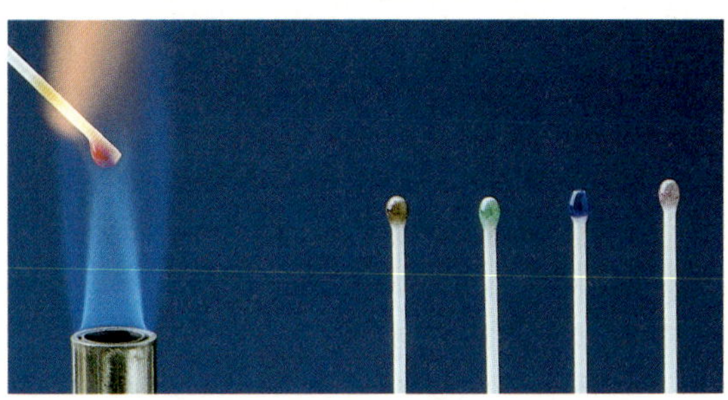

Exkurs: Technik

Glassorten

Glasart	Rohstoffe	Verwendung und Eigenschaften
Normalglas (Kalknatron-glas)	SiO_2 Na_2CO_3 $CaCO_3$	Trinkgläser, Getränkeflaschen, Einmachgläser, Fensterglas; empfindlich gegenüber Laugen und Temperaturschwankungen;
Borosilicat-glas (Jenaer Glas, Duran-Glas)	SiO_2, B_2O_3 Na_2CO_3 $CaCO_3$ Al_2O_3	„feuerfestes" Geschirr, Glühlampen, Laborglas, Medizinampullen; beständig gegenüber Chemikalien und Temperaturschwankungen;
Kristallglas	SiO_2, PbO BaO Na_2CO_3	wertvolle Trinkgläser, Vasen, Schalen; schweres Material, hohe Lichtbrechung (Glanz);
Quarzglas	SiO_2	„feuerfestes" Laborglas, Halogenlampen, Quarzlampen; Schwer schmelzbar, sehr temperaturbeständig, durchlässig für UV-Licht.

Je nach Verwendung stellt man an Glas unterschiedliche Anforderungen. Durch Zugabe bestimmter Zusätze in die Glasschmelze können die Eigenschaften von Glas gezielt verändert werden. Setzt man der Schmelze Aluminiumoxid und Boroxid zu, so wird das Glas „feuerfest" und noch beständiger gegenüber Chemikalien. Die Zugabe von Oxiden der Schwermetalle Blei und Barium macht das Glas schwerer und erhöht die Lichtbrechung. Dadurch erhält das Glas, besonders in geschliffenem Zustand als so genanntes „Kristallglas" einen besonders hohen Glanz.

Exkurs: Theorie

Struktur von Quarz und Glas

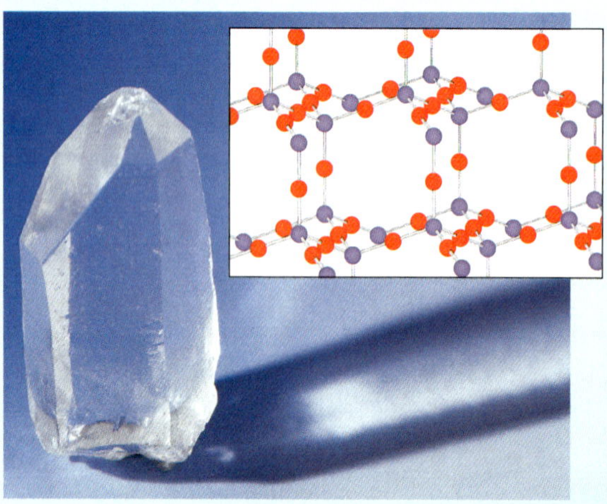

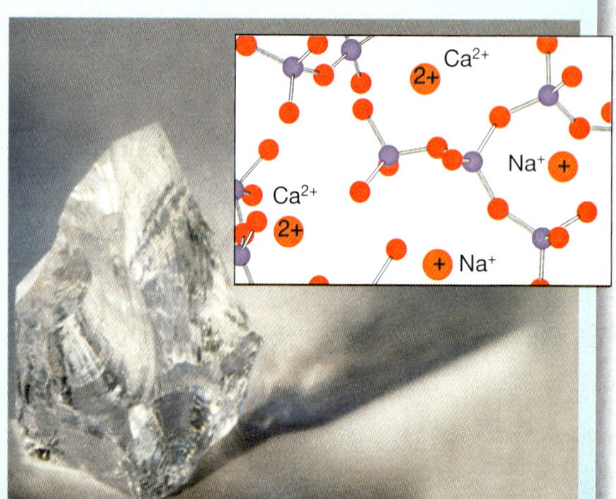

Wasserklarer *Bergkristall* besteht aus reinem **Quarz.** Auch als *Sand* und in vielen *Gesteinen* kommt dieser Stoff in der Natur vor. Quarz ist Siliciumdioxid, SiO_2. Im Bergkristall bilden die Silicium- und Sauerstoff-Atome ein regelmäßiges, sehr stabiles Kristallgitter. Das erklärt die große Härte (Härte 7) und die außergewöhnlich hohe Schmelztemperatur von 1700 °C.

Glas wird aus Quarz, Soda und Kalk hergestellt. Es ist also kein Reinstoff, sondern ein *Stoffgemisch.* Deshalb hat Glas keine bestimmte Schmelztemperatur, sondern wird beim Erhitzen allmählich weich. Beim Erstarren kann die Glasschmelze nicht kristallisieren. Es bildet sich ein unregelmäßiges Netz aus Silicium- und Sauerstoff-Atomen. In ihm sind Metall-Ionen eingelagert.

Pinnwand

Spezialgläser

Werden Glasscheiben mit Kunststofffolien verklebt, erhält man **Verbundglas.** Selbst bei einem starken Schlag bleiben die Scherben an der Folie kleben: Die Scheibe hält und bleibt durchsichtig. Mehrschichtiges Verbundglas wird als schusssicheres *Panzerglas* verwendet.

Herdplatten aus **Glaskeramik** erhitzen sich nur über der Heizspirale. Sie geben die gesamte Hitze direkt nach oben an das Kochgeschirr ab. Im Gegensatz zu Normalglas sind sie unempfindlich gegen schnelles Erhitzen oder Abkühlen. Deshalb verwendet man Kacheln aus Glaskeramik als Hitzeschild in der Weltraumfahrt.

Wird die Oberfläche von Glasscheiben schnell erhitzt und wieder abgekühlt, so entstehen im Glas starke Spannungen. Bei einem Schlag zerspringt ein solches **Sicherheitsglas** nicht in scharfkantige Splitter sondern in viele kleine rundliche Stücke, die kaum verletzen können.

Glasfasern sind gute Lichtleiter. Lichtstrahlen werden auch in einer gebogenen Faser an deren Wand immer wieder in die Faser reflektiert. Glasfaserkabel werden für chirurgische Sonden verwendet. Auch die weltweite Datenübermittlung geschieht mittels Glasfaserkabeln.

Fototrope Brillengläser enthalten als Zusatz Silberhalogenide. Bei Lichteinwirkung zerfallen diese und es entsteht metallisches Silber – die Gläser werden dunkel. Bei Dunkelheit bilden sich wieder farblose Halogenide.

1. Weshalb sind die Frontscheiben bei Autos meist aus teurem Verbundglas und die Türfenster aus preiswertem Sicherheitsglas?
2. Erstelle eine Tabelle nach folgendem Muster:

Spezialglas	Besonderheiten	Verwendung

|12.6| Kohlenstoff – Element mit mehreren Gesichtern

1 Bleistift – ohne Blei! ▼

Weißt du, woraus die Mine eines Bleistifts besteht? Sie wird nicht aus dem giftigen Schwermetall Blei hergestellt, wie der Name vermuten lässt, sondern aus umweltfreundlichem **Graphit.** Graphit ist reiner *Kohlenstoff,* der in Bergwerken abgebaut wird. Je nach erwünschter Härte der Mine wird Graphit mit mehr oder weniger Ton gemischt, in die gewünschte Form gebracht und unter Luftabschluss gebrannt.

◀ *2 Graphit*

Graphit ist sehr weich und fühlt sich fettig an. Außer für Bleistifte wird er als Schmiermittel für Lager, für Zylinderschlösser und vieles mehr verwendet. Graphit ist ein guter elektrischer Leiter. Schleifkontakte von Elektromotoren sowie Elektroden in Batterien werden häufig aus Graphit hergestellt. Manche Rostschutzmittel enthalten Graphit, weil er gegenüber Sauerstoff und Chemikalien unempfindlich ist.

Ruß, ein Bestandteil von Abgasen, besteht hauptsächlich aus kleinsten Graphitkristallen. Man verwendet ihn als Zusatz für Autoreifen, für Druckerschwärze und für Farbanstriche.

Eigenschaften	Graphit	Diamant
Aussehen	undurchsichtig, grauschwarz glänzend, fühlt sich fettig an	durchsichtig, stark lichtbrechend
elektrische Leitfähigkeit	gut	nicht leitend
Härte	sehr weich (Härte 1)	sehr hart (Härte 10)
Dichte	2,25 g/cm³	3,51 g/cm³
chemisches Verhalten	widerstandsfähig gegen alle Chemikalien, verbrennt an der Luft bei etwa 3500 °C	widerstandsfähig gegen alle Chemikalien, verbrennt an der Luft bei etwa 3000 °C

▲ *3 Graphit und Diamant im Vergleich*

Es ist kaum zu glauben, aber wahr: Nicht nur der weiche, schwarze Graphit besteht aus Kohlenstoff, auch der harte, glitzernde Diamant ist lediglich aus Kohlenstoff-Atomen aufgebaut!

Diamant. Kennzeichnend für diesen teuersten Edelstein sind die starke Lichtbrechung und der besonders schöne Glanz. Diese Eigenschaften kommen erst durch das Schleifen voll zur Geltung. Ein speziell geschliffener Diamant heißt Brillant. Der Diamant ist der härteste Stoff in der Natur. Splitter aus der Verarbeitung von Schmuckdiamanten und verunreinigte Rohdiamanten werden vielseitig eingesetzt: zum Schleifen von Schmucksteinen, für Bohrköpfe bei Erdölbohrungen, in Trennscheiben für Beton und zum Schneiden von Glas. Wegen des großen Bedarfs werden Industriediamanten aus Graphit künstlich hergestellt – bei 2000 °C und 150 000 bar Druck!

▲ *4 Rohdiamanten*

▼ *5 Brillant*

In der Natur kommt reiner Kohlenstoff als Diamant und als Graphit vor.

1 Fragen zum Text

a) Erläutere Gemeinsamkeiten und Unterschiede zwischen Diamant und Graphit.
b) Wie ist es möglich, dass man aus Graphit Diamanten herstellen kann?
c) Informiere dich im Internet über technische Anwendungen von Graphit und Diamant.

2 Experiment

Halte eine Porzellanschale in die Flamme einer Kerze. Was beobachtest du?

Gleiche Atome verschieden verknüpft

Ein verblüffendes Experiment lässt sich mit einem Diamantsplitter durchführen. In einem Verbrennungsrohr wird dieser unter Zuleitung von Sauerstoff kräftig erhitzt. Ein kurzes, helles Aufleuchten und der Diamant verbrennt spurlos. Die entstandenen Gase werden durch Kalkwasser geleitet, das sich dadurch trübt.

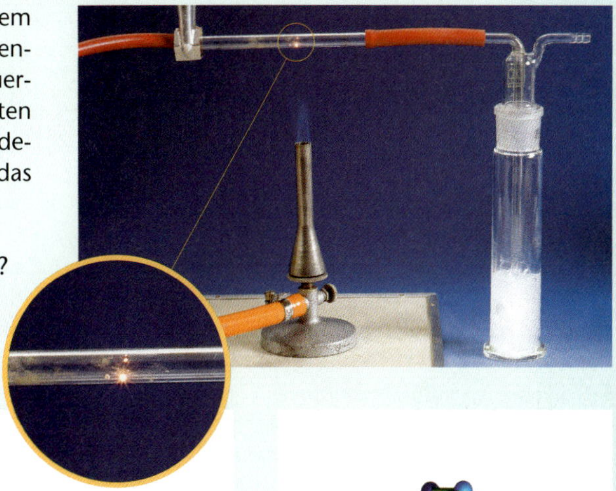

1. Verschwindet der Diamant wirklich „spurlos"?
2. Weshalb trübt sich das Kalkwasser?
3. Schreibe die Reaktionsgleichung für die Verbrennung von Diamant auf.

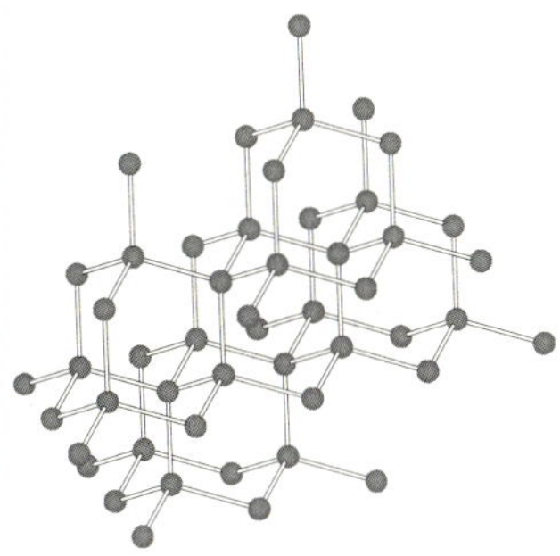

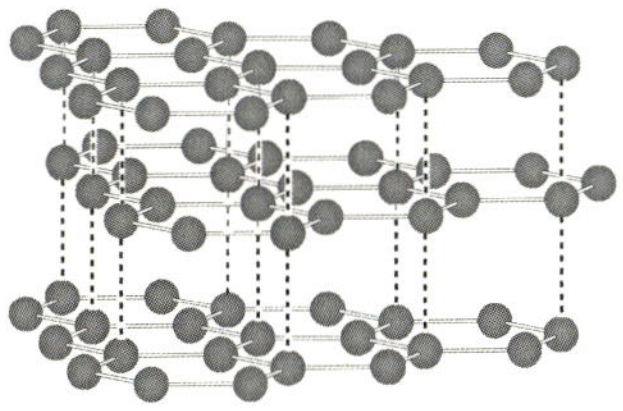

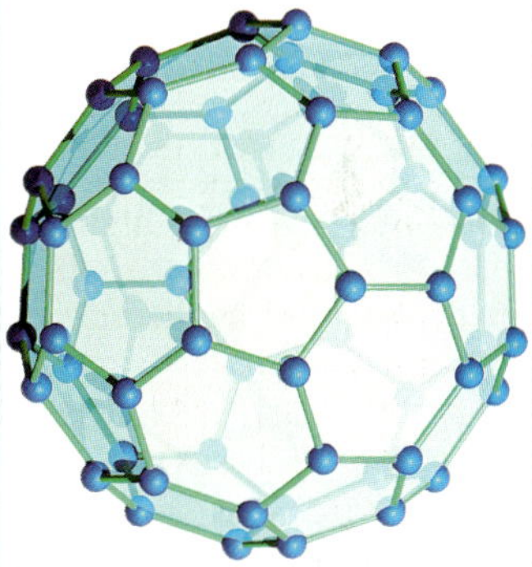

Diamant und Graphit bestehen beide aus dem gleichen Element Kohlenstoff. Man spricht von verschiedenen Erscheinungsformen oder auch **Modifikation** des Kohlenstoffs. In ihnen sind die Atome jeweils nur anders miteinander verknüpft. Im **Diamant** sind die Kohlenstoff-Atome dicht gepackt. Jedes Kohlenstoff-Atom ist regelmäßig mit vier weiteren Atomen mittels Elektronenpaarbindungen verknüpft. Das ergibt besonders gleichmäßige und stabile Bindungen und erklärt die große *Härte* des Diamants. Da alle vier Außenelektronen der Kohlenstoff-Atome fest gebunden sind *leitet* Diamant auch *keinen Strom.*

Beim **Graphit** sind die Atome jeweils in parallelen Kristallebenen angeordnet. Zwischen diesen Ebenen wirken nur schwache Anziehungskräfte. Die Ebenen lassen sich daher leicht gegeneinander verschieben oder sogar abtrennen. Deshalb ist Graphit *weich* und man kann damit *schreiben.* Auch die Verwendung als Schmiermittel ist so zu erklären.
Jedes Atom ist in einer Ebene mit drei anderen fest verknüpft. Das an der Bindung nicht beteiligte vierte Außenelektron ist innerhalb einer Schicht frei beweglich. Es ist für die *elektrische Leitfähigkeit* und den *metallischen Glanz* verantwortlich.

Kohlenstoff-Atome können noch in anderer Weise räumlich miteinander verknüpft sein, wie zum Beispiel im 1985 entdeckten **Fulleren.** Die Moleküle des Fullerens erinnern in ihrer Form an einen Fußball. In einem solchen Molekül sind 60 Kohlenstoff-Atome in Form von abwechselnden Fünf- und Sechsecken verbunden.
Inzwischen hat man eine weitere Modifikation entdeckt, die so genannten **Nanoröhren.** Die miteinander verbundenen Kohlenstoff-Atome winden sich zu einem extrem dünnen Röhrchen. Anwendungen für diese Modifikationen des Kohlenstoffs werden gegenwärtig noch erforscht.

|12.7| Computer-Chips aus Sand

▲ *1 Silicium in verschiedenen Formen*

Fernseher, Radios, Handys, Computer – fast alle Elektrogeräte enthalten elektronische Bauteile aus **Silicium.** Es wird aus Quarzsand hergestellt. Sand besteht hauptsächlich aus Siliciumdioxid.

Herstellung. Zur Gewinnung von Silicium wird das gereinigte Siliciumdioxid mit Kohlenstoff zu *Rohsilicium* reduziert. Es wird unter anderem als härtender Zusatz in Aluminiumlegierungen zum Beispiel für Motorengehäuse verwendet.

Die wichtigste Anwendung ist aber die Herstellung elektronischer Bauteile wie Dioden, Transistoren, Computerchips und Solarzellen. Das dafür benötigte *Reinstsilicium* darf nur noch 0,001 mg Verunreinigungen pro Kilo Silicium enthalten. Es wird als Kristall aus einer Siliciumschmelze gezogen. Durch das *Dotieren* wird das Silicium zum *Halbleiter;* man gibt dazu gezielt winzige Mengen Aluminium und Phosphor in die Schmelze.

Computerchips. Zur Herstellung von Computer-Chips werden mit einer Diamantsäge dünne Scheiben aus Reinstsilicium geschnitten. Man nennt sie *Wafer.* Sie werden anschließend mit einem lichtempfindlichen Lack beschichtet. Darauf wird der Schaltplan belichtet. In vielen sich wiederholenden Schritten wie Belichten, Entwickeln, Ätzen, Dotieren und Bedampfen mit Metallen erhält man die fertige Schaltung, den Chip. Er enthält Zehntausende elektronischer Schaltelemente. Nach der Kontrolle unter dem Mikroskop werden die Chips aus dem Wafer ausgeschnitten, mit Anschlüssen versehen und in Kunststoffgehäuse gefasst.

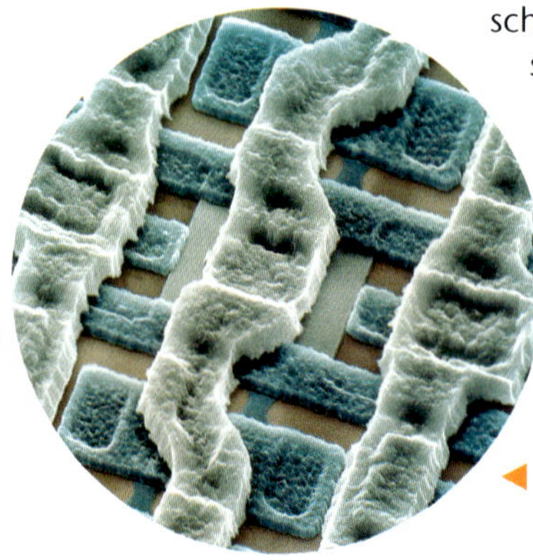

◀ *3 Innenleben eines Chips (REM-Foto)*

Silicium wird aus Quarzsand gewonnen. Aus Reinstsilicium stellt man elektronische Bauteile her.

1 Fragen zum Text

a) In der Elektronik benötigt man große Mengen an Silicium. Wie steht es um die Rohstoffvorräte?
b) Was versteht man unter einem Halbleiter?

2 Experiment

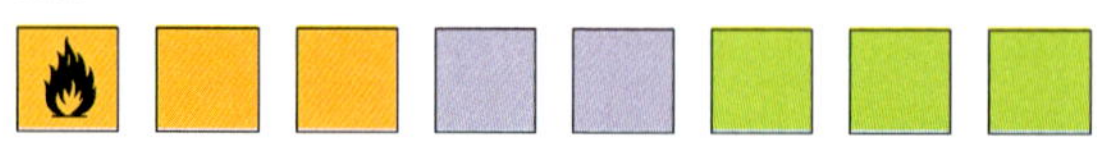

Gib auf einen Kupferblechstreifen eine Spatelspitze Wasserglas (Natriumsilicat-Gel). Streue darauf etwa gleich viel Magnesium-Pulver. Halte den Blechstreifen mit der Tiegelzange in die schwach eingestellte Brennerflamme bis sich keine Blasen mehr bilden. Erhitze nun in der rauschenden Flamme. Entferne den Blechstreifen aus der Flamme nach Einsetzen der heftigen Reaktion. Lass den Streifen abkühlen. Schabe die weiße Kruste vorsichtig ab. Betrachte die darunter liegende Silicium-Schicht mit der Stereolupe. Teste die Härte mit einem Messer.

Steckbrief: Silicium

Aussehen:	undurchsichtig, dunkelgrau, metallisch glänzend
elektrische Leitfähigkeit:	nimmt mit steigender Temperatur zu, Halbleiter
Härte:	ritzt Glas (Härte 7), ist jedoch spröde
Schmelztemperatur:	1410 °C

Die Eigenschaften von Silicium liegen zwischen denen eines Metalls wie Aluminium und denen eines Nichtmetalls wie Kohlenstoff. Man nennt es daher auch „Halbmetall".

3 Eigenschaften von Silicium ▶

1 Wie kann man Kalkstein von anderen Gesteinsarten unterscheiden?

2 **a)** Erläutere, was man unter dem technischen Kreislauf des Kalks versteht.
b) Erkläre, weshalb Kalkmörtel auch als „Luftmörtel" bezeichnet wird.

3 **a)** Wieso kann man Beton-Brückenpfeiler auch unter Wasser gießen?
b) Warum eignet sich Stahl so gut für die Kombination mit dem Baustoff Beton?
c) Weshalb werden Betonwände in Wohnräumen zusätzlich mit Gips verputzt?

4 Manche Zementwerke verwenden anstatt Kalkstein und Ton nur noch einen Rohstoff: Ölschiefer, ein erdölhaltiger Kalkmergel. Dadurch wird die Produktion vereinfacht und Heizenergie gespart. Wieso eigentlich?

5 Unter Stuck versteht man schön geformte Verzierungen an und in Gebäuden. Früher waren solche Verzierungen sehr beliebt.
Aus welchem Baustoff wurden sie hergestellt?

6 **a)** Schmelztiegel werden häufig aus Graphit gefertigt. Welche Eigenschaften des Graphits nützt man hierbei?
b) Wie kann man zeigen, dass sowohl Graphit als auch Diamant aus Kohlenstoff bestehen?

7 Weshalb muss man Pflanzen in nicht glasierten Tontöpfen häufiger gießen als solche in glasierten?

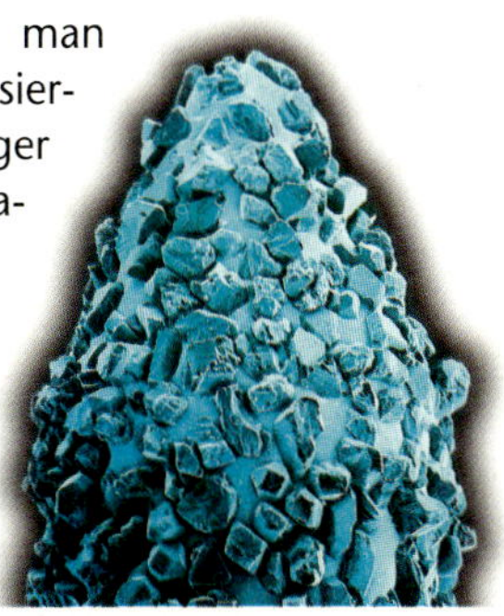

8 Worum könnte es sich hierbei handeln? Das Material ist übrigens äußerst hart.

9 **a)** In Altglascontainer darf man nur das übliche Haushaltsglas (Normalglas) einwerfen. Andere Glassorten stören das Recycling. Woran könnte das liegen?
b) Warum hat Glas keine exakte Schmelztemperatur, sondern wird beim Erhitzen allmählich weich?

10 Den Rohstoff für elektronische Bauteile gibt es tatsächlich „wie Sand am Meer".
a) Weshalb ist das Silicium zur Anfertigung dieser Bauteile dennoch so teuer?
b) Beschreibe, wie Reinstsilicium gewonnen wird.

11 Trainiere dein Wissen, indem du eine Wissenskartei zum Thema „anorganische Baustoffe und Werkstoffe" anlegst. Schreibe jeweils auf die Vorderseite der Karteikarte den zu lernenden Begriff, zum Beispiel Diamant, und auf der Rückseite die Beschreibung dieses Stoffes.

Basis-Wissen

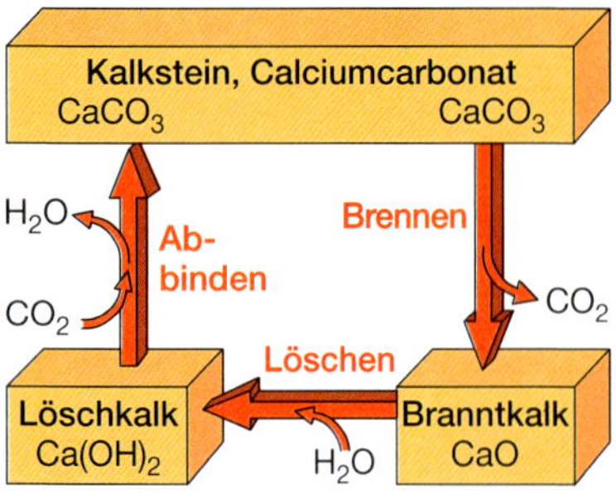

→ **Keramik:** Wird Ton gebrannt, verliert er Wasser und die Bestandteile versintern; es entstehen harte Silicate. Je höher die Brenntemperatur, desto härter und feinporiger wird die Keramik.

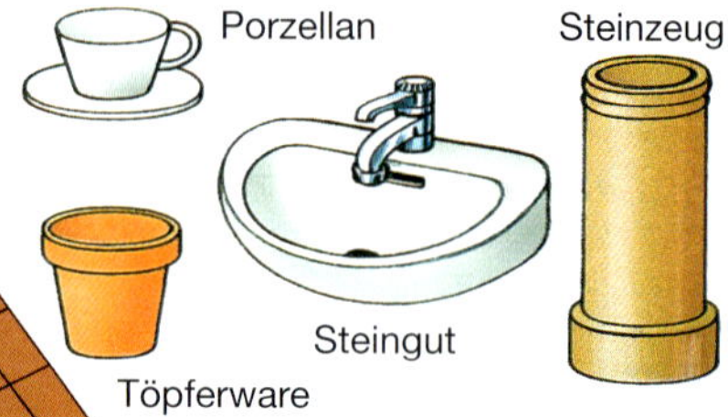

→ **Kalkmörtel:** Kalkstein und erhärteter Mörtel bestehen aus Calciumcarbonat ($CaCO_3$).

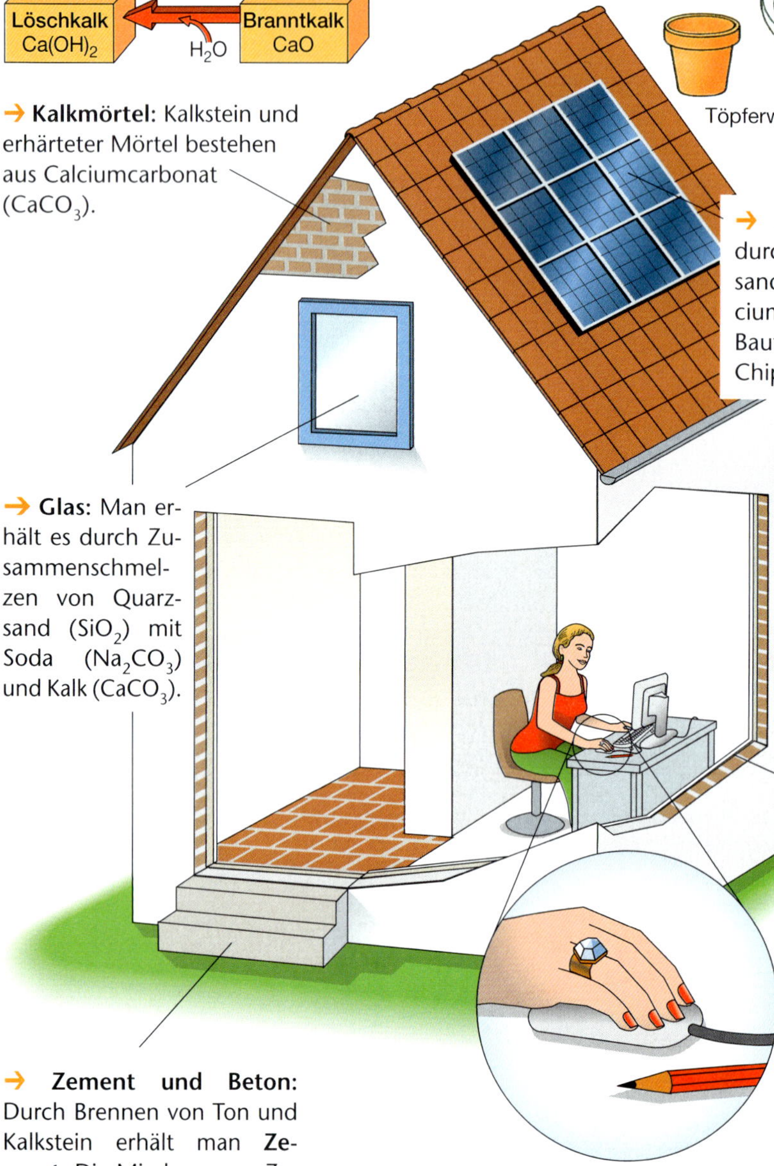

→ **Silicium** gewinnt man durch Reduktion von Quarzsand. Aus hochreinem Silicium stellt man elektronische Bauteile wie Computer-Chips und Solarzellen her.

→ **Glas:** Man erhält es durch Zusammenschmelzen von Quarzsand (SiO_2) mit Soda (Na_2CO_3) und Kalk ($CaCO_3$).

→ **Gips:** Baugips ist unvollständig gebrannter Gips. Beim Abbinden wird das beim Brennen verlorene Kristallwasser wieder aufgenommen: $CaSO_4 \cdot 2\,H_2O$.

→ **Zement und Beton:** Durch Brennen von Ton und Kalkstein erhält man **Zement.** Die Mischung aus Zement, Sand, Kies und Wasser nennt man **Beton.** Beim Erhärten verbindet ein harter Kristallfilz aus Silicaten die Sand- und Kieskörner.

→ **Diamant und Graphit:** **Diamant** ist der härteste Stoff, dagegen kann man mit **Graphit** sogar schreiben. Beide bestehen aus Kohlenstoff.

|13| Energie und Umwelt

Das größte Kraftwerk der Erde befindet sich rund 150 Millionen Kilometer von uns entfernt im Weltall: Es ist die Sonne! Sie strahlt seit Milliarden Jahren unvorstellbar große Mengen an Energie ins Weltall ab. Nur ein winziger Bruchteil davon trifft auf die Erde und ist hier Antriebsmotor für das Klima und das gesamte Leben.

Die Energiemenge, die von der Sonne auf die Erde gelangt, entspricht der Energieabgabe von etwa 120 Millionen großen Kraftwerken!

Wenn es gelänge, diese Energie besser zu nutzen, wäre die Zukunft der Energieversorgung gesichert.

Das wäre auch nützlich für die Umwelt, denn die Abgase aus der Verbrennung von Kohle, Erdöl und Erdgas verursachen Probleme. Sie greifen die Atemwege der Menschen an und verursachen den sauren Regen. Außerdem verstärken sie den Treibhauseffekt, der das Klima der gesamten Erde zu verändern droht.

|13.1| Energie im Alltag

▲ 1 *Energie im Haushalt*

Gerät	Leistung
Waschmaschine (4,5 kg)	3200 W
Mikrowellenherd	1200 W
Farbfernsehgerät	60 W
Personalcomputer	250 W
Stereoanlage	40 W
CD-Player	11 W
Wasserkocher	1800 W
Dampfbügeleisen	1400 W

▲ 2 *Elektrische Leistung bei Haushaltsgeräten*

Montag, 6 Uhr 45: Das Radiogerät schaltet sich ein und weckt Anna mit lauter Musik. Erst der Bericht über eine langweilige Energiedebatte im Bundestag treibt sie aus dem Bett unter die Dusche. Bis Anna um 8 Uhr in der Schulklasse sitzt, enthält ihre private Energiebilanz schon mehrere Posten:

Das Radiogerät setzt in einer Stunde etwa 50 Kilojoule (kJ) elektrische Energie in schöne Musik um, die Kaffeemaschine braucht etwa 40 kJ für die Zubereitung einer Tasse Kaffee. Die 100 W-Lampe wandelt etwa 360 kJ in wenig Licht und viel Wärme um.

Beim Duschen verbrennen im Durchlauferhitzer etwa 100 l Gas, das sind 4000 kJ, und das Auto verbraucht auf dem Weg zur Schule 1 Liter Benzin, das entspricht einem Energiebetrag von 47 000 kJ.

Energiebedarf pro Jahr. Rechnet man einmal die vielen kleinen Energiebeträge eines Jahres für alle Bundesbürger zusammen und addiert dazu den Bedarf der Industrie, dann ergibt sich die gewaltige Energiemenge von etwa 15 Billiarden Kilojoule. Um diese Energie zu erzeugen, müsste man etwa 500 Millionen Tonnen Steinkohle verbrennen.

Exkurs: Technik

Wie arbeitet ein Wärmekraftwerk?

Alle Wärmekraftwerke funktionieren nach dem gleichen Prinzip: Mit Wärme wird zunächst Wasserdampf erzeugt. Der Dampf bringt die Schaufelräder einer Turbine zum Rotieren, die Drehbewegung wird auf einen Generator übertragen, der schließlich Strom erzeugt.
Die Unterschiede zwischen den Kraftwerkstypen liegen vor allem in der Art der Wärmeerzeugung. Im Kohlekraftwerk wird Kohle verbrannt, im Kernkraftwerk zerfallen Atomkerne und im Solarkraftwerk nutzt man die Energie der Sonne.

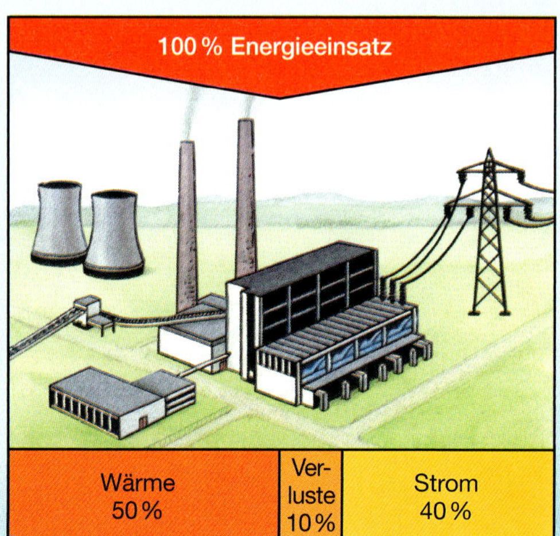

Die Umwandlung von Wärme in Strom gelingt nur mit einem Wirkungsgrad von etwa 40 %. Die restliche Energie entweicht ungenutzt als Abwärme. Der Wirkungsgrad lässt sich bis auf 90 % steigern, wenn man mit dieser Abwärme Wohnungen heizt. Diese Art der Energienutzung nennt man **Kraft-Wärme-Kopplung.**

Erdöl

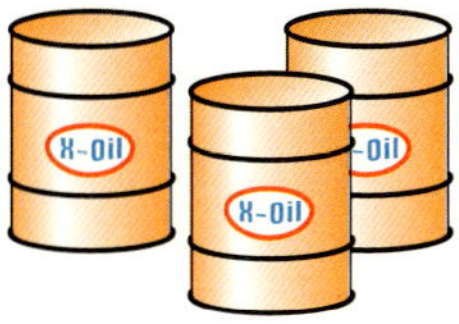

Anteil: 35 %
Vorräte: begrenzt, für einige Jahrzehnte
Vorteile: gut zu lagern und zu transportieren
Probleme: Belastung durch Abgase

Kohle

Anteil: 29 %
Vorräte: begrenzt, für einige Jahrhunderte
Vorteile: langfristig verfügbar
Probleme: Belastung durch Abgase

Erdgas

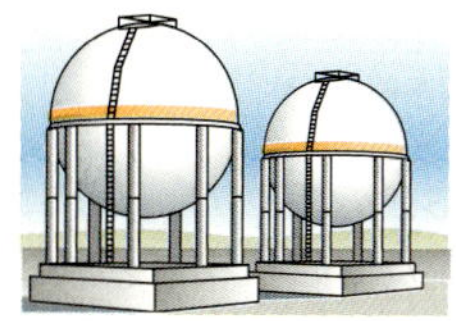

Anteil: 26 %
Vorräte: begrenzt, für Jahrzehnte
Vorteile: gut zu transportieren, weniger Abgase als bei Kohle und Erdöl
Probleme: Belastung durch Abgase

Kernenergie

Anteil: 7 %
Vorräte: begrenzt, für einige Jahrhunderte
Vorteile: keine Abgase
Probleme: Entsorgung von radioaktivem Abfall noch ungeklärt, Sicherheitsprobleme

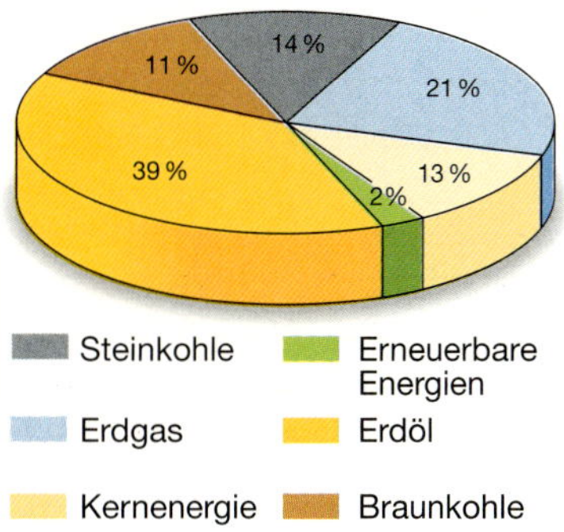

Biomasse

Anteil: <1 %
Vorräte: theoretisch unbegrenzt
Vorteile: erneuert sich immer wieder im Naturkreislauf
Probleme: massive Nutzung schädigt die Umwelt, Belastung durch Abgase

Wasserkraft

Anteil: 2 %
Vorräte: unbegrenzt, aber standortabhängig
Vorteile: keine Abgase
Probleme: standortgebunden, jahreszeitenabhängig, kann Umwelt beeinträchtigen

Windkraft

Anteil: <1 %
Vorräte: unbegrenzt, aber nicht ständig verfügbar
Vorteile: keine Abgase
Probleme: standortgebunden, geringe Kapazität, wechselnder Energiegehalt

Sonnenenergie

Anteil: <1 %
Vorräte: unbegrenzt
Vorteile: keine Abgase
Probleme: großer Flächenbedarf, standortgebunden, teuer, geringer Wirkungsgrad von Solarzellen

▲ *1 Die wichtigsten Primärenergieträger (Anteile weltweit, Stand 2000); Mitte: Energiehaushalt Deutschland (Stand: 2000)*

Probleme. Wie der Energiebedarf in Zukunft gedeckt werden soll, darüber streiten die Experten, Politiker und die Öffentlichkeit schon lange. Die Verschmutzung der Luft, der Treibhauseffekt, Unglücksfälle und die Risiken der Kernenergie machen die Entscheidung schwer.

> Zur Energiegewinnung stehen verschiedene Rohstoffe zur Verfügung. Diese müssen sparsam eingesetzt werden, um die Umwelt zu schonen.

1 Fragen zum Text

a) Wie könnte Anna Energie einsparen?
b) Welche Probleme bereiten fossile Energieträger?
c) Welche Vor- und Nachteile haben erneuerbare Energieträger wie Wasser und Wind?

2 Umwelt

Strom kommt in Deutschland vor allem aus Atomkraft, Steinkohle und Braunkohle. Wie belasten diese Energieträger unsere Umwelt?

|13.2| Erdgas, ein relativ sauberer Energieträger

▲ *1 Bau einer Erdgas-Pipeline*

▲ *2 Anlage zur Erdgas-Entschwefelung*

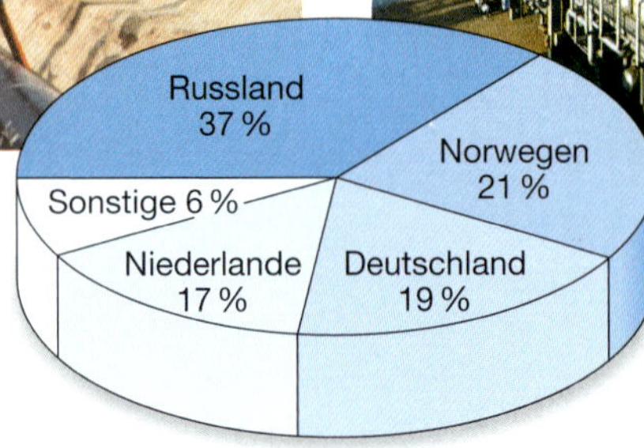

◄ *3 Woher kommt unser Erdgas? (Stand: 2000)*

Erdgas ist ein Gemisch verschiedener Gase. Hauptbestandteil ist Methan mit etwa 80–95 % Anteil.

Aufbereitung. Aus dem geförderten Erdgas müssen noch Verunreinigungen entfernt werden, bevor es verwendet werden kann. Neben Wasserdampf und Staub stört vor allem Schwefelwasserstoffgas. Es greift die Rohrleitungen an, ist sehr giftig und verbrennt an der Luft zu schädlichem Schwefeldioxid. Das stark nach faulen Eiern riechende Schwefelwasserstoffgas wird durch Oxidation in elementaren Schwefel überführt. In Deutschland erhält man so über eine Million Tonnen Schwefel pro Jahr. Der täglich anfallende Schwefel wird in der Industrie als Grundstoff zur Herstellung von Schwefelsäure eingesetzt.

Das gereinigte Gas ist geruchlos. Um es bei Gefahr besser erkennen zu können, mischt man ihm einen an Knoblauch erinnernden Geruchsstoff bei.

Speicherung. Wir benötigen Erdgas zu verschiedenen Zeiten in unterschiedlichen Mengen. Gasversorger speichern das Erdgas deshalb zum Beispiel in ausgeräumten Salzlagerstätten oder in riesigen Behältern. So hat der Verbraucher jederzeit genügend Heizgas zur Verfügung.

Transport. Erdgas lässt sich noch leichter als Erdöl in Pipelines transportieren. Die bis zu 1,5 m dicken Rohre werden unter hohem Druck betrieben. Man verlegt sie unterirdisch, so stören sie das Landschaftsbild nicht. Nur rote Markierungen auf Metallpfosten kennzeichnen den Verlauf. Bis das geförderte Gas ein Wohnzimmer heizt oder einen Kochtopf erwärmt, geht es über ein Leitungsnetz von verschiedenen Gasgesellschaften.

Umwelt. Bei der Verbrennung von Erdgas entsteht im Vergleich zu anderen fossilen Brennstoffen weniger Kohlenstoffdioxid. Gereinigtes Erdgas ist fast schwefelfrei. Bei der Verbrennung entstehen ein Drittel weniger Stickstoffoxide als bei Erdöl. Feste Rückstände wie Ruß, Staub, Asche und Schwermetalle entstehen nicht. Es gibt keine Geruchsbelästigung und es wird auch kein Tank benötigt. Erdgas gilt wegen dieser Vorteile als der umweltverträglichste fossile Brennstoff.

Ergas besteht vor allem aus Methan. Weil beim Verbrennen im Vergleich zu Kohle oder Erdöl weniger Schadstoffe entstehen, gilt es als der umweltverträglichste fossile Brennstoff.

1 Fragen zum Text

a) Warum gilt Erdgas als relativ umweltschonend?
b) Woher stammt das Erdgas, das wir verbrauchen?
c) Warum muss Erdgas vor der Verwendung erst aufbereitet werden?
d) Obwohl Erdgas geruchlos ist, erkennt man es schon in geringsten Mengen. Woran liegt das?

|13.3| Erdöl – Energieträger Nr. 1

▲ *1 Erdöl-Raffinerie*

Erdöl ist der wichtigste Rohstoff für die Herstellung von Benzin, Dieselkraftstoffen und Heizöl. Nur etwa 8 % des Öls werden zu Chemiefasern, Farben oder Kunststoffen verarbeitet. Die Bundesrepublik Deutschland ist bei der Ölversorgung zu 98 % von Importen abhängig. Da die Erdölvorräte begrenzt sind, heißt es, sparsam damit umzugehen.

Suche nach neuen Lagerstätten. Für die Ölgewinnung treibt man einen enormen technischen und finanziellen Aufwand.

Die Ölsuche beginnt mit Satellitenaufnahmen und Bodenproben, die von Geologen und Geophysikern ausgewertet werden. Doch obwohl man inzwischen viel Erfahrung bei der Ölsuche hat, trifft man nur bei jeder fünften Bohrung auf Öl. Nur eine von vierzig Bohrungen ist wirtschaftlich lohnend.

Förderung. Die Mannschaften an den Bohrstellen sind harten Arbeitsbedingungen ausgesetzt. Die körperlich sehr anstrengende Arbeit muss rund um die Uhr in Schichten geleistet werden, auch bei Sturm, Regen, tiefen Temperaturen oder glühender Hitze.
Ist man fündig geworden, wird das Rohöl aus der Lagerstätte an die Oberfläche gepumpt. Nur selten sprudelt es von selbst aus dem Bohrloch.

Transport. Von den Bohrstellen gelangt das Rohöl per Pipeline zu den Verladehäfen. Dort übernehmen riesige Tankschiffe, die bis zu 500 000 Tonne Öl fassen, den Transport zu den Verbraucherländern. Zur Verarbeitung geht es wieder durch Rohrleitungen in die Raffinerien.

Probleme und Gefahren. Ölkatastrophen werden immer mehr zu einem Problem für unsere Umwelt. So verlor 1999 der Tanker Erika vor der bretonischen Küste nach einem Unfall 30 000 Tonnen Schweröl. 500 km der französischen Atlantikküste versanken unter einem giftigen Ölteppich.

Erdöl ist weltweit der wichtigste Energieträger. Es ist außerdem ein wertvoller Rohstoff für die chemische Industrie. Die Förderung ist aufwändig und daher teuer.

1 Fragen zum Text

a) Weshalb ist Erdöl so wertvoll?
b) Warum ist die Suche nach Erdöl so kostspielig?
c) Welche Umweltprobleme ergeben sich beim Transport von Erdöl?

▲ *2 Beseitigung der Folgen einer Ölkatastrophe*

|13.4| Rohöl-Aufbereitung: eine „raffinierte" Sache!

Erdöl ist ein *Gemisch* aus vielen verschiedenen Kohlenstoff-Wasserstoff-Verbindungen. Um daraus beispielsweise Benzin oder Heizöl zu gewinnen, muss es in einer **Raffinerie** erst einmal zerlegt werden.

Die einzelnen Bestandteile des Erdöls haben verschiedene Siedetemperaturen. Man kann sie durch eine **Destillation** voneinander trennen.
So einfach wie bei der Destillation einer Salzlösung geht das allerdings nicht. Hier handelt es sich um ein Gemisch vieler Stoffe, deren Siedetemperaturen sich nur geringfügig unterscheiden.
Als Destillat erhält man deshalb keine einzelnen Reinstoffe, sondern Gemische mit ähnlichen Siedetemperaturen, so genannte *Fraktionen.* Eine solche Zerlegung eines Flüssigkeitsgemisches wird daher als *fraktionierte Destillation* bezeichnet.

Fraktionierte Destillation. Das Erdöl wird in einem Röhrenofen auf etwa 350 °C erhitzt. Dabei verdampft ein großer Teil des Öls. Das Gemisch aus Öldampf und flüssigem Öl wird in den Destillationsturm geleitet.
Der über 50 m hohe Turm ist durch Zwischenböden in Stockwerke eingeteilt. Die Böden enthalten Öffnungen, die mit glockenartigen Deckeln versehen sind.
Die Temperaturen nehmen von unten nach oben ab. Die aufsteigenden Öldämpfe durchströmen die Flüssigkeit auf den *Glockenböden.* Sie kühlen sich dabei ab und werden wieder flüssig. Je nach Siedetemperatur geschieht das in unterschiedlichen Höhen des Turms.
Die Fraktionen, die sich auf den Böden ansammeln, werden laufend abgezogen und in Lagertanks gepumpt.

Die bei 350 °C noch flüssigen Ölbestandteile sammeln sich am Boden des Turms als *Rückstand.* Um auch dieses Stoffgemisch in Fraktionen zu zerlegen, darf man es nicht einfach höher erhitzen. Anstatt zu sieden, würden sich diese Kohlenwasserstoffe zersetzen. Deshalb wird der Rückstand *bei vermindertem Druck* zwischen 200 und 250 °C erneut destilliert. Dabei erhält man schweres Heizöl und Schmieröle. Das nicht verdampfbare Bitumen wird im Straßenbau verwendet (Asphalt).

In Raffinerien wird das Erdöl in Stoffgemische mit ähnlichen Siedetemperaturen zerlegt: fraktionierte Destillation.

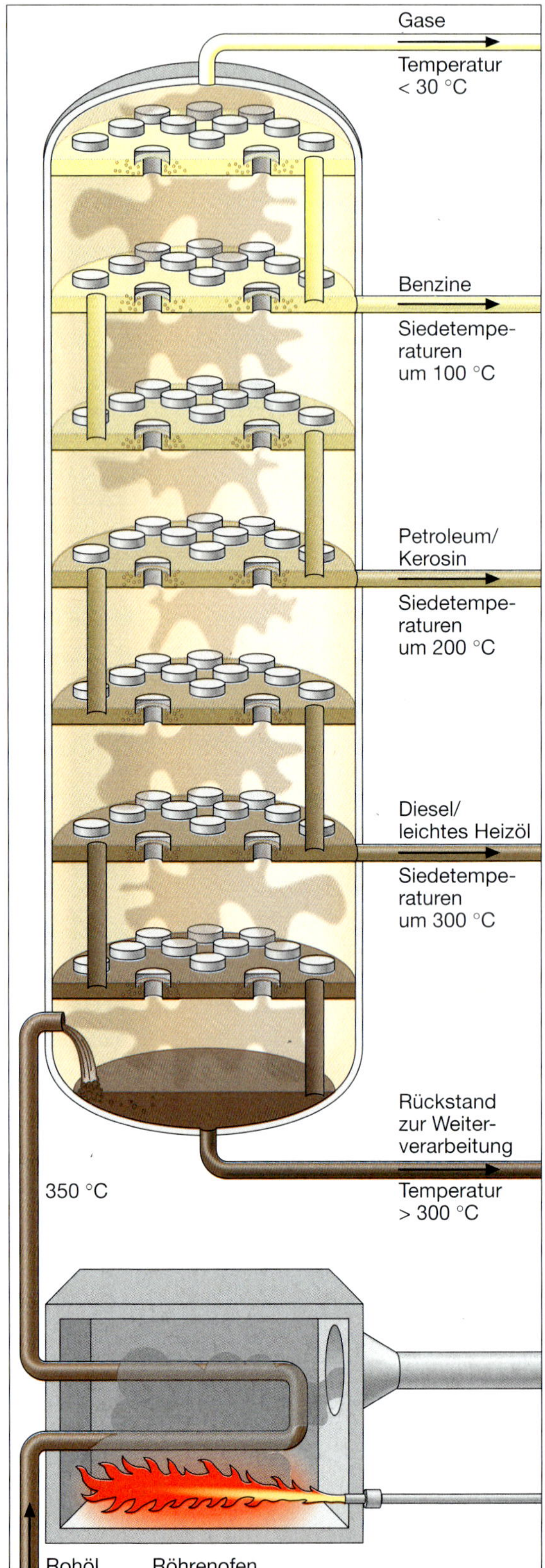

1 *Aufbau eines Destillationsturmes*

1 Fragen zum Text

a) Warum erhält man bei der Erdöldestillation Fraktionen und keine Reinstoffe?
b) Welche Vorgänge laufen bei der fraktionierten Destillation ab?
c) Wozu werden die einzelnen Fraktionen verwendet? Was geschieht mit dem Rückstand?
d) Was geschieht mit dem Rückstand?

2 Experiment

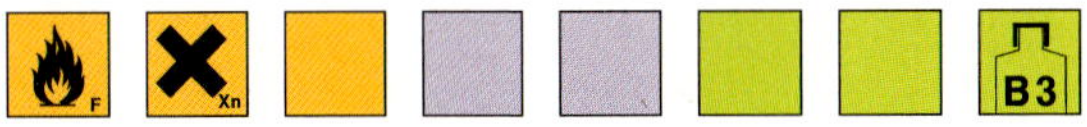

Da Rohöl gesundheitsschädliche Stoffe enthalten kann, wird in diesem Modellversuch ein Gemisch aus Reinigungsbenzin, Nähmaschinenöl und Petroleum destilliert.

In einem Reagenzglas mit seitlichem Ansatz werden 5 ml Modell-Rohöl in Glaswolle aufgesaugt und vorsichtig erhitzt. Bei etwa 75 °C, 110 °C, 130 °C und 150 °C wechselt man die wassergekühlten Vorlagen. Die verschiedenen Fraktionen lassen sich am Aussehen und am Geruch unterscheiden.
Die Destillate werden unter dem Abzug auf Uhrgläschen gegossen. Anschließend versucht man, die Flüssigkeiten mit einem brennenden Holzspan zu entzünden.
Wie ist die unterschiedliche Entzündbarkeit zu erklären?

3 Umwelt

Altöl darf man nicht einfach verbrennen oder wegschütten. Schon 1 ml davon können 1000 Liter Wasser verseuchen!
a) Wie kann man Altöl sachgerecht beseitigen?
b) Erkundige dich, wie man Altöl wieder aufbereiten kann.

4 Alltag

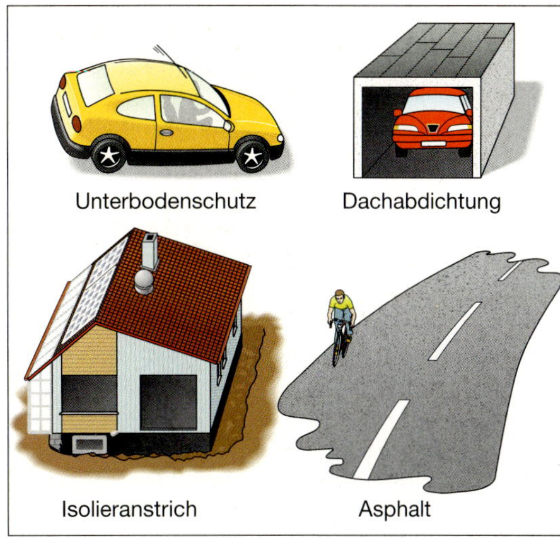

Eine Automechanikerin bringt bei einem nicht mehr ganz neuen Wagen Unterbodenschutz auf. Der Dachdecker isoliert mit einer heißen schwarzen Flüssigkeit das Flachdach einer Garage. Ein Maurer streicht zur Isolierung die Kellermauern eines Hauses mit einer schwarzen dickflüssigen Masse. Straßenbauarbeiter überziehen eine alte Straßendecke mit einer Asphaltschicht.
Eines haben alle beschriebenen Beispiele gemeinsam: stets wurden Bitumenprodukte verwendet. Bitumen erhält man als Rückstand bei der Erdöldestillation.
a) Welche wichtige Eigenschaft von Bitumen nutzt man bei allen beschriebenen Anwendungen aus?
b) Nenne noch andere Beispiele für die Verwendung von Bitumen.

5 Alltag/Technik

a) Warum kann man Benzin mit einem glimmenden Holzspan anzünden, Heizöl aber nicht?
b) Welche Bedeutung hat der Versuch a) im Alltag?
c) Weshalb dürfen zwar große Mengen Heizöl, aber nur sehr wenig Benzin im Haus gelagert werden?

|13.5| Kohle, ein Energieträger mit Problemen

In der Nähe von Aachen frisst sich ein Stahlmonster – über 200 Meter lang und etwa 100 Meter hoch – tief in den Boden. Nur wenige Arbeiter bedienen diese Maschine. Mit seinem großen Schaufelrad befördert sie Kohle auf ein Förderband. Weit im Hintergrund endet dieses Band unmittelbar vor einem Kraftwerk.
Hier wird **Braunkohle** im Tagebau abgebaggert, täglich bis zu 240 000 Tonnen. Damit könnte man ein Fußballfeld 24 Meter hoch aufschütten!
Die meiste Braunkohle wird in Kraftwerken zur Erzeugung von elektrischem Strom verbraucht. Nur ein kleiner Teil wird zu Briketts gepresst.

Braunkohle

Steinkohle

Der großflächige Tagebau führt zu starken Umweltveränderungen. So werden manchmal sogar ganze Dörfer verlegt oder Bäche umgeleitet. Nach dem Kohleabbau muss die Landschaft durch kostspielige Rekultivierungsmaßnahmen in Ackerflächen oder Naherholungsgebiete umgewandelt werden.

Chemisch betrachtet besteht Kohle aus Verbindungen, die vor allem Kohlenstoff und Wasserstoff, aber auch Sauerstoff, Stickstoff und Schwefel enthalten. Bei ihrer Verbrennung entstehen neben Wärme Wasserdampf, Kohlenstoffdioxid, Schwefeldioxid und Stickstoffoxide. In Kraftwerken gibt es Entschwefelungsanlagen, die das schädliche Schwefeldioxid zurückhalten und in Gips umwandeln. Auch die Stickstoffoxide werden zunehmend besser aus dem Abgas entfernt.
Steinkohle wird in Deutschland unter Tage in einer Tiefe von 1000 Metern und mehr abgebaut. Der größte Teil gelangt in Kraftwerke und wird direkt zur Energiegewinnung eingesetzt.

▲ *3 Verkokung von Steinkohle*

Große Mengen Steinkohle werden in Kokereianlagen zu Koks umgewandelt.

Bei dieser **Verkokung** wird zerkleinerte Steinkohle etwa 20 Stunden lang in schmalen Kammeröfen unter Luftabschluss auf 1200 °C erhitzt. Dabei entweichen die flüchtigen Bestandteile der Steinkohle. Es sind vor allem Steinkohlenteer, Benzol, Ammoniak und Kokereigas.
Diese Stoffe werden zur Energiegewinnung und als Chemierohstoffe verwendet. Zurück bleibt fester Koks, das ist fast reiner Kohlenstoff. Er wird zur Stahlerzeugung benötigt.

Deutschland besitzt einen großen Vorrat an Braunkohle und Steinkohle. Allerdings wird seit Jahren immer weniger Kohle abgebaut. Die Kohle aus dem Ausland ist nämlich wesentlich preiswerter.

Kohle wird in Kraftwerken verbrannt oder für die Stahlgewinnung zu Koks umgewandelt.

1 Fragen zum Text

a) Aus welchen Elementen besteht Kohle?
b) Wie wird Koks hergestellt?

◀ *2 Schaufelradbagger im Braunkohle-Tagebau*

|13.6| Rauchgasreinigung

▲ *1 Kohlekraftwerk*

Umweltschutz. Kohle enthält stets Schwefelverbindungen, sodass bei jeder Verbrennung giftiges Schwefeldioxid entsteht. Aus dem Stickstoff und dem Sauerstoff der Luft entwickeln sich bei Temperaturen um 1000 °C giftige Stickstoffoxide. Deshalb muss das Rauchgas von Kraftwerken gereinigt werden.

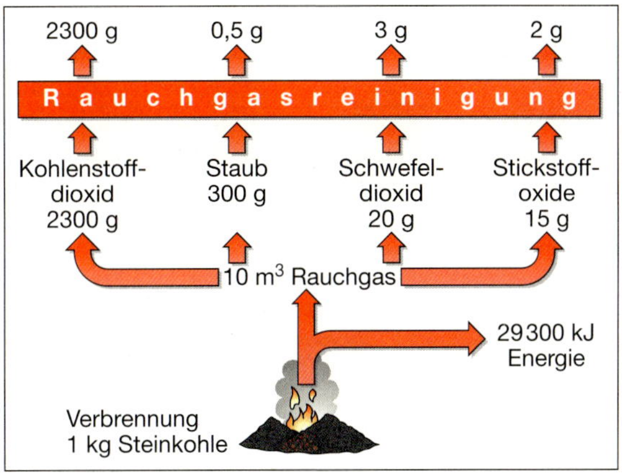

◀ *2 Daten zur Rauchgasreinigung*

Zunächst wird dem Rauchgas in der **Entstickungsanlage** Ammoniak zugeführt. Dadurch werden die giftigen Stickstoffoxide zu harmlosem Stickstoff reduziert.

In der **Entstaubungsanlage** können mithilfe von Elektrofiltern über 99 % des Staubes zurückgehalten werden.

In der **Rauchgasentschwefelungsanlage (REA)** lässt sich das Schwefeldioxid zu 95 % aus dem Abgas entfernen. Bei dem meist verwendeten Verfahren wird das Abgas durch eine wässrige Kalksuspension geleitet. Das entstandene Calciumsulfit wird durch eingeblasene Luft zu Calciumsulfat (Gips) oxidiert. Pro Tag fallen etwa 150 Tonnen getrockneter, pulverförmiger Gips an. Man nennt ihn auch REA-Gips. Er kann zu Gipskartonplatten verarbeitet werden, die man dann am Bau verwendet.

Die durch den Waschvorgang mit Wasserdampf angereicherten Abgase verlassen das Kraftwerk mit mehr als 80 °C durch den über 200 Meter hohen Schornstein.

Da bei der Verbrennung von Kohle immer schädliche Abgase entstehen, muss das Rauchgas aus Kraftwerken gereinigt werden. Der dabei entstehende Gips wird in der Bauindustrie verwendet.

1 Fragen zum Text

a) Warum muss das Rauchgas aus Kraftwerken gereinigt werden?
b) Wie wird Schwefeldioxid aus dem Rauchgas entfernt?
c) Weshalb sind giftige Stickstoffoxide in den Rauchgasen enthalten?

3 Rauchgasreinigung in einem Kraftwerk ▼

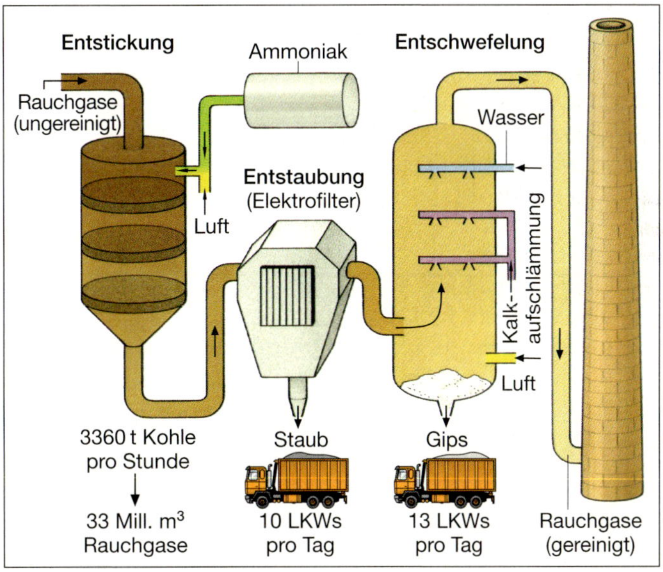

|13.7| Luftverschmutzung

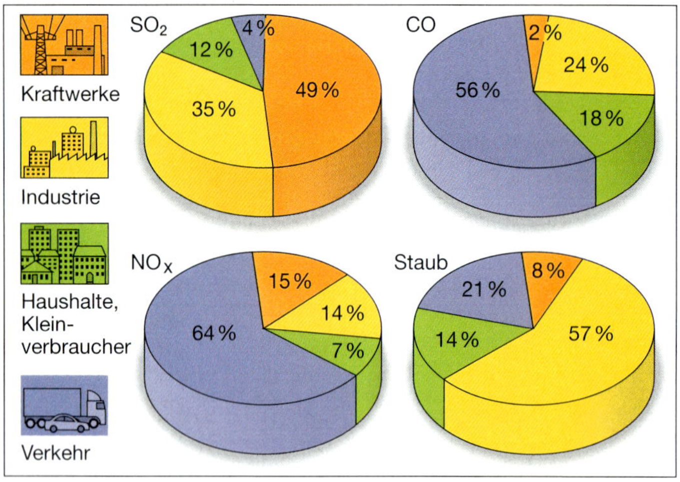

▲ 1 *Luftverschmutzung – und ihre Verursacher*

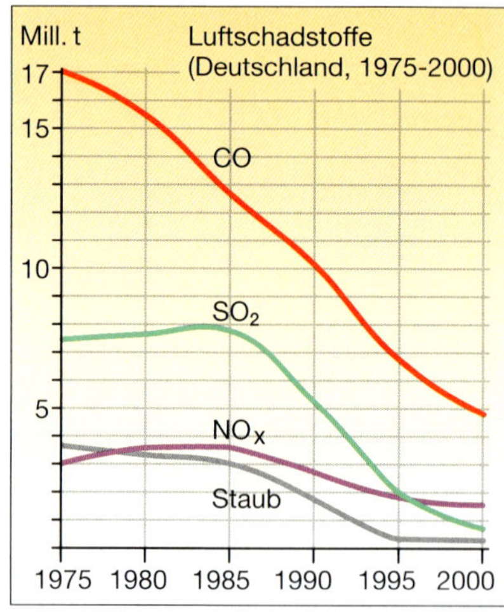

▲ 2 *Statistik: Luftschadstoffe*

Täglich werden große Mengen Schadstoffe wie Schwefeldioxid, Stickstoffoxide oder Staub in die Luft abgegeben. Sie entstehen bei der Verbrennung von fossilen Brennstoffen.

Wie stark sich die Luftverschmutzung auf den Menschen auswirken kann, wurde erstmals deutlich, als im Dezember 1952 über London eine dichte Dunstglocke aus Nebel, Rauch und giftigen Abgasen lag. Dieser **Smog** (von engl. *smoke:* Rauch und *fog:* Nebel) entstand, weil die schlechte Luft wegen einer ungünstigen Wetterlage nicht abziehen konnte. Viele Menschen bekamen Atemnot, Herz- und Kreislaufbeschwerden. Die Folgen waren schwerwiegend: Während des Smogs starben in der Stadt über 4000 Menschen mehr als sonst im Dezember anderer Jahre.

▲ 3 *So entsteht Smog*

In den letzten Jahrzehnten hat man zahlreiche **Gesetze** zur **Reinhaltung der Luft erlassen.** Seitdem konnte eine deutliche Reduzierung der Luftschadstoffe erreicht werden. Ermöglicht wurde dies durch die Rauchgasreinigung in Kraftwerken, durch Brennstoffumstellungen und neue umweltfreundliche Heizanlagen. In der Industrie wird darauf geachtet, dass die Produkte schadstoffärmer hergestellt werden. Gesetze und Verordnungen legen genau fest, welche Abgasmengen von Industrieanlagen, Kraftfahrzeugen und Kraftwerken abgegeben werden dürfen. Messstationen überwachen die Einhaltung dieser Werte.

Wenn heute bestimmte **Grenzwerte** für Luftschadstoffe überschritten werden, ist in **Smog-Alarmplänen** festgelegt, was getan werden muss. Je nach Alarmstufe können dann Fahrverbote erteilt und sogar bestimmte Betriebe stillgelegt werden.

Es gibt aber auch **Rückschläge** bei der Luftreinhaltung. So sorgt der Abgas-Katalysator zwar dafür, dass jedes Auto weniger Schadstoffe abgibt. Dieser Fortschritt wird aber teilweise wieder zunichte gemacht, weil immer mehr Kraftwagen auf den Straßen unterwegs sind.

Bei der Verbrennung fossiler Brennstoffe entstehen Schadstoffe. Durch die Festlegung von Grenzwerten versucht man die Schadstoffmengen zu begrenzen.

1 **Fragen zum Text**

a) Wer sind die Verursacher der Luftverunreinigungen ?
b) Welche Schadstoffe belasten die Luft erheblich?
c) Welche Maßnahmen hat man schon ergriffen, damit die Luft sauberer wird?

Waldschäden durch Luftschadstoffe

▲ *1 Ein Wald im Allgäu: 1988 und 1995*

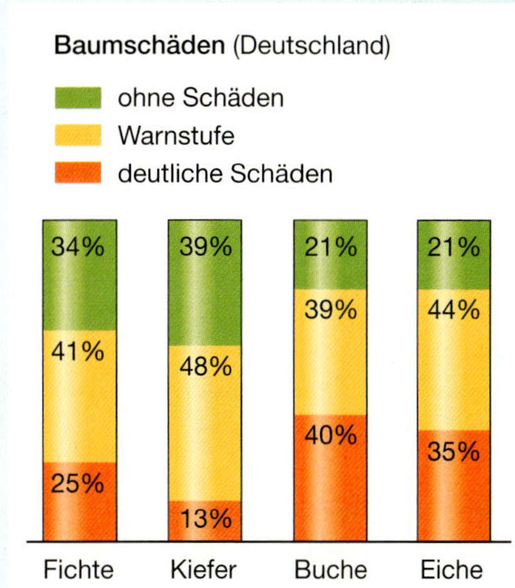

▲ *2 Baumschäden (Stand 2000)*

In Deutschland sind heute etwa 60 % der Waldflächen geschädigt. Dort findet man Bäume mit vergilbten Nadeln, dürren Ästen und abgestorbenen Kronen. Zunächst waren vor allem Nadelbäume betroffen. Inzwischen sind auch viele Eichen und Buchen krank.

Seit 1982 werden die Ausmaße der Waldschäden bundesweit erfasst. Durch Waldbegehungen und mithilfe von Luftaufnahmen verschafft man sich einen Überblick vom Zustand der Wälder.

Ursachen. Nach heutigem Wissensstand entstehen die Schäden aus dem Zusammenwirken mehrerer Faktoren. Die Belastung mit *Luftschadstoffen* spielt dabei eine besonders wichtige Rolle.

Stickstoffoxide und Schwefeldioxid greifen die Schutzschicht der Blätter an. Wenn sie in die Pflanze eindringen, hemmen sie lebenswichtige Vorgänge oder töten sogar Zellen ab. Mit der Feuchtigkeit der Luft bilden sich Säuren wie Salpetersäure und Schwefelsäure. Dieser **saure Regen** ist bisweilen so sauer wie Essig.
Er wäscht wichtige Nährsalze aus dem Boden aus und setzt giftige Metall-Ionen frei. Bäume, die jahrelang solchen Angriffen ausgesetzt sind, können dem Frost, der extremen Trockenheit oder Schädlingsbefall nicht lange widerstehen. Sie werden krank oder sterben sogar ab.

1. Nenne mögliche Ursachen für Waldschäden.
2. Aus welchen Stoffen setzt sich saurer Regen zusammen?
3. Welche Schäden treten auf, wenn der Waldboden zunehmend versauert?
4. Welche Maßnahmen können ergriffen werden, um weitere Waldschäden zu vermeiden?

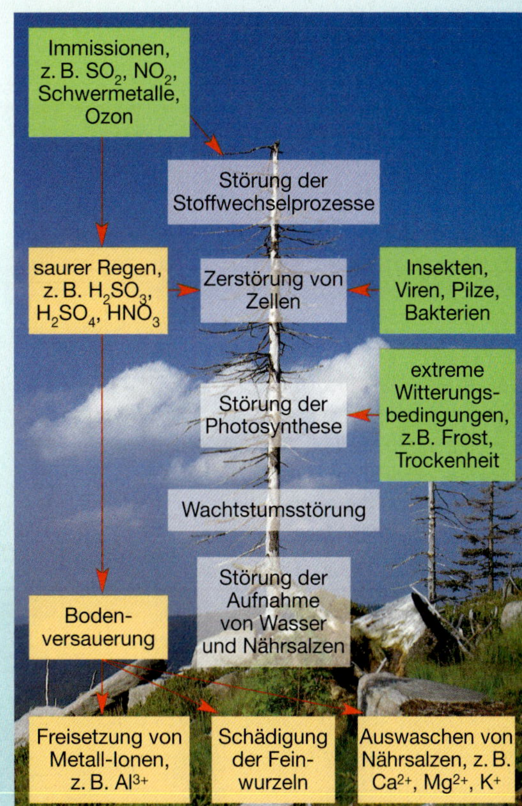

▲ *3 Mögliche Ursachen der Waldschäden*

|13.8| Die Erde schwitzt: Der Treibhauseffekt

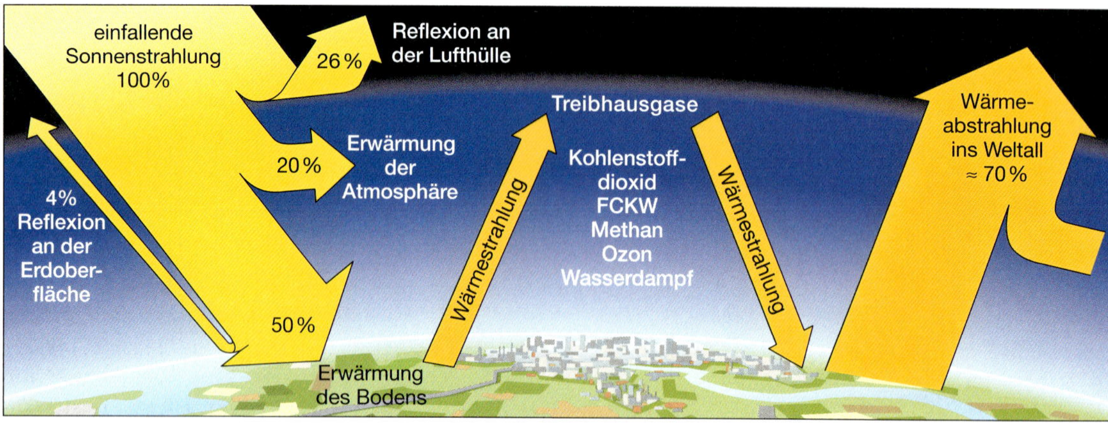

Treibhauseffekt. In einem Gewächshaus aus Glas, man nennt es auch „Treibhaus", ist es immer wärmer als im Freien. Die Sonnenstrahlung kann nämlich die Glaswände ungehindert durchdringen und innen Erde und Pflanzen erwärmen. Die davon wieder abgestrahlte Wärme wird von den Glaswänden aber zum größten Teil reflektiert. Die Wärme bleibt in einem Treibhaus also „eingesperrt". Die Lufthülle der Erde wirkt ganz ähnlich wie die Glasscheiben eines Gewächshauses. Das ist nicht schlimm, im Gegenteil! Ohne diesen natürlichen Teibhauseffekt wäre es auf der Erde sehr viel kälter. Die Durchschnittstemperatur läge nicht bei +14,5 °C, sondern bei –18 °C.

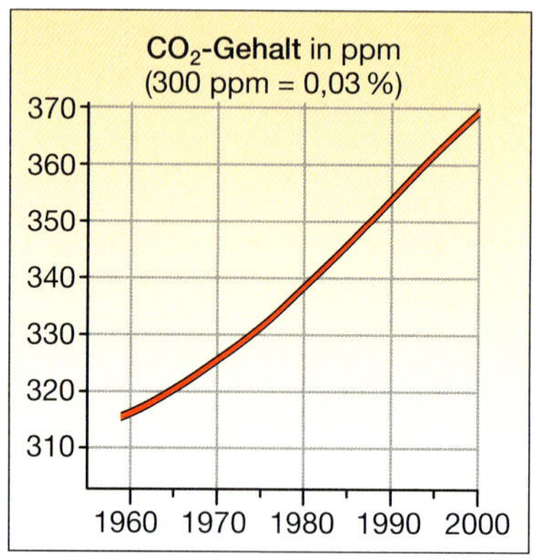

▲ *2 CO_2-Gehalt der Atmosphäre*

Der Mensch verstärkt den Treibhauseffekt. Vor allem durch das übermäßige Verbrennen fossiler Brennstoffe hat der Mensch den Kohlenstoffdioxidgehalt der Atmosphäre ansteigen lassen. Seit dem Beginn der Industralisierung ist der CO_2-Gehalt um ein Drittel angestiegen. Eben dieses Gas ist, neben Wasserdampf, der Hauptverursacher der Treibhauswirkung in der Atmosphäre. Die meisten Forscher sagen daher für die nächsten Jahrzehnte eine *Temperaturerhöhung* voraus. Gestützt wird diese Theorie durch Klima-Untersuchungen der Erdgeschichte. Sie zeigen, dass immer dann die Durchschnittstemperatur auf der Erde relativ hoch lag, wenn auch der CO_2-Gehalt der Luft hoch war.

Auswirkungen des Treibhauseffektes auf das Klima. Wissenschaftler aus aller Welt warnen vor einer starken Erwärmung der Erdatmosphäre. Man rechnet mit einer Erhöhung der Durchschnittstemperatur um bis zu 5 °C innerhalb von 100 Jahren. Das hört sich für Nicht-Fachleute niedrig an – doch das Gegenteil ist der Fall: schwerwiegende Klimaänderungen wären die Folge!
Das Polareis könnte schmelzen und daraufhin der Meerespiegel ansteigen. Inselstaaten im Südpazifik wären dann ernsthaft bedroht. Naturkatastrophen könnten stark zunehmen, die Wüsten würden sich ausdehnen, ganze Klimazonen könnten sich verschieben. Doch auch mithilfe der leistungsfähigsten Computer lassen sich die Folgen der Erwärmung

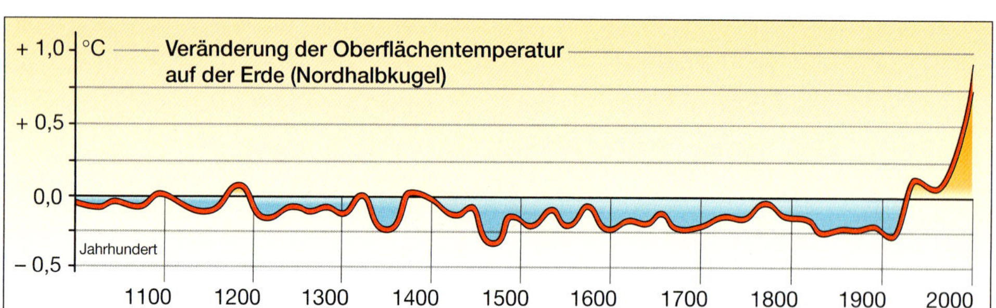

◀ *3 Die Durchschnittstemperatur der Erdoberfläche ist in den letzten Jahren deutlich angestiegen*

nicht genau vorhersagen. Das Klima entsteht nämlich aus dem Zusammenwirken vieler Einzelfaktoren, die sich dazu noch gegenseitig beeinflussen.

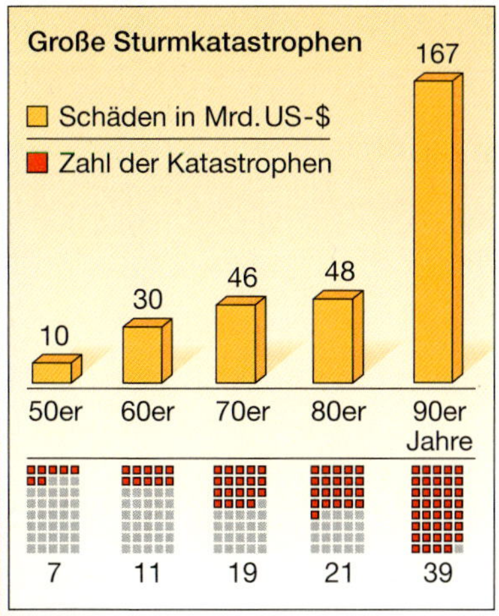

▲ *1 Unwetterkatastrophen nehmen weltweit zu*

◄ *2 Sturmschäden in einem Wald*

▼ *3 Golfstrom wärmt Europa*

Klimaschutzmaßnahmen. Seit Jahren gibt es Bemühungen, auf internationalen Klimakonferenzen den Ausstoß an Kohlenstoffdioxid weltweit zu verringern. In den neunziger Jahren hatten sich viele Industriestaaten verpflichtet, die CO_2-Produktion zu verringern. Heute erkennt man, wie schwierig es ist, solche Beschlüsse durchzusetzen.

Das Fazit eines Wissenschaftlers zum Treibhauseffekt lautete: Es ist wohl das größte unfreiwillige Experiment, das die Menschheit je unternommen hat.

Die ersten Folgen der globalen Klimaänderung sind bereits zu beobachten, obwohl die Erde sich in den letzten Jahren nur um 0,6 °C erwärmt hat: Die Dauerfrostböden der Erde tauen langsam auf, die Gletscher in den Alpen schrumpfen, Tier- und Pflanzenarten, die eher in wärmeren Regionen heimisch sind, werden in Nordeuropa beobachtet, die Zahl der klimabedingten Naturkatastrophen nimmt weltweit zu (Abb. 1).

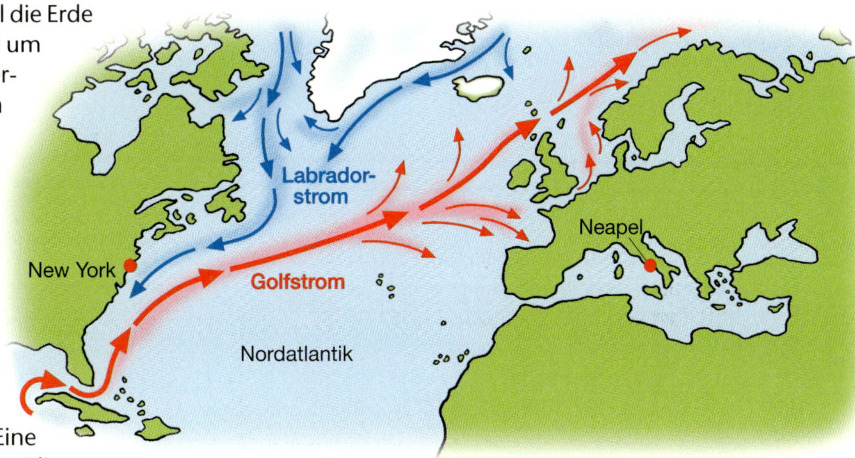

Die Golfstromhypothese. Eine besonders wichtige Rolle für das Klima in Europa spielt der Golfstrom. Er transportiert eine gigantische Wärmemenge vom Golf von Mexiko quer über den Atlantik bis nach Norwegen. Die Energie entspricht der Leistung von rund einer Million Atomkraftwerken! Dieser gewaltigen „Warmwasserheizung" verdanken die Nordeuropäer 5 – 10 °C höhere Temperaturen als sonst auf diesem Breitengrad üblich. Wissenschaftler vom Institut für Klimafolgenforschung in Potsdam haben in Computersimulationen berechnet, dass sich der Golfstrom bei einer weiteren Erwärmung abschwächen oder sogar völlig versiegen könnte. Das hätte dramatische Folgen für das Klima in Europa. Hier würden dann innerhalb weniger Jahre Temperaturen herrschen wie sonst in Nordkanada und Alaska!

Die Verbrennung fossiler Brennstoffe führt zu einem Anstieg der CO_2-Menge in der Atmosphäre. Dadurch kann es zu globalen Klimaänderungen kommen.

1 Fragen zum Text

a) Erläutere den natürlichen Treibhauseffekt.
b) Wodurch wird er verstärkt?
c) Was zeigt Abbildung 3 auf S. 247?
d) Erläutere mit eigenen Worten die „Golfstromhypothese".
e) Was muss man tun, damit der CO_2-Gehalt der Atmosphäre nicht weiter ansteigt?

|13.9| Erneuerbare Energieträger ... im Aufwind

Energie wird bisher vor allem aus Erdöl und Kohle gewonnen. Doch diese Energieträger sind begrenzt und belasten außerdem die Umwelt mit schädlichen Abgasen.
Schon seit Jahren versucht man daher, andere weniger umweltbelastende Energiequellen zu erschließen. Diese erneuerbaren Energieträger verbrauchen sich nicht und setzen bei ihrer Nutzung kein zusätzliches Kohlenstoffdioxid frei.

Sonnenenergie. Die Sonne ist unsere umweltfreundlichste Energiequelle. Sie liefert uns ohne Abgase Energie frei Haus.

Mit *Sonnenkollektoren* wird die Energie der Sonne zum Erhitzen einer Flüssigkeit genutzt. Sie kann zum Heizen von Wohnungen und zur Warmwasserbereitung verwendet werden.

Solarzellen wandeln Licht direkt in elektrische Energie um. Von Nachteil sind der noch zu geringe Wirkungsgrad sowie der hohe Flächenbedarf solcher Anlagen. Auch ist die Herstellung der Zellen noch teuer. Strom aus Solarzellen hat deshalb zurzeit in Deutschland keine wirtschaftliche Bedeutung. Dennoch rechnet man sich auf dem Gebiet der Solarzellen einige Zukunftschancen aus, denn die Forschung macht Fortschritte.

▲ *1 Windkraftanlage*

Wasserkraft. Wasser kann Turbinen antreiben und so elektrischen Strom erzeugen. In Deutschland stellen die etwa 600 Wasserkraftwerke den größten Anteil an der Stromerzeugung unter den erneuerbaren Energieträgern. Leider lässt sich die Wasserkraft kaum noch stärker nutzen.

Windenergie. Auch Windkraftanlagen sind umweltfreundliche Energielieferanten. Sie lohnen aber nur in besonders windreichen Gebieten. Ihre Leistung ist außerdem relativ gering. Sie können daher nur einen bescheidenen Beitrag zur Energieversorgung leisten.

Erneuerbare Energieträger sind weniger umweltbelastend und verbrauchen sich nicht.

1 Fragen zum Text

a) Inwiefern wird die Umwelt geschont, wenn erneuerbare Energieträger eingesetzt werden?
b) Nenne Probleme beim Einsatz von Wind, Wasserkraft oder Sonnenenergie.

▲ *2 Sonnenkraftwerk*

▲ *3 Energie aus Wasserkraft*

2 Experiment

Sonnenkollektoren werden schwarz lackiert, weil sie dann die Energie der Sonne besser aufnehmen. Dazu lässt sich ein einfacher Modellversuch durchführen. Stelle zwei wassergefüllte Bechergläser (250 ml) in die pralle Sonne. Umwickle ein Becherglas mit schwarzem Papier. Prüfe nach 15 Minuten die Wassertemperatur in beiden Gefäßen.

3 Alltag

Seit der Energierechtsnovelle von 1998 ist ein Transport von Strom durch fremde Netze möglich. Sie soll zu einem Wettbewerb auf dem Strommarkt führen. Wozu kann es kommen, wenn beim Bezug von elektrischer Energie ausschließlich nach dem Preis entschieden wird?

4 Technik

Ein Hausbesitzer möchte seinen Bedarf an elektrischer Energie, etwa 4000 Kilowattstunden pro Jahr, mithilfe von Solarzellen decken. In unseren Breiten gelangen pro Jahr etwa 1000 Kilowattstunden Sonnenenergie auf jeden Quadratmeter Boden.
Welche Solarzellenfläche ist nötig, wenn die gesamte Anlage einen Wirkungsgrad von 15 % besitzt?

Exkurs: Technik

Die Solar-Wasserstoff-Welt

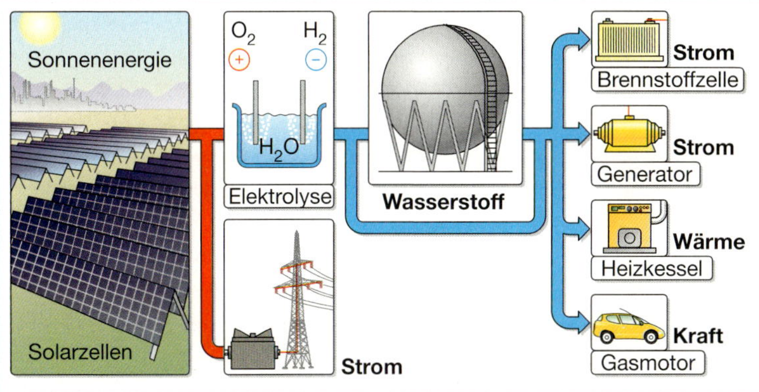

Umweltfreundlich ist Wasserstoff deshalb, weil er mit dem Sauerstoff der Luft zu reinem Wasserdampf verbrennt. Aus Wasser kann dann wieder Wasserstoff gewonnen werden. Der Kreislauf ist geschlossen.

Wasserstoff-Technik heute. Wasserstoff wird in der Industrie schon lange als wichtiger Grundstoff verwendet. Verflüssigten Wasserstoff verwendet man seit Jahren als Raketentreibstoff. Auch Düsenjets haben schon einige erfolgreiche Testflüge mit Wasserstoff absolviert.
Der Umgang mit Wasserstoff ist nicht gefährlicher als der mit Benzin. Im Straßenverkehr fahren bereits heute Wasserstoff-Autos. Hier bereitet allerdings noch das langwierige Auftanken und die Speicherung des Gases einige Probleme.

Wird Wasserstoff der Energieträger der Zukunft? Noch gibt es einige technische Schwierigkeiten. Doch die Probleme erscheinen lösbar, denn die dafür benötigte Technik ist längst bekannt. Was die Wasserstoffnutzung noch hemmt, ist die wirtschaftliche Seite: Noch ist die Energie aus Wasserstoff teurer als die aus fossilen Brennstoffen.

Wasserstoff-Technik morgen. Man schreibt das Jahr 2050. Riesige Solaranlagen in der Wüste fangen die Sonnenstrahlen mit Solarzellen auf. Sie wandeln die Energie des Sonnenlichts direkt in elektrische Energie um. Mit ihr wird vor Ort Wasser durch Elektrolyse in Wasserstoff und Sauerstoff zerlegt. Der so gewonnene Wasserstoff ist ein idealer Energieträger. Er wird durch Pipelines und per Schiff zu den Verbrauchern nach Europa transportiert.

Im Jahr 2050 heizt man nicht mehr mit Erdöl oder Erdgas, sondern mit Wasserstoff. Mithilfe von Brennstoffzellen kann man elektrische Energie gewinnen. Im Straßenverkehr gibt es nur noch Elektroautos und solche, die mit Wasserstoff-Motoren laufen.

Pinnwand

Öko-cleveres Energiesparen!

Alle Geräte, die sich fernbedienen lassen oder keinen echten Ausschaltknopf besitzen, verbrauchen ständig Strom. Man schätzt, dass man ohne diesen Standby-Betrieb in Deutschland zwei große Kraftwerke einsparen könnte. Mit einem Energie-Messgerät kommt man den „geheimen Stromfressern" auf die Schliche.

1. Besorgt euch ein Energie-Messgerät und prüft, welche Geräte an der Schule im Standby-Betrieb laufen (z. B. Computer, Drucker).

2. Messt den Stromverbrauch dieser Geräte.
3. Berechnet die Stromkosten für ein Jahr.
4. Macht Vorschläge, wie man diesen unnötigen Stromverbrauch einschränken oder vermeiden kann.

Wald-Realschule:
Schüler zapfen Sonne an

5. Stellt ein **Energiesparprogramm für eure Schule** auf. Macht euch zuerst ein Check-Liste, was ihr alles untersuchen könnt, z. B.
– Müssen immer alle Lampen bzw. Geräte eingeschaltet sein (Kopierer, Drucker, fast leere Kühlschränke)?
– Sind überall energiesparende Lampen montiert?
– Kann man alte Geräte durch sparsamere ersetzen?
– Ist es möglich, Sonnenkollektoren zu installieren?
6. Verhandelt mit dem Schulträger, ob die Schule einen Teil des eingesparten Geldes zurück erhalten kann.

7. Energiesparlampen kommen bei gleicher Helligkeit mit einem Fünftel der Energie einer herkömmlichen Glühlampe aus. Finde heraus, woran das liegt.
8. Berechne, wie viel Geld man bei 8000 Betriebsstunden (in 8 Jahren) spart, wenn man in dieser Zeit nur 1 Energiesparlampe anstatt 8 Glühlampen benötigt. Vergleiche die Summen aus Lampenkosten und Stromkosten.

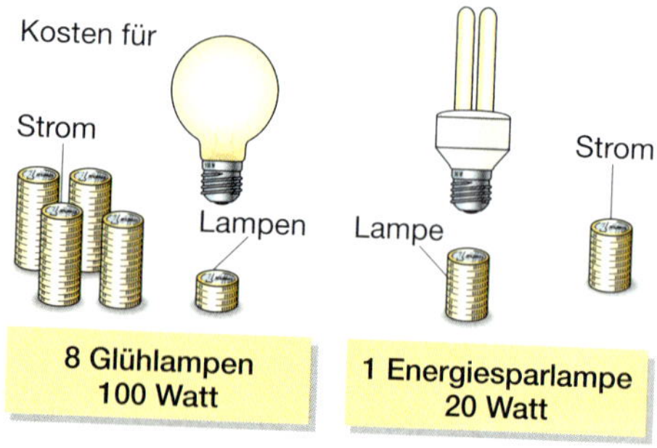

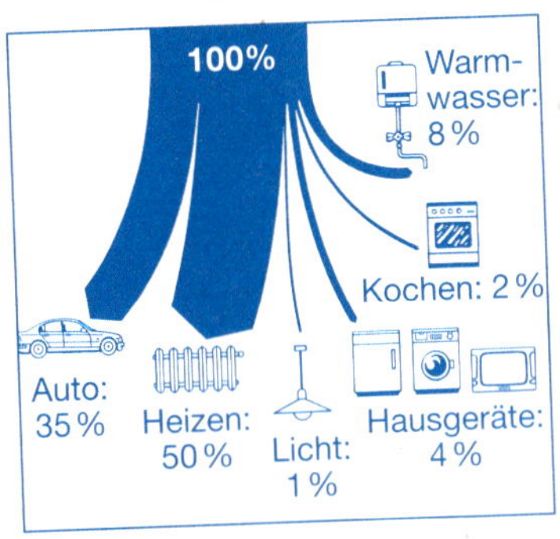

Wer Energie einspart, spart Geld, Rohstoffe und schont die Umwelt.

9. Betrachte die Grafik. Wo ist es am einfachsten, nennenswerte Mengen an Energie einzusparen?
10. Inwiefern schont man die Umwelt und spart Rohstoffe, wenn man weniger Energie verbraucht?

11. Bei Energieunternehmen, Umweltverbänden und Ministerien kann man Tipps zum Energiesparen finden. Stellt die besten Tipps auf Plakaten zusammen und stellt sie an der Schule aus. Informiert euch dabei über das Internet, z. B.: www.bine.fiz-karlsruhe.de, www.umweltbundesamt.de, www.bmu.de, www.bmwi.de, www.greenpeace.de, www.bund.net

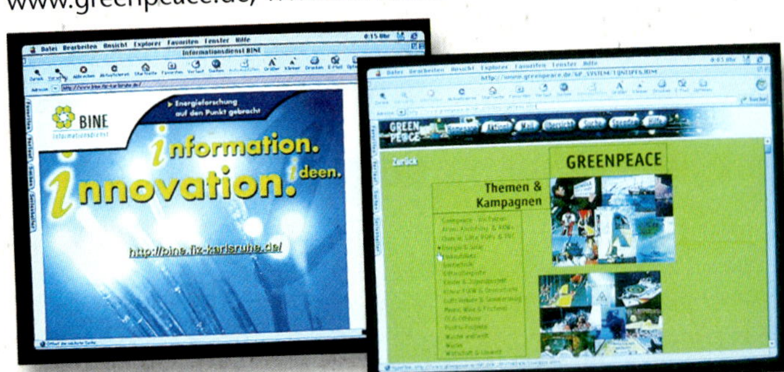

1 Obwohl in Europa und Nordamerika nur 10 % der Weltbevölkerung leben, werden dort mehr als 50% der weltweit verfügbaren Energie verbraucht.
Vergleiche den Energieverbrauch von Menschen in verschiedenen Ländern. Versuche die Unterschiede zu erklären.

Energieverbrauch pro Kopf (1997) (in kg SKE, d. h. Steinkohleeinheiten)	
Tschad	7
Tansania	37
Ägypten	823
Brasilien	1009
Spanien	3354
Italien	4147
Frankreich	5507
Japan	5189
Deutschland	5692
USA	11493

2 **a)** Was ist ein Energieträger? Erkläre den Begriff und nenne einige Beispiele.
b) Was sind erneuerbare Energieträger?

3 Woran könnte es liegen, dass heutzutage deutlich mehr Energie umgesetzt wird als vor etwa 40 Jahren?

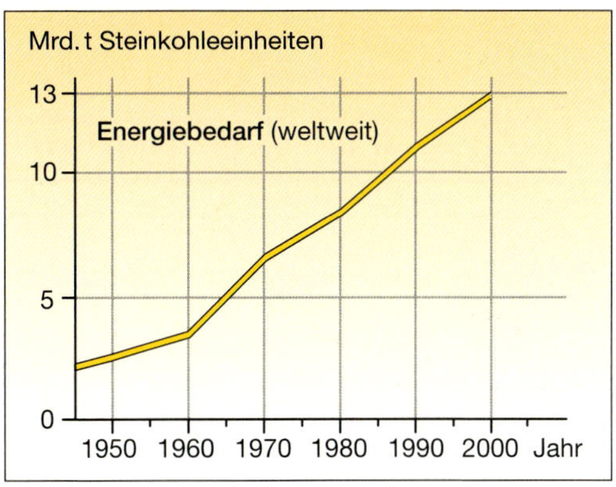

4 Welche Probleme gibt es beim Transport von Erdöl?

5 **a)** Welche Produkte entstehen bei der Erdöldestillation?
b) Beschreibe, was man unter einer fraktionierten Destillation versteht.
c) Was geschieht dabei in der Glocke eines Glockenbodens?

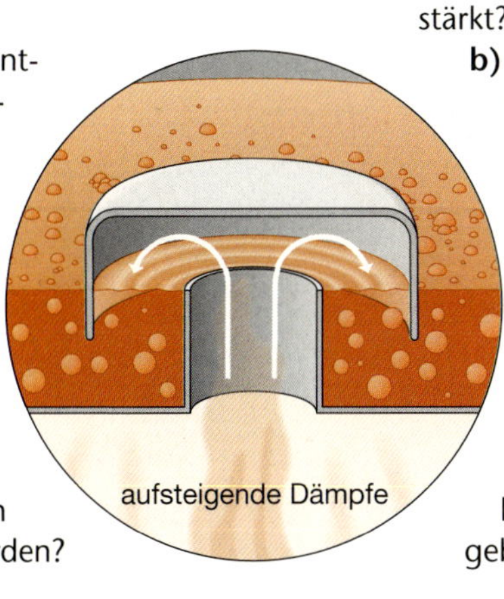

6 Weshalb darf der Rückstand bei der Erdöldestillation nicht über 400 °C erhitzt werden?

7 Welche Vorteile bietet Erdgas als Energieträger im Vergleich zu Kohle oder Erdöl?

8 **a)** Woraus besteht Kohle, chemisch betrachtet?
b) Welche Stoffe entstehen bei der Verbrennung von Kohle?

9 Braunkohle enthält bis zu 5 % Schwefel. Ein Braunkohlekraftwerk verbrennt jeden Tag etwa 3000 Tonnen Kohle.

a) Wie viel Schwefeldioxid würde ohne Entschwefelung täglich entstehen, wenn pro Tonne Schwefel etwa 2 Tonnen Schwefeldioxid anfallen?
b) Beschreibe, wie die Abgase eines Kohlekraftwerkes gereinigt werden.
c) Welches Produkt fällt bei der Entschwefelung des Abgases an?

10 **a)** Wer ist in Deutschland Hauptverursacher der Stickstoffoxide?
b) Wie hat sich die Menge der Stickstoffoxide in den letzten 30 Jahren entwickelt?
c) Weshalb hat wohl die Schwefeldioxid-Menge so deutlich abgenommen?

11 **a)** Was versteht man unter dem „natürlichen" Treibhauseffekt? Wodurch wird er verstärkt?
b) Worauf geht die Zunahme des CO_2-Gehaltes der Luft zurück?
c) Weshalb sagt man voraus, dass die Temperatur zunehmen wird, wenn der CO_2-Gehalt ansteigt?

12 Weshalb ist es sinnvoll, erneuerbare Energieträger stärker zu nutzen als bisher?

13 Warum werden in Deutschland nicht weitere Wasserkraftwerke gebaut?

Basis-Wissen

→ **Primärenergieträger:** Energie muss aus Energieträgern gewonnen werden. In ihnen ist die Energie gespeichert. Primärenergieträger sind zum Beispiel Kohle, Erdöl, Wind oder fließendes Wasser.

→ **Erneuerbare Energieträger** wie Wind-, Wasser- und Sonnenenergie werden nicht „verbraucht". Sie verursachen im Betrieb keine Schadstoffe, sind aber nicht ständig und an allen Orten nutzbar.

→ **Fossile Energieträger:** Dazu gehören Erdöl, Erdgas und Kohle. Beim Verbrennen dieser Stoffe entstehen neben Wärme aber auch Abgase, die Kohlenstoffdioxid, Schwefeldioxid, Stickstoffoxide und Staub enthalten. Energiegewinnung belastet also die Umwelt. Der Vorrat an fossilen Brennstoffen ist außerdem begrenzt.

→ **Kohle** dient schon seit Jahrhunderten als Brennstoff. Man setzt sie heute überwiegend zur Stromerzeugung ein. Aus Steinkohle stellt man Koks her, der zur Herstellung von Stahl benötigt wird.

→ **Erdöl und Erdgas** werden aus unterirdischen Lagerstätten gewonnen und über Rohrleitungen und per Schiff in die ganze Welt transportiert. Bevor man diese Rohstoffe nutzen kann, müssen sie in Raffinerien aufbereitet werden.

→ **Rohöldestillation:** Das Rohöl wird erhitzt. Dabei verdampft der größte Teil. Der Öldampf steigt im Destillierturm nach oben und kondensiert bei bestimmten Temperaturen auf Glockenböden. Man gewinnt so genannte Fraktionen, also Stoffgemische mit ähnlichen Siedetemperaturen.

→ **Rauchgasreinigung:** Abgase von Kraftwerken müssen behandelt werden, um die Schadstoffmenge zu reduzieren. Als Nebenprodukt entsteht dabei Gips.

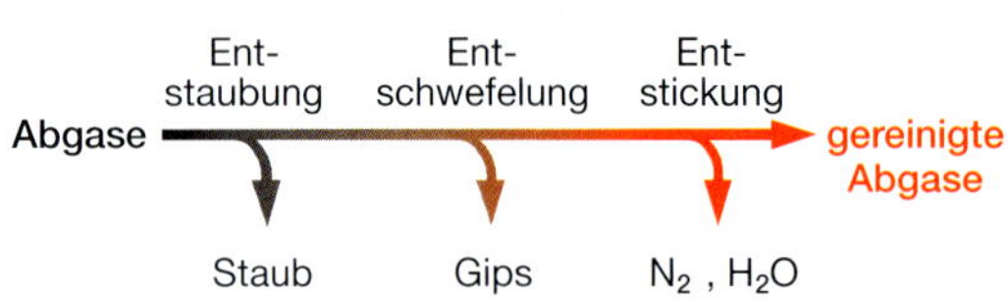

→ **Luftverschmutzung: Smog** entsteht, wenn schadstoffbelastete Luft bei bestimmten Wetterlagen nicht abziehen kann. Aus Schwefeldioxid und Stickstoffoxiden entsteht mit Wasser **saurer Regen.** Er schädigt Wälder, Seen und Bauwerke.

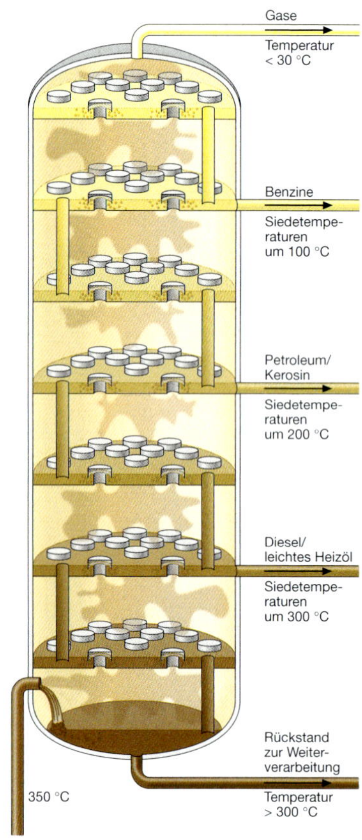

→ **Der Treibhauseffekt:** Der Kohlenstoffdioxid-Gehalt der Luft nimmt zu. Dies führt zu einer allmählichen Erwärmung der Atmosphäre. Dadurch kann es zu globalen Klimaveränderungen kommen.

|14| Die Welt des Kohlenstoffs: Organische Chemie

In Raffinerien werden aus Erdgas und Erdöl hauptsächlich Gas und Öl zum Heizen sowie Benzin, Kerosin und Dieselöl als Treibstoffe für Autos, Flugzeuge und Schiffe gewonnen. Nur ein kleiner Teil der Erdölprodukte dient als Rohstoff zur Herstellung von Kunststoffen, Arzneimitteln, Farben, Waschmitteln und vielen anderen Dingen.

Das Überraschende dabei ist: Diese Fülle an Stoffen verdanken wir Verbindungen, die im Wesentlichen nur aus zwei verschiedenen chemischen Elementen aufgebaut sind: aus Kohlenstoff und Wasserstoff. Aus historischen Gründen bezeichnet man solche Verbindungen auch heute noch als „organische Verbindungen“.

|14.1| Was sind organische Stoffe?

Seife

Mehl

Motoröl

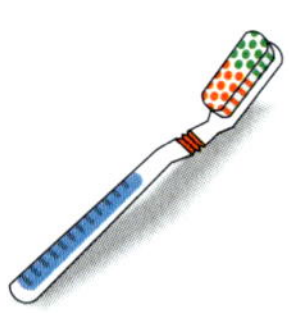
Zahnbürste

Zucker

Wolle

Butter

Farbe

Arzneimittel

Kerze

Es ist nicht gerade ein schöner Anblick, wenn das Toastbrot zum Frühstück schwarz wird oder die Würstchen beim Grillen verkohlen. Ohne es zu wollen hat man damit einen chemischen Nachweis durchgeführt: Würstchen und Brot zersetzen sich bei höheren Temperaturen. Übrig bleibt einen ungenießbare, schwarze Masse aus Kohlenstoff. Stoffe, die sich beim Erhitzen zersetzen und schwarz werden, enthalten **Kohlenstoff**. Fast alle Verbindungen mit Kohlenstoff-Atomen zählt man zu den **organischen Stoffen**.

▲ *1 Ein einfacher chemischer Nachweis für organische Stoffe*

Zucker ist ein organischer Stoff. Gibt man etwas Zucker in ein Reagenzglas und erhitzt es, wird der Zucker zunächst braun, er karamelisiert. Erhitzt man weiter, wird er dunkelbraun und schließlich schwarz, er verkohlt. Daraus kann man folgern, dass auch Zucker Kohlenstoff enthält.

Kochsalz und Haushaltszucker sehen sich zum Verwechseln ähnlich, verhalten sich jedoch beim Erhitzen unterschiedlich: Erhitzt man Kochsalz auf 800 °C, so schmilzt es und wird wasserklar. Auch bei stärkerem Erhitzen verändert Kochsalz seine Farbe nicht. Beim Abkühlen entsteht wieder weißes Salz. Es findet also keine Zersetzung statt.

Daraus kann man schließen, dass Kochsalz keinen Kohlenstoff enthält. Kochsalz ist ein anorganischer Stoff.

Weitere Beispiele für organische Stoffe sind neben Lebensmitteln Papier, Holz, Wachs, Seife und Kunststoffe. Nur wenige Kohlenstoff-Verbindungen rechnet man nicht zu den organischen, sondern zu den anorganischen Stoffen. Dazu gehören beispielsweise Kohlenstoffdioxid, Kohlenstoffmonooxid, Kohlensäure und deren Salze, die Carbonate.

Organische Stoffe. Im Jahr 1806 führte der schwedische Chemiker BERZELIUS den Begriff „organische Stoffe" ein. Er wollte sie bewusst von den anorganischen Stoffen abheben, denn damals hielt man es für ausgeschlossen, dass man jemals organische Stoffe im Labor künstlich herstellen könnte.
Organische Stoffe unterliegen aber den gleichen Gesetzmäßigkeiten wie anorganische Stoffe.

Dies hat der Chemiker WÖHLER im Jahre 1828 bewiesen: Ihm ist es als Erstem gelungen, im Labor aus einem anorganischen Stoff den organischen Harnstoff herzustellen. Heute werden organische Stoffe wie etwa Farbstoffe und Kunststoffe in großen Mengen von der chemischen Industrie hergestellt.

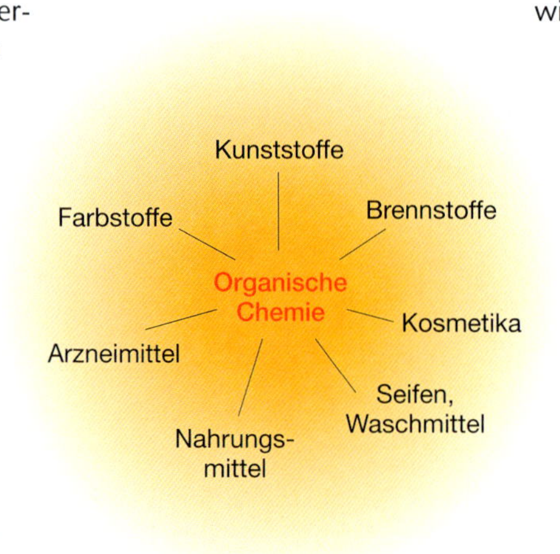

Vielfalt der Kohlenstoffverbindungen. Inzwischen sind weit über 10 Millionen organische Verbindungen bekannt – und täglich kommen weitere hinzu. Dieser riesigen Zahl stehen nur etwa 500 000 anorganische Verbindungen gegenüber.
Die Vielfalt der organischen Verbindungen beruht auf den besonderen Eigenschaften der Kohlenstoff-Atome. Kohlenstoff-Atome können sich auf unterschiedliche Weise miteinander zu großen kettenförmigen und ringförmigen Molekülen verbinden.
Außerdem können in organischen Verbindungen neben den Kohlenstoff-Atomen unter anderem auch Atome der Elemente Wasserstoff, Sauerstoff, Stickstoff, Schwefel und Phosphor gebunden sein.

Alle organischen Stoffe sind kohlenstoffhaltige Verbindungen. Die organische Chemie ist die Chemie der Kohlenstoff-Verbindungen.

1 Fragen zum Text

a) Welches Element haben alle organischen Stoffe gemeinsam? Gib Elementsymbol, Ordnungszahl, Stellung im Periodensystem sowie Anzahl der Elementarteilchen an.
b) Wie lassen sich Zucker und Kochsalz experimentell unterscheiden?
c) Wer prägte den Begriff „organische Stoffe"?
d) Welche Kohlenstoff-Verbindungen zählt man nicht zu den organischen Stoffen?
e) Worauf ist die Vielfalt der organischen Verbindungen zurückzuführen?

2 Experiment

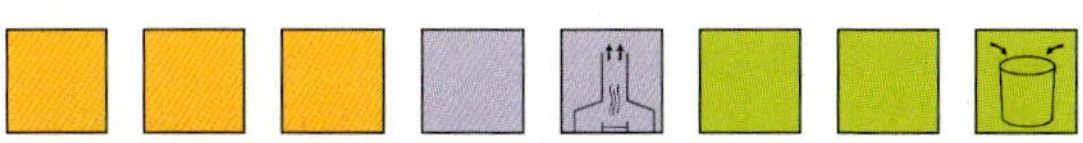

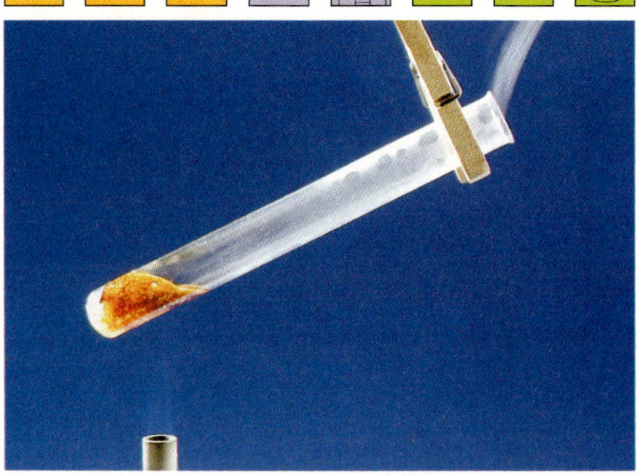

a) Erhitze in einem Reagenzglas jeweils etwas Holz, Papier und Watte.
b) Wiederhole den Versuch mit Plexiglas (im Abzug) sowie Fensterglas. Wie lassen sich die unterschiedlichen Beobachtungen deuten?
c) Erhitze trockenen Zucker in einem Reagenzglas. Beschreibe und deute deine Beobachtungen.
Hinweis: Das kondensierte Wasser ist ein indirekter Nachweis für gebundenen Wasserstoff und Sauerstoff.

3 Experiment

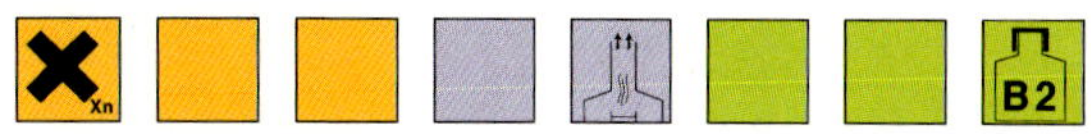

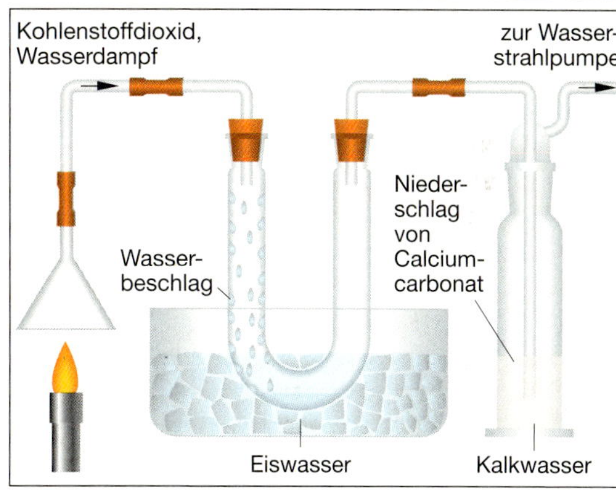

a) Leite die Verbrennungsgase eines Brenners oder einer Kerze durch die Versuchsapparatur. Die im U-Rohr kondensierende farblose Flüssigkeit ist Wasser. Das lässt sich mit wasserfreiem Kupfersulfat (Xn, B2) nachweisen.
Das Kalkwasser in der Waschflasche dient zum Nachweis von Kohlenstoffdioxid.
b) Erhitze im Abzug etwas Eiklar. Entweichendes Ammoniak kann man mit feuchtem Universalindikatorpapier nachweisen. Schwefelwasserstoff weist man mit Bleiacetat-Papier nach.

Exkurs: Geschichte

Organische Chemie früher und heute

▲ *1 FRIEDRICH WÖHLER lebte 1800–1882.*

Bis ins 19. Jahrhundert glaubte man, dass Verbindungen pflanzlicher und tierischer Herkunft wie Zucker, Stärke oder Citronensäure nicht vom Menschen im Labor hergestellt werden können. Man war der Meinung, dass solche Stoffe nur von lebenden Organismen mithilfe einer besonderen *„Lebenskraft"* (lateinisch: vis vitalis) gebildet werden könnten.

Die Harnstoffsynthese im Reagenzglas. Im Jahre 1828 gelang es dem Chemiker WÖHLER, erstmals einen organischen Stoff im Labor herzustellen. Aus dem anorganischen Salz Ammoniumcyanat konnte WÖHLER Harnstoff herstellen. Harnstoff ist ein typisch organischer Stoff, der bei der Verdauung von Eiweiß auch im Körper des Menschen entsteht. Man erkannte, dass organische Stoffe aus den gleichen Atomen aufgebaut sind wie anorganische Stoffe. Diese Entdeckung war der erste Schritt zur Überwindung der Theorie von der „Lebenskraft". In den folgenden Jahren konnten immer mehr organische Stoffe im Labor hergestellt werden.

Laboratorien früher und heute. JUSTUS VON LIEBIG (1803–1873) gilt als einer der Väter der modernen Chemie. Sein berühmtes Labor, in dem von frühmorgens bis spät in die Nacht geforscht wurde, glich eher einer Küche. Im Sommer war es darin drückend heiß, im Winter eiskalt. Es gab weder eine Heizung noch einen Abzug. Wenn es im Labor wieder einmal qualmte, wurden die Türen und die Fenster aufgerissen. LIEBIG und seine Studenten flüchteten dann ins Freie, bis sich der oft beißende Qualm endlich wieder verzogen hatte.

In LIEBIGS Labor wurden Hunderte von organischen Stoffen untersucht. Dazu wurde das von LIEBIG entwickelte Verfahren der Verbrennungsanalyse verwendet: Eine genau abgewogene Stoffportion wurde verbrannt, die Verbrennungsgase wurden aufgefangen. Die Gase reagierten mit Nachweismitteln, Kohlenstoffdioxid etwa mit Kalkwasser. Aus der Massenzunahme konnte man die Zusammensetzung der untersuchten Stoffe ermitteln.

Moderne Chemielaboratorien sehen allerdings ganz anders aus als die „Küchenlabors" des 19. Jahrhunderts. Bei der Synthese und Analyse von Stoffen werden komplizierte Apparaturen aus Glas oder Edelstahl verwendet. Mithilfe von Pumpen, Rührwerken, elektrischen Heizungen und Computern lassen sich chemische Reaktion nahezu automatisch steuern.

▲ *2 Labor von LIEBIG*

▲ *4 Modernes Labor*

|14.2| Methan – der einfachste Kohlenwasserstoff

▲ *1 In sumpfigen Reisfeldern entsteht „Biogas".*

„Biogas" – was ist das? Dieses farblose Gas entsteht bei der Zersetzung von organischem Material durch die Tätigkeit von Methan-Bakterien, die dabei ihre lebensnotwendige Energie gewinnen.

Es bildet sich auch im Schlamm von Seen, im sumpfigen Untergrund von Reisfeldern, auf Mülldeponien, aber auch in den Faultürmen von Kläranlagen und im Pansen von Rindern. Im Rindermagen ermöglichen Methan-Bakterien die Verdauung von Cellulose.

Biogas besteht vor allem aus **Methan** (65–70 %) und Kohlenstoffdioxid (bis zu 30 %). Außerdem enthält es kleine Mengen an Wasserstoff, Stickstoff und Schwefelwasserstoff.

Biogas wird in Biogasanlagen hergestellt. In Deutschland ließen sich jährlich bis zu 800 Millionen Kubikmeter Biogas erzeugen. Dadurch könnten etwa 800 Millionen Liter Heizöl ersetzt werden.

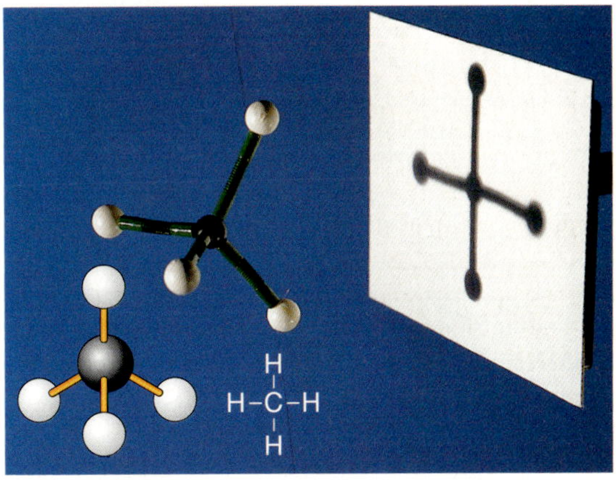

▲ *2 Methan, Modell und Formel*

Vorkommen, Eigenschaft und Verwendung von Methan. Methan kommt nicht nur in Biogas vor, sondern auch als Grubengas in Kohlebergwerken und es ist der Hauptbestandteil von Erdgas. Methan ist ein farbloses und geruchloses Gas, das leichter als Luft ist. Es ist leicht entzündlich und verbrennt mit bläulicher Flamme. Mit Sauerstoff oder Luft bildet Methan explosive Gemische. Die gefürchteten „schlagenden Wetter" in Bergwerken sind Explosionen von Methan-Luft-Gemischen. Über 90 % des Methans werden als Heizgas verbrannt. Nur ein geringer Teil wird in der chemischen Industrie als Rohstoff für Synthesen verwendet.

Das Methan-Molekül. Methan ist der einfachste organische Stoff. Ein Methan-Molekül besteht aus einem einzigen Kohlenstoff-Atom, das mit vier Wasserstoffatomen verbunden ist. Als Summenformel schreibt man CH_4. Die räumliche Struktur dieses Moleküls lässt sich an einem Molekülmodell veranschaulichen.

Beleuchtet man das Kugel-Stab-Modell eines Methan-Moleküls von der Seite, so ist auf der Wand als Schattenprojektion ein Kreuz zu sehen. Das entspricht der üblichen Schreibweise für die Strukturformel des Methan-Moleküls.

Erdgas und Biogas bestehen vorwiegend aus Methan. Methan (CH_4) ist der einfachste Kohlenwasserstoff.

1 Fragen zum Text

a) Erstelle einen Steckbrief von Methan.
b) Erläutere, was auf Abbildung 3 dargestellt ist.
c) Welche Vorteile hat Biogas?

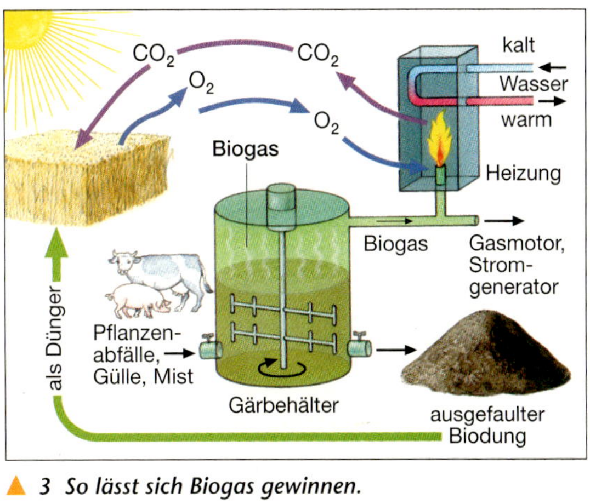

▲ *3 So lässt sich Biogas gewinnen.*

|14.3| Alkane – das 1 x 1 der organischen Chemie

Kein echter Camper kommt ohne Gaskocher aus. In den kleinen, meist blauen Kartuschen ist *Butan*. Die größeren nachfüllbaren Campinggasflaschen enthalten *Propan*. Beide Stoffe haben einen hohen Heizwert, das heißt, bei ihrer Verbrennung wird viel Energie freigesetzt.

1 Typische Beispiele für Alkane

Sowohl Propan als auch Butan sind Kohlenwasserstoffe wie das Methan. Innerhalb der großen Gruppe der Kohlenwasserstoffe bilden sie zusammen mit vielen anderen die Stoffgruppe der **Alkane**. Die Namen aller Alkane enden mit der Silbe **-an**.

Gasförmige Alkane. Propan und Butan sind bei Normaldruck Gase. Sie lassen sich durch Druck leicht verflüssigen. Man nennt sie daher auch Flüssiggase. Butan und Propan gewinnt man aus Erdgas und Erdöl.

Flüssige Alkane. Von großer Bedeutung sind die flüssigen Alkane, die uns in Benzin, Kerosin, Dieselkraftstoff und Heizöl begegnen – etwa *Pentan, Hexan* oder *Decan*. Auch als Motoren- und Getriebeöle spielen dünn- und dickflüssige Alkane eine wichtige Rolle.

Feste Alkane. Feste Alkane werden auch als *Paraffine* bezeichnet. Viele Kerzen bestehen aus Paraffingemischen. Paraffine verwendet man auch zum Einwachsen von Obst sowie zur Herstellung von Salben, Lippenstiften und Schuhcremes.

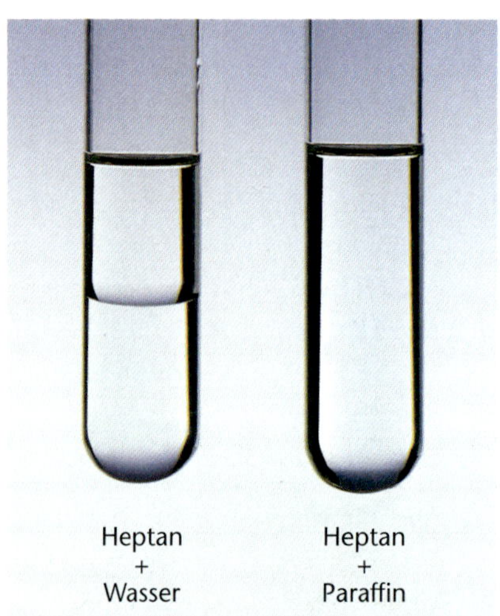

2 Löslichkeit von Heptan

Eigenschaften der Alkane. Je größer die Moleküle der Alkane sind, desto höher sind ihre Schmelz- und Siedetemperaturen. *Kurzkettige* Alkane mit bis zu vier Kohlenstoff-Atomen im Molekül sind bei Zimmertemperatur *gasförmig*. Alkane mit *mittelgroßen* Molekülen sind bei Zimmertemperatur *flüssig; langkettige* Alkane mit über 16 C-Atomen im Molekül sind bei Raumtemperatur *fest*.

Alkane sind **reaktionsträge**. In Erdgas, Erdöl und Kohle lagern die Alkane schon Jahrmillionen, ohne sich chemisch zu verändern. Selbst mit konzentrierten Säuren und Laugen reagieren sie nicht.

Allerdings sind Alkane **brennbar**. Deshalb nutzt man sie als Energieträger. Bei einer vollständigen Verbrennung reagieren Alkane in einer exothermen Reaktion zu Kohlenstoffdioxid und Wasser:

Propan + Sauerstoff → Kohlenstoffdioxid + Wasser

$$C_3H_8 + 5\,O_2 \rightarrow 3\,CO_2 + 4\,H_2O$$

Aufgrund der niedrigen Siedetemperaturen verdampfen kurzkettige Alkane wie Pentan und Hexan sehr leicht. Die Dämpfe sind bereits mit einer Streichholzflamme entzündbar. Diese Stoffe sind also *feuergefährlich*. An Tankstellen ist das Rauchen deshalb streng verboten.

Alkane sind sehr **gute Lösemittel für Fette, Öle** und **Wachse**. Mit *Wasser* sind sie dagegen *nicht mischbar*. Alle Alkane schwimmen auf Wasser, sie haben also eine *geringere Dichte als Wasser*.

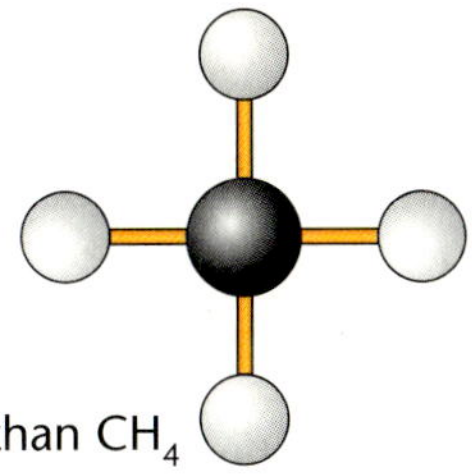

Methan CH_4

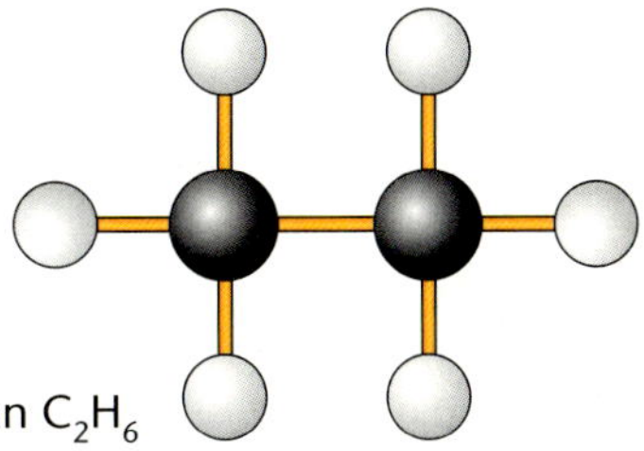

Ethan C_2H_6

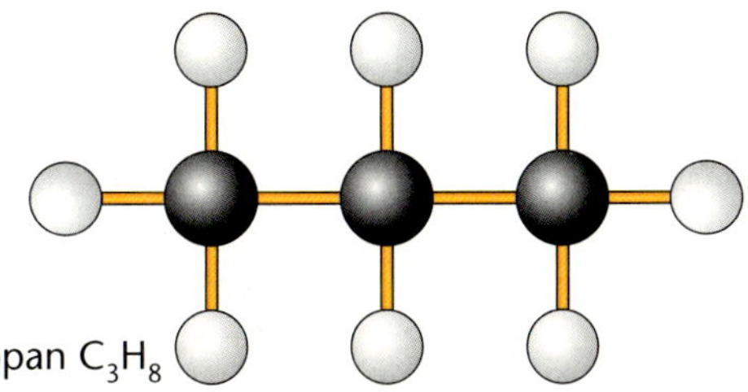

Propan C_3H_8

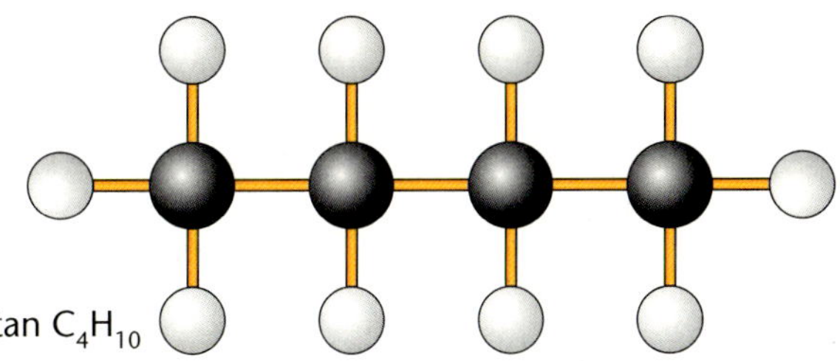

Butan C_4H_{10}

Die homologe Reihe der Alkane. Die Alkane lassen sich nach der Anzahl der in ihren Molekülen enthaltenen C-Atome ordnen. Zwei in der Reihe aufeinander folgende Alkane unterscheiden sich um ein C-Atom und zwei H-Atome. Jedes Glied dieser Reihe wächst also um eine CH_2-Gruppe gegenüber dem vorhergehenden Molekül. Eine solche Reihe von Verbindungen nennt man **homologe Reihe**.

Aus der Anzahl der Kohlenstoff-Atome im Molekül lässt sich die Anzahl der Wasserstoff-Atome berechnen: Man verdoppelt die Anzahl der C-Atome und addiert zwei.
Beispiel: Das Alkan Nonan hat 9 C-Atome. Demnach muss Nonan $2 \cdot 9 + 2$ H-Atome haben, d. h. die Summenformel von Nonan ist C_9H_{20}.
Die **allgemeine Summenformel der Alkane** lautet demnach: $\mathbf{C_nH_{2n+2}}$.

Schreibweise für Alkane. Es gibt verschiedene Möglichkeiten, die Formeln von Alkanen anzugeben. Für *Pentan* ergibt sich beispielsweise:
Summenformel: C_5H_{12}

Ausführliche Strukturformel:

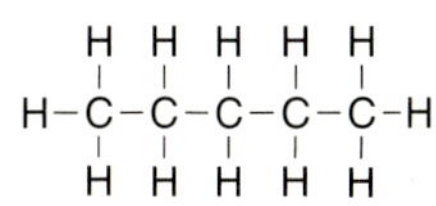

Vereinfachte Strukturformel:

$CH_3 - CH_2 - CH_2 - CH_2 - CH_3$

oder: $CH_3 - (CH_2)_3 - CH_3$

oder stark vereinfacht:

Name	Formel	Schmelz-temp. (°C)	Siede-temp. (°C)
Methan	CH_4	–182	–162
Ethan	C_2H_6	–183	–89
Propan	C_3H_8	–188	–42
Butan	C_4H_{10}	–138	–1
Pentan	C_5H_{12}	–130	36
Hexan	C_6H_{14}	–95	69
Heptan	C_7H_{16}	–90	98
Octan	C_8H_{18}	–57	126
Nonan	C_9H_{20}	–54	151
Decan	$C_{10}H_{22}$	–30	174
⋮	⋮	⋮	⋮
Hexadecan	$C_{16}H_{34}$	–18	287
⋮	⋮	⋮	⋮
Eicosan	$C_{20}H_{42}$	–38	205

▲ *5 Eigenschaften einiger Alkane*

Die auf dieser Seite abgebildeten Molekül-Modelle sind stark vereinfacht. Sie geben zum Beispiel die Bindungswinkel nicht richtig wieder. Es wird also nur dargestellt, welche Atome miteinander verknüpft sind.

Alkane sind reaktionsträge Kohlenwasserstoffe. In ihren Molekülen liegen zwischen den Kohlenstoff-Atomen Einfachbindungen vor.
Die Alkane bilden eine homologe Reihe mit der allgemeinen Summenformel C_nH_{2n+2}.

1 Fragen zum Text

a) Wo hat man es im Alltag mit Alkanen zu tun?
b) Nenne einige Eigenschaften der Alkane.
c) Schreibe die Namen, Summen- und Strukturformeln der ersten zehn Glieder der Alkane auf.
d) Wie lautet die allgemeine Summenformel der Alkane?
e) Formuliere die Reaktionsgleichung für die vollständige Verbrennung von Pentan.
f) Worin unterscheiden sich zwei aufeinander folgende Glieder innerhalb der homologen Reihe der Alkane.

2 Demonstrations-Experiment

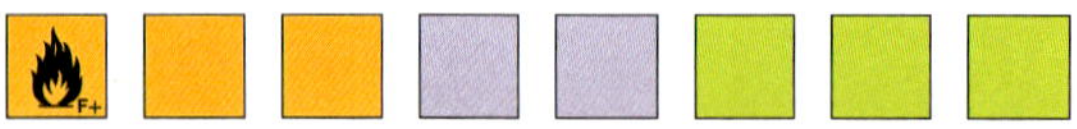

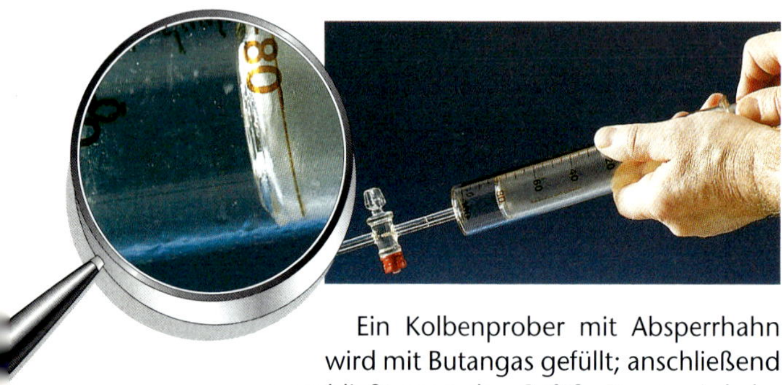

Ein Kolbenprober mit Absperrhahn wird mit Butangas gefüllt; anschließend verschließt man das Gefäß. Dann wird der Kolben in den Zylinder gedrückt. So lässt sich das Gas verflüssigen.

3 Alltag

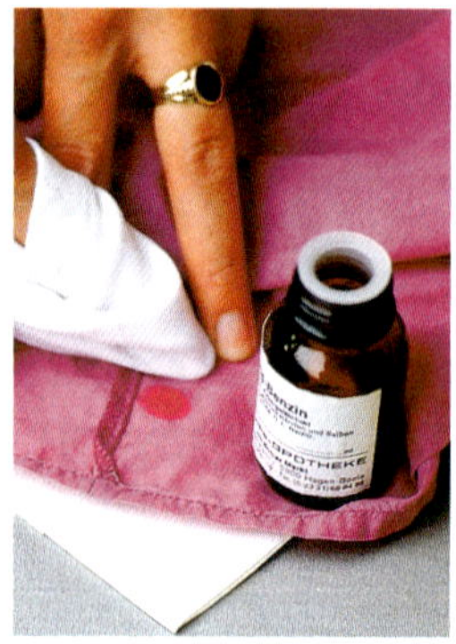

a) Womit kann man einen Fettfleck entfernen?
b) Worauf muss man achten, wenn man mit Benzin oder anderen flüchtigen Kohlenwasserstoffen arbeitet?
c) Ist festes Paraffin feuergefährlich?
d) Begründe, weshalb sich eine Kerze nicht in Wasser auflösen kann.
e) Wenn ausgelaufenes Benzin verdunstet ist, besteht immer noch erhöhte Brandgefahr. Begründe das.

4 Theorie

Bei der unvollständigen Verbrennung von Alkanen entsteht neben Kohlenstoffdioxid und Wasser auch Kohlenstoffmonooxid.
a) Formuliere die Reaktionsgleichung für die vollständige Verbrennung von Nonan und eine mögliche Gleichung für die unvollständige Verbrennung von Nonan.
b) Welches Produkt einer unvollständigen Verbrennung ist gefährlich und weshalb?

Exkurs: Theorie

Cycloalkane

Kohlenstoff-Atome können auch ringförmige Moleküle bilden. Ringförmige Alkane nennt man **Cycloalkane**. Ihre Moleküle enthalten zwei Wasserstoff-Atome weniger als die kettenförmigen Alkane mit gleich vielen Kohlenstoff-Atomen.
Alkane und Cycloalkane haben ähnliche Eigenschaften.

n-Hexan
C_6H_{14}

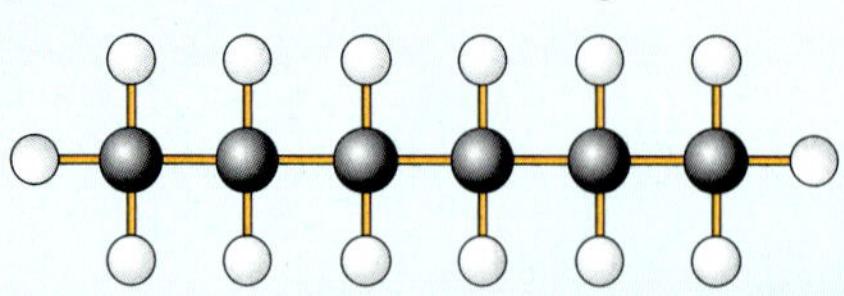

Cyclohexan
C_6H_{12}

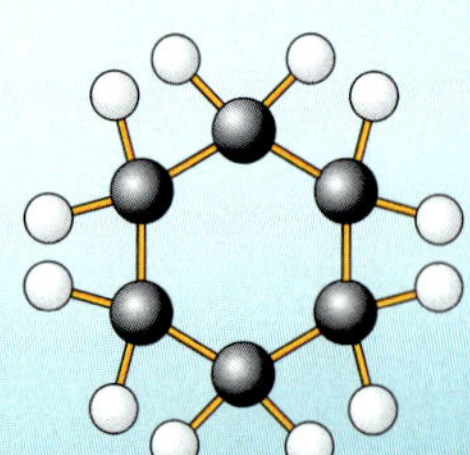

Stoff	Summenformel	Siedetemperatur	Dichte
n-Hexan	C_6H_{14}	69 °C	0,66 g/cm³
Cyclohexan	C_6H_{12}	81 °C	0,79 g/cm³

1. Schreibe die Summenformeln und die Strukturformel von Cyclopentan und Cyclooctan auf.

Isomere: verschiedene Stoffe bei gleicher Summenformel

Isomerie. Baut man mithilfe eines Molekülbaukastens Modelle für das Molekül Butan, so ergeben sich zwei verschiedene Möglichkeiten: ein unverzweigtes und ein verzweigtes Molekül. Beide haben die Summenformel C_4H_{10} und kommen beispielsweise im Erdöl auch tatsächlich vor.
Wegen ihres unterschiedlichen Molekülbaus haben die beiden Butansorten etwas unterschiedliche Eigenschaften.

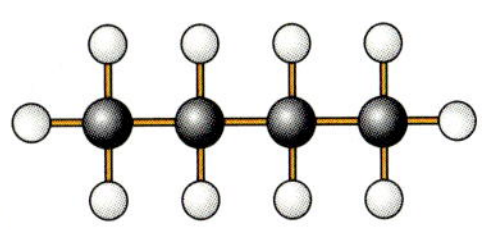	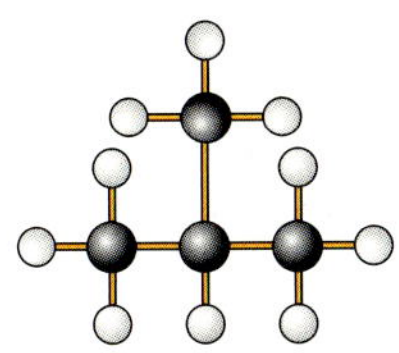
C_4H_{10}	C_4H_{10}
$CH_3-CH_2-CH_2-CH_3$	$CH_3-CH(CH_3)-CH_3$
Schmelztemperatur: –138 °C Siedetemperatur: –0,5 °C	Schmelztemperatur: –160 °C Siedetemperatur: –11,7 °C
n-Butan	**Iso-Butan**

Solche Stoffe, die die *gleiche Summenformel*, aber *unterschiedliche Strukturformeln* haben, nennt man **Isomere**.
Zur Unterscheidung bezeichnet man die Alkane mit unverzweigter Kohlenstoffkette als *normale Alkane* oder auch *n-Alkane*. Solche mit verzweigter Kette nennt man *Iso-Alkane*.

Vielfalt der Isomere. Je größer die Anzahl der Kohlenstoff-Atome im Alkan-Molekül ist, desto mehr Isomeriemöglichkeiten gibt es. So gibt es für Butan nur 2, für Pentan 3, für Decan schon 75 und für Eicosan ($C_{20}H_{42}$) sogar über 300 000 verschiedene Isomere.

Zahl der C-Atome	4	5	6	7	8	9	10	20
Zahl der Isomere	2	3	5	9	18	35	75	366 319

Wegen dieser Vielfalt möglicher organischer Verbindungen ist es erforderlich, die verschiedenen Isomere eindeutig zu benennen. Dadurch können Verwechslungen ausgeschlossen werden.

Benennung von Isomeren. Iso-Alkane besitzen verzweigte Molekülketten. Die längste heißt *Hauptkette*. Man benennt sie nach der Anzahl der Kohlenstoff-Atome.
Die *Seitenketten* haben ein Wasserstoff-Atom weniger als die entsprechenden Alkane. Sie heißen *Alkyl*-Gruppen oder *Alkyl*-Reste. Die kleinsten Alkyl-Gruppen sind die *Methyl*-($-CH_3$) und die *Ethyl*-Gruppe ($-C_2H_5$).
Sind in einem Molekül verschiedene Alkylgruppen enthalten, gibt man ihre Namen in *alphabetischer Reihenfolge* an (also erst Ethyl-, dann Methyl-Gruppen). Treten gleiche Seitenketten mehrfach in einem Molekül auf, wird ein entsprechendes Zahlwort vorangestellt (di-, tri-, tetra-, penta-, hexa-).

Beispiel: Gesucht ist der Name für das Molekül mit folgender Strukturformel:

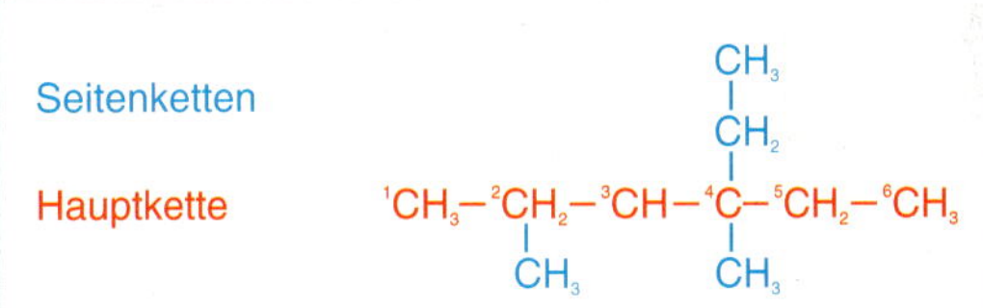

1. Die längste durchlaufende Kette (Hauptkette) hat 6 C-Atome. Der Stammname ist also -hexan.
2. Die C-Atome der Hauptkette werden so durch gezählt, dass die C-Atome mit den Verzweigungen möglichst kleine Zahlen erhalten; hier beginnt die Zählung also links.
3. Als Verzweigungen (Seitenketten) sind eine Ethyl-Gruppe und zwei Methyl-Gruppen vorhanden.
4. Die Ethyl-Gruppe sitzt am C-Atom 4, deshalb 4-Ethyl-.
5. Am 2. und 4. C-Atom sitzen insgesamt zwei Methyl-Gruppen, deshalb 2,4-dimethyl-.
6. Der Name für den gesuchten Stoff ist demnach: 4-Ethyl-2,4-dimethylhexan.

Aufgaben:
1. Benenne folgendes Alkan:

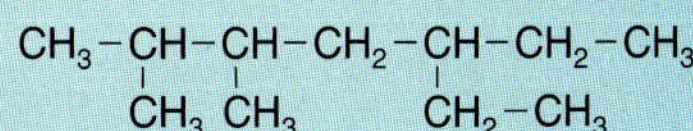

2. Schreibe die Strukturformel für folgende Stoffe auf: 2-Methylpentan; 2,4-Dimethyldecan; 3-Ethyl-2,2,5-trimethylnonan.
3. Baue mit einem Molekülbaukasten Molekülmodelle für alle Hexan-Isomere und benenne sie.

14.4 Treibstoffe und Octanzahl

▲ *1 Tankstellen bieten verschiedene Benzinsorten an.*

Stoff	Summenformel	Octanzahl
n-Heptan	C_7H_{16}	0
n-Octan	C_8H_{18}	17
3-Methylheptan	C_8H_{18}	35
2,5-Dimethylhexan	C_8H_{18}	56
3-Ethyl-3-Methylpentan	C_8H_{18}	89
2,2,4-Trimethylpentan	C_8H_{18}	100
2,3-Dimethylbutan	C_6H_{14}	102
Toluol	C_7H_8	124

▲ *3 Octanzahl verschiedener Stoffe*

Benzinsorten. Jede Benzinsorte ist ein Gemisch von hunderten verschiedener Kohlenwasserstoffe. *Autobenzin* enthält überwiegend Moleküle mit 5 bis 10 Kohlenstoff-Atomen.

Im Motor muss ein Benzin-Luft-Gemisch zu einem ganz bestimmten Zeitpunkt möglichst gleichmäßig verbrennen. Es kann aber vorkommen, dass sich das komprimierte Gemisch schon entzündet, *bevor* der Zündfunke entsteht. Man hört dann ein klopfendes oder klingelndes Geräusch und spricht vom „Klopfen" des Motors. Durch solche unkontrollierten Verbrennungen wird der Motor geschädigt.

Alkane mit unverzweigten Molekülen entzünden sich leicht und neigen deshalb zum Klopfen. Verzweigte Alkan-Moleküle sind klopffester.

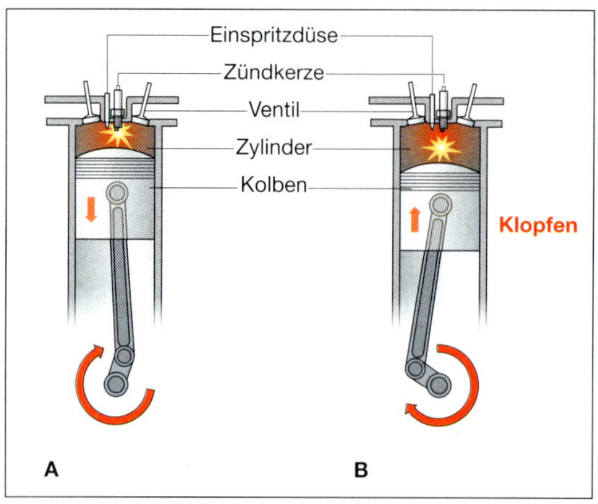

▲ *2 Normale und klopfende Verbrennung*

Octanzahl. Die Octanzahl (OZ) ist ein Maß für die Klopffestigkeit von Benzin. Je höher die Octanzahl, desto klopffester ist das Benzin. Dem wenig klopffesten n-Heptan hat man die Octanzahl 0 zugeordnet, dem sehr klopffesten Octan-Isomeren 2,2,4-Trimethypentan die OZ 100.

Mit Prüfmotoren kann man die Octanzahl einer Benzinsorte bestimmen. Hat eine Benzinsorte die OZ 92, so verhält sie sich bei der Verbrennung wie ein Gemisch von 92 % Iso-Octan und 8 % n-Heptan. Dies entspricht der Qualitätsstufe von *Normalbenzin.*

Superbenzin ist mit OZ 95 klopffester als Normalbenzin. Deshalb kann Superbenzin höher verdichtet werden als Normalbenzin, ohne dass es sich vorzeitig entzündet. Es enthält mehr verzweigte und ringförmige Moleküle.

Kerosin. Moderne Düsenflugzeuge fliegen mit Kerosin (Petroleum). Die Alkan-Moleküle haben hier größtenteils 9 bis 14 C-Atome.

Dieselkraftstoff. Dieselkraftstoff besteht aus Molekülen mit noch längeren Kohlenwasserstoffketten als Kerosin. Im Zylinder eines Dieselmotors wird Luft durch Verdichtung auf etwa 600–900 °C erhitzt. Der mit hohem Druck eingespritzte Dieselkraftstoff entzündet sich dadurch selbst, deshalb werden keine Zündkerzen benötigt.

Reformieren. Die Benzinfraktion, die man bei der Erdöldestillation gewinnt, enthalten größtenteils unverzweigte Alkan-Moleküle. Durch technische Verfahren kann man sie in *verzweigte* Alkan-Moleküle umwandeln. Diesen Vorgang nennt man *Reformieren.* Beispiel: Aus n-Octan wird durch das Reformieren 2,2,4-Trimethylpentan.

Benzine sind Gemische verschiedener Alkanen. Alkane mit verzweigten Molekülen sind klopffester als solche mit unverzweigten Ketten.

1 Fragen zum Text

a) Was ist Benzin chemisch gesehen?
b) Wie unterscheiden sich Benzin, Dieselkraftstoff und Kerosin?
c) Was versteht man unter der Klopffestigkeit von Benzin?

2 Alltag

Eigentlich sind Erdöl und Benzin viel zu schade, um als Treibstoff verbrannt zu werden. Man könnte statt dessen viele nützlichen Dinge daraus herstellen. Doch nur 8 % des in Deutschland verbrauchten Erdöls werden zum Rohstoff Chemiebenzin verarbeitet. Berechne, wie viele dieser Produkte man jeweils aus dem Benzin herstellen könnte, das man für 100 km Autofahrt verbraucht.

Benzin als Rohstoff	
10 CDs oder 250 Tragetaschen oder 600 Joghurtbecher	aus 1 l
1 m^2 Teppichboden	aus 3 l
1 Skianorak	aus 5 l

3 Demonstrations-Experiment

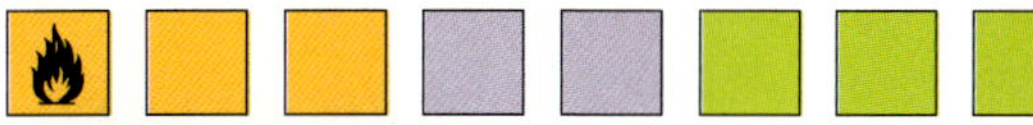

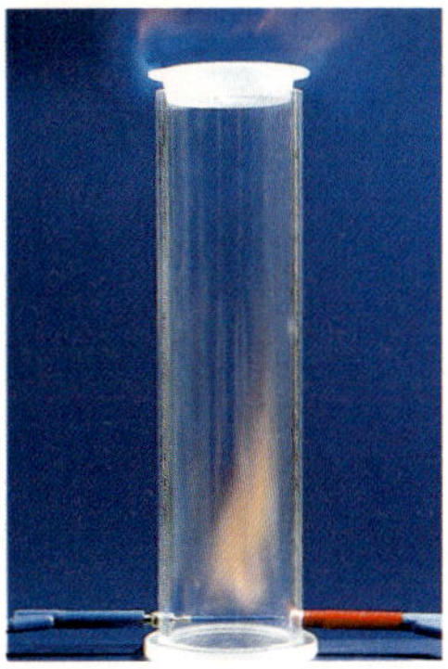

Man gibt 3 bis 4 Tropfen Benzin (Siedebereich 60 °C–80 °C) in ein Papprohr oder ein spezielles Explosionsrohr aus Plexiglas. Nach mehrmaligem Umdrehen des Rohres ist das Benzin verdunstet. Man zündet die Mischung mit einem brennenden Holzspan oder durch einen Piezo-Zünder.

4 Alltag

a) Weshalb darf man Benzinbrände und ebenso brennendes Fett in der Küche auf keinen Fall mit Wasser löschen?
b) Was kann man statt Wasser verwenden?

Exkurs: Technik

Warum ist Motoröl zähflüssig?

▲ *3 Kein Motor läuft ohne Schmieröl. Die Öle haben die Aufgabe, die Reibungswärme herabzusetzen und die Metallteile zu schonen.*

Motorenöle bestehen ebenso wie die verschiedenen Benzinsorten aus Gemischen verschiedener Kohlenwasserstoffe. Doch Benzin ist *dünnflüssig* wie Wasser, Motorenöl dagegen *zähflüssig* wie Honig oder Sirup. Außerdem riecht man Benzin schon aus größerer Entfernung, weil bereits bei niedrigen Temperaturen einiges davon verdampft. Warum ist das so?

Die Moleküle im dünnflüssigen Benzin haben kürzere Kohlenstoffketten als die Moleküle im Motorenöl. Die *großen* Moleküle im Motorenöl ziehen sich gegenseitig viel *stärker* an als kleine Moleküle. Deshalb sind Öle zähflüssig und besitzen höhere Siedetemperaturen als Benzine.

Die Kräfte zwischen den Molekülen nennt man **Van-der-Waals-Kräfte.**

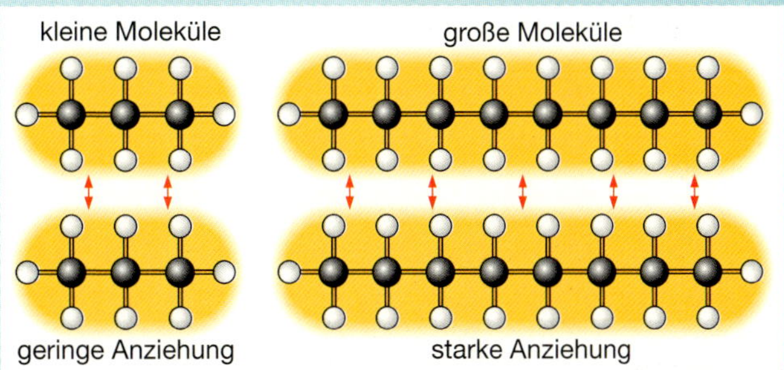

Mehr Benzin durch Cracken

Kaum 20 % des heutigen Benzinbedarfs lassen sich direkt aus dem Erdöl destillieren. Bei der Erdöldestillation fallen nämlich weit mehr zähflüssige Schmieröle an als man tatsächlich braucht. In den Raffinerien wird deshalb dickflüssiges Schmieröl in Benzin umgewandelt. Dies geschieht durch **Cracken**.

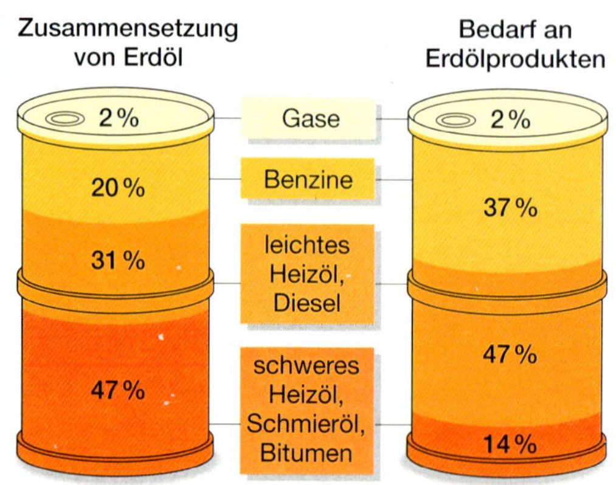

1 *Es wird mehr Benzin benötigt, als im Erdöl enthalten ist.*

Cracken im Schulversuch. Man gibt etwa 5 ml Paraffinöl und etwas Glaswolle in ein schwer schmelzbares Reagenzglas. Anschließend füllt man den Perlkatalysator ein. Man erhitzt zunächst die Katalysatorkugeln. Dann bringt man das Paraffinöl zum Sieden.

Die entstehenden Dämpfe können an der Spitze des Glasrohres entzündet werden. Die flüssigen Crackprodukte sammeln sich im gekühlten U-Rohr. Man kann ihren Geruch und die Entflammbarkeit mit Paraffinöl und Benzin vergleichen.

Die meist etwas gelbliche Flüssigkeit entfärbt Bromwasser. Der Ausgangsstoff Paraffinöl entfärbt Bromwasser dagegen nicht.

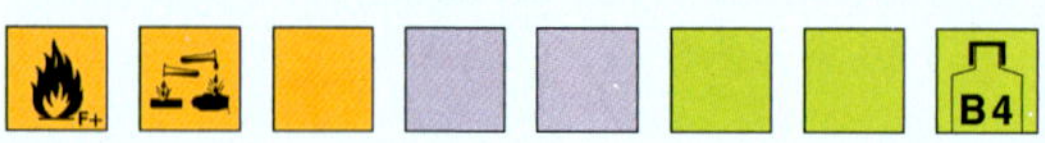

Cracken in der Technik. Erhitzt man langkettige Alkan-Moleküle unter Druck auf 600 °C bis 900 °C, so werden die großen Moleküle in heftige Schwingungen versetzt. Dabei zerbrechen sie schließlich an den Bindungen zwischen zwei Kohlenstoff-Atomen. Diesen Vorgang nennt man Cracken (*to crack*, engl.: zerbrechen, aufbrechen).

Beim Cracken fallen geradkettige und verzweigte Alkan-Moleküle an, aber auch Moleküle mit *Doppelbindungen* zwischen den Kohlenstoff-Atomen. Derartige Verbindungen nennt man *ungesättigte* Kohlenwasserstoffe, weil sie weniger Wasserstoff-Atome enthalten als die Alkane mit der gleichen Zahl von Kohlenstoff-Atomen.

Beim thermischen Cracken zerbrechen die Kohlenwasserstoff-Moleküle allein durch das Erhitzen. Bei modernen Crack-Verfahren setzt man Katalysatoren ein (katalytisches Cracken). Dadurch kann man bei niedrigeren Temperaturen arbeiten. Je nach Wahl der Reaktionsbedingungen (Druck, Temperatur, Art der Katalysatoren) erhält man unterschiedliche Crackprodukte. Sie werden durch Destillation voneinander getrennt.

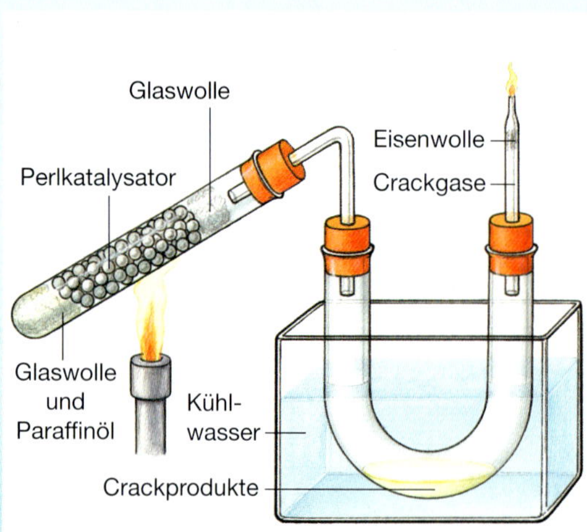

2 *Thermisches Cracken im Schulversuch*

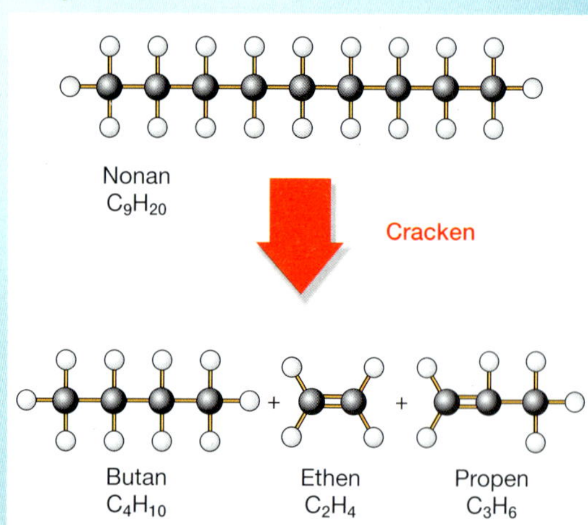

3 *Beim Cracken werden große Moleküle gespalten*

Clever Auto fahren schont Nerven und Umwelt

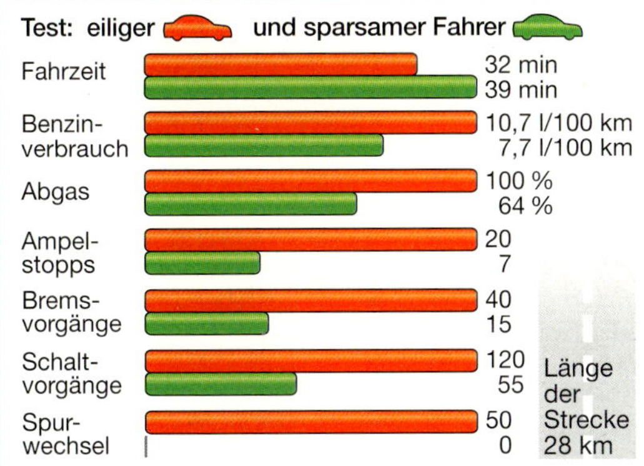

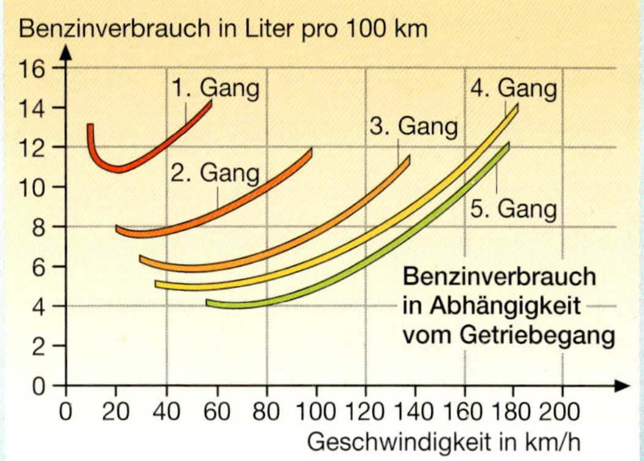

Diese Abbildung zeigt das Ergebnis eines Tests. Ein „sparsamer" Fahrer und ein „eiliger" Fahrer haben mit dem Auto dieselbe Strecke zurückgelegt. Man sieht: Der clevere Autofahrer ist nur wenig später am Ziel; er hat aber weniger Benzin verbraucht, viel weniger Abgase verursacht und zudem seine Nerven geschont.

Autoabgase belasten nicht nur die Natur, sondern auch die Gesundheit des Menschen. Das Fahrverhalten jedes einzelnen Autofahrers hat großen Einfluss auf den Benzinverbrauch und somit auf die Abgasmenge. Häufiges Bremsen und Beschleunigen, das Fahren mit hoher Geschwindigkeit und spätes Schalten erhöhen den Treibstoffverbrauch.

Der Autoabgas-Katalysator

Bei den hohen Verbrennungstemperaturen im Automotor reagiert auch der reaktionsträge Stickstoff der angesaugten Luft mit Sauerstoff zu Stickstoffmonooxid (NO) und Stickstoffdioxid (NO_2). Diese Verbindungen reagieren mit Luftbestandteilen zu Salpetriger Säure (HNO_2) und Salpetersäure (HNO_3). Beide Stoffe sind mitverantwortlich für den sauren Regen. Mithilfe des Katalysators kann der Schadstoffgehalt im Abgas von Benzinmotoren um über 90 % reduziert werden.

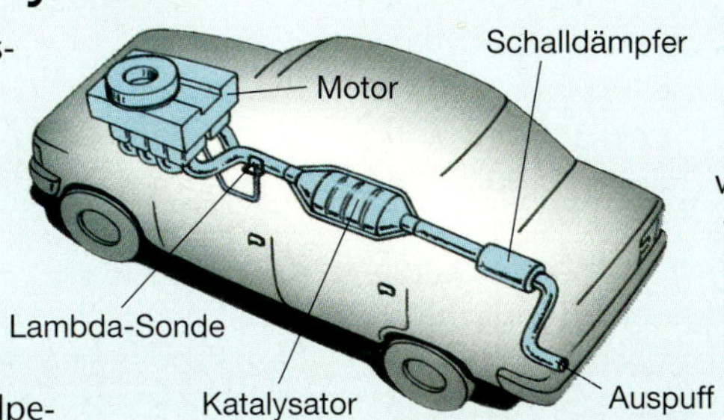

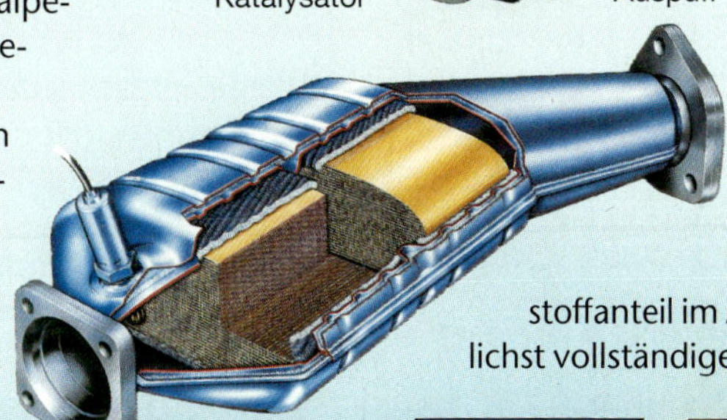

Abgas-Katalysatoren bestehen aus einem wabenförmigen Körper aus Keramik oder Metall, der von Tausenden feiner Kanälchen durchzogen ist. Die Kanälchen sind stark zerklüftet, sodass die Oberfläche insgesamt größer ist als zwei Fußballfelder. Auf diese Fläche sind die katalytisch wirksamen Edelmetalle Platin und Rhodium als hauchdünne Schicht aufgebracht. Auf dieser riesigen Fläche kommt es zu zahlreichen chemischen Reaktionen. Dabei werden giftige Stoffe im Abgas in unschädlichere Stoffe umgewandelt.

Die Lambda-Sonde misst und reguliert den Sauerstoffanteil im Auspuffgas, damit eine möglichst vollständige Verbrennung erreicht wird.

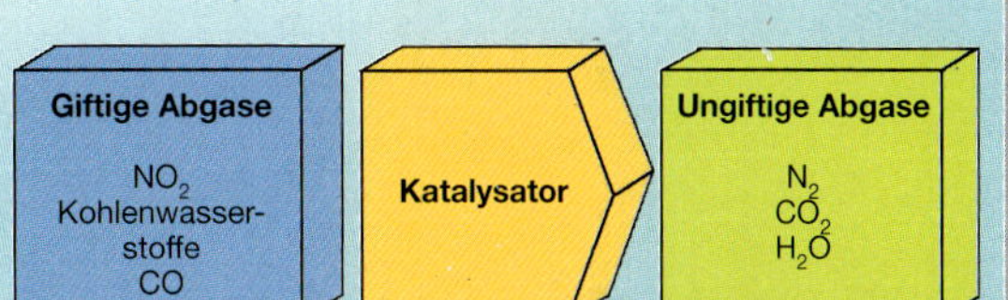

|14.5| Alkene sind ungesättigte Kohlenwasserstoffe

▲ *1 Ethen fördert die Obstreife*

Name	Summenformel	Strukturformel
Ethen	C_2H_4	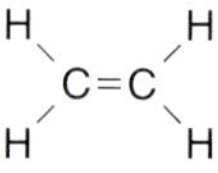
Propen	C_3H_6	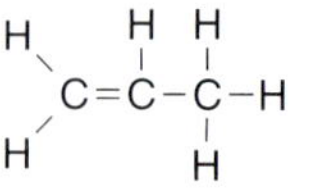
Buten	C_4H_8	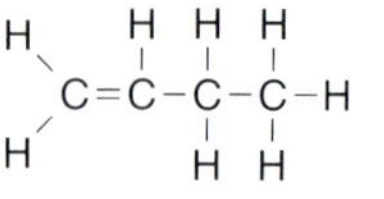
Penten	C_5H_{10}	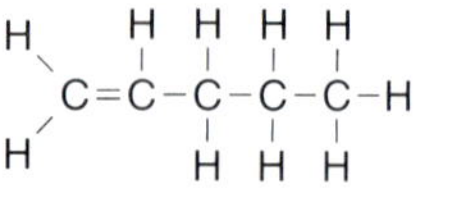

▲ *3 Alkene*

Bananen werden meist grün geerntet und dann in Kühlschiffen transportiert. In Lagerhäusern werden sie anschließend zur Nachreife gebracht. Hierzu verwendet man das farb- und geruchlose Gas **Ethen**, das auch in der Natur die Obstreife fördert. Auch Ananas, Paprika und Äpfel kann man durch Ethen-Begasung nachreifen lassen.

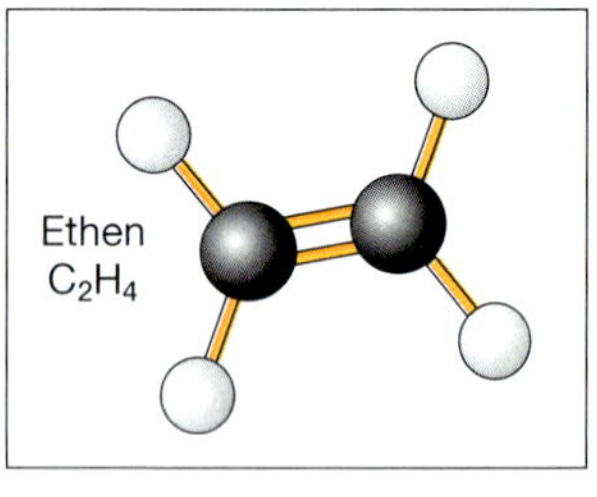

Ethen – ein ungesättigter Kohlenwasserstoff. Ethen hat die Summenformel C_2H_4. Ein Ethen-Molekül hat zwei Wasserstoff-Atome weniger als ein Ethan-Molekül – es könnte also noch 2 H-Atome aufnehmen. Ethen zählt man deshalb zu den **ungesättigten Kohlenwasserstoffen**. Die beiden Kohlenstoff-Atome des Ethen-Moleküls sind durch zwei Elektronenpaarbindungen miteinander verbunden. Diese Bindung nennt man **C=C-Doppelbindung.**

▲ *2 Ethen reagiert mit Brom*

Die C=C-Doppelbindung ist die Ursache für die große Reaktionsfähigkeit von Ethen. Diese Bindung bricht leicht auf. Andere Atome wie zum Beispiel Wasserstoff- oder Brom-Atome können zusätzlich an die C-Atome angelagert werden. Weil dann jedes Ethen-Molekül zwei Atome zusätzlich gebunden hat, „addiert" hat, spricht man auch von einer **Additionsreaktion**. Dabei entsteht aus einer ungesättigten eine gesättigte Verbindung. Beispiel:

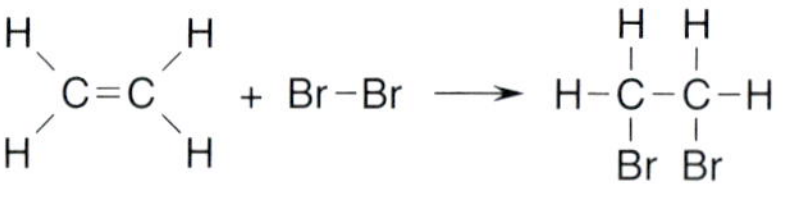

Ethen Brom 1,2-Dibromethan

Auch die übrigen Alkene und andere ungesättigte Verbindungen zeigen diese Reaktion. Man kann deshalb die *Reaktion mit Brom* zum *Nachweis von Doppelbindungen* im Molekül benutzen.

Alkene. Neben Ethen gibt es noch viele weitere Kohlenwasserstoffe mit einer C=C-Doppelbindung. Diese reaktionsfreudigen Stoffe fasst man zur Stoffgruppe der **Alkene** zusammen. Die Namen der Alkene bildet man, indem man die Endung -an des Alkans durch die Silbe **-en** ersetzt. Die allgemeine Summenformel der homologen Reihe der Alkene lautet $\mathbf{C_nH_{2n}}$.

Alkene sind ungesättigte Kohlenwasserstoffe mit einer C=C-Doppelbindung. Sie sind sehr reaktionsfreudig. Die allgemeine Summenformel lautet C_nH_{2n}.

Alkine – ungesättigte Kohlenwasserstoffe mit C≡C-Dreifach-Bindung

Sieht man sich in einer Autowerkstatt einmal näher um, so sieht man gelegentlich große blaue und gelbe Stahlflaschen. Auf den blauen Flaschen steht die Aufschrift Sauerstoff, auf den gelben Flaschen die Aufschrift **Acetylen** oder **Ethin**. Ethin dient vor allem zum Schweißen und Schneiden von Eisen und Stahl. Bei der Verbrennung von Ethin mit reinem Sauerstoff werden Temperaturen von über 3000 °C erreicht.

Ethin C_2H_2

Ethin verbrennt unter starker Rußbildung. Dies deutet auf einen relativ hohen Kohlenstoff-Anteil und einen geringen Wasserstoff-Anteil im Molekül hin. Die Summenformel von Ethin ist C_2H_2. Da ein Kohlenstoff-Atom immer vier Bindungen ausbildet, muss zwischen den C-Atomen eine **C≡C-Dreifachbildung** vorliegen. Die beiden Kohlenstoff-Atome sind also durch drei gemeinsame Elektronenpaare miteinander verbunden.

Ethin zerfällt unter Druck explosionsartig in die Elemente. Daher kann es nicht wie Ethan und Ethen direkt in Stahlflaschen gepresst werden. Das Gas Ethin wird zunächst in Aceton gelöst und dann unter geringem Druck von 12 bar in Stahlflaschen gefüllt.

Ethin ist der einfachste Vertreter der homologen Reihe der **Alkine** Darunter versteht man ungesättigte Kohlenwasserstoffe mit einer C≡C-Dreifachbindung im Molekül. Die allgemeine Formel der Alkine ist C_nH_{2n-2}.

1. a) Vor 100 Jahren benutzte man in Erzbergwerken Carbidlampen zur Beleuchtung. Dabei reagierte Calciumcarbid (CaC_2) mit Wasser zu Ethin. Erkläre, wie die abgebildete Lampe funktionierte.
b) Schreibe die Reaktionsgleichung dazu auf.

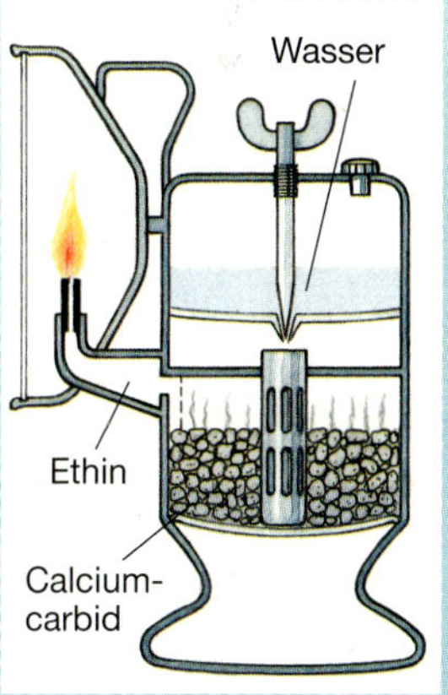

1 Fragen zum Text

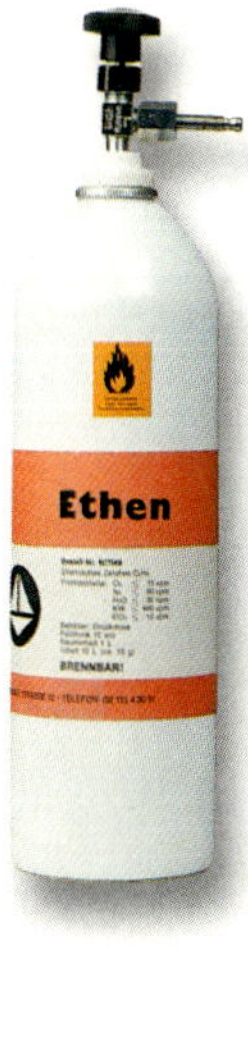

a) Welche Wirkung hat Ethen bei Obst?
b) Worin unterscheidet sich ein Ethan-Molekül von einem Ethen-Molekül?
c) Was sind ungesättigte Kohlenwasserstoffe?
d) Welche Summenformel haben Alkene?
e) Wie heißen die ersten sechs Alkene?
f) Formuliere die Gleichung für die Reaktion von Propen mit Brom und benenne das Endprodukt.
g) Weshalb entfärbt sich rotbraunes Bromwasser, wenn man Hexen hinzugibt?

2 Demonstrations-Experiment

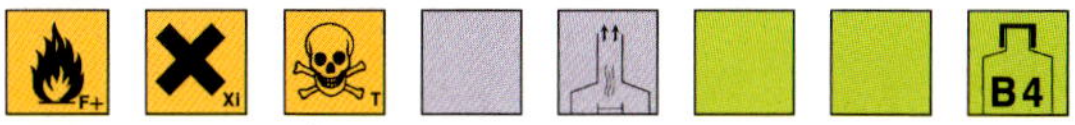

Man leitet Ethan (F+) und Ethen (F+) im Abzug jeweils durch eine Waschflasche mit Bromwasser (T, Xi) und vergleicht die Beobachtungen.
Hinweis: Die Reaktion mit Brom dient als Nachweis für Moleküle mit C=C-Doppelbindungen.

|14.6| Halogenkohlenwasserstoffe

In immer mehr Autos werden Klimaanlagen eingebaut. Die wenigsten Menschen wissen, dass die Flüssigkeit in vielen Klimaanlagen zu den **Halogenkohlenwasserstoffen** gehört. Das sind Kohlenwasserstoff-Verbindungen, bei denen Wasserstoff-Atome durch Halogen-Atome ersetzt worden sind.

▲ *1 Die Klimaanlage eines Autos wird mit Kältemittel befüllt, einem chlorfreien Halogenalkan*

Eigenschaften und Verwendung. Halogenkohlenwasserstoffe hat man etwa ab 1930 bis Ende der 80er Jahre wegen ihrer vielfältigen Verwendbarkeit in immer größerem Umfang hergestellt.
Sie sind sehr gute Lösemittel für Fette und Öle und sind außerdem nicht brennbar. In der Industrie hat man sie deshalb zur *Entfettung von Metalloberflächen* eingesetzt. Auch in *„chemischen Reinigungen"* hat man sie lange Zeit verwendet. Die meisten Lösemittel sind allerdings giftig oder sogar Krebs erregend.

Ungiftig für den Menschen sind dagegen Halogenalkane wie Frigen (CCl_2F_2). Sie wurden früher in großen Mengen als *Kältemittel* in Kühlschränken, als *Treibgas* in Spraydosen sowie zum *Aufschäumen von Kunststoffen* verwendet. Die bromhaltigen Halone dienten als sehr wirkungsvolle *Feuerlöschmittel.* Da es ungiftige und reaktionsträge Verbindungen sind, glaubte man lange, dass sie unschädlich seien. Doch sie sind die Hauptverursacher bei der Zerstörung der Ozonschicht.
Andere chlorierte Kohlenwasserstoffe hat man als *Insektenbekämpfungsmittel* eingesetzt. Aber diese Stoffe sind biologisch schwer abbaubar. Sie reicherten sich deshalb in der Nahrungskette an.

Halogenkohlenwasserstoffe heute. Wegen der schädlichen Folgen hat man ab 1991 begonnen, die Nutzung der *vollhalogenierten* FCKWs (**F**luor**c**hlor**k**ohlen**w**asserstoffe) einzuschränken. Seitdem sind stufenweise Verwendungs- und Herstellungsverbote in Kraft getreten.
Als Ersatzstoffe dienen heute Kohlenwasserstoffe ohne Halogene aber auch sogenannte H-FCKW oder H-FKW. H-FCKWs sind Kohlenwasserstoffe, bei denen nicht alle H-Atome durch Fluor- oder Chlor-Atome ersetzt sind; H-FKWs enthalten kein Chlor. Diese Halogenverbindungen sind viel weniger schädlich für die Ozonschicht, fördern aber den Treibhauseffekt. International sollen die teilhalogenierten H-FCKW bis zum Jahr 2030 verboten werden.

Halogenkohlenwasserstoff-Moleküle besitzen ein oder mehrere Halogen-Atome. Sie sind chemisch sehr stabil. Sie gefährden jedoch die Umwelt und unsere Gesundheit. Die besonders schädlichen Stoffe sind inzwischen verboten.

Stoff	Eigenschaften, frühere Verwendung
Trichlormethan (Chloroform) $CHCl_3$	süßlich riechende Flüssigkeit, betäubend, fettlösend, giftig; Lösungsmittel für Fette, Narkosemittel
Tetrachlormethan („Tetra") CCl_4	farblose, unbrennbare Flüssigkeit; fettlösend; Lösungsmittel, Fleckenmittel
Tetrachlorethen („Per") C_2Cl_4	farblose Flüssigkeit, unbrennbar, reaktionsträge, giftiges Lösungsmittel, Verwendung in chemischen Reinigungen
Dichlordifluormethan (Frigen) CCl_2F_2	geruchloses, ungiftiges und unbrennbares Gas; Kältemittel in Kühlgeräten, Treibgas in Spraydosen Aufschäummitel für Kunststoffe
Bromtrifluormethan (Halon) $CBrF_3$	ungiftiges, unbrennbares Gas; Feuerlöschmittel
Dichlordiphenyltrichlorethan („DDT")	chemisch stabil, fettlöslich, reichert sich in der Nahrungskette an; Fraß- und Kontaktgift für Insekten

▲ *2 Halogenhaltige Kohlenwasserstoffe wurden früher vielfältig verwendet.*

1 Fragen zum Text

a) Zähle einige Eigenschaften von Halogenkohlenwasserstoffen auf.

b) Wozu wurden Halogenkohlenwasserstoffe verwendet? Nenne einige Beispiele.

c) Weshalb wurden inzwischen viele Halogen-Kohlenwasserstoffe durch andere Verbindungen ersetzt?

2 Demonstrations-Experiment

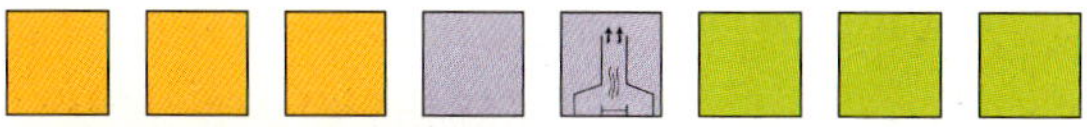

Organische Halogenverbindungen lassen sich mit der **Beilstein-Probe** nachweisen. Man glüht einen Kupferdraht aus und taucht mit dem abgekühlten Draht kurz in eine organische Flüssigkeit. Zur Untersuchung fester Stoffe tupft man den heißen Draht leicht auf den Feststoff. Den Kupferdraht erhitzt man anschließend unter dem Abzug in der nichtleuchtenden Brennerflamme. Bei halogenhaltigen Stoffen wird die Flamme grün.

Hinweis: Bei diesem Versuch können Spuren von Krebs erzeugenden Halogenkohlenwasserstoffen entstehen. Deshalb unter dem Abzug arbeiten.

Exkurs: Umwelt

Dioxine – eine Gefahr für unsere Gesundheit

Am 10. Juli 1976 ereignete sich um 12.30 Uhr in der norditalienischen Kleinstadt Seveso ein schrecklicher Unfall, der weltweites Aufsehen erregte: In einem Produktionskessel der Chemiefabrik Icmesa wurde gerade Trichlorphenol hergestellt, ein Ausgangsstoff für Pestizide und Desinfektionsmittel. Plötzlich explodierte der Kessel und eine große Rauchwolke quoll aus dem Gebäude. Der weiße Staub, der anschließend auf Plätze, Straßen und Häuser nieder rieselte, enthielt ein gefährliches Gift.

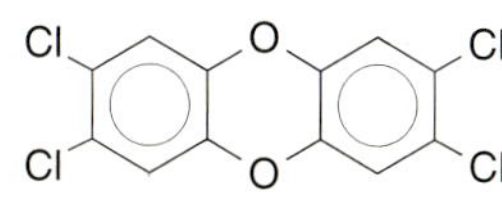

2,3,7,8 – TCDD

Das Gift ist eine chemische Verbindung mit der Abkürzung 2,3,7,8-TCDD, die als „**Seveso-Dioxin**" eine traurige Berühmtheit erlangte. Je nach der aufgenommenen Giftmenge verursacht sie schwer heilende Hautkrankheiten (Chlorakne) oder schädigt Leber, Milz, Nieren und das Nervensystem.

Dioxine können immer dann entstehen, wenn chlorhaltige organische Stoffe bei Temperaturen zwischen 400 °C und 1500 °C verbrennen. Dioxine entstehen in ganz geringen Mengen auch in Müllverbrennungsanlagen, im Automotor und beim Rauchen. Nur durch aufwändige Filter gelingt es, Dioxine aus Abgasen zurückzuhalten.

Exkurs: Theorie

Die Substitutions-Reaktion

Gibt man einige Tropfen Brom in Heptan und stellt das rotbraune Gemisch anschließend in helles Licht, kommt es zu einer chemischen Reaktion: Das Gemisch entfärbt sich. Das ansonsten reaktionsträge Heptan reagiert unter diesen Bedingungen mit Brom.

Bei dieser Reaktion wird ein Wasserstoff-Atom am Molekül durch ein Brom-Atom ersetzt, man sagt auch *substituiert*. Diesen Reaktionstyp bezeichnet man deshalb auch als **Substitutions-Reaktion**.

$$\text{Heptan} + \text{Brom} \xrightarrow{\text{Licht}} \text{Monobromheptan} + \text{Bromwasserstoff}$$

$$C_7H_{16} + Br_2 \xrightarrow{\text{Licht}} C_7H_{15}Br + HBr$$

Ozonschicht – Schutzschild der Erde

Schon seit Jahren kann man in den Zeitungen lesen, dass in der Atmosphäre *zu wenig Ozon* vorhanden ist und dass uns das sehr schadet. Andererseits hört man aber im Sommer Warnungen vor einem *zu hohen Ozongehalt* am Boden. Wie passt das zusammen?

Was ist Ozon? Im Unterschied zum „normalen" Sauerstoff (O_2), den wir zum Leben brauchen, bestehen Ozon-Moleküle aus drei Sauerstoff-Atomen (O_3). Ozon ist sehr reaktiv, es greift viele Stoffe an. Ozon ist ein giftiges Gas. Es reizt Augen und Schleimhäute sowie die Lunge und schädigt Pflanzen.

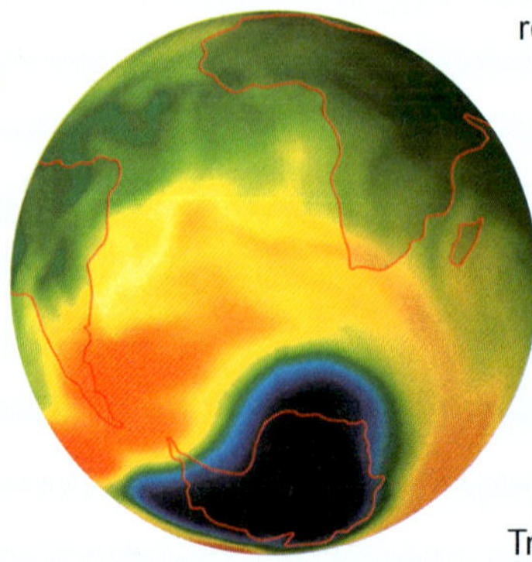

▲ *1 Ozonloch über der Antarktis*

Ozon am Boden. Das *bodennahe* Ozon ist *unerwünscht,* weil es Mensch und Umwelt schadet. Es entsteht vor allem im Sommer, wenn die intensive Sonnenstrahlung auf Luftschadstoffe trifft, etwa auf Stickstoffoxide und Kohlenwasserstoffe aus Autos und Industrieanlagen. Man sprich dann vom „Sommersmog".

Ozon in der Atmosphäre. Das Ozon in 20–30 Kilometer Höhe schadet uns nicht, im Gegenteil, es *schützt uns* vor der gefährlichen UV-Strahlung der Sonne. Wie eine Sonnenbrille filtert es die gefährlichen Bestandteile der UV-Strahlung weitgehend heraus. Ohne die Filterwirkung der Ozonschicht würde die UV-Strahlung der Sonne beim Menschen zu einer stark erhöhten Hautkrebsrate, deutlich mehr Augenerkrankungen und zu einer Schwächung des Immunsystems führen. Da auch Algen und Landpflanzen geschädigt werden können, ist auch die Ernährungsgrundlage des Menschen in Gefahr.

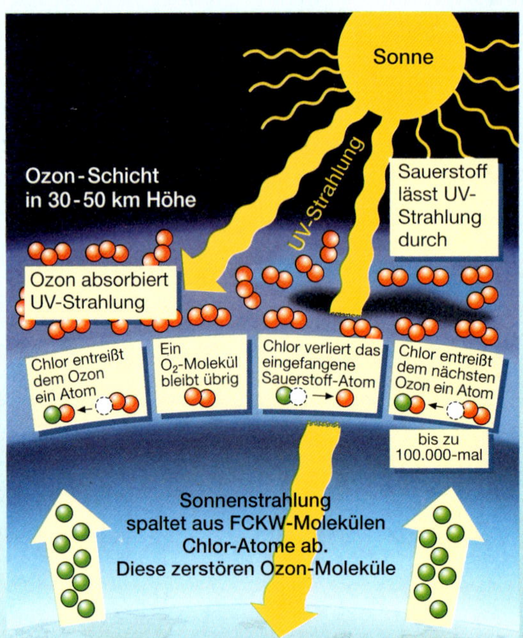

▲ *2 Abbau von Ozon in der Atmosphäre*

Die Ozonschicht wird dünner. 1986 haben Wissenschaftler erstmals ein **„Ozonloch"** über der Antarktis nachgewiesen – also einen Bereich mit sehr wenig Ozon. Inzwischen nimmt auch über der Nordhalbkugel der Ozongehalt ab. Hauptverursacher für den Ozonabbau sind die FCKWs, die **F**luor**c**hlor**k**ohlen**w**asserstoffe und die Halone, die auch Brom in gebundener Form enthalten. Sie galten von 1930 bis 1980 als ideale, chemisch sehr reaktionsträge, ungiftige Stoffe. Man verwendete sie als Treibgas in Spraydosen, als Kühlmittel und als Feuerlöschmittel. Gerade weil sie so stabil sind, haben sie sich zum Ozonkiller Nr. 1 entwickelt. Im Laufe der Jahre gelangen sie nämlich unverändert bis zur Ozonschicht. Dort spaltet die starke UV-Strahlung der Sonne aus den FCKWs sehr reaktionsfähige Chlor-Atome ab. Jedes Chlor-Atom kann dann viele Tausend Ozon-Moleküle zerstören, bis es selbst wieder gebunden und damit unschädlich wird.

Was kann man tun? Wissenschaftler und Umweltverbände haben sich jahrelang für ein Verbot der FCKWs eingesetzt. Inzwischen hat man reagiert. Vollhalogenierte FCKW dürfen seit 1996 in den Industrieländern nicht mehr hergestellt oder verwendet werden. Doch das Ozonproblem wird uns noch Jahrzehnte lang begleiten: Es dauert nämlich bis zu dreißig Jahre, bis die einmal freigesetzten FCKW-Moleküle vom Boden bis in die Ozonschicht aufgestiegen sind.

DDT: Die Geschichte eines Insektizides

Fluch und Segen von halogenierten organischen Verbindungen lassen sich an keiner Verbindung besser verdeutlichen als am Beispiel DDT.

DDT gegen Malaria. Im Jahre 1946 erkrankten allein in Sri Lanka (Ceylon) fast 3 Millionen Menschen an der gefährlichen Krankheit Malaria, die durch Stechmücken übertragen wird. Viele Menschen starben. Mit dem Einsatz des Insektenbekämpfungsmittels DDT sank die Zahl der Erkrankten von Jahr zu Jahr. Im Jahr 1961 gab es nur noch 110 Erkrankungsfälle.

▲ *1 Ein Insektizid wird versprüht.*

Was ist DDT? DDT ist die Abkürzung für **D**ichlor**d**iphenyl**t**richlorethan, eine Halogenkohlenwasserstoff-Verbindung. DDT ist ein sehr wirksames Kontakt- und Fraßgift für Insekten, ein Insektizid. Es ist leicht herzustellen und chemisch sehr stabil. Wegen der großen Erfolge bei der Insektenbekämpfung war es jahrzehntelang das meistproduzierte Insektizid der Welt.

Folgen der DDT-Anwendung. Bereits in den 60er Jahren geriet DDT in Verruf: Die breite Wirksamkeit von DDT führte dazu, dass auch nützliche Insektenarten wie Bienen und Schmetterlinge getötet wurden. Zudem entwickelten viele Insektenarten eine Resistenz gegenüber DDT, das heißt, sie wurden mit der Zeit unempfindlich. Hinzu kam, dass DDT in der Natur nur sehr langsam abgebaut wird und manche Abbauprodukte auch für den Menschen gesundheitsschädlich sind. Heute findet man das fettlösliche DDT im Gewebe aller Lebewesen, selbst bei Eisbären in der Arktis – obwohl man es dort nie eingesetzt hatte.

Die Nahrungskette. Wenn eine Pflanze oder ein Tier mit DDT in Kontakt kommt, wird DDT aufgenommen und gespeichert. Frisst ein Tier dieses Lebewesen, so gelangt auch das DDT in dessen Körper. So erhöht sich die DDT-Konzentration jedes Mal, wenn ein Tier von einem anderen gefressen wird. Da der Mensch am Ende vieler Nahrungsketten steht, reichern sich in seinem Körper viel DDT und andere vergleichbare Stoffe an. So entstehen im Laufe der Zeit hohe Gift-Konzentrationen, die dann auch für Wirbeltiere schädlich sein können. Deshalb ist DDT seit Mitte der 70er Jahre in den Industrieländern verboten.

Neue Insektizide. Wegen der Nachteile von DDT und ähnlichen Stoffen sucht man heute Insektizide mit anderen Eigenschaften. Sie sollen gezielt gegen bestimmte Schädlinge wirken und möglichst schon in geringen Mengen wirksam sein. Außerdem sollen die Chemikalien in der Natur leicht abbaubar und für Menschen unschädlich sein.

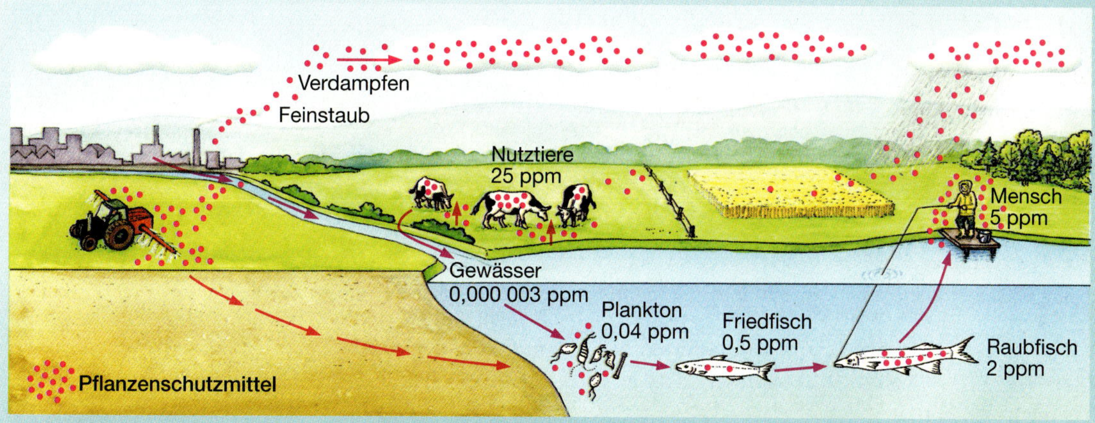

▲ *2 So können sich Chemikalien, etwa Pflanzenschutzmittel, in der Nahrungskette anreichern.*

|14.7| Benzol, ein aromatischer Kohlenwasserstoff

Leicht entzündlich	Giftig

▲ 1 *Symbole an Tankstellen*

An den Benzinzapfsäulen von Tankstellen sind zwei Gefahrensymbole angebracht: **F+** (hoch entzündlich) und **T** (giftig). Das Symbol F+ ist sofort verständlich. Das Symbol T muss angegeben werden, weil im Benzin bis zu 1 % Krebs erzeugendes **Benzol** vorkommen darf. Benzol ist im Erdöl enthalten. In der chemischen Industrie ist Benzol ein wichtiges Lösemittel und ein Ausgangsstoff für Farbstoffe und Kunststoffe.

Bau des Benzol-Moleküls. Das Benzolmolekül ist ein ringförmig gebautes Molekül mit der Summenformel C_6H_6. Da es nur sechs Wasserstoff-Atome enthält, ging man zunächst davon aus, dass es sich bei Benzol um eine ungesättigte Verbindung handelt. Man vermutete drei Einfach- und drei Doppelbindungen zwischen den sechs Kohlenstoff-Atomen. Doch der Nachweis für Doppelbindungen gelingt bei Benzol nicht.

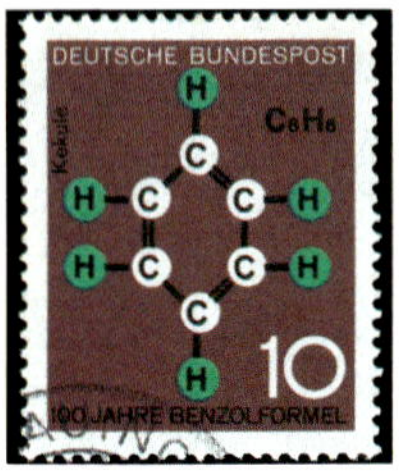

Heute weiß man, dass zwischen den Kohlenstoff-Atomen keine „normalen" Einfach- und Doppelbindungen bestehen. Sechs der Bindungselektronen sind vielmehr gleichmäßig im Ring verteilt. Man beschreibt dies durch den Kreis in der Formel.

Steckbrief: Benzol

Eigenschaften: farblose Flüssigkeit mit süßlich-aromatischem Geruch, brennt mit stark rußender Flamme, giftig und Krebs erregend

Dichte: 0,874 g/ml

Flammpunkt: –11 °C

Siedetemperatur: 80 °C

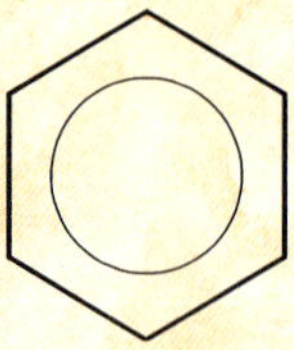

C_6H_6

Verwendung: Ausgangsstoff zur Herstellung von Texilfasern, Kunststoffen, Farbstoffen, Arzneimitteln, Aromastoffen, Pflanzenschutzmitteln

Vorkommen: Erdöl, Steinkohleteer

▲ 3 *Steckbrief für Benzol*

Aromatische Kohlenwasserstoffe. Benzol gehört mit Toluol, Naphthalin und Benzpyren zur Stoffklasse der aromatischen Kohlenwasserstoffe. Die Bezeichnung „aromatisch" geht auf den süßlich-aromatischen Geruch vieler Naturstoffe zurück, die sich vom Benzol ableiten. Alle aromatischen Kohlenwasserstoffe enthalten als gemeinsames Merkmal mindestens einen Benzol-Ring im Molekül.

Benzol ist der einfachste aromatische Kohlenwasserstoff. Seine Summenformel ist C_6H_6.

▼ 2 *Einige aromatische Kohlenwasserstoffe*

Toluol
Eigenschaften:
farblos,
aromatischer Geruch
Verwendung:
Lösemittel,
z. B. für Klebstoffe

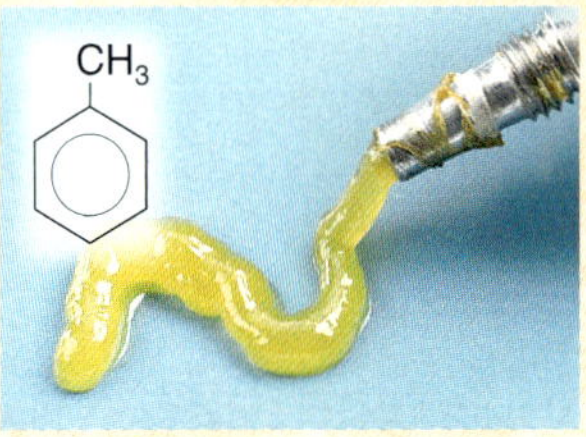

Styrol
Eigenschaften:
farblose Flüssigkeit,
stechend riechend
Verwendung:
Ausgangsstoff für
den Kunststoff
Polystyrol

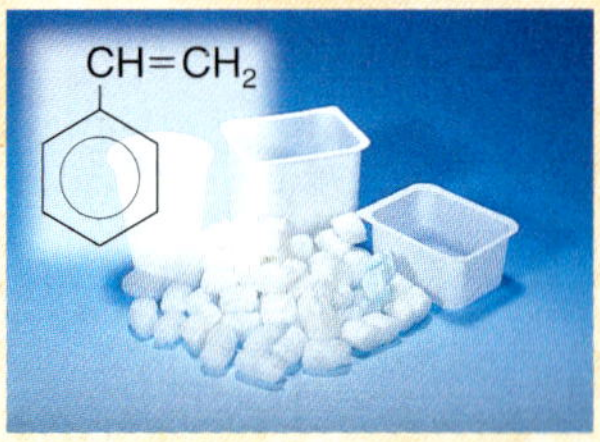

Benzpyren
Eigenschaften:
gelbe, nadelförmige
Kristalle
Vorkommen:
im Zigarettenrauch;
beim Grillen, wenn
das Fett in die
Flammen tropft

Biphenyl
Eigenschaften:
farblose, glänzende
Blättchen,
pilztötende Wirkung
Verwendung:
Konservierung von
Zitrusfrüchten
(E 230)

|14.8| Nachwachsende Rohstoffe

1 *Nachwachsende Rohstoffe kommen aus der Forst- und aus der Landwirtschaft.*

Die **fossilen Rohstoffe** Erdgas, Erdöl und Kohle sind nur begrenzt vorhanden und werden von Jahr zu Jahr weniger. Zwar sind sie noch preiswert, jedoch könnte sich dies bald ändern – spätestens dann, wenn sie weltweit knapp werden. Deshalb ist es sinnvoll, schon heute die fossilen Rohstoffe durch nachwachsende Rohstoffe zu ergänzen.

Nachwachsende Rohstoffe wie Holz, Baumwolle, oder Raps sind im engeren Sinne unbegrenzt verfügbar, da sie ja immer wieder nachwachsen.
Nachwachsende Rohstoffe lassen sich als *Energieträger* nutzen; noch wertvoller sind sie aber als *Rohstoff-Lieferant für die Industrie.* Aus Holz und Baumwolle lässt sich Zellstoff für Papier und Watte gewinnen, aus Kartoffeln Stärke, aus Zuckerrüben natürlich Zucker und aus Raps Öl.

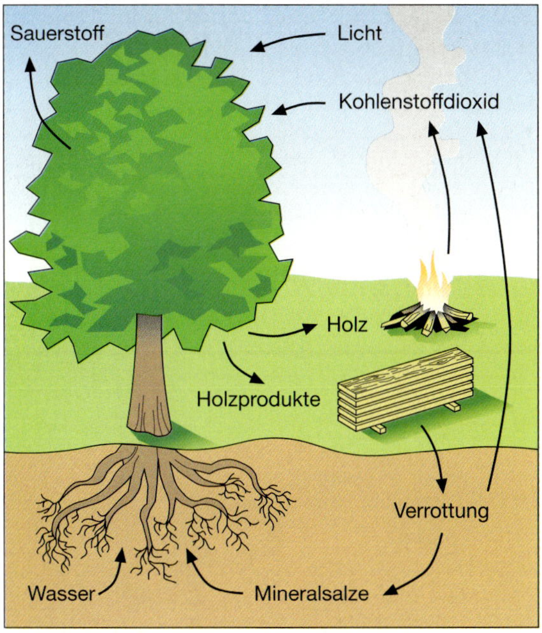

2 *Kohlenstoff-Kreislauf beim Rohstoff Holz*

Diese Produkte werden weiterverarbeitet: Aus Stärke kann man biologisch abbaubare Folien oder umweltfreundliche Klebstoffe herstellen; aus Zucker und weiteren Stoffen stellen Chemiker sogar Waschmittel her.

Vorteile nachwachsender Rohstoffe. Neben der Schonung der Gas-, Öl- und Kohle-Vorräte haben die Rohstoffe aus der Natur vor allem zwei weitere Vorteile: sie können nach Gebrauch leicht biologisch abgebaut werden; und sie setzen beim Abbau oder bei der Verbrennung kein zusätzliches Kohlenstoffdioxid frei, da sie Bestandteil im natürlichen Kohlenstoffkreislauf sind.

Der natürliche Kohlenstoff-Kreislauf. Ein Beispiel: Bäume bauen mithilfe der Fotosynthese aus Kohlenstoffdioxid und Wasser zunächst Traubenzucker auf, den sie zum Aufbau von Holz weiterverwenden. Wird Holz verbrannt oder verrottet es, so wird genau die Menge an Kohlenstoffdioxid frei, die vorher durch die Fotosynthese gebunden wurde – nicht mehr. Das ist gut, denn je mehr Kohlenstoffdioxid in die Luft gelangt, desto stärker kann sich die Erde durch den *Treibhauseffekt* erwärmen.
Verbrennt man aber Kohle, Öl oder Erdgas, werden in einem sehr kurzen Zeitraum sehr große CO_2-Mengen frei. Das ist ungünstig für unser Klima.

Fazit. Trotz der Vorteile werden die nachwachsenden Rohstoffe in nächster Zeit die fossilen Rohstoffe nur ergänzen, nicht aber ersetzen können. Denn zum einen reichen dafür die landwirtschaftlichen Flächen gar nicht aus, zum anderen sind die fossilen Rohstoffe immer noch preisgünstig zu haben.

Fossile Rohstoffe sind auf der Erde nur begrenzt vorhanden. Nachwachsende Rohstoffe können die fossilen Rohstoffe ergänzen, aber nicht ersetzen.

Pflanzenfasern als nachwachsender Rohstoff

Beim Spaziergang auf dem Land entdecken Nadine und Michael ein großes Feld mit Pflanzen, die kleine blaue Blüten tragen. „Was ist denn das für ein komisches Getreide?", Michael wundert sich. „Das ist kein Getreide. Ich glaube, das ist Flachs", Nadine ist sich aber nicht sicher.

Flachs gehört zu den ältesten Faser- und Nahrungspflanzen auf der Welt; schon vor 7 000 Jahren hat man ihn angebaut. Jetzt hat man zum einen wieder etwas mehr Interesse an dem hautfreundlichen Naturstoff Leinen; man entdeckt die Pflanze aber auch neu als umweltfreundlichen nachwachsenden Rohstoff.
Man kann die Fasern nämlich sehr vielfältig nutzen, nicht nur für Stoffe oder kompostierbare Pflanztöpfe; sie dienen sogar als vollwertiger Ersatz für die früher verwendeten Asbestfasern in Bremsbelägen.

Doch sie hat recht. Die blau, weiß oder rosa blühenden, etwa ein Meter hohen Pflanzen sind **Flachs-Pflanzen.**
Man nennt die Art auch *Faser-Lein.* Sie war in den letzten Jahrzehnten in Deutschland selten angebaut worden, weil sie von der Baumwolle und auch von den Kunstfasern in den Hintergrund gedrängt worden war. Aus den Fasern des Flachses macht man nämlich vor allem Stoffgewebe: *Leinen.* Neben dem Faser-Lein gibt es auch den *Öl-Lein,* aus dessen Samen (Leinsamen) man das Leinöl gewinnt.

Eine weitere Faserpflanze, die bei uns angebaut werden kann, ist der **Hanf.** Weil man aus ihm Rauschgift gewinnen kann, durfte er zwischen 1982 und 1996 in Deutschland nicht angebaut werden. Jetzt können rauschgiftarme Sorten unter bestimmten Bedingungen wieder angepflanzt werden.

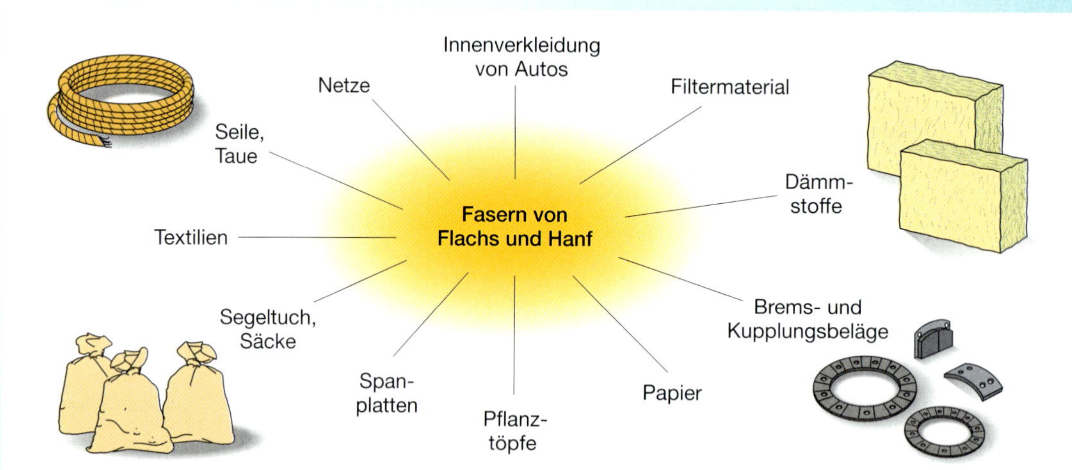

1 **a)** Welches Element ist allen organischen Stoffen gemeinsam?
b) Wie kann man sich erklären, dass es weniger als 1 Million anorganische Verbindungen gibt, jedoch mehr als 10 Millionen organische?

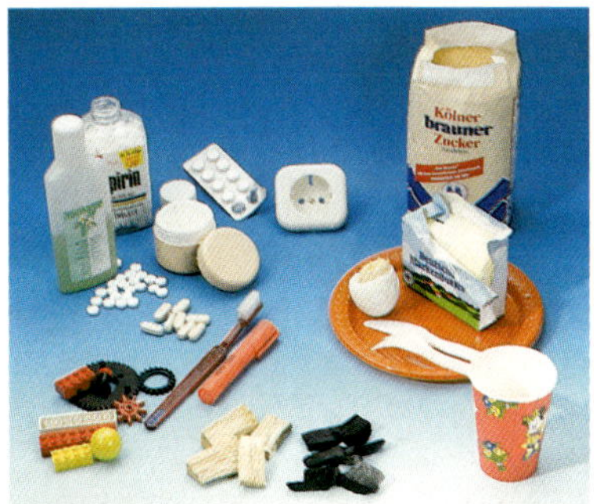

2 Methan entsteht immer dann, wenn organische Stoffe durch bestimmte Bakterien abgebaut werden, etwa in Sümpfen, Mülldeponien und Kläranlagen. Wozu kann man Methangas verwenden?

3 **a)** Womit kann man einen Fettfleck aus einem Kleidungsstück entfernen?
b) Warum ist Wasser hierfür ungeeignet?

4 **a)** Weshalb darf man die reaktionsfreudigen Alkalimetalle in flüssigen Alkanen aufbewahren?
b) Warum ist an Tankstellen das Rauchen und offenes Feuer verboten?

5 **a)** Wie heißen die Summenformeln für die Alkane mit neun sowie mit fünfzehn C-Atomen im Molekül?
b) Wie heißen diese Alkane?

1. $CH_3-CH_2-CH_2-CH(C_2H_5)-CH_3$

2. $CH_3-CH(CH_2-CH_3)-CH(CH_3)-CH_3$

6 Es gibt Methan, aber kein Methen. Wie ist das zu erklären? Benutze zur Erklärung die Strukturformel-Schreibweise.

7 **a)** Schreibe die Strukturformeln von Ethan und Ethen auf.
b) Beides sind brennbare Gase. Wie kann man diese Gase experimentell unterscheiden?

8 **a)** Warum enthält Autobenzin Kohlenwasserstoffe mit ringförmigen und verzweigten Molekülen?
b) Was versteht man unter der Oktanzahl von Benzin?

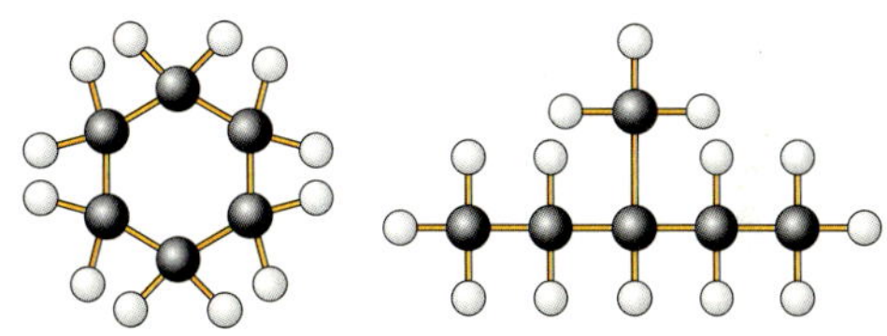

9 **a)** Welche Eigenschaften haben Frigene und Halone?
b) Zu welcher Stoffgruppe gehören sie?
c) Weshalb wurden diese und ähnliche Kohlenwasserstoffe früher in großen Mengen verwendet, heute jedoch kaum noch?
d) Wie beeinflussen die Fluorchlorkohlenwasserstoffe das Leben auf der Erde?

10 In allen Lebewesen, ob bei Eisbären in der Arktis oder Pinguinen in der Antarktis, findet man heute Spuren von halogenierten Kohlenwasserstoffen. Welches sind die Gründe hierfür?

11 **a)** Was sind nachwachsende Rohstoffe?
b) Welche Vor- und Nachteile haben sie gegenüber den fossilen Rohstoffen?

Basis-Wissen

Organische Stoffe: Organische Verbindungen enthalten Kohlenstoff und Wasserstoff. Es können zusätzlich aber auch noch andere Elemente gebunden sein, vor allem Sauerstoff, Stickstoff und Schwefel.
Methan ist der einfachste Kohlenwasserstoff.

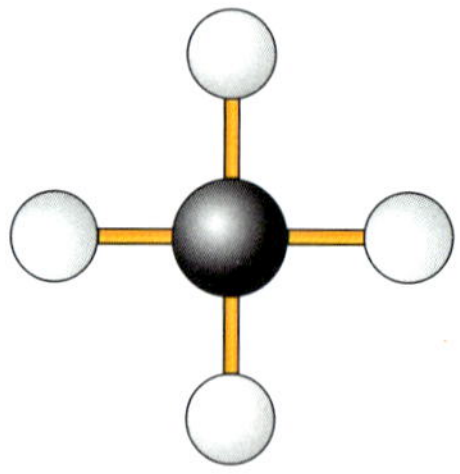

Vielfalt organischer Verbindungen: Es gibt sehr viele organische Moleküle, da sich Kohlenstoffatome zu kettenförmigen, verzweigten und ringförmigen Molekülen verbinden können. Außerdem gibt es Einfach-, Doppel- und Dreifach-Bindungen zwischen Kohlenstoff-Atomen.

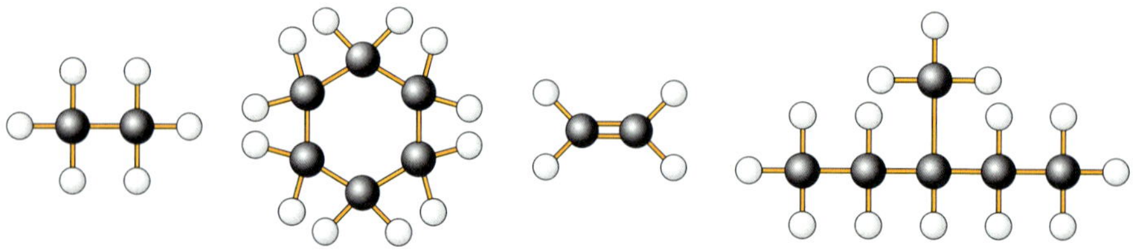

Alkane. Alkane sind reaktionsträge („gesättigte") Kohlenwasserstoffe mit C–C-Einfachbindungen. Sie bilden eine homologe Reihe. Die allgemeine Summenformel ist $\mathbf{C_nH_{2n+2}}$. Alkane sind gute Lösemittel für Fette, Öle und Wachse. Sie mischen sich mit Wasser.

Methan	CH_4	Hexan	C_6H_{14}
Ethan	C_2H_6	Heptan	C_7H_{16}
Propan	C_3H_8	Oktan	C_8H_{18}
Butan	C_4H_{10}	Nonan	C_9H_{20}
Pentan	C_5H_{12}	Decan	$C_{10}H_{22}$

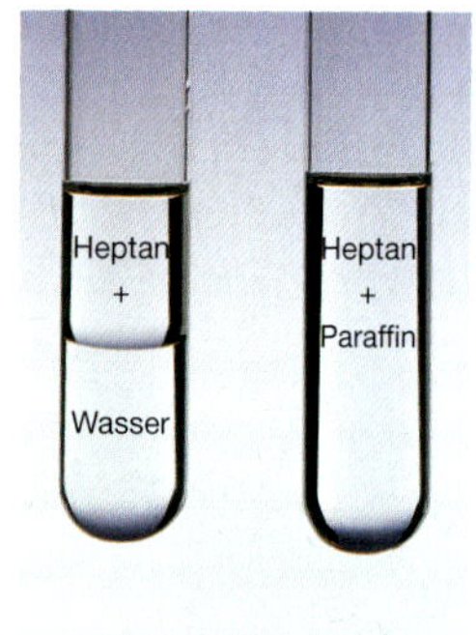

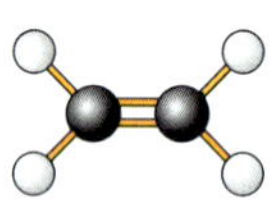

Ethen

Alkene besitzen C = C-Doppelbindungen. Sie sind reaktionsfreudiger als Alkane. Die allgemeine Summenformel lautet $\mathbf{C_nH_{2n}}$.

Treibstoffe und Octanzahl: Treibstoffe bestehen aus Gemischen verschiedenster Kohlenwasserstoffe. Klopffestes Benzin hat eine hohe Octanzahl. Es besteht überwiegend aus verzweigten Kohlenwasserstoff-Molekülen.
Beim **Cracken** werden langkettige Kohlenwasserstoff-Moleküle in kürzere gespalten. Durch **Reformieren** wandelt man geradkettige in verzweigte Moleküle um.

Benzol ist der einfachste aromatische Kohlenwasserstoff. Das Benzol-Molekül ist wie ein regelmäßiges Sechseck ringförmig gebaut. Benzol hat die Summenformel C_6H_6.

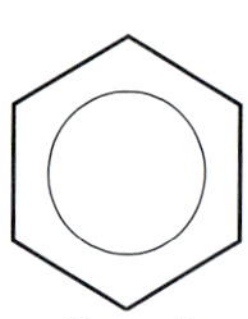

Benzol

Halogenkohlenwasserstoffe sind organische Verbindungen, bei denen mindestens ein Wasserstoff-Atom durch ein Halogen-Atom ersetzt ist. Sie sind reaktionsträge, gut fettlösend und biologisch meist schwer abbaubar; manche gefährden die Umwelt, andere sind giftig. Man verwendet sie daher kaum noch.

Nachwachsende Rohstoffe wie Holz, Raps, Zuckerrüben oder Flachs sind umweltverträglich und helfen, die fossilen Rohstoffe Kohle, Erdöl und Erdgas zu schonen.

|15| Alkohol, Essig, Ester – wichtige Stoffe in Alltag und Technik

Lässt man einen frisch gepressten Fruchtsaft stehen, kann man nach einigen Tagen feststellen: Es riecht nach Wein!
Hefepilze verwandeln Traubensaft und auch andere Obstsäfte durch Gärung in Wein. Aus dem Zucker, der enthalten ist, entsteht dabei Alkohol. Chemiker nennen ihn Ethanol oder auch Ethylalkohol.

Im Wein sind mehrere Hundert chemische Verbindungen enthalten, darunter verschiedene Alkohole, Carbonsäuren, Ester und andere Stoffe. Viele dieser Inhaltsstoffe spielen auch in unserem Alltag und in der Technik eine große Rolle. Einige davon stellen wir in diesem Kapitel vor.

|15.1| Alkohol – der Geist des Weines

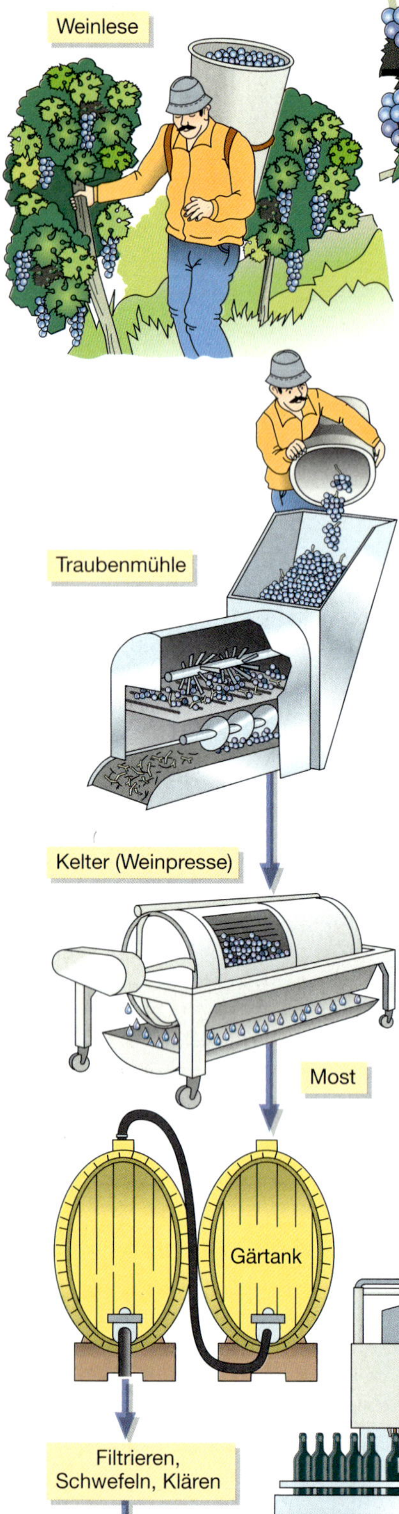

Von der Traube zum Most. Alljährlich im Herbst beginnt die Zeit der Weinlese. Die reifen Trauben werden von Hand oder maschinell geerntet. In der Winzerei wird zuerst der Traubensaft, der *Most*, gewonnen. Dazu werden die Trauben gequetscht, sodass die Schalen aufplatzen. Es entsteht die *Maische*, ein Brei aus Traubensaft und Schalen, aus dem dann der Most gepresst wird. Der Winzer bezeichnet dies als *Keltern* der Traube.

Die Bedeutung von Zucker und Säure. Die Qualität des zukünftigen Weins hängt in erster Linie vom Zucker- und Säuregehalt des Mostes ab. Der Zuckergehalt bestimmt die erreichbare Alkoholkonzentration des Weins. Die Säure ist entscheidend für Geschmack und Haltbarkeit. Ein guter Wein sollte mindestens 4,5 g Säure pro Liter Most enthalten.

Der Winzer bestimmt den Zuckergehalt des Mostes in Öchslegraden. Die Öchslegrade sagen aus, um wie viel Gramm ein Liter Most schwerer ist als ein Liter Wasser. Für einen einfachen Tafelwein beispielsweise muss das Mostgewicht mindestens 44 Grad Öchsle betragen.

Vom Most zum Wein. Zum Gären wird der Most in Fässer oder Tanks mit bis zu 100 000 Litern Fassungsvermögen umgefüllt. Die auf den Traubenschalen reichlich vorhandenen Hefepilze wandeln den Zucker in Alkohol und Kohlenstoffdioxid um:

$$\text{Traubenzucker} \xrightarrow[\text{Gärung}]{\text{Hefepilze}} \text{Alkohol} + \text{Kohlenstoffdioxid}$$

Diesen trinkbaren Alkohol nennt der Chemiker **Ethanol.** Im Alltag bezeichnet man den Ethanol auch als **Weingeist**.

Nach 8 bis 14 Tagen ist die Gärung abgeschlossen. Gegen Ende der Gärung sinken die Trübstoffe allmählich auf den Boden und der Wein wird klar. Der durchgegorene Wein wird nun in ein sauberes Gefäß umgefüllt. Um den Wein haltbar zu machen, wird er *geschwefelt*. Dazu leitet der Winzer etwas Schwefeldioxid in den Wein. Die schweflige Säure, die dabei entsteht, macht den Wein länger haltbar. Dann wird der Wein noch einmal *geklärt*, indem er über ein feinporiges Material filtriert wird.

Der fertige Wein wird nun in Flaschen abgefüllt. Sein Geschmack wird von bis zu 500 verschiedenen Inhaltsstoffen bestimmt. Er enthält durchschnittlich 8 bis 13 Volumenprozent Alkohol. Das bedeutet, dass in 100 ml Wein 8 ml bis 13 ml Alkohol enthalten sind.

Aus den Trauben wird durch das Keltern der Most gewonnen. Durch die alkoholische Gärung wird der Zucker des Mostes in Ethanol umgewandelt.

1 Fragen zum Text

a) Wie entsteht der Alkohol im Wein?
b) Ein Winzer bestimmt bei seinem Most ein Gewicht von 1100 Gramm pro Liter. Wie viele Öchslegrade hat dieser Most?
c) Welche Bedeutung hat der Zuckergehalt des Mostes für den Gärungsprozess?
d) Warum beginnt eine Traubenzuckerlösung nicht ohne Hefezusatz zu gären?

2 Alltag

Der Wein in der abgebildeten Flasche enthält 11 % Alkohol. Wie viel reiner Alkohol ist in dieser Flasche Wein enthalten?

3 Technik

Kleinere Winzerbetriebe vergären ihren Most in Holzfässern, die bis zu 5000 l Inhalt fassen. Bevor der Most eingefüllt wird, verbrennt der Winzer einige Schwefelfäden in dem Fass. Warum macht man das?

4 Alltag

a) In schlecht entlüfteten Gärkellern kommt es immer wieder zu gefährlichen Unfällen. Die Betroffenen werden kurze Zeit nach dem Betreten des Kellers ohnmächtig und ersticken, wenn nicht schnell geholfen wird. Woran liegt das?
b) Weshalb nehmen viele Winzer stets eine brennende Kerze mit in den Gärkeller?

5 Technik

Rosé- und Rotwein werden aus blauen Trauben gewonnen. Während der Roséwein genauso hergestellt wird wie Weißwein, werden bei der Rotweinherstellung die Trauben zunächst nur gequetscht. Ausgepresst wird erst einige Tage später. Was könnte der Grund dafür sein?

Exkurs: Biologie

Die alkoholische Gärung

Lässt man frisch gepressten Obstsaft einige Zeit stehen, beobachtet man bald Veränderungen. Der zunächst klare Saft erscheint trübe und schäumt: Die **alkoholische Gärung** beginnt.

Ausgelöst wird der Gärungsprozess durch verschiedene Hefepilze. Diese Hefepilze besitzen *Enzyme* (Biokatalysatoren). Sie beschleunigen chemische Reaktionen, die bei Raumtemperatur nicht oder nur langsam ablaufen würden. Die Enzyme bauen den in Früchten enthaltenen Zucker zu Ethanol und Kohlenstoffdioxid ab:

$$C_6H_{12}O_6 \rightarrow 2\ C_2H_5OH + 2\ CO_2$$
(Zucker) (Ethanol)

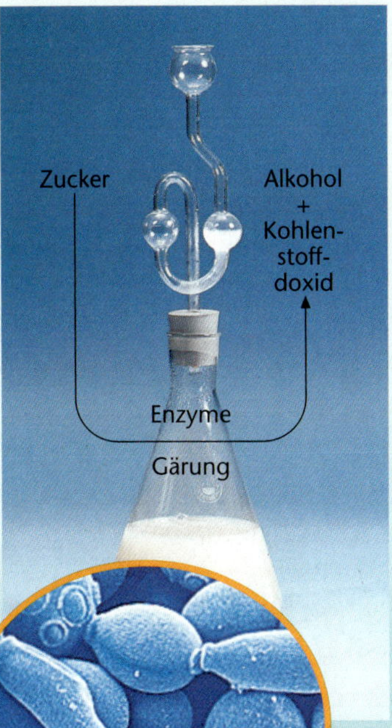

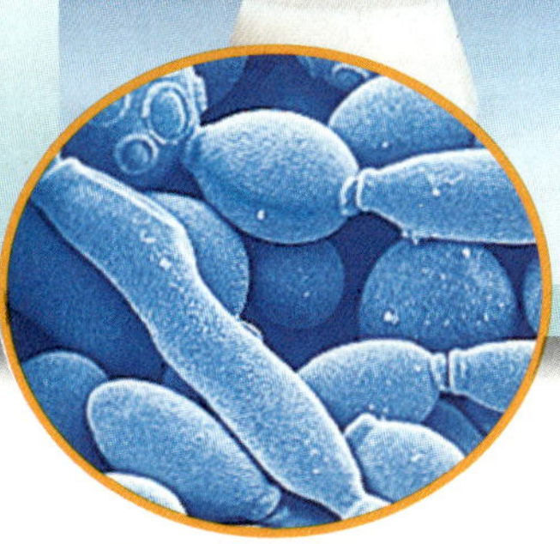

Hefepilze bauen den Zucker allerdings nur dann zu Alkohol ab, wenn bei der Gärung kein Sauerstoff vorhanden ist. Daher lässt man die Gärung unter Luftabschluss ablaufen. Das ermöglichen wassergefüllte Gäraufsätze. Sie lassen entstehendes Kohlenstoffdioxid aus dem Gärbehälter heraus, aber keine Luft hinein.

Durch die Gärung lassen sich nur Alkoholkonzentrationen bis zu 15 Volumenprozent erreichen. Bei höheren Alkoholkonzentrationen sterben die Hefepilze ab. Sie gehen sozusagen an „Alkoholvergiftung" zugrunde. Dann ist der Gärungsprozess beendet, selbst wenn noch unvergorener Zucker vorhanden ist.

Vom Wein zum Branntwein

V 1: Herstellung von Obstwein

Materialien: Gärgefäß (2 l), Gärröhrchen, durchbohrter Gummistopfen; Fruchtsaft (0,7 l) ohne Konservierungsstoffe, Kalkwasser, Hefe (10 g).

Durchführung: Fülle den Fruchtsaft in das Gärgefäß und füge die fein zerkrümelte Hefe hinzu. Verschließe die Flasche mit dem Gärröhrchen. Fülle etwas Kalkwasser in das Röhrchen. Beobachte mehrere Tage den Verlauf der Gärung.

Aufgaben: a) Notiere deine Beobachtungen.

b) Warum füllt man das Gärröhrchen mit Kalkwasser?

c) Woran erkennst du das Ende der Gärung?

d) Dekantiere den entstandenen Wein nach Abschluss der Gärung vom Bodensatz ab.

V 2: Herstellung von Branntwein

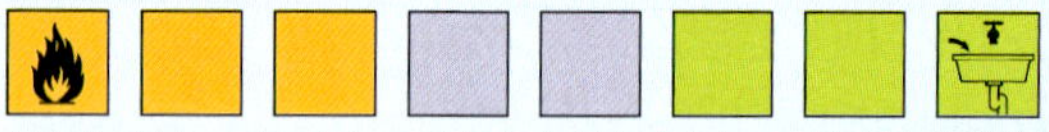

Materialien: Destillationsapparatur mit Rundkolben und Thermometer, 2 Bechergläser (100 ml), Heizpilz, Siedesteinchen; Wein.

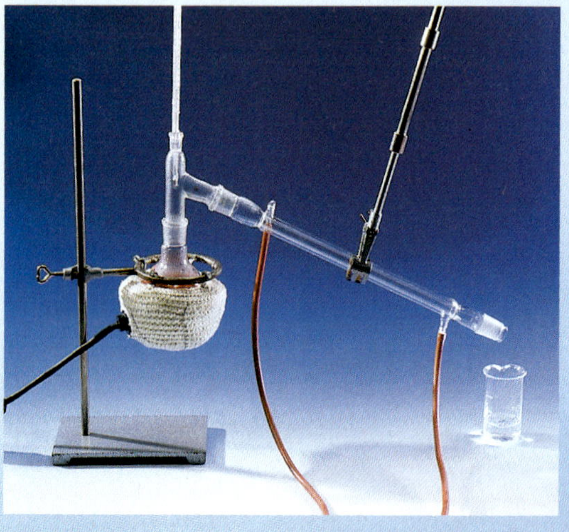

Durchführung: Fülle den Wein in den Rundkolben. Gib 1–2 Siedesteinchen hinzu und verschließe den Kolben mit dem Thermometer.
Nimm die Wasserkühlung in Betrieb und erhitze den Kolben. Destilliere etwa 5 ml Flüssigkeit ab. Halte dabei die Temperatur zwischen 80 und 85 °C. Wechsle dann die Vorlage und destilliere noch einige Minuten weiter.

Aufgaben: a) Notiere deine Beobachtungen.

b) Prüfe den Geruch des Destillats.

V 3: Alkoholnachweis im Obstwein

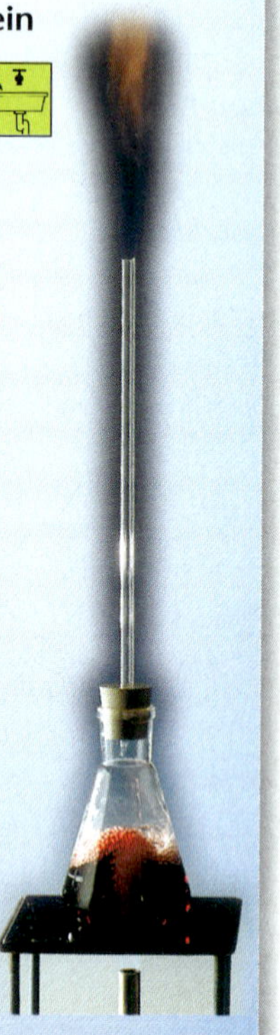

Materialien: Stehkolben (500 ml), Glasrohr (50 cm) mit Gummistopfen, Siedesteinchen, Brenner mit Stativ und Keramiknetz; 100 ml Obstwein.

Durchführung: Fülle den Obstwein in den Kolben und gib einen Siedestein hinzu. Setzt das Glasrohr mit dem Gummistopfen auf. Erhitze den Fruchtwein bis zum Sieden. Bringe die Brennerflamme an die Öffnung des Steigrohrs. Welcher Stoff lässt sich an der Steigrohröffnung entzünden?
Halte den Wein einige Minuten weiter auf Siedetemperatur. Versuche erneut, die Dämpfe zu entzünden.

Aufgabe: Erkläre die Beobachtungen.

V 4: Bestimmung des Alkoholgehaltes

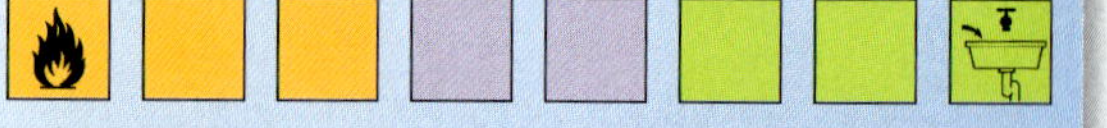

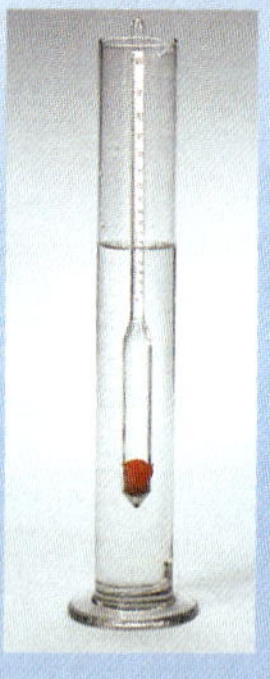

Materialien: Messzylinder, Aräometer; verschiedene alkoholische Lösungen, Wein, Spiritus.

Durchführung: Mit einem Aräometer kann man den Alkoholgehalt von Lösungen feststellen. Tauche das Aräometer vorsichtig in die Lösungen und bestimme den Alkoholgehalt.

Aufgabe: Überlege, nach welchem Prinzip dieses Gerät funktionieren könnte.

Disko, Drinks & Driving

Eine alltägliche Szene. Aufgekratzt und angeheitert verlässt eine Gruppe junger Leute die Diskothek. Autotüren knallen und mit quietschenden Reifen geht es ab in den nächsten heißen Schuppen. Leider enden solche Fahrten nur allzu oft vorzeitig und anders, als man denkt. Durch Alkoholgenuss enthemmt wird schneller gefahren, als es die Straßenverhältnisse und die eigenen Fahrkünste zulassen. Reaktionszeiten und Sehschärfe lassen nach und machen jede Fahrt unter Alkohol zu einem Glücksspiel.

Blutalkohol	Stimmung	beobachtbare Wirkungen
bis 0,5 ‰	fröhlich, von Sorgen befreit	redselig, weniger ängstlich, leichte Schläfrigkeit, entspannt
0,5 ‰ bis 1,5 ‰	mutig, zum „Bäume-Ausreißen" aufgelegt	wenig selbstkritisch, Auffassungsgabe geschwächt, leichte Gleichgewichtsstörungen, schwerfälliges Sprechen
1,5 ‰ bis 2,5 ‰	traurig, angriffslustig, weinerlich	unsichere Bewegungen, starkes Schwanken beim Gehen, stark verlängerte Reaktionszeit, unvollständige Sätze, Reizbarkeit
über 2,5 ‰	innerlich unruhig, starkt erregt, aggressiv	Umgebung wird nicht mehr realistisch wahrgenommen, körperlich hilflos, narkoseähnlicher Tiefschlaf, überängstlich oder aggressiv

Polizei und Stadtverwaltungen versuchen, dem entgegenzuwirken. So bieten viele Städte speziell eingerichtete Busverbindungen an. Erfolgversprechend verlief eine „Schocktherapie" der Berliner Polizei vor einer Diskothek. Ihre Ausrüstung: Ein Autowrack, schockierende Unfallfotos, Alcotestgeräte und ein Fahrsimulator. An diesem Abend gab es bei den Diskobesuchern keine Unfälle.
Nach Versicherungsstatistiken waren 1999 in Deutschland bei Verkehrsunfällen 7772 Tote zu beklagen. An etwa der Hälfte dieser Unfälle waren alkoholisierte Fahrer beteiligt, die den Tod von 3900 Menschen verursachten. Das wären alle Schüler von 10 großen Realschulen.

Droge Alkohol

Alkohol ist ein suchterzeugender Stoff. Man schätzt, dass in Deutschland bis zu 10,5 Millionen Menschen zwischen 18 und 60 Jahren alkoholgefährdet oder -abhängig sind.

Der Weg des Alkohols im Körper beginnt mit der Aufnahme über die feinen Blutgefäße im Mund- und Rachenraum sowie im Magen-Darm-Trakt. Über den Blutkreislauf wird der Alkohol dann im Körper verteilt. Der Hauptanteil wird in der Leber abgebaut. Etwa 5 % werden über Lunge und Niere unverändert wieder ausgeschieden.

Dauerschäden durch Alkohol	
Gehirn Konzentration, Denken, Lernen, körperliche Leistungen werden beeinträchtigt. Nervenzellen sterben ab. Sie werden nicht ersetzt.	**Leber** Abbau hauptsächlich in der Leber. Schwere Leberschäden: Fettleber, Leberverhärtung, Leberschrumpfung.
Herz Herzschwäche, Kreislaufstörungen	**Nieren** Nieren können schrumpfen.
	Verdauungsorgane Entzündungen der Schleimhäute von Magen und Darm.

Die **schädigende Wirkung** des Alkohols auf den Organismus beginnt lange vor dem Stadium der Trunksucht. Bereits 20 Gramm Alkohol pro Tag können bei Frauen, 60 Gramm bei Männern zu chronischen Organschäden führen (vgl. Tabelle). Besonders gefährdet sind junge Menschen, weil ihnen wichtige Alkohol abbauende Enzyme fehlen und der Alkoholabbau deshalb viel länger dauert als bei Erwachsenen. Für Kleinkinder kann sogar schon ein Glas Wein tödlich sein. Hier muss man besonders aufmerksam sein.

|15.2| Wie ist das Ethanol-Molekül aufgebaut?

Atome und Moleküle sind so klein, dass sie selbst mit den besten Mikroskopen nicht wirklich sichtbar gemacht werden können. Dennoch ist den Chemikern die Zusammensetzung und der Aufbau der meisten Stoffe sehr genau bekannt. Am Beispiel des Ethanols lässt sich zeigen, wie Chemiker dabei vorgehen.

Zunächst muss in einer **qualitativen Analyse** herausgefunden werden, *aus welchen Elementen* das unbekannte Molekül besteht.

Kohlenstoff-Nachweis. In einem Standzylinder werden einige Milliliter Ethanol verbrannt. Anschließend wird etwas Kalkwasser in den Zylinder gegeben. Der Zylinder wird verschlossen und geschüttelt. Die weiße Trübung des Kalkwassers weist Kohlenstoffdioxid nach. Da das Kohlenstoffdioxid bei der Verbrennung entstanden ist, muss im Ethanolmolekül Kohlenstoff enthalten sein.

▲ 1 *Nachweis für Wasserstoff und Kohlenstoff*

Wasserstoff-Nachweis. Bei der Verbrennung von Ethanol im Standzylinder kondensiert eine farblose Flüssigkeit an den Gefäßwänden. Aufgestreutes wasserfreies Kupfersulfat färbt sich blau. Bei der Verbrennung ist Wasser als Oxidationsprodukt des Wasserstoffs entstanden. Also ist im Ethanolmolekül Wasserstoff enthalten.

Sauerstoff-Nachweis. Ethanoldampf wird in einem Reagenzglas über erhitztes Magnesium geleitet. Dazu schiebt man ein Porzellanschiffchen mit Magnesiumpulver oder einen Spatel Magnesiumspäne in ein Reagenzglas, das einige Zentimeter hoch mit ethanolgetränktem Sand gefüllt ist.

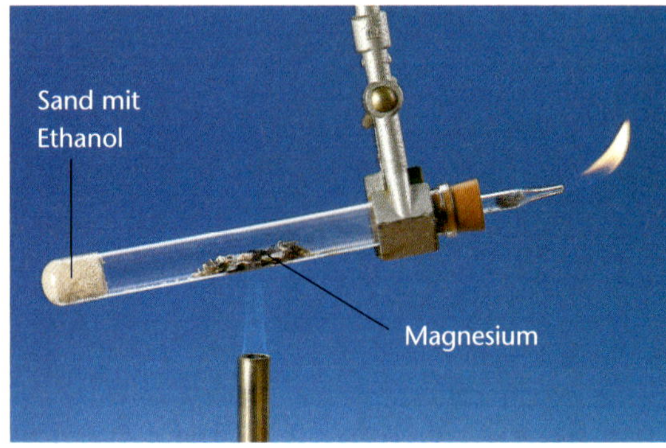

▲ 2 *Sauerstoff-Nachweis mit Magnesium*

Zunächst wird nur das Magnesium, anschließend Ethanol und Magnesium gleichzeitig erwärmt. Es bildet sich rasch eine Schicht aus weißem Magnesiumoxid. Da der zur Oxidation benötigte Sauerstoff nur aus dem Ethanol stammen kann, muss auch Sauerstoff Bestandteil des Ethanolmoleküls sein.

Mit der **quantitativen Analyse** und einer Bestimmung der Molekülmasse ermittelt man, *wie viele Atome* eines Elements in einem Molekül enthalten sind. Sie ergibt für das Ethanolmolekül die Summenformel C_2H_6O. Daraus lassen sich zwei mögliche Strukturen für das Ethanolmolekül formulieren:

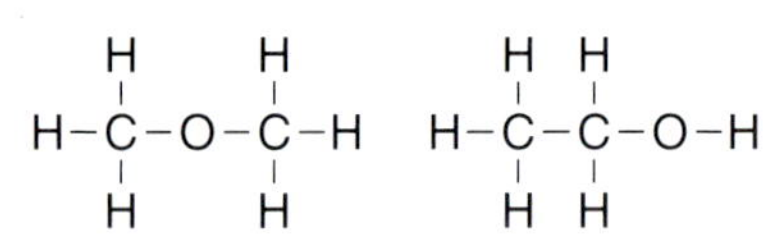

Weiterführende Experimente zeigen, dass die rechte Strukturformel den Aufbau des Ethanolmoleküls wiedergibt.

Ethanol ist aus den Elementen Kohlenstoff C, Wasserstoff H und Sauerstoff O aufgebaut. Dabei sind fünf Wasserstoffatome direkt an die Kohlenstoffatome gebunden. Das sechste Wasserstoffatom ist an das Sauerstoffatom gebunden.

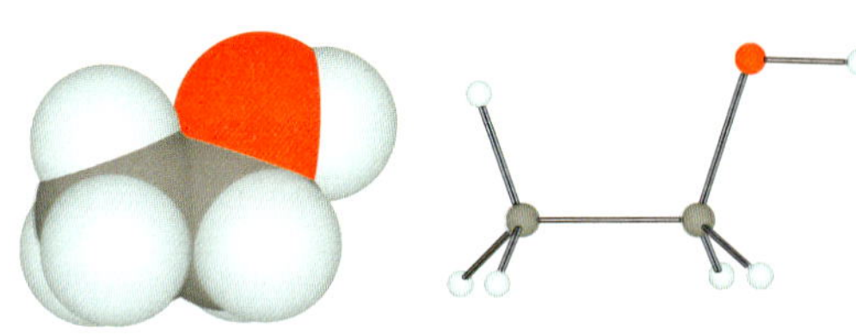

▲ 3 *Ethanol-Molekül*

1 Fragen zum Text

a) Was ist eine „qualitative Analyse"?
b) Was ist eine „quantitative Analyse"?
c) Welche Elemente findet man im Ethanol-Molekül?
d) Schreibe die Summen- und die Strukturformel für das Ethanol-Molekül auf.

2 Experiment

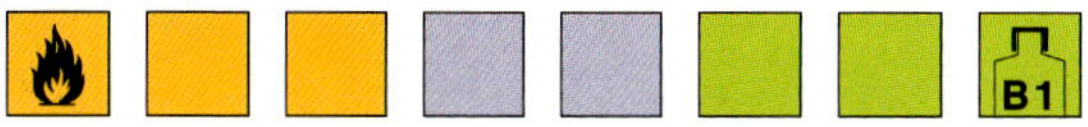

a) Wasserstoffnachweis: Verbrenne 2 ml Ethanol oder Spiritus in einer Porzellanschale: Halte ein trockenes Becherglas über die Flamme.
b) Kohlenstoffnachweis: Verbrenne in einem Erlenmeyerkolben etwa 1 ml Ethanol in einem Verbrennungslöffel. Gib anschließend etwas Kalkwasser in den Kolben und schüttle (B1).
Vergleiche die Ergebnisse mit Bild 1 S. 282.

3 Experiment

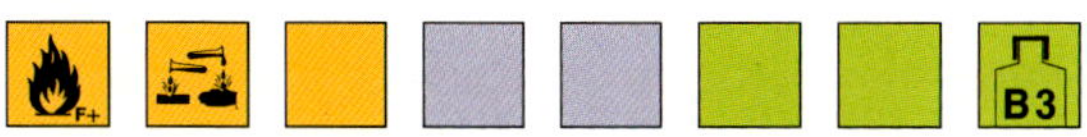

Gib in einem Reagenzglas ein linsengroßes Stück Lithium zu 5 ml Ethanol. Fange das entstehende Gas mit einem zweiten Reagenzglas auf und führe die Knallgasprobe durch.
Was zeigt dieses Experiment?

Exkurs: Theorie

Die Molmasse von Ethanol

Zur Bestimmung der Molmasse gibt man mithilfe einer Pipette oder Spritze 0,1 ml Ethanol in einen Erlenmeyerkolben (2 l). Das Gefäß ist mit einem leichtgängigen Kolbenprober verbunden. Das Ethanol verdampft. Am Kolbenprober lässt sich die Volumenzunahme ablesen. Bei 20 °C hat ein Mol eines Gases, hier der Ethanoldampf, ein Volumen von 24 l. Daraus lässt sich die Masse von 1 mol eines Gases berechnen.

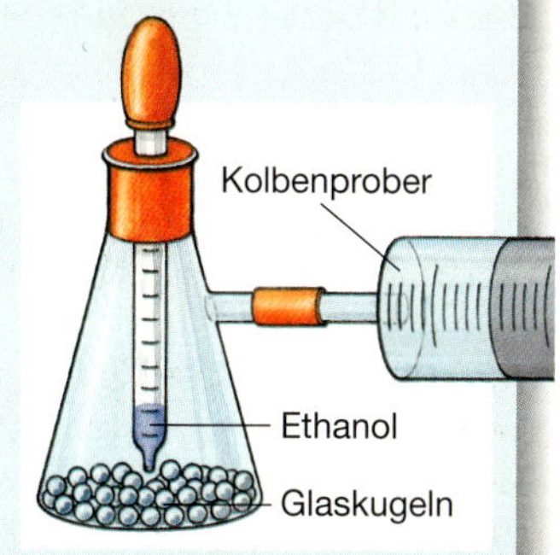

Beispiel:
Dichte von Ethanol ϱ = 0,789 g/ml
Masse von 0,1 ml : m = 0,0789 g = 78,9 mg
Volumen als Dampf: V = 41 ml
41 ml ≙ 78,9 mg
1 ml ≙ 78,9 mg : 41 = 1,92 mg
1 mol ≙ 24 000 ml ≙ 1,92 mg · 24 000
= 46 080 mg ≈ 46 g
1 mol Ethanol hat die Masse 46 g.

Exkurs: Theorie

Die Strukturformel des Ethanols

Mithilfe der qualitativen und quantitativen Analyse und einer Molmassenbestimmung kann man herausbekommen, dass die *Summenformel* des Ethanol-Moleküls C_2H_6O lauten muss. Doch diese Atome lassen sich verschieden zu einem Molekül verknüpfen. Allein mit den bisher beschriebenen Methoden lässt sich nicht ermitteln, ob die linke oder die rechte *Strukturformel* für das Ethanol zutrifft:

$CH_3 - O - CH_3$ $\quad$ $CH_3 - CH_2 - OH$

Dies kann man aber durch einen zusätzlichen Versuch herausbekommen.
Natrium reagiert heftig mit Wasser. Dabei entsteht Wasserstoff. Mit Alkanen dagegen reagiert das sonst so reaktionsfreudige Natrium aber nicht. Es wird ja sogar zum Schutz vor Oxidation unter Alkanen aufbewahrt.
Offensichtlich kann das Natrium aus den stabilen C-H-Bindungen keinen Wasserstoff abspalten. Bei den Wasserstoff-Atomen im Wasser-Molekül dagegen gelingt es dem Natrium, den Wasserstoff abzuspalten.

▲ *3 Natrium reagiert mit Ethanol*

Gibt man nun Natrium in Ethanol, kommt es tatsächlich auch zur Reaktion; wie beim Wasser entsteht bei der Reaktion das Gas Wasserstoff. Man kann daher vermuten, dass das Ethanol-Molekül ein Wasserstoff-Atom besitzt, das (wie im Wasser-Molekül) an ein Sauerstoff-Atom gebunden ist.
Damit steht die Formel des Ethanol-Moleküls fest:

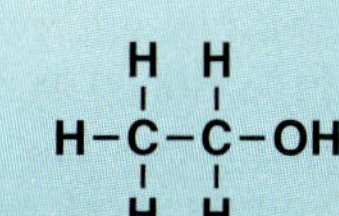

|15.3| Holzgeist, Weingeist und Verwandte

Alkoholpanscher gefasst

Wladiwostok. Nach mehreren hundert Todesfällen durch Methanolvergiftung ist die Polizei im ostsibirischen Wladiwostok einer professionellen Alkoholpanscherbande auf die Spur gekommen. In den Krankenhäusern der Stadt ringen Ärzte noch um das Leben mehrerer Dutzend weiterer Opfer der skrupellosen Verbrecher.
Die Bande hatte Trinkalkohol mit dem billigen, aber hochgiftigen Methanol gestreckt und das gefährliche Produkt als Wodka im Schwarzhandel verkauft.

▲ 1 *Pressemeldung: Methanol-Vergiftung*

▲ 2 *Methanol als Treibstoff für Modellflugzeuge*

Neben Ethanol gibt es noch viele andere Alkohole. Ihre Eigenschaften sind andere als die des Ethanols und sie dürfen keinesfalls mit diesem verwechselt werden.

Methanol (CH_3OH) ist der am einfachsten aufgebaute Alkohol. In Aussehen, Geruch und Geschmack kaum von Ethanol zu unterscheiden, wirkt er jedoch viel giftiger auf den Organismus. Bereits 25- bis 50 ml sind für einen Menschen tödlich. Geringere Mengen können zur Erblindung führen. Auch Methanoldämpfe oder durch die Haut aufgenommenes Methanol wirken giftig.
Methanol wurde früher aus Holz gewonnen. Daher der Name *Holzgeist*. Heute wird es in großen Mengen synthetisch hergestellt. Neben seiner Verwendung als Lösemittel und als Grundstoff für chemische Produktionsverfahren wird es als Treibstoff eingesetzt. Dem Benzin werden etwa 2 % Methanol beigemischt. Allein für diesen Treibstoffzusatz werden über 500 000 t Methanol pro Jahr benötigt.

▼ 3 *Anwendung von Ethanol*

Ethanol *(Weingeist)* für Genusszwecke muss durch alkoholische Gärung gewonnen werden. Handelsübliches Ethanol enthält 96 % Ethanol und 4 % Wasser. Durch Zusatzstoffe ungenießbar gemachtes Ethanol wird als *Brennspiritus* verkauft. In der Technik wird Ethanol meist als Lösemittel verwendet. Es ist ein wichtiger Grundstoff für die Herstellung von Parfüm und anderen kosmetischen Produkten. Zur technischen Verwendung kann Ethanol auch synthetisch hergestellt werden.

Propanol (C_3H_7OH) wird als kosmetischer Alkohol, zum Beispiel in Haarwasser, verwendet. In der Medizin dient es als Desinfektionsmittel für die Haut. Große Mengen Propanol werden in Druckereien zur Herstellung hochwertiger Farbdrucke benötigt.

Butanol (C_4H_9OH) fällt bei der Vergärung von Zucker oder Stärke an. Es wird bei der industriellen Herstellung von Aromastoffen und als Treibstoffzusatz verwendet.

Pentanol ($C_5H_{11}OH$) entsteht als unerwünschtes Nebenprodukt bei der alkoholischen Gärung. Es gehört zu den so genannten Fuselalkoholen, die gesundheitsschädlich sind. In der Industrie wird Pentanol als Lösemittel für Fette, Öle und Harz verwendet.

Es gibt viele verschiedene Alkohole, die sehr vielfältig verwendet werden. Methanol, der einfachste Alkohol, ist sehr giftig.

1 Fragen zum Text

a) In welchen Eigenschaften unterscheiden sich die im Text angesprochenen Alkohole?
b) Wozu wird Methanol verwendet?
c) Wie unterscheiden sich Weingeist und Spiritus?
d) Welche Verwendung findet Propanol?

Alkohole

Methanol und Ethanol lassen sich durch eine Flammenprobe unterscheiden. Dazu gibt man etwas Borax und einige Tropfen Schwefelsäure zu den Alkoholproben und entzündet sie.

1. Beschreibe die Unterschiede der Flammen.

Viele Arzneimittel enthalten Wirkstoffe, die mit Alkohol aus Kräutern extrahiert wurden.

2. Warum verwendet man hierfür Alkohol?

3. Welche Nachteile bringt das mit sich?

Brennspiritus ist ein beliebter, aber äußerst gefährlicher Grillanzünder. Immer wieder kommt es zu Unfällen mit schlimmen Verbrennungen. Es ist lebensgefährlich, auf bereits entzündete Grillkohle Brennspiritus zu gießen. Dabei kann es zu heftigen Verpuffungen kommen, die zu schwersten Verbrennungen führen.

4. Wie kann man ein Grillfeuer risikofrei entzünden?

5. Ein Arzt desinfiziert die Injektionsstelle vor dem Einstich der Nadel mit Alkohol. Welche Eigenschaft der Alkohole wird hierbei ausgenutzt?

6. Methanol kann auch als Treibstoff für Brennstoffzellen-Autos verwendet werden. Erläutere das etwas näher. Lies dazu in diesem Buch nach und infomiere dich über das Internet.

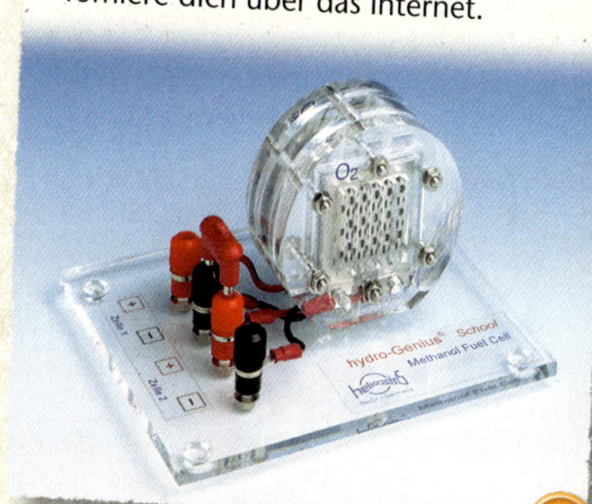

Auch bei den Alkoholen gibt es Isomere. So gibt es vom Alkohol Propanol (C_3H_8O) zwei isomere Vertreter:

$$^{3}CH_3-^{2}CH_2-^{1}CH_2-OH$$

Propanol-1 (n-Propanol)

$$^{3}CH_3-^{2}\overset{\displaystyle OH}{\underset{\displaystyle H}{C}}-^{1}CH_3$$

Propanol-2 (iso-Propanol)

7. Schreibe die isomeren Strukturformeln von Butanol auf.

|15.4| Eigenschaften der Alkohole

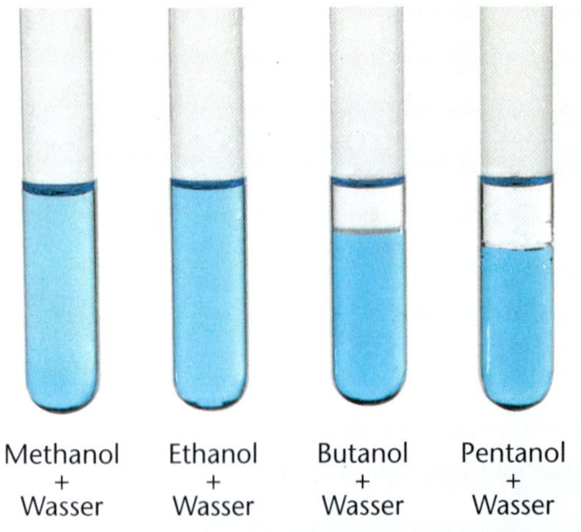

▲ *1 Löslichkeit von Alkanolen in Wasser*

Die homologe Reihe der Alkanole. Alle Alkohole enthalten als gemeinsames Merkmal eine **OH-Gruppe** in ihrem Molekül. Diese Gruppe nennt man **Hydroxylgruppe.** Da diese OH-Gruppe die chemischen Eigenschaften der Alkohole entscheidend mitbestimmt, bezeichnet man sie auch als die **funktionelle Gruppe** der Alkohole.
Alkohole, die sich von den Alkanen ableiten, nennt man **Alkanole.** Die Formeln der Alkanole kann man von den Alkanen ableiten, wenn man ein Wasserstoffatom durch eine OH-Gruppe ersetzt. Die allgemeine Formel lautet: **R–OH.**

Der chemische Name eines Alkohols ergibt sich aus dem Namen des entsprechenden Alkans mit der zusätzlichen Endung **-ol.**

Name	**Formel**	**Siede-, Schmelz-temperatur in °C**		**Löslich-keit**
Methanol (Methylalkohol)	CH_3OH	–97	65	In Wasser abnehmend; In Benzin zunehmend
Ethanol (Ethylalkohol)	C_2H_5OH	–114	78	
Propanol (Propylalkohol)	C_3H_7OH	–126	97	
Butanol (Butylalkohol)	C_4H_9OH	–89	117	
Pentanol (Pentylalkohol)	$C_5H_{11}OH$	–78	138	
Hexanol (Hexylalkohol)	$C_6H_{13}OH$	–45	157	

▲ *2 Homologe Reihe der Alkanole*

Löslichkeit. Methanol, Ethanol und Propanol, die ersten drei Alkanole der homologen Reihe, mischen sich in jedem Verhältnis mit Wasser. Bei den folgenden Alkanolen nimmt die Löslichkeit in Wasser rasch ab. Schon Hexanol ist in Wasser fast unlöslich.

Diese *Abnahme der Löslichkeit* lässt sich mit dem *Bau der Alkanol-Moleküle* erklären. Ein Alkanol-Molekül besteht aus der OH-Gruppe und dem Kohlenwasserstoff-Rest.
Die **OH-Gruppe** ist **wasserfreundlich (hydrophil).** Sie ist für die Löslichkeit in Lösemitteln wie Wasser verantwortlich.
Der **Kohlenwasserstoff-Rest** (Alkyl-Rest) ist dagegen **wasserfeindlich (hydrophob).** Er sorgt dafür, dass sich Alkanole in Benzin und ähnlichen Lösemitteln lösen.

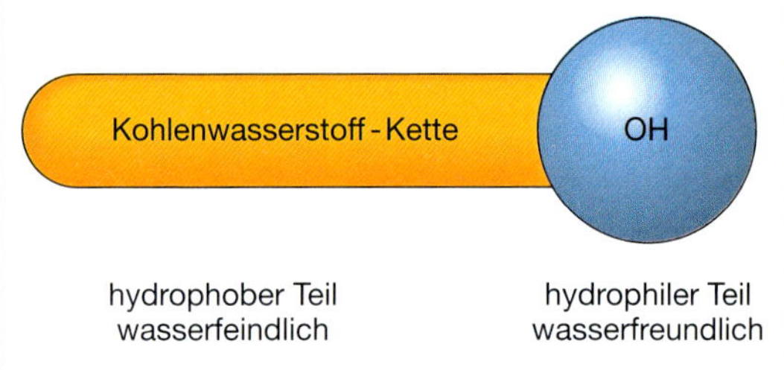

▲ *3 Alkanol-Moleküle besitzen einen wasserfreundlichen und einen wasserabstoßenden Anteil.*

Je länger nun der hydrophobe Anteil des Moleküls ist, *umso geringer* ist die Löslichkeit in Wasser. Bei Hexanol überwiegt also ganz klar der Einfluss der langen hydrophoben Kohlenwasserstoffkette.

Siedetemperaturen. Alkanole sieden bei *höheren* Temperaturen *als Alkane* mit vergleichbarer Molekülmasse. So siedet zum Beispiel Methanol (Molekülmasse 32 u) bei 65 °C, Ethan (Molekülmasse 30 u) siedet dagegen bei –89 °C. Verursacht wird dies von den *größeren zwischenmolekularen Kräften* zwischen den Alkanol-Molekülen. Zwischen Alkan-Molekülen gibt es nur relativ schwache Anziehungskräfte.

Alkanole bilden eine homologe Reihe: R – OH.
Die Eigenschaften der Alkanole werden von der wasserfreundlichen OH-Gruppe und dem wasserfeindlichen Kohlenwasserstoff-Rest bestimmt.

1 Fragen zum Text

a) Wie heißen die ersten sechs Vertreter der homologen Reihe der Alkanole?
b) Wie heißt die funktionelle Gruppe der Alkanole?
c) Erkläre die Begriffe hydrophil und hydrophob.
d) Begründe, warum Methanol sich gut in Wasser, aber schlecht in Alkanen löst.
e) Vergleiche die Siedetemperaturen der Alkanole mit denen der Alkane.
Wie lassen sich die Unterschiede begründen?

2 Alltag

Manche Haushaltsreiniger enthalten erhebliche Mengen Alkohole. Weshalb ist das sinnvoll?
Bedenke, dass Verschmutzungen Fette, Salze und andere Stoffe enthalten können.

Exkurs: Theorie

Alkanol-Moleküle – näher betrachtet

Ein interessantes Experiment: Aus einer Bürette lässt man einen dünnen Wasserstrahl auslaufen. Dann lädt man einen Kunststoffstab elektrostatisch auf (etwa durch Reiben mit Wolle) und nähert ihn dem Wasserstrahl. Der Strahl wird abgelenkt! Wiederholt man den Versuch mit Ethanol, beobachtet man den gleichen Effekt. Was lässt sich daraus über den Bau des Ethanol-Moleküls ableiten?

Der aufgeladene Stab kann Wasser- und Ethanol-Moleküle ablenken. Beide Moleküle müssen demnach ebenfalls elektrische Ladungen tragen. Ganz ähnlich wie das Wasser-Molekül muss auch das Ethanol-Molekül ein **Dipol-Molekül** sein.
Dipol-Moleküle sind Moleküle, die einen positiven und einen negativen Pol haben.
Beim Ethanol-Molekül ist es so, dass in der OH-Gruppe das Bindungselektronenpaar zwischen dem Sauerstoff-Atom und dem Wasserstoff-Atom nicht symmetrisch angeordnet ist. Das Sauerstoff-Atom hat eine größere Anziehungskraft auf die Elektronen, also eine **größere Elektronegativität.** Es zieht das gemeinsame Bindungselektronenpaar stärker zu sich herüber. Dadurch bekommt es eine schwache negative Ladung. Das Wasserstoff-Atom ist deshalb leicht positiv geladen.

Wasserstoffbrücken und Siedetemperatur. Alkanole haben höhere Siedetemperaturen als vergleichbare Alkane, weil sich Alkanol-Moleküle gegenseitig stärker anziehen. Die Ursache dafür liegt wiederum im polaren Bau der Alkanol-Moleküle. Zwischen dem positiv geladenen H-Atom und dem negativ geladenen O-Atom der OH-Gruppen verschiedener Alkanol-Moleküle wirken elektrostatische Kräfte; man nennt sie **Wasserstoffbrücken.** Wegen dieser Anziehungskräfte schließen sich mehrere Alkanol-Moleküle zu *lockeren Molekülgruppen* zusammen – ganz ähnlich wie bei Wasser-Molekülen.
Um diese Moleküle wieder voneinander zu trennen, muss Energie aufgewandt werden. Das ist der Grund, weshalb polare Stoffe wie Wasser oder Alkanole höhere Siedetemperaturen haben als unpolare Stoffe.

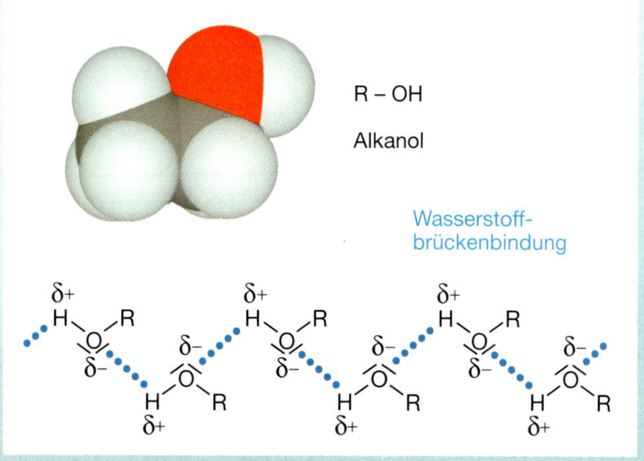

|15.5| Glykol und Glycerin – die chemischen Allroundtalente

Glykol

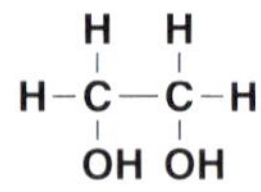

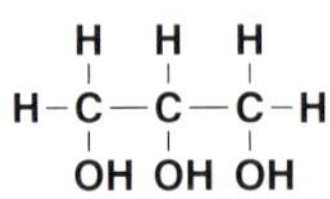

Glycerin

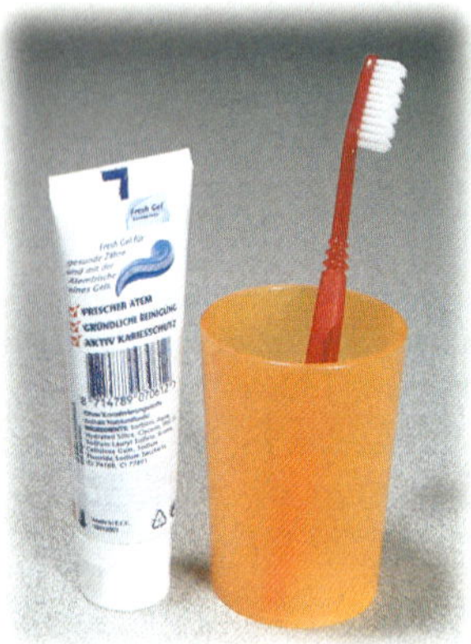

▲ *1 Einige Anwendungsmöglichkeiten für Glykol und Glycerin*

Glykol (Ethandiol) ist eine farblose, süß schmeckende (griech. *glycos:* süß), aber giftige Flüssigkeit. Es ist etwa so dickflüssig wie Pflanzenöl und sehr gut wasserlöslich. Glykol wird als Frostschutzmittel in Autokühlern, zur Herstellung von Kunststoffen und als Lösungsmittel in der Lackindustrie verwendet. Gemischt mit Propanol und Wasser wird es zum Enteisen von Flugzeugtragflächen benutzt.

Glycerin (Propantriol) ist noch dickflüssiger als Glykol. Es ist wasseranziehend (hygroskopisch), schmeckt ebenfalls süß, ist jedoch ungiftig. In der Natur kommt es in manchen reifen Früchten vor. Es ist auch in den Körperflüssigkeiten einiger Insektenarten nachgewiesen worden, wo es als „Frostschutzmittel" bei der Überwinterung dient.
Glycerin entsteht als Nebenprodukt bei der alkoholischen Gärung. Es kann auch synthetisch aus Propen gewonnen werden. Große Mengen Glycerin fallen bei der Fettspaltung in der Seifenherstellung an.
Glycerin ist ein wahres chemisches „Allroundtalent". Es wird in der Pharmazie und in der Kosmetikindustrie zur Herstellung von Salben, Zahn- und Körpercremes verwendet. Es dient als Weichmacher für Filme und hält Tabakprodukte, Farbbänder, Druckfarben, Kugelschreiberminen und Stempelkissen feucht. Weil Glycerin Metalle nicht angreift, wird es gern als Schmiermittel für Maschinen benutzt. In der Sprengstoffindustrie stellt man aus Glycerin Nitroglycerin und anschließend Dynamit her. Das meiste Glycerin wird bei der Herstellung von Kunststoffen verwendet.

Mehrwertige Alkanole. Glykol und Glycerin enthalten mehr als eine OH-Gruppe im Molekül. Deshalb gehören sie zu den **mehrwertigen** Alkanolen. Glykol mit *zwei* OH-Gruppen gehört zu den *zweiwertigen*, Glycerin mit *drei* OH-Gruppen zu den *dreiwertigen* Alkoholen. Die OH-Gruppen sind dabei jeweils an verschiedene C-Atome gebunden.
Mehrwertige Alkanole kann man mit alkalischer Kupfersulfat-Lösung nachweisen. Die Lösung färbt sich dann tiefblau.

Glykol und Glycerin gehören zu den mehrwertigen Alkoholen; sie haben mehr als eine OH-Gruppe im Molekül. Beide Stoffe werden vielfältig eingesetzt.

1 Fragen zum Text

a) Welche gemeinsamen Eigenschaften haben Glykol und Glycerin?
b) Wozu verwendet man Glykol, wozu Glycerin?
c) Was verstehst du unter „mehrwertigen" Alkoholen?

2 Experiment

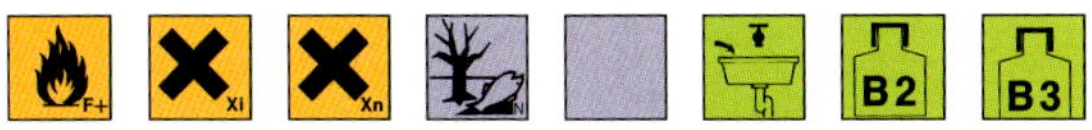

a) Prüfe die Löslichkeit von Glykol und Glycerin. Gib dazu jeweils einige Tropfen der Stoffe in Reagenzgläser mit wenig Wasser bzw. Waschbenzin (F, B3).
b) Fülle jeweils etwas Ethanol oder Spiritus (F), Propanol (Xi, F), Glykol und Glycerin in Reagenzgläser. Tropfe verdünnte alkalische Kupfersulfatlösung (Xn, N) hinzu (B2). Was kannst du beobachten?

3 Theorie

a) Glycerin wird chemisch auch als Propantriol-1,2,3 bezeichnet. Schreibe entsprechend die Formel von Butandiol -1,2 und Butandiol -1,4 auf.
b) Sorbit ist ein sechswertiger Alkohol, der in der Natur in vielen Beeren vorkommt. Versuche in Lexika oder im Internet die Formel und die Verwendungsmöglichkeiten herauszufinden.

Exkurs: Geschichte

Nitroglycerin und der Nobelpreis

ALFRED NOBEL wurde 1833 in Stockholm geboren. Um 1860 herum begann er in der väterlichen Fabrik mit dem wenige Jahre zuvor entdeckten *Nitroglycerin* zu experimentieren. Nitroglycerin ist ein Sprengstoff mit hervorragenden Eigenschaften – aber auch mit erheblichen Nachteilen. Bei Stoß, Erschütterung und Temperaturen über 30 °C neigt er zu unkontrollierter Explosion.
Vor allem der Bergbau suchte aber dringend einen sicheren und wirkungsvollen Sprengstoff.
NOBEL fand heraus, dass durch Aufsaugen des Nitroglycerins in feinporigem Kieselgur ein gefahrlos zu handhabender Sprengstoff entstand. Er nannte seinen Sprengstoff **Dynamit**, *„Nobels Sicherheitspulver"* und baute ein weltumspannendes Produktions- und Vertriebssystem auf. Damit wurde er zu einem reichen Mann.
Mit neun Millionen Dollar seines Vermögens gründete er eine Stiftung und verfügte testamentarisch, dass aus den Zinserträgen dieses Kapitals alljährlich herausragende Leistungen auf den Gebieten der Physik, Chemie, Medizin, Literatur und des Friedens zu fördern seien. Der *Nobelpreis* gilt noch heute als Krönung einer wissenschaftlichen Laufbahn.

Exkurs: Medizin

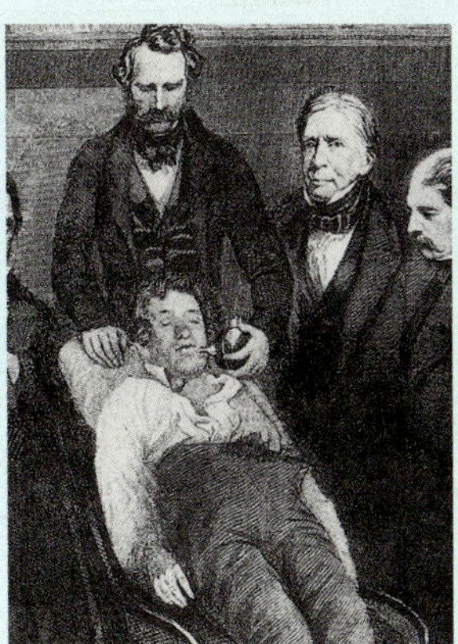

Diethylether:
$CH_3 - CH_2 - O - CH_2 - CH_3$

▲ *2 Erstmalig Anwendung der Ether-Narkose am 16.10.1846*

Die Entdeckung des „Narkoseethers"

Im Jahr 1846 entdeckten die Chemiker JACKSON und MORTON einen Stoff, der bei längerem Einatmen eine tiefe Bewusstlosigkeit herbeiführte – den *Ether*. Diese Entdeckung bedeutete einen Meilenstein in der Entwicklungsgeschichte der modernen Medizin. Von nun an waren auch schwere Operationen und Amputationen schmerzfrei möglich.

Wenn man von „Ether" oder „Narkoseether" spricht, so meint man damit den **Diethylether**, eine farblose, leicht entzündliche Flüssigkeit von angenehm süßlichem Geruch. Er ist eins der stärksten bekannten Narkosemittel. Wenn 15 Gramm Ether eingeatmet werden, stellt sich eine tiefe Bewusstlosigkeit und völlige Schmerzfreiheit ein, während Atmung und Kreislauf kaum beeinträchtigt werden. Allerdings sind starke Kopfschmerzen, Übelkeit und Erbrechen unangenehme Begleiterscheinungen einer Ethernarkose. Da die tödliche Dosis mit 40 Gramm aber sehr nahe an der für eine wirksame Narkose benötigten Menge liegt, traten immer wieder Unfälle auf. Ethernarkosen werden deshalb bei uns heute kaum noch angewandt.

|15.6| Formaldehyd – ein „reizender“ Grundstoff

Formaldehyd (Methanal) ist bei Raumtemperatur ein farbloses Gas von stechendem Geruch, das aus Methanol gewonnen wird. Es wird seit 1889 großtechnisch hergestellt und ist eine der wichtigsten Grundchemikalien. Weltweit werden jährlich etwa 10 Millionen Tonnen hergestellt; allein in Deutschland verarbeitet man jedes Jahr etwa 500 000 Tonnen.

Verwendung. Etwa ab 1920 begann mit der Herstellung des ersten vollsynthetischen Kunststoffes *Bakelit* aus Phenol und Formaldehyd der Siegeszug des Formaldehyd als Grundchemikalie. Wegen seiner hervorragenden elektrischen Isolationsfähigkeit wurde Bakelit ein begehrtes Gehäusematerial für die Elektroindustrie.

Steckbrief: Formaldehyd

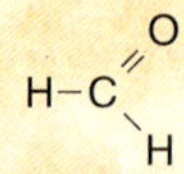

Physikalische Eigenschaften: Farbloses, stechend riechendes Gas, brennbar, giftig; sehr gut wasserlöslich;

Schmelztemperatur: –117 °C

Siedetemperatur: –19 °C

Chemische Eigenschaften: sehr reaktionsfähig; Herstellung durch Oxidation von Methanol

▲ 1 *Eigenschaften von Formaldehyd*

Heute wird der größte Teil des Formaldehyds bei der Herstellung von Spanplatten, vor allem für die Möbelindustrie, verwendet. Formaldehydharze machen aber auch Textilien knitterfrei und Papier wasserfest. Auch als Rohstoff für die Lack- und Kunststoffherstellung spielt Formaldehyd nach wie vor eine große Rolle.

▲ 2 *Altes Telefon aus Bakelit*

Formaldehyd ist ein sehr wirksames Konservierungs- und Desinfektionsmittel. Die Formaldehyd-Moleküle sind klein und sehr reaktionsfähig. So können sie leicht in Zellen eindringen und sich an wichtige Eiweißstoffe binden. Dadurch verhindern sie, dass sich Pilze und Bakterien vermehren. Empfindliche Produkte wie Kosmetika können durch Formaldehydzusatz jahrelang vor dem Verderben bewahrt werden. Biologische Präparate bewahrt man in Formalin auf, einer 35%igen Formaldehydlösung in Wasser.

Das Umweltgift Formaldehyd. Formaldehyd reizt schon in sehr geringen Konzentrationen Augen, Nase und Atemwege. Schon 3 ppm Formaldehyd (3 Kubikzentimeter Formaldehyd auf 1 Kubikmeter Luft) werden von den meisten Menschen als unerträglich empfunden. Bei 30 ppm besteht Lebensgefahr. Am Arbeitsplatz gilt ein Grenzwert von 0,5 ppm. Dieser so genannte **MAK-Wert** (**M**aximale **A**rbeitsplatz-**K**onzentration) darf nicht überschritten werden.

Formaldehyd ist als Stoff mit begründetem Verdacht auf eine Krebs erzeugende Wirkung eingestuft worden. Der Gesetzgeber versucht daher, die Belastung mit Formaldehyd so weit wie möglich zu verringern. So dürfen in Wohnräumen nur Spanplatten verwendet werden, die möglichst wenig Formaldehyd abgeben. Die Formaldehyd-Konzentration in Wohnräumen darf höchstens 0,1 ppm betragen.

Besonders problematisch ist die Verwendung von Formaldehyd als Konservierungsstoff in Kosmetika und Mundpflegemitteln. Kosmetika dürfen bis zu 0,2 %, Mundpflegemittel bis zu 0,1 % Formaldehyd enthalten. Formaldehyd ist nicht nur hautreizend und allergieauslösend, sondern beschleunigt auch die Alterung der Haut. Daher kann die erwünschte Wirkung von Kosmetika sogar in ihr Gegenteil verkehrt werden.

▲ 3 *Untersuchung der Luft auf Formaldehyd*

Formaldehyd ist ein wichtiger Grundstoff bei der Holzverarbeitung sowie in der Lack- und Kunststoffindustrie. Es ist ein wichtiges Konservierungs- und Desinfektionsmittel. Seine Giftigkeit und der Verdacht auf krebsauslösende Wirkung lassen seine Verwendung nur unter strengen Auflagen zu.

|15.7| Wenn der Wein sauer wird

Die Essigherstellung – ein uraltes biotechnisches Verfahren. Wenn man Wein einige Tage offen an der Luft stehen lässt, wird er sauer. Es ist Essig entstanden. Funde aus der Zeit um 6000 v. Chr. belegen, dass schon damals Essig verwendet wurde. Den römischen Legionären diente ein Gemisch aus Essig und Wasser als Erfrischungsgetränk.

Über den Mechanismus der Essigbildung war damals noch nichts bekannt. Erst 1864 erkannte Louis Pasteur die Rolle der Essigbakterien bei der Essiggärung. Die Essigbakterien produzieren Enzyme, die den Alkohol im Wein unter dem Einfluss von Luftsauerstoff in Essigsäure umwandeln.

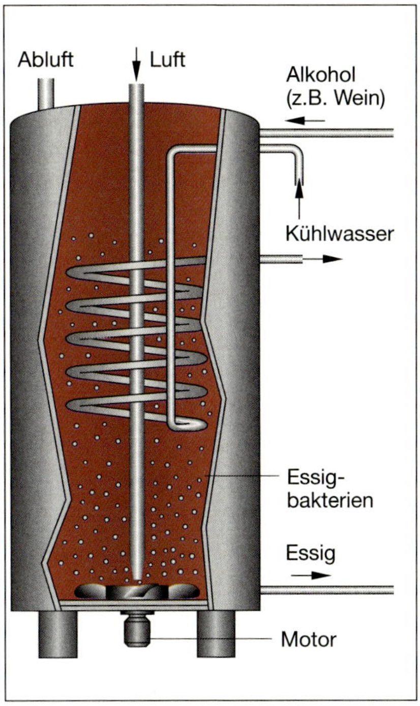

▲ 1 *Essigherstellung (Submers-Verfahren)*

Essigherstellung heute. Essig wird heute vor allem im so genannten „Submers-Verfahren" gewonnen. Dabei wird verdünnter Alkohol in Stahl- oder Kunststofftanks gefüllt. Je nachdem, welcher Essig erzeugt werden soll, wird dazu Wein, verdünnter Branntwein oder Obstwein verwendet. Unter Rühren und Kühlen lässt man nun Luftsauerstoff durch die Lösung strömen und startet die Essiggärung durch Zugabe von Essigbakterien. Nach 24 bis 36 Stunden enthält die Lösung 5–6 % Essig. Nun kann die Essiggärung bereits abgebrochen werden. Dazu wird die Flüssigkeit abgepumpt und so die Sauerstoffzufuhr unterbunden. Nach einer Filtration kann dieser Essig abgefüllt und verkauft werden.

Qualitativ hochwertige Essigsorten müssen noch einige Wochen lagern, bevor sie abgefüllt und verkauft werden – die teuersten Sorten sogar einige Jahre.

Essig entsteht unter dem Einfluss der Enzyme von Essigbakterien aus verdünntem Alkohol. Dabei wird der Alkohol zu Essigsäure oxidiert.

1 Fragen zum Text

a) Aus welchen Ausgangsstoffen wird Essig hergestellt?
b) Wie funktioniert das „Submers-Verfahren"?
c) Welcher chemische Vorgang liegt der Essigherstellung zugrunde?

Exkurs: Alltag

Essigsaure Vielfalt

Tafelessig stellt man aus verdünntem Kartoffel-, Getreide- oder Zuckerrübenschnaps her.
Weinessig dagegen muss aus Wein hergestellt werden. Er ist deshalb besonders aromatisch.
Obstessig hat einen fruchtigen Geschmack. Er wird vorwiegend aus Apfelwein hergestellt.
Kräuteressig erhält man, wenn man Gewürze oder Kräuter längere Zeit in Essig ziehen lässt.
Balsamessig ist ein besonders lange in Holzfässern gereifter Essig mit vielen Aromastoffen.
Essigessenz ist 25%ige Essigsäure. Sie wird nicht biologisch, sondern in Chemiefabriken hergestellt. Man darf sie nur verdünnt verwenden.

|15.8| Essigsäure – chemisch betrachtet

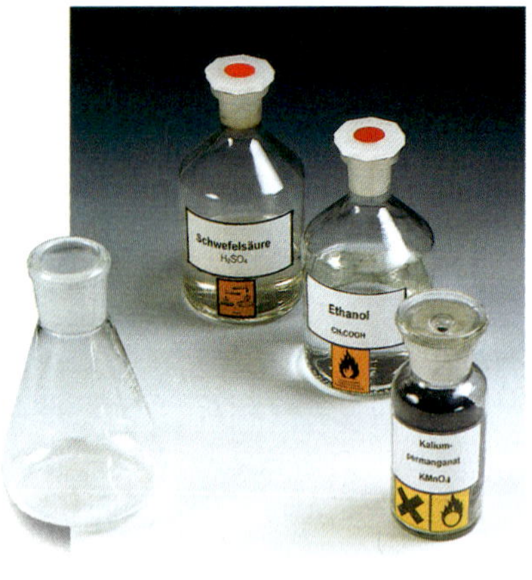

1 *Essigsäureherstellung im Labor*

Im Labor kann man Essigsäure innerhalb weniger Minuten herstellen. Dazu erwärmt man Ethanol und Kaliumpermanganat mit etwas Schwefelsäure. Nach kurzer Zeit lässt sich der typische Essiggeruch feststellen. Das Reaktionsprodukt kann anschließend abdestilliert werden.

In der Technik wird Essigsäure aus Ethin oder Methanol hergestellt. So kann man Essigsäure schneller und vor allem billiger herstellen als mit Essigbakterien.

Ethansäure. Für den Chemiker heißt die Essigsäure auch **Ethansäure (CH_3COOH).** Sie besitzt, wie Ethan, zwei C-Atome. Sie gehört zur Gruppe der *Alkansäuren.* Die funktionelle Gruppe ist die COOH-Gruppe, man nennt sie auch **Carboxyl-Gruppe**.

Eigenschaften. Reine Essigsäure ist eine farblose, stechend riechende Flüssigkeit, die bei 118 °C siedet. Bei 16,5 °C erstarrt sie zu eisartigen Kristallen. Daher nennt man die reine Essigsäure auch *Eisessig.* In konzentrierter Form ist es eine aggressive und ätzende Substanz. Eine Geruchsprobe darf man nur mit vorsichtigem Zufächeln nehmen.

Beim Verdünnen der Essigsäure mit Wasser zerfällt ein Teil der Essigsäure-Moleküle in Ionen; da hierbei H^+-Ionen entstehen, reagiert die Lösung sauer. Essigsäure ist nur eine schwache Säure.

2 *Eisessig*

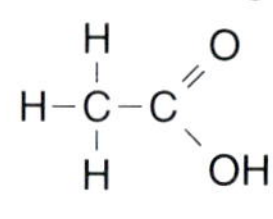

Aus technisch gewonnener Essigsäure stellt man Lösungsmittel für Farben und Lacke, Kunststoffe und Arzneimittel her. Es dient auch als Hilfsmittel in der Textil- und Lederindustrie.

Salze der Essigsäure. Die Salze der Essigsäure heißen **Acetate.** Bekannt ist das sehr giftige Kupferacetat *(Grünspan).* Es entsteht, wenn Essigsäure mit Kupfer in Kontakt kommt. Saure Speisen dürfen deshalb nicht in kupferhaltigen Gefäßen aufbewahrt werden.

> Essigsäure (CH_3COOH) ist konzentriert aggressiv und ätzend. Verdünnt ist es eine schwache Säure. Ihr chemischer Name ist Ethansäure, die Salze heißen Acetate.

Exkurs: Theorie

Vom Ethanol zur Ethansäure

Erhitzt man ein oxidiertes Stück Kupferblech und taucht es dann in Ethanol, so bildet sich metallisches Kupfer. Außerdem bemerkt man einen stechenden Geruch; es ist *Ethanal* entstanden.
Kupferoxid ist reduziert, Ethanol zu Ethanal oxidiert worden. Ethanal gehört zur Gruppe der **Aldehyde.**
Wiederholt man den Versuch mit einer wässrigen Ethanallösung, so entsteht wieder Kupfer und als Oxidationsprodukt *Ethansäure.*

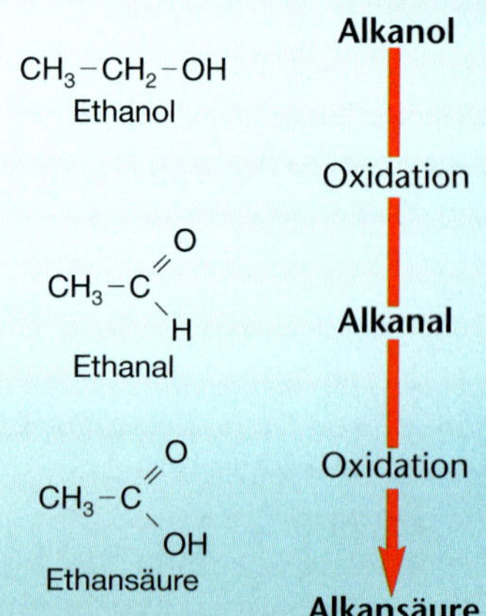

1 Fragen zum Text

a) Wie kann man Essigsäure im Labor herstellen?
b) Schreibe den chemischen Namen und die Strukturformel der Essigsäure auf.
c) Nenne einige Eigenschaften der Essigsäure.
d) Was entsteht beim Verdünnen der Essigsäure?
e) Wie heißen die Salze der Essigsäure?

2 Theorie

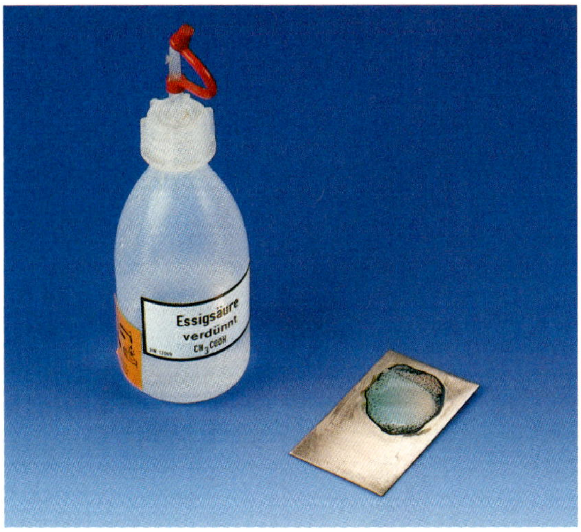

a) Was entsteht, wenn man ein Stück Kupfer einige Zeit mit Essigsäure an der Luft liegen lässt?
b) Essigsäure zerfällt in wässriger Lösung in H^+- und Acetat-Ionen (CH_3COO^-). Was entsteht, wenn man Natronlauge in die Lösung gibt? Schreibe die Wort- und die Reaktionsgleichung auf.

Exkurs: Alltag

Essig als Helfer im Haushalt

Den grauen Kesselsteinbelag in Töpfen entfernt man, indem man etwas Essig im Topf kochen lässt.

Kalkflecken auf Badezimmerfliesen und Duschkabinen lassen sich leicht entfernen, wenn man sie mit einem essiggetränkten Schwamm behandelt.

2 Schnapsgläschen Essig in das Weichspülerfach der Waschmaschine gegeben, schützen Farben vor dem Verbleichen.

Fensterscheiben werden wunderbar klar, wenn man sie mit Essigwasser abwischt und anschließend mit Zeitungspapier trockenreibt.

Exkurs: Theorie

Warum ist Essigsäure eine schwache Säure?

Gibt man gleich große Stücke Magnesiumband in verdünnte Lösungen von Essigsäure beziehungsweise Salzsäure, kann man feststellen, dass sich das Magnesium in der Salzsäure schneller auflöst als in der Essigsäure. Natürlich müssen die Säuren in der gleichen Konzentration vorliegen.
Man kann also sagen, dass Salzsäure eine *starke* Säure ist, Essigsäure dagegen eine *schwache* Säure.

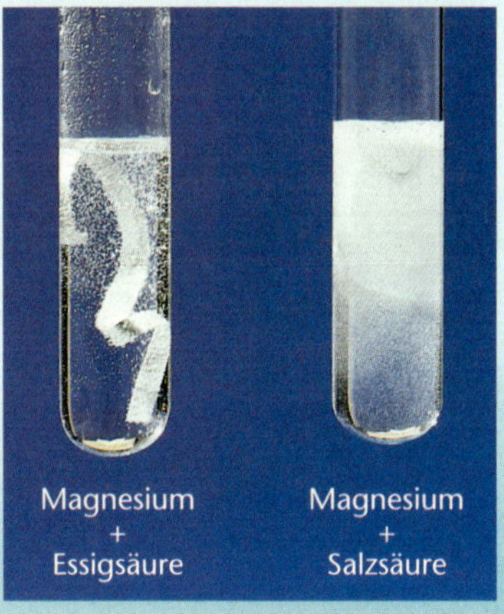

Salzsäuremoleküle (HCl) zerfallen in wässriger Lösung fast vollständig in H^+- und Cl^--Ionen. Da viele H^+-Ionen vorliegen, ist auch die saure Wirkung groß. Salzsäure ist also eine starke Säure.
Essigsäuremoleküle dagegen zerfallen nur zu einem geringen Teil in H^+- Ionen und negativ geladene Acetationen CH_3COO^-. Deshalb ist auch die saure Wirkung schwächer. Essigsäure ist also eine schwache Säure.

|15.9| ... und noch mehr Carbonsäuren

Buttersäure (Butansäure) ist eine ölige, farblose Flüssigkeit, die ätzend wirkt und außerdem sehr unangenehm riecht. Sie entsteht, wenn Butter ranzig wird und ebenso, wenn Schweiß von Bakterien zersetzt wird.

Palmitinsäure und **Stearinsäure** kommen in gebundener Form in vielen Fetten und Ölen vor. Sie werden für die Kerzenherstellung sowie für kosmetische und pharmazeutische Zwecke verwendet.

Ameisensäure (Methansäure) ist ein klare, stechend riechende Flüssigkeit. Es ist eine starke Säure. Sie reizt Augen und Atemwege und führt bei Hautkontakt zu Verätzungen. In der Natur kommt sie zum Beispiel in den Giftsekreten der Ameisen und Bienen, in Brennnesseln und Tannennadeln vor. Ameisensäure wird zum Imprägnieren und Beizen von Textilien verwendet, ebenso zum Entkalken von Boilern und zur Desinfektion von Fässern. Auch für die Konservierung von Lebensmitteln ist die Ameisensäure zugelassen (E 236), ebenso wie ihre Salze, die *Formiate*.

Propionsäure (Propansäure) wird in Backwaren zur Konservierung eingesetzt. Man stellt daraus auch Duft- und Aromastoffe sowie Lösungsmittel für Harze her.

Die homologe Reihe der Alkansäuren. Die genannten Säuren sind Glieder der homologen Reihe der **Alkansäuren (Carbonsäuren)**. Das gemeinsame Merkmal ist die **COOH-Gruppe**. Sie ist die funktionelle Gruppe der Carbonsäuren; man nennt sie auch *Carbonsäure-Gruppe* oder **Carboxyl-Gruppe**.

Carbonsäuren sind in chemisch gebundener Form in den Fetten enthalten. Man bezeichnet sie deshalb oft als *Fettsäuren*. Ungesättigte Fettsäuren sind flüssig. Sie enthalten eine oder mehrere Doppelbindungen im Molekül.

> Die Alkansäuren bilden eine homologe Reihe mit der Carboxyl-Gruppe (COOH-Gruppe) als funktioneller Gruppe.

Name	Formel	Schmelztemperatur in °C	Siedetemperatur in °C	Löslichkeit
Methansäure (Ameisensäure)	HCOOH	8	100	In Wasser abnehmend; In Benzin zunehmend
Ethansäure (Essigsäure)	CH_3COOH	17	118	
Propansäure (Propionsäure)	C_2H_5COOH	–21	141	
Butansäure (Buttersäure)	C_3H_7COOH	–5	163	
Pentansäure (Valeriansäure)	C_4H_9COOH	–34	185	
Hexadecansäure (Palmitinsäure)	$C_{15}H_{31}COOH$	63		
Octadecansäure (Stearinsäure)	$C_{17}H_{35}COOH$	71		
Octadecensäure (Ölsäure)	$C_{17}H_{33}COOH$	16	260	ungesättigte Alkansäuren
Octadecadiensäure (Linolsäure)	$C_{17}H_{31}COOH$	–5	228	
Octadecatriensäure (Linolensäure)	$C_{17}H_{29}COOH$	–11	197	

Carbonsäuren in Natur und Alltag

Sorbinsäure kommt in der Natur zum Beispiel in den Beeren der Eberesche (Vogelbeere) vor. Sie ist der wichtigste Konservierungsstoff für Lebensmittel (E 200–203). Sorbinsäure ist eine *ungesättigte* Carbonsäure:

$CH_3 - CH = CH - CH = CH - COOH$

Oxalsäure ist eine der stärksten in der Natur vorkommenden Säuren. Man findet die Säure und ihre Salze in Pflanzenarten wie Sauerklee, Rhabarber, Spinat, Mangold und Sauerampfer. Doch Oxalsäure ist giftig: Schon 5 g können tödlich sein.

Nierensteine bestehen übrigens oft aus Calciumoxalat, einem schwer löslichen Salz der Oxalsäure. Die Säure besitzt *zwei* COOH-Gruppen; es ist eine *Dicarbonsäure*.

Oxalsäure

Milchsäure entsteht bei der Vergärung von Milchzucker. Sie verursacht das Gerinnen und Sauerwerden der Milch und sorgt für die Umwandlung von Weißkohl in Sauerkraut. Milchsäure wirkt konservierend.

Weinsäure ist in vielen reifen Früchten vorhanden, vor allem in Weintrauben. Ein schwer lösliches Salz der Weinsäure, der Weinstein, setzt sich gelegentlich in Weinflaschen oder an Weinkorken ab.

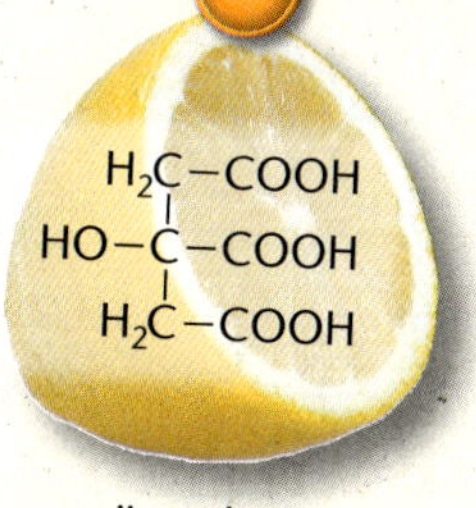

Citronensäure kommt in vielen Früchten vor. Industriell stellt man sie in großen Mengen mithilfe von Mikroorganismen aus Zuckerrübenabfällen her. Man verwendet sie oft als Säuerungsmittel in der Lebensmittelindustrie.

1. Weshalb sollten Menschen, die zu Nierensteinen neigen, Rhabarber und Spinat meiden?
2. Finde mit einem Lexikon oder im Internet heraus, woher die Sorbinsäure ihren Namen hat.
3. a) Citronensäure (E 330) und Weinsäure (E 334) sind oft in Brausepulver enthalten. Welche Funktion könnten sie dort haben?
   b) Suche weitere Lebensmittel, die diese Säuren enthalten.
4. Jogurt hält sich im Kühlschrank deutlich länger als Frischmilch. Woran könnte das liegen?
5. Milchsäure heißt chemisch 2-Hydroxypropansäure. Schreibe die Strukturformel auf.

1 Fragen zum Text

a) Nenne einige Eigenschaften von Ameisensäure.
b) Wie heißen die ersten vier Vertreter der Alkansäuren? Schreibe ihre Strukturformeln auf und kennzeichne jeweils die funktionelle Gruppe.
c) Wo und in welcher Form kommen die Palmitin- und die Stearinsäure in der Natur vor?
d) Was sind ungesättigte Alkansäuren?

2 Experiment

Untersuche die Löslichkeit von Essigsäure (C), Propionsäure (C) und Palmitinsäure (B3) in Wasser und Waschbenzin (F). Erkläre deine Beobachtungen.

3 Experiment

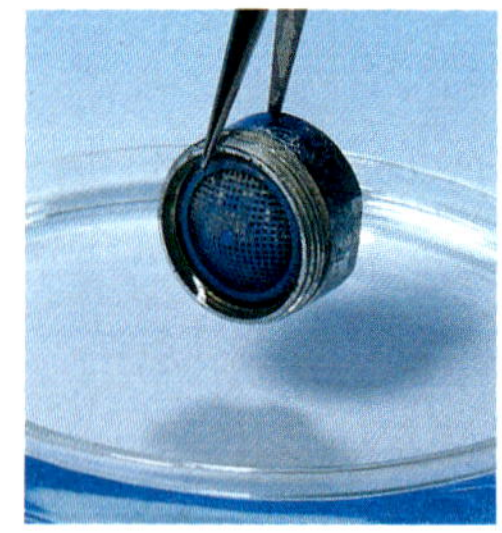

a) Lege einen verkalkten Gegenstand in 5%ige Ameisensäure (Xi). Erkläre, was geschieht.
b) Gib etwas 5%ige Ameisensäure (Xi, B2), Essig und eine Spatelspitze Palmitinsäure (B3) in Reagenzgläser. Versetze die Palmitinsäure mit etwas Wasser. Prüfe dann jeweils den pH-Wert mit einem Indikator.

Exkurs: Alltag

Wie macht man Lebensmittel haltbar?

Wer Lebensmittel längere Zeit lagern will, muss sie **konservieren.** Sonst vermehren sich die allgegenwärtigen Pilze und Bakterien regelrecht explosionsartig und machen durch ihre Stoffwechselprodukte die Lebensmittel ungenießbar oder sogar giftig. Beim Konservieren arbeitet man nach zwei Prinzipien: entweder man *hemmt die Vermehrung* der Mikroorganismen oder man *tötet sie ab.*

Hemmung der Mikroorganismen. Ein traditionelles Konservierungsverfahren ist das **Säuern.** Die konservierende Wirkung vieler Carbonsäuren beruht darauf, dass sich Mikroorganismen bei saurem pH-Wert nicht mehr so gut vermehren können. Die Milchsäuregärung bei Jogurt und Sauerkraut nutzt dieses Prinzip. Weitere Möglichkeiten bietet das **Trocknen, Salzen** und **Zuckern** von Lebensmitteln. Hierdurch wird den Mikroorganismen das zur Vermehrung notwendige Wasser entzogen. Als **Konservierungsstoffe** werden zum Beispiel Sorbinsäure (E 200–203), Benzoesäure (E 210) und Ascorbinsäure (E 300) verwendet. Sie müssen auf den Verpackungen genannt werden.

Abtöten der Mikroorganismen. Durch eine **Hitzebehandlung** kann man Mikroorganismen abtöten. Hefen und Schimmelpilze sterben bei Temperaturen über 60 °C; für Bakterien braucht man über 80 °C, für Schimmelpilzsporen über 120 °C.

1. Suche für jede in der Abbildung genannte Konservierungsmethode zwei weitere Beispiele.

|15.10| Ester: Tausendsassa aus der Retorte

Fruchtartig riechende Aromastoffe in Shampoos und Duschmitteln kommen in der Regel aus chemischen Labors. Oft sind es *Ester.*
Ester entstehen aus der Reaktion von Säuren mit Alkoholen. Durch Zugabe von Schwefelsäure wird die Reaktion beschleunigt. Da sich Ester unter Wasserabspaltung bilden, spricht man von einer **Kondensationsreaktion:**

$$\text{Säure} + \text{Alkohol} \xrightarrow{\text{Kondensation}} \text{Ester} + \text{Wasser}$$

Name	Formel	Verwendung
Ethansäure-methylester	$CH_3-\overset{\overset{O}{\|}}{C}-O-CH_3$	Lösungsmittel
Ethansäure-butylester	$CH_3-\overset{\overset{O}{\|}}{C}-O-(CH_2)_3-CH_3$	Lösungsmittel
Propansäure-butylester	$CH_3-CH_2-\overset{\overset{O}{\|}}{C}-O-(CH_2)_3-CH_3$	Aromastoff (Rum)
Butansäure-methylester	$CH_3-(CH_2)_2-\overset{\overset{O}{\|}}{C}-O-CH_3$	Aromastoff (Ananas)
Butansäure-ethylester	$CH_3-(CH_2)_2-\overset{\overset{O}{\|}}{C}-O-CH_2-CH_3$	Aromastoff (Pfirsich)

▲ 3 *Ester als Aromastoffe und Lösungsmittel*

Ester sind Stoffe mit der allgemeinen Formel R_1COOR_2. Die **funktionelle Gruppe** heißt **–COOR.** Je nachdem, welcher Alkohol mit welcher Säure kombiniert wird, entstehen Ester mit den verschiedensten Eigenschaften.

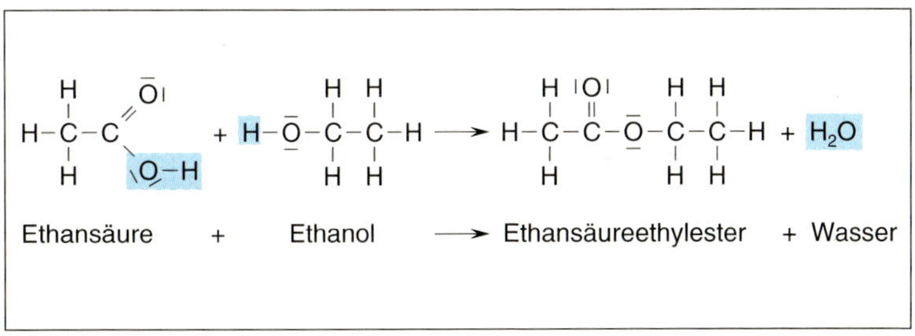

▲ 2 *Veresterungsreaktion an einem Beispiel*

Kurzkettige Carbonsäuren führen bei der Veresterung zu den angenehm riechenden *Aromastoffen.* Auch das von Nagellackentfernern und Klebstoffen bekannte *Lösungsmittel* Essigsäureethylester gehört zu dieser Stoffklasse.
Fette sind Ester langkettiger Carbonsäuren mit dem dreiwertigen Alkohol Glycerin. Ester aus langkettigen Alkoholen und Carbonsäuren bilden die Gruppe der *Wachse.*

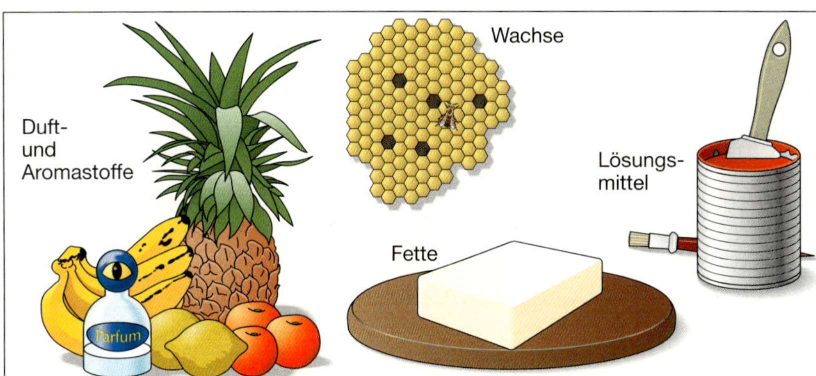

▲ 4 *Vielfalt der Ester*

Auch aus anorganischen Säuren können durch Reaktion mit Alkoholen Ester entstehen. So entsteht aus Salpetersäure und Glycerin der Sprengstoff *Nitroglycerin.* Phosphorsäureester spielen eine wichtige Rolle im Organismus. Aber auch das äußerst giftige *Insektizid* Parathion ist ein Phosphorsäureester.

Esterspaltung. Die Veresterung lässt sich umkehren. Man nennt diesen Vorgang *Hydrolyse.* Dazu verwendet man oft Natronlauge:

$$\text{Ester} + \text{Wasser} \xrightarrow{\text{Hydrolyse}} \text{Säure} + \text{Alkohol}$$

Ester bilden sich bei der Reaktion zwischen Säuren und Alkoholen (Kondensationsreaktion). Ester werden als Aromastoffe und Lösungsmittel verwendet. Auch Fette und Wachse sind Ester.

1 Fragen zum Text

a) Aus welchen Stoffen werden Ester hergestellt?
b) Was ist eine Kondensationsreaktion?
c) Nenne einige Beispiele für Ester.
d) Aus welchen Stoffen kann man Essigsäureethylester herstellen?

2 Demonstrations-Experiment

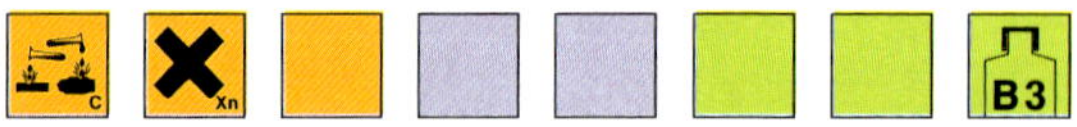

In einem Reagenzglas mischt man 2 ml Essigsäure (C) mit 2 ml Pentanol-1 (Xn). Danach gibt man vorsichtig 1 ml konz. Schwefelsäure (C) hinzu und erwärmt etwa 5 Minuten im Wasserbad. Dann gießt man das Gemisch auf 10 ml Wasser und prüft den Geruch. Der entstandene Ester wird bei der Herstellung von Birnenaroma verwendet.

3 Experiment

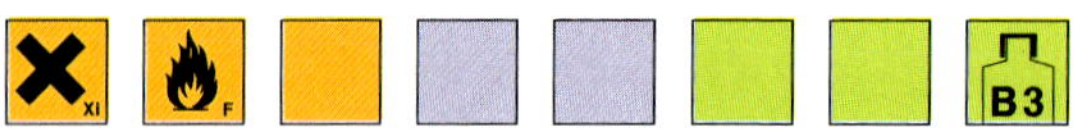

Mische im Reagenzglas je einige Milliliter Essigsäureethylester (Xi, F) mit Wasser, Benzin (F), Speiseöl und Kerzenwachs. Schüttle kräftig und vergleiche. Wie lässt sich das Versuchsergebnis begründen?

4 Theorie

Essigsäure und Ethanol sind beide sehr gut wasserlöslich. Das Reaktionsprodukt ist nicht in Wasser, dafür aber sehr gut in Benzin löslich. Erkläre das.

5 Demonstrations-Experiment

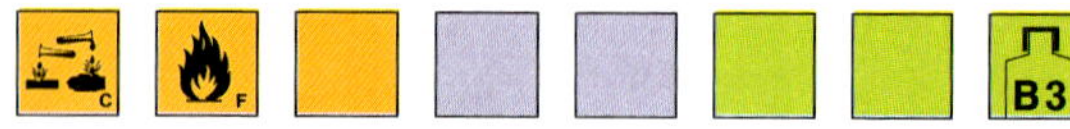

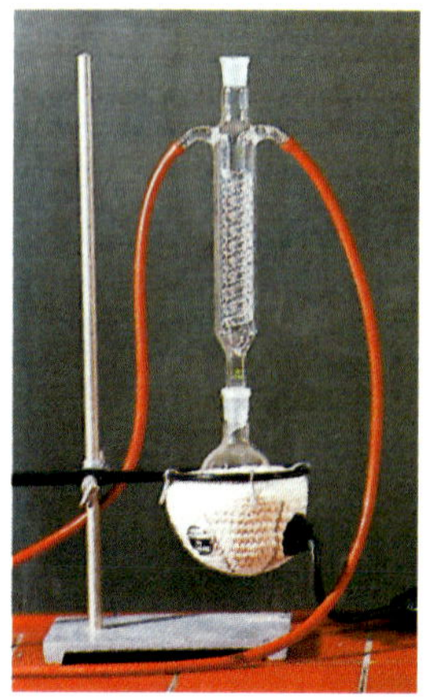

In einem Rundkolben (100 ml) werden 20 ml konz. Essigsäure (C) mit 20 ml Ethanol (F) gemischt. Dazu gibt man 5 ml konz. Schwefelsäure (C) und ein Siedesteinchen. Der Kolben wird mit einem Rückflusskühler verschlossen und das Gemisch 15 Minuten gekocht. Nach dem Abkühlen gießt man das Gemisch in 100 ml Wasser. Der Ester lässt sich im Scheidetrichter vom Wasser abtrennen.

Exkurs: Technik

Aromen aus dem Labor

Torten, Bonbons, Eiscreme und Jogurt aus industrieller Herstellung verdanken ihren verführerischen Duft meist Aromastoffen aus dem Labor.
Als **natürliche Aromastoffe** bezeichnet man die aus einem natürlichen Produkt gewonnenen Geruchs- und Geschmacksstoffe. Natürliche Aromen bestehen aus einigen Hundert verschiedenen Stoffen, darunter vor allem Ester, aber auch Alkene und Alkohole.
Man kann sich vorstellen, dass es sehr aufwändig ist, das natürliche Aroma eines Nahrungsmittels künstlich nachzuempfinden. Ein gutes Erdbeeraroma aus dem Labor setzt sich aus mindestens 40–50 Stoffen zusammen.

Der erste Schritt ist die Untersuchung des natürlichen Aromas. Im Labor müssen die erkannten Stoffe dann hergestellt und im richtigen Verhältnis gemischt werden. Solche in der Natur vorkommenden, aber synthetisch gewonnenen Aromastoffe nennt man **naturidentische Aromastoffe.** Ein Beispiel dafür ist das *Vanillin*. Das natürliche Vanillin aus einer mexikanischen Orchideenart könnte den Bedarf der Lebensmittelindustrie gar nicht mehr decken.
Als **künstliche Aromastoffe** werden solche Stoffe bezeichnet, die in der Natur gar nicht vorkommen.

1 In Drogerien oder Apotheken kann man Weingeist kaufen. Er ist sehr teuer. Brennspiritus ist dagegen sehr preiswert. Woher kommt dieser Preisunterschied?

2 Wie entsteht der Alkohol im Wein?

3 Was kann man mit diesem Experiment zur Flammenfärbung zeigen?

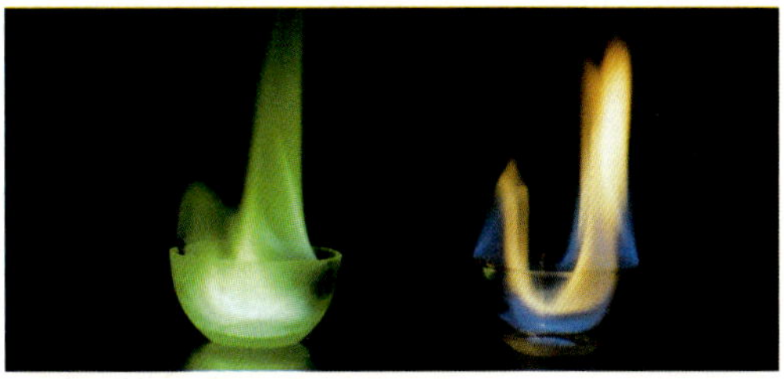

4 Welche Stoffgruppen gehören zu diesen allgemeinen Formeln?

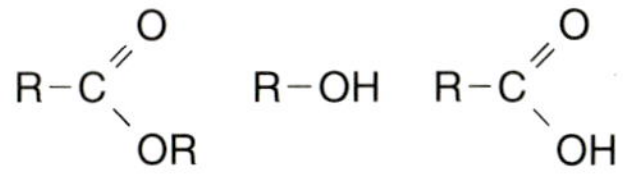

5 Wie kann man experimentell die Elemente nachweisen, aus denen Alkanole aufgebaut sind?

6 Wie heißen die ersten sechs Alkanole der homologen Reihe?

7 **a)** Für welche Eigenschaften der Alkanole ist die funktionelle Gruppe verantwortlich?
b) In der homologen Reihe der Alkanole wird der Alkylrest immer länger. Wie ändern sich dadurch deren Eigenschaften?

8 Um welche Stoffe handelt es sich?

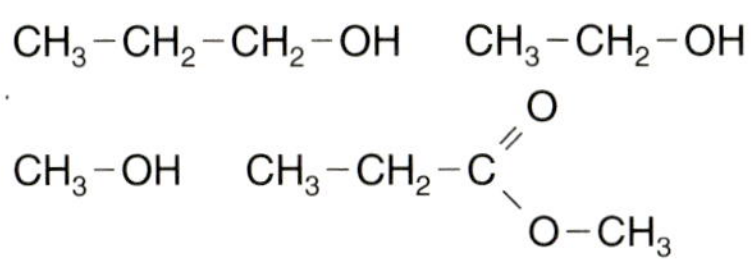

9 Schreibe die Strukturformeln für folgende Stoffe auf:
a) Ethanol
b) Propan-1-ol
c) Ethan-1,2-diol
d) Propan-1,2,3-triol

10 Welche Eigenschaften haben die mehrwertigen Alkohole Glykol und Glycerin? Wozu werden sie verwendet?

11 Beschreibe zwei Verfahren, um Essigsäure herzustellen.

12 Schreibe die ersten 4 Glieder der homologen Reihe der Alkansäuren mit Namen und Strukturformel auf.

13 Welche Alkansäuren kommen in diesen Naturprodukten vor?

14 **a)** Warum lösen sich die kurzkettigen organischen Säuren in Wasser, die langkettigen dagegen nicht?
b) Die Reagenzgläser enthalten verschiedene Gemische: Stearinsäure/Wasser, Essigsäureethylester/Wasser, Essigsäure/Wasser. Ordne diese Gemische den Fotos zu.

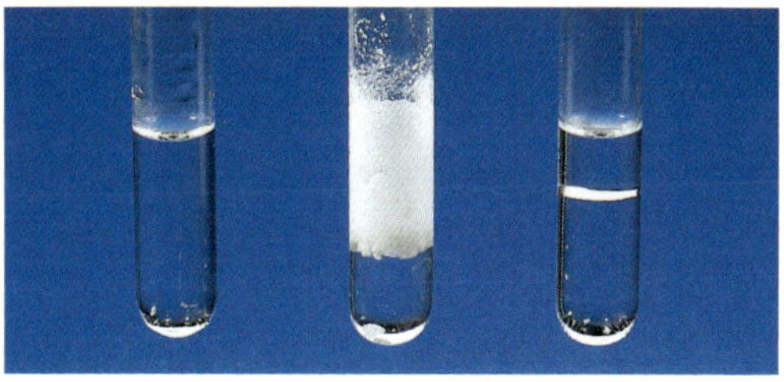

15 **a)** Wie könnte man Wachse im Labor herstellen?
b) Wie könnte man aus der unangenehm riechenden Buttersäure einen Aromastoff herstellen? Schreibe die Reaktionsgleichung auf.

Basis-Wissen

→ Alkoholische Gärung: Der trinkbare Alkohol heißt **Ethanol** (Ethylalkohol): CH_3-CH_2-OH. Er wird durch alkoholische Gärung aus zuckerhaltigen Säften gewonnen.

→ Alkanole (Alkohole) bilden eine homologe Reihe: Methanol, Ethanol, Propanol, Butanol … Allgemeine Formel: **R–OH**. Die **OH-Gruppe** (Hydroxyl-Gruppe) ist das gemeinsame Merkmal aller Alkanol-Moleküle. Sie ist die **funktionelle Gruppe** der Alkanole.

→ Eigenschaften der Alkanole: Kurzkettige Alkanole lösen sich in Wasser und in Benzin, längerkettige sind wasserunlöslich.
Alkanole sieden bei höheren Temperaturen als vergleichbare Alkane.

→ Mehrwertige Alkanole enthalten mehr als eine OH-Gruppe im Molekül:

Glykol	Glycerin
CH_2–CH_2 (OH, OH)	CH_2–CH–CH_2 (OH, OH, OH)
zweiwertig	dreiwertig

→ Alkansäuren (Carbonsäuren): Auch die Alkansäuren bilden eine homologe Reihe. Die funktionelle Gruppe ist die **COOH-Gruppe** (Carboxyl-Gruppe, Carbonsäure-Gruppe). Allgemeine Formel: **R–COOH**.

→ Essigsäure (Ethansäure, CH_3–COOH) ist zu etwa 6 % im Speiseessig enthalten. Sie entsteht durch Gärung (Essigbakterien) von alkoholischen Flüssigkeiten an der Luft. Im Labor kann man sie durch Oxidation von Ethanol herstellen. Die Salze der Essigsäure heißen **Acetate.**

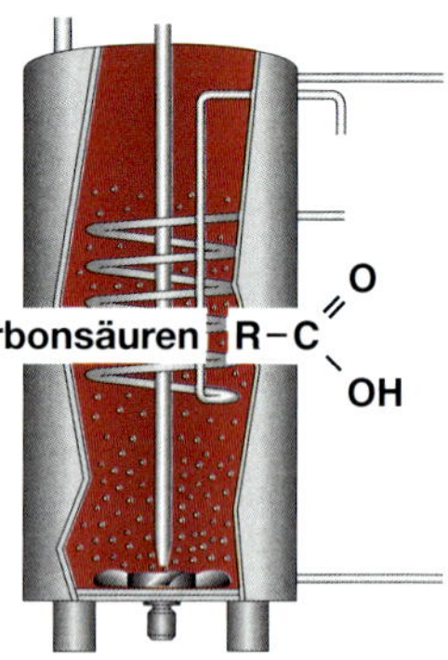

→ Weitere Carbonsäuren: Ameisensäure kommt im Gift der Ameisen und Bienen vor. Mit Propionsäure konserviert man Backwaren. Buttersäure entsteht bei der Zersetzung von Schweiß. Palmitin- und Stearinsäure kommt in gebundener Form in Fetten vor.

→ Eigenschaften der Alkansäuren: Ameisensäure ist die stärkste Alkansäure. Allgemein sind Carbonsäuren jedoch schwächere Säuren als zum Beispiel Salzsäure. Nur die Alkansäuren mit kurzkettigen Molekülen sind wasserlöslich.

→ Ester entstehen bei der Reaktion von Säuren mit Alkoholen:

$$\text{Säure} + \text{Alkohol} \xrightarrow{\text{Kondensation}} \text{Ester} + \text{Wasser}$$

Ester kann man durch eine Hydrolyse wieder in Säure und Alkohol zerlegen.

→ Vielseitige Ester: Kurzkettige Ester sind farblose, aromatisch-fruchtig riechende Flüssigkeiten. Fette sind Ester aus langkettigen Carbonsäuren und Glycerin. Wachse entstehen aus langkettigen Säuren und langkettigen Alkanolen.

Duft- und Aromastoffe

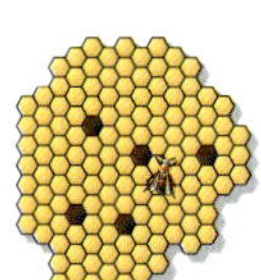

Wachse

Ester

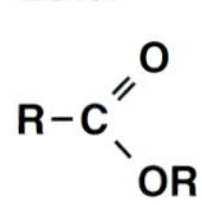

Fette

Lösungsmittel

|16| Chemie und Ernährung

So bleibt man fit mit richtiger Ernährung:

- Vielseitig, aber nicht zu viel
- Wenig Fett und fettreiche Lebensmittel
- Würzig, aber nicht salzig
- Wenig Süßes
- Reichlich Gemüse, Kartoffeln und Obst
- Mehr Vollkornprodukte
- Weniger tierisches Eiweiß
- Öfters kleine Mahlzeiten
- Schmackhaft und nährstoffschonend zubereiten
- Trinken mit Verstand: Lieber Mineralwasser als Kaffee und schwarzen Tee

|16.1| Gesunde Ernährung: von jedem etwas!

Jeden Tag verlangt unser Körper nach einer gewissen Menge Nahrung. Sie liefert die Energie zum Leben und die Baustoffe für unseren Körper. Energie gewinnen wir aus den **Nährstoffen;** das sind *Kohlenhydrate, Eiweißstoffe* und *Fette.* Außerdem benötigen wir *Vitamine, Mineralstoffe* sowie *Ballaststoffe* und *Wasser.*

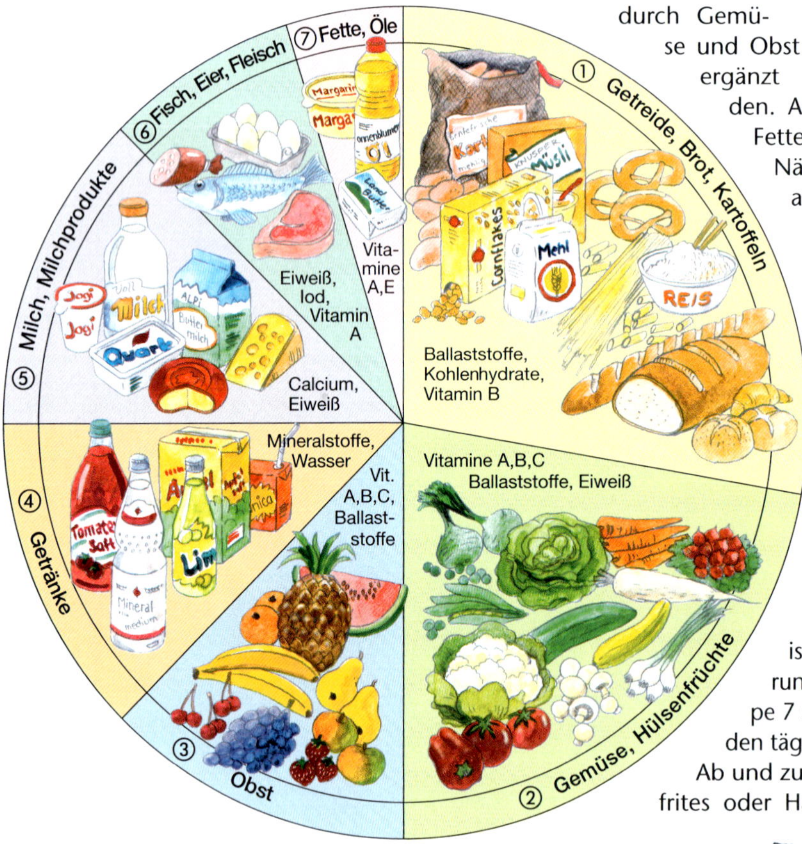

▲ *1 Der Ernährungskreis zeigt, wie man sich gesund und abwechslungsreich ernähren kann.*

Zusammensetzung der Nahrungsmittel. Die Nahrungsmittel enthalten diese Stoffe in sehr unterschiedlichen Mengen. Deshalb ist es notwendig, sich möglichst vielseitig zu ernähren. Wer sich einseitig ernährt, wird auf Dauer nicht gesund und leistungsfähig bleiben.

Vollkornbrot hat zum Beispiel einen hohen Energiegehalt, es ist reich an Ballaststoffen und Vitaminen. Trotzdem kann es den Körper nicht mit allen lebensnotwendigen Nährstoffen versorgen. Der Speiseplan muss deshalb durch Milch und Milchprodukte sowie durch Gemüse und Obst ergänzt werden. Auch Fleisch, Wurst, Eier und Fette liefern lebensnotwendige Nährstoffe. Man benötigt davon aber wesentlich geringere Mengen, als man sie heute durchschnittlich verzehrt.

Ernährungskreis. Die Größe der Tortenstücke im Ernährungskreis zeigt, wo wir Schwerpunkte bei der Ernährung setzen sollen: bei Getreideprodukten, Kartoffeln und Gemüse. Wer sich täglich und reichlich aus den Angeboten der Gruppen 1 bis 5 bedient und bei Gruppe 6 viel abwechselt, ist auf dem gesunden Ernährungsweg. Die Produkte der Gruppe 7 sollten nur sparsam Eingang in den täglichen Speiseplan finden.

Ab und zu Croissants, Kuchen, Pommes frites oder Hamburger zu essen, schadet nicht, wenn für den entsprechenden Ausgleich gesorgt wird.

Eine vielseitige und abwechslungsreiche Ernährung ist die Grundlage für Gesundheit und Leistungsfähigkeit.
Der Ernährungskreis hilft dabei, einen stimmigen und gesunden Speiseplan aufzustellen.

|16.2| Kohlenhydrate – Energie von der Sonne

Gummibärchen, Müsli-Riegel, Spagetti, Bananen und Limo haben eine Gemeinsamkeit: Sie enthalten viele Kohlenhydrate.

Kohlenhydrate. Zu den Kohlenhydraten zählen die verschiedenen **Zucker**, die **Stärke** und die **Cellulose**. *Cellulose* ist der Baustoff der pflanzlichen Zellwände. Sie kann vom Menschen nicht verdaut werden; sie ist deshalb aber nicht wertlos, sondern ein wichtiger Ballaststoff in unserer Ernährung. *Stärke* ist zum Beispiel in Kartoffeln, Getreide und Reis enthalten. *Zucker* in Form von Rüben- oder Rohrzucker (Saccharose) sowie Traubenzucker (Glucose) ist in Süßigkeiten, reifem Obst und anderen Lebensmitteln zu finden.
Wer hohe und lang andauernde Leistungen erbringen muss, ist mit Kohlenhydraten in seiner Ernährung gut beraten. Es sind wichtige und schnelle Energiespender für die Muskelarbeit. 1 g Kohlenhydrate liefert 17 Kilojoule Energie.

Kohlenhydrate werden von den Pflanzen mithilfe des Sonnenlichts aus Kohlenstoffdioxid und Wasser gebildet.

Die Kohlenhydrate werden im Mund und im Dünndarm zerlegt und in Leber und Muskeln als *Glykogen* („tierische Stärke“) gespeichert. Bei Bedarf wird das Glykogen in Glucose umgewandelt, den Schnell-Brennstoff für unsere Muskeln.

Vorliebe für Süßes schafft Probleme. Schon Säuglinge bevorzugen gesüßte Getränke; Salziges, Saures und Bitteres wird abgelehnt. Man geht davon aus, dass die Vorliebe für Süßes angeboren ist. Sensoren an der Zungenspitze spüren zuverlässig Zucker-Moleküle auf.
Zucker steht uns heute im Überfluss zur Verfügung. Die Folgen des hohen Zuckerkonsums sind häufig Übergewicht und Karies. Klebriger Zucker ist ein ausgezeichneter Nährboden für die Bakterien im Mund. Sie verwandeln Zucker in Säuren, die den Zahnschmelz angreifen und Entzündungen verursachen. Zucker im Übermaß macht dick, weil er im Körper in Fett umgewandelt und gespeichert wird.

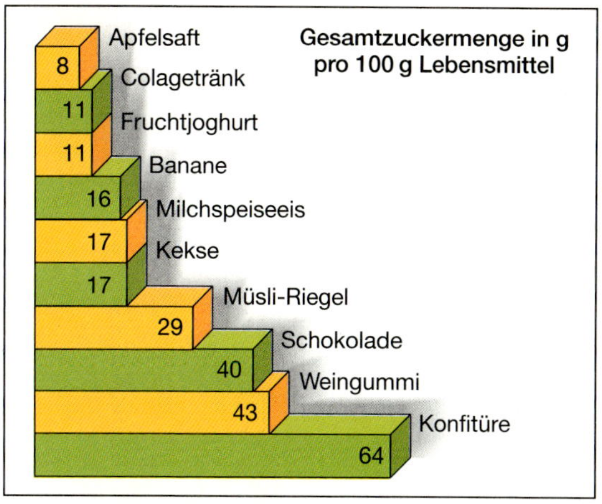

▲ 2 *Zuckergehalte in Lebensmitteln*

Kohlenhydrate sind schnelle Energiespender für die Muskelarbeit. Zucker und Stärke sind wichtige, leicht abbaubare Brennstoffe. Cellulose ist ein Ballaststoff, der vom menschlichen Körper nicht verdaut werden kann.

|16.3| Kohlenhydrate, chemisch betrachtet

Kohlenhydrate bestehen aus den Elementen Kohlenstoff, Wasserstoff und Sauerstoff im Verhältnis 1 : 2 : 1. Je nachdem, aus wie viel Grundbausteinen sie aufgebaut sind, unterscheidet man zwischen Einfach-, Zweifach- und Vielfachzucker.

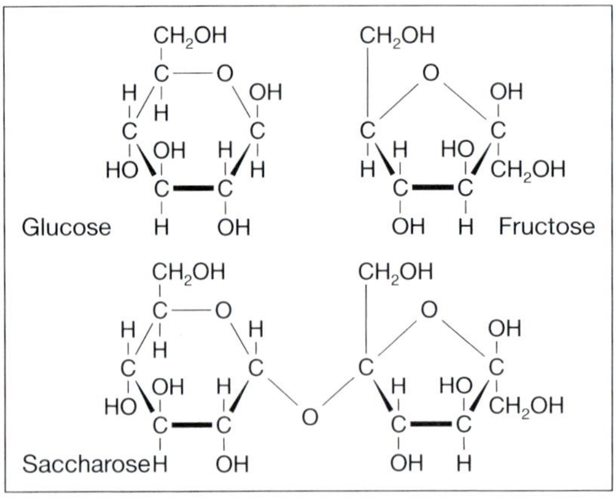

▲ *1 Formeln der wichtigsten Zucker*

Einfachzucker (Monosaccharide). *Glucose* (Traubenzucker) und *Fructose* (Fruchtzucker) sind *Einfachzucker*. Sie haben die gleiche Summenformel ($C_6H_{12}O_6$), unterscheiden sich aber in ihrem Molekülaufbau. Das Grundgerüst des Glucose-Moleküls ist ein Sechserring aus fünf Kohlenstoff-Atomen und einem Sauerstoff-Atom. Das Fructose-Molekül besteht aus einem Fünferring.

Glucose und Fructose sind für den süßen Geschmack vieler Früchte verantwortlich. Beide Zuckerarten können vom Körper sehr schnell aufgenommen und zur Energiegewinnung genutzt werden. Der Glucose-Gehalt im Blut wird vom Körper konstant gehalten. Bei einem gesunden Erwachsenen sind etwa 80–100 mg Glucose in 100 ml Blut gelöst. Ist die Regelung des Blutzuckergehaltes gestört, ist man „zuckerkrank".

Zweifachzucker (Disaccharide). Wenn sich zwei Einfachzucker-Moleküle miteinander verbinden, entsteht das Molekül eines Zweifachzuckers. Dabei wird ein Wasser-Molekül abgespalten. Der bekannteste Zweifachzucker ist der Haushaltszucker, der Rübenzucker. Man nennt ihn auch *Saccharose*. Ein Saccharose-Molekül entsteht aus einem Glucose- und einem Fructose-Molekül:

Glucose + Fructose
→ Saccharose + Wasser

Mit Säuren und durch Verdauungsenzyme lassen sich Zweifachzucker wieder in Einfachzucker spalten.

Vielfachzucker (Polysaccharide). Einfachzucker können sich auch zu langen Molekülketten verbinden. So entstehen die Vielfachzucker *Stärke* und *Cellulose*. Ihre Moleküle sind aus Tausenden von Glucose-Molekülen unter Wasserabspaltung entstanden.

Stärke-Moleküle unterscheiden sich von Cellulose-Molekülen durch die Anordnung ihrer Bausteine. Während bei der Stärke die Molekülketten *spiralig* gewunden sind, sind die Molekülketten der Cellulose *gestreckt* angeordnet.

Eigenschaften. Der süße Geschmack und die gute Wasserlöslichkeit der Einfach- und Zweifachzucker sind auf die zahlreichen OH-Gruppen in den Molekülen zurückzuführen. In stark zuckerhaltigen Lebensmitteln wie Marmelade ziehen die Zucker-Moleküle das Wasser an, sodass Mikroorganismen sich nicht so stark vermehren können. Das macht diese Lebensmittel haltbar.

Stärke ist in kaltem Wasser kaum löslich. Erst beim Erhitzen nimmt sie Wasser auf. Cellulose ist dagegen völlig wasserunlöslich. Der Mensch kann Stärke mithilfe von Enzymen in Glucose zerlegen; Cellulose ist dagegen ein unverdaulicher Ballaststoff.

▼ *2 Stärke*

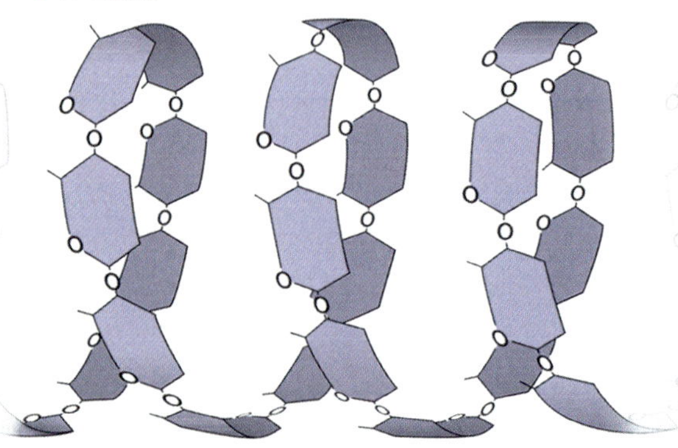

Zucker, Stärke und Cellulose gehören zur Stoffgruppe der Kohlenhydrate.

3 Cellulose ▼

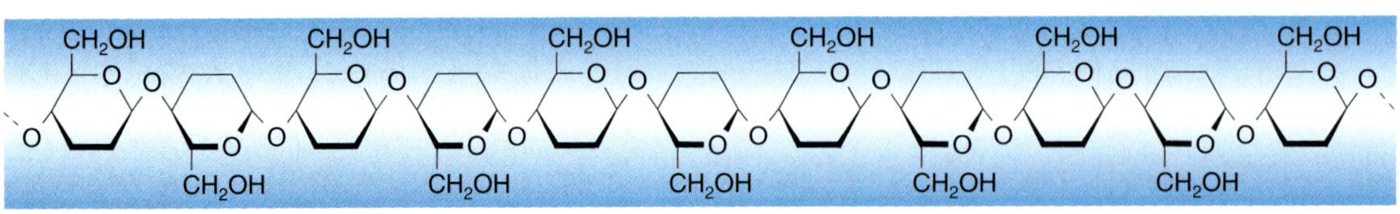

1 Fragen zum Text

a) Nenne Beispiele für Kohlenhydrate.
b) Was sind Disaccharide?
c) Aus welchen Zuckergrundbausteinen sind Rübenzucker-Moleküle aufgebaut?
d) Warum macht Zucker Marmelade haltbarer?
e) Worin unterscheiden sich Cellulose und Stärke?

2 Experiment

a) Stärkenachweis: Eine Iod-Kaliumiodid-Lösung wird bei Anwesenheit von Stärke blauviolett.
Gib auf ein Uhrglas eine Spatelspitze Stärkepulver und füge mit einer Pipette einige Tropfen Iod-Kaliumiodid-Lösung hinzu. Untersuche dann verschiedene Lebensmittel auf Stärke.
b) Stärkespaltung: Verrühre etwas Stärke mit warmem Wasser. Gib zu einer Probe dieser Lösung Iod-Kaliumiodid-Lösung hinzu. Erhitze die restliche Lösung mit etwas Essig etwa 15 Minuten lang im Wasserbad. Wiederhole den Stärkenachweis.

3 Experiment

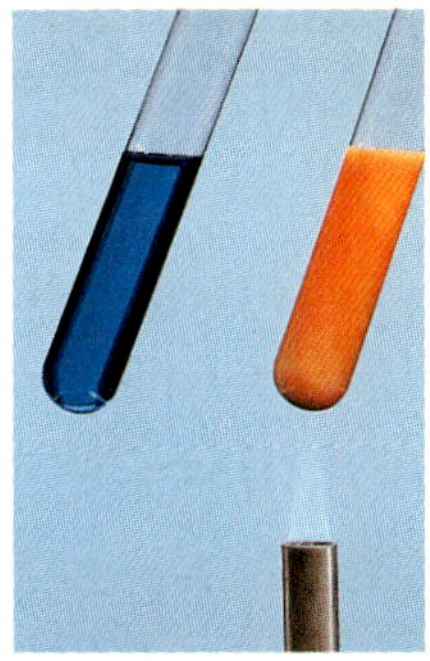

Stelle Lösungen von Traubenzucker, Fruchtzucker und Haushaltszucker her. Untersuche sie mit der **Fehling-Probe:**
Gib zu jeder Zuckerlösung je 1 ml Fehling-Lösung I und II (C) sowie einige Siedesteinchen. Erhitze die Mischungen vorsichtig bis zum Sieden (Vorsicht: Spritzgefahr).
Nur Glucose und Fructose reagieren mit der Fehling-Lösung unter Bildung von rotem Kupferoxid.

4 Experiment

Überprüfe Lebensmittel mit Glucoseteststäbchen auf ihren Gehalt an Glucose. Verwende zum Beispiel Banane, Orange, Zitronensaft, Kartoffel, Zwiebel, Milch und Mehl.
Solche Teststäbchen werden auch verwendet, um Glucose im Harn von Zuckerkranken nachzuweisen.

Exkurs: Alltag

Pommes frites: Kartoffeln vom Fließband

Wer weiß, wie „Pommes" hergestellt werden, wundert sich nicht darüber, dass alle etwa gleich aussehen und fast auf die Sekunde gleichzeitig gar werden.
Noch vor dem Auslegen der Kartoffeln vereinbart der Hersteller mit dem Bauern, welche stärkereiche Sorte angebaut werden soll. Die Bodenbearbeitung und die Düngung werden ebenfalls abgesprochen. Nach der Ernte lagern die Kartoffeln im Dunkeln bei einer Temperatur von etwa 10 °C.

100 g Kartoffeln (gekocht)		**100 g Pommes frites** (verzehrfertig)
2 g	Eiweiß	4,2 g
–	Fett	14,5 g
15,4 g	Kohlenhydrate	29,2 g
291 kJ	Brennwert	1105 kJ

In der Fabrik werden die Kartoffeln zunächst gewaschen. Die Kartoffelschale wird mit Dampfdruck entfernt.
Ein Schneidegerät zerlegt die nackte Kartoffel in vierkantige, etwa 6 mm dicke Stifte. Diese werden in einem Tauchbad blanchiert. Dabei verhindert eine schwache Phosphat- oder Citratlösung das Braunwerden vor dem Tiefgefrieren. Die gefrorenen Kartoffelstifte kommen dann in die Supermärkte und Restaurants und dort ins heiße Fett.

Exkurs: Biologie

Kohlenhydrate – eingefangene Sonnenenergie

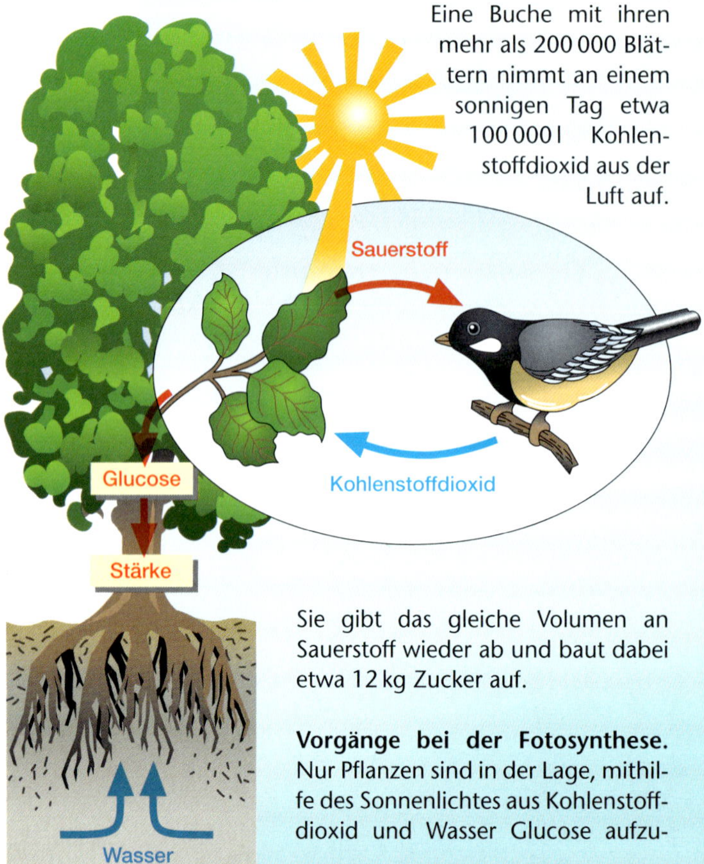

Eine Buche mit ihren mehr als 200 000 Blättern nimmt an einem sonnigen Tag etwa 100 000 l Kohlenstoffdioxid aus der Luft auf. Sie gibt das gleiche Volumen an Sauerstoff wieder ab und baut dabei etwa 12 kg Zucker auf.

Vorgänge bei der Fotosynthese. Nur Pflanzen sind in der Lage, mithilfe des Sonnenlichtes aus Kohlenstoffdioxid und Wasser Glucose aufzubauen. Notwendig für diese Reaktion ist der grüne Blattfarbstoff Chlorophyll in den Chloroplasten der Blätter:

$$6\ CO_2 + 6\ H_2O \xrightarrow{\text{Licht}} C_6H_{12}O_6 + 6\ O_2$$

Man bezeichnet diesen Vorgang als **Fotosynthese.**

Bei der Fotosynthese wird die Strahlungsenergie der Sonne in chemische Energie umgewandelt. Die Fotosynthese schafft damit die energetische Grundlage für das Leben auf unserer Erde. Mit dem Sonnenlicht steht eine nahezu unerschöpfliche Energiequelle zur Verfügung, die so für das Leben nutzbar gemacht wird.
Zunächst entsteht bei der Fotosynthese Glucose. Sie wird bei den meisten Pflanzen in den Blättern sofort in Stärke umgewandelt, indem Tausende von Glucosebausteinen miteinander verknüpft werden. Die Stärke wird in den Blättern, Stängeln, Wurzeln und Samen bis zum Gebrauch gelagert. Besonders viel Stärke steckt in Getreidekörnern, Kartoffelknollen, Hülsenfrüchten und Bananen.

Einige Pflanzen können neben Stärke auch Saccharose speichern, etwa die Zuckerrübe und das Zuckerrohr. Die Rübe enthält etwa 17–24 % des Eigengewichtes an Zucker, Zuckerrohr bringt es auf 12–20 %.

Praktikum

Fotogramm mit einem Blatt

V 1: Nachweis der Fotosynthese

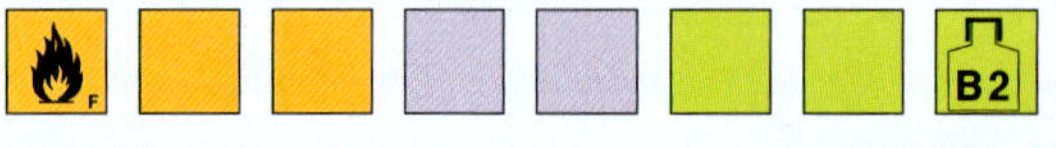

Material: Pflanze (besonders gut geeignet sind: Kartoffelpflanzen im Topf, Geranien, Weihnachtssterne, Bohnen), Schablone aus Alufolie, Lampe, Heizplatte, 2 Bechergläser für Wasserbad, Petrischale; Brennspiritus (F), Iod-Kaliumiodid-Lösung.

Durchführung: Decke ein Blatt an deiner Pflanze wie im Foto mit einer Schablone ab. Achte darauf, dass die Alufolie auch an der Unterseite dicht anliegt. Stelle die Pflanze für ca. 12 Stunden ins Dunkle. Setze sie dann für mehrere Stunden hellem Licht (Sonne und Lampe) aus. Entferne die Schablone. Trenne das Blatt ab und tauche es in kochendes Wasser. Erhitze Brennspiritus im Wasserbad. Lege das Blatt in den heißen Brennspiritus, bis es entfärbt ist. Spüle es mit Wasser ab und lege es in die Petrischale. Übergieße es mit Iod-Kaliumiodid-Lösung. Wasche es nach einigen Minuten ab.

Aufgabe: Notiere deine Beobachtungen und erkläre sie.

Zuckergewinnung

▲ *1 Zuckerrübe*

▲ *2 Rübenernte*

▲ *3 Rübenwäsche*

▲ *4 Rübenschnitzel*

Zur Geschichte. Bereits 6000 v. Chr. war das Zuckerrohr in Ostasien bekannt. Von dort gelangte es nach Persien und Indien. Die Perser entwickelten um 600 n. Chr. eine Methode zur Herstellung von gereinigtem Kristallzucker. Die Gewinnung aus der Zuckerrübe begann erst Anfang des 19. Jahrhunderts.

Von der Zuckerrübe zum Zuckerkristall. Die Zuckerproduktion ist eine reine Saisonarbeit, denn sie ist von der Rübenernte (2) im Herbst abhängig. Im ersten Arbeitsschritt werden die Rüben (1) entkrautet und gewaschen (3): Die sauberen Rüben werden dann zu flachen Schnitzeln zerkleinert (4). Aus den Schnitzeln werden mit heißem Wasser die löslichen Bestandteile herausgewaschen, also extrahiert (5). Der Rohsaft hat einen Zuckergehalt von etwa 14 %. Außer Zucker enthält er noch eine Vielzahl von gelösten Stoffen. Sie werden durch Zugabe von Calciumhydroxid ausgefällt und abfiltriert. So entsteht der hellgelbe klare Dünnsaft. Durch Verdampfen des Wassers (6), zum Teil unter vermindertem Druck, wird der Zuckersaft immer stärker eingedickt. Schließlich entsteht eine Masse, die zur Hälfte aus Zuckerkristallen und flüssigem Zuckersirup besteht. Diese Kristalle werden abzentrifugiert (7). Dieser noch braun gefärbte Rohzucker wird mit heißem Wasserdampf behandelt. So erhält man Weißzucker. Er wird durch erneutes Lösen und Auskristallisieren gereinigt und kommt dann als Raffinadezucker (8) in den Handel.

▲ *5 Extraktionstürme*

▲ *6 Verdampfstation*

▲ *7 Zentrifugieren*

▲ *8 Zuckerprodukte*

Popcorn und Cola auf dem Prüfstand

V 1: Die Sache mit dem Knalleffekt

Bereits an den Feuerstellen der Ureinwohner Amerikas entdeckte man, wie aus ungenießbaren, gelben, steinharten Maiskörnern ein schmackhaftes Nahrungsmittel hergestellt werden kann. Durch Zufall gerieten die Maiskörner ins Feuer und sprangen kurze Zeit später als weiche, weiße Popcorn-Flocken aus den Flammen heraus. Damals war man noch davon überzeugt, dass im Innern des Korns kleine Teufel wohnen, die bei Hitze tanzen, toben und zum Schluss mit lautem Knall die Wände ihres Hauses explodieren lassen.

Es gibt auch eine wissenschaftliche Erklärung. Diese könnt ihr mit den folgenden Experimenten selbst herausfinden.

Material: Beschichtete Pfanne mit Glasdeckel, Waage, Messbecher; Popcorn-Mais, Öl.

Durchführung: Miss 10 cm^3 Maiskörner ab und wiege sie. Gib so viel Öl in die Pfanne, dass der Boden gerade bedeckt ist und erwärme es bei mittlerer Hitze. Streue die Maiskörner in die Pfanne und lege den Deckel so auf die Pfanne, dass der Dampf entweichen kann. Ziehe die Pfanne vom Herd, wenn das Knallen beendet ist.

Angaben pro 100 g	Popcorn pur (Mikrowelle	Popcorn mit Öl	Kartoffelchips	Erdnüsse	Brezeln	Speiseeis
Energiegehalt in kJ	1540	1770	2330	2330	1600	1470
Proteine in g	13	12	5,3	26,2	9,8	4
Kohlenhydrate in g	68	61	50	8	76	33
Fett in g	5	17	40	48	4,5	23
Ballaststoffe in g	10	9	1,6	11	0,3	k. A.
Eisen in mg	1,7	1,6	1,8	1,7	1,5	k. A.
Vitamin A in µg	200	200	Spuren	–	–	k. A.

Aufgaben: a) Miss das Volumen und die Masse des Popcorns.

b) Fasse deine Beobachtungen zusammen und formuliere eine Erklärung für die Gewichts- und Volumenveränderung bei der Popcorn-Herstellung.

c) Worin unterscheiden sich die „Pausenfüller" in der Tabelle (links unten)?

d) Untersuche, welche Kohlenhydrate in den Popcorn-Sorten enthalten sind. (Stärke-Nachweis, Fehling-Probe, Glucose-Teststäbchen)

V 2: Colasorten im Vergleich

Material: Indikatorpapier, Teststäbchen für Phosphat und Glucose, Messzylinder, 2 Porzellanschalen, Brenner, Vierfuß; Cola-Getränk (light und normal).

Durchführung und Aufgaben:

a) Miss den pH-Wert beider Proben.

b) Bestimme mit Teststäbchen den Phosphatgehalt beider Proben.

c) Überprüfe in beiden Cola-Sorten mit Glucose-Teststäbchen oder der Fehling-Probe, ob Traubenzucker enthalten ist.

d) Bestimme die Dichte von abgekochter und dann abgekühlter Cola light und normaler Cola und ermittle mithilfe der Tabelle den Zuckergehalt in %.

Massenanteil von Zucker in %	2	5	10	15	20
Dichte in g/cm^3 bei 20 °C	1,006	1,018	1,038	1,059	1,081

e) Gib je 10 ml Cola-Getränk normal und light in eine Porzellanschale. Füge einige Siedesteinchen hinzu. Erhitze die Flüssigkeiten vorsichtig.

f) Wiege einen Zuckerwürfel und berechne, wie viele dieser Zuckerwürfel in einem 0,2-l-Glas Cola-Getränk normal und light gelöst sind.

|16.4| Rund ums Fett

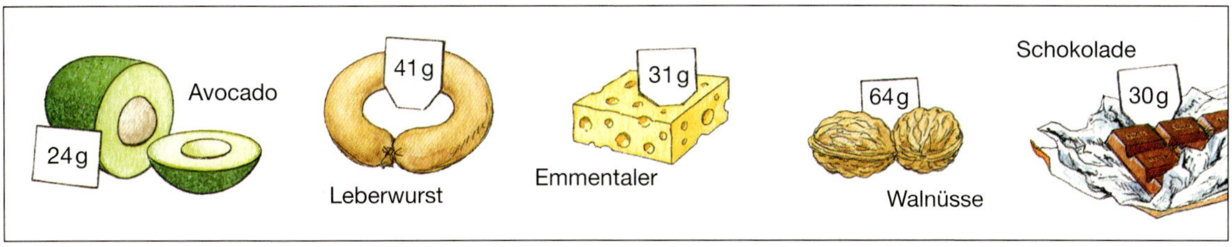

▲ *1 Fettgehalt in 100 g Lebensmittel*

Fette sind Energiebomben. Ein Gramm Fett liefert mit 39 kJ etwa doppelt soviel Energie wie ein Gramm Kohlenhydrate. Wer viel Fett isst, wird deshalb auch leicht dick. Davor schützen auch keine sportlichen Aktivitäten, denn der Energieverbrauch beim Sport wird meist überschätzt. So muss man schon mehr als eine Stunde lang intensiv schwimmen, um sich eine einzige Tafel Schokolade wieder abzutrainieren.

Fette sind lebensnotwendig. Ganz ohne Fette geht es natürlich nicht. Fett stellt für den menschlichen Körper nicht nur ein Energiedepot dar. Das Fettgewebe des Körpers isoliert auch gegen Wärmeverlust und schützt empfindliche Organe wie Herz, Niere oder Augapfel vor Erschütterungen. Als Träger von Aromastoffen machen Fette viele Gerichte erst schmackhaft. Wertvoll sind Fette auch als Transportmittel für die fettlöslichen Vitamine A, D, E und K. Diese Vitamine können nur zusammen mit Fett die Darmwand passieren und in die Blutbahn aufgenommen werden.

Aufbau und Verdauung der Fette. Alle Nahrungsfette sind nach dem gleichen Schema aufgebaut. Jedes Fett-Molekül besteht aus einem Glycerinrest und drei Fettsäureresten.

Nährwertgehalt pro 100 g	Salami	Salami „light"
Fett in g	43	27
Eiweiß in g	20	24
Energiegehalt in kJ	1954	1440

▲ *2 Light-Wurst und gewöhnliche Wurst*

Fette werden mithilfe von Gallensaft und Enzymen aus der Bauchspeicheldrüse erst im Zwölffingerdarm in die Grundbausteine zerlegt und durch die Dünndarmwand aufgenommen.
Bestimmte Fettsäuren kann der Körper selbst aufbauen, andere dagegen nicht. Diese sogenannten *essentiellen Fettsäuren* müssen täglich mit der Nahrung aufgenommen werden. Sie sind besonders wichtig, weil sie am Aufbau von Zellen und Hormonen beteiligt sind. Da essentielle Fettsäuren vor allem in pflanzlichen Fetten enthalten sind, sollte man ihnen den Vorzug vor den tierischen Fetten geben.

Versteckte Fette.
Täglich sollten wir nicht mehr als 60 bis 90 g Fett mit unserer Nahrung zu uns nehmen. Diese Menge nicht zu überschreiten, ist gar nicht so einfach. Versteckte Fette lauern überall: im Fleisch, im Käse, im Kuchen, in der Schokolade, in Nüssen und vielen anderen Lebensmitteln. Eine einzige Tüte Chips bringt es sogar auf mehr als 70 g Fett. Pflanzenöl, Butter und Margarine bestehen zu über 80 % aus Fett.

Lieber „Light" als schwer? Viele Milchprodukte wie Butter, Käse und Jogurt, aber auch Wurstwaren werden seit einigen Jahren auch in fettreduzierter Form angeboten. Aber diese „Light"-Produkte haben sehr wohl Kalorien. Einige Happen mehr, einige Löffel extra – und schon ist der Traum vom Kaloriensparen ausgeträumt.

Fette sind die energiereichsten Nährstoffe. Alle Nahrungsfette sind Verbindungen von Fettsäuren mit Glycerin.

|16.5| Nahrungsfette, chemisch betrachtet

1 *Auch flüssige Fette mischen sich nicht mit Wasser*

Eigenschaften der Fette. Fettaugen schwimmen auf der Suppe, also müssen Fette **leichter als Wasser** und außerdem **wasserunlöslich** sein. Mischt man Salatöl mit Wasser, erhält man eine *Emulsion.* In ihr sind kleinste Tröpfchen Fett fein in Wasser verteilt. Solche Gemische entmischen sich allerdings nach einiger Zeit wieder. Fette sind *wasserabweisend (hydrophob).* Sie lösen sich aber gut in Benzin oder anderen *organischen Lösungsmitteln.*

Natürliche Fette sind stets Gemische verschiedener Fettsäure-Glycerin-Ester. Sie besitzen deshalb keine feste Schmelztemperatur, sondern schmelzen innerhalb eines Schmelzbereiches.

Fette hinterlassen auf Papier einen bleibenden Fettfleck. Mit dieser **Fettfleckprobe** lassen sich Fette nachweisen.

Bei unsachgemäßer längerer Lagerung unter dem Einfluss von Licht, Sauerstoff und Mikroorganismen werden Fette ranzig. Dabei freiwerdende kurzkettige Fettsäuren verursachen den unangenehmen Geruch und Geschmack.

Fette sind Ester. Fette entstehen durch die Reaktion des Alkohols *Glycerin* mit *Fettsäuren.* Ein Glycerinmolekül besitzt drei OH-Gruppen. Fettsäure-Moleküle bestehen aus einer Kohlenwasserstoffkette und einer COOH-Gruppe. Die Reaktion zwischen diesen beiden Stoffen bezeichnet man als *Veresterung.* Zur Erinnerung:

Säure + Alkohol
→ Ester + Wasser

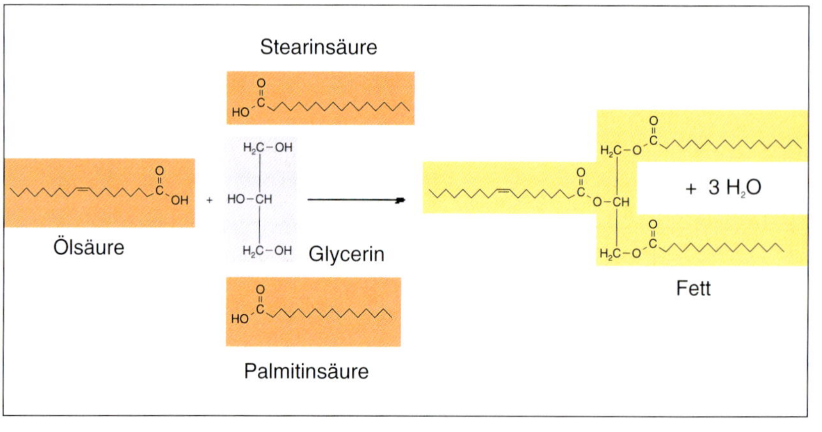

2 *Bildung eines Fett-Moleküls*

	Name und Formel	Schmelztemperatur in °C	Rinderfett (Talg)	Schweinefett	Butterfett	Olivenöl	Sonnenblumenöl	Leinöl
gesättigte Fettsäuren	**Palmitinsäure** $C_{15}H_{31}COOH$	+63	30	27	24	15	5	7
	Stearinsäure $C_{17}H_{35}COOH$	+71	20	14	13	2	2	3
ungesättigte Fettsäuren	**Ölsäure** $C_{17}H_{33}COOH$	+16	39	45	30	71	27	18
	Linolsäure $C_{17}H_{31}COOH$	–5	3	8	2	8	65	14
	Linolensäure $C_{17}H_{29}COOH$	–11	–	–	1	–	–	58

3 *Anteile der Fettsäuren in Nahrungsfetten*

Ein Glycerin-Molekül kann mit drei Molekülen derselben Fettsäure oder mit verschiedenen Fettsäure-Molekülen verknüpft sein.

Fettsäuren. Fettsäuren sind langkettige Carbonsäuren mit vorwiegend 12 bis 18 Kohlenstoff-Atomen im Molekül.

Man unterscheidet zwischen *gesättigten* und *ungesättigten* Fettsäuren. Ungesättigte Fettsäuren enthalten eine oder mehrere *Doppelbindungen* im Molekül. Zu den einfach gesättigten Fettsäuren gehört die Ölsäure; Linol- und Linolensäure sind mehrfach ungesättigt. Feste Fette enthalten überwiegend gesättigte Fettsäuren.

Fette sind Ester aus Glycerin und meistens langkettigen Fettsäuren. Ungesättigte Fettsäuren besitzen eine oder mehrere C=C-Doppelbindungen.

1 Fragen zum Text

a) Welche Eigenschaften haben Fette?
b) Warum haben Fette keine feste Schmelztemperatur?
c) Warum werden Fette zur Stoffklasse der Ester gezählt?
d) Wie sind Fette aufgebaut?
e) Was sind ungesättigte Fettsäuren?
f) Was geschieht, wenn Fette ranzig werden?

2 Experiment

B3

a) Zerkleinere in einer Reibschale einige Sonnenblumenkerne und gib 2–3 ml Brennspiritus (F, B3) hinzu. Filtriere die Flüssigkeit ab und lass den Brennspiritus verdunsten. Untersuche den Rückstand mit der Fettfleckprobe.
b) Überprüfe einige Lebensmittel mithilfe der Fettfleckprobe darauf, ob sie Fette enthalten.

3 Experiment

B3

a) Tropfe etwas Salatöl auf zwei Stofflappen. Versuche den einen Fettfleck mit Wasser, den anderen mit Waschbenzin (F) zu entfernen.
b) Fülle in zwei Reagenzgläser je 1 ml Salatöl. Gib in das eine Glas etwa 3 ml Wasser, in das andere 3 ml Waschbenzin (F, B3) und schüttle.

4 Experiment

Trockne je 20 g Streifen verschiedener Wurstsorten in einem Trockenschrank. Bestimme den Wassergehalt. Gib die Wurststreifen dann in eine Pfanne und schmelze das Fett vorsichtig heraus. Berechne den Fettanteil in jeweils 100 g Wurst.

5 Theorie

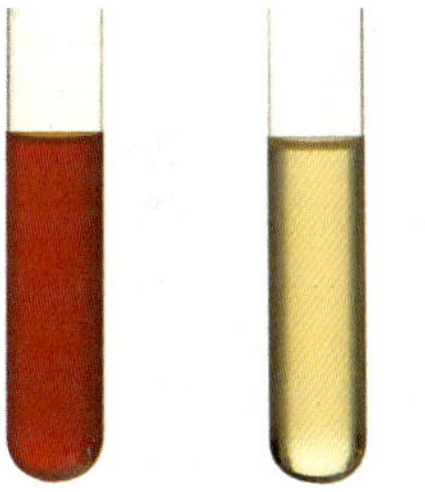

Doppelbindungen in ungesättigten Fettsäuren lassen sich durch Entfärbung von Brom- bzw. Iod-Lösung nachweisen.
a) Beide Reagenzgläser wurden mit etwas Brom-Lösung versetzt. Ein Reagenzglas enthält Stearinsäure, gelöst in Heptan; das andere enthält Ölsäure in Heptan. Was ist im linken Reagenzglas?
b) Formuliere für die Reaktion von Ölsäure mit Brom eine Reaktionsgleichung.

Exkurs: Alltag

Tipps rund ums Fett

• Fette sollen vorsichtig und nur unter ständiger Beobachtung erhitzt werden. Es können sonst leicht Fettbrände entstehen, da sich Fette bei hohen Temperaturen selbst entzünden.
• Fettbrände nicht mit Wasser löschen, sondern abdecken. Sonst bilden sich Dampfblasen und das brennende Fett verspritzt.
• Beim Frittieren zersetzten sich Fette. Deshalb das Frittierfett nur 3 bis 5-mal verwenden.

• Fette nicht überhitzen. Wenn es raucht, ist es oft zu spät: Fett hat sich zersetzt. Dabei entstehen schädliche Stoffe.
• Erhitzte Fette nicht in den Abfluss gießen, da sie beim Abkühlen fest werden und den Abfluss verstopfen.
• Speisen fettarm zubereiten.
• Auf versteckte Fette achten. Besser Geflügel, Salate und Jogurt essen als Nüsse, Pommes oder fettes Fleisch mit ihrem hohen Anteil an versteckten Fetten.
• Pflanzliche Fette mit einem hohen Anteil an einfach ungesättigten Fettsäuren bevorzugen.

Exkurs: Alltag

Soja ist überall

Die Sojabohne ist wegen ihres hohen Gehaltes an Proteinen, Ölen und fettlöslichen Vitaminen eine der bedeutendsten Kulturpflanzen. In den USA pflanzte man der Sojabohne ein Gen ein, das sie resistent gegen Herbizide macht. Dadurch können die Anbauflächen mit Unkrautvernichtungsmitteln behandelt werden, ohne dass die Sojapflanzen selbst Schaden nehmen.

Soja-Bestandteile sind in vielen Lebensmittelprodukten enthalten. Verarbeitet verbirgt sich die Bohne in sehr vielen Produkten:

- als Soja-Schrot im Tierfutter;
- als Fett-, Fleisch- und Milchersatz in Light-Produkten und vielen Fertiggerichten;
- in Form von Lecithin als Emulgator und Verdickungsmittel in Eiscreme, Schokolade, Soßen, Süßwaren, Kosmetika und Farben;
- als Pflanzenöl für Knabberartikel, Mayonnaisen, in Speiseölen für die Margarineherstellung;
- als Soja-Mehl in Backwaren, Suppen, Soßen, Fleisch- und Fischprodukten;
- als Vitamin-E-Lieferant.

1. Informiere dich im Internet: Warum werden Pflanzen heute gentechnisch verändert? Auf welche Gefahren weisen Kritiker heute hin?
2. Wie müssen gentechnisch veränderte Lebensmittel gekennzeichnet sein?

Exkurs: Alltag

Von der Sojabohne zur Margarine

Die am häufigsten für Margarine verwendeten Rohstoffe sind Sojabohnen, Palmkerne, Erdnüsse und Sonnenblumenkerne. Hauptlieferländer für diese Rohstoffe sind: USA, Südafrika, Philippinen, Argentinien und Malaysia.

Fettgewinnung. Im ersten Arbeitsschritt werden die Ölfrüchte in Ölmühlen zerkleinert. Das enthaltene Fett wird dann mit einem organischen Lösungsmittel wie Heptan herausgelöst. Das Lösungsmittel wird durch Destillation zurückgewonnen und erneut eingesetzt. Das so gewonnene Öl enthält noch Pflanzenreste, Trüb- und Schleimstoffe sowie übelriechende Fettsäuren. Mehrere Arbeitsgänge sind erforderlich, um diese Stoffe zu entfernen; das Öl wird „raffiniert". Mit Wasserdampf werden Rückstände von Pflanzenschutzmitteln und störende Geruchs- und Geschmacksstoffe herausgelöst.

Fetthärtung. Da für eine streichfähige Margarine mehr feste Fette als Öle benötigt werden, wird ein Teil der Öle in halbfeste Fette umgewandelt. Das geschieht durch das bereits 1902 entwickelte Fetthärtungsverfahren. Mithilfe von Nickelkatalysatoren wird Wasserstoff an die Doppelbindungen der ungesättigten Fettsäuren in den Pflanzenölen angelagert. Es entstehen halbfeste Fette.

Margarineherstellung. Zunächst werden gehärtetes Fett, Öl, Magermilch, Wasser und Salz vorgemischt. Nach Zugabe von fettlöslichen Vitaminen, Carotin und Lecithin (Emulgator) wird die Mischung durchgeknetet und gekühlt. So entsteht streichfähige Margarine.

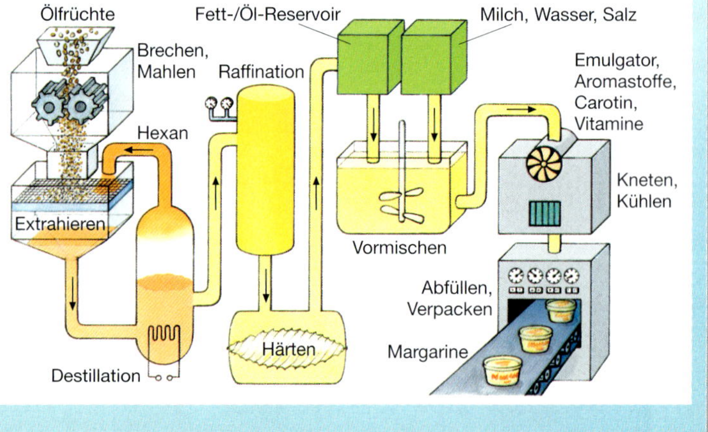

Die Schokoladenseite

Geschichte. Das erste Schokoladengetränk hieß „cacauatl". Es war ein sehr beliebtes Getränk bei den Azteken im alten Mexiko. Sie rösteten und zerkleinerten Kakaobohnen und mischten Maismehl, Pfeffer und Vanille hinzu. Dieses Pulver verrührten sie dann mit Wasser. Als die spanischen Eroberer nach Mexiko gelangten, lernten sie dieses bittere Getränk kennen und schätzen.
In Europa kam Kakao erst in Mode, als im 19. Jahrhundert der Zucker zur Verfügung stand und die industrielle Schokoladenherstellung begann.

Von der Bohne zur Schokolade. Der Weg von der Kakaobohne bis zur fertigen Schokolade beginnt in tropischen Regenwaldgebieten, wo der Kakaobaum, der viel Wärme und Feuchtigkeit braucht, zu Hause ist.

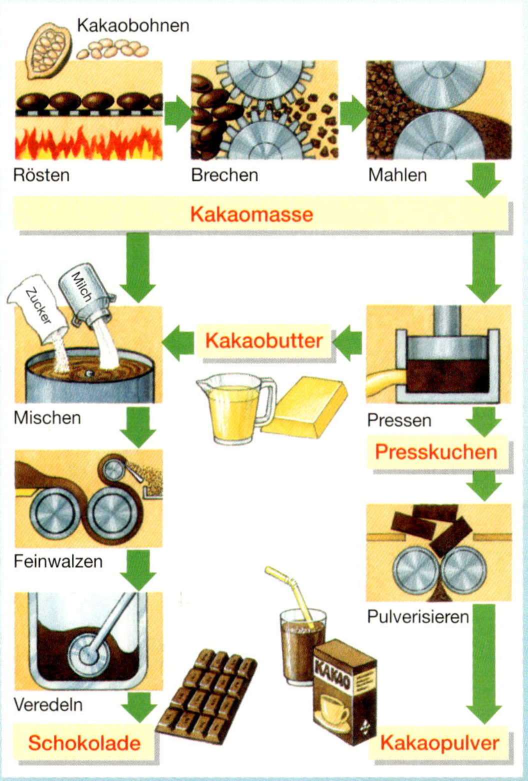

Die reifen Kakaofrüchte werden vom Baum geschnitten, von der Fruchtschale befreit und auf einem Haufen liegend fermentiert. Bei diesem natürlichen Gärungsprozess laufen viele chemische Reaktionen ab. Am Ende haben sich die Kakaobohnen vom Fruchtfleisch gelöst und eine braune Farbe angenommen. Die getrockneten Bohnen werden in alle Welt verkauft.

Kakaoherstellung. Die Bohnen werden zunächst geröstet, wobei sich das typische Schokoladenaroma entwickelt. Danach werden sie gebrochen und zur Kakaomasse zermahlen. Ein Teil dieser Masse wird ausgepresst, dabei scheidet sich Kakaobutter ab. Die ausgepresste Masse wird zu Kakaopulver verarbeitet.

Schokoladenherstellung. Die Kakaomasse wird mit Zucker und Gewürzen, für Milchschokolade auch mit Milchpulver, vermischt. Dann wird sie gewalzt und mit Kakaobutter versetzt.
Zum Schluss kommt der langwierigste Prozess; die Schokoladenmasse wird bei einer ganz genau vorgegebenen Temperatur mehrere Stunden lang geknetet, sie wird *conchiert.* Die fertige Schokoladenmasse wird dann geformt und abgepackt. Durchschnittlich genießt jeder Deutsche über 4 kg Schokolade pro Jahr.
Leider gibt es auch eine ganz schwarze Schokoladenseite, den Energiegehalt. 100 g Schokolade haben einen Energiegehalt von über 2300 kJ. Um diese Energie wieder abzuarbeiten, müsste man länger als zwei Stunden intensiv Tischtennis spielen. Deshalb gilt: Allzuviel ist ungesund.

|16.6| Fit durch Eiweiß?

Die Palette der angebotenen Eiweißpräparate wird ständig reichhaltiger. Im Zeitalter der Fitness-Studios nutzen viele Hobbysportler diese Angebote. In der Werbung wird der Eindruck erweckt, dass in Steaks und Eiweißdrinks Kraft und Gesundheit steckt, „die man essen und trinken kann."
Nach neuen Forschungen reichen aber täglich etwa 0,8 g Eiweiß pro Kilogramm Körpergewicht selbst für Leistungssportler aus, um den Eiweißbedarf zu decken. Wir essen aber täglich, ob Sportler oder Nichtsportler, etwa die doppelte Menge. Da überschüssiges Eiweiß in Körperfett umgewandelt wird, ist es unnötig, zusätzliche Eiweißpräparate zu sich zu nehmen.

1 *Eiweiß-Präparate*

Wofür brauchen wir Eiweißstoffe? Eiweißstoffe, man nennt sie auch **Proteine**, bilden die dritte Nährstoffgruppe. Sie haben den gleichen Energiegehalt wie Kohlenhydrate.
Der Körper benötigt sie aber weniger als Energiespender, sondern vor allem als Baustoff für die Körperzellen, für Enzyme, viele Hormone und für die Antikörper des Immunsystems. Proteine spielen eine sehr große Rolle für den Ablauf aller Lebensvorgänge in Zellen.
Eiweißstoffe in der Nahrung sind besonders wichtig. Der Körper kann nämlich eigenes Eiweiß nur aus dem verdauten Eiweiß der Nahrung herstellen.

Vielfalt der Eiweißverbindungen. Es gibt Millionen unterschiedlicher Eiweißstoffe. Sie sind jedoch alle nach dem gleichen Prinzip aufgebaut. Man kann sie sich wie lange Ketten aus verschiedenen Perlen vorstellen. Die Reihenfolge der Perlen und die Kettenlänge entscheiden darüber, was für eine Art Eiweiß die Kette darstellt. Die Bausteine der Eiweißstoffe, die „Perlen", sind die **Aminosäuren.** Insgesamt sind 22 verschiedene Aminosäuren am Aufbau unseres Körpers beteiligt. Einige davon kann unser Körper nicht selbst bilden. Das sind die lebensnotwendigen *(essentiellen)* Aminosäuren, die direkt mit der Nahrung aufgenommen werden müssen.

Wie decken wir unseren Eiweißbedarf? Der Name Eiweiß deutet darauf hin, dass es ein Bestandteil des Eiklars ist. Eiweißstoffe kommen aber auch in vielen pflanzlichen Lebensmitteln vor, zum Beispiel in Hülsenfrüchten, Sojabohnen, allen Getreidearten, Kartoffeln und Nüssen. Tierische Eiweißquellen sind Fleisch, Fisch, Eier und Milchprodukte aller Art. Der Anteil an tierischem Eiweiß in unserer Nahrung ist deutlich zu hoch. Das schadet dem Körper zwar nicht direkt, es bedeutet aber eine Verschwendung von Nahrungsmitteln. Masttiere müssen nämlich 7 kg Pflanzeneiweiß zu sich nehmen, um daraus 1 kg tierisches Eiweiß aufzubauen. Würden mehr Menschen direkt pflanzliche Nahrung zu sich nehmen, könnte man damit mehr Menschen satt machen als mit tierischem Eiweiß.

Verdauung. Die Eiweißstoffe passieren den Mund, ohne abgebaut zu werden. Erst die Salzsäure des Magens verändert sie so, dass sie für die Enzyme des Magensaftes abbaubar sind. Das durch die Salzsäure aktivierte Enzym Pepsin leitet die Eiweißverdauung ein. Die großen Spaltstücke werden anschließend im Dünndarm durch Erepsin und das Bauchspeicheldrüsenenzym Trypsin zu kleineren Spaltstücken abgebaut, den wasserlöslichen Aminosäuren.

Proteine sind lebensnotwendige Baustoffe für alle Zellen. Sie werden auch für den Aufbau von Enzymen, Hormonen und für die Abwehrstoffe des Immunsystems benötigt.

Milch – Power aus der Natur

Ein Millionenheer von Hochleistungskühen sorgt dafür, dass wir täglich frische Trinkmilch, aber auch die verschiedensten Milcherzeugnisse wie Quark, Butter, Dickmilch, Käse, Jogurt und Kefir genießen können. Vom Euter bis zum Verbraucher ist es ein langer Weg, auf dem die Milch geprüft, zentrifugiert, homogenisiert, pasteurisiert und dann in ansprechender Verpackung verkauft wird.
Milch ist ein besonders wertvolles Lebensmittel, denn es enthält viele lebenswichtige Inhaltsstoffe – und das in leicht verdaulicher Form.

100 g Milch enthalten	
Eiweißstoffe	3,5 g
Fette	4,0 g
Kohlenhydrate	5,0 g
Mineralstoffe	0,7 g
davon Calcium	0,12 g
Wasser	87,0 g

Kohlenhydrate sind in der Milch in Form des Zweifachzuckers Lactose (Milchzucker) enthalten. Der Milchzucker wird im Darm durch Bakterien in Milchsäure umgewandelt. Dadurch werden Fäulnisprozesse im Verdauungssystem verhindert. Milchproteine sind besonders reich an essentiellen Aminosäuren. Über 75 % des Milcheiweißes bestehen aus Casein, das beim Ansäuern der Milch ausflockt. Es ist der Grundstoff für die Käseherstellung. Milchfett ist besonders gut verdaulich, da es schon in der Milch in kleinste Tröpfchen zerteilt ist und bereits bei Körpertemperatur schmilzt.

Mineralstoffe und Vitamine ergänzen das Bild der Milch als vollwertiges Lebensmittel. Der Gehalt an Calcium- und Phosphat-Ionen ist sehr hoch. Sie sind für den Aufbau und Erhalt der Zähne und des Knochengerüstes von großer Bedeutung. Bereits ein halber Liter Milch deckt etwa 60 % des Calciumbedarfes eines Jugendlichen.
Die Milch enthält viel wasserlösliches Vitamin B2 und ebenso die fettlöslichen Vitaminen A, D und E.

Milch unter der Lupe

V 1: Säurefällung von Milch

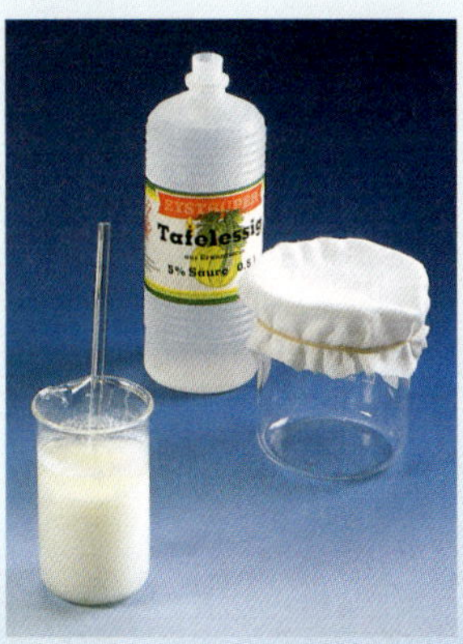

Materialien: Zwei Bechergläser, Glasstab, Baumwolltuch; Milch, Essig, Nachweisreagenzien für Eiweiß.
Durchführung: Fülle ein Becherglas mit 100 ml Milch und gib 20 ml Essig zu. Rühre mit dem Glasstab gründlich um und filtriere das Gemisch durch ein Baumwolltuch.
Fange die Flüssigkeit auf. Überprüfe das Filtrat im Becherglas und den Rückstand im Baumwolltuch auf Eiweiß (s. Aufgabe 2, S. 317).

V 2: Fettnachweis in Milch

Materialien: Reagenzgläser mit Stopfen, Spatel, Sudan-III-Lösung; Milchproben, Pflanzenöl.
Durchführung: Fülle je 3 ml Wasser, Wasser-Öl-Gemisch und verschiedene Milchsorten in Reagenzgläser. Gib jeweils einen Tropfen Sudan-III-Lösung hinzu, schüttle kräftig und beobachte.

V 3: Zuckernachweis

Materialien: Reagenzgläser, Wasserbad, Brenner und Vierfuß, Siedesteinchen; Milchprobe, Testlösungen, Fehling-Lösungen.
Durchführung: Führe die Fehling-Probe mit Milch, mit Lactose-Lösung sowie mit Glucose-Lösung im Wasserbad durch (s. Aufgabe 3, S. 305).

|16.7| Eiweißstoffe, chemisch betrachtet

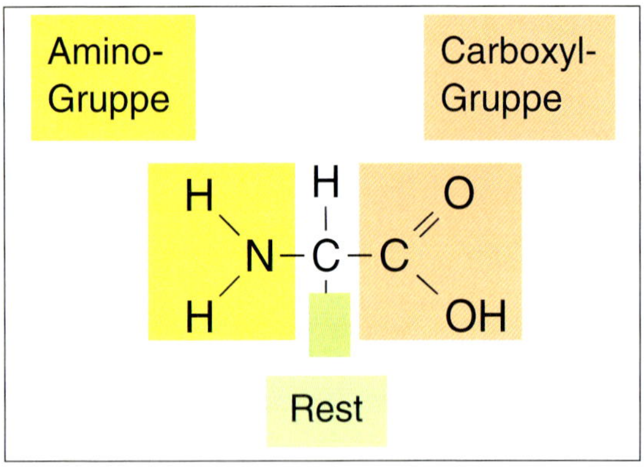

▲ 1 *Aufbau von Aminosäuren*

Name (Abkürzung)	Seitenkette
Glycin (Gly)	$-H$
Alanin (Ala)	$-CH_3$
Cystein (Cys)	$-CH_2-SH$
Valin (Val)	$-CH(CH_3)_2$
Lysin (Lys)	$-CH_2-(CH_2)_3-NH_2$
Glutamin (Gln)	$-CH_2-CH_2-C(=O)-NH_2$

▲ 2 *Beispiele für Aminosäuren*

Aufbau. Eiweißstoffe (Proteine) sind Verbindungen, die die Elemente Kohlenstoff, Wasserstoff, Sauerstoff und Stickstoff sowie zum Teil auch Schwefel und Phosphor enthalten. Sie sind aus Aminosäuren aufgebaut.
Aminosäure-Moleküle zeigen einen gemeinsamen Bauplan: An ein Kohlenstoff-Atom sind eine Carbonsäuregruppe (-COOH), eine Aminogruppe ($-NH_2$), ein Wasserstoff-Atom und eine Seitenkette (-R) gebunden. Die einzelnen Aminosäuren unterscheiden sich im Aufbau der Seitenkette.

Peptidbindung. In einem Eiweiß-Molekül sind Aminosäure-Moleküle durch Peptidbindungen miteinander verknüpft. Die COOH-Gruppe eines Moleküls verbindet sich dabei mit der NH_2-Gruppe eines anderen. Weil dabei Wasser abgespalten wird, spricht man von einer Kondensationsreaktion. Durch die Verknüpfung von zwei Aminosäuren entsteht ein *Dipeptid*. Eiweißstoffe, deren Moleküle aus mehr als zehn Aminosäuren aufgebaut sind, heißen **Polypeptide**.

Dabei können alle Aminosäuren in beliebiger Reihenfolge miteinander verknüpft werden, sodass eine unbegrenzte Anzahl verschiedener Eiweiß-Moleküle möglich ist.

Struktur von Eiweiß-Molekülen. Die Reihenfolge der Aminosäuren in einem Eiweiß bezeichnet man als *Aminosäuresequenz*. Sie bestimmt die räumliche Form des Eiweiß-Moleküls und somit auch deren Eigenschaften.

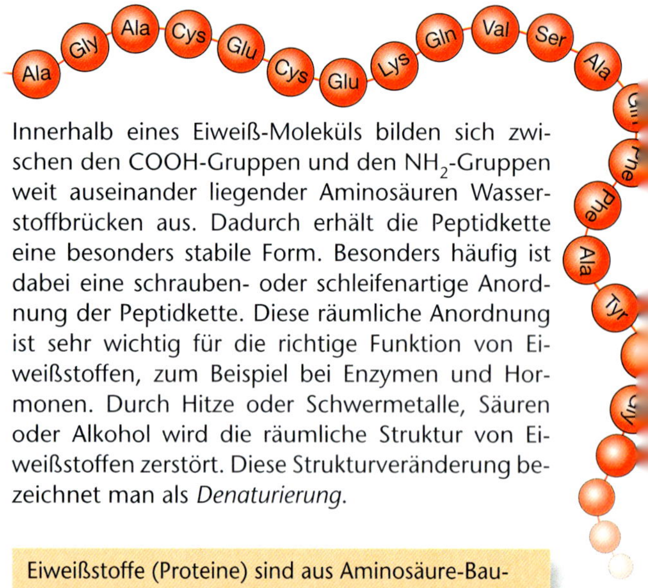

Innerhalb eines Eiweiß-Moleküls bilden sich zwischen den COOH-Gruppen und den NH_2-Gruppen weit auseinander liegender Aminosäuren Wasserstoffbrücken aus. Dadurch erhält die Peptidkette eine besonders stabile Form. Besonders häufig ist dabei eine schrauben- oder schleifenartige Anordnung der Peptidkette. Diese räumliche Anordnung ist sehr wichtig für die richtige Funktion von Eiweißstoffen, zum Beispiel bei Enzymen und Hormonen. Durch Hitze oder Schwermetalle, Säuren oder Alkohol wird die räumliche Struktur von Eiweißstoffen zerstört. Diese Strukturveränderung bezeichnet man als *Denaturierung*.

Eiweißstoffe (Proteine) sind aus Aminosäure-Bausteinen aufgebaut, die durch Peptidbindungen miteinander verknüpft sind. Die Aminosäuresequenz bestimmt Struktur und Funktion des Proteins.

▼ 3 *Bildung eines Dipeptids*

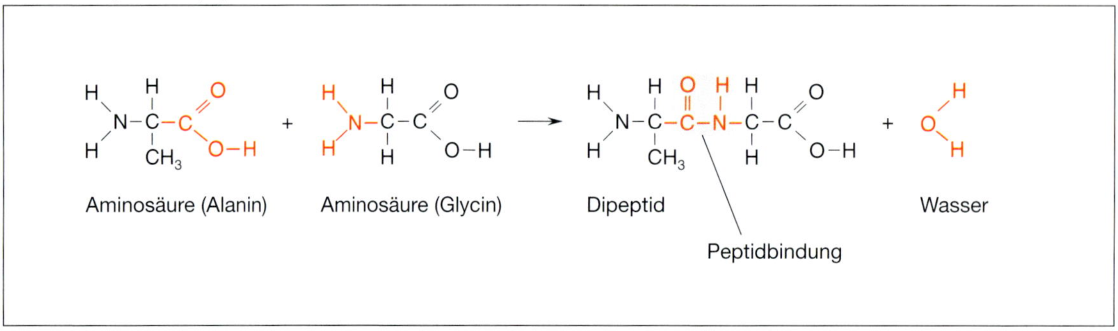

1 Fragen zum Text

a) Wie heißen die Bausteine der Eiweißstoffe? Nenne Beispiele.
b) Durch welche charakteristischen Gruppen ist jede Aminosäure gekennzeichnet?
c) Zeichne die Strukturformel eines Dipeptids aus den Aminosäuren Glycin und Cystein.
d) Beschreibe den Aufbau eines Polypeptids.

2 Experiment

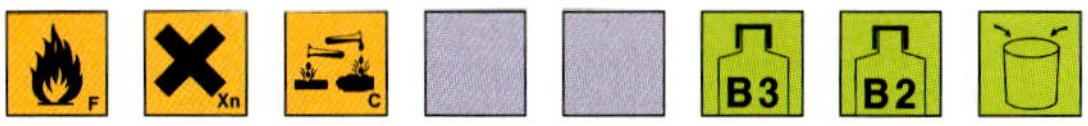

Eiweiß wird durch unterschiedliche Stoffe denaturiert.
Fülle in fünf Reagenzgläser je 4 ml Eiklarlösung. Versetze die Lösung im ersten Reagenzglas mit Spiritus (F, B3) im Überschuss, die im zweiten mit Essigsäure (C, B2), die im dritten mit Kupfersulfatlösung (Xn, B2) und die im vierten mit konzentrierter Kochsalzlösung. Die Lösung im fünften Reagenzglas wird bis zum Sieden erhitzt.
Filtriere entstandene Niederschläge ab und versuche sie in Wasser aufzulösen.

3 Demonstrations-Experiment

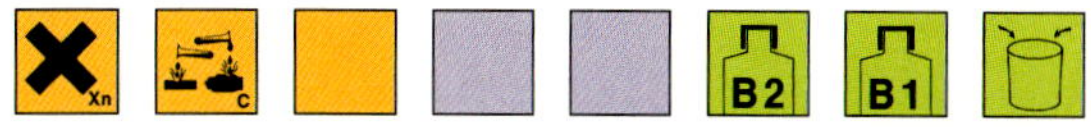

Eiweiß kann man mit der Biuret- oder der Xanthoprotein-Reaktion nachweisen. An einer Lösung aus 1 Teil Eiklar und 5 Teilen Wasser lassen sich die Nachweise gut demonstrieren.
a) Biuret-Reaktion: Zu 4 ml Eiklar-Lösung gibt man 4 ml verdünnte Natronlauge (C, B1) und einige Tropfen Kupfersulfat-Lösung (5%-ig; Xn, B2). Man erwärmt die Lösung vorsichtig.
b) Xanthoprotein-Reaktion: Zu 4 ml Eiklar-Lösung gibt man einige Tropfen konzentrierte Salpetersäure (C, B1). Der Versuch kann mit einem Stückchen hart gekochtem Ei wiederholt werden.

Exkurs: Biologie

Insulin – ein komplexes Makromolekül

Insulin, ein Hormon der Bauchspeicheldrüse, hat in unserem Körper eine wichtige Funktion. Es reguliert den Zuckergehalt im Blut. Insulin wirkt blutzuckersenkend, indem es die Durchlässigkeit der Zellmembranen für Glucose erhöht und so den Zuckereinstrom ins Gewebe fördert. In den Zellen kann der Zucker dann zur Energiegewinnung beitragen. 1953 wurde die Aminosäuresequenz und die Struktur des Insulins aufgeklärt. Man fand heraus, dass in der Bauchspeicheldrüse aus dem Pro-Insulin mit 114 Aminosäuren das Insulin gebildet wird. Das aktive Insulin-Molekül besteht aus zwei Polypeptidketten (A und B) mit 21 bzw. 30 Aminosäuren, die über zwei Schwefelbrücken verbunden sind.

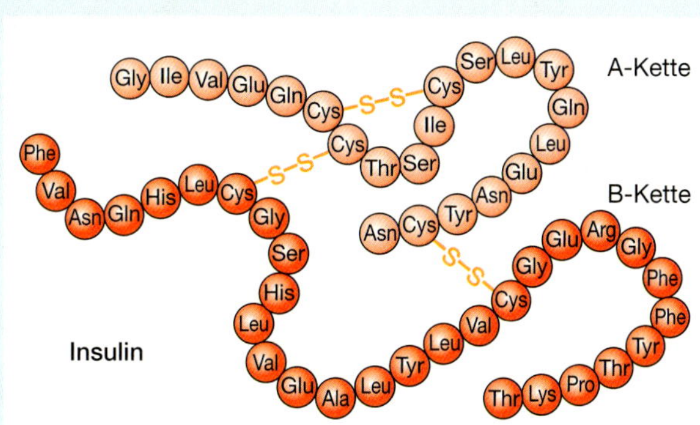

Insulin kann seine Funktion nur dadurch ausüben, dass sich aus der Aminosäuresequenz eine ganz spezielle räumliche, knäuelartige Struktur ergibt. Der Syntheseplan für das Insulin-Molekül ist genetisch genau festgelegt. Die Aminosäuresequenz des Insulins ist bei verschiedenen Lebewesen unterschiedlich.
Die Insulinarten von Mensch, Schwein und Rind unterscheiden sich nur in den Positionen 8 und 10 der A-Kette. Deshalb wurde Insulin für medizinische Zwecke jahrzehntelang aus den Bauchspeicheldrüsen von Rindern und Schweinen isoliert. Heute wird Insulin hauptsächlich gentechnisch gewonnen.

|16.8| Vitamine, Mineralstoffe und Ballaststoffe

Vitamin K
… in grünem Blattgemüse, Leber, Milch
… wichtig für die Blutgerinnung

Vitamin A
… in Leber, Butter; als Provitamin in Möhren, Paprika
… schützt die Haut und ist Bestandteil des Sehfarbstoffs

Vitamin B-Gruppe
… in Vollkornprodukten, Fleisch, Innereien, Milch, Hefe
… wichtig für den Kohlenhydrat-Stoffwechsel, Bestandteil von Enzymen

Vitamin C
… in Früchten, Gemüsen, Kartoffeln
… schützt organische Stoffe vor Oxidation, wichtig für das Bindegewebe

Vitamin D
… in Fisch, Leber, Eiern, Butter
… wichtig für den Kalk- und Phosphathaushalt

Vitamin E
… in Weizenkeimöl, Mandeln, Soja
… schützt organische Stoffe vor Oxidation, wichtig für das Kreislaufsystem

▲ 1 *Vitamine sind unentbehrlich (blau unterlegt: wasserlöslich, gelb unterlegt: fettlöslich)*

Vitamine sind unentbehrliche Wirkstoffe. Vitamine sind als Katalysatoren für nahezu alle lebenswichtigen Körperfunktionen und das Wachstum unentbehrlich. Sie wirken bereits in äußerst geringen Mengen und können im Körper nicht oder nur unzureichend gebildet und gespeichert werden. Vitamine sind organische Verbindungen. Man teilt sie in wasserlösliche und fettlösliche Vitamine ein.

Das bekannteste Vitamin ist das Vitamin C. Es schützt vor Erkältungen und anderen Infektionen. Für den Aufbau der Knochen ist das Vitamin D notwendig. Ohne das Vitamin A kommt es zu Sehstörungen.

In Milch, Eiern, Obst und Gemüse sind so viele Vitamine enthalten, dass man auf zusätzliche Vitamintabletten verzichten kann.

Mineralstoffe sind ebenso wie die Vitamine lebensnotwendig. Manche Mineralstoffe benötigt man in größeren Mengen, andere dagegen nur in Spuren. Zur ersten Gruppe gehören Calcium und Magnesium. Ohne diese Baustoffe würden sich unsere Knochen wie Gummi biegen.
Natrium und Kalium sind unerlässlich für den Wasserhaushalt und die Reizweiterleitung in den Nerven. Ohne das Spurenelement Eisen gäbe es keinen Sauerstofftransport im Blut. Fluor verhindert Karies und Iod ist für den Aufbau des Schilddrüsenhormons unentbehrlich.

▲ 2 *Mineralstoffhaltige Lebensmittel*

Ballaststoffe sind Bestandteile der Nahrung, die vom menschlichen Organismus nicht verdaut werden können. Zu ihnen gehört die Cellulose.
Wichtige Lieferanten von Ballaststoffen sind Vollkornprodukte, Obst und Gemüse. Ballaststoffe bewirken im Magen ein Sättigungsgefühl und verhindern so indirekt eine zu große Energiezufuhr über die Nahrung.

Vitamine und Mineralstoffe sind unentbehrliche Wirkstoffe. Sie sind für nahezu alle lebenswichtigen Körperfunktionen und das Wachstum notwendig. Ballaststoffe unterstützen die Verdauung.

1 Fragen zum Text

a) Welche Aufgaben haben Ballaststoffe, Vitamine und Mineralstoffe?

b) Welche Vitamine gehören zu den wasserlöslichen und welche zu den fettlöslichen?

c) Meistens sagt man vereinfacht, der Körper brauche Eisen oder Magnesium. Weshalb ist diese Formulierung chemisch nicht korrekt?

d) Warum haben Säuglinge und Kleinkinder einen relativ höheren Calciumbedarf als Erwachsene?

2 Medizin

Mineralstoffe sind in unserem Körper in ganz unterschiedlichen Mengen enthalten. Sie haben viele verschiedene Aufgaben. Ermittle, in welchen Nahrungsmitteln sie besonders reichhaltig enthalten sind.

Mineralstoffe im Körper	Einige wichtige Funktionen
1700 g Calcium	Baustoff für Knochen und Zähne
700 g Phosphat	Baustoff für Knochen; Energiespeicher
80 g Chlorid	Bestandteil der Salzsäure im Magen
80 g Natrium 100 g Kalium	Erhalten zusammen mit Chlorid die Gewebespannung
30 g Magnesium	Enzymaktivator, Muskelstoffwechsel
4 g Eisen	Baustein des roten Blutfarbstoffs
3 g Fluorid	Härtung des Zahnschmelzes

3 Alltag

Beim Sport gerät man leicht ins Schwitzen. Mit dem Schweiß verliert der Körper viel Wasser und Mineralsalze. Man wird durstig und die Leistungsfähigkeit sinkt.
In diesen Fällen hilft dann die Sport-Schorle, die du dir leicht mixen kannst.

4 Experiment

a) Bestimme den Vitamin-C-Gehalt von verschiedenen frisch gepressten Fruchtsäften mithilfe von Teststäbchen.

b) Reibe ein Stück Kartoffel und ein Stück Apfel. Bestimme den Vitamin-C-Gehalt. Überprüfe nach einer halben Stunde erneut und vergleiche die ermittelten Werte.

c) Wiederhole die Versuche mit erhitzten Produkten.

Exkurs: Biologie

Eisenmangel

Blässe, Müdigkeit, Wetterfühligkeit, Kopfschmerzen, Nervosität und verringertes Konzentrationsvermögen sind die ersten Anzeichen für eine weit verbreitete Mangelerkrankung: Eisenmangel. Eisenpräparate in Form von Tabletten, Säften, Kapseln stehen hoch im Kurs. Eisen ist Bestandteil des roten Blutfarbstoffs Hämoglobin und somit am Transport von Sauerstoff im Blut beteiligt. Hämoglobin ist ein kompliziert gebauter Eiweißstoff, in dem auch Eisen-Ionen gebunden sind. Wir benötigen den Sauerstoff, um aus den Nährstoffen Energie zu gewinnen.

Hämoglobin

Eisenmangel führt zu Anämie (Blutarmut) mit vermindertem Blutfarbstoff und verkleinerten roten Blutkörperchen. Auch ein Mangel an Haut- und Haarfarbstoffen wurde beobachtet. Die Aufnahme von Eisen im Darm wird durch Vitamin C gefördert. Einen besonders hohen Eisenbedarf haben schwangere Frauen. Gute Eisenlieferanten sind Fleisch, Eigelb, Vollkornprodukte, Linsen.

Lebensmittelchemie

V 1: Stärkeabbau

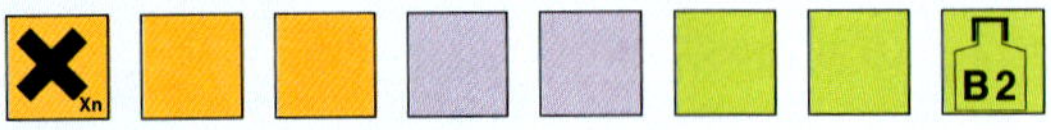

Materialien: Becherglas (500 ml), Glasstab, Siedesteinchen, Petrischalen; Agarpulver, Stärke, Iod-Kaliumiodid-Lösung (Xn, B2).

Durchführung: Koche etwa 2 g Agarpulver und 1 Spatelspitze Stärke in 100 ml Wasser auf. Lass das Gemisch auf 60 °C bis 70 °C abkühlen und gieße es dann in Petrischalen.

Lass die Schalen ganz abkühlen. „Male" dann mit dem Finger eine einfache Figur mit Mundspeichel auf die Oberfläche. Warte 10 Minuten, spüle dann den Speichel mit etwas Wasser ab und gib anschließend etwas Iod-Kaliumiodid-Lösung auf den Agar.

Wie lässt sich das Versuchsergebnis erklären?

V 2: Spaltung von Stärke

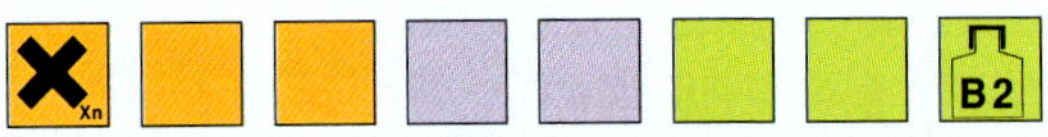

Materialien: Gasbrenner, Vierfuß, Spatel, Wasserbad; Stärke, Salzsäure (verd.; Xn, B2), Natriumhydrogencarbonat, Glucose-Teststäbchen.

Durchführung: Fülle ein Reagenzglas zu einem Drittel mit Salzsäure und gib etwas Stärke hinzu. Erhitze das Gemisch 10 Minuten lang im siedenden Wasserbad.

Gib Natriumhydrogencarbonat hinzu, bis keine Gasblasen mehr auftreten. Die Lösung ist dann neutralisiert. Kühle das Gemisch unter fließendem Wasser ab. Mache mit einem Teststäbchen den Glucosetest.

Aufgabe: Erkläre das Versuchsergebnis.

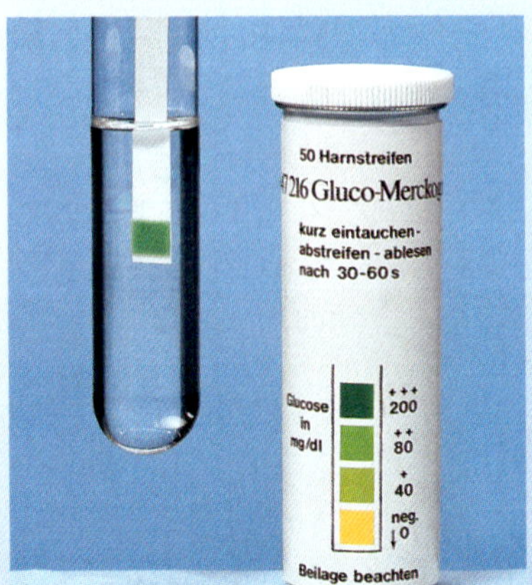

V 3: Wirkungsweise von Hefeenzymen

Materialien: Reagenzgläser; Zucker, Mehl, Hefe, Wasser.

Durchführung: Fülle zwei Reagenzgläser zu einem Drittel mit einem Mehl-Zucker-Gemisch. Gib anschließend 2 ml Wasser hinzu und schüttle. Füge in ein Reagenzglas 1 ml aufgeschlämmte Hefesuspension hinzu. Stelle die Reagenzgläser an einen warmen Ort. Notiere deine Beobachtungen. Wiederhole den Versuch mit erhitzter Hefe.

V 4: So stellt man Jogurt her

Materialien: Heizplatte, Topf, Thermometer, drei leere Gläschen (etwa 150 ml), Teelöffel, Haushaltsfolie; Frischmilch (300 ml), Jogurt.

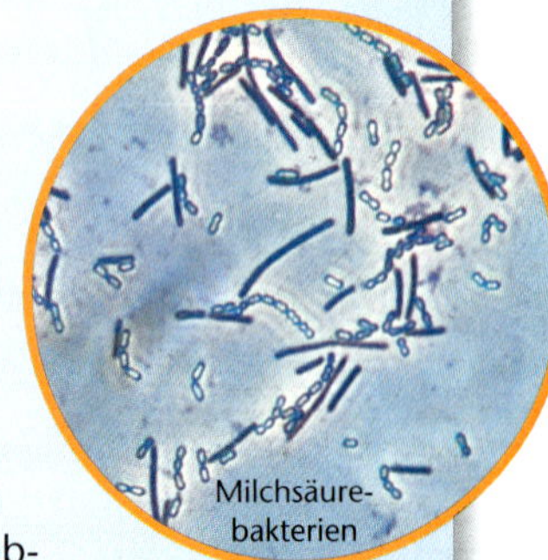
Milchsäurebakterien

Durchführung: Alle Geräte werden sorgfältig mit heißem Wasser gespült. Frischmilch muss für 5 Minuten auf etwa 80 °C erhitzt werden, um Bakterien abzutöten. Zur weiteren Verwendung muss sie dann wieder bis auf etwa 40 °C abkühlen.

Verteile die warme Milch auf die leeren Gläschen. Gib in jedes Gläschen einen Teelöffel Jogurt und verrühre ihn gut. Decke jedes Gläschen mit Haushaltsfolie ab und stelle sie nun für sechs bis neun Stunden an einen 40 °C warmen Ort (Wärmeschrank, Jogurtbereiter, Heizung, sonniges Fenster).

Anschließend kommt der fertige Jogurt in den Kühlschrank.

Aufgabe: Informiere dich darüber, was in der Milch abläuft, wenn man den frischen Jogurt zugegeben hat.

V 5: Adsorptionsvermögen von Ballaststoffen

Materialien: Erlenmeyerkolben, Trichter, Filterpapier, Becherglas, Glasstab; Weizenkleie, Tinte oder Kirschsaft.

Durchführung: Gib etwa 1 cm hoch Weizenkleie und 300 ml Wasser in das Becherglas. Füge etwas Tinte oder Kirschsaft hinzu, rühre gut um und lass das Gemisch dann 30 Minuten stehen. Filtriere es anschließend.

Aufgaben: a) Welche Wirkung haben Ballaststoffe auf Farbstoffe?

b) Welche zusätzliche Wirkung haben sie bei der Verdauung?

1 a) Weshalb wird empfohlen, sich möglichst vielseitig zu ernähren?
b) Nenne die wesentlichen Inhaltsstoffe von Lebensmitteln.
c) Welche Lebensmittelinhaltsstoffe werden in unserem Körper vor allem zur Energiegewinnung eingesetzt?

2 a) Welche Formeln sind hier abgebildet?
b) Zu welcher Nährstoffgruppe gehören diese Stoffe?

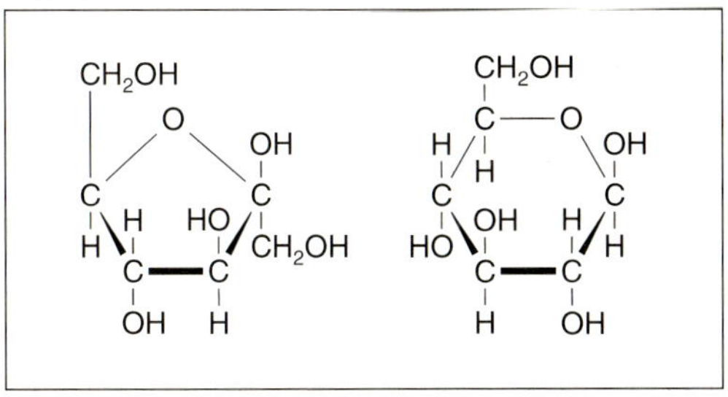

3 In einer Kartoffel soll Stärke nachgewiesen werden. Beschreibe, wie du dabei vorgehen kannst.

4 a) Nenne jeweils ein Mono-, ein Di- und ein Polysaccharid.
b) Wie gelingt es dir, Fructose und Glucose nachzuweisen?
c) Erläutere die Überschrift „Kohlenhydrate – Energie von der Sonne".

5 a) Beschreibe den Aufbau eines Fett-Moleküls.
b) Worin unterscheiden sich harte und flüssige Fette?
c) Wie unterscheiden sich Pflanzenöl und Erdöl, chemisch betrachtet?

6 Es gilt der Satz: Ähnliches löst sich in Ähnlichem. Worin löst sich ein Fett besser, in Ethanol, Wasser oder Hexan? Begründe deine Antwort.

7 a) Wie sind Eiweißstoffe aufgebaut?
b) Was ist ein Polypeptid?
c) Warum gibt es so viele verschiedene Eiweiß-Moleküle?
d) Wodurch können Proteine zerstört werden? Wie nennt man diesen Vorgang?
e) Welches Element ist ein charakteristischer Bestandteil aller Aminosäuren?

8 Erkläre die unterschiedlichen Nährwerte von Eiklar und Eigelb mithilfe der Tabelle.

Eiklar	Vergleich	Eigelb
200 kJ/100 g	**Nährwert**	1490 KJ/100 g
13 %	**Eiweiß**	16 %
0,3 %	**Fett**	32 %
0,7 %	**Kohlenhydrate**	0,3 %
86 %	**Wasser**	51,7 %

9 Auch bei einer Diät sollten Salate mit einem ölhaltigen Dressing angemacht werden.
Erkläre diese Empfehlung.

10 a) Wozu benötigt unser Körper die Mineralstoffe?
b) Reife Früchte können viel Zucker enthalten. Weshalb ist Obst dennoch gesünder als Limonade, selbst bei gleichem Zuckergehalt?

11 Trainiere dein Wissen, indem du dir eine eigene Wissenskartei zum Thema Ernährung anlegst. Schreibe jeweils auf die Vorderseite einer Karteikarte den zu lernenden Begriff, z. B.: Glucose, Peptidbindung … und auf der Rückseite die Erläuterung.

Basis-Wissen

→ **Gesunde Ernährung:** Unser Essen sollte reichlich Gemüse, Obst und Getreide- sowie Milchprodukte enthalten. Fleisch und Eier sollten nur mäßig vertreten sein. Besonders fette und süße Speisen sollte man selten verzehren. Am wichtigsten ist die Abwechslung.

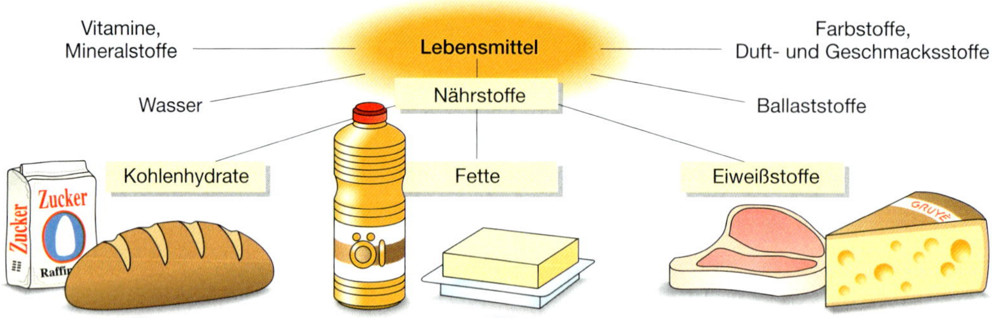

→ **Kohlenhydrate:** Dazu gehören alle Zuckersorten, Stärke und Cellulose.
Kohlenhydrate sind aus ringförmigen Molekülen mit mehreren OH-Gruppen aufgebaut.

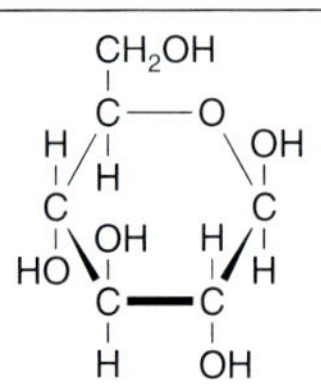
Glucose

Man unterscheidet:
– Einfachzucker
Beispiele: Glucose, Fructose
– Zweifachzucker
Beispiele: Saccharose, Lactose
– Vielfachzucker
Beispiele: Stärke, Cellulose

Eigenschaften: Einfach- und Zweifachzucker sind gut in Wasser löslich und schmecken süß; dies geht auf die zahlreichen OH-Gruppen zurück.

→ **Fette:** Fett-Moleküle entstehen durch Veresterung aus einem Glycerin-Molekül und drei, meist unterschiedlichen Fettsäure-Molekülen.
Fettsäuren sind meist langkettige Carbonsäuren. Ungesättigte Fettsäuren enthalten eine oder mehrere Doppelbindungen im Molekül.

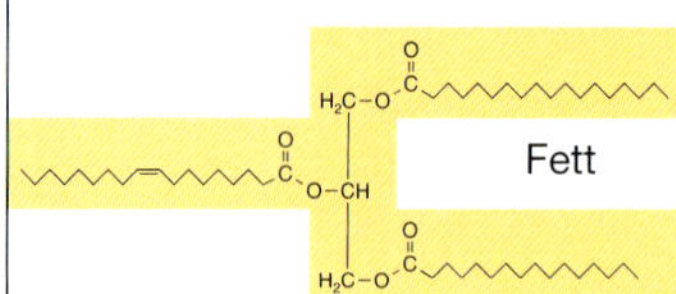
Fett

Eigenschaften: Fette sind unlöslich in Wasser (hydrophob) wegen der langen Kohlenwasserstoffketten im Molekül; sie lösen sich aber gut in Benzin oder anderen organischen Lösungsmitteln.

→ **Eiweißstoffe** (Proteine): Die Grundbausteine der Eiweißstoffe sind die **Aminosäuren**. Sie sind durch **Peptidbindungen** miteinander verknüpft. Jede Aminosäure enthält eine Carbonsäure-Gruppe und eine Amino-Gruppe:

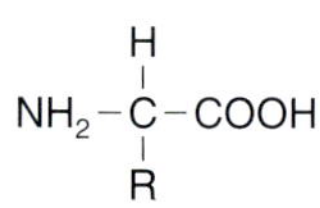
Aminosäure

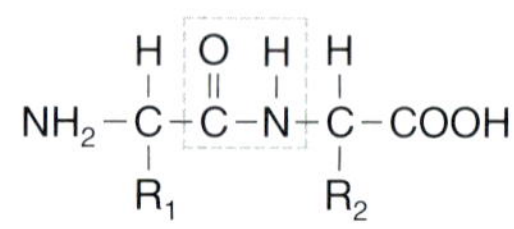
Dipeptid

Eigenschaften: Alkohol, Schwermetalle und Säuren sowie Hitze denaturieren Eiweißstoffe.

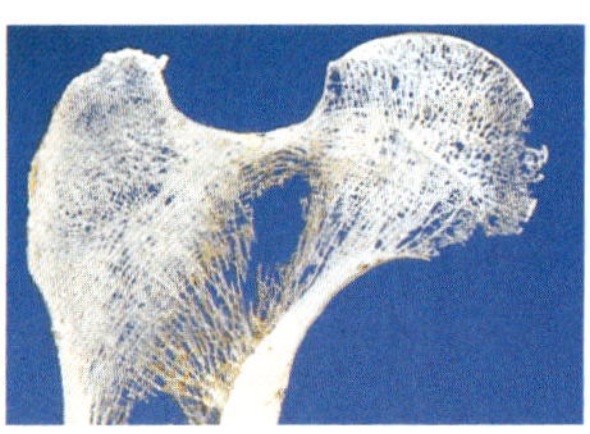
Knochen im Querschnitt

→ **Vitamine, Mineralstoffe und Ballaststoffe:** Vitamine wirken als Katalysatoren bei nahezu allen lebenswichtigen Stoffwechselvorgängen. Mineralstoffe wie Calcium und Magnesium benötigt unser Körper als Baustoffe. Mineralstoffe wie Eisen, Fluor oder Iod sind sehr wichtig für die Funktion von Hormonen und Enzymen. Ballaststoffe regen die Darmtätigkeit an.

|17| Seifen, Cremes und Duftstoffe

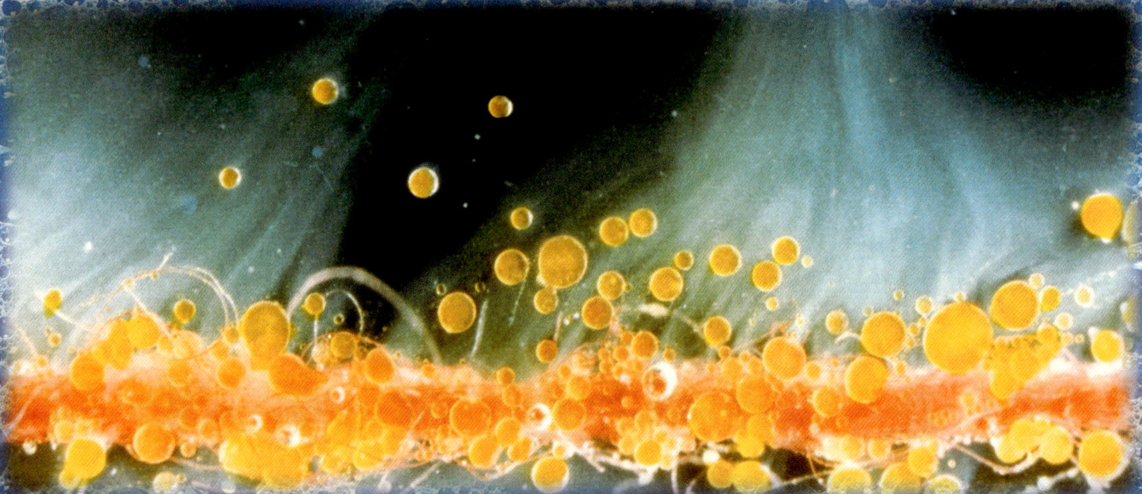

Luftige Schaumberge in der Badewanne, „strahlend saubere" Wäsche, gepflegtes Aussehen durch Cremes und Schutz vor Sonne durch Sonnenmilch. An all dem sind Tenside beteiligt. Es sind wahre Alleskönner, denn sie schaffen es, aus so gegensätzlichen Stoffen wie Wasser und Fett verträgliche Partner werden zu lassen.

Was aber wären Seifen, Cremes und Shampoos ohne den Duft von Lavendel, Limonen oder frischem Gras? Duftstoffe umgeben uns gewollt oder ungewollt in unserem Alltag. Traditionell werden diese etherischen Öle aus Naturstoffen unter großem Aufwand gewonnen. Die Chemie hilft uns, Bestandteile dieser Duftstoffe preiswert zu synthetisieren oder völlig neue Düfte zu erschaffen.

|17.1| So stellt man Seife her

1 Seifensieder und Kerzenmacher um 1840. Früher machte man aus Fett (Talg) nicht nur Seife, sondern auch Kerzen.

Die Seife, mit der wir uns täglich die Hände waschen wird heute wie früher aus tierischem Fett oder Pflanzenöl hergestellt. Man braucht zusätzlich eine Lauge, Wasser und Kochsalz.

Seife aus Fett. Der Seifensieder am Bottich rührt Fett und Lauge unter Kochen zusammen. Diese Mischung wird einige Stunden gerührt. Wenn im Kessel Schaum entsteht, hat sich eine Seifenlösung gebildet. Um feste Seife aus der Lösung zu gewinnen, gibt er Kochsalz hinzu. Es bildet sich ein fester Seifenkern, der auf der Lösung aufschwimmt und abgeschöpft wird. Nach mehrmaligem Waschen mit Salzwasser wird das restliche Wasser abgepresst und die Rohseife getrocknet.

Was ist in dem Kessel passiert? Fette und Öle sind bekanntlich Ester aus Glycerin und verschiedenen Fettsäuren. Durch das Erhitzen mit Lauge wurde das Fett in diese Bestandteile zerlegt. Die Fettsäure reagiert mit der Lauge weiter zur **Seife**, einem **Salz der Fettsäure.**

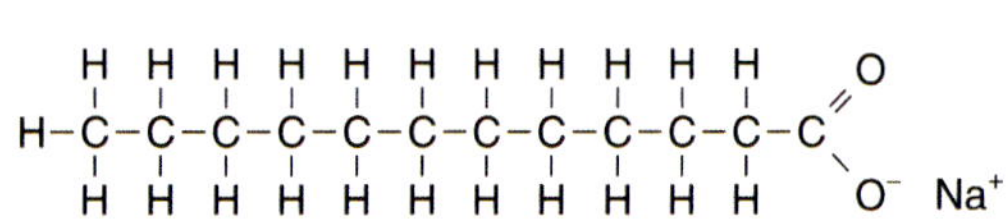

2 Formelbeispiel für eine Seife

Technische Herstellung. Heute wird in chemischen Fabriken das Fett mit Wasserdampf unter Druck gespalten. Auch dabei entstehen Fettsäuren und Glycerin. Die Fettsäuren werden von dem glycerinhaltigen Wasser abgetrennt und weiterverwendet. Je nach gewünschter Seife gibt man Natronlauge oder Kalilauge zu der Fettsäuremischung. Es entsteht Rohseife, entweder als Natriumsalz *(feste Kernseife)* oder als Kaliumsalz *(weiche Schmierseife)* der Fettsäuren.
Der Rohseife mischt man noch Parfümöle und Farbstoffe zu. Anschließend wird die Seifenmasse geformt und als handliche Seifenstücke verpackt in den Handel gebracht.

Rohstoffe. Die Art der Fettsäuren, die man bei der Herstellung verwendet, hängt von der Rohstofflage und der späteren Verwendung der Seifen ab. Tierische Fette liefern überwiegend langkettige Fettsäuren wie die Stearinsäure mit 18 C-Atomen. Pflanzliche Fette wie Kokosfett oder Palmöl liefern mittelkettige Fettsäuren wie die Laurinsäure mit 12 C-Atomen. Seifen aus mittelkettigen Fettsäuren schäumen besonders gut und werden daher heute bevorzugt für Feinseifen verwendet.

3 Rohstoffe für Seife

Seifen sind die Natrium- oder Kaliumsalze von Fettsäuren.

Traditionelle Seifenherstellung:

Fett + Lauge —Verseifung→ Seife + Glycerin

Technische Seifenherstellung:

1. Schritt:

Fett + Wasser —Hydrolyse→ Fettsäure + Glycerin

2. Schritt:

Fettsäure + Lauge —Neutralisation→ Seife + Wasser

4 Wortgleichungen zur Seifenherstellung

1 Fragen zum Text

a) Aus welchen Rohstoffen wird Seife hergestellt?
b) Stelle in einem Schema die Arbeitsschritte der traditionell handwerklichen und die der technischen Herstellung von Seife dar.
c) Wie unterscheiden sich Kern- und Schmierseife?

2 Demonstrations-Experiment

Traditionelle Seifenherstellung:
a) 10 g Pflanzenöl oder Kokosfett werden mit 5 ml destilliertem Wasser in einem hohen Becherglas (400 ml) langsam erwärmt. Nach und nach werden 10 ml Natronlauge (25 %ig; C, B1) unter Rühren hinzugegeben. Man lässt die Mischung unter ständigem Umrühren etwa 20 Minuten auf kleiner Flamme kochen; verdampftes Wasser wird nach und nach durch destilliertes Wasser ersetzt. Vorsicht, Spritzgefahr!
Es entsteht eine zähflüssige Masse, der Seifenleim. Sie wird in ein Becherglas gegossen, das gesättigte Kochsalzlösung enthält. Die Seife sammelt sich als weißer Seifenkern an der Oberfläche und kann nun abgeschöpft werden.
Nach kurzem Spülen mit der Kochsalzlösung wird die Seife in eine Streichholzschachtel gepresst und getrocknet.

b) Eine Probe der so gewonnenen Seife wird in ein Reagenzglas mit destilliertem Wasser gegeben. Es wird geprüft, ob sich beim Schütteln ein haltbarer Schaum ergibt.

3 Experiment

a) Gib in verschiedene Reagenzgläser etwa 0,5 cm hoch Speiseöl, Frittierfett, Stearinsäure, Ölsäure, Paraffinöl. Füge jeweils etwa 1,5 cm hoch destilliertes Wasser und ein Siedesteinchen dazu.
Erwärme vorsichtig bis zum Sieden. Vergleiche nach einer kurzen „Ruhepause" das Aussehen der einzelnen Reagenzgläser. Was kann man beobachten? Trennt sich das Öl wieder vom Wasser, bildet sich Schaum?
b) Füge nun aus einem Tropffläschchen etwa 0,5 ml Natronlauge (25 %ig; C, B1) hinzu; erwärme die Gläser erneut und schüttle sie dabei vorsichtig.
Was ist zu beobachten? Gib eine Erklärung dafür.

4 Theorie

Hier sind Formeln von Stoffen abgebildet, die bei der Seifenherstellung eine wichtige Rolle spielen. Ordne den Formeln die folgenden Bezeichnungen zu: Fett, Fettsäure, Glycerin, Natriumhydroxid (Natronlauge), Seife, Wasser.

Ⓐ NaOH	Ⓑ $CH_2-CH-CH_2$ OH OH OH	Ⓒ H_2O
Ⓓ 		
Ⓔ 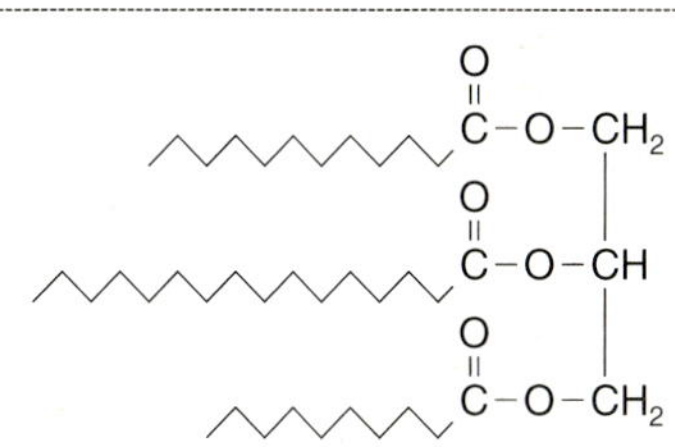		
Ⓕ 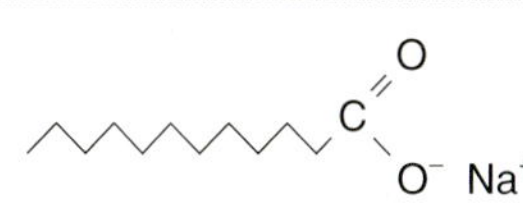		

5 Theorie

a) Wie unterscheidet sich chemisch ein Fett von einer Fettsäure?
b) Zeichne die Formel einer Fettsäure und die eines Alkans mit 12 C-Atomen.
c) Würde man anstelle von Pflanzenfett Paraffinöl in den Kessel des Seifensieders geben, so könnte man nach diesem Rezept keine Seife herstellen. Gib eine Begründung dafür.

|17.2| Wie reinigt Seife?

▲ *1 Tropft man Seifenlösung zu, sinkt die Rasierklinge.*

Mit ruhiger Hand gelingt es, eine Rasierklinge oder eine Büroklammer auf einer Wasseroberfläche zum Schwimmen zu bringen. Das Wasser verhält sich dabei, als hätte es eine Haut.

Oberflächenspannung. Diese Eigenschaft des Wassers wird als **Oberflächenspannung** bezeichnet. Sie beruht auf den starken Anziehungskräften zwischen den Wasser-Molekülen. Es sind *Wasserstoffbrückenbindungen.* Die Wasser-Moleküle verhalten sich so, als ob sie miteinander verkettet wären. Stört man die „Verkettung" der Wasser-Moleküle, geht die Rasierklinge sofort unter – zum Beispiel, wenn Seifenlösung zugetropft wird. Seife kann die Oberflächenspannung des Wassers also herabsetzen. Das hat etwas mit dem Bau der Seifenteilchen zu tun.

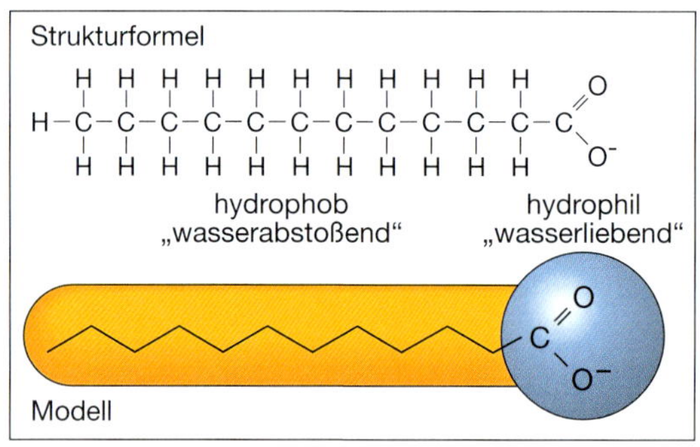

▲ *2 Bau des Seifen-Anions*

Bau der Seifenteilchen. Seifenteilchen zerfallen im Wasser in positiv geladene **Natrium-Kationen** und negativ geladene **Seifen-Anionen.**
Ein Seifen-Anion besteht aus einer langen Kohlenwasserstoffkette mit 10 bis 20 Kohlenstoff-Atomen und einer negativ geladenen Gruppe am Ende.
Die Kohlenwasserstoffkette stößt Wasser-Moleküle ab, sie ist also *hydrophob (wasserabstoßend).* Das negativ geladene Ende des Seifen-Anions zieht Wasser-Moleküle an, es ist *hydrophil (wasserliebend).* Das Seifen-Anion vereinigt in sich also zwei gegensätzliche Eigenschaften.

Verringerung der Oberflächenspannung. Diese besondere Struktur der Seifen-Anionen ist verantwortlich für die verschiedenen Eigenschaften der Seife und auch für das Untergehen der Rasierklinge. Gibt man Seifenlösung in Wasser, bilden die Seifen-Anionen an der Wasseroberfläche eine dünne Schicht aus. Dabei schieben sich die hydrophilen Enden zwischen die Wasser-Moleküle, die hydrophoben Kohlenwasserstoffketten ragen aus dem Wasser heraus.
Die Anziehungskräfte zwischen den Kohlenwasserstoffketten der Seifen-Anionen sind aber *erheblich geringer* als die Anziehungskräfte zwischen den Wasser-Molekülen. Die Oberflächenspannung der Seifenlösung ist also deutlich geringer als die Oberflächenspannung von reinem Wasser; die Rasierklinge geht unter.

Alle Stoffe, die wie Seife die Oberflächenspannung des Wassers verringern, nennt man **Tenside.** Man bezeichnet sie auch als **waschaktive Substanzen.**

Benetzen. Wasser allein hat kaum eine reinigende Wirkung. Wegen der hohen Oberflächenspannung perlt es etwa beim Händewaschen von der Haut ab. Es kommt gar nicht erst an den Schmutz heran. Erst die Seife setzt die Oberflächenspannung soweit herab, dass die Haut **benetzt** wird. Das Wasser überzieht dann die Haut als dünne Schicht.

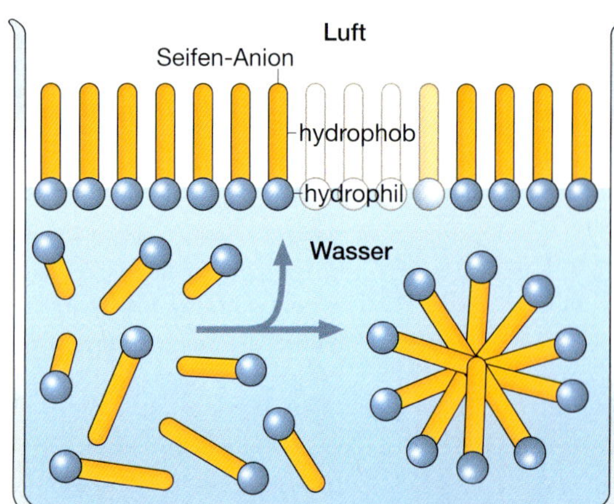

▲ *3 So ordnen sich die Seifen-Anionen an.*

1 Der Waschvorgang am Beispiel einer ölverschmutzten Faser; links: Foto, rechts: Grafik ▶

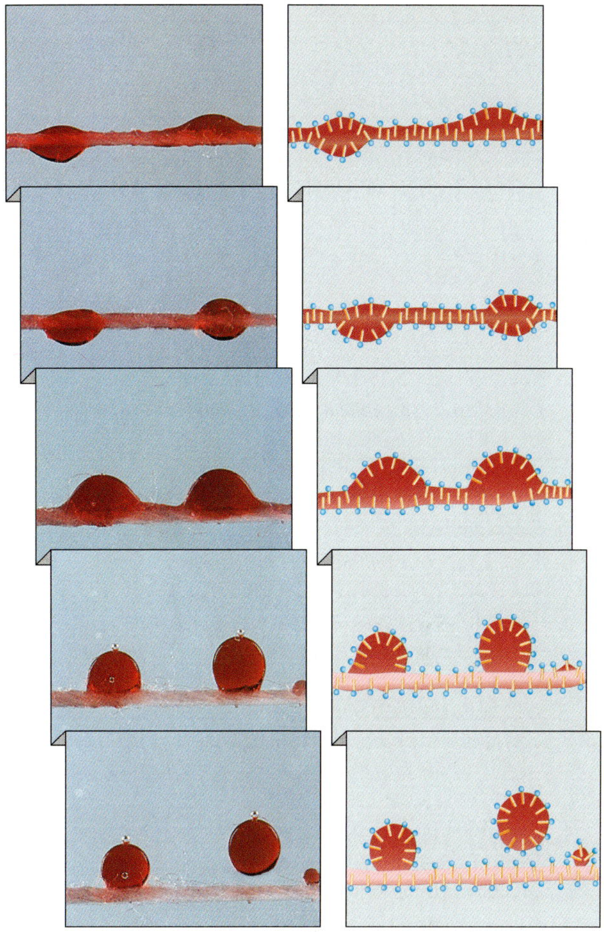

So wird der Schmutz entfernt. Gehen wir von einer Faser mit fetthaltigem Schmutz aus. Die Seifen-Anionen dringen mit dem hydrophoben Ende in den fettigen Schmutz ein, das hydrophile Ende ragt in das Wasser. Der Schmutz kann nun vom Wasser benetzt werden.
Auch auf den Fasern lagern sich Seifen-Anionen an: die hydrophobe Seite haftet an der Faser, die hydrophile Seite zeigt zum Wasser. Wegen der negativen Ladung des Seifen-Anions sind dann sowohl die *Schmutzteilchen* als auch die *Fasern* negativ *aufgeladen*. Wegen der gegenseitigen Abstoßung löst sich nun, unterstützt von der Bewegung der Waschlauge, der Schmutz von der Faser ab.
Der Schmutz wird in kleinere Schmutzteilchen zerteilt und in der Schwebe gehalten; er wird *dispergiert* (bei festem Schmutz) beziehungsweise *emulgiert* (bei öligem Schmutz).

Seife verringert die Oberflächenspannung des Wassers. Da Seifen-Anionen sowohl wasserfreundlich als auch wasserfeindlich sind, machen sie den Schmutz benetzbar. Sie lösen den Schmutz ab, zerteilen ihn in kleine Teile und halten ihn in der Schwebe. Stoffe, die wie Seife wirken, nennt man Tenside.

1 Fragen zum Text

a) Zeichne das Modell eines Tensidteilchens und beschrifte es. Verwende dazu die folgenden Begriffe: wasserabstoßend, hydrophil, hydrophob, Kohlenwasserstoffrest, Seifen-Anion, wasserliebend.
b) Wie lagert sich ein Tensidmolekül an Öl bzw. Schmutz an?
c) Weshalb lagern sich die abgelösten Schmutzteilchen nicht wieder zu größeren Schmutzteilchen zusammen?

2 Experiment

a) Lege vorsichtig eine Nähnadel oder eine Büroklammer so auf eine Wasseroberfläche, dass sie schwimmt. Gib anschließend einen Tropfen Spülmittel oder Seifenlösung hinzu.
b) Gib in einen Filter etwas Aktivkohle. Gieße anschließend zunächst etwas Wasser, dann Seifenlösung durch den Filter. Beobachte das Filtrat.
c) Spalte ein Streichholz am hinteren Ende und klemme in diesen Spalt ein kleines Stückchen Seife. Setze das so vorbereitete „Streichholz-Boot" in eine mit Wasser gefüllte Schüssel. Versuche zu erklären, was dann geschieht.

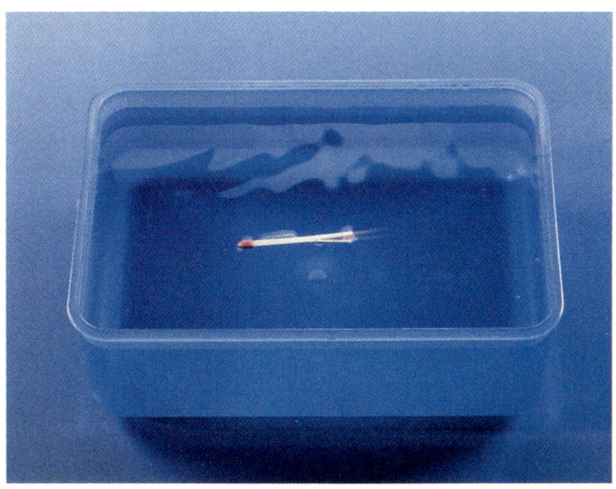

17.3 Neue Tenside ersetzen die Seife

▲ *1 Kalkseife im Waschbecken*

Immer, wenn sich bei Familie Müller jemand die Hände mit Seife wäscht, bleibt im Waschbecken ein hässlicher grauer Belag zurück. Woran liegt das?
Die Müllers wohnen in einem Gebiet mit hartem Trinkwasser. Hart bedeutet, dass im Wasser viele Calcium-Salze in gelöster Form enthalten sind. Die Calcium-Ionen verbinden sich mit den Seifen-Anionen zu unlöslicher **Kalkseife**. Diese verursacht den unschönen Belag in Waschbecken und Badewannen.

Die unlösliche Kalkseife schäumt und wäscht nicht. Dadurch ist der Seifenverbrauch höher, denn nur ungebundene Seifen-Anionen haben eine reinigende Wirkung.

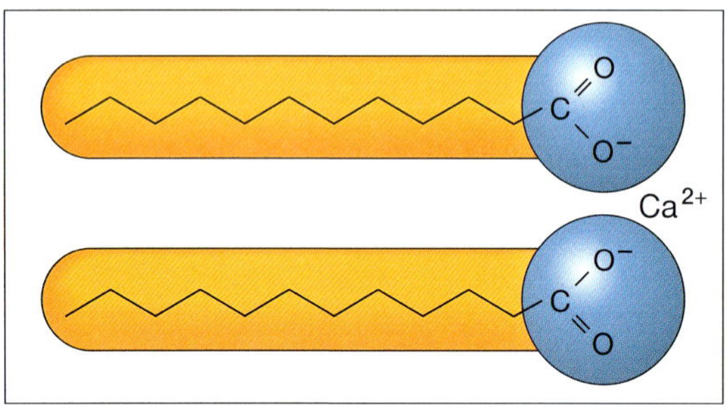

▲ *2 Kalkseife: unlöslich und ohne Waschwirkung*

Beim Wäschewaschen mit Seife zeigt sich die Kalkseife als grauer Belag auf den Fasern.
Noch schlimmer wirkt Seife auf empfindliche Fasern wie Wolle und Seide. Weil Seifenlösung **alkalisch** wirkt, wird die Faserstruktur angegriffen. Wollstrümpfe schrumpfen und verfilzen, Seide wird knitterig. Hier wäre es besser, eine schwach saure Seifenlösung zu verwenden. Doch in **saurer Lösung** besitzt Seife **keine Waschwirkung** – auch nicht in sehr salzigem Wasser.

Synthetische Tenside. Will man diese Nachteile der Seife vermeiden, muss man den Bau des Seifen-Anions verändern.
Erste Versuche, eine synthetische Seife ohne diese Nachteile herzustellen, wurden gegen Ende des 19. Jahrhunderts unternommen. Aus Fett und Schwefelsäure entstand ein Waschmittel, das auch in saurer Lösung etwa zum Wollewaschen angewendet werden konnte.
Aber auch zur Herstellung eines solchen Waschmittels benötigte man Fett. Das Fett wurde jedoch dringend für die Ernährung der Bevölkerung während und nach dem 1. Weltkrieg benötigt. Im Jahr 1928 war ein Ersatzstoff für das Fett gefunden. Der hydrophobe Teil des Tensids wurde aus Kohle hergestellt, den hydrophilen Teil lieferte die Schwefelsäure. Entstanden war ein synthetisches Tensid, ein *Fettalkoholsulfat:*

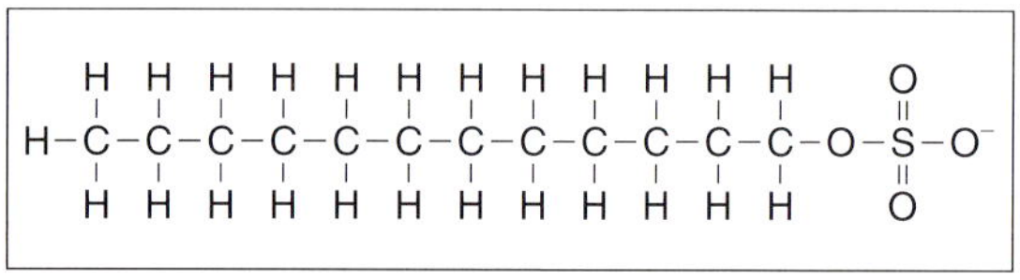

▲ *3 Fettalkoholsulfat*

Dieses Teilchen sieht auf den ersten Blick aus wie ein Seifen-Anion. Es besteht ebenfalls aus einer langen wasserabstoßenden Kohlenwasserstoffkette und einer negativ geladenen, wasserfreundlichen Gruppe. Doch bei genauem Hinsehen erkennt man, dass die negativ geladene Gruppe anders aufgebaut ist. Sie stammt nicht von einer Carbonsäure sondern von der Schwefelsäure.
Dieser kleine Unterschied bewirkt, dass ein solches synthetisches Tensid sowohl in hartem, als auch in saurem Wasser wäscht und schäumt.

▲ *4 Seife und Fettalkoholsulfat in hartem Wasser*

anionische Tenside sind die am meisten verwendete Tensidklasse; Grundlage für Wasch- und Geschirrspülmittel.	
nichtionische Tenside (z. B. Zuckertenside) tragen keine Ionenladung; hochwirksam in saurem und hartem Wasser.	
kationische Tenside zeigen wenig Waschwirkung. Sie lagern sich an die negativ geladenen Fasern der Wäsche an und wirken als Weichmacher.	
amphotere Tenside tragen eine negative und eine positive Ladung; Verwendung in kosmetischen Produkten.	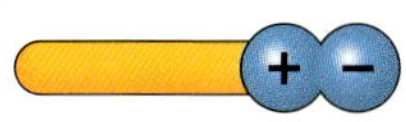

▲ *1 Einteilung der Tenside in Tensidklassen*

Vielfalt der Tenside. Inzwischen kann man Tenside nach Maß produzieren. Ändert sich die Rohstofflage auf dem Weltmarkt, beispielsweise durch die Verwendung von nachwachsenden Rohstoffen anstelle von Erdöl, wird der hydrophobe Teil des Moleküls ausgetauscht. Er ist dann zwar geringfügig verändert, das Tensid hat jedoch noch die gleichen Eigenschaften. Braucht man Tenside mit anderen Eigenschaften, verändert man den hydrophilen Teil des Moleküls. Dies macht die Vielfalt der Tenside aus.
Je nachdem wie der hydrophile Tensid-Rest gebaut ist, teilt man die Tenside in verschiedene Tensidklassen ein. Zur Anwendung kommen heute meist Mischungen von Tensiden aus verschiedenen Tensidklassen.

Synthetische Tenside haben die klassische Seife fast verdrängt, vor allem bei den Waschmitteln. Sie sind im Gegensatz zur Seife beständig gegenüber Säuren und waschen auch in hartem Wasser.

1 Fragen zum Text

a) Nenne einige nachteilige Eigenschaften von Seifenlösungen.
b) Zeichne und beschreibe den Aufbau eines Fettalkoholsulfat-Anions.
c) Wie unterscheiden sich Seifen- und Fettalkoholsulfat-Anionen?
d) Was ist Kalkseife? Welche Eigenschaften hat sie?

2 Experiment

a) Wasche deine Hände mit Seife und destilliertem Wasser. Beschreibe, wie gut sich die Seife abspülen lässt. Gib nun hartes Leitungs- oder Mineralwasser auf die seifigen Hände. Was kannst du beobachten? Erkläre deine Beobachtungen.
b) Versetze hartes Wasser (z. B. Mineralwasser) mit Seifenlösung. Gib zu einer zweiten Probe des harten Wassers etwas Geschirrspülmittel.
Schüttle kräftig und beobachte Schaumbildung und Trübung.
c) Gib zu einer Seifenlösung einige Tropfen verdünnter Salzsäure. Was kannst du beobachten?
d) Feuchte einen Streifen Universalindikator-Papier mit destilliertem Wasser an und drücke es auf ein Stück Seife. Notiere den pH-Wert. Überprüfe in gleicher Weise den pH-Wert von anderen tensidhaltigen Produkten wie Shampoo, Geschirrspülmittel oder Duschgel.

3 Alltag

a) Vergleiche die Inhaltsstoffe auf den Etiketten verschiedener Duschgele oder Shampoos. Welche Stoffe kommen in fast allen Mitteln vor?
b) Was kannst du durch eine Internet-Recherche über diese Stoffe erfahren?

4 Alltag

Weichspüler enthalten neben Duftstoffen vor allem kationische Tenside mit positiv geladenen Tensidteilchen. Sie werden von der negativ geladenen Wäschefaser angezogen und überziehen diese dann rundherum mit einem dünnen Film. Er bleibt auch nach dem Waschen auf dem Gewebe.

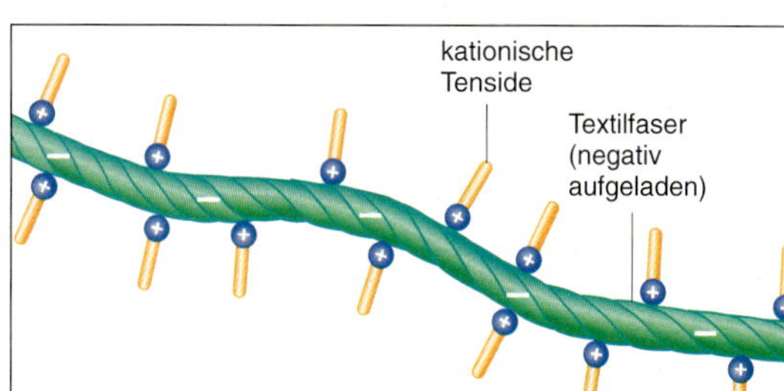

Weichgespülte Handtücher fühlen sich zwar flauschiger an als normal gespülte, sie sind aber weniger saugfähig. Erkläre diesen Nachteil weichgespülter Wäsche mithilfe der Schemazeichnung.

Exkurs: Theorie

Tenside aus nachwachsenden Rohstoffen

Tenside, ganz aus nachwachsenden Rohstoffen hergestellt, sind die neueste Errungenschaft der chemischen Industrie. Für den hydrophilen Anteil des Tensids verwendet man Zucker als Baustein; daher spricht man auch von **„Zuckertensiden"**.
Den hydrophoben Rest gewinnt man aus Palmkernöl oder Kokosfett.
Das Ergebnis ist ein nichtionisches, hautfreundliches Tensid.

Im Abwasser kann es von Bakterien gut abgebaut werden. Da es aus nachwachsenden Rohstoffen gewonnen wird, können die Erdölvorräte geschont werden. Aufgrund der komplizierten Herstellung sind diese Tenside noch recht teuer. Man findet sie deshalb in kosmetischen Produkten wie Duschgel oder in Spülmitteln. Auf der Verpackung findet man die Bezeichnung Alkylpolyglycosid.

Praktikum

Seifenblasen

Bläst man Luft in eine Seifenlösung, bildet sich ein stabiler Schaum. Ursache hierfür ist der besondere Aufbau der Tensid-Teilchen. Wenn ein Tensid in Wasser gelöst wird, umgibt sich der wasserliebende Teil mit vielen Wasser-Molekülen. Der lange, hydrophobe Teil stößt die Wasser-Moleküle ab. Er kann sich nur „mit Seinesgleichen" zusammenlagern. Die Tensid-Teilchen ordnen sich daher kugelförmig an (Micelle). Füllt sich die Micelle mit Luft und lagert sich eine weitere Schicht Seifen-Anionen an, kann sich eine Seifenblase bilden.

Seifenblase im Querschnitt

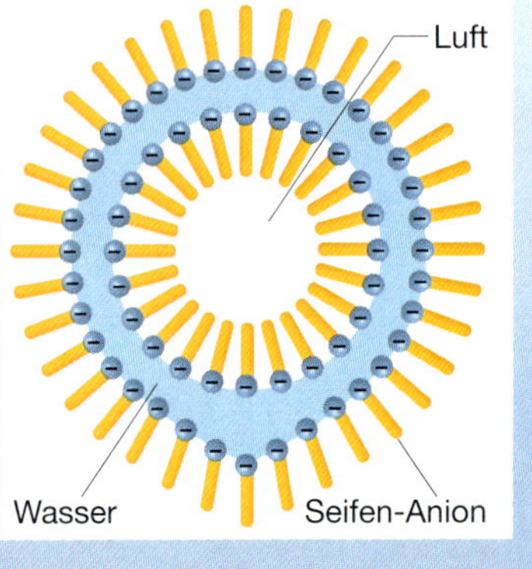

V 1: Große Seifenblasen

Materialien: Löffel, kleiner Eimer, Draht (1–3 mm dick), Mullbinde; flüssige Schmierseife, Puderzucker, Tapetenkleister, warmes destilliertes Wasser.
Durchführung: Ein Liter warmes Wasser wird mit einem halben Liter flüssiger Schmierseife vermischt. Dann gibt man 50 g Puderzucker und 10 g Tapetenkleister dazu. Die Mischung muss sehr gut durchgerührt werden und sollte etwa 6 Stunden ruhen.
Aus dickem Draht biegt man sich einen Ring mit etwa 15 cm Durchmesser und umwickelt ihn mit einer Mullbinde. Wenn man den Ring in die Lösung taucht und ihn mit Schwung wieder herauszieht, bekommt man Riesenseifenblasen.

V 2: Kleine Seifenblasen

Materialien und Durchführung: wie V 1, ohne Puderzucker und Kleister. Wartezeit nur so lange, bis die Lösung abgekühlt ist.

|17.4| Chemie im Waschpulver

Saubere Wäsche lassen wir uns einiges kosten. Über 2 Milliarden Euro geben die Deutschen jedes Jahr allein für Waschmittel aus. Der jährliche Gesamtverbrauch liegt bei etwa 700 000 Tonnen!

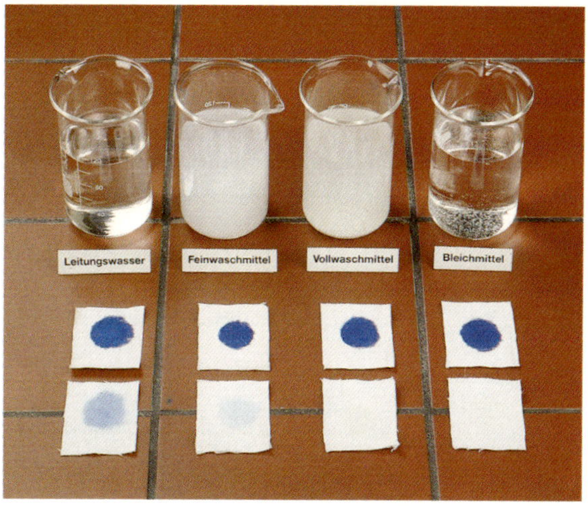

▲ *1 Waschmitteltest an Tintenflecken*

Aber nicht nur die Waschmittelmenge ist erstaunlich, sondern auch die fast unüberschaubare Vielfalt des Waschmittelangebots. Der Verbraucher kann zwischen verschiedenen Fein- und Vollwaschmitteln in fester oder flüssiger Form wählen. Angeboten werden auch Waschmittelkonzentrate, Baukastensysteme sowie Spezialwaschmittel für Gardinen, Wolle und Seide.

Die wichtigsten Inhaltsstoffe von Waschmitteln sind Tenside, Enthärtungsmittel, Bleichmittel, Enzyme, optische Aufheller, Stellmittel sowie Parfümöle.

Der Anteil an **Tensiden** in einem Waschmittel schwankt zwischen 20 % in klassischen Vollwaschmitteln und etwa 40 % in Kompakt- oder Flüssigwaschmitteln. Dabei werden überwiegend anionische Tenside verwendet.

Enthärtungsmittel bestehen heute überwiegend aus Natriumaluminiumsilicaten. Sie tauschen die Calcium-Ionen des harten Wassers gegen Natrium-Ionen aus. Somit werden Kalkablagerungen in der Waschmaschine und auf dem Gewebe verhindert.

Gegen hartnäckige Obst- und Rotweinflecken wirken **Bleichmittel** wie Natriumpercarbonat. Sie zerstören Farbstoffe durch Oxidation mit Sauerstoff.

Eiweißhaltige Flecken, wie von Blut oder Kakao, werden beim Waschen durch **Enzyme** (Bio-Katalysatoren) beseitigt. Sie zerlegen die großen Eiweiß- oder Stärke-Moleküle in kleinere lösliche Bruchstücke. Enzyme wirken höchstens bis 60 °C, bei höheren Temperaturen werden sie zerstört.

Optische Aufheller überziehen die Textilfasern beim Waschen mit einem scheinbar „unsichtbaren" Farbstoff. Die Wirkung solcher Farbstoffe besteht darin, dass sie das unsichtbare UV-Licht in sichtbares blaues Licht umwandeln. Weiße Wäsche sieht ohne optische Aufheller leicht gelblich aus. Der Gelbstich der Wäsche ergibt zusammen mit dem Blau der optischen Aufheller das „strahlende Weiß".

Bis zu 30 % der gesamten Waschmittelmenge bestehen aus Natriumsulfat. Als **Stellmittel** soll es die Rieselfähigkeit des Waschpulvers verbessern. Die Waschwirkung verbessern sie nicht. Viele moderne Waschmittel kommen bereits ohne **Stellmittel** aus.

Vollwaschmittel enthalten in der Regel alle genannten Stoffe. Sie sollten nur für Weißwäsche und stark verschmutzte Buntwäsche verwendet werden. Die Wirkung des enthaltenen Bleichmittels ist erst über 40 °C besonders intensiv.

Feinwaschmittel sind meist frei von Bleichmitteln und optischen Aufhellern. Deshalb eignen sie sich besonders gut für Buntwäsche. Empfindliche Fasern werden von ihnen weniger stark angegriffen.

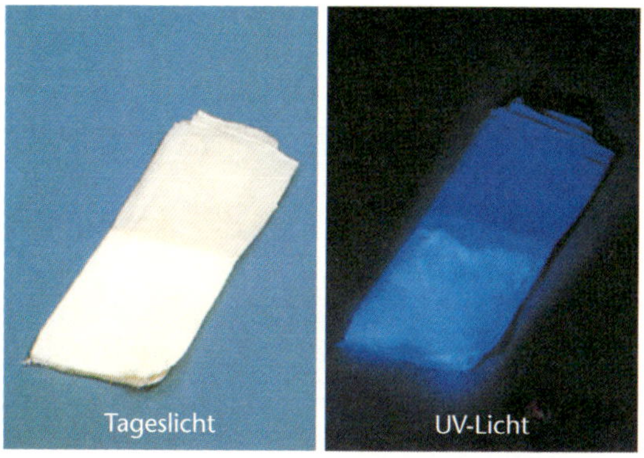

▲ *2 Die untere Hälfte des Tuches wurde mit optischem Aufheller behandelt. Dort erscheint der Stoff heller.*

Moderne Waschmittel enthalten neben Tensiden noch weitere Stoffe, etwa Enthärtungsmittel, Bleichmittel, Enzyme, optische Aufheller und Stellmittel. Sie sind je nach Einsatzgebiet in unterschiedlichen Mengen enthalten.

Exkurs: Alltag

So spart man Waschmittel

Waschmittel enthalten Tenside und Enthärter in einem ganz bestimmten Verhältnis. Diese Mischung ist bei weichem Wasser ideal. Bei *hartem* Wasser muss man *mehr* Waschmittel zugeben, weil man *mehr Enthärter* benötigt. Damit gelangen aber automatisch auch *mehr Tenside* in die Maschine und die Umwelt – was eigentlich gar nicht nötig wäre.

Besser ist es, den zusätzlichen Wasserenthärter getrennt zuzugeben. Man nimmt dann so viel Enthärterpulver, wie für die Wasserhärte vorgeschrieben ist. Dann fügt man das Waschmittel hinzu, aber nur in der minimalen Dosierung für weiches Wasser. So *spart* man also Waschmittel, weil man hier niedriger dosieren kann.

1 Fragen zum Text

a) Nenne die wichtigsten Inhaltsstoffe von Waschmitteln.
b) Wie wirken Enthärtungsmittel beim Waschen?
c) Warum enthalten viele Vollwaschmittel ein Sauerstoff abspaltendes Mittel?
d) Wie unterscheiden sich Vollwaschmittel und Feinwaschmittel?
e) Warum enthalten Buntwaschmittel keine optischen Aufheller?

2 Experiment

a) Stelle eine Vollwaschmittel-Lösung her. Tauche ein Filterpapier in die Lösung. Trockne das Papier und betrachte es im Licht einer UV-Lampe. Vergleiche mit einem unbehandelten Filterpapier. Welcher Stoff wird in diesem Experiment nachgewiesen?
b) Untersuche die eiweißlösende Wirkung von Enzymen in Waschmitteln. Löse dazu ein Päckchen Gelatine laut Packungsanleitung in Wasser auf und gieße etwas davon in mehrere Petrischalen. Warte, bis sich die Gelatine verfestigt hat. Gib dann Lösungen verschiedener Waschmittel auf die Petrischalen. Decke die Schalen ab und lass sie einige Zeit an einem warmen Platz stehen. Beobachte und protokolliere den Versuch.

Praktikum

Fleckenpraktikum

Wie entfernt man Flecken in einem Teppich?
Erst muss der Fleck angelöst und anschließend muss er entfernt werden. Dabei muss man das Gewebe mit einem sauberen Tuch so lange abtupfen oder abreiben, bis die Verschmutzung vom Teppich auf das Tuch übergegangen ist. Macht man das nicht, wird der Fleck nur verteilt und es bilden sich hässliche Ränder. Ist der Fleck bereits alt und angetrocknet, kann man ihn mit etwas Glycerin einweichen.

V 1: Fleckenentfernung bei einem Teppich

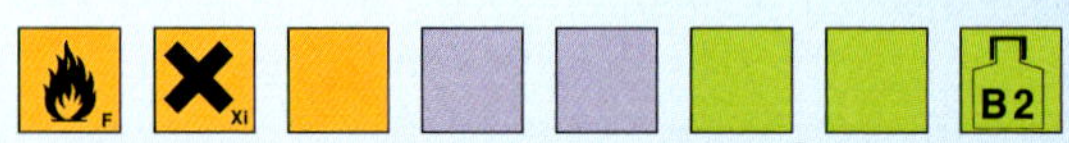

Materialien: Stück heller Teppichboden mit verschiedenen Flecken (etwa Cola, Tinte, Kugelschreiber, Ketschup, Kaugummi, Kakao), saugfähiges Tuch; warmes Wasser, Waschbenzin (F), Spiritus (F), Gallseife (Seife mit Ochsengalle), Bleichmittel (z. B. Natriumpercarbonat; Xi), Glycerin.

Durchführung: Teste die verschiedenen Fleckenentfernungsmittel auf ihre Wirksamkeit.
Protokolliere die Ergebnisse und stelle eine Liste mit Tipps zur Fleckenentfernung zusammen.

|17.5| Pflege der Haut

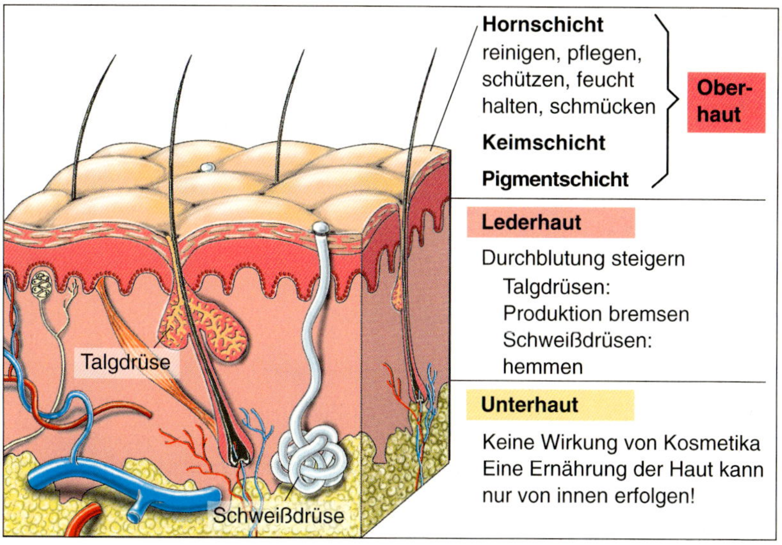

▲ *1 Aufgabe und Wirkung kosmetischer Präparate*

Der häufigste Emulsionstyp ist die **Öl-in-Wasser-Emulsion** oder **O/W-Emulsion.** Das Öl ist dabei in Tröpfchenform im Wasser verteilt. Dieser Emulsionstyp entspricht in seiner Zusammensetzung dem Schutzfilm unserer Haut. Deshalb dringen O/W-Emulsionen gut in die Haut ein.

Ist dagegen das Wasser in Tröpfchenform im Öl verteilt, spricht man von einer **W/O-Emulsion.** Zu diesem Emulsionstyp gehören die sehr fettreichen Cremes wie beispielsweise Babycreme oder Nachtcreme.

Die menschliche **Haut** ist unser größtes Organ. Mit einer Fläche von ca. 1,5 m² bedeckt sie unseren Körper, schützt vor Umwelteinflüssen und übt zahlreiche lebenswichtige Funktionen aus. Sie ist im Schnitt nur 1,3 mm dick. Nach außen schließt die Haut mit der Hornschicht ab. Diese besteht aus abgestorbenen Zellen. Ein Wasser- und Fettfilm (Hydrolipidschicht) hält die Haut elastisch und geschmeidig.

In ihrer Schutzfunktion wird die Haut von den Talgdrüsen unterstützt. Sie haben die Aufgabe, die Oberhaut mit Fett zu versorgen und geschmeidig zu halten. Bei Menschen mit **fettiger Haut** sondern die Talgdrüsen **zu viel Fett** ab. Die Drüsen können verstopfen und werden als Mitesser, als kleine schwarze Punkte, sichtbar. Hier ist es sinnvoll, das überschüssige Fett regelmäßig zu entfernen. Dazu eignet sich ein alkoholisches Gesichtswasser. Entzünden sich die Talgdrüsen kommt es zur Akne, die der Hautarzt behandeln sollte.

Produziert die Haut **zu wenig Fett**, so bezeichnet man dies als **trockene Haut**. Die Hautfeuchtigkeit verdunstet bei diesem Hauttyp zu schnell. Die Haut wird trocken, spröde und rissig. Mit Cremes oder Lotionen kann man den Fett- und Feuchtigkeitsverlust der Haut annähernd ausgleichen. Sie fühlt sich dann wieder glatt und geschmeidig an.

Emulsionen. Cremes und die dünnflüssigeren Lotionen sind Emulsionen, also Mischungen von Wasser mit fein verteilten wasserunlöslichen Ölen und Fetten.

Emulgatoren. Wird eine Emulsion nur durch Rühren hergestellt, trennen sich Wasser und Öl rasch voneinander. Um das Entmischen der beiden Bestandteile zu verhindern, setzt man **Emulgatoren** hinzu. Sie sind aufgebaut wie Tenside, besitzen also einen hydrophilen und einen hydrophoben Bereich.

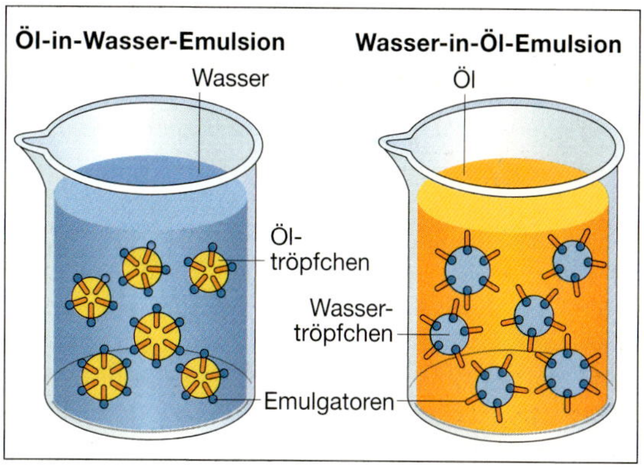

▲ *2 So stellt man sich Emulsionen vor (Modell).*

Mit der *hydrophilen* Seite wendet sich der Emulgator dem *Wasser* zu, mit der *hydrophoben* Seite dem *Öl*. Emulgatoren **vermitteln** also zwischen zwei sonst nicht miteinander mischbaren Phasen. Erst mit Emulgatoren werden Emulsionen stabil.

Aufgabe der Kosmetik ist es, die Haut zu pflegen. Cremes sind Emulsionen aus einer öligen und einer wässrigen Phase. Die Verbindung zwischen diesen beiden Phasen schafft ein Emulgator. Er ist aufgebaut wie ein Tensid.

Hautpflege zum Selbermachen

Die Zutaten für folgende Versuche bekommt man in Läden, die Kosmetika zum Selbermachen anbieten.

V 1: Herstellung einer O/W Creme (Tagescreme)

Materialien: 2 Bechergläser (150 und 300 ml), Heizplatte, Thermometer, Mixstab, Döschen zum Abfüllen der Creme (z. B. Filmdöschen), Waage, Messzylinder (100 ml); 90 ml dest. Wasser, 10 ml Glycerin, 7,5 g Tegomuls (Emulgator), 18 g Speiseöl, 4,5 g Bienenwachs, Duftstoffe nach Wahl, Paraben (Konservierungsmittel).

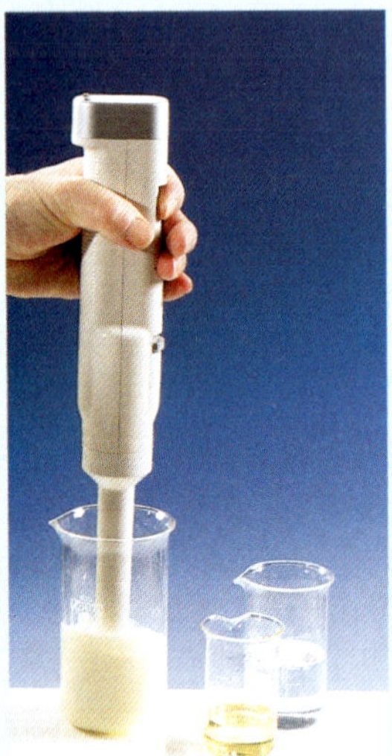

Durchführung: Gib in das kleine Becherglas das Wasser und das Glycerin, in das größere Becherglas Tegomuls, Öl und Bienenwachs. Erwärme nun die beiden Gläser auf einer Kochplatte auf 80 °C. Achte besonders bei dem Öl auf die Temperatur; das Wachs und der Emulgator sollten gerade schmelzen. Ist das Öl zu heiß, besteht bei der Zugabe des Wassers Verbrennungsgefahr!

Stelle den Mixstab in das Becherglas mit dem heißen Öl und lass ihn langsam laufen. Gib unter Rühren das heiße Wasser in die Fettphase. Nach kurzer Zeit hat sich eine weiße, dünnflüssige Emulsion gebildet. Füge 12 Tropfen des Konservierungsmittels Paraben sowie 5–10 Tropfen Parfümöl hinzu.
Bevor die Creme erkaltet ist, solltest du sie abfüllen und das Döschen fantasievoll etikettieren.

V 2: Herstellung einer W/O Creme (Nachtcreme)

Materialien: 2 Bechergläser (150 ml), Heizplatte, Döschen zum Abfüllen der Creme (z. B. Filmdöschen), Waage, 100 ml Messzylinder; 60 g süßes Mandelöl (oder ein anderes Pflanzenöl), 8 g Walratersatz (Konsistenzgeber, Emulgator), 7 g Bienenwachs, 25 ml Rosenwasser oder Orangenblütenwasser (Wasserphase, Duftspender).

Durchführung: Wiege Mandelöl, Bienenwachs und Walratersatz in ein Becherglas ab. Gib das Rosenwasser in das zweite Becherglas. Erwärme nun das Öl zusammen mit den Wachsen vorsichtig, bis alles geschmolzen ist. Mache gleichzeitig das Rosenwasser etwa handwarm.
Stelle nun das Öl mit den geschmolzenen Wachsen in dem Becherglas beiseite und tropfe unter Rühren das Rosenwasser hinzu.

Rühre nun kräftig weiter. Ob die Creme richtig emulgiert ist, kannst du an der Farbe sehen. Sie verändert sich von gelblich nach weiß. Ist die Creme fast kalt und schön weiß, kannst du sie abfüllen.
Ohne Konservierungsmittel ist die Creme ca. 2 Wochen haltbar.

V 3: Herstellung eines Duschgels

Materialien: 2 Bechergläser (200 ml), Messzylinder (100 ml), Waage, Spatel; 20 g Zetesol (Mischung aus anionischem und amphoterem Tensid), 3–4 g Sanfteen („Zuckertensid"), 80 ml dest. Wasser, 1–2 g Kochsalz, Duftstoffe und Lebensmittelfarben nach Wunsch.

Durchführung: Wiege Zetesol und Sanfteen getrennt in die Bechergläser ab. Gib nun langsam je 40 ml destilliertes Wasser hinzu und löse die Tenside darin auf; dazu kannst du die Lösungen auch etwas erwärmen. Vermische nun die beiden gelösten Tenside. Ist die Mischung zu dünnflüssig, kannst du 1–2 g Kochsalz hinzugeben. Zum Schluss kannst du das Duschgel mit Lebensmittelfarben einfärben und mit einem Duftöl parfümieren.

Achtung: Sonne!

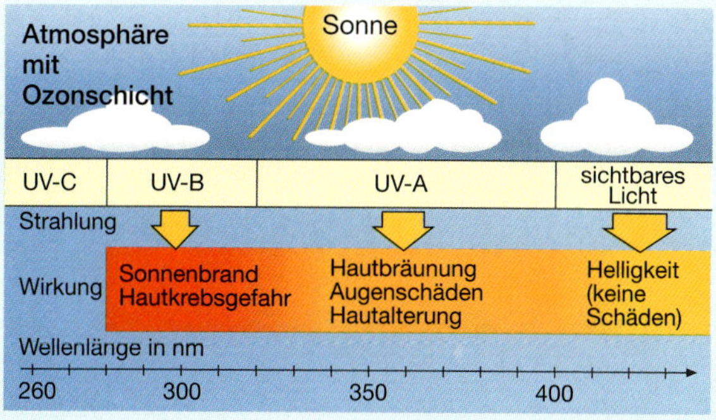

Braune Haut ist immer noch das Symbol für Gesundheit und Sportlichkeit. Intensive Sonnenbestrahlung der Haut kann aber zu Schäden führen. Wesentliche Ursache sind ultraviolette Strahlen. Man teilt sie nach ihrer Wellenlänge in UV-A-, UV-B- und UV-C-Strahlen ein.

Die kurzwellige UV-C-Strahlung wird zum größten Teil von der Ozonschicht der Erdatmosphäre absorbiert. Sie kann der Haut daher nicht schaden.

In geringer Dosierung hat die UV-B-Strahlen eine günstige Wirkung auf den menschlichen Körper. Sie ist unerlässlich für die Synthese von Vitamin D in der Haut. Gleichzeitig bewirkt sie auch eine langanhaltende tiefe Bräunung. Bei übermäßiger Bestrahlung mit UV-B entsteht leicht Sonnenbrand und es besteht die Gefahr anhaltender Hautschäden.

Die langwelligen UV-A-Strahlen dringen tiefer als die UV-B-Strahlen in die Haut ein und bewirken dort eine schnelle, aber nicht lange anhaltende Bräunung. Die Lampen in den Sonnenstudios arbeiten meist mit einem hohen Anteil an UV-A.

Die Gefährdung der Haut durch UV-A ist aber nicht zu unterschätzen. Bei übermäßiger und häufiger Bestrahlung kann es zu einer Erschlaffung des Bindegewebes führen (runzelige Altershaut).

Sonnenschutzmittel enthalten Substanzen, die die UV-A- und UV-B-Strahlung herausfiltern. Je höher der Lichtschutzfaktor eines Sonnenschutzmittels ist, desto länger darf man sich sonnen. Wer sich mit blasser Haut höchstens 10 Minuten pro Tag in die pralle Sonne legen darf, kann dies mit einer Sonnenschutzcreme Faktor 5 fünfmal so lange tun.

Tattoos – Farben, die unter die Haut gehen

Was früher meist nur Seefahrer trugen ist heute weit verbreitet – das Tattoo. Die Kunst, durch Tätowieren die Haut bleibend zu bebildern, ist vermutlich sehr alt. Tätowierungen wurden aufgebracht, um bestimmte Stammeszugehörigkeiten aufzuzeigen, als Zeichen des Ranges, oder als Schutz vor dem Bösen.

Wie aber funktioniert das bleibende Aufbringen eines Tattoos, das Tätowieren? Während kosmetische Präparate nur in die obere Schicht der Haut, die Oberhaut, eindringen, gehen Tatoos förmlich „unter die Haut". Sie werden durch Einbringen von gefärbten Pigmenten (unlösliche, fein verteilte Stoffe), in die mittlere Schicht der Haut, die Lederhaut, erzeugt. Der Transport geschieht mit einer Nadel, die in eine Pigmentaufschlämmung getaucht und dann in die Haut gestochen wird. So wird das Pigment in tiefe Hautschichten gebracht.

Traditionell verwendet man für schwarze Töne chinesische Tusche oder Ruß. Rot wird mit Zinnober (Quecksilbersulfid), grün mit Chromoxid erzeugt. Cadmiumsulfid (gelb) und Eisenoxide (braun) sind weitere klassische Pigmente zum Tätowieren.

Wegen der Giftigkeit dieser Stoffe werden sie jedoch heute häufig durch Pflanzenfarben oder synthetische Farbstoffe ersetzt. Es können hierbei allerdings allergische Reaktionen der Haut auftreten.

Da Tattoos tief in der Haut sitzen, sind sie sehr dauerhaft und können nur schwer und mit großem Aufwand entfernt werden. Der Hautarzt zerstört dazu mithilfe eines Lasers die Haut, eine schmerzhafte und teure Prozedur.

|17.6| Chemie für feine Nasen: Duftstoffe

Blumig duftende Parfüms enthalten als Bestandteil oft Rosenöl. Rosen für die Duftstoffgewinnung wachsen auf großen Feldern in Frankreich, Ägypten, aber vor allem in Bulgarien. Dort baut man seit Hunderten von Jahren die wohlriechende Damaszener-Rose an.
Man braucht etwa 1000 kg frische Blüten, um 1 kg Rosenöl herzustellen! Das Rösenöl duftet außerordentlich stark und verflüchtigt sich, ohne eine sichtbare Spur zu hinterlassen. Ölige Stoffe mit dieser Eigenschaft heißen **etherische Öle.** Untersucht man ein solches Öl, stellt man fest, dass es eine Mischung aus verschiedenen Duftstoffen ist.

▲ *1 So werden Duftstoffe gewonnen*

Woher stammen die Duftstoffe? Die meisten Duftstoffe stammen aus der *Pflanzenwelt.* Sie werden aus Pflanzenteilen wie Blüten, Blättern, Wurzeln, Früchten, Samen, Rinden oder Hölzern gewonnen.
Aus der *Tierwelt* kennt man nur sehr wenige Riechstoffe, etwa Ambra vom Pottwal und Moschus vom Moschushirsch. Sie sind sehr teuer und werden deshalb selten verwendet. Neben den natürlichen werden verstärkt *synthetische Duftstoffe* verwendet. Es sind Stoffe, die es in der Natur gibt, aber auch solche, die sich in der Natur nicht finden.

Wie gewinnt man ein etherisches Öl? Eines der ältesten Verfahren ist die *Wasserdampfdestillation.* Das Prinzip ist jedem vertraut, der bei einer Erkältung den Dampf über einem heißen Aufguss von Kamillenblüten oder anderen Kräutern eingeatmet hat. Das etherische Öl der Pflanze verflüchtigt sich mit dem heißen Wasserdampf und entfaltet so seine heilende Wirkung. Kühlt man die Dämpfe ab, werden sie wieder flüssig. Da etherische Öle nicht wasserlöslich sind, schwimmen sie auf dem Wasser oben auf und können abgetrennt werden.

Daneben kann man bestimmte etherische Öle auch durch *Auspressen* gewinnen (z. B. aus den Schalen von Zitrusfrüchten). Besonders empfindliche Riechstoffe gewinnt man durch Herauslösen mit *Lösemitteln* wie Benzin oder unter Druck mit flüssigem Kohlenstoffdioxid.

Parfüm. Ein Parfüm ist eine Mischung verschiedener Duftstoffe in Alkohol. Als Lösemittel dient fast ausschließlich Ethanol, das etwas mit Wasser verdünnt wird.
Wie stellt man Parfüm her? Der Parfümeur ist der Fachmann, der durch Auswählen und Vermischen von Hunderten verschiedener Duftstoffe ein neues Parfüm „komponiert" – so wie ein Musiker aus Tönen ein Musikstück komponiert. Dazu benötigt er neben den wissenschaftlichen Kenntnissen über die Eigenschaften der Rohstoffe einen empfindlichen Geruchssinn und ein besonders gutes Geruchsgedächtnis.

Etherische Öle entstammen dem Pflanzen- und seltener dem Tierreich. Es sind Mischungen verschiedener Duftstoffe. Reine Duftstoffe werden synthetisch hergestellt.
Ein Parfüm ist eine Mischung aus Duftstoffen in alkoholischer Lösung.

Bezeichnung des „Duftwassers"	**Volumenanteile in %**		
	Duftstoffe	**Alkohol**	**Wasser**
Parfüm	bis 20	bis 80	10–12
Eau de Parfüm	8–10	80	10–12
Eau de Toilette	5–8	70–80	12–25
Eau de Cologne	3–5	70–85	10–27
Aftershave	1–2,5	40–50	40–45

▲ *2 Einteilung der Duftwässer*

1 Fragen zum Text

a) Wie unterscheidet sich ein etherisches Öl von anderen Ölen wie Salatöl oder Mineralöl?

b) Nenne etherische Öle, die aus den verschiedenen Pflanzenteilen gewonnen werden.

c) Wie kann man das in Zitronenschalen vorkommende Zitronenöl gewinnen?

d) Worin unterscheiden sich die Duftwässer?

e) Weshalb ist ein Parfüm meist deutlich teurer als ein Eau de Toilette?

2 Alltag

Teurer Rosenduft. Aus den Blütenblättern der Rose gewinnt man durch Wasserdampfdestillation das Rosenöl. Die Blütenblätter enthalten etwa 0,02 % Rosenöl. Eine Rosenblüte wiegt etwa 5 g. 15 kg Blüten erntet ein Rosenpflücker auf den Rosenfeldern pro Stunde.

In einem Parfüm sind 5 % Rosenöl enthalten. Wie lange muss ein Pflücker für ein Fläschchen dieses Parfüms mit 80 g Inhalt arbeiten?

Exkurs: Alltag

Der Weg eines Duftstoffes

Bitterorangenbäume wachsen auf großen Plantagen, etwa in Südfrankreich, Tunesien und Marokko. Auf Sackleinen unter den Bäumen sammelt man die von Hand gepflückten Blüten (Bild 1).

▲ 1

Durch Wasserdampfdestillation treibt man das etherische Öl aus der Blüte heraus, es heißt *Neroli-Öl* (Bild 2). Für ein Kilogramm Öl benötigt man eine Tonne Blüten. Das *Orangenblütenwasser* gewinnt man als Nebenprodukt aus der wässrigen Phase.

▲ 2

Der Parfümeur komponiert aus vielen Duftstoffen ein neues Parfüm (Bild 3)

Flakons werden oft aufwändig gestaltet, um auf die teuren Düfte aufmerksam zu machen (Bild 4).

3 ▶

4 ▶

Parfüm

V 1: Kaltextraktion von Schalenölen der Citrusfrüchte

Materialien: Mörser mit Pistill, Trichter, Tuch zum Abpressen, Becherglas, kleine Fläschchen zum Abfüllen, Citrusfrüchte, Küchenmesser oder Küchenreibe; Ethanol (40 bis 60 %ig; F).

Durchführung: Schäle eine oder mehrere Citrusfrüchte oder reibe die Schale mit einer Küchenreibe ab. Zerkleinere sie mit wenig Ethanol in einer Reibschale bis ein Brei entstanden ist. Presse den Brei mithilfe eines Tuches ab, sodass eine konzentrierte alkoholische Lösung des entsprechenden Schalenöls entsteht.

Die gewonnene alkoholische Lösung des Öls kann man zur Raumbeduftung verwenden oder als erfrischende Komponente dem Putzwasser zusetzen.

V 2: Gewinnung etherischer Öle durch Wasserdampfdestillation

Materialien: Erlenmeyerkolben mit durchbohrtem Stopfen, gebogenes Glasrohr, Reagenzglas, Becherglas, Brenner, Vierfuß mit Keramikplatte oder Drahtnetz; Eiswasser, getrocknete Kräuter wie Rosmarin, Kümmel, Anis oder Kamillenblüten.

Durchführung: Gib die zerkleinerten Pflanzenteile in den Kolben und fülle ihn etwa zu einem Drittel mit Wasser auf. Bringe das Gemisch zum Kochen. Achtung: Das Wasser kann leicht überschäumen!

Mit dem verdampfenden Wasser werden etherische Öle mitgerissen; die Stoffe kondensieren im gekühlten Reagenzglas.

Öl und Wasser trennen sich aufgrund ihrer Nichtmischbarkeit und der unterschiedlichen Dichte.

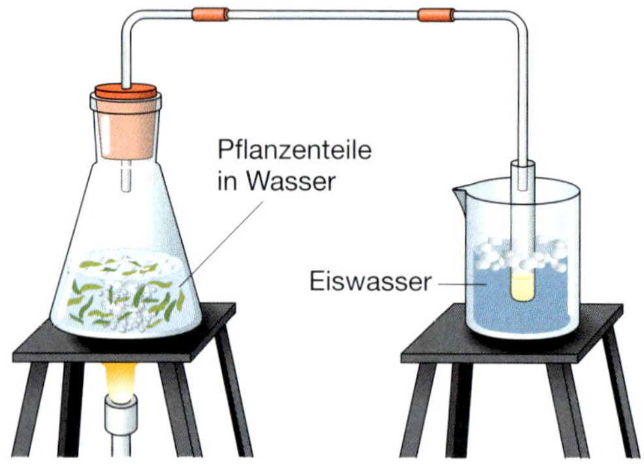

V 3: Riechübung

Materialien: Streifen aus Filterpapier; 5–10 Proben von 25 %-igen alkoholischen Lösungen etherischer Öle, getrocknete Küchenkräuter.

Durchführung: Nummeriere einige Streifen Filterpapier und beträufele sie mit den Lösungen der etherischen Öle. Notiere dir die Nummer und das dazugehörige Öl und gib die Proben einem Mitschüler zu riechen. Anschließend macht ihr die Riechübung umgekehrt. Versuche deine Geruchseindrücke zu beschreiben. Woran erinnert dich der Geruch?

Verwende Formulierungen wie: … es riecht nach … Essig, Käse, Gras, Moschus, Pfefferminz usw. Oder: Der Duft hat eine holzige, weiche, blumige, süße, animalische … Note.

V 4: Aufbau eines Parfüms

Materialien: Becherglas (50 ml), Filterpapierstreifen; Ethanol (80 %ig; F), jeweils 25 %ige Lösungen von Patchouli-, Rosen-, Citronenöl in Ethanol.

Durchführung: Gib etwa 5 ml Alkohol in das Becherglas. Füge als Basisnote ca. 5 Tropfen Patchouliöl hinzu. Ist der Geruch auf dem Filterpapierstreifen ausreichend stark, gib so viel Rosenöl als Herznote hinzu, dass die Basis gerade geruchlich verdeckt wird. Füge zum Schluss so viel Citronenöl als Kopfnote hinzu, dass die beiden anderen Öle nicht mehr wahrgenommen werden. Trage einen Tropfen dieser Mischung auf dein Handgelenk auf und beobachte den Geruchseindruck im zeitlichen Verlauf.

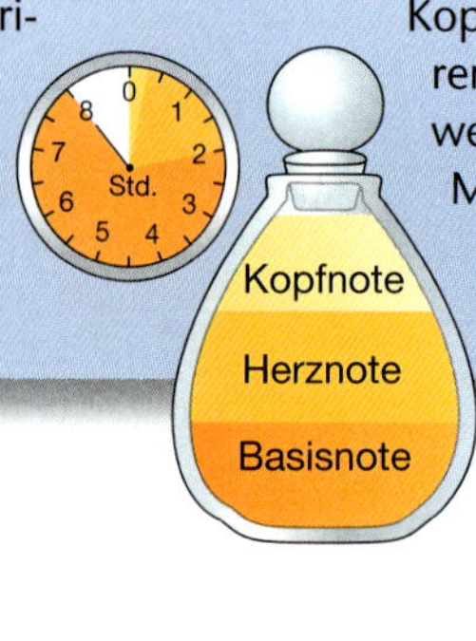

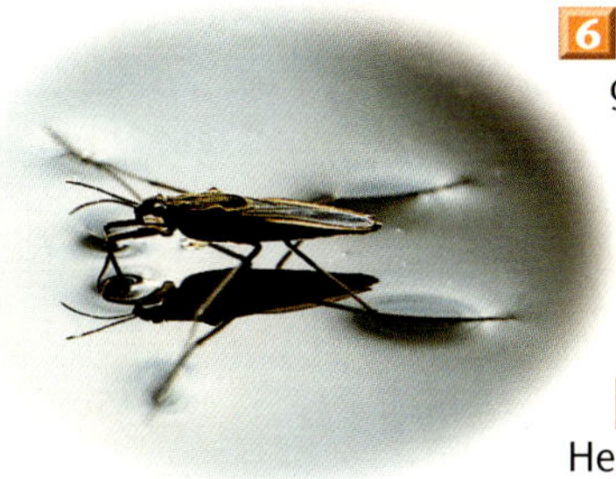

1 Ein Wasserläufer kann sich mühelos auf der Wasseroberfläche fortbewegen.
a) Welche Eigenschaft des Wassers nützt dieses Insekt aus?
b) Wodurch wird diese Eigenschaft verursacht?
c) Was würde geschehen, wenn man dem Wasser Seifenlösung zusetzen würde?

2 **a)** Welche Rohstoffe braucht man zur Seifenherstellung?
b) Wie kann man mithilfe einer Seifenlösung hartes und weiches Wasser unterscheiden?
c) Mit einer „Kalkseife" kann man sich nicht waschen. Erkläre, was man darunter versteht.

3 **a)** Welche Eigenschaften muss ein Molekül besitzen, damit es als Tensid in Frage kommt?
b) Zeichne, wie sich Tensidteilchen an einer Wasseroberfläche anordnen.
c) Stelle zeichnerisch dar, wie der Schmutz auf einer Faser durch Tensidteilchen entfernt wird. Beschreibe die Vorgänge auch mit Worten.

4 Bestreut man eine Wasseroberfläche mit Pfeffer und berührt sie in der Mitte mit einem Stück Seife, kann man eine interessante Beobachtung machen: Rund um die Berührungsstelle wird der Pfeffer schlagartig weggeschoben. Wie kann man das erklären?

5 **a)** Manche Waschmittel enthalten optische Aufheller. Wie kann man überprüfen, ob ein Waschmittel solche Stoffe enthält?
b) Welche Stoffe im Waschpulver helfen gegen Eiweißflecken?
c) Wogegen wirken Bleichmittel?

6 **a)** Wie kann man das in den getrockneten Blättern der Pfefferminzpflanze vorkommende Pfefferminzöl gewinnen?
b) Wie unterscheidet sich Eau de Toilette von Eau de Parfüm?

7 **a)** Die Herstellung einer Creme will nicht gelingen. Trotz kräftigem Rühren trennen sich Öl und Wasser immer wieder. Wo könnte der Fehler liegen?
b) Welche Arten von Emulsion kennst du? Beschreibe sie.

8 **a)** Anisschnaps enthält ein etherisches Öl, Anisöl. Gießt man dieses Getränk in Wasser, entsteht eine weiße, milchige Trübung.
Wie ist das zu erklären?
b) Wie kann man ohne zu riechen feststellen, ob man ein etherisches Öl oder ein Pflanzenöl vor sich hat?

9 Zum Auffangen des Destillats bei der Wasserdampfdestillation verwendet man ein „Florentiner Flasche". Davon gibt es zwei Ausführungen. Mit der einen gewinnt man etherisches Öl, das schwerer als Wasser ist; die andere nimmt man für Öl, das leichter ist als Wasser. Erkläre die Funktionsweise dieser Geräte.

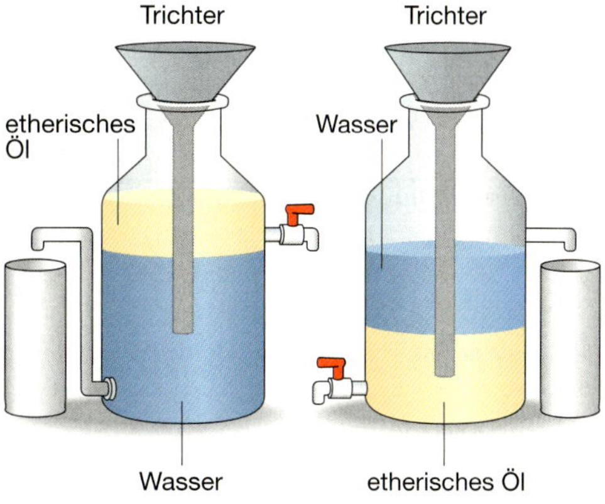

Basis-Wissen

→ **Seifen** sind die Natrium- oder Kaliumsalze von Fettsäuren (langkettigen Carbonsäuren). Beispiel: Natriumpalmitat, das Natriumsalz der Palmitinsäure:

$$CH_3 - (CH_2)_{14} - COO^- \, Na^+$$

→ **Verseifungs-Reaktion:**

Fett + Natronlauge → Seife + Glycerin

Technische Seifenherstellung:

1. Schritt: Spaltung des Fettes
Fett + Wasserdampf → Fettsäure + Glycerin

2. Schritt: Neutralisation der Fettsäure
Fettsäure + Lauge → Seife + Wasser

→ **Seifen-Anion:** Es besteht aus einer langen Kohlenwasserstoff-Kette und einer negativ geladenen Gruppe am Ende:

→ **Nachteile von Seifen:**
- In hartem Wasser bildet sich unlösliche Kalkseife, die keine Waschwirkung hat
- Seifenlösungen reagieren alkalisch
- Seifenlösungen sind in saurem und salzigem Wasser unwirksam

→ **Tenside:** Die Nachteile der Seife führten zur Entwicklung neuer waschaktiver Substanzen. Sie reinigen wie Seife, besitzen aber nicht deren Nachteile. Alle waschaktiven Substanzen werden Tenside genannt.

→ **Waschmittel:** Moderne Waschmittel enthalten vor allem Tenside, Enthärtungsmittel, Bleichmittel und Enzyme.

→ **Waschwirkung:** Tenside verringern die Oberflächenspannung des Wassers. Deshalb wird Schmutz und sogar Öl durch Wasser benetzbar.

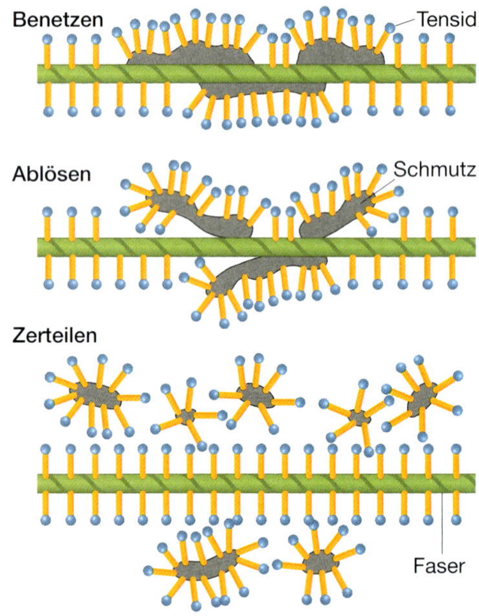

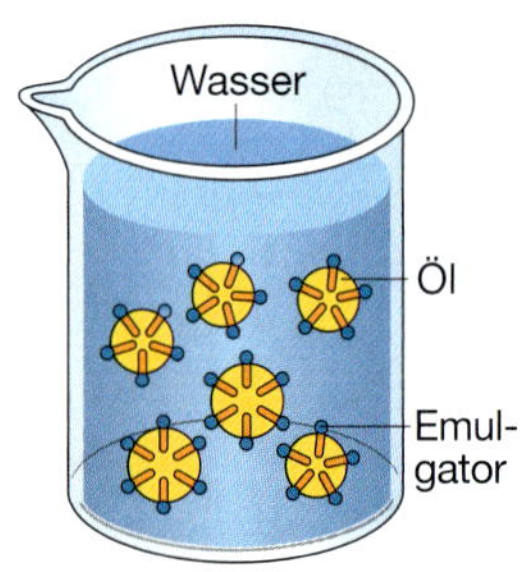

→ **Cremes** sind Emulsionen aus öligen und wässrigen Stoffen. Die Mischung zwischen diesen an sich nicht mischbaren Bestandteilen wird durch **Emulgatoren** herbeigeführt.

→ **Duftstoffe** gewinnt man aus Pflanzenteilen, tierischen Produkten oder synthetisch im Labor. Oft wird die Wasserdampfdestillation eingesetzt, um Duftstoffe zu gewinnen.

→ **Etherische Öle** sind Duftstoffe, die sich verflüchtigen, ohne einen Rückstand zu hinterlassen. Sie lösen sich gut in Alkohol oder Öl, weniger gut in Wasser.

→ **Parfüm** ist eine Mischung verschiedener Duftstoffe in alkoholischer Lösung.

|18| Organische Werkstoffe

Wenn ein Skiläufer mit über 100 Kilometern pro Stunde eine Abfahrt hinunterrast, muss er sich auf sein Material verlassen können.
Moderne High-Tech-Skier sind selbst bei extremen Belastungen bruchsicher. Auch in vielen anderen Eigenschaften sind sie den alten Holzbrettern überlegen. Sie sind viel leichter, gleiten besser und benötigen viel weniger Pflege. Außerdem kann man sie in großen Stückzahlen kostengünstig herstellen.
Möglich geworden ist das durch die verschiedenen Kunststoffe, die in modernen Skiern verarbeitet werden.

◀ *Dieser High-Tech-Ski besteht aus 13 verschiedenen Materialien: Neben einer Aluminiumschicht und den Stahlkanten sind es nicht weniger als 11 verschiedene Kunststoffe!*

|18.1| Holzfreies Papier – aus Holz

▲ 1 *Eine Papiermaschine erzeugt pro Minute eine Papierbahn von 10 m Breite und 2000 m Länge!*

Was ist Papier? Zerreißt man ein Stück Papier, sind an den Risskanten deutlich Fasern zu erkennen. Papier besteht hauptsächlich aus miteinander verfilzten Naturfasern. Diese Fasern gewinnt man fast immer aus **Holz.** Holz enthält 60 % *Cellulosefasern,* 30 % *Holzstoff (Lignin)* und 10 % *Harze.* Für weißes Schreibpapier braucht man vom Holz nur die Cellulosefasern.

Vom Holz zum Zellstoff. Zur Gewinnung der Fasern werden Baumstämme zunächst entrindet und dann unter Zusatz von Wasser gegen einen rotierenden Schleifstein gepresst. Dessen raue Oberfläche reißt etwa 4 mm lange Fasern ab. Es entsteht ein Faserbrei, den man *Holzschliff* nennt. Er ist von dem darin enthaltenen Holzstoff gelbbraun gefärbt.
Der Holzschliff wird mehrere Stunden lang in Calciumhydrogensulfit-Lösung gekocht. Dabei lösen sich alle Bestandteile des Holzschliffs – bis auf die Cellulosefasern. Sie werden herausgefiltert und weiterverwendet.
Ganz weißes Papier erhält man später nur, wenn der Faserbrei auch **gebleicht** wird, da immer noch Reste des braunen Holzstoffs enthalten sind. Früher wurde mit Chlor gebleicht, heute bleicht man umweltfreundlich mit Sauerstoff. Reine weiße Cellulosefasern bezeichnet man übrigens auch als *Zellstoff.*

Vom Zellstoff zum Papier. In einer großen Mischmaschine wird der Zellstoff mit viel Wasser zu einem dünnen Brei verrührt. Hier setzt man auch die *Füll- und Hilfsstoffe* zu. Gips, Kalk und Titandioxid füllen später die Poren zwischen den Fasern und machen das Papier glatt und weiß.
Der dünnflüssige Brei wird nun auf das bis zu zehn Meter breite Förderband der Papiermaschine aufgebracht. Es besteht aus einem Netz aus dünnen Metall- oder Kunststofffäden. Motoren versetzen das Förderband in rüttelnde Bewegungen, gleichzeitig wird Wasser abgesaugt. Dabei verfilzen die Fasern zu einem Papierblatt. Zwischen beheizten Walzen wird es gepresst, getrocknet, geglättet und schließlich aufgerollt.

Papiersorten und Zusatzstoffe. *Hygienepapier* muss besonders saugfähig sein. Man lässt deshalb die meisten Füll- und Hilfsstoffe weg. Ganz ähnlich ist es bei *Lösch- und Filterpapier. Schreibpapier* wird mit einer dünnen Leimschicht bestrichen, damit beim Schreiben die Tinte nicht verläuft. Bei den bisher genannten Papiersorten handelt es sich um **„holzfreies"** Papier, denn es enthält keinen Holzstoff. Das Papier ist daher weiß und vergilbt nicht so schnell. Zeitungspapier, Packpapier und Karton bestehen aus **„holzhaltigem"** Papier. Es enthält noch verschieden hohe Anteile an Holzstoff – deshalb ist es grau oder braun gefärbt.
Ein wichtiger Faktor bei der Papierherstellung ist inzwischen auch das **Altpapier.** Sein Einsatz spart Rohstoffe, Energie und Wasser.

Papier besteht vor allem aus Cellulosefasern, die meistens aus Holz gewonnen werden. Auf einer Papiermaschine verfilzen die Fasern zu einem Papierblatt.

Papier und Umwelt

Papierverbrauch. Der Gesamt-Papierverbrauch hat sich in Deutschland seit 1950 mehr als verzehnfacht! Jeder Einwohner Deutschlands verbraucht im Jahr über 200 kg Papier, Karton und Pappe. Das „papierlose Büro" hat sich somit als Wunschtraum erwiesen – eingetreten ist das Gegenteil.

	1950	1990	1995	2000
Papierverbrauch in Mio. t	1,6	15	16	19
Papierverbrauch in kg/Person	32	195	195	230

Rohstoffe. Die wichtigsten Rohstoffe für die Gewinnung von Papierfasern sind Holz, Zellstoff aus Holz und Altpapier. Der Anteil an Füll- und Hilfsstoffen beträgt 20 %. Von 1950 bis 1998 hat sich der Rohstoffeinsatz vervierfacht.

	1950	1990	1995	2000
Holz in Mio. t	5,5	12	9	8,7
Zellstoff in Mio. t	0,6	4	4	4,2
Altpapier in Mio. t	0,5	5,5	7,5	13,5

Energieverbrauch. Der Anteil von Altpapier bei der Papierproduktion ist deutlich gestiegen. Dadurch hat man trotz steigender Papierherstellung den Energieverbrauch um zwei Drittel auf 2,7 kWh/kg verringert. Das liegt daran, dass der aufwändige Prozess der Fasergewinnung aus Holz entfällt. Wenn man Altpapier mit Wasser aufschlämmt, zerfällt es und bildet schnell einen Faserbrei.

Wasserverbrauch. Durch wiederholte Nutzung des Wassers in Kreislaufsystemen wird auch der Wasserverbrauch zunehmend verringert. Je nach Papiersorte ist der Wasserverbrauch sehr unterschiedlich. Im Durchschnitt benötigt man zur Zeit 20 l/kg, 1950 waren es noch 100 l/kg.

Recyclingpapier. Wer Recyclingpapier anstelle von neuem Papier verwendet, hilft mit, Holz, Wasser und Energie zu sparen. Es ist aber nicht möglich, den gesamten Faserbedarf aus Altpapier zu decken. Altpapier lässt sich nämlich nicht beliebig oft wiederverwenden. Nach fünf- bis sechsmaligem Recycling sind die Papierfasern so kurz, dass sie nicht mehr zu einem festen Papierblatt verfilzen können. Ein 100 % geschlossener Kreislauf ist also bei Recyclingpapier nicht möglich.

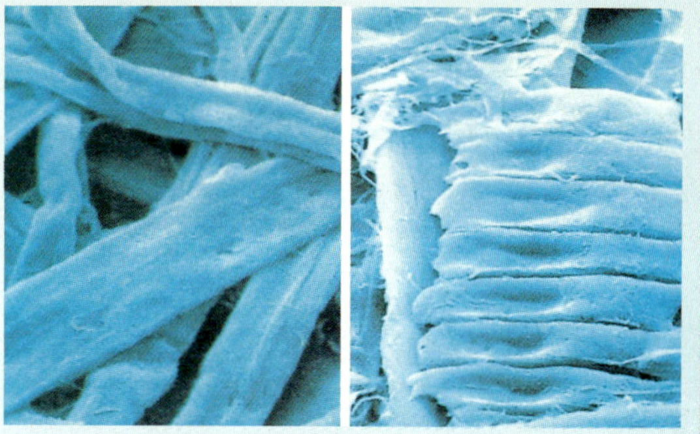

▲ *1 Links: Lange, unzerstörte Frischfasern; rechts: kürzere, teilweise gebrochene Fasern aus Altpapier*

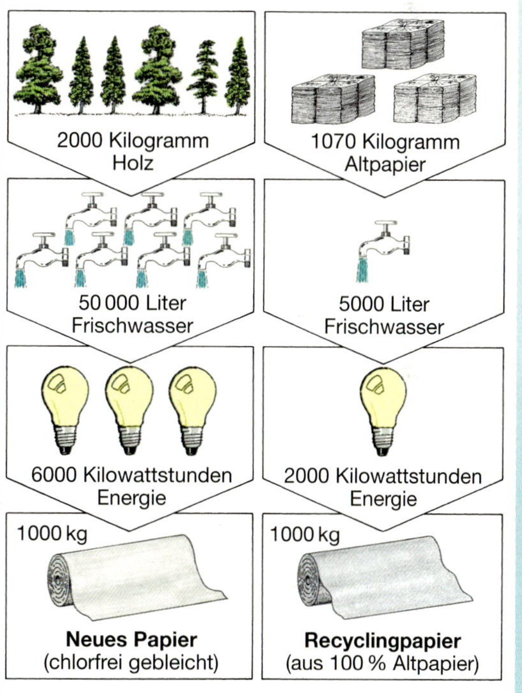

▲ *2 Was benötigt man für 1000 kg Papier? Links: Neues Papier; rechts: Recyclingpapier*

1. Der Anteil von Altpapier als Rohstoff für die Papierherstellung beträgt über 60 %. Was bedeutet das für den Verbrauch von Holz und Zellstoff? Vergleiche die Tabellen.
2. Ermittelt, wie viel Papier an eurer Schule innerhalb einer Woche verbraucht wird.

|18.2| Kunststoffe – Werkstoffe unserer Zeit

1 *In einem Auto sind bis zu 1500 Kunststoffteile enthalten.*

Kunststoffe im Auto. In einem modernen Mittelklassewagen stecken rund 160 kg Kunststoffe. Das sind 14 % des Gesamtgewichtes. Von den etwa 5000 Bauteilen bestehen ungefähr 1500 aus unterschiedlichen Kunststoffen, etwa Karosserieteile, Innenauskleidungen, Reifen, Dichtungen, Schläuche und Leitungen.

Vorteile. Kunststoffteile sind viel leichter als solche aus anderen Werkstoffen. Die Gewichtsersparnis macht sich durch einen geringeren Benzinverbrauch bemerkbar. Im Unterschied zu metallischen Werkstoffen sind Kunststoffe beständig gegenüber Wasser, Luft, Säuren und Laugen. Eine Beschichtung mit Kunststoffen schützt Metallteile also auch vor Korrosion. Elastische Kunststoffe im Autobau verringern das Verletzungsrisiko bei Unfällen.

Am wichtigsten ist, dass man Kunststoffteile preiswert und maßgeschneidert herstellen kann. Selbst kompliziert geformte Teile wie Benzintanks lassen sich maschinell in großen Stückzahlen produzieren. Komplette Armaturenbretter, die man früher mit großem Zeitaufwand aus vielen Einzelteilen montieren musste, werden heute in einem Arbeitsgang in wenigen Sekunden gefertigt.

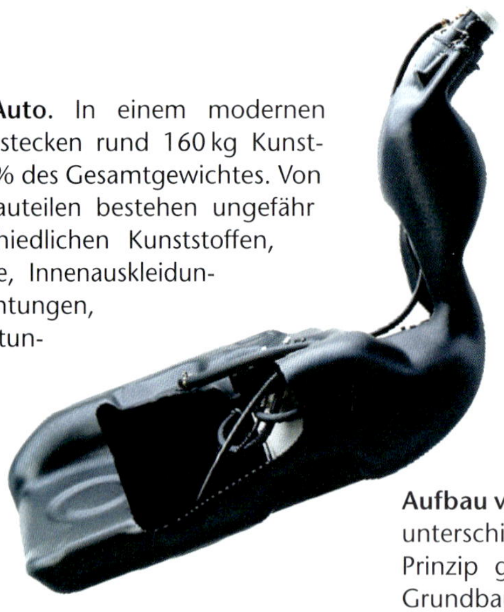

2 *Benzintank aus einem Stück*

Nachteile. Kunststoffteile sind nicht besonders hart, also kratzempfindlich und nicht sehr temperaturbeständig. Im Laufe der Zeit können sie spröde und brüchig werden, vor allem, wenn sie Sonnenlicht und Wärme ausgesetzt sind; eine Reparatur ist aber kaum möglich. Außerdem gibt es noch erhebliche Schwierigkeiten bei der Verwertung von Kunststoffmüll.

Aufbau von Kunststoffen. Trotz der großen Vielfalt unterschiedlichster Kunststoffe ist ihr Aufbau im Prinzip gleich. Viele kleine Moleküle dienen als Grundbausteine. Diese Ausgangsmoleküle heißen **Monomere**. Sie werden kettenartig miteinander verknüpft. Dabei entstehen sehr große Moleküle. Man nennt sie **Makromoleküle** oder **Polymere**. (Die Vorsilbe makro- bedeutet **lang, groß**, poly- bedeutet **viel**.)

Die Eigenschaften der verschiedenen Polymere hängen davon ab, welche Monomere man verwendet und wie diese miteinander verbunden sind. Die meisten Kunststoffmoleküle bestehen aus zehntausend- bis hunderttausend Monomeren.

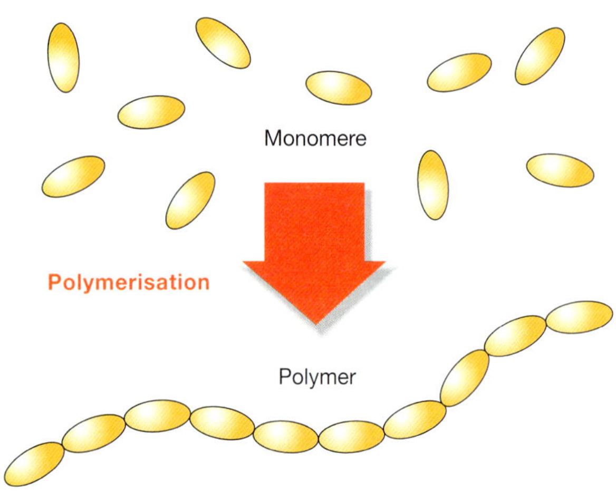

3 *Kunststoffe sind aus langen Molekülketten aufgebaut, die aus vielen kleinen Grundbausteinen entstanden sind.*

> Kunststoffe lassen sich schnell und kostengünstig herstellen. Sie werden daher vielfältig eingesetzt. Kunststoffe bestehen aus kettenartig aufgebauten Makromolekülen, die man auch als Polymere bezeichnet.

Kunststoffe für verschiedene Aufgaben

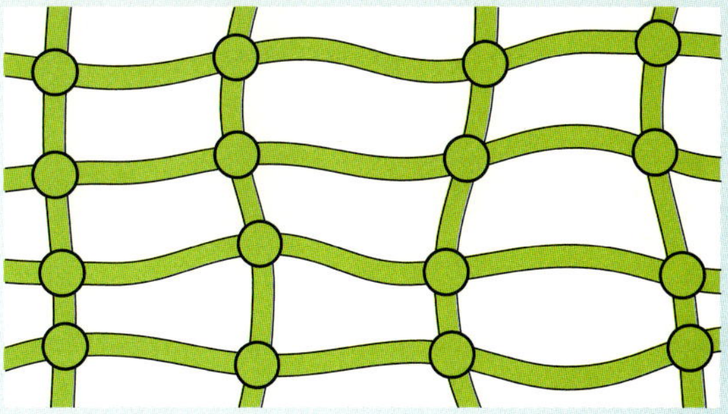

Elastomere. Armaturentafeln aus Polyurethan verhalten sich ähnlich wie Gummi. Sie lassen sich kurzzeitig dehnen oder auch zusammendrücken. Danach nehmen sie schnell wieder ihre alte Form ein. Auch in der Wärme kann man Bauteile aus Polyurethan nicht dauerhaft verformen. Sie nehmen immer wieder den Ausgangszustand ein. Bei großer Hitze zersetzen sie sich.
Kunststoffe mit diesen Eigenschaften werden als **Elastomere** bezeichnet. In ihnen sind die Ketten der Makromoleküle räumlich weitmaschig vernetzt. Durch Druck kann man die Moleküle kurzzeitig verschieben. Die Vernetzungen zwischen den Ketten sorgen dafür, dass Elastomere immer wieder ihre Ausgangsform annehmen.
Beispiele: Schaumgummi, Schaumstoffe für Dichtungen, Autoreifen, Gummisohlen.

Thermoplaste. Die Abdeckungen von Rückleuchten sind aus Plexiglas. In der Hitze werden sie weich und zähflüssig wie Honig. Der Kunststoff ist in diesem Zustand plastisch, das heißt formbar. Erweichen und Erhärten lassen sich durch Erhitzen und Abkühlen beliebig oft wiederholen.
Kunststoffe, die in der Wärme geformt werden können, nennt man **Thermoplaste.** Die Eigenschaften der Thermoplaste beruhen auf ihrer Struktur. Bei thermoplastischen Kunststoffen liegen die Ketten der Makromoleküle zum größten Teil nebeneinander. Beim Erwärmen bewegen sich die Molekülketten ungehindert und gleiten aneinander vorbei, weil zwischen den Molekülen keine Verbindungen bestehen.
Beispiele: Schüsseln, Eimer, Trinkbecher, Folienverpackungen, Plastiktüten, Abflussrohre.

Duroplaste. Radblenden aus Polyesterharz sind hart und spröde. Sie können manchen Stoß aushalten. Bei schneller Fahrt oder bei starkem Bremsen können sich Reifen und Felgen stark erwärmen. Doch selbst bei hohen Temperaturen behalten die Radblenden ihre Form. Sie können im erwärmten Zustand nicht umgeformt werden. Bei sehr großer Hitze zersetzt sich der Kunststoff.
Derartige Kunststoffe nennt man **Duroplaste.** In duroplastischen Kunststoffen sind die Makromoleküle räumlich engmaschig miteinander vernetzt. Die einzelnen Molekülketten können sich nicht aneinander vorbeibewegen.
Beispiele: Beschichtungen von Arbeitsplatten, Laminatfußböden, elektrische Schalter, Platinen.

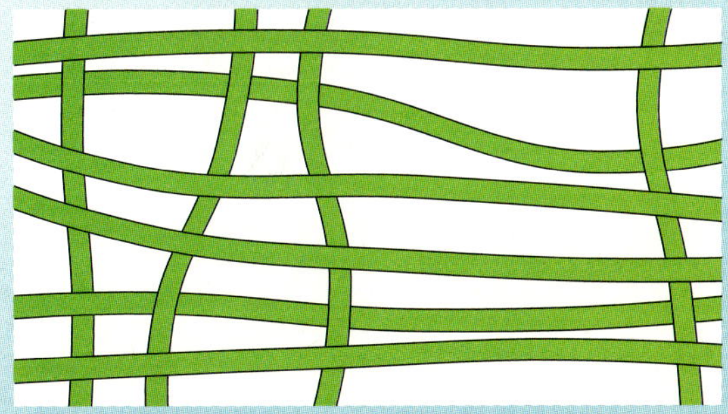

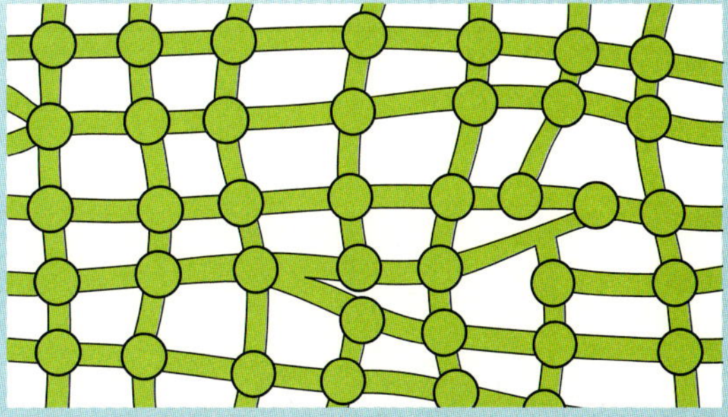

|18.3| Die Herstellung von Kunststoffen

▲ 1 *Jedes Pinguin-Paar steht als Modell für ein Molekül Ethen $CH_2 = CH_2$. Die Arme stellen die Bindungen zwischen den C-Atomen dar.*

Polymerisation. Verpackungsfolien für Lebensmittel, Tragetaschen und viele andere Gegenstände aus dem Alltag bestehen aus dem Kunststoff Polyethen (PE). Er wird durch eine **Polymerisations-Reaktion** aus dem Gas Ethen hergestellt.

Ethen-Moleküle verfügen über eine *C=C-Doppelbindung* zwischen den beiden Kohlenstoff-Atomen. Unter dem Einfluss von Katalysatoren werden diese C=C-Doppelbindungen *aufgespalten.* Die vielen Einzelmoleküle verbinden sich zu großen kettenförmigen Molekülen. Diesen Vorgang nennt man **Polymerisation:**

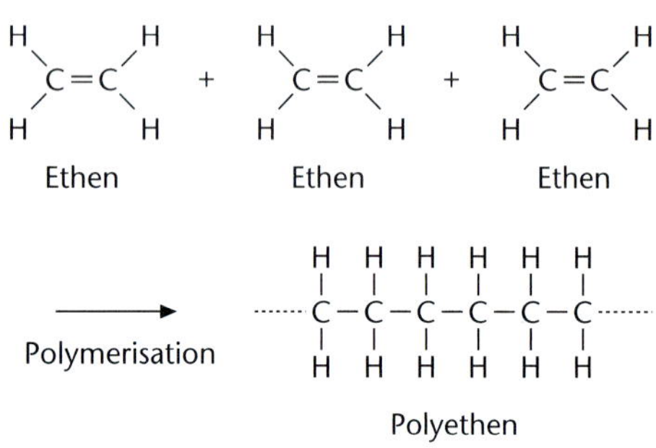

Polykondensation. Nylon ist ein Kunststoff, der vor allem für Textilfasern verwendet wird. Er wird durch eine **Polykondensations-Reaktion** hergestellt.
Dabei reagieren zwei verschiedene Stoffe miteinander, deren Moleküle an jedem Molekülende eine reaktionsfähige Gruppe enthalten. Bei Nylon reagiert die COOH-Gruppe des einen Moleküls mit der NH_2-Gruppe des anderen Moleküls. Dabei bildet sich jeweils ein Molekül Wasser. Das geschieht viele tausend Male. Man spricht hier von einer **Polykondensation**. Der Kunststoff, der dabei entsteht, heißt *Polyamid* (PA). Ein wichtiger Polyamid-Kunststoff ist beispielsweise *Nylon.*

Bei der Polymerisation reagieren viele gleiche Moleküle mit einer C=C-Doppelbindung miteinander zu einem Makromolekül. Bei der Polykondensation werden unterschiedliche Moleküle unter Abspaltung von Wasser-Molekülen zu einem Makromolekül verknüpft.

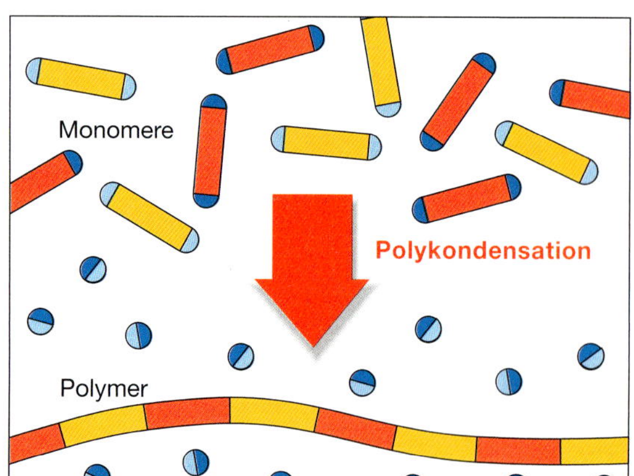

▲ 2 *Polykondensation (schematisch)*

1 Fragen zum Text

a) Erkläre die Grundprinzipien der Polymerisation und der Polykondensation.
b) Welche Unterschiede gibt es zwischen diesen beiden Reaktionstypen?
c) Zeichne einen Ausschnitt aus einem Polyethen-Molekül.
d) Was bedeutet PE beziehungsweise PA?

2 Demonstrations-Experiment

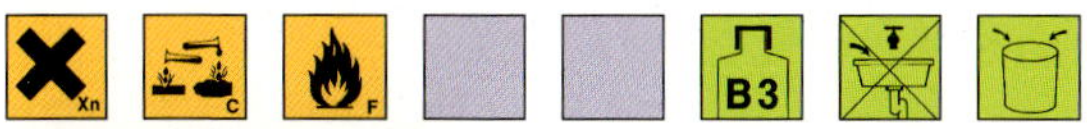

Unter dem Abzug löst man vorsichtig (Schutzhandschuhe verwenden) 3 ml Hexandisäuredichlorid (C) in 100 ml Heptan (Xn, F). Eine zweite Lösung mischt man sich aus 6 g 1,6-Diaminohexan (C), 50 ml Wasser und 0,5 g Natriumcarbonat. Man überschichtet nun vorsichtig die erste mit der zweiten Lösung. An der Grenzfläche bildet sich eine dünne Nylonschicht. Sie lässt sich mit einer stumpfen Pinzette zu einem sehr langen Faden ziehen, der sich auf einen Glasstab aufwickeln lässt.

3 Demonstrations-Experiment

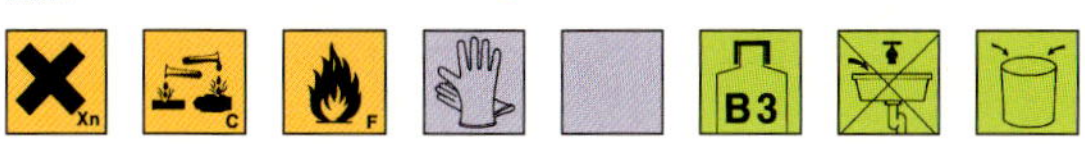

In ein Becherglas (500 ml) gibt man 33 g Desmophen-Aktivatorgemisch (C, Xn) und 50 g Desmodur (F, Xn). Man rührt so lange, bis die Gasentwicklung den Beginn der Reaktion anzeigt. Es entsteht ein Schaumkunststoff, der in der Industrie vielfältig verwendet wird (Polyurethan).

4 Theorie

Name und Kenn-Nr.	Monomere	Verwendung
Polyethen-terephthalat (PET) 01	Terephthalsäure und Ethandiol	Getränkeflaschen, Chemiefasern
Polyethen (HDPE) 02 (LDPE) 04	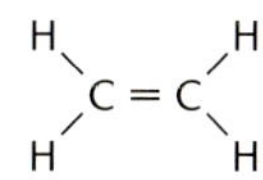	Haushaltsgegenstände; Folien, Tragetaschen
Polyvinylchlorid (PVC) 03	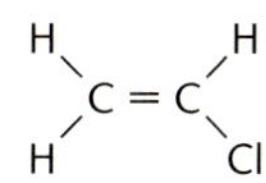	Bodenbeläge, Schläuche, Rohre, Folien
Polypropen (PP) 05	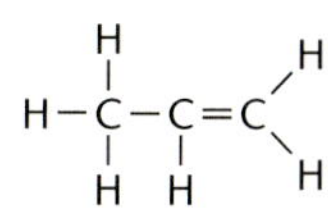	Dichtungen, Rohre
Polystyrol (PS) 06	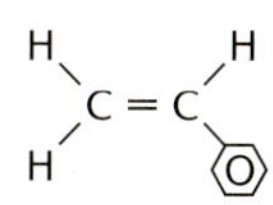	Jogurtbecher, Isolier- und Verpackungsmaterial
Polymethylmethacrylat (PMMA) O oder 07	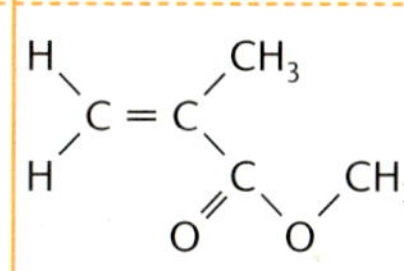	optische Linsen, Lichtkuppeln
Polytetrafluorethen (PTFE) O oder 07	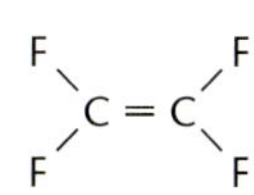	Pfannenbeschichtung, Dichtungen
Polyacrylnitril (PAN) O oder 07	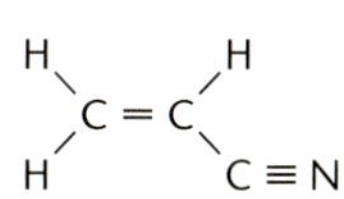	Textilfasern

a) Zeichne einen Ausschnitt aus den Molekülen Polyvinylchlorid und Polytetrafluorethen.
b) Ethen und Propen lassen sich polymerisieren. Eignen sich auch Ethan bzw. Ethanol dafür? Schreibe dazu die Formeln auf und vergleiche.
c) Polyethen gibt es in hoher Dichte (HD-PE, HD = high density) und in niedriger Dichte (LD-PE, LD = low density). HD-PE ist weich bis zäh, LD-PE ist dagegen eher zäh bis hart.
Finde mithilfe der Kennzeichnungs-Nummer heraus, welche Gegenstände aus HD-PE und welche aus LD-PE hergestellt werden.

|18.4| So werden Kunststoffe verarbeitet

Die Verarbeitung thermoplastischer Kunststoffe beginnt meistens in einer *Schmelzpresse*, einem **Extruder**. Das Gerät funktioniert ähnlich wie ein „Fleischwolf", ist aber außerdem beheizt. Von oben wird Kunststoffgranulat eingefüllt. Der Kunststoff schmilzt und wird von der sich drehenden Metallschnecke zur Öffnung transportiert. Aus der Extruderöffnung wird ein Strang aus plastischem Kunststoff gepresst. Daraus lassen sich die verschiedensten Formen herstellen (Rohre, Gefäße, Folien) – je nachdem, welche Werkzeuge vorne am Extruder angebracht sind. Sie bringen den weichen Kunststoff in die endgültige Form.

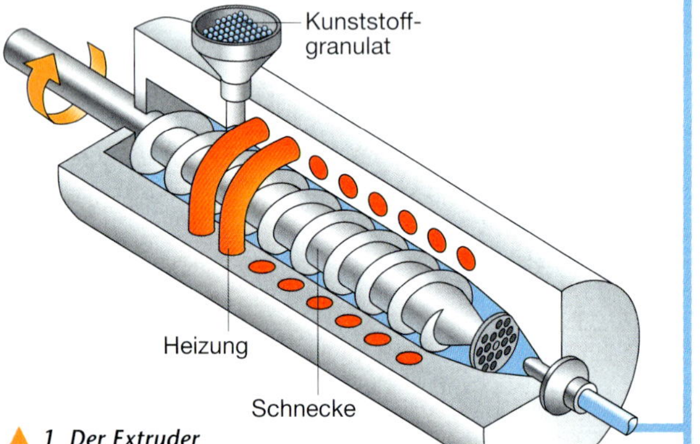

▲ *1 Der Extruder erzeugt aus Granulat einen Strang aus plastischem Kunststoff.*

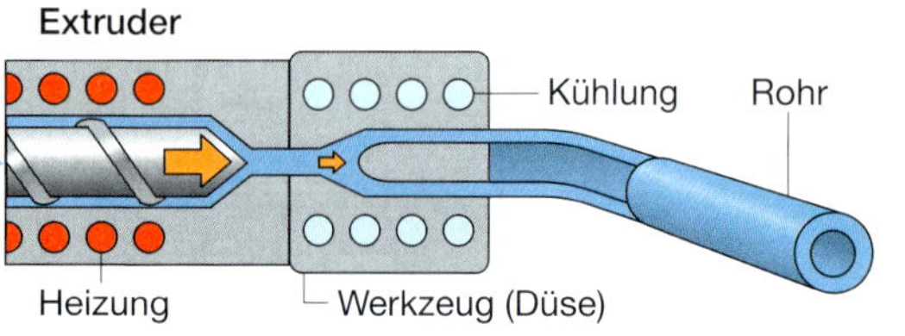

▲ *2 Strangpressen*

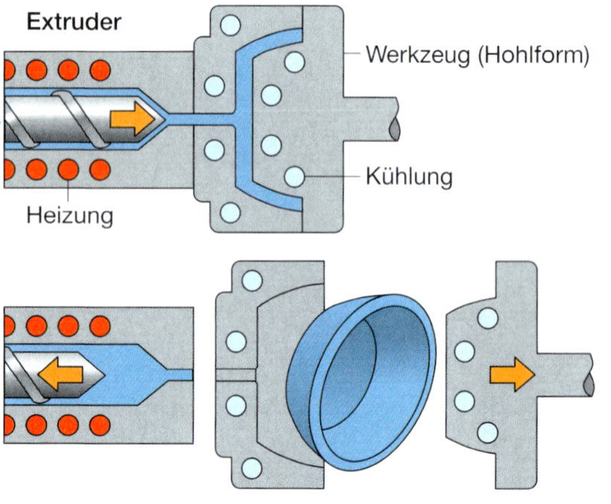

▲ *3 Spritzgießen*

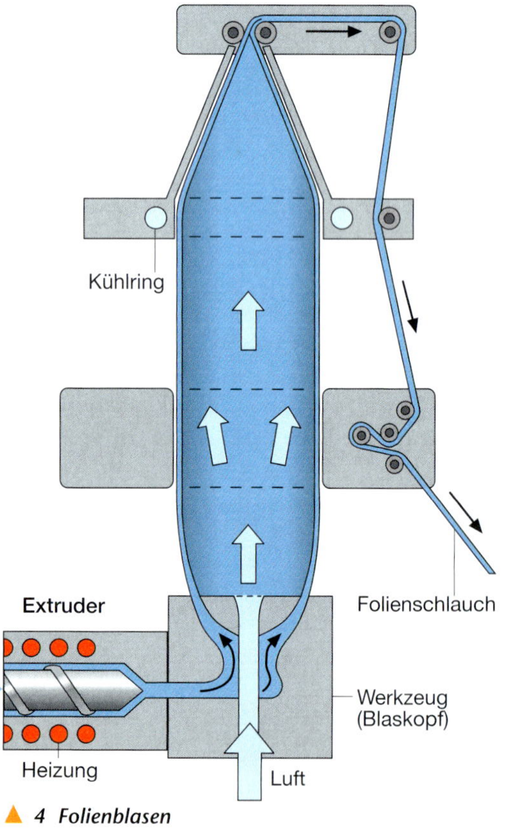

▲ *4 Folienblasen*

Beim **Strangpressen** wird der aus dem Extruder austretende Kunststoffstrang durch eine Düse gepresst. Meistens entstehen Rohre oder Stangen. Aber auch kompliziert geformte Profile können mithilfe einer entsprechenden Düse hergestellt werden.

Beim **Spritzgießen** ist das Werkzeug eine Hohlform, die aus zwei genau zueinander passenden Teilen besteht. Im ersten Arbeitsgang wird die Form mit weichem Kunststoff gefüllt, dann kühlt der Kunststoff in der Form ab. Im nächsten Schritt wird das Werkzeug geöffnet und das fertige Produkt ausgeworfen.

Beim **Folienblasen** wird das noch plastische Kunststoffrohr aus dem Extruder mit Druckluft zu einem weiten Schlauch aufgeblasen. Er wird anschließend aufgerollt. Wenn der Schlauch in regelmäßigen Abständen heiß verschweißt wird, erhält man Kunststoffsäcke.

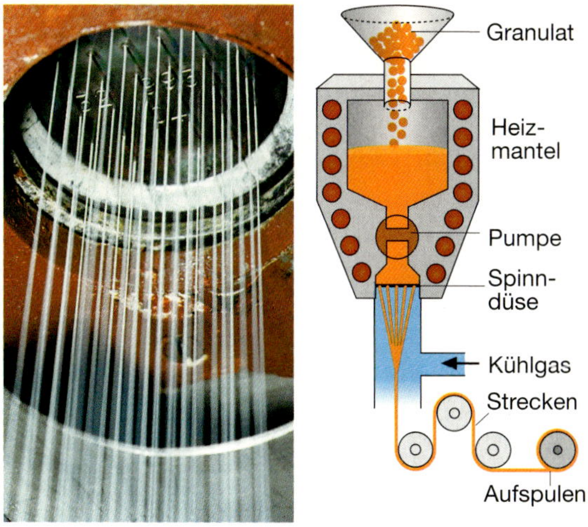

▲ *1 Fasern aus Kunststoff*

Bei der **Herstellung von Fasern** wird zunächst Kunststoffgranulat verflüssigt. Mithilfe einer Dosierpumpe wird der Kunststoff durch eine Spinndüse gepresst, die sehr feine Öffnungen enthält. Die flüssigen Kunststoffstrahlen erstarren beim Abkühlen schnell zu dünnen Fasern. Die Fasern werden dann zu einem Faden, dem Garn, zusammengefasst, durch eine Zugvorrichtung gestreckt und schließlich aufgewickelt.

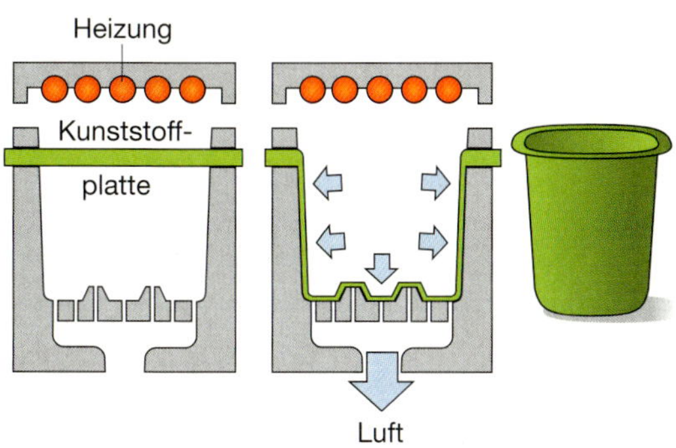

▲ *2 Vakuumformen*

Beim **Vakuumformen (Tiefziehen)** erhitzt man zunächst eine Kunststoffplatte über einer Hohlform. Dann wird die Luft aus der Hohlform abgesaugt. Vom äußeren Luftdruck wird die weiche Kunststoffplatte in die Hohlform gedrückt. Nach dem Abkühlen kann man das fertig geformte Teil entnehmen.

In einem Extruder werden plastische Kunststoffstränge hergestellt, die anschließend durch verschiedene Werkzeuge ihre endgültige Form als Rohr, Gefäß oder Folie enthalten.

1 Fragen zum Text

a) Beschreibe den Aufbau und die Arbeitsweise eines Extruders.

b) Erkläre die Herstellung eines Kunststoffbechers nach zwei Verfahren.

c) Wie kann aus Kunststoffgranulat eine Folie oder eine Faser entstehen?

2 Experiment

Erhitze in einem Becherglas Wasser, bis Dampf aufsteigt. Lass etwa 3 g Styropor P auf einem Metallsieb im Wasserdampf 20–25 Sekunden quellen. Styropor P ist treibmittelhaltiges Polystyrol. Fülle das vorgeschäumte Styropor in eine verschraubbare Metallform.
Verschließe diese fest und hänge die Form 10 min in kochendes Wasser. Löse dann das Styroporbauteil vorsichtig aus der Metallform.

3 Experiment

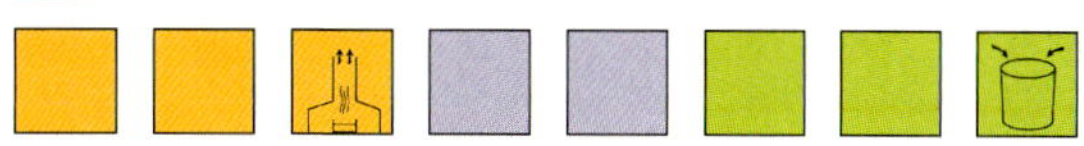

Halte einen Polystyrolbecher, der eine Beschriftung hat, vorsichtig mit einer Tiegelzange über eine Brennerflamme oder ein Heißluftgebläse. Drehe den Becher ständig und erwärme ihn von allen Seiten gleichmäßig und langsam.
Wie lässt sich das Ergebnis erklären?
Hinweis: Polystyrolbecher werden meistens durch Vakuumformen aus flachen PS-Scheiben hergestellt.

4 Experiment

Erwärme mit dem Brenner ein Stückchen Nylon auf einem Eisenblech. Versuche mit einem Draht aus der weichen Kunststoffmasse Fäden zu ziehen.

Wichtige Kunststoffe unserer Zeit

PC. Compact Discs werden aus **P**oly**c**arbonat hergestellt. Eine CD enthält die Informationen als winzige Vertiefungen in der Kunststoffoberfläche. Von einer Matrize werden bei einem Spritzgussvorgang die Informationen in Pits auf die CD übertragen. Pits sind winzige Vertiefungen von 0,1 µm, die etwa 1 µm lang sind. Nur weil das erwärmte Polycarbonat extrem dünnflüssig ist, lassen sich die winzigen Pits exakt übertragen. Von der Unterseite tastet ein Laserstrahl durch den Kunststoff hindurch die Pit-Spur von der Mitte zum Rand ab. Reines Polycarbonat ist so lichtdurchlässig, dass der Laserstrahl nicht behindert wird. Der Laserstrahl registriert die Vertiefungen. Die Lichtreflexe werden zunächst in elektrische Impulse und dann in Töne oder Bilder umgewandelt.
Bei 16 g Eigengewicht besitzt eine CD eine Speicherfähigkeit von 300 000 beschriebenen DIN A4-Seiten. Gebrauchte CDs können nicht wieder zu neuen CDs verarbeitet werden. Man kann das Polycarbonat jedoch zur Herstellung von Gefäßen und Computergehäusen nutzen.

PVC. Vor allem für die Bauindustrie ist **P**oly**v**inyl**c**hlorid ein vielseitig verwendbarer Werkstoff. PVC ist wetterfest und kann überall dort eingesetzt werden, wo der Einsatz schwer entflammbarer Baustoffe vorgeschrieben ist. Fensterrahmen, Dachrinnen, Fußbodenbeläge, aber auch Kabelisolierungen sind deshalb aus PVC hergestellt. Der Hauptvorteil des PVC ist, dass es sehr preisgünstig produziert werden kann.
Reines PVC ist hart und spröde. Erst durch verschiedene Zusatzstoffe wird es für die vielfältigen Anwendungen tauglich gemacht. Schwermetallhaltige Stabilisatoren machen PVC unempfindlich gegen das UV-Licht der Sonne. Elastische PVC-Folie erhält man erst, wenn dem Kunststoff Weichmacher beigemischt werden.
Der Einsatz von PVC wird zunehmend kritisch beurteilt, weil es bei der Abfallbeseitigung viele Nachteile hat. Als chlorhaltiger Stoff darf es ab 2005 nicht mehr deponiert werden. Bei der Verbrennung bilden sich aggressive Salzsäuredämpfe, die aus den Abgasen von Müllverbrennungsanlagen ausgewaschen werden müssen. Außerdem können beim Verbrennen Krebs erregende Dioxine entstehen.

PET. **P**oly**e**then**t**erephthalat ist eigentlich ein alter Bekannter unter den Kunststoffen. 1941 wurde das Grundmaterial entwickelt. Als Polyesterfaser kam PET unter Namen wie Trevira in den Handel und ist seitdem aus modernen Textilien kaum wegzudenken. Besonders regenabweisende, atmungsaktive, leichte Sportbekleidung besteht zum großen Teil aus PET-Fasern.
1990 begann ein zweiter Siegeszug des PET als Getränkeverpackung. Mithilfe eines neuen Verfahrens – der Feststoffkondensation – können die Molekülketten aus PET stark verlängert werden. Dadurch ist es möglich, bruchfeste, hauchdünne, extrem leichte, form- und temperaturstabile Flaschen aus PET herzustellen. Heute werden schon 50 % aller Erfrischungsgetränke in PET-Flaschen abgefüllt. PET-Flaschen kann man leicht reinigen und mehrfach benutzen. PET wird zu 100 % wiederverwertet, entweder als neue PET-Flaschen oder als Chemiefaser.

Wir untersuchen Kunststoffe

V 1: Erkennen von Kunststoffen

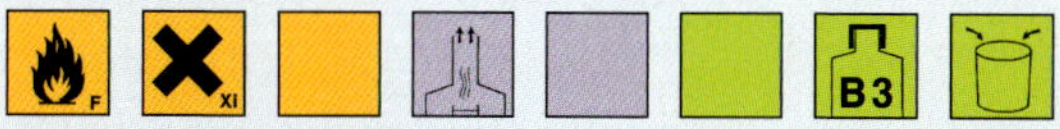

Materialien: Waage, Messzylinder, Prüfgläser (Glühröhrchen), Gasbrenner, Wattestäbchen, Universalindikator-Papier, Reagenzgläser mit Stopfen, nicht brennbare Unterlage, Schere, Tiegelzange; Aceton (F, Xi; B3), Kunststoffproben.

Durchführung: a) Prüfe Streifen verschiedener Kunststoffe durch mehrmaliges Abknicken auf ihr Bruchverhalten. Sind sie biegsam (b), elastisch wie Gummi (g) oder hart (h)?

b) Bestimme die Dichte der Kunststoff-Proben. (Dichte = Masse : Volumen; das Volumen kann man bei einfachen Körpern berechnen oder durch Wasserverdrängung in einem Messzylinder mit Wasser bestimmen. Schwimmende Proben muss man mit einem dünnen Draht unter Wasser drücken.)

c) Lass abgewogene Kunststoffproben in Reagenzgläsern mit Aceton mehrere Stunden lang verschlossen stehen. Trockne dann die Proben ab, wiege sie und beurteile die Löslichkeit.

d) Erhitze etwa 0,5 cm große, schmale Probestückchen in einem Glühröhrchen (Abzug). Gib jeweils ein angefeuchtetes Wattestäbchen in die Öffnung des Glases, sodass es an der Glaswand haftet. Beobachte das Verhalten der Kunststoffe.

Die Dämpfe einiger Kunststoffe reagieren mit Wasser sauer oder alkalisch. Überprüfe das, indem du die Wattestäbchen aus den Prüfgläsern auf Universalindikator-Papier tupfst.

e) Halte kleine Kunststoffproben mit der Tiegelzange in die Brennerflamme. Beobachte das Brennverhalten auch außerhalb der Flamme. Führe den Versuch über einer nicht brennbaren Unterlage im Abzug durch.

Aufgabe: Fasse deine Beobachtungen nach dem Muster der unten stehenden Tabelle zusammen und bestimme so deine Kunststoffproben.

Kunststoff	Bruchverhalten	Dichte in $\frac{g}{cm^3}$	Löslichkeit in Aceton	Verhalten beim Erhitzen im Prüfglas / *Reaktion der Dämpfe*	Verhalten in der Flamme / *Geruch der Verbrennungsprodukte*	Schmelzbereich in °C
Polyethen	b	0,92–0,96	u/q	wird klar, schmilzt, zersetzt sich / *neutral*	gelbe Flamme, tropft brennend ab	105–120
Polypropen	h	0,91	u			
Polystyrol	h	1,05	l	schmilzt, verdampft / *neutral*	brennt stark rußend / *süßlich*	80–100
PVC (hart)	h	1,4	u/q	schmilzt, verkohlt / *sauer*	schwer entflammbar, gelbe Flamme mit grünem Saum, rußend / *stechend, brenzlig*	75–110
PVC (weich)	g	1,2–1,3	q			
Polymethylmethacrylat (Acrylglas)	h	1,2	l	schmilzt, verdampft / *neutral*	brennt knisternd, tropft ab, leuchtende Flamme, rußend / *fruchtartig*	85–105
Polyamid	b/h	1,1	u	schmilzt, verkohlt / *alkalisch*	bläuliche Flamme, tropft fadenziehend ab / *hornartig*	185–255
Polycarbonat	h	1,2–1,4	q	schmilzt, verkohlt / *sauer*	leuchtende Flamme, rußend, brennt nicht weiter, verkohlt / *phenolartig*	220–230
Polytetrafluorethen	b	2,1	u	wird klar, schmilzt nicht / *sauer*	brennt und verkohlt nicht, grüner Flammensaum / *stechend*	320–330

▲ 1 ***Bestimmungstabelle für einige Kunststoffe** (**b** = biegsam, **g** = gummi-elastisch, **h** = hart, **l** = löslich, **u** = unlöslich, **q** = quellbar)*

|18.5| Chemie im Kleiderschrank

72 % Baumwolle, 2 % Polyacryl, 9 % Farbstoffe, 14 % Formaldehydharz, 2,7 % Weichmacher und 0,3 % optische Aufheller…

So oder ähnlich müsste eigentlich das Etikett vieler Kleidungsstücke mit der Kennzeichnung „100 % Baumwolle" aussehen. Hinter dieser Bezeichnung kann sich nämlich ein Gewebe verbergen, das beachtliche Chemikalienanteile enthält. Die Hersteller sind gesetzlich nur zur Angabe der Faseranteile verpflichtet – die bei der Verarbeitung verwendeten Hilfsstoffe können ungenannt bleiben. Völlig „chemikalienfreie" Textilien gibt es nicht.

Chemie und Kleidung. Baumwollkleidung trägt sich direkt auf der Haut sehr angenehm. Doch viele Textilveredelungsschritte sind nötig, um aus Baumwollfasern tragbare Kleidung zu machen. Bereits vor der Verarbeitung des Garns zu Gewebebahnen wird es mit Stärke oder Polyacryl künstlich gestärkt, damit es die starken Scheuerwirkungen aushält. Durch Kochen unter Druck in verdünnter Natronlauge wird der Stoff anschließend gereinigt. In Bleichbädern mit Wasserstoffperoxid wird er entfärbt. Den immer noch leicht gelblichen Farbton der Baumwolle kann man mit optischen Aufhellern zum „Verschwinden" bringen. Zum Färben tränkt man die Stoffe in Farbstofflösungen. Damit die Farbstoffe besser an der Baumwollfaser haften, sind oft Bindemittel notwendig.
Tränkt man das Gewebe mit einer Kunstharzflüssigkeit, läuft es später beim Waschen kaum noch ein – außerdem knittert es dann weniger. Diese Pflegeleicht-Ausrüstung macht die Fasern allerdings hart und kratzig. Dies kann man durch die Zugabe von Weichmachern verhindern. Man setzt dem Kunstharz dafür Pflanzenöle, Tierfette oder künstlich hergestellte Verbindungen zu. Erst dann wird der Baumwollstoff „hautsympathisch".

Eigenschaften von Natur- und Chemiefasern. *Synthetisch hergestellte Fasern* (Chemiefasern) bestehen wie Naturfasern aus langkettigen Makromolekülen. Sie besitzen aber andere Eigenschaften. Chemiefasern sind besonders reiß- und scheuerfest und deshalb sehr haltbar. Wegen der glatten Oberfläche der Fasern bleibt Schmutz an Chemiefasern nicht so leicht haften. Da die glatten Fasern aber nicht gekräuselt sind, können sie nur wenig Luft im Gewebe einschließen. Sie haben daher ein geringeres Warmhaltevermögen als Naturfasern. Chemiefasern sind aufgrund ihres chemischen Aufbaus hydrophob, speichern deshalb also nur wenig Feuchtigkeit. Sie trocknen nach dem Waschen schnell und sind weitgehend knitterfrei und formbeständig. Waschen darf man sie allerdings nur bei 30 bis maximal 60 °C.
Naturfasern sind hydrophil, nehmen daher Feuchtigkeit besser auf. Sie trocknen dafür allerdings relativ langsam. Wegen der raueren Oberfläche und der gekräuselten Struktur schließen Naturfasern mehr isolierende Luft ein und halten deshalb besser warm. Sie verschmutzen aber leichter und knittern beim Waschen.

◀ *2 So werden Stoffe gefärbt.*

Textilfasern werden in mehreren Schritten „veredelt", bevor man daraus Kleidung herstellt. Natur- und Chemiefasern unterscheiden sich in ihren Eigenschaften.

Behandlung	Wirkung	Chemikalien
Bleichen	Entfärbung	Wasserstoffperoxid
Mercerisieren	Glanz	konz. Natronlauge
Pflegeleicht-Ausrüstung	bügelfrei, kein Einlaufen	Kunstharze mit Formaldehyd
antimikrobielle Ausrüstung „sanitized"	gegen Hautpilze und Körpergeruch	Desinfektionsmittel
Hydrophobierung	wasserabweisend machen	Fluorkohlenwasserstoffe, Silicone

▲ *3 Einige Methoden zur Textilveredlung*

1 Fragen zum Text

a) Was steht auf einem Textilien-Etikett?
b) Nenne drei Methoden der Textilveredelung.
c) Erstelle eine Tabelle mit den Eigenschaften von Natur- und Chemiefasern.
d) Weshalb wärmen Naturfasern besser als Chemiefasern, trocknen aber langsamer?

2 Alltag

a) Prüfe die Wasseraufnahmefähigkeit eines Baumwolle- und eines Chemiefaserstoffes.
Gib aus einer Pipette jeweils gleich viel Wasser (z. B. 2 Tropfen) auf die Mitte der Stoffstücke und warte etwa 1 Minute. Lege jetzt jeweils ein Löschblatt auf die Stoffproben. Erkläre dein Versuchsergebnis.
b) Stoff für moderne Sportbekleidung besteht oft aus einer Schicht Baumwolle und einer Schicht Chemiefaser. Was für einen Vorteil hat das? Welche Faserschicht wird dabei direkt auf der Haut getragen?

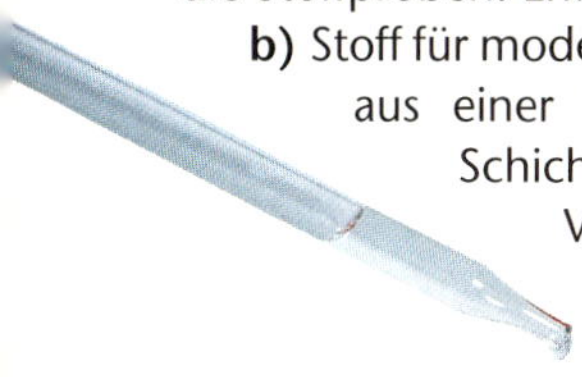

3 Experiment

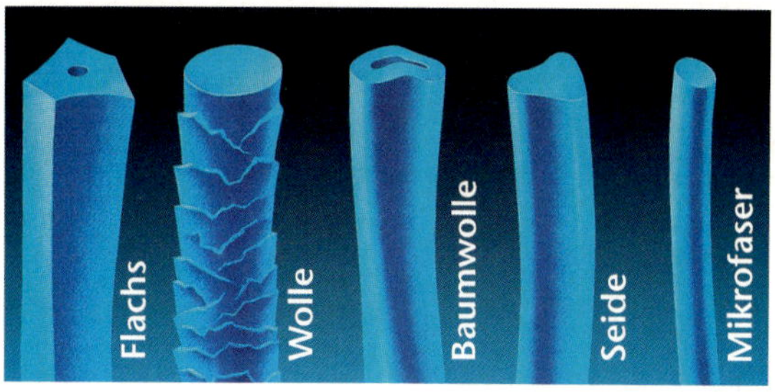

Naturfasern lassen sich durch eine Brennprobe unterscheiden. Wickle dazu jeweils einen Baumwoll-, Schafwoll-, Seiden- und Leinenfaden um ein Magnesiastäbchen. Halte es an den äußeren Rand einer kleinen Brennerflamme. Wie unterscheiden sich die Flammen, Gerüche und Verbrennungsrückstände?

4 Umwelt

Informiere dich bei Umweltverbänden und Verbraucherberatungsstellen über die Vor- und Nachteile von „Öko-Textilien".

Exkurs: Alltag

Das kleine Faser-1 x 1

Leinen besteht aus Cellulose. Es wird aus den Stängeln der Flachspflanze gewonnen. Leinen enthält bis zu 70 cm lange Cellulosefasern.

Viskose wird aus den Cellulosefasern des Holzes erzeugt. Nach dem Entfernen des Lignins wird die Cellulose in einem Gemisch aus Natronlauge und Kohlenstoffdisulfid aufgelöst. Es bildet sich eine honigartig-zähe Masse – die Viskose. Presst man die Masse durch feine Spinndüsen in Schwefelsäure, entstehen lange glänzende Cellulosefäden.

Baumwolle wird aus den Samenhaaren der Baumwollfrüchte hergestellt.
Wenn die Früchte aufplatzen, quellen etwa hunderttausend 40 mm lange Samenhaare hervor. Sie bestehen aus reiner Cellulose. Baumwolle trägt sich auf der Haut sehr angenehm. Sie kann etwa 60 % ihres eigenen Gewichts an Wasser aufnehmen.

Wolle wird aus dem Fell von Schafen gemacht. Wollhaare bestehen aus Eiweiß. Textilien aus Wolle dürfen nicht mit alkalischen Mitteln gewaschen werden, weil sonst die Fasern angegriffen werden; die Temperatur darf nicht über 30 °C liegen. Die Fasern sind stark gekräuselt und können daher besonders viel Luft einschließen. So kann Wolle besser vor Kälte schützen als alle anderen Textilfasern. Außerdem kann Wolle große Mengen Feuchtigkeit aufnehmen. Deshalb fühlt sich Wollkleidung trocken an, auch wenn man viel schwitzt.

Seide wird aus den Eiweißfäden von Seidenspinnerraupen hergestellt. Eine Raupe spinnt einen Kokon aus einem einzigen Eiweißfaden von 2000 m Länge. Seidenfäden sind sehr fein und leicht, aber dennoch elastisch; Seide ist daher relativ reiß- und scheuerfest. Seidenfäden sind nicht gekräuselt, sondern glatt. Daher hat die Seide ihren typischen Glanz.

Wetterfeste Bekleidung durch Hightech-Chemie

1 *Wetterfeste Freizeitbekleidung*

Seit einigen Jahren ist sie „in": wetterfeste Freizeitkleidung, die **w**inddicht, **w**asserabweisend und dennoch gleichzeitig **a**tmungsaktiv ist, sogenannte **WWA**-Kleidung. Regenwasser wird abgehalten, Wasserdampf (Schweiß) kann aber trotzdem durch den Stoff von innen nach außen gelangen. Textilien mit diesen widersprüchlichen Eigenschaften kann man tatsächlich herstellen: *Mikrofasern* und spezielle *Membranen* machen es möglich.

Mikrofasern. Mikrofasergewebe besteht aus Chemiefasern. Die Fasern werden mithilfe feinster Spinndüsen aus Polyamiden und Polyestern hergestellt. Mit acht tausendstel Millimetern Durchmesser sind sie nur halb so dick wie die schon sehr dünnen Fasern der Seide. Eine Mikrofaser rund um den Äquator gelegt würde nur etwa drei Kilogramm wiegen!
Gerade weil die Mikrofasern sehr klein sind, lassen sich so feine Gewebe herstellen, dass nur noch winzige „Lücken" im Stoff bleiben. Wassertropfen können nicht durch das Gewebe gelangen, weil sie 300-mal größer sind als die Poren. Andererseits sind die Poren groß genug, um verdunstende Wassermoleküle nach draußen entweichen zu lassen.

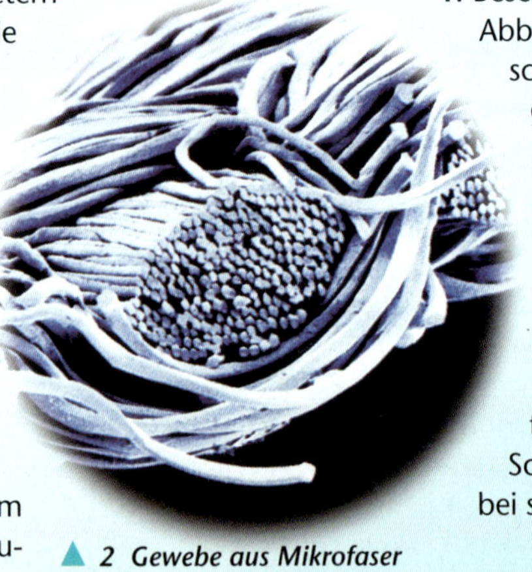

2 *Gewebe aus Mikrofaser*

Membranen. Hier erreicht man die gewünschten Eigenschaften durch eine mikroporöse Membran, die man auf die Innenseite der Stoffe klebt. Es gibt inzwischen mehrere verschiedene Membrantypen.

Bei der *Goretex*-Membran handelt es sich um eine hauchdünne Folie (Dicke nur 0,02 mm!) aus Teflon (Polytetrafluorethen). Das Material ist vor Jahren als Bratpfannenbeschichtung bekannt geworden. Durch Strecken bilden sich in der Folie feinste Poren, etwa 1,4 Milliarden pro Quadratzentimeter! Sie haben einen Durchmesser von nur 0,00002 mm – unvorstellbar klein, doch groß genug, um Wassermoleküle hindurchzulassen.

Die *Sympatex*-Membran besteht aus einer 0,015 mm dicken Polyester-Folie, die völlig porenlos ist. Schon 20 g der Folie reichten für einen ganzen Anorak. Die Oberfläche ist wasserdicht. Der verdunstende Schweiß wird nur an der Faseroberfläche vom Polyester aufgenommen und nach draußen geleitet.

1. Beschreibe, was auf den drei Abbildungen zu den Eigenschaften von WWA-Gewebe gezeigt wird. Versuche auch zu erklären, wodurch diese Eigenschaften zustande kommen.
2. Vergleiche klassische Regenbekleidung mit WWA-Kleidung.
3. Weshalb kann man trotz WWA-Kleidung ins Schwitzen kommen, etwa bei sportlicher Betätigung?

3 *Moderne wetterfeste Kleidung ist winddicht, wasserabweisend und dennoch atmungsaktiv.*

|18.6| So stellt man Gummireifen her

Von einem Reifen wird eine Menge verlangt: Er soll ein Fahrzeug bei jedem Wetter, bei schneller Fahrt, in Kurven und auch beim Bremsen sicher in der Spur halten. Dazu soll er auch noch lange halten und einen geringen Treibstoffverbrauch ermöglichen. Dass ein Reifen dies alles leisten kann, liegt in der besonderen Stoffmischung, aus der Gummireifen hergestellt werden.

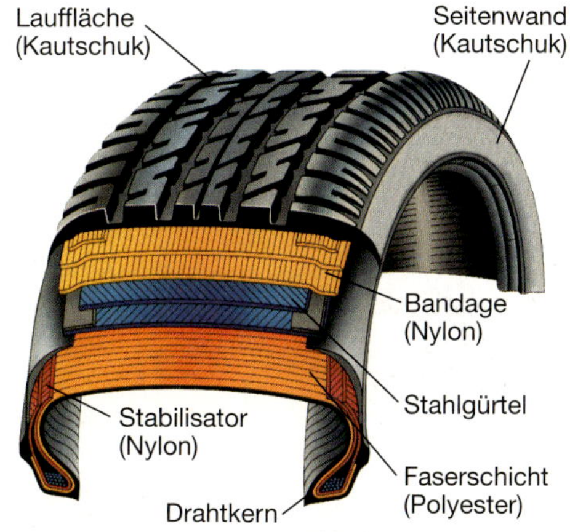

▲ *1 Aufbau eines Autoreifens*

Rohstoffe. Der wichtigste Rohstoff ist **Kautschuk**. Man gewinnt ihn aus verschiedenen Gummibaumarten. Ritzt man die Rinde der Bäume an, fließt eine weißliche Flüssigkeit heraus, Latex. Sie enthält feine Kautschuktröpfchen, die mit Essig versetzt zu einem Klumpen gerinnen.
Kautschuk wird seit 1937 aber auch in großen Mengen aus Erdölprodukten synthetisch hergestellt. Beide Kautschuksorten sind Polymere, in deren Makromolekülen C=C-Doppelbindungen enthalten sind.
Bis zu einem Drittel des Reifengewichtes macht der Rohstoff **Ruß** aus. Er ist für die Festigkeit und Haltbarkeit des Reifens verantwortlich. Schwefel ist entscheidend für die Elastizität. Zu diesen Hauptrohstoffen kommen noch viele andere Chemikalien wie *Kreide, Harze, Weichmacher* und *Alterungsschutzmittel.*

Reifenherstellung. Ein Reifen wird aus einem Dutzend unterschiedlicher Bauteile zusammengesetzt. Für jedes Reifenelement gibt es eine spezielle Gummimischung, denn es müssen verschiedene Anforderungen erfüllt werden. So müssen die Seitenwände besonders elastisch, die Laufflächen dagegen rutschfest und abriebfest sein.
In großen Mischern verknetet man große Kautschukwürfel mit den anderen Chemikalien und walzt sie zu „Fellen" aus. Der Laufstreifen – er erhält später das Profil – ist dicker als die anderen Vorprodukte und enthält am meisten Ruß. Ohne Ruß wäre ein Reifen schon nach wenigen Kilometern „abgerubbelt" wie ein Radiergummi. Einlagen aus Textilgewebe, Stahlfäden und Stahlseilen stabilisieren den Reifen. Reifenbauer setzen die Vorprodukte zu Rohlingen zusammen. Dabei ist auch heute noch sehr viel Handarbeit erforderlich.

Vulkanisation. Rohkautschuk ist zäh und klebrig. Dauerhaft gummielastisch wird das Material erst durch die Vulkanisation. In einer Heizpresse schmoren die Reifenbauteile etwa 10 Minuten lang bei 150 °C in einer Reifenform aus Edelstahl. Erst jetzt wird aus dem zähen Kautschuk elastisches Gummi. Dieser Vorgang heißt **Vulkanisation**. Bei der Vulkanisation bilden Schwefel-Atome feste Bindungen zwischen den kettenartigen Kautschuk-Molekülen; man nennt sie *Schwefelbrücken.* Gleichzeitig erhalten die Gummireifen in der Heizpresse ihre äußere Form und ihr Profil, ganz ähnlich wie der Kuchen in einer Backform.

Gummireifen macht man vor allem aus Kautschuk, Ruß und Schwefel. Kautschuk besteht aus kettenartigen Molekülen, die bei der Vulkanisation über Schwefelatome miteinander vernetzt werden. So entsteht ein gummi-elastisches Material.

▲ *1 Vulkanisation von Autoreifen*

1 **Fragen zum Text**

a) Wie gewinnt man Kautschuk?
b) Welche Funktion haben die drei wichtigsten Rohstoffe für die Reifenherstellung?
c) Was geschieht bei der Vulkanisation?

|18.7| Klebstoffe: Haften und Halten

Kaum zu glauben: Ein handelsüblicher Alleskleber hält hier ein echtes Holzhaus! Dennoch würden sich die meisten Menschen wohl nicht so gerne darunter stellen. Man erinnert sich da vielleicht an abgefallene Kleiderhaken im Badezimmer und erfolglos geklebte Tassenhenkel.
Doch Kleben ist oft besser als Nageln, Nieten oder Schrauben, weil das Werkstück dabei nicht verletzt wird. In einem modernen Auto kann man deshalb bis zu 70 m Klebenähte finden, für die etwa 15 kg Kleber verbraucht werden. Allerdings ist das Recyclingproblem noch nicht geklärt.

Warum klebt ein Klebstoff?
Haften und Halten, das sind die wichtigsten Eigenschaften, die ein Klebstoff haben muss. Zum einen muss er die Materialien gut benetzen und gut darauf haften. Das nennt der Fachmann **Haftvermögen** oder auch **Adhäsion**. Flüssige Klebstoffe können besonders gut in die mikroskopisch kleinsten Unebenheiten der Oberfläche eindringen.
Zum anderen muss der Klebstoff in sich selbst fest zusammenhalten. Er muss also über eine große **innere Festigkeit** verfügen; man nennt das **Kohäsion**. Sie entwickelt sich erst, wenn der Klebstoff aushärtet.
Es sind vor allem Kunststoffe aus stabilen Makromolekülen, die diese Eigenschaften haben.

Klebstoffarten. Man unterscheidet zwei große Gruppen von Klebstoffen: die *chemisch abbindenden* und die *physikalisch abbindenden.*
Chemisch abbindende Klebstoffe werden fest, weil eine chemische Reaktion stattfindet; man nennt sie auch **Reaktions-Klebstoffe**. Der eigentliche Klebstoff entsteht erst beim Aushärten durch Polymerisation. So bilden sich in kurzer Zeit besonders feste und dauerhafte Verbindungen. Bei *Zweikomponenten-Klebstoffen* gibt man einen Härter hinzu, der die Reaktion in Gang bringt. Bei *Einkomponenten-Klebstoffen* kommt der Reaktionsauslöser aus der Umgebung. Das kann Sauerstoff aus der Luft, Feuchtigkeit oder sogar Licht sein.
Bei **physikalisch abbindenden** Klebstoffen sind die Klebstoffmoleküle meist in Lösungsmitteln gelöst. Beim Trocknen verdunstet das Lösemittel, der Klebstoff härtet aus. Dabei verknäueln sich die Makromoleküle und bilden eine zähe Masse, die immer härter wird.
Oft braucht man Klebstoffe, die nicht ganz hart werden sollen, zum Beispiel für Klebebänder, Pflaster und Aufkleber, die sich wieder ablösen lassen. Sie enthalten in der Regel Kautschuk. Er wird erst nach langer Zeit hart und spröde.

Klebstoffe bestehen meistens aus Makromolekülen. Sie wirken durch gutes Haftvermögen (Adhäsion) und große innere Festigkeit (Kohäsion).

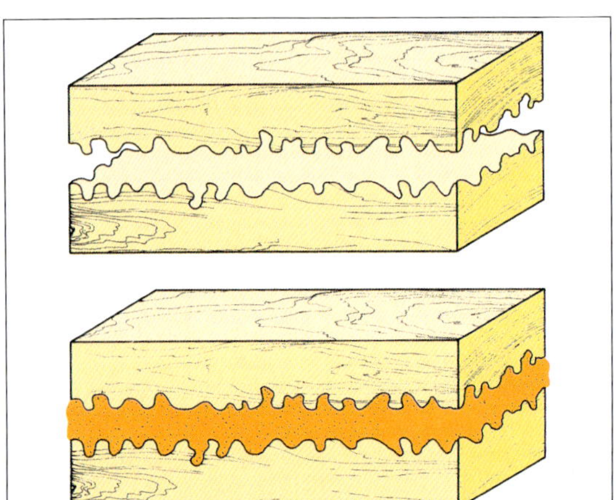

▲ 2 *Ein Klebstoff sollte bis in die kleinsten Unebenheiten des Materials eindringen.*

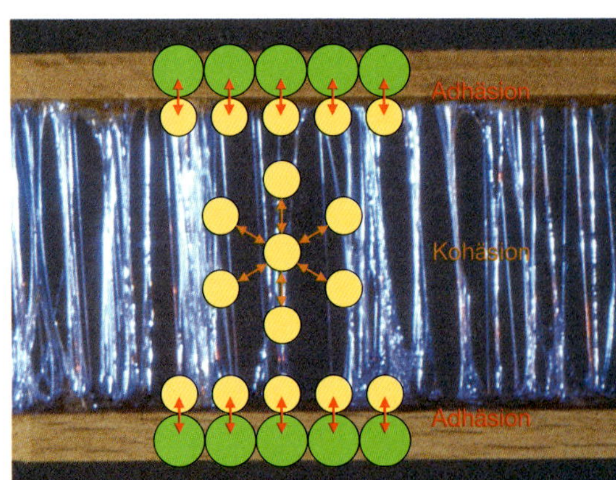

▲ 3 *Beim Kleben treten Adhäsions- und Kohäsionskräfte auf.*

1 Fragen zum Text

a) Welche Eigenschaften muss ein Klebstoff haben?
b) Weshalb sind die meisten Kleber flüssig?
c) Was sind Adhäsions- und Kohäsionskräfte?
d) Auf welche Weise härten Klebstoffe aus?

2 Experiment

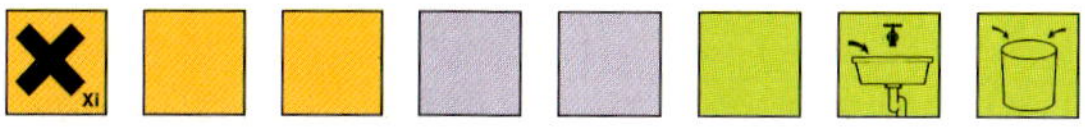

Früher konnten als Klebstoffe nur Naturprodukte wie Stärke oder Eiweiß verwendet werden.

a) Gib 5 g Kartoffelstärke in 50 ml Wasser. Erhitze unter Rühren bis zum Sieden und lass die Flüssigkeit dann abkühlen.

b) Verrühre 10 g Casein (Milcheiweiß) mit 25 ml verdünnter Natronlauge (Xi).

c) Verklebe mit den beiden Leimen Papierstreifen und kleine Holzstückchen.

3 Experiment

Modellversuch für einen Lösemittelklebstoff: Koche eine kleine Menge Spaghetti. Gieße das Wasser ab und warte einige Minuten, bis die Nudeln klebrig werden. Gib die Nudeln dann zwischen zwei gut gereinigte Holzbrettchen und lagere sie unter Druck bis zum nächsten Tag.

a) Wie fest halten die Brettchen zusammen? Vergleiche mit der Wirkung von Holzleim.

b) Welche Funktion haben in diesem Modellversuch die Nudeln, welche das Wasser?

4 Experiment

Schneide ein Stück Polyethenfolie so zurecht, dass es etwa der Größe vorhandener Glasplatten entspricht. Reinige die Folie auf beiden Seiten mit Spiritus. Erhitze zwei Glasplatten beispielsweise auf einer Heizplatte auf 60 °C bis 70 °C. Lege schnell die Folie zwischen die warmen Platten und drücke sie kurz und kräftig zusammen. Überprüfe nach dem Abkühlen die Haftung zwischen den Glasplatten.

Exkurs: Medizin

Im OP: Kleben statt Nähen!

Medizinische Klebstoffe ersetzen immer öfter Nadel und Faden. Um etwa ein blutendes Magengeschwür zu versorgen, wird inzwischen sehr oft die Wunde „einfach" zugeklebt. Man verwendet hierzu einen *Fibrinkleber.*

Diese Idee hat man der Natur abgeschaut: Fibrin ist ein körpereigener Eiweißstoff, der auch bei der Blutgerinnung im Körper aus den Vorläuferstoffen Fibrinogen und Thrombin entsteht. Es bildet sich dann ein stabiles Eiweiß-Fasernetz, das die Wunde verschließt.

Besonders bei Operationen an Leber, Milz oder Niere wird der „Bio-Klebstoff" gern verwendet, weil sich diese Organe wegen ihrer schwammigen Struktur nur schwer nähen lassen.

▲ *3 Das Fibrin-Fasernetz verschließt die Wunde.*

Dieser Klebstoff hat Vorteile: Er ist sehr gut verträglich und wird nach einiger Zeit vom Körper wieder rückstandslos abgebaut; so wird das Fädenziehen unnötig. Allerdings dürfen mit Fibrin geklebte Wunden keinen großen Spannungen ausgesetzt sein, weil sie nicht so fest halten wie Operationsnähte. Für Hautwunden eignet sich der Klebstoff daher nur bedingt.

Eine Gefahr, die bei der Verwendung von Stoffen aus Blutplasma nie ganz auszuschließen ist, besteht darin, dass sie Krankheitskeime wie zum Beispiel Viren enthalten können. Um diesen Nachteil auszuschalten, entwickelt man bereits keimfreie synthetische Klebstoffe, die sich für lebendes Gewebe eignen.

|18.8| Kunststoff-Verwertung – nicht ohne Probleme

Jedes Jahr werden in Deutschland etwa 11 Millionen Tonnen Kunststoffe produziert. Als Abfallkunststoffe fallen rund 3 Millionen Tonnen an. Davon gelangen 1,7 Millionen Tonnen in den Hausmüll – meistens weggeworfenes Verpackungsmaterial.

Ein beachtlicher Teil der Kunststoffe im Hausmüll landet immer noch auf **Deponien**. Doch der Deponieraum ist begrenzt und es ist äußerst schwierig, neue Deponien einzurichten. Auf Deponien werden gewöhnliche Kunststoffe außerdem praktisch nicht abgebaut.

Gesetze schreiben deshalb inzwischen vor, dass ein bestimmter Teil der Kunststoffverpackungen **wiederverwertet** werden muss. Störend für eine bessere Verwertbarkeit der Kunststoffe im Hausmüll ist die starke Vermischung mit vielen anderen Stoffen.

Bei der Herstellung von Kunststoffen werden große Mengen an Energie und Rohstoffen eingesetzt. Einen Teil davon kann man bei der Verwertung wiedergewinnen.

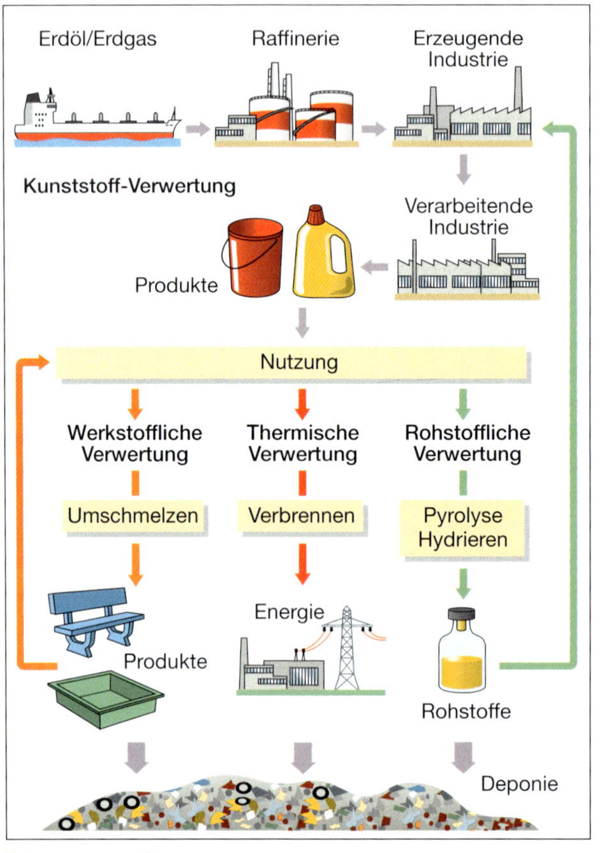

▲ *1 Kunststoff-Verwertung*

Werkstoffliche Verwertung. Aus thermoplastischen Kunststoffen lassen sich durch **Umschmelzen** neue Kunststofferzeugnisse herstellen. Eine 100 %-ige Verwertung ist aber nur möglich, wenn sortenreine und saubere Kunststoffabfälle in großen Mengen anfallen. Im Hausmüll hat man aber vermischten Kunststoffabfall. Außerdem lassen sich oft nur Produkte mit verminderter Qualität herstellen, weil bei jedem Schmelzvorgang die Ketten der Makromoleküle etwas verkürzt werden.

Thermische Verwertung. In Müllverbrennungsanlagen werden Kunststoffe zusammen mit anderen Stoffen **verbrannt** und so zur Gewinnung von Wärme genutzt. Die Kunststoffe verbrennen vor allem zu Kohlenstoffdioxid und Wasser. Kritisch ist die Verbrennung von PVC zu beurteilen. Aus chlorhaltigen Kunststoffen entwickeln sich bei der Verbrennung Salzsäure und geringe Mengen hochgiftiger Dioxine. Die Abluft muss deshalb in aufwändigen Filteranlagen gereinigt werden.

Rohstoffliche Verwertung. Hierbei **spaltet** man die **Makromoleküle** der Kunststoffe in die Ausgangsmonomere **auf**. Sie können dann wieder zur Herstellung neuer Kunststoffe dienen.

Bei der **Pyrolyse** erhitzt man Kunststoffabfälle unter Luftabschluss auf 700 °C. Dabei verbrennen sie nicht, sondern werden chemisch zerlegt. Die Ausbeute und die Qualität der Pyrolyseprodukte sind allerdings nicht zufriedenstellend.

Bei der **Hydrierung** werden die Kunststoffe zusammen mit Wasserstoff und Katalysatoren unter Druck erhitzt. Man erhält Rohöl-ähnliche Produkte in guter Qualität, die man dann weiter aufarbeiten kann.

Beide Verfahren sind allerdings sehr aufwändig und bisher noch nicht wirtschaftlich. Neue Kunststoffe aus Erdöl zu gewinnen ist immer noch billiger, als sie aus Altkunststoffen herzustellen.

Werkstoffliche, thermische und rohstoffliche Verwertung sind Verfahren zur Verwertung von Kunststoffabfällen.

1 Fragen zum Text

a) Was erschwert die werkstoffliche Verwertung?
b) Weshalb ist der Begriff „thermisches Recycling" für das Verbrennen von Kunststoffen falsch?
c) Welche Vorteile bringt die Verwertung?

Kunststoffe für die Zukunft – aus nachwachsenden Rohstoffen?

Aus **Naturstoffen** wie *Cellulose* und *Stärke* lassen sich Kunststoffe herstellen, die **biologisch abbaubar** sind. Würde man sie für Kunststoffverpackungen einsetzen, könnte das die Entsorgung des Verpackungsmülls wesentlich erleichtern – denn die Natur entsorgt sich selbst:
Mikroorganismen wie Bakterien und Pilze „knacken" die Makromoleküle der Bio-Kunststoffe und verwerten die Bruchstücke als Nahrung. Übrig bleiben lediglich Kohlenstoffdioxid, Wasser und Humus. Schon innerhalb weniger Wochen sind die Kunststoffe „verschwunden". Ein weiterer Vorteil: Verwendet man Cellulose und Stärke als **nachwachsende Rohstoffe** für Verpackungen, kann man das sonst dafür verwendete Erdöl einsparen.

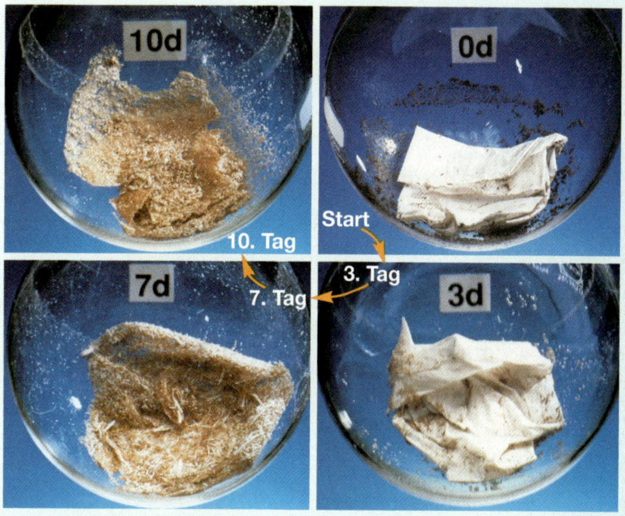

▲ 1 *Bakterien fressen eine cellulosehaltige Folie.*

Vom Baum zur Folie. Aus Holz gewonnene *Cellulose* kann durch einen chemischen Trick in eine Folie umgeformt werden. Sie hat thermoplastische Eigenschaften und ist besonders zur Entsorgung lebensmittelhaltiger Abfälle geeignet. Die Folie verschließt die Reste der Lebensmittel luftdicht, verhindert so den üblen Geruch der Mülltonne und verrottet zusammen mit den Abfällen.

Von der Zuckerrübe zur Flasche. Bakterien mit dem Namen Alcaligenes eutrophus produzieren, wenn sie reichlich mit Traubenzucker „gefüttert" werden, als Speicherstoff *Polyhydroxybuttersäure (PHB).* Daraus lässt sich ein Kunststoff herstellen, der ähnliche Eigenschaften wie thermoplastisches Polypropen besitzt.
Der Vorteil: Der PHB-Kunststoff ist biologisch abbaubar.

Von der Kartoffel zum Geschirr. Aus der *Stärke* von Kartoffeln können Chemiker Einweggeschirr herstellen, das nach Gebrauch als Viehfutter verwendet werden kann. Man könnte es sogar essen.

Ob sich diese „Kunststoffideen" langfristig durchsetzen werden, kann niemand vorhersagen. Es kommt dabei auch sehr auf die Wirtschaftlichkeit an.

Trainer

1 Erkläre die Bedeutung der abgebildeten Stoffe für die Papierherstellung.

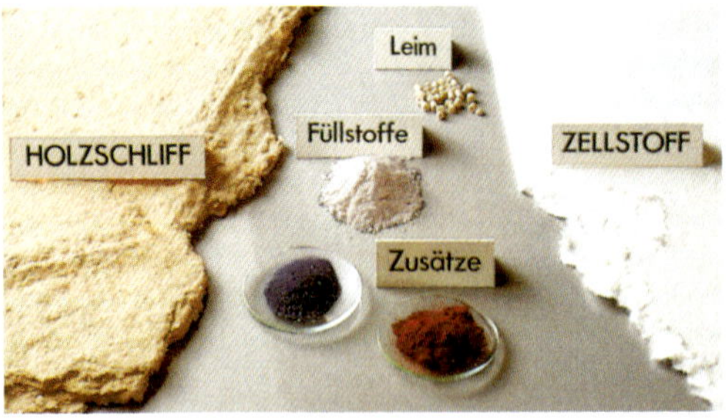

2 Erkläre den Unterschied zwischen holzfreiem und holzhaltigem Papier.

3 Wie ist es möglich, dass man besonders hochwertiges Papier wie Geldscheinpapier aus Baumwolle herstellen kann?

4 Die Abbildung zeigt drei Gegenstände aus verschiedenen Kunststoffarten. Ordne diese Produkte unterschiedlichen Kunststoffgruppen zu und begründe deine Entscheidung.

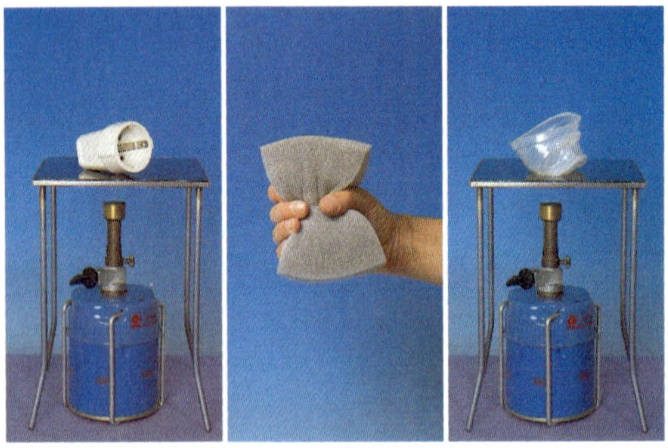

5 Erstelle eine Liste mit Vor- und Nachteilen von Kunststoffen.

6 Erkläre den Unterschied zwischen Polymerisation und Polykondensation.

7 a) Erkläre das Schmelzspinnverfahren.
b) Beschreibe die Arbeitsweise eines Extruders.

8 a) Vergleiche Aufbau und Eigenschaften von Naturfasern und Chemiefasern.
b) Nenne Vor- und Nachteile bei der Verwendung der Fasern in Kleidungsstücken.

9 Was bedeuten die folgenden Beschriftungen auf Etiketten und Kleidungsstücken? Baumwolle, Mercerisierte Baumwolle, Teflon, Sanitized.

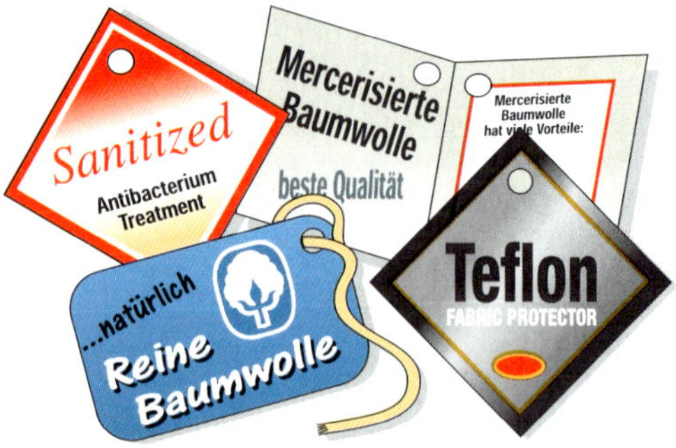

10 Erkläre mithilfe der Abbildung, wie doppelschichtiges Gewebe aus Baumwolle und Chemiefasern den Schweiß besser vom Körper wegleitet als einschichtiges Gewebe.

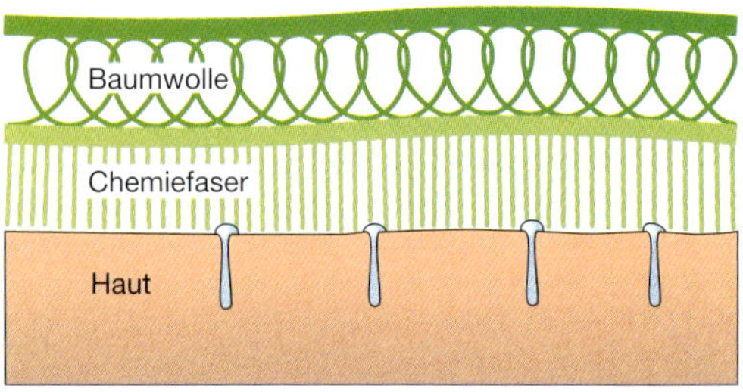

11 Erkläre die Begriffe Adhäsions- und Kohäsionskräfte.

12 Zu welchen Klebstoffarten gehören sowohl Einkomponenten- als auch Zweikomponentenkleber? Begründe deine Antwort.

13 Wie funktionieren Lösemittelkleber?

14 Erkläre den Vorgang der Vulkanisation und seine Bedeutung.

15 Welche großtechnischen Verfahren werden zurzeit eingesetzt, um die ständig wachsende Menge der Kunststoffabfälle zu verwerten?

16 Welche Vorteile haben biologisch abbaubare Kunststoffe aus nachwachsenden Rohstoffen?

→ **Papier** wird aus Cellulosefasern hergestellt, die man vor allem aus Holz gewinnt. Die Fasern verfilzen auf großen Sieben und werden anschließend mit Füllstoffen und Leim versetzt. Der Einsatz von Altpapier spart Rohstoffe und Energie.

→ **Kunststoffe** bestehen aus kettenartig aufgebauten Makromolekülen, den **Polymeren.**

a) Polymerisation: Viele gleiche Moleküle reagieren unter Aufspaltung einer C=C-Doppelbindung miteinander:

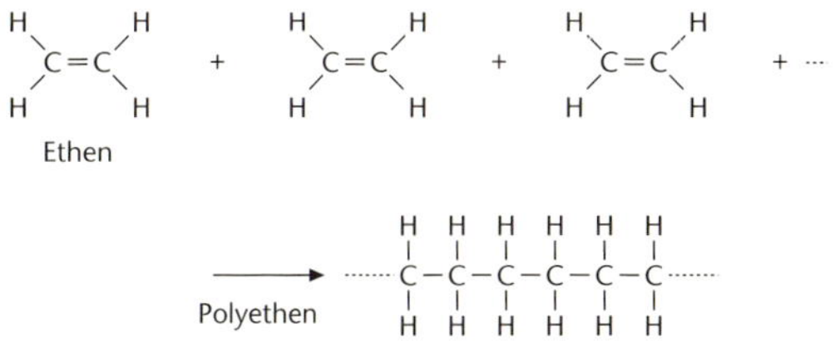

b) Polykondensation: Moleküle reagieren unter Abspaltung von Wassermolekülen zu einem Makromolekül:

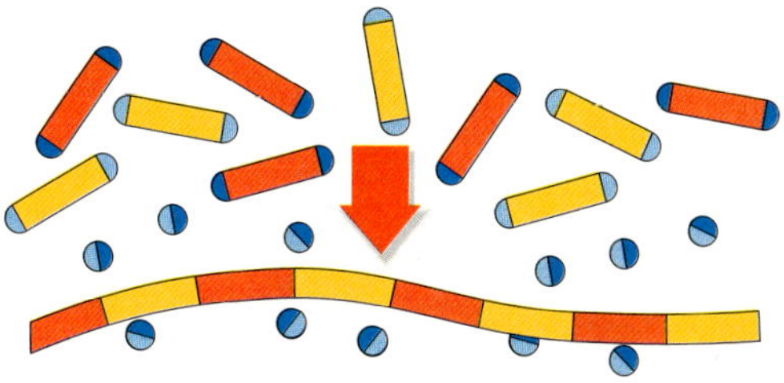

Thermoplaste	Duroplaste	Elastomere
Molekülketten fadenförmig oder wenig verzweigt	Molekülketten eng vernetzt	Molekülketten weitmaschig vernetzt
nach Erwärmen beliebig oft verformbar	hart, spröde; zersetzen sich beim Erhitzen	gummi-elastisch; zersetzen sich beim Erhitzen
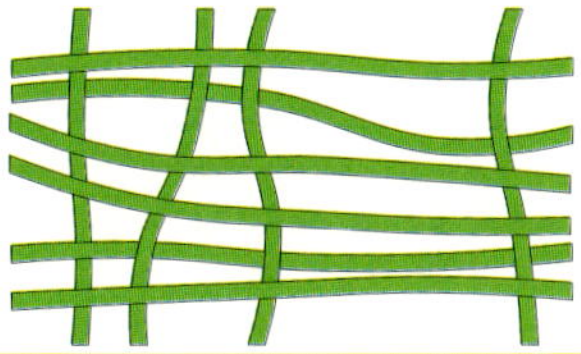	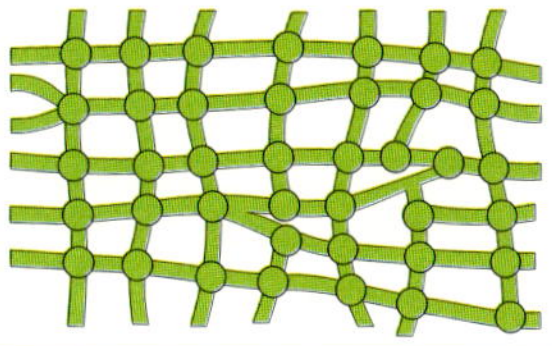	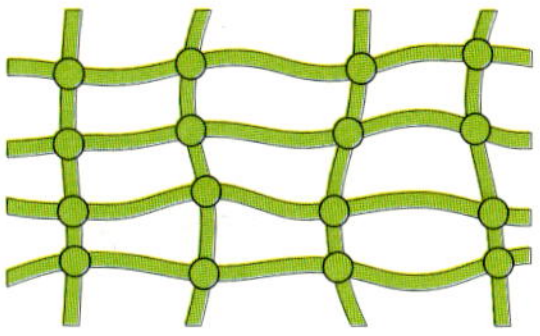

→ **Verarbeitung von Kunststoffen:** In einem Extruder wird Kunststoffgranulat geschmolzen und zu einem Strang gepresst. Mithilfe verschiedener Werkzeuge werden daraus Rohre, Gefäße, Folien oder andere Formen hergestellt.

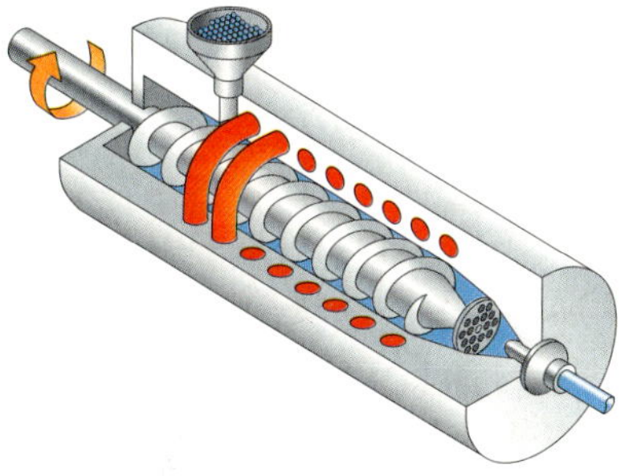

→ **Textilfasern** werden in mehreren Schritten „veredelt", bevor man daraus Kleidung herstellt. Naturfasern halten besser warm als Chemiefasern, sind aber nicht so pflegeleicht. Chemiefasern sind besonders haltbar und pflegeleicht.

→ **Gummireifen** werden vor allem aus Kautschuk, Ruß und Schwefel hergestellt. Die großen Molekülketten des Kautschuks werden bei der Vulkanisation über Schwefelatome vernetzt. Erst so wird Gummi elastisch.

→ **Klebstoffe** verbinden Stoffe durch Adhäsions- und Kohäsionskräfte.

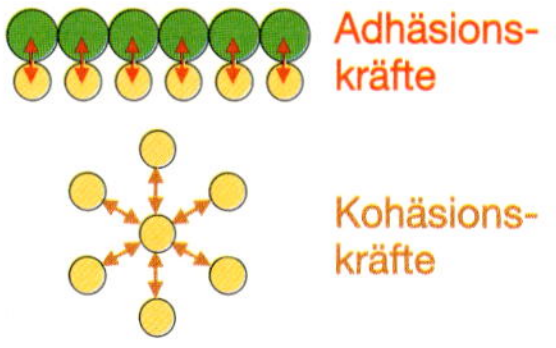

→ **Verwertung von Kunststoff-Abfällen:**

a) **Werkstofflich:** Die Abfälle werden zerkleinert und umgeschmolzen.

b) **Thermisch:** Die Abfälle werden verbrannt.

c) **Rohstofflich:** Die Kunststoffe werden wieder in kleine Moleküle zerlegt und erneut als Rohstoff genutzt.

Stoffliste

Stoff	Gefahrensymbole, Sicherheitssymbole, Entsorgungssymbole	Ratschläge R/S-Sätze
Alkohol (Ethanol)	F, B3	R: 11 S: 7–16
Aluminiumpulver	F	R: 15–17 S: 7/8–43
Ameisensäure 2 % ≤ *w* < 10 %	Xi, B2	R: 36/38 S:
Ammoniak-Lösung 5 % ≤ *w* < 10 %	Xi, B1	R: 36/37/38 S: 26
Ammoniumchlorid	Xn	R: 22–36 S: 22
Ammonium-thiocyanat	Xn	R: 20/21/22–32 S: 13
Bariumchlorid	T, B2	R: 20–25 S: 45
Bariumhydroxid-Lösung (ges.)	Xi	R: 20/22–34 S: 26–28–45
Bariumnitrat	Xn, B2	R: 20/22 S: 28
Benzin (Waschbenzin)	F, B3	R: 11 S: 9–16–29–33
Blutlaugensalz (rot oder gelb)		R: S:
Brom (flüssig)	T+, C, N, X	R: 26–35–50 S: 7/9–26–45–61
Bromwasser (ges.)	T, Xi, X	R: 23–24 S: 7/9–26–45
Butan	F+	R: 12 S: 9–16
Calcium	F, X	R: 15 S: 8–24/25–43
Calciumcarbonat		R: S:
Calciumchlorid	Xi	R: 36 S: 22–24
Calciumhydroxid	Xi, B1	R: 41 S: 22–24–26–39
Calciumoxid	Xi, B1	R: 41 S: 22–24–26–39
Calciumsulfat		R: S:
Chlor-Gas	T, N, X	R: 23–36/37/38–50 S: 9–45–61
Chlorwasser (ges.)	Xn, X	R: 20–36/37/38/23 S: 7/9–45
Chlorwasserstoff-Gas	T, C	R: 23–35 S: 9–26–36/37/39–45
Cobaltchlorid	T, N, B2	R: 49–22–42/43–50/53 S: 22–53–45–60–61
Cumolhydroperoxid	T, O, N, B3	R: 7–21/22–23–34–48/20/22–51/53 S: 3/7–14–36/37/39–45–50–61
1,6-Diaminohexan	C, B3	R: 21/22–34–37 S: 22–26–36/37/39–45
Dieselkraftstoff/ Dieselöl	F, B3	R: 11 S: 9–16–29–33
Eisenpulver, -wolle (Stahlwolle)		R: S:
Eisen(III)-chlorid	Xn	R: 22–38–41 S: 26–39
Eisen(II)-sulfat	Xn	R: 22 S: 24/25
Essigsäure *w* ≥ 25 %	C, B1	R: 35 S: 23–26–45
Essigsäure 10 % ≤ *w* < 25 %	Xi	R: 36/38 S: 23–26–45
Essigsäureethylester (Ethylacetat)	Xi, F, B3	R: 11–36–66–67 S: 16–23–26–33
Ethan	F+	R: 12 S: 9–16–33
Ethanol	F, B3	R: 11 S: 7–16
Ethen	F+	R: 12 S: 9–16–33
FEHLING-Lösung I	B2	R: 22–36/38 S: 22
FEHLING-Lösung II	C, B1	R: 35 S: 26–27–37/39
Glycerin		R: S:
Heptan	F, N, B3	R: 11–38–50/53–65–67 S: 9–16–29–33–60–61–62
Hexan	Xn, F, N, B3	R: 11–38–48/20–51/53–62–65–67 S: 9–16–29–33–36/37–61–62
Hexandisäure-dichlorid	C, B3	R: 34 S: 26–36/37/39–45
Iod-Lösung (in Kaliumiodid-Lösung)		R: S:
Iod-Tinktur (alkoholische Lösung)	Xn, F, B2	R: 20/21 S: 23–25
Kalilauge *w* ≥ 2 %	C, B1	R: 35 S: 26–37/39–45
Kalilauge 0,5 % ≤ *w* < 2 %	Xi, B1	R: 34 S: 26–37/39–45
Kaliumaluminium-sulfat (Alaun)		R: S:
Kaliumbromid		R: S:
Kaliumchlorid		R: S:
Kaliumhexa-cyanoferrat (III)		R: S:
Kaliumhydroxid	C, B1	R: 22–35 S: 2–26–37/39–45
Kaliumiodid		R: S:
Kaliumnitrat	O	R: 8 S: 16–41
Kaliumpermanganat	Xn, O, N, B2	R: 8–22–50/53 S: 60–61
Kalkwasser		R: S:
Kupferoxid	B2	R: S:
Kupfersulfat	Xn, N, B2	R: 22–36/38–50/53 S: 22–60–61
Kupfersulfid	B2	R: S:

Stoff	Gefahrensymbole, Sicherheitssymbole, Entsorgungssymbole	Ratschläge R/S-Sätze
Kupferblech, -pulver		R: S:
Lithium	C F X	R: 14/15–34 S: 8–43–45
Lithiumchlorid	Xn	R: 22–36/38 S:
Magnesium	F X	R: 11–15–17 S: 7/8–43
Magnesiumchlorid		R: S:
Magnesiumoxid		R: S: 22
Magnesiumsulfat	B1	R: S:
Methan	F+	R: 12 S: 9–16–33
Methanol	T F B3	R: 11–23/24/25–39 S: 7–16–36/37–45
Natriumborat (Borax)	Xn	R: 22 S:
Natriumcarbonat (Soda)	Xi	R: 36 S: 22–26
Natriumchlorid		R: S:
Natriumhydrogencarbonat (Natron)		R: S:
Natriumhydroxid	C B1	R: 35 S: 26–37/39–45
Natriumsilicat-Pulver (Wasserglas)	Xn	R: 22 S:
Natronlauge $w \geq 2\,\%$	C B1	R: 35 S: 26–27–37/39–45
Natronlauge $0{,}5\,\% \leq w < 2\,\%$	Xi B1	R: 36/38 S:
Ölsäure/Benzin-Gemisch (1 : 1000)	F B3	R: 11 S: 9–16–29–33
Oxalsäure $w \geq 5\,\%$	Xn B1	R: 21/22 S: 24/25
Palmitinsäure	B3	R: S:
Paraffinöl	B3	R: S:
Pentan	Xn F+ N B3	R: 12–51/53–65–66–67 S: 9–16–29–33–61–62
Pentanol	Xn B3	R: 10–20 S: 24/25
Petroleum	F B3	R: 11 S: 9–16–29–33
Phenolphthalein-Lösung (alkohol.)	F	R: 11 S: 7–16
Phosphorsäure $10\,\% \leq w < 25\,\%$	Xi B1	R: 36/38 S: 26–45
PVC-Pulver		R: S:
Salpetersäure $5\,\% \leq w < 70\,\%$	C B1	R: 35 S: 23–26–27
Salpetersäure $1\,\% \leq w < 5\,\%$	Xi B1	R: 36/37/38 S:
Salzsäure $w \geq 25\,\%$	C B1	R: 34–37 S: 26–45
Salzsäure $10\,\% \leq w < 25\,\%$	Xi B1	R: 36/37/38 S: 28
Schwefel		R: S:
Schwefeldioxid	T	R: 23–34 S: 9–26–36/37/39–45
Schwefelsäure $w \geq 15\,\%$	C B1	R: 35 S: 26–30–45
Schwefelsäure $5\,\% \leq w < 15\,\%$	Xi B1	R: 36/38 S: 26
Silbernitrat	C N B2	R: 34–50/53 S: 26–45–60–61
Silbernitrat-Lösung ($w = 1\,\%$)		R: S:
Silbersulfid	B2	R: S:
Strontiumchlorid		R: S:
Styrol	Xn B3	R: 10–20–36/38 S: 23
Universalindikator		R: S:
Wasserstoff-Gas	F+	R: 12 S: 9–16–33
Wasserstoffperoxid ($w = 3\,\%$)		R: S:
Zinksulfat	Xi N B2	R: 36/38–50/53 S: 22–25–60–61
Zinkpulver	F	R: 15–17 S: 7/8–43
Zinn		R: S:

X: spezielle Entsorgungsreaktion

Abzug benutzen oder den Versuch in einer geschlossenen Apparatur durchführen

Bei allen Experimenten sollte man grundsätzlich eine **Schutzbrille** tragen

Schutzhandschuhe tragen

Entsorgung über Abfluss bzw. Papierkorb möglich

Die chemischen Elemente

Elemente Name	Symbol	OZ	Atommasse in u	Dichte[1] in $\frac{g}{cm^3}$ (Gase: $\frac{g}{l}$)	Schmelztemperatur in °C	Siedetemperatur in °C
Actinium	Ac	**89**	(227)	10,1	1050	–
Aluminium	Al	**13**	26,9815	2,70	660	≈ 2300
Americium	Am	**95**	(243)	11,7	827	2610
Antimon (Stibium)	Sb	**51**	121,75	6,68	630	1640
Argon	Ar	**18**	39,948	*1,784*	–189	–186
Arsen	As	**33**	74,9216	5,73	817p	633s
Barium	Ba	**56**	137,34	3,7	717	1640
Beryllium	Be	**4**	9,0122	1,86	1278	2970
Bismut (Bismutum)	Bi	**83**	208,980	9,80	271	1560
Blei (Plumbum)	Pb	**82**	207,2	11,4	327	1750
Bor	B	**5**	10,81	2,34	≈ 2000	≈ 2500
Brom	Br	**35**	79,904	3,14	–7	58
Cadmium	Cd	**48**	112,40	8,64	321	767
Caesium	Cs	**55**	132,905	1,90	29	690
Calcium	Ca	**20**	40,08	1,55	845	1440
Cer	Ce	**58**	140,12	6,8	800	3600
Chlor	Cl	**17**	35,453	*3,214*	–102	–34
Chrom	Cr	**24**	51,996	7,19	≈ 1900	≈ 2500
Cobalt	Co	**27**	58,9332	8,83	1490	3100
Dysprosium	Dy	**66**	162,50	8,54	1407	≈ 2600
Eisen (Ferrum)	Fe	**26**	55,847	7,86	1537	2730
Erbium	Er	**68**	167,26	9,05	1497	2900
Europium	Eu	**63**	151,96	5,26	826	1439
Fluor	F	**9**	18,9984	*1,70*	–220	–188
Gadolinium	Gd	**64**	157,25	7,90	1312	≈ 3000
Gallium	Ga	**31**	69,72	6,0	30	2340
Germanium	Ge	**32**	72,59	5,36	960	≈ 2700
Gold (Aurum)	Au	**79**	196,967	19,3	1063	2700
Hafnium	Hf	**72**	178,49	13,3	2220	> 3000
Helium	He	**2**	4,0026	*0,178*	–272p	–269
Holmium	Ho	**67**	164,930	8,80	1461	≈ 2600
Indium	In	**49**	114,82	7,31	156	2000
Iod	I	**53**	126,9044	4,94	114	184
Iridium	Ir	**77**	192,2	22,6	2454	> 4500
Kalium	K	**19**	39,102	0,86	64	760
Kohlenstoff (Carboneum)	C	**6**	12,0115	[2]	> 3500s	≈ 4000
Krypton	Kr	**36**	83,80	*3,708*	–157	–153
Kupfer (Cuprum)	Cu	**29**	63,546	8,93	1083	2350
Lanthan	La	**57**	138,91	6,1	920	4515
Lithium	Li	**3**	6,941	0,53	180	1335
Lutetium	Lu	**71**	174,97	9,84	1652	3327
Magnesium	Mg	**12**	24,305	1,74	650	1105
Mangan	Mn	**25**	54,9380	7,3	1220	2150
Molybdän	Mo	**42**	95,94	10,2	2620	≈ 5000
Natrium	Na	**11**	22,9898	0,97	98	883
Neodym	Nd	**60**	144,24	7,0	1024	3300
Neon	Ne	**10**	20,179	*0,90*	–249	–246
Neptunium	Np	**93**	(237)	19,5	–	–
Nickel	Ni	**28**	58,70	8,90	1453	≈ 2800
Niob	Nb	**41**	92,906	8,5	2468	≈ 3700
Osmium	Os	**76**	190,2	22,5	≈ 2600	≈ 5500
Palladium	Pd	**46**	106,4	12,0	1555	3380
Phosphor	P	**15**	30,9738	[3]	44[4]	285[4]
Platin	Pt	**78**	195,09	21,45	1770	3300
Plutonium	Pu	**94**	(244)	19,7	640	3200
Polonium	Po	**84**	(209)	9,32	254	962
Praseodym	Pr	**59**	140,907	6,7	935	≈ 3300
Quecksilber (Hydrargyrum)	Hg	**80**	200,59	13,55	–39	357
Radium	Ra	**88**	226,05	≈ 6	≈ 700	1140
Radon	Rn	**86**	(222)	*9,96*	–71	–62
Rhenium	Re	**75**	186,2	20,9	3170	≈ 5900
Rhodium	Rh	**45**	102,905	12,4	1966	4500
Rubidium	Rb	**37**	85,47	1,53	39	690
Rhutenium	Ru	**44**	101,07	12,4	2400	≈ 4500
Samarium	Sm	**62**	150,35	7,5	1072	≈ 1900
Sauerstoff (Oxygenium)	O	**8**	15,9994	*1,429*	–219	–183
Scandium	Sc	**21**	44,956	3,0	1540	2730
Schwefel (Sulfur)	S	**16**	32,06	2,0	119	444
Selen	Se	**34**	78,96	4,8	220	688
Silber (Argentum)	Ag	**47**	107,870	10,5	960	2150
Silicium	Si	**14**	28,086	2,4	1410	2630
Stickstoff (Nitrogenium)	N	**7**	14,0067	*1,251*	–210	–196
Strontium	Sr	**38**	87,62	2,6	757	1365
Tantal	Ta	**73**	180,948	16,7	2990	> 5000
Technetium*	Tc	**43**	(97)	11,5	2140	–
Tellur	Te	**52**	127,60	6,2	450	990
Terbium	Tb	**65**	158,924	8,3	1350	≈ 2800
Thallium	Tl	**81**	204,37	11,85	303	1457
Thorium	Th	**90**	232,038	11,7	≈ 1800	≈ 3600
Thulium	Tm	**69**	168,934	9,33	1545	1727
Titan	Ti	**22**	47,90	4,51	≈ 1700	3260
Uran	U	**92**	238,029	19,1	1133	≈ 3600
Vanadium	V	**23**	50,9414	6,1	≈ 1800	> 3000
Wasserstoff (Hydrogenium)	H	**1**	1,00797	*0,0899*	–259	–253
Wolfram	W	**74**	183,85	19,30	3410	5400
Xenon	Xe	**54**	131,30	*5,89*	–112	–108
Ytterbium	Yb	**70**	173,04	6,5	8,25	1427
Yttrium	Y	**39**	88,905	4,5	1490	2927
Zink	Zn	**30**	65,38	7,2	420	910
Zinn (Stannum)	Sn	**50**	118,69	7,3	232	≈ 2400
Zirkonium	Zr	**40**	91,22	6,5	1860	≈ 3600

* künstlich gewonnenes Element, OZ Ordnungszahl, (243) Eine eingeklammerte Zahl gibt die Nukleonenzahl des langlebigsten Isotops des Elements an.
– Werte sind nicht bekannt, ≈ Wert sehr ungenau, p unter Druck, s sublimiert, 1) Bei gasförmigen Elementen wird die Dichte *kursiv* gedruckt angegeben. Sie gilt für 0 °C und 1013 hPa. 2) Graphit: 2,25, Diamant: 3,51, 3) weißer P: 1,83, roter P: 2,2, 4) weißer P

Eigenschaften von Gasen

Name	Dichte bei 20 °C (1013 hPa) in $\frac{g}{l}$	Schmelztemperatur (1013 hPa)	Siedetemperatur (1013 hPa)	Löslichkeit bei 25 °C in 1 l Wasser in l
Wasserstoff (H_2)	0,084	−259	−253	0,019
Stickstoff (N_2)	1,17	−210	−196	0,015
Sauerstoff (O_2)	1,33	−219	−183	0,028
Fluor (F_2)	1,58	−220	−188	–
Chlor (Cl_2)	2,95	−101	−35	2,2
Helium (He)	0,17	−270	−269	0,09
Neon (Ne)	0,84	−249	−246	0,016
Argon (Ar)	1,66	−189	−186	0,032
Krypton (Kr)	3,48	−57	−152	0,071
Luft	1,20	–	–	0,0063* 0,012**
Ammoniak (NH_3)	0,71	−78	−33	680
Chlorwasserstoff (HCl)	1,52	−114	−85	466
Schwefelwasserstoff (H_2S)	1,42	−83	−62	2,41
Schwefeldioxid (SO_2)	2,67	−73	−10	35
Kohlenstoffmonooxid (CO)	1,17	−205	−190	0,023
Kohlenstoffdioxid (CO_2)	1,83	−78 (sublimiert)		0,80
Methan (CH_4)	0,67	−182	−162	0,032
Ethan (C_2H_6)	1,25	−183	−89	0,043
Propan (C_3H_8)	1,84	−188	−42	0,06
Butan (C_4H_{10})	2,47	−138	−1	0,14
Ethen (C_2H_4)	1,17	−169	−104	0,13
Ethin (C_2H_2)	1,06	−81	−84	0,95

* von Sauerstoff aus der Luft
** von Stickstoff aus der Luft

Gewinde und Farbkennzeichnung von Stahlflaschen für Gase

Gas	Gewinde	alte Farbkennzeichnung	neue Farbkennzeichnung („N") Flaschenschulter	Flaschenmantel
Sauerstoff	rechts	blau	weiß	blau oder grau
Stickstoff	rechts	dunkelgrün	schwarz	grau, schwarz oder dunkelgrün
Druckluft	rechts	grau	leuchtend grün	grau
Argon	rechts	grau	dunkelgrün	grau oder dunkelgrün
Helium	rechts	grau	braun	grau
Kohlenstoffdioxid	rechts	grau	grau	grau
Wasserstoff	links	rot	rot	rot
Acetylen	Spezialgewinde	gelb	kastanienbraun	kastanienbraun, schwarz oder gelb

Reagenzlösungen

Chlorwasser (Xn): Destilliertes Wasser durch Einleiten von Chlor sättigen; in brauner Flasche aufbewahren.

Bromwasser (T, Xi): 10 Tropfen Brom in 250 ml destilliertem Wasser lösen.

Iodwasser: Einige Blättchen Iod in destilliertem Wasser kurz aufkochen.

Iod/Kaliumiodid-Lösung: 2 g Kaliumiodid in wenig Wasser vollständig lösen und 1 g Iod zugeben. Nach dem Lösen auf 300 ml auffüllen und in brauner Flasche aufbewahren.

FEHLING-Lösung I: 7 g Kupfersulfat ($CuSO_4 \cdot 5\,H_2O$) in 100 ml Wasser lösen.

FEHLING-Lösung II (C): 35 g Kaliumnatriumtartrat (Seignette-Salz) und 10 g Natriumhydroxid in 100 ml Wasser lösen.

Kalkwasser: 1 g Calciumoxid in 500 ml destilliertem Wasser schütteln und filtrieren (0,02 $\frac{mol}{l}$).

Silbernitrat-Lösung: 17 g Silbernitrat auf 1 Liter auffüllen (0,1 $\frac{mol}{l}$).

Bariumchlorid-Lösung (Xn): 24,4 g Bariumchlorid ($BaCl_2 \cdot 2\,H_2O$) auf 1 Liter auffüllen (0,1 $\frac{mol}{l}$).

Bleiacetat-Lösung (T): 9,5 g Bleiacetat ($Pb(CH_3COO)_2 \cdot 3\,H_2O$) auf 250 ml auffüllen (0,1 $\frac{mol}{l}$).

Indikatorlösungen:

Bromthymolblau: 0,1 g in 100 ml 20%igem Ethanol.
Methylrot (F): 0,2 g in 100 ml 90%igem Ethanol.
Phenolphthalein (F): 0,1 g in 100 ml 70%igem Ethanol.
Universalindikator für pH 2–10 (F): 300 mg Dimethylgelb, 200 mg Methylrot, 400 g Bromthymolblau, 500 g Thymolblau und 100 mg Phenolphthalein in 500 ml 90%igem Ethanol.

Farbstufen: pH ≤ 2: rot; pH 4: orange; pH 6: gelb; pH 8: grün; pH 10: blau

BAEYER-Reagenz: 10%ige Sodalösung mit einer verdünnten Kaliumpermanganat-Lösung versetzen, bis die Lösung kräftig violett gefärbt ist.

TOLLENS-Reagenz (ammoniakalische Silbernitrat-Lösung): Silbernitrat-Lösung (0,1 mol · l^{-1}) mit etwa einem Zehntel des Volumens verdünnter Natronlauge versetzen. Anschließend unter Schütteln Ammoniak-Lösung (25 %) zutropfen, bis sich der Silberoxid-Niederschlag gerade wieder löst. Die Reagenz-Lösung wird jeweils frisch zubereitet. Sie darf nicht aufbewahrt werden, da sich Silberazid bilden könnte (Explosionsgefahr). Reste der Reagenz-Lösung ansäuern und über den Behälter B2 entsorgen.

SCHIFF-Reagenz (fuchsinschweflige Säure): 0,25 g Fuchsin in 1 Liter Wasser lösen (Rotfärbung); unter ständigem Rühren schweflige Säure (oder angesäuerte Lösung von $Na_2S_2O_5$) zutropfen, bis Entfärbung eintritt.

Saure und alkalische Lösungen

Lösung	gelöster Stoff	*	verdünnt Massenanteil	verdünnt Dichte bei 20 °C	konzentriert Massenanteil	konzentriert Dichte bei 20 °C
Salzsäure	HCl (g)	2	7 %	1,033	36 %	1,179
Schwefelsäure	H_2SO_4 (l)	1	9 %	1,059	98 %	1,836
Salpetersäure	HNO_3 (l)	2	12 %	1,066	68 %	1,391
Phosphorsäure	H_3PO_4 (s)	1	10 %	1,05	85 %	1,71
Essigsäure	CH_3COOH (l)	2	12 %	1,015	99 %	1,052
Natronlauge	NaOH (s)	2	8 %	1,087	30 %	1,328
Kalilauge	KOH (s)	2	11 %	1,100	27 %	1,256
Kalkwasser	$Ca(OH)_2$ (s)		0,16 %**	1,001**	** Angaben für gesättigte Lösungen	
Barytwasser	$Ba(OH)_2$ (s)		3,4 %**	1,04**		
Ammoniak-Lösung	NH_3 (g)	2	3 %	0,981	25%	0,907

* Stoffmengenkonzentration in $\frac{mol}{l}$

Stichwortverzeichnis

Bildquellenverzeichnis

Trotz entsprechender Bemühungen ist es nicht in allen Fällen gelungen, den Rechtsinhaber ausfindig zu machen. Gegen Nachweis der Rechte zahlt der Verlag für die Abdruckerlaubnis die gesetzlich geschuldete Vergütung.

7.2: Bayer AG, Leverkusen; 7.3: Fan Yang, Mississauga Ontario, Kanada; 8.4: Minkus, Isernhagen; 9.1: Haarmann + Reimer, Holzminden; 9.3: Reinhard/Okapia, Frankfurt; 9.6: Sympatex Technology GmbH, Wuppertal; 10.3, 11.2: Minkus, Isernhagen; 17.3: Usher/Silvestris, Kastl; 18.1: Aluminnium Zentrale, Düsseldorf; 18.3: Fabian, Hannover; 18.4: Mitterer/Mauritius, Mittenwald; 19.1: Kasmauski/Wheeler Pictures, Focus, Hamburg; 20.3: Medenbach, Witten; 24.3: Kosmos Verlag, Stuttgart; 25.4: Brita GmbH, Taunusstein; 27.1: Phototheque/Mauritius, Mittenwald; 28.2: action press, Hamburg; 30.4, 30.8, 30.10: Fabian, Hannover; 33.4: Dr. Jänisch, Hannover; 34.1: Solvay Deutschland GmbH, Hannover; 35.1A-B: Meyer-Werft, Papenburg; 39.4: Institut für Wissenschaftliche Fotografie Kage, Lauterstein; 41.2: Madersbacher/Mauritius, Mittenwald; 42.2: Duales System Deutschland AG, Köln; 43.1: Marc/IFA-Bilderteam, Ottobrunn; 44.2: Küppersbusch GmbH, Gelsenkirchen; 44.3: LIV, Langenhagen; 44.4: IZE, Frankfurt; 45.1: Gilsdorf/Mauritius, Mittenwald; 45.2: Fabian, Hannover 45.3: Bayer AG, Leverkusen; 46.4: Zefa, Düsseldorf; 46.5: Arthur/Mauritius, Mittenwald; 46.6: Pictor Uniphoto, Hamburg; 48.2: Deutsche Lufthansa AG, Köln; 49.3: Groskinsky, Wahington/USA; 50.1: dpa, Frankfurt; 56.2: Fabian, Hannover; 58.4: IFA-Bilderteam, Ottobrunn; 60.2A.: Bayer AG, Leverkusen; 60.2B: Initiavtive Zink/WVM, Düsseldorf; 63.1: Britische Botschaft, Bonn; 65.1: action press, Hamburg; 67.1-3: Meyer-Werft, Papenburg; 68.1: age/Mauritius, Mittenwald; 68.5: Deutsches Kupfer-Institut, Düsseldorf; 71.1: Mann/Deutsche Bahn AG, Berlin; 72.1: ThyssenKrupp Stahl AG, Duisburg; 74.1A-B: Salzgitter AG, Salzgitter; 74.3A: ThyssenKrupp Stahl AG, Duisburg; 75.3: Salzgitter AG, Salzgitter; 75.4: ThyssenKrupp Stahl AG, Duisburg; 76.2-3: Ispat Hamburger Stahlwerke GmbH, Hamburg; 77.1: Guénet/Archiv für Kunst und Geschichte, Berlin; 77.3-5: dmc2 - Degussa AG, Frankfurt; 78.1: zefa, Düsseldorf; 78.2: Röttger/visum Fotoreportagen GmbH, Hamburg; 78.3: dpa, Frankfurt; 79.1: Hubatka/Mauritius, Mittenwald; 79.2: Habel/Mauritius, Mittenwald; 79.3: Degussa AG, Frankfurt; 81.1: Medenbach, Witten; 81.2: Schulte-Ufer, Sundern; 81.3: Salzgitter AG, Salzgitter; 82.4: Fabian, Hannover; 83.1: Davey/APL/Zefa, Hamburg; 85.1: laif, Köln; 85.2: IZE, Frankfurt; 85.3: FPG/GettyImages/Bavaria Bildagentur GmbH, München; 90.1: Rogge, Hannover; 90.2: Landesamt für Wasserwirtschaft Rheinland-Pfalz, Mainz mit freundlicher Unterstützung von Michael Wojczak; 94.3: Daimler-Chrysler AG, Stuttgart; 96.3: Deutsches Museum, München; 101.2: Frei/Mauritius, Mittenwald; 101.4: Stock/IFA-Bilderteam, Ottobrunn; 103.2: dpa, Frankfurt; 104.2: Fabian, Hannover; 105.1: Fleetham/Silvestris, Kastl; 105.2A, C, D, E: Fabian, Hannover; 107.2: Freytag/Zefa, Hamburg; 107.4: Dr. Reinbacher, Kempten; 108.1: Kerscher/Silvestris, Kastl; 112.1: CeWe-Color, Oldenburg; 112.3A-B: Agfa Gevaert AG, Leverkusen; 114.1: IFA-Bilderteam, Ottobrunn; 114.2: Messer-Griesheim, Düsseldorf; 114.3A: Philips Automotive Lightning, Aachen; 114.3B-C: Hella-Pressebild, Lippstadt; 116.3: Metaleurop GmbH, Hannover; 119.4: Carl Zeiss, Oberkochen; 119.5: IBM Deutschland, Stuttgart; 122.1: NASA, USA; 124.1: Britische Botschaft, Bonn; 129.1: Steeb/Stern 29/92, S. 14, Hamburg; 130.2B: Deutscher Wetterdienst, Offenbach; 135.1: K+S GmbH, Kassel; 136.1: Südwestsalz-Vertriebs GmbH, Bad Friedrichshall; 136.2: ADAC, München; 140.2: Südwestsalz-Vertriebs GmbH, Bad Friedrichshall; 140.1, 141.3A+B, 144.1: Medenbach, Witten; 145.4: IBM Deutschland, Stuttgart; 148.1A: Dr. Jänisch, Hannover; 150.1: Postl/Helga Lade, Frankfurt; 151.1: Meinel, Hannover; 151.3: Dr. Legeckis, Washinton/USA; 152.5: Zefa, Düsseldorf; 155.2: Zucht/P.M.-Magazin, München; 157.1: Dragoco, Holzminden; 160.1A: Fabian, Hannover; 166.2: Landesdenkmalamt Baden-Württemberg, Stuttgart; 170.2: Bayer AG, Leverkusen; 170.3: Draeger-Werke, Lübeck; 172.1: Fabian, Hannover; 173.3: Bayer AG, Leverkusen; 175.1: Larsson/Okapia, Frankfurt; 181.1: Pacific Stock/Zefa, Hamburg; 181.2: Jiri/Mauritius, Mittenwald; 181.3: Bourseiller, Durieux/Focus, Hamburg; 184.2: Knippenberg, Delligsen; 186.2: Fabian, Hannover; 188.1B: Berkefeld GmbH, Celle; 190.1: Schafer/zefa, Hamburg; 191.1: Minkus, Isernhagen; 192.1: Zachl/Silvestris, Kastl; 195.5: Dr. Reinbacher, Kempten; 197.2: Weinhäupl/Okapia, Frankfurt; 199.1: Schwarz/Mauritius, Mittenwald; 199.3: IFA-Bilderteam, Ottobrunn; 207.1: Varta AG, Hannover; 207.2: GRS, Hamburg; 208.2: Adam Opel AG, Rüsselsheim; 209.1: DDB/IFA-Bilderteam, Ottobrunn; 209.2: VAW, Bonn; 209.3: Schüco International KG, Bielefeld; 210.2: ZVO Service GmbH, Düsseldorf; 211.3: Dr. Jänisch, Hannover; 212.3: Volkswagen AG, Wolfsburg; 213.1A, B, D: VDN Euro Coin, Schwerte; 213.1C: Saxonia, Halsbrücke; 215.4: Kosmos Verlag, Stuttgart; 216.1: GRS, Hamburg; 216.3: VAW, Bonn; 216.6: ZVO Service GmbH, Düsseldorf; 217.1: Held/IFA-Bilderteam, Ottobrunn; 218.1: Rosenfeld/ Mauritius, Mittenwald; 218.2A-B: Rheinkalk GmbH + Co. KG, Wülfrath; 220.2: Rosenfeld/Mauritius, Mittenwald; 221.1: Forschungsinstitut der Zementindustrie, Düsseldorf; 222.1: Dr. Reinbacher, Kempten; 222.2: Gebr. Knauf Westdeutsche Gipswerke, Ipfhofen; 222.3: Tschanz/IFA-Bilderteam, Ottobrunn; 223.1: Mathias, Reutlingen; 224.1-3: Minkus, Isernhagen; 225.1: Manus/Mauritius, Mittenwald; 225.3: Grasser/Mauritius, Mittenwald; 225.4: Porsche AG, Stuttgart; 226.1: Helga Lade, Frankfurt; 226.2, 228.1B, 229.1: Schott Glaswerke, Mainz; 226.3: Prof. Dehli/Fellbach; 229.2: Saint -Gobain Glas Deutschland GmbH, Aachen; 229.3-5: Schott Glaswerke, Mainz; 230.4: Bramaz/Helga Lade, Frankfurt; 230.5: Superbild, Taufkirchen; 231.4: HistoCom GmbH/Industriearchiv, Frankfurt; 232.1: Wacker-Chemitronic AG, Burghausen; 232.3: Scharf/focus, Hamburg; 233.1: Rose/Helga Lade, Frankfurt; 233.2: Hubatka/Mauritius, Mittenwald; 233.3: Graphitwerk Kropfmühl AG, Kropfmühl; 233.4: Institut für Wissenschaftliche Fotografie Kage, Lauterstein; 235.1: spl/Mead/focus, Hamburg; 238.1: BEB Erdgas, Hannover; 238.2: Mobil Erdgas-Erdöl GmbH, Hamburg; 238.4: BEB Erdgas, Hannover; 239.1: RWE AG, Essen; 239.2: Osborne/Okapia, Frankfurt; 242.2: RWE Rheinbraun AG, Köln; 242.3: Ruhrkohle AG, Essen; 243.1: Feld/Energieversorgung Schwaben AG, Stuttgart; 245.1A-B: Gesellschaft für ökologische Forschung, Hamburg; 245.3: Mauritius, Mittenwald; 247.2: Schröter/Mauritius, Mittenwald; 248.1: Enercon GmbH, Aurich; 248.2: Schafer/Zefa, Hamburg; 248.3: Badenwerk AG, Säckingen/IZE, Frankfurt; 249.1: Wagner & Co. Solartechnik GmbH, Cölbe; 250.1: ELV Elektronik, Leer; 251.3: Rheinische Braunkohlewerke, Aachen; 253.1: Int. Stock/IFA-Bilderteam, München; 254.1: Heuer, Hannover; 256.2: Justus-Liebig-Gesellschaft, Gießen; 256.4: Bayer AG, Leverkusen; 257.1: Vidler/Mauritius, Mittenwald; 260.2: Dr. Schulte-Coerne, Gelsenkirchen; 263.3: Aral AG/MMB, Bochum; 265.4: Eberspächer, Esslingen; 266.1: Früco, Hannover; 267.2: Fabian, Hannover; 268.1: Behr GmbH & Co., Stuttgart; 270.1: ESA, Darmstadt; 271.1: Klein/Okapia, Frankfurt; 272.2A, B, D: Fabian, Hannover; 273.1B: BASF AG, Limburgerhof; 273.1E: IMA, Bonn; 274.1: Eckstein/Okapia, Frankfurt; 274.2: Ruckszio/Okapia, Frankfurt; 274.3: BASF AG, Limburgerhof; 274.4: Reinhard/Okapia, Frankfurt; 277.1: IFA-Bilderteam, Ottobrunn; 279.2: Superbild, Taufkirchen; 279.4: Schard/Arnold Inc./Okapia, Frankfurt; 285.5: Heliocentris Energiesysteme GmbH, Berlin; 288.1A: Deutsche Lufthansa AG, Köln; 288.1B: BASF AG, Lugwigshafen; 289.1: Nobelstiftelsen, Stockholm; 290.3: Goddeng, Neuherberg; 291.2: Carl Kühne AG, Hamburg; 295.5: Reinhard Tierfoto, Heiligkreuzsteinach; 301.1: Rosenfeld/Mauritius, Mittenwald; 301.2: Outside Images/Mauritius, Mittenwald; 302.4: Heuer, Hannover; 307.1-8: CMA, Bonn; 312.1: Reinhard/Okapia, Frankfurt; 313.1: Info-Zentrum Schokolade, Düsseldorf; 314.2: FPG/GettyImages/Bavaria Bildagentur GmbH, München; 315.1: IMA, Bonn; 320.2: Michler/Okapia, Frankfurt; 321.3: Informationsgemeinschaft Olivenöl, München; 322.2: Dr. Reinbacher, Kempten; 323.2: Henkel KGaA, Düsseldorf; 330.1A: IMA, Bonn; 330.1B: Stetter/IFA-Bilderteam, Ottobrunn; 335.2: Lutz/Okapia, Frankfurt; 336.2, 337.1A + B: Münzinger, Wiesbaden; 337.2-3: Haarmann + Reimer, Holzminden; 339.1: Pfletschinger/Angermayer, Holzkirchen; 341.1: Ritschel/Mauritius, Mittenwald; 341.2: Rossignol Ski Deutschland GmbH, Maisach; 342.1A: Voith, Heidenheim; 343.1: vdp, Bonn; 344.1: Opel AG, Rüsselsheim; 344.2: Volkswagen AG, Wolfsburg; 345.1: Deutsche Renault AG, Brühl; 347.2: Bayer AG, Leverkusen; 349.1: HistoCom GmbH/Industriearchiv, Frankfurt; 108.2, 110.1A-D, 118.1A-C, 130.2C-D, 136.4, 283.2, 284.2+3, 318.1, 330.2, 352.1: Fabian, Hannover; 352.2: Krantz Maschinenbau, Mönchengladbach; 353.2: Trevira GmbH, Frankfurt; 354.2: HistoCom GmbH/Industriearchiv, Frankfurt; 354.3A-C: Sympatex Technology GmbH, Wuppertal; 355.1: Uniroyal, Aachen; 355.2: Continental AG, Hannover; 356.1, 356.3A: Henkel KGaA, Düsseldorf; 357.3: Steger/Focus, Hamburg; 359.1: Bayer AG, Leverkusen; 359.3: Deutsche ICI GmbH, Frankfurt; 359.4: CMA, Bonn; 360.1: Igepa, Reinbek

Die weiteren Fotos stammen von CCV-Verlag, Freiburg; MEV-Verlag, Augsburg; M. Simper, Wennigsen; H. Tegen, Hambühren oder aus dem Archiv der Schroedel Verlag GmbH.

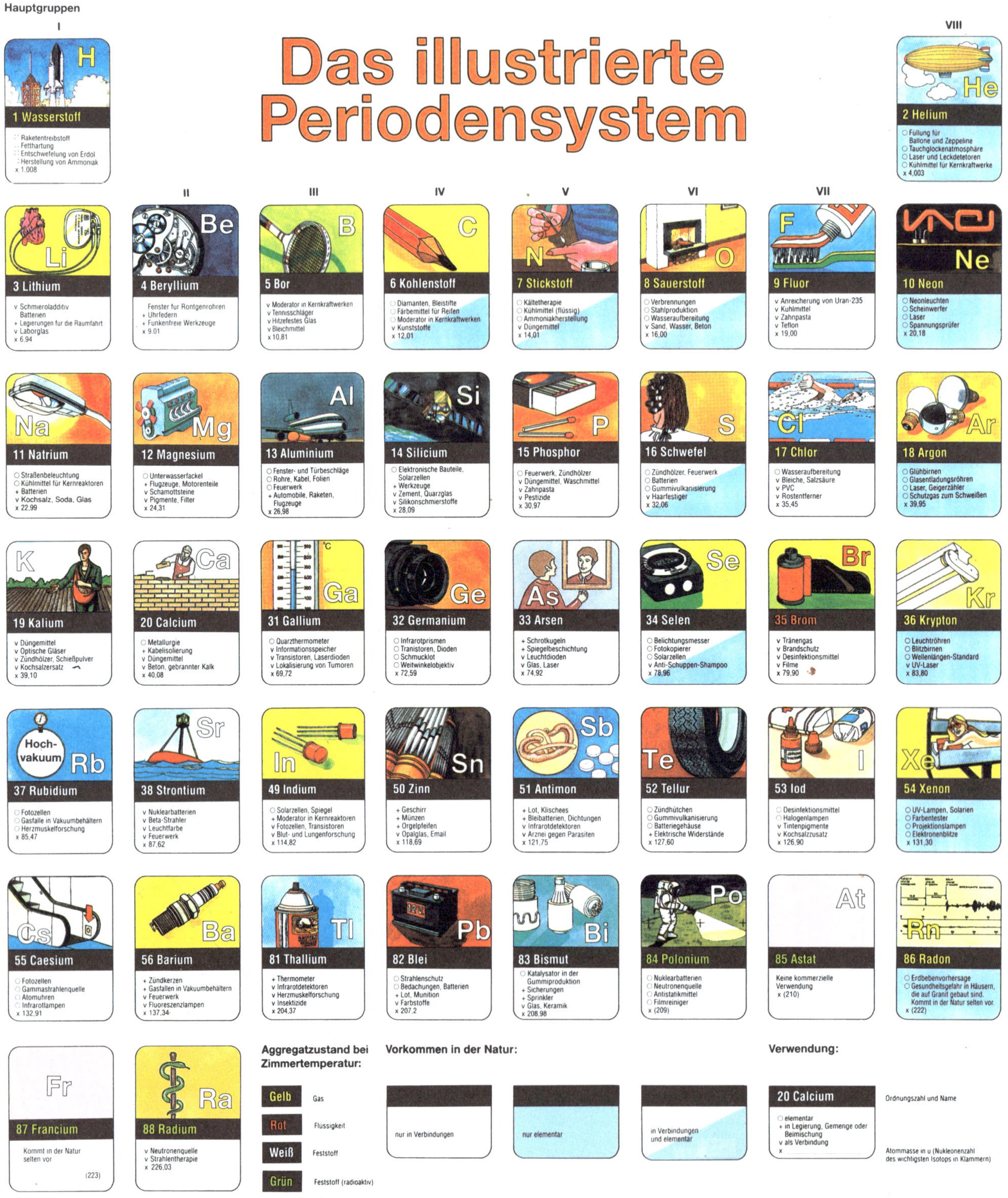
Hauptgruppen
I
Das illustrierte Periodensystem
VIII
H
1 Wasserstoff
Raketentreibstoff
Fetthartung
Entschwefelung von Erdol
Herstellung von Ammoniak
x 1.008
He
2 Helium
○ Füllung für Ballone und Zeppeline
○ Tauchglockenatmosphäre
○ Laser und Leckdetetoren
○ Kühlmittel für Kernkraftwerke
x 4,003
II
III
IV
V
VI
VII
Li
3 Lithium
v Schmieroladditiv Batterien
+ Legierungen fur die Raumfahrt
v Laborglas
x 6,94
Be
4 Beryllium
Fenster fur Rontgenrohren
+ Uhrfedern
+ Funkenfreie Werkzeuge
x 9.01
B
5 Bor
v Moderator in Kernkraftwerken
v Tennisschläger
v Hitzefestes Glas
v Bleichmittel
x 10,81
C
6 Kohlenstoff
○ Diamanten, Bleistifte
○ Färbemittel für Reifen
○ Moderator in Kernkraftwerken
v Kunststoffe
x 12,01
N
7 Stickstoff
○ Kältetherapie
○ Kühlmittel (flüssig)
○ Ammoniakherstellung
v Düngemittel
x 14,01
O
8 Sauerstoff
○ Verbrennungen
○ Stahlproduktion
○ Wasseraufbereitung
v Sand, Wasser, Beton
x 16,00
F
9 Fluor
v Anreicherung von Uran-235
v Kuhlmittel
v Zahnpasta
v Teflon
x 19,00
Ne
10 Neon
○ Neonleuchten
○ Scheinwerfer
○ Laser
○ Spannungsprüfer
x 20,18
Na
11 Natrium
○ Straßenbeleuchtung
○ Kühlmittel für Kernreaktoren
+ Batterien
v Kochsalz, Soda, Glas
x 22,99
Mg
12 Magnesium
○ Unterwasserfackel
+ Flugzeuge, Motorenteile
v Schamottsteine
v Pigmente, Filter
x 24,31
Al
13 Aluminium
○ Fenster- und Türbeschläge
○ Rohre, Kabel, Folien
○ Feuerwerk
+ Automobile, Raketen, Flugzeuge
x 26,98
Si
14 Silicium
○ Elektronische Bauteile, Solarzellen
+ Werkzeuge
v Zement, Quarzglas
v Silikonschmierstoffe
x 28,09
P
15 Phosphor
○ Feuerwerk, Zündhölzer
v Düngemittel, Waschmittel
v Zahnpasta
v Pestizide
x 30,97
S
16 Schwefel
○ Zündhölzer, Feuerwerk
○ Batterien
○ Gummivulkanisierung
v Haarfestiger
x 32,06
Cl
17 Chlor
○ Wasseraufbereitung
v Bleiche, Salzsäure
v PVC
v Rostentferner
x 35,45
Ar
18 Argon
○ Glühbirnen
○ Glasentladungsröhren
○ Laser, Geigerzähler
○ Schutzgas zum Schweißen
x 39,95
K
19 Kalium
v Düngemittel
v Optische Gläser
v Zündhölzer, Schießpulver
v Kochsalzersatz
x 39,10
Ca
20 Calcium
○ Metallurgie
+ Kabelisolierung
v Düngemittel
v Beton, gebrannter Kalk
x 40,08
°C
Ga
31 Gallium
○ Quarzthermometer
v Informationsspeicher
v Transistoren, Laserdioden
v Lokalisierung von Tumoren
x 69,72
Ge
32 Germanium
○ Infrarotprismen
○ Tranistoren, Dioden
○ Schmucklot
○ Weitwinkelobjektiv
x 72,59
As
33 Arsen
+ Schrotkugeln
+ Spiegelbeschichtung
v Leuchtdioden
v Glas, Laser
x 74,92
Se
34 Selen
○ Belichtungsmesser
○ Fotokopierer
○ Solarzellen
v Anti-Schuppen-Shampoo
x 78,96
Br
35 Brom
v Tränengas
v Brandschutz
v Desinfektionsmittel
v Filme
x 79,90
Kr
36 Krypton
○ Leuchtröhren
○ Blitzbirnen
○ Wellenlängen-Standard
v UV-Laser
x 83,80
Hoch-vakuum
Rb
37 Rubidium
○ Fotozellen
○ Gasfalle in Vakuumbehältern
○ Herzmuskelforschung
x 85,47
Sr
38 Strontium
v Nuklearbatterien
v Beta-Strahler
v Leuchtfarbe
v Feuerwerk
x 87,62
In
49 Indium
○ Solarzellen, Spiegel
+ Moderator in Kernreaktoren
v Fotozellen, Transistoren
v Blut- und Lungenforschung
x 114,82
Sn
50 Zinn
+ Geschirr
+ Münzen
+ Orgelpfeifen
v Opalglas, Email
x 118,69
Sb
51 Antimon
+ Lot, Klischees
+ Bleibatterien, Dichtungen
v Infrarotdetektoren
v Arznei gegen Parasiten
x 121,75
Te
52 Tellur
○ Zündhütchen
○ Gummivulkanisierung
○ Batteriegehäuse
+ Elektrische Widerstände
x 127,60
I
53 Iod
○ Desinfektionsmittel
○ Halogenlampen
v Tintenpigmente
v Kochsalzzusatz
x 126,90
Xe
54 Xenon
○ UV-Lampen, Solarien
○ Farbentester
○ Projektionslampen
○ Elektronenblitze
x 131,30
Cs
55 Caesium
○ Fotozellen
○ Gammastrahlenquelle
○ Atomuhren
○ Infrarotlampen
x 132,91
Ba
56 Barium
+ Zündkerzen
+ Gasfallen in Vakuumbehältern
v Feuerwerk
v Fluoreszenzlampen
x 137,34
Tl
81 Thallium
+ Thermometer
v Infrarotdetektoren
v Herzmuskelforschung
v Insektizide
x 204,37
12 V
Pb
82 Blei
○ Strahlenschutz
○ Bedachungen, Batterien
+ Lot, Munition
v Farbstoffe
x 207,2
Bi
83 Bismut
○ Katalysator in der Gummiproduktion
+ Sicherungen
+ Sprinkler
v Glas, Keramik
x 208,98
Po
84 Polonium
○ Nuklearbatterien
○ Neutronenquelle
○ Antistatikmittel
○ Filmreiniger
x (209)
At
85 Astat
Keine kommerzielle Verwendung
x (210)
Rn
86 Radon
○ Erdbebenvorhersage
○ Gesundheitsgefahr in Häusern, die auf Granit gebaut sind. Kommt in der Natur selten vor.
x (222)
Fr
87 Francium
Kommt in der Natur selten vor
(223)
Ra
88 Radium
v Neutronenquelle
v Strahlentherapie
x 226,03
Aggregatzustand bei Zimmertemperatur:
Gelb Gas
Rot Flussigkeit
Weiß Feststoff
Grün Feststoff (radioaktiv)
Vorkommen in der Natur:
nur in Verbindungen
nur elementar
in Verbindungen und elementar
Verwendung:
20 Calcium
Ordnungszahl und Name
○ elementar
+ in Legierung, Gemenge oder Beimischung
v als Verbindung
x
Atommasse in u (Nukleonenzahl des wichtigsten Isotops in Klammern)